2021

中国水电青年科技论坛论文集

中国水力发电工程学会　组编

U0261551

中国电力出版社
CHINA ELECTRIC POWER PRESS

图书在版编目（CIP）数据

2021 中国水电青年科技论坛论文集/中国水力发电工程学会组编 . —北京：中国电力出版社，2021.9
ISBN 978-7-5198-5989-3

Ⅰ . ①2… Ⅱ . ①中… Ⅲ . ①水力发电工程－中国－文集 Ⅳ . ①TV752-53

中国版本图书馆 CIP 数据核字（2021）第 187584 号

出版发行：中国电力出版社
地　　址：北京市东城区北京站西街 19 号（邮政编码 100005）
网　　址：http：//www.cepp.sgcc.com.cn
责任编辑：杨伟国　安小丹（010-63412367）　贾丹丹　代　旭　杨芸杉
责任校对：黄　蓓　朱丽芳　王海南
装帧设计：赵姗姗
责任印制：吴　迪

印　　刷：三河市百盛印装有限公司
版　　次：2021 年 9 月第一版
印　　次：2021 年 9 月北京第一次印刷
开　　本：787 毫米×1092 毫米　16 开本
印　　张：30.25
字　　数：745 千字
定　　价：230.00 元

编　委　会

主　任: 张　野

副主任: 许朝政　张　渝　吴义航　湛正刚

委　员 (按姓氏笔画排序):

王　瑾　王小红　杨永江　杨桃萍　杨益才

吴述彧　陈　君　陈东平　项华伟　赵再兴

徐　林　郭维祥　熊　晶　黎发贵

编　辑 (按姓氏笔画排序):

王立涛　由　洋　李　明　杨伟国　张　栋

序

  2021 年是中国共产党成立 100 周年和"十四五"规划开局之年，是乘势而上开启全面建设社会主义现代化国家新征程、向第二个百年奋斗目标进军的重要起点。在创新、协调、绿色、开放、共享的发展理念指引下，国家把发展水电作为能源供给革命、确保能源安全供应、转变能源发展方式、增进民生福祉、促进贫困地区发展的重要战略举措，以及建设生态文明和美丽中国的重要内容，中国水电事业将走向下一个健康有序发展的五年。

  2020 年 10 月 29 日，党的十九届五中全会通过《中共中央关于制定国民经济和社会发展第十四个五年规划和二〇三五年远景目标的建议》（简称《建议》），开启全面建设社会主义现代化国家新征程，为加快构建以国内大循环为主体、国内国际双循环相互促进的新发展格局指明了方向。《建议》中明确制定碳排放达峰行动方案，实施国家水网、雅鲁藏布江下游水电开发等重大工程，为促进水电等清洁能源高质量发展提供了根本遵循。

  自 2020 年年初以来，新冠肺炎疫情席卷全球，已经持续了将近两年时间，对世界经济和社会秩序形成了巨大冲击。在以习近平同志为核心的党中央坚强领导下，我国抗疫斗争取得的成绩令世界赞叹。同时，我国的水电工作者立足岗位、无私奉献、大力协同、勇创佳绩，用专业、敬业的精神交出了令全社会满意的答卷，取得了一系列可喜的成绩。

  2021 年 6 月，世界第七、中国第四大水电站——乌东德水电站最后一台机组正式投产发电，至此，乌东德水电站 12 台机组全部投产发电。同月，金沙江白鹤滩水电站首批机组正式投产发电。习近平主席在贺信中指出，"白鹤滩水电站是实施'西电东送'的国家重大工程，是当今世界在建规模最大、技术难度最高的水电工程。全球单机容量最大功率百万千瓦水轮发电机组，实现了我国高端装备制造的重大突破"。国际大坝委员会主席罗杰斯称赞"中国水电将以创新引领世界标准"。2021 年 5 月，河北丰宁抽水蓄能电站上水库开始下闸蓄水，工程由建设阶段进入蓄水发电准备阶段，丰宁抽水蓄能电站建成后装机容量达到 360 万 kW，是世界上总装机容量最大的抽水蓄能电站。同时，我国参与建设的国际水电工程也取得了丰硕成果。2020 年年底，中国电力建设集团有限公司投资建设的老挝南欧江梯级水电站基本建成，整个流域开发重心由建设期向运营期的转移，形成了全流域梯级电站联合调度运行的格局，成为中国水电海外投资建设的典范。2021年4月，厄瓜多尔美纳斯水电项目实现整体最终移交。2021年8月，中国电力建设集团有限公司承建的尼泊尔最大的水电站工程——上塔马克西水电站正式移交。

经过多年来的高速发展，我国水电行业创造了大量的水利水电工程尖端技术，积累了雄厚的人才队伍，打造了一大批工程勘察规划设计、工程建设、投融资和运营管理等领域的顶尖企业。这其中，青年英才的贡献功不可没。中国水力发电工程学会作为水电行业的科技工作者之家，历来极其重视青年人才的发现、培养和举荐工作，为水电人才的成长搭建平台，号召并引导广大水电青年科技工作者牢固树立科学精神、培养创新思维、挖掘创新潜能、提高创新能力，在继承前人工作的基础上不断实现超越。同时呼吁水电青年人才坚守学术操守和道德底线，把学问提高和人格塑造融合在一起，既赢得崇高的学术声望，又展示高尚的人格风范。

"中国水电青年科技论坛"的品牌学术活动经过连续两年的实践打磨，影响和声望不断提升，成为了水电青年科技人才交流创新思想和展现才华的重要平台。2021年的"中国水电青年科技论坛"论文征集工作，大家积极响应，踊跃投稿，论文数量和质量均呈现逐年提升的趋势，中国水力发电工程学会决定结集出版论文集，供广大水电科技工作者学习交流、互相借鉴，合力推进我国水电科技进步和创新。

中国水力发电工程学会　理事长
原国务院南水北调办公室副主任

2021 年 9 月

前 言

　　为进一步深入贯彻落实习近平新时代中国特色社会主义思想和党的十九大精神，充分发挥人才引领和支撑创新发展的战略资源作用，为青年科技工作者成长成才搭建平台，培育水电和新能源科技领军人才，中国水力发电工程学会创办了"中国水电青年科技论坛"，并于2019年在北京、2020年在西安成功举办了两届。论坛共吸引了全国水利水电100余家单位近300名专家、领导及众多水电青年工作者齐聚一堂，对中国水电与未来进行深入交流。经过连续两年的实践打磨，影响和声望不断提升，成为了水电青年科技人才交流创新思想和展现才华的重要平台。

　　2021年中国水电青年科技论坛在贵州举办，本次论坛继续开展学术论文征集活动，共收到论文209篇，论文作者均为45岁以下的青年科技工作者、专业技术人员，全部来自水电行业生产、管理、科研和教学等一线岗位。

　　本次大会组委会对征集到的论文进行了查新，并邀请水电行业知名专家分门别类对论文进行了独立评审并提出评审意见，组委会依据专家评审意见对论文进行了遴选和录取工作，并采取无记名投票方式，评选出了本届科技论坛优秀论文9篇，刊登在《水电与抽水蓄能》期刊2021年第五期、第六期上。

　　本论文集共收录论文71篇，涵盖水电及新能源技术领域发展规划与勘测设计、机组装备试验与制造、施工实践、建设管理、运行与维护、新能源六个方面，基本反映了水电行业的工程实践及前沿热点问题，可供水电及新能源各专业领域的科技工作人员学习借鉴及参考。

　　感谢行业内各单位的大力支持，感谢广大水电青年科技工作者的踊跃投稿和热情参与，也感谢各位论文评审专家的无私奉献和悉心指导。在会议组织和论文征集、评审、编辑出版过程中，中国电建集团贵阳勘测设计研究院有限公司、贵州省水力发电工程学会、中国电力出版社、《水电与抽水蓄能》编辑部等单位做了大量的工作，在此一并表达谢意。本书的出版必将为中国水电事业的发展做出新的贡献。

本书编委会

2021年8月26日

目 录

序

前言

一、规划、勘测设计

二、机组装备试验与制造

三、施 工 实 践

四、建 设 管 理

五、运 行 与 维 护

六、新 能 源

一、

规划、勘测设计

大数据一体化在智慧电厂的应用探讨

丁悦晨

[国能（天津）大港发电厂有限公司，天津市 300450]

[摘 要]随着互联网、大数据、人工智能等领域的发展，使智能电厂逐渐转变向智慧电厂。本文在智慧电厂原有概念的基础上，提出了建设大数据一体化模型，并对于应用其进行智能化智慧电厂建设进行描述，最后提出优化与合理建议。

[关键词]大数据；智慧电厂；人工智能；标准化；数字化；智能化

0 引言

如今，传统火力发电企业的建设大多是封闭单一，资源浪费较为严重，智能化程度低，孤岛运营现象存在普遍。在国家提倡经济、环境两手抓的大环境下，聚焦现有电厂升级改造迫在眉睫，智慧电厂应运而生。智慧电厂的兴起，不仅顺应时代发展，而且是传统电力企业自我变革的必经之路。

本文在智慧电厂原有概念的基础上，结合国内各发电集团建设智慧电厂的成功经验，提出了用于建设智慧电厂的大数据一体化模型，重点针对如何建设大数据一体化模型、应用大数据一体化模型进行智慧电厂建设进行描述，最后提出优化与合理建议。

1 大数据一体化平台

智慧电厂是以数字化信号作为载体，通过计算机、云平台、网络系统、信息技术等大数据的应用，实现对电厂的智能化管控，从而实现由智能化向智慧化转变，实现电力企业生产和管理的标准化、一体化、数字化、智能化，最大限度地保证电厂的安全、经济、高效、环保地运行，从而创造数字工业的未来。本文在智能化电厂建设的基础上，构建以大数据为根本的四维一体电厂平台构架，在此基础上发展智能应用，实现以数字化、标准化、智能化于一体的，符合时代需要的智慧电厂。

在建设智慧电厂过程中，通过对新技术、新方法的使用，创造了大量运营管理数据和生产经营数据，有利于深入挖掘数据信息，提高数据管理效率与管理质量，利于系统内部的业务发展和扩展。设计了如图1所示的大数据一体化平台架构，架构主要包括"数据采集—数据传输处理—数据存储—数据共享"这几个关键环节。具体分为：

（1）现场数据采集区。首先对生产现场原始数据进行样本采集识别处理，主要包括锅炉数据、汽轮机数据、发电机数据、辅机数据、燃料数据和环境数据等。通过大数据一体化平台，从源头上保障了数据的准确性，同时也为下一步数据的利用，发挥价值提供数据支撑。

（2）数据处理区。采集数据后对数据进行实时处理和分析，通过数据质量监控和大数据应用技术，根据业务功能的需要，建立实时数据库，智能清洗异常数据；通过异步消息队列，降低数据库压力，提高数据处理效率；同时对问题数据进行智能预警，从而完成数据的传输与处理。保证数据的一致性，准确性和可用性，建立相应的数据库体系。

（3）数据存储分析区。数据分析主要通过对合适数据算法的深度挖掘得以实现，通过开发相应的数据处理模型，对数据进行追溯分析，多维分析，相关分析和统计分析，精准把握相应薄弱环节，预测其潜在风险，为决策提供相应支持，超前制定应对措施，并对分析结果进行存储。

（4）数据共享区。对各维度统计分析数据进行整合，实现数据的互联互通，及时更新数据库内容并发送到云端。

通过数据的智能采集，传输处理，存储和共享，建立了一套自动发现问题，分析问题，解决并反馈问题的流程机制，大大实现了自动化和智能化，增加了数据处理的准确性，为智能化应用的实现打下了坚实的基础，缩短企业智慧电厂建设周期，降低企业生产运行和设备维护成本，提高了企业的管理效率和生产效率，为智慧电厂的建设提供了可能。

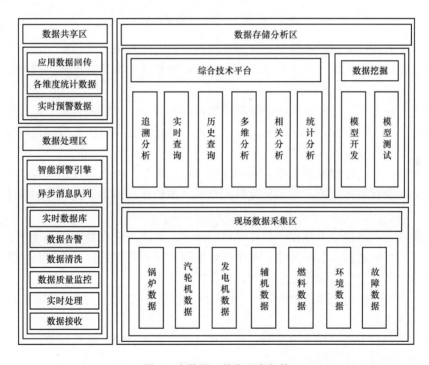

图1　大数据一体化平台架构

2　大数据一体化平台的应用

基于大数据一体化平台的智慧电厂智能化应用的发展，主要在大数据一体化平台的基础上，对应电厂业务层面进行智能化设计和发展。主要分为经营管理层、生产执行层、控制层、设备层四大层面，智慧电厂智能化建设构架如图2所示。

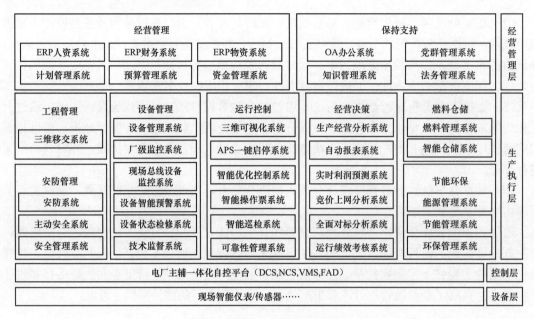

图 2 智慧电厂智能化建设构架

智能管理层方面，分为经营管理和保障支持两个板块，利用云端技术、通过大数据一体化平台，建立相应管理系统，对企业整体业务进行精准把控，实现标准化、数字化、智能化的于一体的功能需求。

在生产执行层方面，主要包含七大业务应用，即工程管理、设备管理、运行控制、经营决策、燃料仓储、安防管控、节能环保。通过数据一体化平台，对所有数据进行精准分析与实时处理，使生产得以高效、快速、安全地运行。

智能控制层，利用过程控制系统，网络计算机监控系统，视频监视系统等数据平台，对电厂主辅一体化进行整体把控，达到优化组织结构、节约管理成本、提高管理效率和企业效益的目的。

智能设备层方面，通过大数据一体化平台的应用，解决工业现场的智能化仪表、智能巡检设备等之间的数字通信与信息传递，对生产现场相关智能设备进行有效控制和预警。

将大数据一体化平台具体投入应用中，具有以下优点：

（1）一体化决策管理。通过大数据一体化平台，建立集约协同管理，及时响应市场需求，保证生产运营的高效。

（2）提高生产安全性。相关数据显示，通过智能设备的管理，平均每年减少一宗人员安全意外，平均每年减少非计划停机 1 次。

（3）节能减排。相关数据显示，通过数据模块优化可以节能 2g/kWh 以上。

（4）提高经济性，在工作效率方面实现电子工作流，无纸化两票，相关智慧模块的构建，有效减轻劳动强度。

（5）提高企业经营效率，通过大数据一体化模型的设立，有效提高业务流转效率，及时获取决策者所需的关键信息，辅助公司决策层进行经营管理。

基于大数据一体化平台的智能化业务应用，有效减少人力劳动力损耗，实现"少人干预，少人值守"，最大化保证电厂安全、稳定、经济、环保地运行，从而达到经济效益和社会效益最大化。

3 智慧电厂建设优化与建议

（1）做好战略规划。基于大数据一体化平台的智慧电厂建，不仅是单一电厂的建设，更需要联合其他电厂进行战略部署，最大限度地利用大数据样本带来智能化，防止数据孤岛产生；同时也要因厂制宜，结合自身特点和实际情况进行规划建设，从头开始，从设计、制造、基建、运营、退役五个步骤入手，积极贯彻铺展大数据一体化平台，推进智慧电厂的建设。

（2）大力推进安全、经济和环保发展。企业应紧紧围绕安全、经济、环保三大主题，在设备运行优化，故障处理等业务中结合大数据平台进行相关智能应用，降低燃料消耗，减少设备维修，降低污染物排放，为企业带来最切实的收益和价值。

（3）与实际生产相结合。我国信息化发展较快，在电力系统方面没有形成自己完备的数据知识体系，参考价值有限，导致数据可用性不高。因此，在数字化项目建设过程中，数据的存储和应用往往是割裂的，所以在数据基础环节，仍需要积累和完善，从而通过大数据一体化平台，将智能化更好的应用到实际生产中去。

4 结语

本文提出的构建大数据一体化平台，可作为建设智慧电厂的基础，并为智慧电厂的建设提出优化和建议。未来数年，电厂智慧化改造将是必经之路，企业应充分利用和发展现有资源，创建符合时代需要的标准化、数字化、智能化的于一体的智慧电厂。

参考文献

[1] 李国杰，程学旗. 大数据研究：未来科技及经济社会发展的重大战略领域——大数据的研究现状与科学思考 [J]. 中国科学院院刊，2012，27（6）：647-656.

[2] 张帆. 智慧电厂一体化大数据平台关键技术及应用分析 [J]. 华电技术，2017，39（2）：1-3.

[3] 罗文. 德国"工业4.0"战略给中国的启示. 伺服控制 [J]. 2014（12）：39-40.

[4] 田宁. 智慧电厂顶层设计的研究 [D] 秦皇岛：燕山大学，2016.

作者简介

丁悦晨（1995—），女，助理工程师，主要从事电厂生产类工作。E-mail: dingyuechen1012@163.com

抽水蓄能电站输水系统重点难点设计探讨

周培勇　王　爽　闻　锐

（上海勘测设计研究院有限公司，上海市　200335）

[摘　要] 在碳达峰、碳中和战略目标的引领下，抽水蓄能电站在以新能源为主体的新型电力系统中将发挥重要作用。针对最具抽水蓄能电站特点的输水系统，论述了上、下水库进/出水口、发电地下厂房的"三个关键点"布置以及连接"三个关键点"的输水道布置，并就输水系统与地下厂房交接处布置难点、水力学计算对整个枢纽布置影响、压力钢管设计等重难点问题进行了探讨分析，得出4个设计过程中应重点关注的问题，可供相关设计参考。

[关键词] 抽水蓄能电站；输水系统；设计探讨

0　引言

2021年3月15日，习近平总书记在中央财经委员会上提出2030年前实现碳达峰、2060年前实现碳中和的战略目标，这是党中央、国务院统筹国际国内两个大局做出的战略决策，对加快促进生态文明建设、保障能源安全高效、推动经济转型升级具有重要意义。

实现碳达峰、碳中和战略目标必然伴随着构建以新能源为主体的新型电力系统，由此引发如何提高新型电力系统的灵活性以应对瞬时电力巨大需求的问题。抽水蓄能电站具有调峰填谷、调频、调相、储能、系统备用和黑启动这六大功能及超大容量、系统友好、经济可靠、生态环保等优势，可提高以新能源为主体的新型电力系统的灵活性，有效保障新型电力系统的安全稳定运行和提升新能源利用水平，是以新能源为主体的新型电力系统的重要组成部分，也是新能源转型发展的关键支撑。本文就最具抽水蓄能电站特点的输水系统设计重难点进行探讨。

1　关键水工建筑物平面位置与高程确定

抽水蓄能电站输水系统线路布置由上水库进/出水口、发电厂房、下水库进/出水口位置与高程、沿线地形地质条件决定。

1.1　上、下水库进/出水口

抽水蓄能电站进/出水口有井式进/出水口与侧式进/出水口两大类，井式进/出水口适用于上水库，侧式进/出水口适用于上、下水库[1]，侧式进出水口应用较为广泛。

上、下水库侧式进/出水口的宽度由输水隧洞净间距与拦污栅段宽度较大值决定。为保证隧洞开挖后有足够范围的岩体作为岩体应力重分布后的承载圈，相邻隧洞间岩体的厚度不宜小于2倍洞径。隧洞洞径 D 由式（1）依据各隧洞经济流速拟定[2]。拦污栅段最大过流宽度 B，按过栅平均流速为 0.8～1.0m/s 由式（2）确定，最大过流宽度 B 加上闸墩宽度即可得到进/

出水口宽度。布置过程中还要复核进/出水口扩散段平面扩散角是否在25°~45°范围内，每孔流道平面扩散角是否小于10°，顶板扩散角是否在3°~5°范围内[3]。

$$D = \sqrt{\frac{4Q_{max}}{\pi v}} \tag{1}$$

$$B = Q_{max} / (0.8 \sim 1.0)H \tag{2}$$

式中　Q_{max}——输水道最大引用流量，m^3/s；

　　　v——输水道经济流速，m/s；

　　　H——拦污栅段过流高度，m，取$H=1.5D$。

上、下水库进/出水口的底板高程由水力条件要求的最小淹没深度，地质条件要求的洞顶最小覆盖层厚度与泥沙淤积情况决定。最小淹没深度S由式（3）计算[4]，底板高程H_1由式（4）确定。为保证进洞安全，地质方面要求进洞洞顶最小覆盖层厚度（不含覆土与全风化岩层厚度）为0.5~1倍洞径或洞宽。最后还需复核上、下水库进/出水口底板高程H_1是否高于泥沙淤积高程，如H_1低于泥沙淤积高程，则需要防沙、排沙设施，以防止推移质进入水道。

$$S = cvd^{1/2} \tag{3}$$

$$H_1 = H_0 - S - D \tag{4}$$

式中　v——闸孔断面流速，m/s；

　　　d——闸孔高度，m，一般取$d=D$；

　　　c——与进水口几何形状有关的系数，进水口设计良好和水流对称时取0.55，边界复杂和侧向水流时取0.73；

　　　H_0——上、下水库死水位，m。

1.2　地下厂房

抽水蓄能电站厂房可分为地下式、地面式和半地下式[2]。由于抽水蓄能电站吸出高度常在−70~−20m甚至更低，导致水泵水轮机安装高程低。地下厂房结构由于其不直接承受下游水压力作用，可避免因厂房结构淹没深度大带来的整体稳定性差、挡水结构承受荷载大、进厂交通布置困难等问题，在抽水蓄能电站中采用较广泛，在地形地质条件允许的情况下应优先考虑采用。

抽水蓄能电站地下厂房位置按在输水系统中的位置分为首部式、中部式和尾部式三种布置。当引水系统采用钢筋混凝土衬砌型式时，由于尾水隧洞直径一般比引水隧洞大，首、中、尾三个方案的地下厂房布置中，尾部方案输水发电系统的工程投资一般最小，尾部开发优势明显。当引水系统采用钢衬方案时，引水钢衬段投资最大，地下厂房采用何种布置方式还需结合地形地质条件、调压室数量、交通洞和施工支洞布置难度、长度等因素综合分析确定。

地下厂房轴线需结合围岩结构面发育特征、岩石强度应力比、地应力方位等综合分析确定。依据下水库水位与水泵水轮机吸出高度要求，确定机组安装高程后，地下厂房相关高程便可逐一确定，进而可进一步确定引水道末端与尾水道起点高程。

2　输水道平纵布置

上、下水库进/出水口、地下厂房的平面位置与相关高程确定后，便可基本确定输水系统的平面布置与纵断面布置。

2.1 输水道布置

钢筋混凝土衬砌当内水压力超过 100m 后，衬砌裂缝便已产生，衬砌只起平整水流减少糙率的作用，钢筋混凝土衬砌高内水压力作用下的抗渗、防渗和渗透稳定问题关键在于围岩，其关键在于围岩要满足最小地应力准则、最小覆盖厚度准则和渗透稳定准则[6]。

2.1.1 三大准则

最小地应力准则式（5）是围岩承载的核心，是对围岩承载能力的定量判断；最小覆盖层厚度准则式（6）是对最小地应力准则的经验判断；围岩渗透准则是对最小地应力准则的补充完善，要求设计内水压力作用下围岩平均透水率 $q \leqslant 2Lu$，灌浆后围岩透水率 $q \leqslant 1Lu$，Ⅰ、Ⅱ类硬质围岩长期稳定渗透水力梯度不大于 10。

$$\sigma_3 \geqslant F\gamma_w h_s \tag{5}$$

$$C_{RM} \geqslant \frac{F\gamma_w h_s}{\gamma_R \cos\alpha} \tag{6}$$

式中　F ——安全系数，一般取 1.3～1.5；

γ_w ——水的重度，N/mm³；

h_s ——洞内静水头压力，m；

C_{RM} ——岩体最小覆盖厚度（不含全、强风化岩体厚度），m；

γ_R ——岩体重度，N/mm³；

α ——地表岩体坡角，(°)，α 大于 60°，取为 60°。

2.1.2 混凝土衬砌水道与钢衬水道布置要点

输水道平纵布置与隧洞采用钢筋混凝土衬砌还是钢衬方案有关。钢筋混凝土衬砌隧洞围岩是主要承载体，为满足上述三大准则要求，钢筋混凝土衬砌隧洞在洞线布置时要尽量将输水线路埋深，洞线走向基本沿山脊布置。依据三大准则确定围岩能安全承载的极限位置，确定钢筋混凝土衬砌末端后，以此作为钢衬起点。钢衬方案是靠钢衬防渗，布置时可不考虑三大准则要求，洞线布置在兼顾地下厂房位置的基础上需尽量顺直，以缩短洞线长度。

为解决控制地下厂房渗流量与压力钢管造价这一安全经济矛盾问题，地下厂房前钢衬长度满足不小于 0.25 倍最大静水头要求下，应尽量缩短承担高内水压力的下平段长度，以减少工程投资。尾水支管上方一般是主副厂房、母线洞与主变洞等地下洞室群，对于下水库高水位工况，支管承担近百米水头，为防止尾水支管内水外渗影响地下厂房内部机电设备运行，一般尾水支管采用低强度钢衬，刚衬末端超过尾水闸洞中心线 15～20m。

对于竖井方案或斜井方案，从减少输水道长度和水损角度来说，斜井方案较优，但当 L/H 较小或覆盖层厚度不够，采用钢衬又不经济时，可考虑采用竖井方案加大输水道埋深，保证覆盖层厚度。输水道布置时需注意斜井段不能设平面拐弯，斜井角度通常在 45°～60° 范围，以利于自重溜渣和衬砌施工台车稳定。当斜井或竖井每段高差大于 300m 时，需设置中平段，以减小斜井或竖井高差，降低施工难度，加快施工进度。

2.1.3 输水道与地下厂房交接处布置难点

从隧洞围岩稳定的角度来说，低地应力区洞线与岩层层面、主要构造断裂面及软弱带走向夹角不宜小于 30°，地下厂房前后高地应力地区输水道洞线与最大水平主应力方向宜一致或呈较小交角，而输水道洞线与厂房长轴线斜交夹角最小为 60°[3]，这与地下厂房长轴线与岩体最大主应力方位夹角不宜大于30°相矛盾。因此岩石强度应力比小于4的高地应力地区，很难同时满足地下厂房轴线、引水道下平段轴线、尾水支管轴线与最大主应力夹角均较小的要求，这时应先保证跨度较大的地下厂房长轴线与最大主应力的夹角要求，再采用输水道洞线斜交地下厂房的方式，尽量满足输水道洞线与最大应力方向呈较小交角。非高地应力地区，洞线与软弱结构面为大角度要求，输水道布置与地下厂房布置这种矛盾问题不突出。

2.2　水力计算与输水道布置复核

按上述原则进行输水系统平面与立面布置后，需计算发电工况、水泵工况输水系统的水头损失，重点关注水泵水轮机最大扬程与最小水头变幅比 H_{pmax}/H_{tmin}。

2.2.1　水力计算对枢纽布置的影响

结合水泵水轮机比转速、最大发电水头或最大扬程分析 H_{pmax}/H_{tmin} 是否在合理范围内，如 H_{pmax}/H_{tmin} 不在合理范围内，则需调整上、下水库特征水位或调整输水系统布置。调整上、下水库特性水位 H_{pmax}/H_{tmin} 变化比较明显，比较容易保证 H_{pmax}/H_{tmin} 在合理范围内，但调整特征水位涉及上、下水库大坝的设计调整，工作量较大，因此规划提出上、下水库特征水位后，引水专业结合坝工厂房的初步布置，需尽快完成输水系统布置与水损计算，待引水确定 H_{pmax}/H_{tmin} 在合理范围后，坝工再进一步依据特征水位进行上、下水库大坝设计，这样可避免因 H_{pmax}/H_{tmin} 不在合理范围内调整特征水位导致的上、下水库大坝设计调整。

另一方面，可通过调整输水系统布置改变输水道管径调整水头损失，但上、下水库进/出水口、地下厂房位置固定后，输水道长度也基本固定，通过调整输水系统布置对水损影响不大，变幅比 H_{pmax}/H_{tmin} 变化不是很明显。输水道管径依据经济流速拟定，经济流速变化范围小，因此通过改变输水道管径对水损与 H_{pmax}/H_{tmin} 变化也不是很明显。综合分析认为：当 H_{pmax}/H_{tmin} 与合理范围相差较大时，调整上、下水库特征水位比较合理；反之，调整输水系统布置或输水道洞径比较合理。日立公司水泵水轮机 H_{pmax}/H_{tmin} 使用限制曲线见图1。

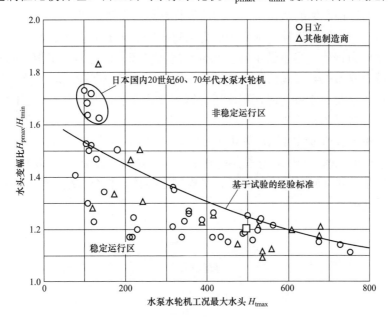

图 1　日立公司水泵水轮机 H_{pmax}/H_{tmin} 使用限制曲线

2.2.2 调保计算与输水道布置复核

依据水损计算成果与规范进行调保计算[7]，确定上游调压室最高最低涌浪，以保证调压室下部输水道洞顶高程低于最低涌浪水位不小于 4m（安全高度 3.0m，安全水深 1.0m），输水道全线顶高程至少有 2.0m 水压，初步复核输水道纵断面布置的合理性，以防止隧洞出现负压。

当有条件得到水泵水轮机特性曲线资料或类似水泵水轮机特性曲线时，应结合水损计算结果进行水力机械过渡过程计算，输水道最小水压力应重点关注引水道上弯点、尾水道上弯点的最小压力不小于 2m，如不满足要求，可通过加大引水道上平段或尾水道上平段底坡（最大不超过 10%），降低上弯点高程，使上弯点最小压力大于 2m。

3 压力钢管设计

抽水蓄能电站压力钢管包括承担高内水压力的厂房上游引水压力钢管和承担内水压力较小的尾水压力钢管。

3.1 强度设计

3.1.1 材质选择

当引水下斜井段与下平段均为压力钢管时，下斜井段内水压力变化大，采用同一强度钢板管壁厚度变化大，且下斜井末端钢管壁厚大。为避免钢管壁厚变化大、厚度较大钢管加工工艺复杂、加工制造困难、影响工期等不利因素，引水下斜井段钢管强度可分段逐步提高：若 500MPa 级钢板厚度超过 38mm，则跳档采用 600MPa 级钢板；若 600MPa 级钢板厚度超过 48mm，则需采用 800MPa 级钢板，且 800MPa 级钢板厚度不宜超过 50mm。尾水压力钢管承担内水压力较小，一般采用 Q345R 钢材即可。

3.1.2 荷载确定

考虑水力过渡过程产生的水锤压力，过渡过程计算模型和边界的影响，机组甩负荷脉动压力的影响，引水压力钢管设计内水压力取为 1.35～1.37 倍上游正常蓄水位与机组安装高程之差。对于尾水压力钢管，当下游正常蓄水位与尾水管底高程之差小于 100m 时，尾水压力钢管设计内水压力取为 1.4～1.6 倍下游正常蓄水位与尾水管底高程之差；当下游正常蓄水位与尾水管底高程之差大于 100m 时，尾水压力钢管设计内水压力取为 1.35～1.37 倍下游正常蓄水位与尾水管底高程之差[9]。

武汉大学侯建国等通过统计国内外水电站围岩分担率设计值与实测值发现[10]：国内外电站围岩分担率设计值 15%～60%，但围岩实测分担率达 25%～89%。满足裂隙判别条件式（7）与覆盖围岩厚度条件式（8）～式（9）后，考虑围岩与钢衬联合承载能较好地解决工程安全与经济这一矛盾问题。

$$\frac{\sigma_R r}{E_{s2}} > \delta_2 \tag{7}$$

$$H_r > 6r_5 \tag{8}$$

$$H_r > \frac{p_2}{\gamma_r \cos\alpha} \tag{9}$$

式中 δ_2 ——包括施工缝隙、钢管冷缩缝隙与围岩冷缩分析；

r ——钢管内半径，mm；

σ_R ——钢管结构构件抗力限值，N/mm^2，埋管高于明管；

H_r ——垂直于管轴的最小覆盖层厚度，不计全风化与强风化层，mm；

p_2 ——围岩分担的内压，N/mm^2。

3.1.3 裂隙条件不满足时钢管壁厚计算

考虑围岩与钢管联合承载时，钢衬与围岩间的裂隙大小 δ_2 对钢管的应力大小影响十分敏感。如钢管应力达到钢板抗力限值 σ_R 时，钢管的抗力限值变形 δ_s 还小于 δ_2，则围岩根本没有与钢衬接触，便不能考虑围岩承载，内水压力由钢管单独承担，按式（10）计算钢管壁厚 t。需要注意的是此时钢管抗力限值 σ_R 的取值分埋管与明管两种情况：

（1）当垂直于管轴的最小覆盖层厚度 H_r 满足式（8）时，σ_R 采用埋管抗力限值。

（2）H_r 不满足式（8）时，σ_R 采用明管抗力限值。

$$t > \frac{pr}{\sigma_R} + 2 \tag{10}$$

3.1.4 裂隙条件满足时钢管壁厚计算

钢衬与围岩间的裂隙 δ_2 小于钢管的抗力限值变形 δ_s，考虑围岩与钢衬联合承载时，按最小覆盖层厚度是否有能力提供弹性抗力 K_0，埋钢管分考虑围岩弹性抗力 K_0 与考虑围岩压重两种情况：

（1）当 H_r 满足式（8）～式（9）时，由于覆盖层产生的自重应力大于围岩承担的内水压力，内水压力作用下围岩有能力给回填混凝土与钢衬一个反作用力，阻碍回填混凝土与钢衬的径向变形，这种围岩抵抗回填混凝土与钢衬径向变形能力便是弹性抗力。钢管壁厚按式（11）考虑围岩弹性抗力 K_0 计算。

$$t = \frac{pr}{\sigma_R} + 1000K_0\left(\frac{\delta_2}{\sigma_R} - \frac{r}{E_{s2}}\right) + 2 \tag{11}$$

式中　K_0 ——围岩单位抗力系数较小值，N/mm^2。

（2）当 H_r 不满足要求时，由于覆盖层产生的自重应力小于围岩承担的内水压力，围岩只能依靠自身压重承担内水压力，无抵抗回填混凝土与钢衬径向变形能力（无弹性抗力），钢管壁厚 t 按式（12）～式（13）计算。

$$p_2 = \gamma_r H_r \cos\alpha \tag{12}$$

$$t = \frac{pr - p_2 r_5}{\sigma_R} \tag{13}$$

需要注意的是考虑围岩弹性抗力 K_0 时计算钢管壁厚 t 时，覆盖围岩厚度判别条件中的 t 还是未知数，需先假设覆盖围岩条件满足要求来求 t，求得 t 后再验算覆盖围岩厚度条件是否满足要求，如满足则采用式（11）计算 t，否则采用式（13）计算 t。

3.2 抗外压稳定设计

埋藏式压力钢管抗外压稳定设计关键在于合理确定设计外水压力，总结国内已建抽水蓄能电站钢管检修期外水压力取值方法，建议如下：

（1）假定钢管运行期地下水位接近地表。排水廊道底高程至压力钢管取全水头，考虑排水廊道的排水作用，排水廊道底高程至地表高程段的外水压力，依据工程地质条件，考虑 0.2～0.6 倍外水压力折减系数，压力钢管外水压力值为上述两值相加，总值保证不小于管道覆盖厚度的 1/2。

（2）钢筋混凝土衬砌段隧洞内水外渗：考虑内水外渗与外水内渗两次渗流损失，引水压力钢管外水压力值＝最大静内水压力值×（1−围岩渗流损失系数）。取上述两种方法中的较大值为引水压力钢管外水压力设计值。

尾水钢管的外水压力主要来自钢筋混凝土衬砌隧洞内水外渗。考虑钢管首段止水环、帷幕灌浆与周围排水孔幕防渗截排系统的作用，尾水压力钢管外水压力＝最大静水压力×（0.2～0.4）折减系数。外水压力确定后，依据规范进行压力钢管抗外压稳定验算，需注意的是加劲环的间距与尺寸，一般由加劲环的抗外压稳定计算控制。

4　结语

（1）高地应力地区，输水道洞线与厂房长轴线布置同时满足规范要求较为困难，应优先保证跨度较大的地下厂房长轴线布置要求。

（2）钢筋混凝土衬砌隧洞围岩是主要承载体，洞线布置时尽量将输水线路埋深以满足"三大准则"要求；钢衬方案是靠钢衬防渗，考虑地下厂房防渗后应尽量短平直。

（3）输水系统水力学计算涉及判断水泵水轮机变幅比 H_{pmax}/H_{tmin} 是否合理，上、下水库特征水位选取是否合理、输水系统布置及洞径选择是否合理，也是后续调保计算与水力机械过渡过程计算的基础，设计过程中应重点关注。

（4）裂隙条件不满足时，内水压力由钢管单独承担，计算钢管壁厚 t 时钢管抗力限值 σ_R 的取值分埋管与明管两种情况；裂隙条件满足时，按最小覆盖层厚度是否有能力提供弹性抗力 K_0，埋钢管分考虑围岩弹性抗力 K_0 与考虑围岩压重两种情况计算钢管壁厚 t。

参考文献

[1] 陆佑楣，潘家铮. 抽水蓄能电站［M］. 北京：水利电力出版社，1992.

[2] 王仁坤，张春生. 水工设计手册. 2 版. 第 8 卷水电站建筑物［M］. 北京：中国水利水电出版社，2013.

[3] 国家能源局. NB/T 10072—2018 抽水蓄能电站设计规范［S］. 北京：中国水利水电出版社，2019.

[4] 中华人民共和国国家发展和改革委员会. DL/T 5398—2007 水电站进水口设计规范［S］. 北京：中国电力出版社，2008.

[5] 国家能源局. NB/T 35090—2016 水电站地下厂房设计规范［S］. 北京：中国电力出版社，2017.

[6] 国家能源局. NB/T 10391—2020 水工隧洞设计规范［S］北京：中国水利水电出版社，2021.

[7] 国家能源局. NB/T 35021—2014 水电站调压室设计规范［S］. 北京：中国电力出版社，2014.

[8] 国家能源局. NB/T 35056—2015 水电站压力钢管设计规范［S］. 北京：中国电力出版社，2016.

[9] 中国电力企业联合会. T/CEC 5010—2019［抽水蓄能电站水力过渡过程计算分析导则［S］. 北京：中国电力出版社，2019.

[10] 侯建国，李春霞，安旭文，等. 水电站地下埋管围岩内压分担率的统计特征研究［J］. 岩石力学与工程学报，2003，22（8）：1334-1338.

[11] 国家能源局. NB/T 35110—2018 水电站地下埋藏式月牙肋钢岔管设计规范［S］. 北京：中国水利水电

出版社，2018.

作者简介

周培勇（1993—），男，中级工程师，主要从事水利水电工程设计工作。E-mail：2817269018@qq.com

王　爽（1993—），女，中级工程师，主要从事水利水电工程设计工作。E-mail：1327040490@qq.com

闻　锐（1986—），男，高级工程师，主要从事水利水电工程设计工作。E-mail：wenrui@sidri.com

某坝址区河床覆盖层物理力学特性
及其参数取值分析

李树武[1,2]　鲁　博[2]

（1. 国家能源水电工程技术研发中心高边坡与地质灾害研究治理分中心，陕西省西安市710065；2. 中国电建集团西北勘测设计研究院有限公司，陕西省西安市　710065）

[摘　要]为了获得水电站工程坝址区河床覆盖层可靠的物理力学参数，在坝址区钻探取样并进行了大量的物理力学试验。本文以四川省大渡河金川水电站工程坝址勘察为工程背景，统计了坝址区河床覆盖层物理力学参数，从试验方法和合理性两个方面探讨了物理力学参数取值的方法，得到以下结论：试验方法对河床覆盖层物理力学参数有较大的影响，试验探究时应选择贴近实际的试验材料和仪器；不同的取值方法导致所得参数离散性较大，大量的对比分析是保证参数合理性的关键；综合分析后初步判断，河床覆盖层物理力学性状较好，可以修建100m级大型土石坝，但存在包括坝基渗漏、坝基沉降、渗流破坏等主要工程地质问题。同时，本次研究为后期设计工作提供可靠的物理力学参数，为该地区及相关土性地区地质勘察提供参考。

[关键词]坝址区；物理力学参数；试验方法；参数取值

0　引言

一直以来，水利水电工程建设前期都需要进行大量的地质调查与地质评价，其中针对工程区岩土体物理力学特性进行汇总分析是地质研究的关键和工程设计方案的依据。地质勘察多利用钻探确定不同岩层深度及类型，再通过室内试验和原位试验初步确定各层岩体的物理力学参数，这样得到的参数是否可以"以点概面"以及如何保证各层岩土体物理力学参数的合理性，是当下研究的热点之一。在综合考虑多因素、多方法取得各岩层物理力学参数方面，国内众多学者做了大量的研究工作，例如：靳镭、唐鸣发[1]以西南某巨型水电站为例，介绍岩体物理力学试验的方法及岩体物理力学参数选取原则。李鹏、焦振华[2]针对不同变异性的物理力学参数进行分析，提出数据统计时需采用不同的方法进行对待。对水利水电工程地质参数取值存在的问题也有工程界学者[3-5]进行探究。

考虑研究区域地形地貌及水文条件，寻找各物理力学参数的相关性并建立它们之间的关系可以为具体工程物理力学参数的选取提供便利，同时可以对各参数选取的合理性进行校正。有研究人员[6, 7]对这方面相关问题展开研究。

综上所述，水利水电工程地质勘察中对各岩层物理力学参数的获取和选择是具有差异的，采取的方法是不同的，但都应从实际水文地质条件、工程应用及土性变化情况出发，多角度对比，最终选取合理的参数，为工程设计提供可靠依据。本文以四川省大渡河金川水电站工程坝址勘察为工程背景，统计了坝址河床覆盖层物理力学参数，从试验方法和合理性两个方面探讨了物理力学参数取值的方法，对工程区的地质条件进行了初步判断，为水利工程建设提供参考和经验。

1 工程概况

大渡河金川水电站工程坝址位于四川省金川县城以北约 12km、大渡河右岸支流新扎沟汇合口以上长约 1km 的河段上。该工程坝址区河床覆盖层平均厚度 47.27m 左右，最大厚度可达 65m，主要以含漂石砂卵砾石、砂卵砾石及少量细砂透镜体组成。为全面、系统地研究坝址河床覆盖层工程地质特性，进行了大量细致的勘探、试验及分析研究工作。河床覆盖层的勘探、试验平面布置如图 1 所示。

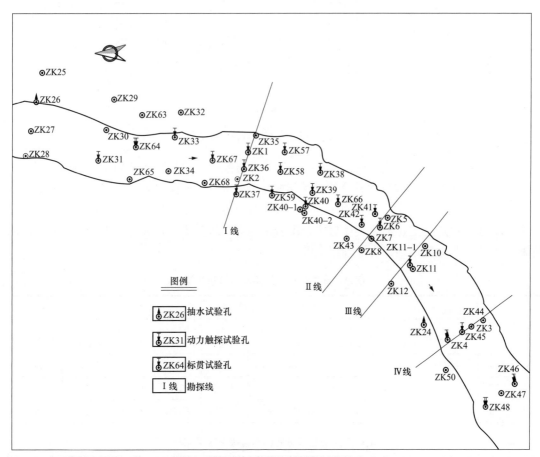

图 1 坝址区河床覆盖层试验钻孔分布

2 河床覆盖层工程特性

为了解河床覆盖层的物理力学性质，共对 35 组钻孔样进行了物性试验，根据覆盖层的物质组成（颗粒粒度）、层位分布、成因类型及工程特性，可将河床覆盖层分为Ⅰ、Ⅱ、Ⅲ三大岩组。根据河床覆盖层的室内试验、原位测试试验及相关科研成果，统计了各岩组的物理力学参数。为后面参数取值及分析做铺垫。

2.1 覆盖层物理特性成果统计

根据河床覆盖层岩组划分情况，通过对河床覆盖层颗粒分析试验结果总结，获得的河床覆盖层各岩组的颗粒最终统计结果见表1。进而绘制出绘制各岩组颗粒级配累计曲线，如图2所示。

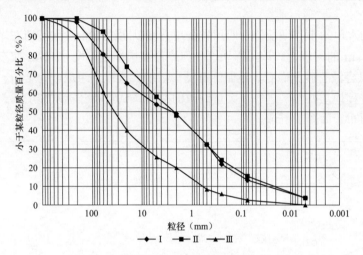

图2　河床覆盖层各岩组的颗粒级配累计曲线

通过颗粒级配累计曲线可获得覆盖层各岩组的级配特征或粒度成分的相关指标。河床覆盖层各岩组的级配特征或粒度成分的相关指标统计见表2。根据河床覆盖层各岩组的颗分试验结果，应用 C_u 和 C_c 两个条件对土的均匀性进行判别。通过河床覆盖层的级配特征或粒度成分相关指标可以判定，河床覆盖层Ⅰ、Ⅲ岩组的颗粒级配不良，属巨粒混合土；Ⅱ岩组的颗粒级配良好，颗粒略细，为含细粒土砾。

表1　　　　　　　　　　　　　坝址河床覆盖层各岩组颗粒分析结果

岩组	值别	颗粒组成								
		>200mm	200～60mm	60～20mm	20～5mm	5～2mm	2～0.5mm	0.5～0.25mm	0.25～0.075mm	0.075～0.005mm	<0.005mm
Ⅰ	均值	1.86%	17.52%	15.37%	11.35%	4.94%	17.06%	10.04%	8.14%	10.20%	3.53%
Ⅱ	均值	—	7.18%	18.67%	16.47%	9.73%	15.67%	8.35%	8.69%	11.76%	3.48%
Ⅲ	均值	10.59%	29.44%	20.45%	14.44%	5.82%	11.15%	2.95%	3.29%	2.06%	0.52%

表2　　　　　　　　　　　　　坝址河床覆盖层各岩组颗粒级配定量指标

岩组	值别	有效粒径 d_{10}（mm）	中值粒径 d_{30}（mm）	限制粒径 d_{60}（mm）	不均匀系数 C_u	曲率系数 C_c	级配特征
Ⅰ	均值	0.031	0.432	12.542	404.58	0.48	不良
Ⅱ	均值	0.024	0.411	6.061	252.54	1.16	良好
Ⅲ	均值	0.184	2.301	30.09	163.53	0.96	不良

表征土的物理性质的指标很多，其中最基本的物理性质指标有三个，即土的比重 G_s、土的含水量 w 和土的密度 ρ，这三个指标一般可以由室内土工试验直接测定，其余物理指标可以通过这三个基本指标换算获得。由于钻孔试样改变了天然的状态，所以无法通过室内试验获取土的天然密度、干密度、孔隙比、含水率等指标。试验成果统计见表 3，三个岩组土的比重接近，均值为 2.71。

针对坝基覆盖层Ⅲ岩组专门进行了 30 组物理性试验，试验编号为 JBZ1～JB2-3，上包线、平均线、下包线编号为 JBZ-上包线、JBZ-平均线、JBZ-下包线，成果统计见表 4。

表 3　　　　　　　　　　坝基覆盖层各岩组物理性质试验成果

岩组	值别	液限 w_L（%）	塑限 w_p（%）	塑性指数（I_p）	比重（G_s）
Ⅰ	均值	25.8	15.6	10.2	2.71
Ⅱ	均值	21.4	13.7	7.7	2.71
Ⅲ	均值	21.9	14.5	7.4	2.71

表 4　　　　　　　　　　坝基覆盖层Ⅲ岩组物理性质试验成果

土样编号	天然状态土的物理性指标					颗粒级配组成							
	湿密度 ρ（g/cm³）	干密度 ρ_d（g/cm³）	孔隙比 e	含水率 w	比重 G_s	>200	200～100mm	100～60mm	60～40mm	40～20mm	20～10mm	10～5mm	5～2mm
上包线	—	—	—	—	—	—	10%	10%	15%	17%	10%	8%	7%
平均线	2.29	2.24	0.218	2.6	2.72	14.83	15.54%	14.53%	8.13%	11.84%	8.15%	5.84%	4.65%
下包线	—	—	—	—	—	33	22%	13%	6%	6%	5%	3%	3%

土样编号	颗粒级配组成				不均匀系数 C_u	曲率系数 C_c
	2～0.5mm	0.5～0.25mm	0.25～0.075mm	0.075～0.005mm		
上包线	14%	4%	3%	2%	58.6	1.27
平均线	11.24%	2.13%	2.38%	0.74%	77.8	1.92
下包线	7.5%	0.5%	0.6%	0.4%	94.4	9.53

Ⅰ、Ⅱ、Ⅲ岩组从颗粒级配组成上同属粗粒土，而粗粒土的密实程度是粗粒土的物理性质研究的一项重要内容。通过对粗粒土的密实程度的研究，不仅可以了解其物理状态，而且能够初步判定其一些工程特性，例如粗粒土呈密实状态时，强度较高，反之，强度较低。根据河床覆盖层粗粒土各岩组的颗粒特征（土类型），结合粗粒土各岩组的已有试验资料，对河床覆盖层粗粒土各岩组采用指标法和原位测试法判断各岩组的密实度。

（1）物理指标法。根据粗粒土的相对密实度的关系（见表 5）可以评判其密实度。为此对坝址区三个岩组所含砂层钻孔样进行了 11 组相对密度试验，试验前先通过 5mm 筛进行筛分，统计室内试验得到各岩组密实度结果为：各岩组的相对密实度在 0.7～0.9 范围内，整体呈密实状态。[据《土工试验方法标准》（GB 50123—2019）[8]]

（2）原位测试法。由于河床覆盖层含大量漂石、卵石，所以采用了超重型动力触探 N_{120}（见表 6）进行原位测试，Ⅰ、Ⅱ、Ⅲ层重型动力触探杆长校正击数（N_{120}）为 8.05～9.35，整体呈中密状态。[据《岩土工程勘察规范》（GB 50021—2001）[9]]

表5   相对密实度与碎石土密实度的关系

相对密实度	密实度	相对密实度	密实度
$0<D_r\leq1/3$	疏松	$2/3<D_r\leq1$	密实
$1/3<D_r\leq2/3$	中密		

表6   触探击数 N_{120} 与碎石土密实度的关系

超重型动力触探锤击数	密实度	超重型动力触探锤击数	密实度
$N_{120}\leq3$	松散	$11<N_{120}\leq14$	密实
$3<N_{120}\leq6$	稍密	$N_{120}>14$	很密
$6<N_{120}\leq11$	中密		

2.2 覆盖层力学特性成果统计

为了研究河床覆盖层的力学性质，在坝址河床覆盖层进行了一系列室内土工试验和原位测试试验。这些试验测试不仅为研究河床覆盖层的力学性质提供准确可靠的试验测试资料，而且通过这些试验测试资料能够获得准确可靠的力学指标，为水电站设计的经济合理性提供可靠的地质参数。下面主要对Ⅲ岩组的力学参数进行统计。

2.2.1 室内力学特性试验

统计室内力学试验成果统计见表7和表8，表7均值：压缩系数 a_v（0.1～0.2MPa）为 0.01MPa^{-1}，压缩模量 E_s（0.1～0.2MPa）147.03MPa，属低压缩性土；临界坡降为0.22，破坏坡降为0.49，渗透系数为 2.32×10^{-1}cm/s，呈管涌破坏，属强透水性土层；内摩擦角为41.5°，凝聚力为 83kPa。总体认为作为坝基的Ⅲ岩组具有低压缩、强透水的特点。表8中的数据采用大型高压三轴试验机对Ⅲ岩组砂卵砾石进行剪切试验得到，同室内力学试验条件相同，施加围压 0.80～2.40MPa，进行了固结排水剪试验。

表7   坝基覆盖层Ⅲ岩组室内力学特性试验成果

试验编号	制样控制条件		压缩试验（0.1～0.2MPa）		渗透变形试验				直剪试验（饱、固、快）	
	干密度 ρ_d (g/cm^3)	含水率 w (%)	压缩系数 a_v (MPa^{-1})	压缩模量 E_S (MPa)	临界坡降 i_k	破坏坡降 i_f	渗透系数 k_{20} (cm/s)	破坏类型	凝聚力 c (kPa)	摩擦角 φ (°)
最大值	2.33	2.8	0.016	230.69	0.46	1.11	1.02×10^0		100	47.4
最小值	2.15	1.2	0.005	77.02	0.11	0.24	4.58×10^{-3}		30	33
平均值	2.24	2.20	0.01	147.03	0.22	0.49	2.32×10^{-1}	管涌	83	41.5

表8   坝基覆盖层Ⅲ岩组三轴剪切试验成果

试验编号	围压范围 σ_3 (MPa)	干密度 ρ_d (g/cm^3)	摩擦角 φ (°)	凝聚力 c (kPa)
最大值		2.15	54.9	20
最小值	0.8～2.4	2.26	40.1	6.4
平均值		2.24	45.21	12.7

2.2.2 原位测试力学特性试验

针对Ⅲ岩组在工程现场进行了大型荷载试验、大型剪切试验、管涌试验，试验成果见表9。坝址区覆盖层主要为漂卵石、含卵砂石、砂石层与砂层，钻孔地震纵横波测试成果见表10。由于跨孔地震波测试是在下有套管的孔中进行的，再加上地震波要穿透3～5m的距离，因此地震波数据是地层的综合反映，对覆盖层的细节反应不灵敏。

表 9   坝基覆盖层Ⅲ岩组现场大型力学性质试验成果

试验编号	载荷试验			剪力试验		管涌试验			
	承载力 p_f（MPa）	相应沉降量 S（cm）	变形模量 E_0（MPa）	摩擦角 φ（°）	凝聚力 c（kPa）	临界坡降 i_k	破坏坡降 i_f	渗透系数 k_{20}（cm/s）	破坏类型
最大值	0.78	0.83	58.3	38.7	32	0.95	2.2	$1.35×10^{-1}$	
最小值	0.57	0.5	25.7	31	7	0.18	0.53	$1.73×10^{-3}$	
平均值	0.66	0.59	44.33	35.45	19.75	0.56	1.45	$5.03×10^{-2}$	管涌

表 10   钻孔地震纵横波测试成果

覆盖层成分	纵波速度（m/s）	横波速度（m/s）	动弹模量（GPa）	动剪模量（GPa）	纵波点数	横波点数
砂卵石	2000	449	1.19	0.4	68	72
漂卵石	2078	439	1.14	0.38	36	42
砂层	1676	348	0.80	0.27	6	6
含卵砂石	1966	389	0.89	0.3	3	7

3 河床覆盖层物理力学参数取值分析

3.1 试验方法对物理力学参数取值的影响

前文统计了室内、现场测试试验的物理力学参数，而很多参数是由不同的试验方法得到的，试验方法如何影响这些参数，是参数取值的关键问题。下面选取河床覆盖层部分物理力学参数进行探讨，以便为后期参数的取值提供参考。

3.1.1 试验方法对各岩组密实度的影响

2.1中采用了物理指标和原位测试两种方法获取了各岩组的密实状态。从这两种方法对土层密实度的分析结果发现，指标法分析成果普遍高于原位测试法分析成果，这主要是由于指标法室内试验的局限性造成的，室内密实度试验采用锤击法、振动法都对试样中的粗大颗粒造成剔除，使土粒排列更为紧密。相比而言，原位测试法分析成果更能反映土体赋存的真实状态。

3.1.2 试验方法对Ⅲ岩组强度参数的影响

为了获取Ⅲ岩组的强度参数，分别进行了直剪和三轴剪试验。对比两种方法所得试验成果发现，直接剪切试验与三轴剪切试验获得的抗剪强度参数值 c、φ 存在差异，即内摩擦角值基本接近，均值分别为 41.5°、45.21°；凝聚力差别大，均值分别为 83、12.7kPa。三轴剪切试验考虑了周围压力、土体的真实破坏状态，因此试验结果更可靠。

3.1.3 试验方法对各岩组渗透系数的影响

对比室内与现场原位测试结果，室内渗水试验结果偏大，是现场原位测试结果的 10～100 倍。这种差异是巨大的，主要是因为室内试验时没有完全模拟现场情况，比如土颗粒级配、土体内部结构、尺寸效应、温度变化等情况，本文研究的土类为粗颗粒土，渗水路径很重要，现场原位测试能够较好地贴近实际情况。

3.2 力学参数取值合理性分析

通过试验方法得到的参数不一定完全满足工程需要，若试验结果差异很大，往往需要以实际地质条件，客观地对试验成果论证后选取力学参数。下面就根据河床覆盖层的力学试验成果，依据相关规范和手册，结合河床覆盖层各岩组的性状特征，对河床覆盖层各岩组的力学参数取值按照水力特征参数、变形性参数（压缩性参数）、抗剪强度参数、非线性应力应变参数和地基土承载力等几方面分别研究河床覆盖层的力学参数取值。

3.2.1 水力特征参数

（1）渗透系数。为查明河床覆盖层的渗透系数，在 3 个钻孔做了 1 组注水和 6 组抽水试验，其结果见表 11。测试结果表明河床覆盖层含漂砂卵砾石层、砂卵砾石层渗透性大，其透水性均为强透水，这与其含大量巨粒颗粒的实际相符。

表 11 抽（注）水试验测定渗透系数汇总

岩 组	孔 号	位 置	渗透系数 K_d（cm/s）
I、III	ZK4	10.5～14.9	1.13×10^{-2}
		14.35～18.75	5.03×10^{-2}
	ZK24	10.63～15.03	2.93×10^{-2}
		18.69～23.14	3.44×10^{-2}（注水）
II	ZK26	15.64～18.7	5.26×10^{-2}
		20.94～24.6	1.78×10^{-2}
		28.25～32.9	4.98×10^{-2}

（2）允许坡降。《水电工程勘察规范》[10]《水利水电工程地质勘察规范》[11]、B.C 伊斯托明娜[12] 都提出了允许坡降建议值，其中方法一是结合粗粒土各岩组颗粒的不均匀系数和曲率系数确定的，方法二是由临界坡降和破坏坡降的试验值除以安全系数来计算允许坡降，建议 1.5～2 折算；方法三是由不均匀系数 C_u 来确定允许坡降。综上所述，通过多种方法并对比，根据砂卵砾石试验值及上述不同方法确定的允许坡降范围值，保证取值的合理性。考虑 I、III 岩组成分接近，均颗粒较粗，故取 J_c 为 0.10～0.15；II 岩组颗粒略细，则取 J_c 为 0.15～0.20。

（3）抗冲性。河床冲刷区漂块卵石含量较高，呈中密状态，且长期处于大渡河的冲刷状态下，易冲刷物质已经被带走，相对卵砾石层，具有较强的抗冲性能。同时结合冲刷区水深，经工程类比，建议河床覆盖层的抗冲流速取 1.5～2m/s。

3.2.2 变形模量

变形模量 E_0 以载荷试验、动力触探、标准贯入等多种现场原位测试试验成果为基础，经综合分析来确定。每一种现场原位测试试验的原理、考虑的影响因素、对土样的扰动程度、试验误差等方面都存在差异，既各具优点，又各具缺点。因此，不同的现场原位测试试验获得的变形模量 E_0 是有差异的。另外，某些现场原位测试试验受试验条件影响，仅能测试一定深度或一定类型的覆盖层，因此，某些现场原位测试试验仅能获得某一岩组的变形模量 E_0。

通过对比这几种方法，再结合我国已有坝基覆盖层经验，最终建议 Ⅰ、Ⅲ岩组 E_0 为 40～45MPa；Ⅱ岩组 E_0 为 35～40MPa（见表 12）。

表 12 河床覆盖层物理力学参数建议值

岩组	名称	天然密度 ρ (g/cm³)	干密度 ρ_d (g/cm³)	允许承载力 p_R (MPa)	压缩系数 $a_{v0.1\sim0.2}$ (MPa⁻¹)	压缩模量 $E_{s0.1\sim0.2}$ (MPa)	变形模量 E_0 (MPa)	内摩擦角 φ (°)	黏聚力 c (kPa)	渗透系数 K (cm/s)	允许渗透坡降 J
Ⅰ、Ⅲ	含漂砂卵砾石层	2.20～2.30	2.00～2.20	0.55～0.60	0.01～0.02	35～40	40～45	32～35	0	5.26×10⁻²	0.10～0.15
Ⅱ	砂卵砾石层	2.10～2.20	2.00～2.10	0.50～0.55	0.015～0.025	30～35	35～40	30～32	0	4.98×10⁻²	0.15～0.20

3.2.3 抗剪强度

覆盖层的抗剪强度进行了室内直接剪切试验、高压三轴剪切试验、原位现场大型剪切试验及动力触探、标准贯入测试等测试试验，获得了河床覆盖层的抗剪强度指标内聚力 c 和内摩擦角 φ 等参数。力学试验集中在Ⅲ岩组含漂卵砾石层。

为了对河床覆盖层的对抗剪强度指标内聚力 c 和内摩擦角 φ 等参数进行合理取值，不仅要分析各种试验结果，而且要分析覆盖层各岩组特征。参考部分国内外工程坝基砂卵砾石层地基土强度参数，建议值大多接近试验值的下限，大部分工程取值在 35°左右。与金川坝址环境相近的都江堰工程、毛家村水库卵砾石的摩擦角取值分别为 33°和 37°。水电行业对晚更新世以后堆积的砂卵砾石作为坝基利用常规取凝聚力为 0。综合分析，金川电站坝基覆盖层建议的强度参数：Ⅰ、Ⅲ岩组，φ=32°～35°；Ⅱ岩组，φ=30°～32°，最终取值结果见表 12。

3.2.4 承载力

对于河床覆盖层的承载力主要考虑天然状态下的承载力大小。依据载荷试验和动力触探、标贯试验等试验资料，结合河床覆盖层的工程特征，以载荷试验成果为主，参考标贯和动力触探试验值来综合确定覆盖层承载力。

参考国内外及川西部分工程地基砂卵砾石层、砂土地基土承载力参数取值，可以看出，定名为砂卵石、砾石土的承载力根据其密实度不同存在较大差距，与金川坝址环境相近的有映秀湾水电站、铜街子水电站坝基。参考其他工程经验值，重点依据试验成果分析，综合选取坝基覆盖层建议的承载力参数：Ⅰ、Ⅲ岩组，f_k=550～600kPa，Ⅱ岩组，f_k=500～550kPa（见表 11）。

3.3 覆盖层物理力学参数建议值

从 3.1、3.2 的分析可知，由于河床覆盖层的厚度大、物质成分不均匀，埋深各异，物理力学性质差异较大。即便勘察中使用了多种方法进行了试验研究，但成果仍有较大的离散性，除了各岩组本身的物质组成和结构上的差异外，不同试验方法、同一方法不同试验点位及环境的差异均可造成测试成果的离散。总的规律是颗粒越粗，其物理力学特性越好；密实程度越高，工程特性也越好。综合前述各项试验成果及分析，提出表征坝基覆盖层宏观物理力学特性的主要参数建议值，见表12。

表中对土体除提出了变形模量建议值外，还提供压缩模量建议值，理论上由于压缩模量是在侧限条件下（无侧向变形），竖向应力和竖向应变的比值，其值应大于变形模量值，但由于土不是真正的弹性体，并具有结构性，且求解变形模量、压缩模量试验的要求不同，所以多情况下 E_0/E_s 都大于 1。相比较而言，变形模量 E_0 更能真实地反映天然土层的变形特征。

通过对河床覆盖层物理力学性质的研究分析发现，河床覆盖层物理力学特性具有以下特征：

（1）河床覆盖层各岩组存在物理力学性质差异：从前面的分析研究知道，Ⅰ、Ⅲ岩组比Ⅱ岩组的物理力学性质好，其变形性、抗剪强度、承载力等参数明显比Ⅱ岩组的大。

（2）河床覆盖层粗粒土岩组的干密度较大，据Ⅲ岩组现场大型力学配套物理性质试验成果：干密度 $2.17\sim2.30\mathrm{g/cm^3}$；孔隙比为 $0.17\sim0.25$，因此，河床覆盖层粗粒土岩组在原位状态下均呈较密实状态。另外，虽然Ⅰ、Ⅱ岩组处于河床的中下部，无法做现场原位试验，但其经过长时间的自然压实固结，覆盖层的可压缩性应该较Ⅲ岩组更小。

（3）覆盖层三大岩组的渗透性好。由室内渗透试验与多组现场抽注水实验可知，坝址覆盖层粗粒土渗透系数大，为 $10^{-3}\sim10^{-2}\mathrm{cm/s}$，属于强透水，会产生坝基管涌型渗透破坏问题。因此，设计中应考虑有效的防渗工程措施。

（4）覆盖层Ⅲ岩组可以作为坝基持力层。河床覆盖层粗粒土岩组的承载力相对较高，位于河床覆盖层浅表部的Ⅲ岩组其标准承载力为 $500\sim550\mathrm{kPa}$。而且其厚度较大，可以作为大坝堆石体基础。

综上所述，河床覆盖层物理力学性状较好，但存在坝基渗漏、坝基沉降、渗流破坏等主要工程地质问题，有待在设计工作中进一步分析和研究，并采取有效的工程措施。

4 结语

通过对某坝址区河床覆盖层进行了大量室内试验和原位测试，统计了相关物理力学参数，并分析了各参数的取值影响因素和取值方法，主要结论有：

（1）试验方法对河床覆盖层物理力学参数的影响主要在于模拟实际工程条件的程度，程度越高，参数可靠性越大。

（2）参数取值的合理性往往需要通过试验方法、规范方法、工程类比法等多种方法多角度对比来实现。取值时，应从最安全的角度分析，为工程建设提供可靠的物理力学参数指标。

（3）试验成果表明，河床覆盖层物理力学性状较好，但存在包括坝基渗漏、坝基沉降、渗流破坏等主要工程地质问题。

（4）本次工程试验及参数取值分析为本地区以及相关土性地区的工程建设物理力学参数

选取提供参考依据。

　　本阶段属于初期勘察阶段，对整个工程区的地质情况进行了探究，可能还存在不足，在工程设计及施工时还需要对关键部位参数取值进行更加细致的探究，以保证工程建设的安全可靠。

参考文献

［1］靳锴，唐鸣发．西南某水电站岩体物理力学参数取值研究［J］．科技通报，2015，31（03）：123-127.

［2］李鹏，焦振华．关中地区黄土工程参数变化及参数取值研究［J］．资源环境与工程，2017，31（04）：449-453.

［3］余波．水电水利工程地质参数取值问题的几点讨论［J］．水利水电技术，2013，44（08）：40-46.

［4］胡启军，付郁桐，刘明，等．岩体力学参数设计值多属性综合取值法［J］．工业建筑，2018，48（08）：92-97+110.

［5］程江涛，于沉香，万凯军，等．尾粉土物理力学参数概率分布模型及取值研究［J］．人民长江，2014，45（09）：90-94+101.

［6］周火明，孔祥辉．水利水电工程岩石力学参数取值问题与对策［J］．长江科学院院报，2006（04）：36-40.

［7］郭喜峰，谭新，彭潜．龙门峡水电站岩体力学试验及参数取值［J］．地下空间与工程学报，2018，14（S1）：68-72.

［8］国家质量技术监督局，中华人民共和国建设部联合发布．GB/T 50123—2019 土工试验方法标准［S］．北京：中国计划出版社，2019.

［9］中华人民共和国建设部，中华人民共和国国家质量监督检验检疫总局联合发布．GB 50021—2001 岩土工程勘察规范（2009 年版）［S］．北京：中国建筑工业出版社，2009.

［10］中华人民共和国住房和城乡建设部，中华人民共和国国家质量监督检验检疫总局联合发布．GB 50287—2016 水力发电工程地质勘察规范［S］．北京：中国计划出版社，2016.

［11］中华人民共和国住房和城乡建设部，中华人民共和国国家质量监督检验检疫总局联合发布．GB 50487—2008 水利水电工程地质勘察规范［S］．北京：中国计划出版社，2009.

［12］Ｂ·Ｃ·ISTOMINA．Percolation stability of soils［M］．Architectural publishing House，1957.

作者简介

　　李树武（1973—），男，正高级工程师，主要从事大中型水电站工程地质、地质灾害、岩土工程勘察工作。E-mail：373007827@qq.com

一种水电站用大尺寸数码时钟的设计方案

田源泉[1] 何 亚[2] 李 辉[1] 汪 林[1]

（1. 溪洛渡电厂，云南省昭通市 657300;
2. 重庆市梁平职业教育中心，重庆市 405200）

[摘 要]水电站中控室大型模拟返回屏为弧形，需要用到大尺寸时钟，用于显示年月日、时分秒。因该类时钟使用量少，且所用数码管尺寸巨大，大尺寸数码管与一般仪表用数码管结构原理差异较大，安装需要呈弧形均匀分布等原因，导致无法在市面上直接买到合适的成品。本文提出了一种水电站用大尺寸数码时钟电路及控制程序的设计方案，从而为水电站中控室大型模拟返回屏提供合适的大尺寸时钟。该方案可以实现时间、日期显示，数码管亮度调节，时间日期手动调整，与水电站卫星同步时钟自动对时的功能。同时本设计也为大型数码管驱动提供了成功的案例，供类似场合参考使用。

[关键词]模拟返回屏时钟；数码管驱动；卫星同步对时

0 引言

一般水电站中控室模拟返回屏上均安装有大尺寸数码时钟，用于显示年月日、时分秒。构成该时钟的数码管通常尺寸巨大，因此数码管安装位置和印刷电路板通常不在同一个位置，二者中间有一段较长距离的电缆连接，每个数码管与印刷电路板的距离、制造工艺带来的阻值均不相同，由此导致的各数码管每段导通阻值不一致，采用简单的限流电阻无法保证数码时钟各段显示亮度的均匀一致性。且大尺寸数码管结构特性要求驱动电路提供较高的电压和电流[1]，本文解决了如何让多位大尺寸数码管构成的水电站用大尺寸数码时钟各段显示亮度均匀一致，且让时钟所有的数码管亮度在一定范围内可手动调整，从而保证与模拟返回屏其他元件显示亮度协调一致等问题。

虽然数码时钟内部有实时时钟模块，但其固有误差难以避免，且随着运行时间的增加，累积误差越来越大，会失去正确的时间计量作用[2]。为了保持该数码时钟走时的精确性，本文所述的水电站大尺寸数码时钟设计有与水电站卫星同步时钟装置对时的接口，可保证本时钟长期走时的精确水平。

1 水电站用数码时钟用数码管概述

如图1所示，水电站用数码时钟由14个大尺寸数码管及必要的时间日期分隔符组成，均匀成弧形分布在水电站中控室模拟返回屏指定位置。其中年月日、时分秒各位之间的间隔符由前一位数码管 DP 段来控制。

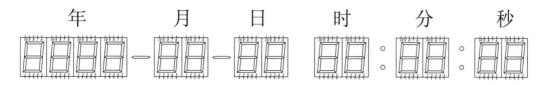

图 1　水电站用数码时钟数码管分布图

每个数码管内部的结构如图 2 所示。其中 A～G 七段均由 5 个单体发光二极管串连组成，日期间隔符由 5 个单体发光二极管串联组成，时间间隔符由 2 个单体发光二极管串联组成，共阴极连接至公共端。

一般来说单个发光二极管（LED）的正常工作电流为 1～20mA，小于 1mA 发光不明显，大于 20mA 则容易导致发光二极管烧毁，在此范围内电流越大亮度也越大。不同颜色的发光二极管单体，其正向导通压降（voltage forward，VF）也有差别，水电站用数码时钟多采用翠绿色的数码管，其 VF 值约为 3.1V，由多个二极管串联组成的数码管各段导通电压需要乘以串联的 LED 数量 N。对应本设计中数码管 A～G 段 VF 为 15.5V，日期间符 VF 为 15.5V，时间间隔符 VF 为 6.2V。

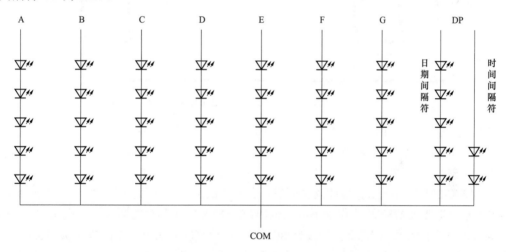

图 2　数码时钟单个数码管内部组成结构图

2　总体时钟方案设计

由于水电站用数码时钟含有 14 个大尺寸数码管，且数码管安装位置与驱动电路安装位置之间存在一定的路径，需要通过电缆来连接。众所周知，数码管的显示技术有静态显示和动态显示两种，若采用静态显示驱动基本上需要敷设 14 根 8 芯电缆（部分电缆有 1 根备用芯），若采用动态显示驱动，则只需要敷设 4 根电缆（3 根 8 芯，1 根 6 芯）即可。为控制成本、降低施工难度，本设计方案采用动态显示驱动数码时钟大尺寸数码管，详细连接原理图如图 3 所示。

根据上文所述，本设计方案中数码管各段正向导通压降 VF 最高为 15.5V，而水电站二次回路常用电源为 DC 24V，因此本设计中数码时钟工作电源宜采用 DC 24V。

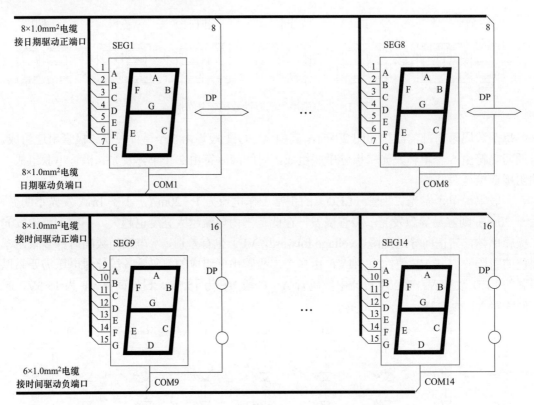

图3　时钟14个数码管与驱动电路连接原理图

　　如图4所示，时钟的14个数码管分为日期显示和时间显示两组，分为两组的主要依据是日期和时间间隔符的正向导通电压不同，对应的恒流电路有差别，同时也考虑了每个MAX7221芯片最大只能接入8个数码管这一限制条件。因大尺寸数码管每段导通电压最高达21.7V，MAX7221芯片无法直接驱动数码管，故在MAX7221芯片的阳极输出端用8路达林顿漏电流驱动器TD62783芯片作功率放大输出；在MAX7221芯片的阴极输出端采用74HC04反向器加8路达林顿灌电流驱动器ULN2803芯片作功率放大输出。在阳极TD62783功率放大芯片的后端，本设计还加入了一个8通道恒流源通道电路，该电路可以确保每段数码管所通过的电流恒定，可消除因为电缆距离、焊接工艺、元器件制造差异等因素导致的数码管各段之间阻值不同引起的发光二极管亮度不均匀的问题。

　　如图4所示，时间和日期两个MAX7221显示驱动芯片通过级联数据线串联，然后通过串行外设接口（serial peripheral interface，SPI）协议接入时钟控制用单片机ATmega48。考虑到时间数据变化比日期数据变化要更为频繁，所以时间显示驱动芯片放置在级联的第一级，这样在使用单片机更新MAX7221芯片控制指令或显示数据的时候就可以根据实际需要减少对日期显示芯片的刷新。

　　本设计中的时间日期信息由DS1302实时时钟模块提供，DS1302是由美国达拉斯半导体公司推出的具有涓细电流充电能力的低功耗实时时钟芯片，可为掉电保护电源提供可编程的充电功能，并且可以关闭充电功能。它可以对年、月、日、周、时、分、秒进行计时，且具有闰年补偿等多种功能，采用普通32.768kHz晶振。为了确保水电站模拟返回屏断电检修期间数码时钟的时间日期不丢失，DS1302模块配备有一块后备电池，该电池平时正常工作时由时钟模块作涓流充电，设备掉电后可保证 DS1302 模块继续走时。

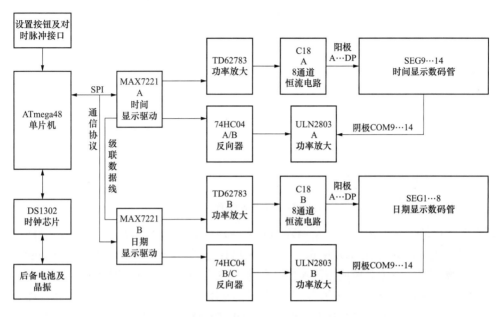

图 4　水电站用数码时钟总体电路原理框图

本时钟设计有手动调整时间日期的按钮，在必要的时候可以由电站维护人员手动调整时间日期。同时，本装置还设计有一个与水电站卫星同步时钟实现分钟脉冲对时功能的接口，若接收到电站分钟对时脉冲信号，ATmega48 单片机会对 DS1302 实时时钟内的时间日期进行校准，从而确保水电站用数码时钟的走时精确性。

ATmega48 单片机是本设计中的控制芯片，它是一款高性能、低功耗的 8 位 AVR 微处理器，工作于 20MHz 时性能可达 20MIPS，具有 4KB 系统内可编程 Flash，具有本项目所需要的硬件 SPI 接口。ATmega48 单片机依据检测设置按键及对时脉冲信号来调整 DS1302 实时时钟的时间日期，读取 DS1302 当前时间日期信息后，通过 SPI 协议写入两片 MAX7221 显示驱动芯片进而控制 14 位数码管实时显示当前时间日期及调节数码管的显示亮度。

3　大尺寸数码管恒流驱动及亮度调节

一般来说大尺寸数码管各段码的点亮方式有两种，一种是串联限流电阻，另外一种方式就是串联恒流供电通道。

串联限流电阻是根据各段数码管串联的 LED 个数来计算总体导通电压，确定发光电流后，再根据工作电压计算出限流电阻的阻值及功率，然后选择合适的电阻串入回路中。因水电站用大尺寸数码时钟各数码管距离电路板直接的距离不一致，线路阻值不尽相同，同时现场安装工艺、数码管制造原因等也容易导致不同数码管不同段的阻值不相同，且水电站提供的 DC 24V 电压可能存在一定幅度的波动，以上种种原因容易导致采用串联电阻的方式点亮数码管容易导致各数码管发光电流不完全相同，从而导致数码管不同部位显示的亮度存在明暗差异，进而影响水电站用大尺寸数码时钟的显示效果。

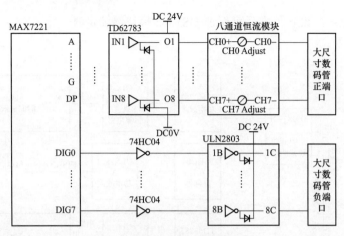

图 5 数码管恒流通道电路图

采用串联恒流供电通道，可完全消除串联限流电阻方式带来的显示亮度不均匀问题。具体方案如图 5 所示，数码管的动态显示由 MAX7221 芯片控制。因本设计中所驱动的数码管尺寸巨大，数码管各段正向导通压降 VF 最高为 15.5V，MAX7221 芯片不能直接点亮。故在 MAX7221 芯片的段码（A～G、DP）输出端用 8 路达林顿源极驱动器 TD62783 芯片将驱动电压提高至 DC 24V；在 MAX7221 芯片的位码（DIG0～DIG7）输出端经 74HC04 反相器匹配逻辑后用 8 路达林顿漏极驱动器 ULN2803 芯片将通过电流能力提升至几百毫安。上述功率放大芯片可在 DC 24V 电源±20%的波动范围内仍可正常工作。

如图 5 所示，为了使数码管工作电流恒定在目标发光电流，在数码管驱动回路内串联了一个八通道恒流模块，当某位数码管的某一段被接通时，无论此时回路电阻如何变化，恒流模块都可以让该段数码管发光电流稳定在目标值不变。根据水电站用大尺寸数码时钟的现场安装情况，可通过恒流模块每个通道的电流调整旋钮来调整目标发光电流，从而让数码管的发光亮度与整体环境相协调。

以八通道恒流模块其中的 CH0 通道来说明恒流通道的工作原理。如图 6 所示，恒流通道主要由三个部分的电路组成：电流采样及差动放大反馈电路、恒流控制放大电路、参考电压稳压电路。R5 为 0.5W，50Ω 精密电阻，具有低温漂特性，LM358 放大器（U1）与 R1～R4 电阻构成了差动放大电路，将 R5 两端的电压差放大输出至 R6。U2 运放负端输入电压为 R5 两端电压差。另外一个 LM385 放大器（U2）与 R6～R8 电阻、NPN 三极管 Q1 一起构成了恒流放大电路，恒定电流与运算放大器正端给定电压有关，与通道数码管的阻抗及 DC 24V 电压波动无关，因此通道电流的恒定转变成了 U2 放大器正端参考电压的恒定问题了。LM385 稳压二极管和 R9、R10、旋转电位器 RV1 一起构成了参考电压可调整的稳定电压输出，该稳定电压不受供电电压波动的影响，该电压供 U1 正端使用，从而确保恒流通道 CH0 流过的电流恒定。通过旋转 RV1 电位器，通道目标电流可在 0～24mA 之间连续可调。恒流通道目标电流公式为

$$I_{CH0} = \frac{1.235 \times R_{RV1} \times 1000}{R_{RV1max} \times 50} (mA) \tag{1}$$

式中　I_{CH0}——恒流通道目标电流，mA；

　　　R_{RV1}——旋转电位器当前位置电阻值，kΩ；

R_{RV1max} ——旋转电位器最大阻值，kΩ。

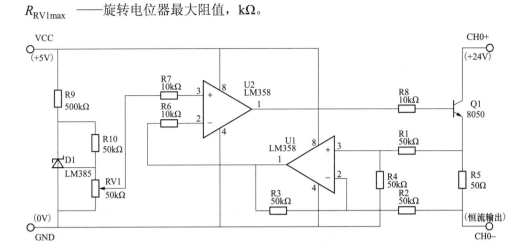

图 6　八通道恒流模块内部电路图

八通道恒流模块其他通道电路与 CH0 通道一致，不再赘述。除通过每个恒流通道的电流调整旋钮来调整数码管的亮度，还可通过 MAX7221 芯片内部的控制字来调整动态显示的输出占空比来实现数码管亮度的调节，该控制字可将亮度分为 16 挡，利用 ATmega48 程序控制亮度调节。

4　水电站用数码时钟的软件设计

在进行数码时钟功能流程软件设计之前要先写好基础的驱动函数。这些基础的驱动函数包括 SPI 读写操作函数、DS1302 时间、日期读取及写入设定函数；因 Max7221 可以工作在译码模式时产生的部分字符不够美观，本时钟设计采用软件译码，故还有提前设计好 Max7221 字符与段码对照表。这些基础的驱动函数为进一步的功能流程设计提供了实现的基础。

主控单片机软件流程如图 7 所示。装置上电后，首先进行单片机内部寄存器、时钟、IO 口的初始化，SPI 总线初始化、DS1302 实时时钟功能初始化、Max7221 显示驱动芯片初始化，检查内部存储的设置参数是否合理，若没问题，则判初始化完成，启动内置看门狗。Max7219 芯片的初始化设置程序为例进行说明。

```
void Max7221_init(void)
```

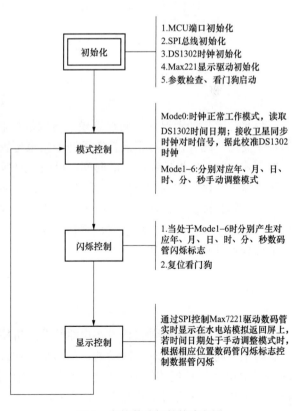

图 7　主控单片机软件流程图

```
{
    PORTB.4=0;spi(0X09);spi(0X00);spi(0X09);spi(0X00);PORTB.4=1;
    //显示模式设置为非译码模式
    PORTB.4=0;spi(0X0a);spi(0X06);spi(0X0a);spi(0X06);PORTB.4=1;
    // 默认亮度占空  比设置,如不合适在调试时可根据现场情况调整
    PORTB.4=0;spi(0X0b);spi(0X05);spi(0X0b);spi(0X07);PORTB.4=1;
    //显示位数控制,  时间6位,日期8位
    PORTB.4=0;spi(0X0c);spi(0X01);spi(0X0c);spi(0X01);PORTB.4=1;
    //启用 Max7221?是!
    PORTB.4=0;spi(0X0f);spi(0X00);spi(0X0f);spi(0X00);PORTB.4=1;
    //开启测试模式?否!安装调试过程中可启用此模式
}
```

初始化完成后,程序进入主循环内,主循环主要实现模式控制、闪烁控制、显示控制三个部分。其中,模式控制分为 7 种,Mode0 为时钟正常工作模式,其余分别对应日期时间的手动设置模式。正常工作模式部分代码如下:

```
void Mode_ctrl(void)
{…
 switch(mode)
 {…
 Case 0:rtc_get_date(&d,&mo,&y);        //读取 DS1302 日期
        rtc_get_time(&h,&mi,&s);        //读取 DS1302 时间
        if(minpluse)                    //如果接收到卫星同步时钟分钟对时信号
        {if(s>29){mi++;s=0;}            //秒钟大于 29 则分钟加 1,然后秒钟清零
        else {s=0;}                     //秒钟小于等于 29 则直接将秒钟清零
        rtc_set_time(h,mi,s);           //更 DS1302 新实时时钟模式时间信息
        }
        break;
…
 }
```

当时钟模式处于日期时间设置模式时闪烁控制分别产生 6 种闪烁标志,该标志以 0.5Hz 的频率变化,此外在闪烁模式控制函数的结束位置进行看门狗复位操作;显示控制函数通过根据模式控制及闪烁控制产生的时间、日期、闪烁状态通过 SPI 操纵 Max7221 芯片进而控制数码管显示。显示控制完成后程序跳转至模式控制函数,反复进行上述步骤循环,使水电站大尺寸数码时钟保持正常工作。若因某些原因导致主控 ATmega48 芯片死机,未及时复位内部看门狗电路,程序可自动重启,重新从初始化程序开始执行,因实时时钟模块的存在,重启不会导致时间日期紊乱。

5　结语

上述水电站数码时钟设计方案电路简单、价格便宜、显示清晰、工作稳定,且本时钟设计有与卫星同步时钟自动对时功能,故可极大地提高水电站模拟返回屏时间日期显示精度,满足当前电站计算机监控系统的运行要求,该设计现已完成试验调试,拟计划在某水电站投入实际使用。而且对于其他类似场合的应用移植,只要在软件/硬件上对它稍加改动便能运用,其他类型的大尺寸数码管恒流驱动电路可参照此思路设计,因此具有很大的实用性和推

广价值。

参考文献

[1] 徐道兵. 大尺寸数码管的动态驱动和保护电路设计 [J]. 单片机与嵌入式系统应用，2009（03）：73-75.

[2] 张树强，李昱，刘桐杰. 时间同步系统实现全厂统一校时的方案研究及应用 [J]. 自动化博览，2018，35（11）：112-116.

[3] 张华林. MAX7221 的原理与应用 [J]. 漳州师范学院学报（自然科学版），2004（01）：43-47.

作者简介

田源泉（1988—），男，工程师，主要从事水电厂二次设备维护工作。E-mail：tian_yuanquan@ctg.com.cn

何　亚（1988—），女，讲师，主要从事计算机技术教育及应用开发。E-mail：he_ya133@exmail.com.cn

李　辉（1982—），男，高级工程师，主要从事水电厂二次设备维护班组管理工作。E-mail：li_hui5@ctg.com.cn

汪　林（1986—），男，工程师，主要从事水电厂二次设备维护班组管理工作。E-mail：wang_lin6@ctg.com.cn

反倾层状结构岩质边坡倾倒变形破坏研究综述

赵国斌　王寿宇

（水电水利规划设计总院有限公司，北京市　100011）

[摘　要]反倾层状结构岩质边坡在工程建设中较为常见，倾倒变形破坏是该类边坡的主要破坏型式。由于岩体结构复杂、影响因素众多，破坏历时时间长，研究进展相对缓慢。本文从倾倒变形破坏的类型划分、影响因素、基本特征、稳定性评价四个方面总结了研究现状，提出了在倾倒变形破坏研究中，应从"岩体结构控制论"的观点出发，构建工程地质模型，分析各因子的影响程度，引入风险评估的理念为工程治理提供决策依据。

[关键词]反倾层状结构；岩质边坡；弯曲倾倒变形；工程地质模型；研究展望

0　引言

岩体中的斜坡稳定性一直是工程地质和岩体力学领域关注的科学问题，而反倾层状结构岩质边坡因其特殊的结构类型不易形成贯通滑动面而引起整体滑动，使得这方面的研究深度远不及其他类型的边坡。近几十年来，反倾层状结构岩质边坡的弯曲倾倒变形破坏在大型露天矿开采、水电工程建设中屡见不鲜，例如金川露天矿边坡[1,2]、抚顺露天矿边坡[3]、黄河茨哈峡水电站[4]、黄河拉西瓦水电站[5]、澜沧江苗尾水电站[6]、澜沧江小湾水电站[7]、雅砻江锦屏水电站[8,9]、金沙江白鹤滩水电站[10]等工程中的此类变形破坏，均得到了充分的重视与研究。反倾层状结构岩质边坡破坏往往与岩体中的弯曲拉裂面有关，倾倒变形破坏是其主要破坏类型，此类破坏从形成到失稳需经历较长的时效变形孕育过程，且程度剧烈，危害严重。由于反倾层状结构岩质边坡岩体结构复杂、倾倒变形破坏影响因素众多，使得研究进展相对缓慢。国内外学者对其研究始于 20 世纪 70 年代，王思敬院士在研究金川露天矿边坡[7]和龙滩水电站坝址区层状结构岩质边坡稳定性研究[6]的基础上开拓了我国层状结构岩质边坡倾倒变形破坏的理论体系，为该类边坡的勘察、设计及治理提供了足够的技术支撑。本文从倾倒变形破坏的类型划分、影响因素、基本特征、稳定性分析方法四个方面总结了目前的研究现状，为工程技术人员开展研究提供参考。

1　倾倒变形破坏类型

自从 Talobra（1957 年）首次对反倾层状结构岩质边坡倾倒变形破坏实例进行了工程地质描述后，此类破坏现象开始被逐渐关注起来。20 世纪 70 年代开始，国内外学者开展了深入细致的研究，通常国内学者把该类现象形象的描述为"点头哈腰"，缪勒教授也在其 1968 年的研究中提出了 Vajont 水库滑坡也与层状岩质边坡的倾倒变形破坏有关。大量工程实践也表明，层状结构岩质边坡倾倒变形破坏是地质环境中广泛存在的地质灾害现象[11]。

在类型划分研究方面，其最早系统划分是 Goodman 教授和 Bray 教授 1976 年提出的原生（3 种亚类）和次生（5 种亚类）共 2 大类、8 个亚类，称之为 Goodman-Bray 分类[12]，原生倾倒类型包括弯曲倾倒、块体倾倒与块状块体弯曲倾倒三个亚类，次生倾倒变形分为滑移-坡顶倾倒、滑移-基底倾倒、滑移-坡脚倾倒、张拉-倾倒、塑流-倾倒五种类型。在我国，得到广泛应用的是王思敬院士提出的 4 个大类、9 个亚类的倾倒变形破坏类型[1]，反倾层状结构岩质边坡类型及倾倒变形破坏型式见表 1。

表 1 反倾层状结构岩质边坡类型及倾倒变形破坏型式[1]

类型		岩层倾角	变形破坏类型	岩体结构	变形控制因素	实例	变形破坏机制	备 注
I	I-1	<25°	卸荷回弹	互层	应力释放	向家坝	沿后缘已有的裂隙拉开	应力不变时，变形减速发展，水平深度小于 325m，坡度 55°
	I-2		滑移-拉裂-剪断	似均质层状		龙羊峡	在后缘产生拉裂，有层间错动	破坏深度为坡高的 1/2，规模 100～1000×10⁴m³
	I-3		滑移-倾倒-崩塌	软基		盐池河	沿已有构造裂隙进一步拉开	规模 100×10⁴m³
II	II-1	25°～65°	弯曲（倾倒）-拉裂-（滑移）	均质层状	岩体自重应力	五强溪	在坡面形成反阶台坎，层间错动发育，层面发育切层、楔形张裂，坡顶缘产生拉裂，坡体岩体产生弯曲、倾倒变形	变形水平发育深度 60m（三滩）；破坏零星，规模 1288×10⁴m³（龙滩）；变形水平发育深度 30～70m（敷溪口）；拉裂垂直深度 15～20m（隔河岩）
	II-2		弯曲（倾倒）-拉裂	互层	岩体自重应力+岩体结构	锦屏三滩龙滩敷溪口隔河岩		
	II-3		塑流-拉裂	软基		加拿大 Frank 乌江黄崖	岩体弯曲，下部软基产生不均匀压缩，坏体后缘产生拉裂	破坏规模 3650×10⁴m³（Frank），变形垂直深度 150～200m
III	III-1	>65°	弯曲-拉裂—（倾倒）-滑移	均质层状	岩体自重应力	锦屏水文站	坡体岩层产生大弯曲变形，层间错动切层张裂发育，岩体折断倾倒而整体失稳	滑面水平深度大于 80m，规模 1800×10⁴m³
	III-2		倾倒-蠕变	互层	岩体自重应力+岩体结构	天生桥金川碧口	在坡面形成反阶台坎，层间错动与切层张裂发育，易沿顺坡向节理面产生倾倒	弯曲倾倒深度 3～5m（天生桥）；倾倒蠕变体厚度平均 20m（碧口）；破坏规模 30×10⁴m³（金川）
IV		35°～80°	塑流-剪断	软基	坡体内特殊岩体结构	溪口滑坡	中部钙质胶结角砾层形成锁固段，累进性破坏而失稳	滑坡转化为高速碎屑流

2 倾倒变形破坏影响因素研究

倾倒变形破坏与边坡岩体的物质组成、岩体强度和岩层及边坡的几何特征有关，同时风化卸荷、人类活动、地下水活动和地震作用也起到诱发作用。本节论述了在这方面的研究成果。

2.1 岩体物质组成的影响

岩体的物质组成是反倾层状结构岩质边坡倾倒变形破坏的内在因素之一。实例研究发现，倾倒变形破坏多发生在软硬岩层组成的岩体中，例如上硬下软的岩体组成、中部或下部存在软弱夹层、软硬岩互层发育等岩质边坡多易于发生倾倒变形破坏。因此在对岩体物质组成的影响方面也多集中在岩层组合特征和软弱夹层的研究上，因为软弱夹层的发育位置及抗变形能力影响着倾倒变形破坏的发生。

2.2　岩体强度的影响

岩体强度由岩体中结构面的抗剪强度和岩块强度有关。众多研究表明，结构面的抗剪强度对倾倒变形破坏模式起控制作用，其中内摩擦角对起到了控制作用，黏聚力的影响则较小[13]，这一结论也得到了基底摩擦试验和离心机试验结果得以验证[14,15]。Bray（1981 年）、Goodman（2013 年）等人通过揭示了这一规律。另外，在对破坏时效性研究方面，反倾边坡岩层层面内摩擦角较大时其破坏模式为瞬时性，而当内摩擦角较小时其破坏模式则为渐进性。

除岩块的抗拉强度对倾倒变形破坏也起到控制作用外[16]，由软质岩和硬质岩组成的边坡，则受软质岩强度的控制，因为在软岩强度很低时，岩体的弯折和剪切都会沿软弱岩层发生，岩体强度还取决于两种岩层的组合分布均匀程度。

2.3　岩层倾角的影响

岩层的几何特征是影响倾倒变形破坏的主要因素，其中岩层倾角为主控因素，其次为岩体结构与坡角[17]。岩层倾角影响主要体现在自重应力的作用上，其变化对倾倒变形加速持续时间的长短有较大的影响，当岩层倾角越小，倾倒变形加速所持续的时间越长[18]。工程实例研究表明：①在近水平层状结构岩体边坡中，应力（构造残余应力）释放是引起岩体松弛的主要诱因；②对于缓倾角或者中等倾角反倾向边坡，自重应力与软基效应起控制作用，而对于岩层倾角大于 25°的边坡无一例外都受到这两个因素的控制，变形倾倒破坏主要表现为典型的弯曲-拉裂型或受软基控制的软基压缩-拉裂型；③在岩层倾角较陡的情况下，由脆性岩层构成的反倾向边坡，其失稳破坏主要表现为陡倾岩层的弯曲-拉裂-折断-崩塌型，而柔性岩层构成的反倾向边坡，此时亦可发生强烈的塑性弯曲变形。岩层倾角对反倾向边坡变形破坏的另一个影响是对破坏发育深度的控制作用。研究表明，在中等倾角范围内（35°～65°），边坡变形破坏发育的深度最大。

2.4　边坡几何特征的影响

边坡几何特征对倾倒变形破坏影响体现在边坡坡高、坡角、倾向等方面。表现为：①坡高与反倾向变形破坏有着直接的关系，随着坡高 H 的增大，边坡变形破坏发生的水平深度 D 呈直线变化；②边坡坡角对边坡变形破坏具有较大程度的影响。实例统计表明，发生变形破坏边坡的坡角都在 30°以上。一般而言，在岩层倾角相同的条件下，坡角越大，岩层变形深度愈浅，反之亦然。倾倒变形破坏的岩层倾角 α 与边坡角 β 的关系表明，发生弯曲倾倒变形的起始倾角和坡角多大于 30°，少数有外力作用的边坡（黄蜡石、浪石滩）起始倾角和坡角可略小于 30°。75%以上的弯曲倾倒变形破坏集中在 $80°<\alpha+\beta<130°$ 范围内，岩层倾角 40°～70°，坡角 40°～60°时，反倾向层状结构岩质边坡发生弯曲倾倒变形的可能性较大。

2.5　外部因素的影响

（1）对倾倒变形破坏的外部因素包括风化卸荷、地下水影响、地应力作用和人类活动等方面。在风化、卸荷作用下，反倾层状结构岩质边坡中易于形成倾倒变形体或滑坡体。岩质边坡卸荷过程中发生的变形破裂趋势控制了卸荷岩体破坏的发展演变过程，锦屏一级电站坝址区的深裂缝是卸荷作用的典型代表。

（2）地应力对边坡变形破坏模式的总体控制作用主要在于地质构造应力，单靠边坡岩体的自重应力是不可能发展成为倾倒变形的，或者不能发展形成典型的倾倒变形破坏。另外剥蚀残余应力也对倾倒变形破坏产生的影响表现为岩体中存在的水平应力远大于由岩体自重的侧向效应引起的水平应力，这也是在高陡卸荷严重的反倾层状结构岩质边坡中深大卸荷裂缝产生的原因。

（3）人类活动的影响主要是在边坡的开挖过程中，不仅恶化了坡体的应力状况，而且为其提供了极为难得的且非常有利的变形空间，表现在坡体总体上产生以向空区沉陷（或压缩）为主的变形，并伴随坡顶的张裂，张裂缝的扩展及顶板的累进性破坏。

另外，D.C Martin（1991 年）、伍法权（1997 年）、王宇、李晓（2013 年）等人也研究地下水活动及地震对倾倒变形破坏的显著影响。

3 倾倒变形破坏的表现形式

倾倒变形破坏通常表现在以下几个方面：

（1）破坏程度往往由地表向坡里深处，逐渐减弱，在垂直剖面上可分为上部倾倒带、中部弯曲折断带和下部过渡带，三带之间一般呈逐渐过渡状接触，无明显界面存在。

（2）变形破坏深度一般不低于边坡坡脚高程，自然边坡中弯曲倾倒变形体一般多限制于弱风化岩体及其以上强、全风化带岩体内，且倾倒带和弯曲折断带多为全、强风化的或弱风化的岩体，过渡带多为弱风化下部或微风化岩体。

（3）变形岩体与下伏正常基岩的接触包括过渡式接触和突变式接触，前者表现为无明显不连续界面存在，后者表现为两者之间存在一明显的弯曲折断面，弯曲折断面追踪顺坡向节理和缓倾角节理发育，呈锯齿状起伏，沿折断面可见重力错位和架空状张拉裂缝，局部地段折断面可发展为滑动面，形成滑坡。

（4）变形破坏通常沿层面或层间软弱结构面产生错动，错动方向一般为上盘向下，下盘相对向上，在坡面形成反坡向变形陡坎；层间岩块则发生平动位移和角位移，水平位移略大于垂直位移，地表位移量大于深部位移量，且在平面和剖面上各点位移量、位移速率、位移矢量指向都存在不协调的趋势，唯整体上边坡向破坏发生弯曲倾倒变形。

4 倾倒变形破坏的演化过程

反倾层状结构岩质自然边坡和工程边坡的演化过程各有差异。自然边坡的倾倒变形破坏往往经历了漫长的地质历史过程，积累了相当长时间的时效变形，即弯曲倾倒变形孕育时间长，正如长江黄蜡石边坡弯曲倾倒变形水平位移速率为 0.03～0.15mm/a。工程边坡的变形破坏过程与自然边坡有着本质差别，由于其具有卸荷快、成坡时间短，此类边坡的弯曲倾倒变形具有变形速率高、几乎与边坡开挖同步发生等特点，碧口溢洪道开挖的千枚岩边坡和砂、页岩互层的天生桥电站厂房边坡在开挖形成后即发生了明显弯折倾倒。

目前，学者们在研究边坡的演化阶段划分为：①余鹏程（2007 年）提出的弱倾倒-层间剪切滑移、强倾倒-层间拉裂破裂、强倾倒-切层张性剪切破裂、极强倾倒折断张裂（坠覆）破裂 4 个阶段；②鲍杰、李渝生等（2011 年）提出的卸荷回弹-倾倒蠕变、层内拉张-切层张剪破裂、弯曲-折断变形破裂、底部滑移-后缘深部折断面贯通破坏 4 个阶段；③李霍、巨能攀等（2013 年）将倾倒变形岩体受力变形过程分为应力调整结构面张拉贯通、岩体变形受压、坡脚岩体挤胀扩容、岩体失稳破坏 4 个阶段；④Zelin Zhang，Gao Liu（2014 年）将其分为弯曲-拉伸、弯曲断裂、滑拉开裂变形、地面塌陷和深部滑移 5 个阶段。

5 变形稳定性分析方法概述

反倾层状结构岩质边坡弯曲倾倒变形不同于滑坡变形破坏，在稳定性分析中刚体极限平衡方法的应用受到限制。本节介绍了目前常用的倾倒变形破坏的稳定性分析方法。

5.1 Goodman-Bray 法及其改进

Goodman 和 Bray 基于基底面摩擦模拟技术对倾倒变形现象进行了物理模型研究，形成了"岩块在阶梯状底面上倾倒的极限平衡分析"，即块体式倾倒的极限平衡分析法，即 Goodman-Bray 法（简称 G-B 法）[12]。该方法将倾倒体沿垂直岩层方向离散为若干倾斜条块，并采用静力平衡条件评价边坡倾倒危险性，依据受力情况将条块分为稳定、倾倒破坏、滑动破坏三种状态。当前研究中学者们对其进行了大量的改进和研究，包括引入安全系数、考虑岩体结构面的分布特征及连通率、引入传递系数与等效倾倒重度和考虑地下水作用等方法的改进[19]。

5.2 板裂介质岩体力学方法

孙广忠教授在"岩体结构控制论"的基础上引入板裂介质岩体力学的观点[20]，该观点在描述板裂结构岩体倾倒破坏和溃屈破坏的机理研究方面得到了应用和发展，并提出了弯折-倾倒力学模型、弯曲-溃屈力学模型、直立边坡弯折力学模型及溃屈力学模型四种力学模型。在此基础上，进一步提出了悬臂梁理论判据，基于该理论运用极限平衡法研究反倾层状岩质边坡变形破坏，是一种既注重变形过程又注重力学分析的可行方法，通过不断的应用发展，研究者们陆续提出了反倾层状边坡折断判据[21]；张以晨等利用弯曲-拉裂模型研究了反倾边坡破坏模式[22]；卢海峰等分析 Adhikary 和 Dyshin 悬臂梁模型，建立了改进的悬臂梁极限平衡模型[23]；柴波等基于叠合悬臂梁与独立悬臂梁模型，研究了三峡库区巫峡段某倾倒变形边坡[24]。

6 结语

反倾层状结构岩质边坡倾倒变形破坏是一个复杂的地质体破坏的演化过程，我国工程地质学者们基于"岩体结构控制论"的观点对倾倒变形破坏进行了深入细致的研究，也取得了丰富的成果，然而，由于具有破坏类型多样，历时时间长，影响因素众多，演化机理复杂等特点，尚需从以下方面开展进一步的研究工作。通过不断地倾倒变形破坏实例研究，从岩层弯曲倾倒倾角变化规律、弯曲倾倒折断深度及弯曲倾倒时空演化特征等方面开展深入研究工作：

（1）以工程地质模型研究为基础，建立的板裂介质岩体力学模型从倾倒变形特有的变化特征角度系统分析评价其稳定性，体现工程地质模型的重要性。进一步的研究工作应以此为基础进行稳定性研究。

（2）应在系统分析倾倒变形影响因子基础上，对比分析不同评价指标的优劣性，确定各因子敏感度，建立反倾边坡易倾倒几何模型，这对倾倒变形机理研究认识具有重大意义。

（3）重视反倾层状结构岩质边坡倾倒变形破坏影响因素研究，定性和定量方法相结合，建立较为统一的评判依据，引入风险评估的手段，综合评价其稳定性，为工程治理提供经济合理的依据。

参考文献

[1] 王思敬. 反倾向层状结构岩质边坡分类及稳定性评价准则 [R]. 1995.

[2] 王思敬. 金川露天矿边坡变形机制及过程 [J]. 岩土工程学报, 1982（01）: 76-83.

[3] 孙玉科, 杨志法, 丁恩保. 中国露天矿边坡稳定性研究 [M]. 北京: 中国科学技术出版社, 1999.

[4] 王云南, 任光明, 邱俊. 黄河某水电站库区Ⅲ#滑坡形成机制研究 [J]. 长江科学院院报, 2017, 34（04）: 117-121.

[5] 王军. 黄河拉西瓦水电站坝前右岸果卜岸坡变形演化机制研究 [D]. 成都: 成都理工大学, 2011.

[6] 余鹏程. 澜沧江苗尾水电站坝址区岩体倾倒变形特征及坝肩岩体稳定性分析 [D]. 成都: 成都理工大学, 2007.

[7] 杨根兰, 黄润秋, 严明, 等. 小湾水电站饮水沟大规模倾倒破坏现象的工程地质研究 [J]. 工程地质学报, 2006, 14（2）: 165-171.

[8] 徐佩华, 陈剑平, 黄润秋, 等. 锦屏水电站解放沟反倾高边坡变形机制的探讨 [J]. 工程地质学报, 2004（03）: 247-252.

[9] 王如宾, 徐卫亚, 孟永东, 等. 锦屏一级水电站左岸坝肩高边坡长期稳定性数值分析 [J]. 岩石力学与工程学报, 2014, 33（S1）: 3105-3113.

[10] 徐湘涛. 金沙江白鹤滩水电站高边坡岩体力学特性及其稳定性研究 [D]. 成都: 成都理工大学, 2012.

[11] Brabb E E, Harrod B L. Landslides: extent and economic significance [C]. Washington DC: 1989.

[12] Goodman R E, Bray J W. Toppling of rock slopes, specialty conference on rock engineering for foundation sand slopes [J]. American Society of Civil Engineering. 1976，2: 201-234.

[13] 苏立海. 反倾层状岩质边坡破坏机制研究 [D]. 西安理工大学, 2008.

[14] Bray J W, Goodman R E. The theory of base friction models [J]. International Journal of Rock Mechanics and Mining Sciences&Geomechanics Abstracts. 1981，18（6）: 453-468.

[15] Goodman R. Toppling-A Fundamental Failure Mode in Discontinuous Materials-Description and Analysis [C]. 2013: 2338-2368.

[16] Alzo'ubi AK, Martin C D, Cruden D M. Influence of tensile strength on toppling failure in centrifuge tests [J]. International Journal of Rock Mechanics&Mining Sciences. 2010（47）: 974-982.

[17] 黄润秋, 王峥嵘, 许强. 反倾向岩质边坡变形破坏规律分析 [M]. 成都: 西南交通大学出版社, 1994.

[18] 左保成. 反倾岩质边坡破坏机理研究 [D]. 武汉: 中国科学院研究生院武汉岩土力学研究所, 2004.

[19] 孙广忠. 岩体结构力学 [M]. 北京: 科学出版社, 1988.

[20] 谢良甫. 反倾层状岩质斜坡倾倒变形特征及演化机理研究 [D]. 武汉: 中国地质大学, 2015.

[21] 陈红旗, 黄润秋. 反倾层状边坡弯曲折断的应力及挠度判据 [J]. 工程地质学报, 2004, 12（3）: 243-246.

[22] 沈世伟, 张以晨, 佴磊. 反倾层状岩质边坡倾倒破坏力学模型 [J]. 吉林大学学报（地球科学版），

2011，41（增 1）：207-213.

[23] 卢海峰，刘泉声，陈从新. 反倾岩质边坡悬臂梁极限平衡模型的改进 [J]. 岩土力学，2012，33（2）：577-584.

[24] 柴波，殷坤龙，周春梅. 三峡库区巫峡段反倾岩石边坡的破坏机制及判据 [J]. 岩石力学与工程学报，2014，33（8）：1635-1643.

高海拔偏远地区水电站送出通道安全风险及应对策略研究

李政柯

（雅砻江流域水电开发有限公司，四川省成都市　610000）

[摘　要] 我国西南地区水能资源丰富，但受自然条件的限制，当前在建和后续规划的水电站大部分都位于高山峡谷地区，具有海拔高、地理位置偏远的特点，其送出通道存在诸多安全风险。本文通过全面调查某水电站送出通道的现状，针对电站地处高海拔、地理位置偏远存在的困难和问题，吸取近年来同类型电站和送出通道发生的事故经验，从气象条件、地质条件和系统条件对安全风险进行评估和分析，研究具体的应对提升策略，以保障电站安全稳定运行，并为国内同类型水电站安全稳定运行提供参考借鉴，具有广阔研究前景。

[关键词] 高海拔；位置偏远；送出通道；安全风险；提升策略

0　引言

　　某水电站位于四川省凉山彝族自治州木里县境内的雅砻江中游河段，装机容量为 1500MW（4×375MW），计划 2021 年底全部投产发电。电站由 2 回 500kV 线路接入雅砻江换流站，通过雅湖±800kV 特高压直流输电通道将电能输送至江西。

　　该水电站所处地理位置海拔超过 2100m，距离西昌市的公路里程约 235km。电站具有高海拔、地理位置偏远等特点，为典型的高远地区水电站。其送出通道所经过的区域为川西高原，气象和地质条件比较复杂，大风、雷电、暴雨、冰雪、山火等自然灾害以及滑坡、泥石流、山体崩塌等地质灾害都对送出通道的安全产生影响。雅湖直流输电工程途经四川、云南、贵州、湖南、江西五省。通道经过的部分地区易发生雨雪冰冻、暴雨泥石流和山火等灾害，对水电站的电力送出也将产生间接影响。

　　因此，针对该水电站送出通道的特点开展安全风险评估，并采取有效的应对策略，以保障电站长期安全稳定运行[1]。同时，其应对策略可为提高国内同类型水电站送出通道的安全管控水平提供参考。

1　送出通道现状调查

1.1　送出通道基本情况

　　该水电站至雅砻江换流站 500kV 输电线路全长 2×156km，沿途经过凉山州的木里县和盐源县 2 个行政区域。雅湖直流输电工程起于四川省盐源县，止于江西省抚州市，途经四川、云南、贵州、湖南、江西五省，输送容量 800 万 kW，线路全长 1711km，具有电压等级高、输送容量大、输电距离远等特点[2]。

1.2 送出通道气象条件

该水电站送出通道沿线区域极端最低气温–10.7℃，极端最高气温 41.2℃。沿线海拔在 2000～4200m 之间，冬季全线为覆冰区。其中，约 2×131km 为 10mm 轻冰区，约 2×14km 为 15mm 中冰区，约 2×11km 为 20mm 重冰区。

送出通道经过木里县和盐源县的集中林区，大部分区域为原始森林，风速为 27m/s，约 2×11km 为 29m/s 风区。林区在春季极易发生山火。由于气候干燥、风向变化无常，加上山势陡峭、交通不便，一旦发生山火，火势蔓延很快，扑救难度很大[3]。

1.3 送出通道地质条件

电站送出通道所在大区域为青藏高原与云贵高原的过渡带。整个地势西高东低，北高南低，河流深切，岭谷相对高差达 1400 余米，呈现出典型的高山峡谷地貌。区域岩体破碎，暴雨集中，沿沟和谷坡以及山脊部位不良地质作用发育，主要表现为崩塌、滑坡、泥石流等[4]。

根据 GB 18306—2015《中国地震动峰值加速度区划图》、GB 18306—2015《中国地震动反应谱特征周期区划图》、GB 50011—2010《建筑抗震计规范》。送出通道路径地震动反应谱特征周期为 0.45s，设计基本地震动加速度值 0.20g，对应的抗震设防烈度为 8 度。

1.4 送出通道交通条件

电站送出通道可利用的交通运输线有省道、县道、乡村公路和林场道路，乡村公路坡陡路险，雨季经常水毁塌方，多数公路距离线路较远。

2 送出通道风险评估

2.1 气象条件影响分析

2.1.1 雨雪、冰冻因素影响分析

温度和湿度的极端变化会导致电力线路、杆塔和地基材料的强度和刚度随之变化。材料的体积随环境温度和湿度的升降而产生膨胀和收缩，当这种胀缩受到约束时便产生应力，进而对材料结构产生破坏性作用，最终导致线路断裂和杆塔倒塌[5]。

当输电线路在承受过载覆冰后，覆冰段的导地线、绝缘子、金具因过载而疲劳损伤、变形，在一定条件下容易导致绝缘子及金具串断裂掉串、导线断线等事故发生。送出通道沿线海拔在 2000～4200m 之间，冬季全线为覆冰区。相对高差较大、连续上下山、相邻两侧杆塔相差悬殊等地段，在冬季极易因覆冰造成线路中断和杆塔倒塌[6]。

下面以国内近年来因气象条件造成送出通道受阻典型案例进行分析。

（1）2008 年 1 月 20～27 日，伴随全国大面积的风雪降温天气，位于四川省攀枝花市的 ET 水电站 500kV 部分线路经过高海拔、严寒地带，山区复杂的环境使普天线于 1 月 20 日 19:41 跳闸；气候条件进一步恶化使普洪 I 线、普洪 II 线在 26 日 20:38、22:06 相继跳闸；27 日 12:35 普叙线跳闸，ET 水电站连接主网的 4 回线路全部中断，电站与攀枝花电网仅通过 2 回 500kV 线路连接，形成孤网运行。ET 水电站日发电量从 3500 万 kWh 降到 211 万 kWh，不但电站稳定运行面临压力，而且造成四川电网的日电量缺口从 3000 万 kWh 增加到近 7000 万 kWh，大大加剧了川渝地区的缺电局面。

（2）2013 年 12 月 28 日，四川电网受冰雪灾害天气影响，500kV 月普Ⅱ线、城沐Ⅱ线先后跳闸，29 日 500kV 榄普Ⅰ线、月普Ⅰ线先后跳闸 [7]。国调多次下令紧急调整锦官电源组（JD 水电站、JX 水电站和 GD 水电站）计划出力。期间，JD 水库被迫弃水约 13h（流量约为 550m³/s）。

（3）2018 年 2 月 6～8 日，四川西部出现大幅降温降雪天气，攀西地区 500kV 线路大面积覆冰，雅砻江流域各电站 500kV 送出通道均受到不同程度影响。2 月 7 日 18:25，JX 水电站 500kV 西锦Ⅰ线故障跳闸；2 月 7 日 19:35，ET 水电站 500kV 二普Ⅰ线故障跳闸；2 月 8 日 05:32，JX 水电站 500kV 西锦Ⅱ线故障跳闸。期间，JX 水电站仅 1 回 500kV 送出线路运行，ET 水电站仅 1 回 500kV 送出线路与四川主网连接，存在极大的孤网运行风险。

（4）2019 年 1 月 1～3 日，受区域持续雨雪冰冻天气影响，JD 水电站 500kV 东天双线（全长 200 多千米，为同塔双回架设）在三天时间内连续发生 8 次跳闸。事故导致东天Ⅱ线长时间停运，JD 水电站和 JX 水电站多次速降负荷。

2.1.2 大风、山火因素影响分析

输电线路具有导线轻柔、结构跨度大的特点，是风荷载敏感的结构，在风荷载作用下可能会产生显著的风效应 [8]。该水电站送出通道所经过的高海拔山区地形能够改变风场结构、引起局部气流强度激增，导致输电线路结构承受超过设计标准的风荷载，从而引发输电线路灾害事故。例如：2013 年，内蒙古的 220kV 清中线发生风偏跳闸事故。事后调查发现，发生故障的输电杆塔位于山顶，风口地形促使风速加快，使悬垂绝缘子串产生极大风偏，与塔身空气间隙不足，产生放电。典型山地形下的特高压大跨度输电塔风振造成的风速加快效应将显著增大输电塔位移响应，对输电线路防风偏闪络和防导线舞动等事故发生带来极大困难 [9]。

我国山火灾害较为普遍。山火对远距离、大容量的超高压输电线路威胁更为明显，超高压交直流输电线路近年来因山火发生了多起跳闸和闭锁停运事件。

（1）2009 年元宵节前后湖南电网 500kV 输电线路发生多起山火引发的跳闸事故。2011 年，国家电网有限公司 110kV 及以上的输电线路因山火跳闸次数达 43 次。2012 年清明节前后，因气候干燥和传统祭祖活动的开展，导致华中、华东地区 500kV 交流输电线路发生 10 多起跳闸事故。2013 年，特高压长南线因山火跳闸停电长达 2.5 天。2014 年，仅湖南电网 220kV 及以上输电线路因山火导致的跳闸就高达 34 次。2015 年，全国共爆发 7 万多起山火，导致上百次输电线路跳闸事故。2015 年 5 月，东北电网与华北电网联络线高沙线因山火跳闸，导致东北电网与华北电网解列 [10]。

（2）锦官电源组 2014—2020 年因山火造成送出通道受阻（负荷损失）的统计数据见表 1。

表 1　　　　2014—2020 年锦官电源组因山火造成送出通道受阻（负荷损失）统计

序号	时间	原　因	JX（MW）	JD（MW）	GD（MW）	合计（MW）
1	2014-04-13	东天线山火	160	240	120	520
2	2014-04-16	东天线、月锦线、官月线山火	300	450	230	980
3	2015-03-20	东天线山火	300	450	230	980
4	2016-03-19	东天线山火	630	940	480	2050
5	2016-03-22	东天线山火	200	300	150	650
6	2017-03-14	东天线山火	600	900	450	1950

续表

序号	时间	原　　因	JX（MW）	JD（MW）	GD（MW）	合计（MW）
7	2018-03-12	西锦线山火	100	150	—	250
8	2018-04-16	东天线山火	310	450	230	990
9	2020-04-10	东天线山火	150	200	—	350

（3）2019 年 3 月 30 日，凉山州木里县发生特大森林火灾，受灾地区地形复杂，交通、通信不便，导致 31 人遇难，森林总过火面积约 20hm²，山火对连接凉山州主网的 110kV 盐乔线产生极大威胁。

（4）2020 年 3 月 29～4 月 5 日，凉山州多地发生森林火灾。其中，西昌市泸山发生的火灾造成 19 人遇难。3 月 31 日，为配合木里和盐源多地山火扑救工作，JD 水电站加大下泄流量，JX 水电站 6 号机紧急开机运行给下游水库补水。

2.2　地质条件影响分析

2.2.1　山洪、泥石流因素影响分析

该水电站送出通道区域每年暴雨一般出现在 6～9 月，主要集中在 7、8 月份。沿线局部有冲沟分布，受区域构造影响，岩体破碎，山高坡陡，植被稀少，沟坡多不稳定，暴雨形成的山洪、泥石流可能造成送出线路倒塌，电力输送中断，电站机组被迫停运。同类型地质条件区域曾发生过多起山洪、泥石流灾害[11]。

（1）2012 年 8 月 26～29 日，JP 水电站工区局部持续强降雨。8 月 30 日，暴雨引发山洪和泥石流灾害，导致施工区内外道路、隧洞、桥梁受到严重破坏，交通、通信和电力全部中断，10 人死亡，14 人失踪。其中，泥石流沿着 JX 水电站进厂交通洞涌入地下厂房，导致电站正在安装的 6 号机组全部被淹，5 号机组部分受损，使电站投产发电时间比计划推迟近一年。

（2）2018 年 8 月 11 日，四川省雅安市境内的暴雨天气导致 55 条 10kV 线路及分支停运，多个区县输电线路受损。

（3）2019 年 7 月 21 日，由于连续强降雨，云南省昭通市乌蒙山区发生山洪和泥石流灾害，直接导致 30 条 10kV 线路跳闸或不同程度倒杆和断线[12]。

2.2.2　崩塌、滑坡因素影响分析

该水电站送出通道区域部分边坡岩体节理裂隙密集，边坡陡峻，崩塌较为发育，路径区内常见高度为 30～200m 的直立陡崖，在雨水、风化、重力、地震等多因素综合作用下，于沟谷、陡崖、支沟等处崩塌和滑坡时有发生。山体滑坡、崩塌可能造成电站送出线路倒塌，电力输送中断。

（1）2018 年 6 月 16 日，JX 水电站 2 号尾水出口上方高程为 1820～1865m 自然边坡发生崩塌，造成下游观测通道损毁，崩塌体对水电站 2 号尾水洞出口及检修闸门造成威胁。如果尾水出口闸门受损将导致尾水出口堵塞，影响机组的安全稳定运行。

（2）2018 年 8 月 28 日，JD 水电站出线场上方山体局部崩塌，一块较大的落石将东天 II 线 C 相避雷器 8 片瓷裙砸伤，出线门型构架 A 型架斜支撑砸掉。

（3）2018 年 10 月 2 日，JD 水电站出线场江对侧东锦线 1 号杆塔塔基附近存在滑坡现象。

（4）2019 年 8 月 13 日，JD 水电站东天双回线 340～350 号杆塔附近有山体滑坡现象。

（5）2020 年 6 月 23 日和 8 月 3 日，GD 水电站区域受强降雨影响，500kV 官月线 1、2 号出线塔间边坡发生孤石崩塌（共 2 次），崩塌的滚石砸坏 1 号出线塔上部及下部被动防护网，落至 1 号出线塔下部缆机平台公路，威胁 1 号出线塔及地面 GIS 开关站的安全运行。

2.3 系统条件影响分析

2.3.1 雅湖直流影响分析

雅湖直流输电线路经过的部分地区易发生雨雪冰冻和山火灾害。同时，直流系统发生故障或异常后会速降负荷，对该水电站的电力送出将产生较大影响。

（1）雨雪冰冻灾害对雅中直流的影响。2008 年 1 月，我国南方部分地区遭受了历史罕见的低温雨雪冰冻灾害，此次冰雪天气范围广、降温幅度大、持续时间长，导致电网设施遭受严重破坏，电网陆续发生输电线路倒杆、倒塔、断线等情况，引起大范围的电力供应中断，导致了交通阻塞、部分地区长时间停电等灾害性事故[13]。其中，雅湖直流线路经过的湖南和贵州地区是这次罕见的冰雪灾害的重灾区，电网设施遭受了不同程度的损坏，影响了电网的正常运行和电力供应。

（2）锦官电源组近年因锦苏直流系统故障造成送出通道受阻（负荷损失）的统计数据见表 2。

表 2　2014—2020 年锦官电源组因锦苏直流系统故障造成送出通道受阻（负荷损失）统计

序号	时间	原　因	JX（MW）	JD（MW）	GD（MW）	合计（MW）
1	2014-01-01	锦苏直流发生山火	620	930	460	2010
2	2014-01-14	锦苏直流发生山火	400	600	300	1300
3	2014-01-25	锦苏直流发生山火	200	300	150	650
4	2014-03-11	锦苏直流发生山火	220	330	160	710
5	2014-12-11	锦苏直流单极 G2 检修恢复工作延迟	900	1350	670	2920
6	2014-12-19	锦苏直流单极 G2 检修中发生单极 G1 故障	1200（切 2 台机）	1200（切 2 台机）	1800（切 3 台机）	4200（切 7 台机）
7	2015-03-20	锦苏直流设备故障	300	450	230	980
8	2015-09-16	锦苏直流换流器故障	320	680	300	1300
9	2015-09-19	锦苏直流系统故障	2400（切 4 台机）	1800（切 3 台机）	1800（切 3 台机）	6000（切 10 台机）
10	2016-06-17	锦苏直流系统故障	1800（切 3 台机）	1200（切 2 台机）	1800（切 3 台机）	4800（切 8 台机）
11	2016-07-04	锦苏直流华中地区段号 2576 杆塔基础被水淹没	330	520	260	1110
12	2017-11-24	锦苏直流恢复换流器时发生 G2 闭锁	320	680	300	1300
13	2019-09-24	锦苏直流受端发生山火	900	1350	670	2920

2.3.2 电站送出通道影响分析

该水电站送出通道为 2 回 500kV 线路，当出现人员误操作、保护或安控装置误动作、一次设备故障等异常事件时，将会造成电站送出通道容量受阻甚至送出通道中断事故的发生[14]。

电站至雅湖换流站的送出通道所经过的地区位于四川盆地西南部山区，该地区具有海拔高、地形复杂、气候恶劣、人烟稀少，道路交通条件较差，通信落后，且大多位于原始林区等特点，是四川省自然灾害多发地区。这些因素增大了送出通道的检修维护难度，同时也降低了线路的安全稳定性。当送出通道发生异常或故障时，恶劣的自然环境对故障点排查、事故诊断和事故抢修顺利开展极为不利。

2017 年 2 月 16 日，由于 JD 水电站送出通道东天 II 线 106 号杆塔存在异常，国网四川省电力公司进行检查处理，国家电网电力调度中心临时降低 JD 水电站负荷 350MW，同时降低 JX 水电站负荷 250MW，两站总共损失负荷 600MW。

该水电站投产后，当送出通道一回线路故障停运或计划检修时，仅通过另一回线与主网并列，电站与系统的联系变弱，如果另一回线路出现故障跳闸，将会导致电站与主网完全解列，进而造成其他次生危害，如机组跳闸、全厂停电、系统崩溃、水库漫坝等严重后果。

3 安全提升策略

3.1 建立健全应急机制

（1）电站在投产发电前编制《防冰雪恶劣天气专项应急预案》《防森林火灾专项应急预案》《防地质灾害专项应急预案》《全厂停电事故专项应急预案》《水淹厂房专项应急预案》和《黑启动专项应急预案》等应急预案和现场处置方案，建立健全电站应急组织机构和保障制度[15]。电站防冰雪恶劣天气应急组织机构如图 1 所示。

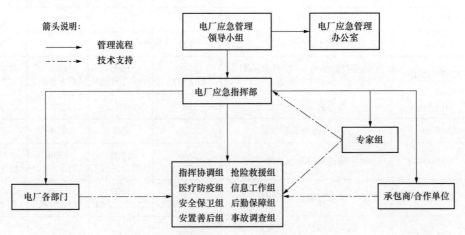

图 1　电站防冰雪恶劣天气应急组织机构

（2）优化完善电站应对突发事件信息报告流程和泄洪预警机制，提前做好孤网运行、全站停电和紧急泄洪的各项准备工作。当送出通道受阻需紧急泄洪时，能及时按流程发送泄洪预警信息，并将可能紧急泄洪的情况向地方政府防汛部门做好通报，保障地方生命及财产安全[16]。电站防地质灾害突发事件信息报告流程如图 2 所示。

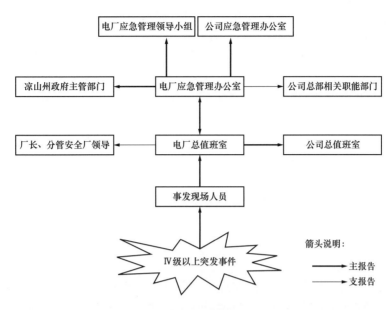

图 2 电站防地质灾害突发事件信息报告流程

（3）结合水电站设计布置，编制电站应急疏散路线图，设置区域应急避难场所，并在疏散通道和避难场所配置应急救援物资柜，确保紧急情况下人员疏散有序、救援物资和应急食品储备充足。

3.2 加强应急能力建设

（1）电站制定年度应急演练计划，定期组织开展应急演练和专业技能培训，提升各级员工应对各种气象和地质灾害的应急处理能力。提前做好电站送出通道受阻、孤网运行、通信中断等事故预想，提升各级员工应对安控切机、线路跳闸和直流闭锁速降负荷等系统故障的应急处理能力[17]。

（2）加强与地震台网和相关科研机构合作，提高电站地质灾害的预警和应急处理能力。制定危岩体、滑坡体的监测和巡回检查计划，定期开展隐患排查和治理工作。特别是对地面开关站上方危岩体和出线杆塔附近的滑坡体进行监测，对部分危岩体和滑坡体采取加装防护网、混凝土挡墙等措施进行加固处理。

（3）制定《应对极端情况下的调度原则及运行倒班方式》，做好电站实时水量平衡的协调工作，在"安全第一"和满足系统需要的前提下，避免水库拉空和弃水。

（4）电站定期做好柴油发电机组（包括电站机组侧、坝上泄洪闸门侧）启动试验，保安电源处于备用状态。

（5）电站值班人员严格执行调度命令，确保设备监视无遗漏，运行操作无差错，最大限度地避免发生电网崩溃事故和全站停机事故。

（6）各部门、各专业针对送出通道受阻、冰雪灾害和森林火灾编制专项事故预想，细化各系统的特殊运行方式，以保厂用电和大坝安全为首要任务，积极应对、灵活处理。做好通信、后勤、人员、物资等应急保障工作。

3.3 促进应急协调沟通

（1）电站与公司、地方政府、气象部门和相关科研机构加强沟通和协作，建立及时的气象灾害响应机制，以提高冬季对送出通道区域的气象监测水平。在大风山火和冰雪天气到来之前，电站与电网调度机构共同制定应对措施[18]。电站及时调整机组出力及泄洪系统运行方式，适当降低水库水位，为应急处置留足库容，防止不必要的弃水或漫坝事故发生。

（2）电站加强与电网调度机构、雅中换流站和地方电网等单位的联络协调，及时掌握线路故障和投运情况，合理安排电站发电和水库调度计划。

（3）电站各专业要提前准备好 500kV 线路临时停运检修和恢复送电的应急操作方案，积极配合电网调度实施线路停送电和必需的调试工作。

（4）结合电站运行初期的实际情况，如果送出通道冬季覆冰较为严重，可借鉴 JD 水电站经验，与电网机构进行协调，在送出通道两端加装融冰装置。

4 结语

送出通道的安全可靠是电站机组稳定运行和发电量按计划完成的基础。所以，结合该水电站海拔高、地理位置偏远的特点，针对性地分析、评估送出通道的安全风险，制定相应的技术和管理提升措施，并在电站投产后不断补充、优化、完善、提炼和总结，从而形成的应对策略和经验积累将为国内同类型电站的安全生产管理提供宝贵的参考和借鉴。

参考文献

[1] 江炯. 输电线路运行风险评价与控制研究 [D]. 北京：华北电力大学，2015.

[2] 翁爽. 通道之急——四川水电配套送出看过来 [J]. 国家电网，2013，（9）：41-44.

[3] 黄丽娜. 气象条件对架空输电线路参数的影响及校正方法研究 [D]. 北京：华北电力大学，2019.

[4] 贾永辉. 浅析输电线路运行安全影响因素及防治措施 [J]. 科技论坛，2018，21（7）：78-81.

[5] 王健. 输电线路气象灾害风险分析与预警方法研究 [D]. 重庆：重庆大学，2016.

[6] 任源. 基于改进粒子群算法的输电线路覆冰研究 [D]. 西安：西安理工大学，2019.

[7] 黄剑虹，王小通，刘悦，等. 激战冰雪 更显英雄本色 突破重围 弘扬国网精神 [N]. 成都：西南电力报，2008-2-3（2）.

[8] 王毅超. 风荷载作用下输电线路结构体系可靠性分析 [D]. 西安：西安科技大学，2017.

[9] 段志勇. 不同地貌的风场特性及输电线路风致效应研究 [D]. 杭州：浙江大学，2017.

[10] 周志宇. 山火灾害下电网输电线路跳闸风险评估研究 [D]. 北京：华北电力大学，2019.

[11] 党杰，奚江惠，李勇，等. 湘西水电送出能力对策研究 [J]. 电力科学与技术学报，2017，32（2）：173-178.

[12] 肖友强，郑外生，钱迎春，等. 500kV 南通道薄弱环节分析及输电能力研究 [J]. 云南电力技术，2008，36（6）：5-8.

[13] 邵德军，尹项根，陈庆前，等. 2008 年冰雪灾害对我国南方地区电网的影响分析 [J]. 电网技术，2009，33（5）：38-43.

[14] 李晨光，汤涌，李柏青. 川电东送通道的电压水平对系统稳定性的影响 [J]. 电力系统自动化，2003，27（9）：62-65.

[15] 周剑岚，刘先荣，宋四新，等. 三峡区域应急管理体系构建 [J]. 安全，2007，24（12）：44-47.

［16］李光华. 大型流域梯级电站应急管理的探索与实践［J］. 四川水力发电，2019，38（5）：148-152.

［17］陈典，刘飞，田旭，等. 水电送出型直流输电工程安全稳定研究［J］. 水力发电学报，2020，39（3）：57-64.

［18］高亭. 基于微气象的输电线路覆冰预测技术研究［D］. 北京：华北电力大学，2019.

作者简介

李政柯（1985—），男，工程师，主要从事水电站运行管理工作。E-mail：179927906@qq.com

呼和浩特抽水蓄能电站泄洪排沙洞设计

吕典帅　赵　轶　陈建华

（中国电建集团北京勘测设计研究院有限公司，北京市　100024）

[摘　要]呼和浩特抽水蓄能电站泄洪排沙洞利用下水库河道凸曲段，洞线裁弯取直布置在左岸山体内，施工期兼作导流洞。泄洪排沙洞采用短有压进口后接无压隧洞型式，包括引水渠、进水塔、无压洞身、水平出口段、挑流鼻坎、护坦和出水渠。本文介绍泄洪排沙洞结构布置和设计创新特点。

[关键词]呼和浩特抽水蓄能电站；泄洪排沙洞；设计

0　引言

呼和浩特抽水蓄能电站下水库位于哈拉沁沟上，多年平均水量 2290 万 m^3，悬移质输沙量 60.5 万 t。汛期入下水库的悬移质含沙量为 15.3kg/m^3，悬移质中值粒径 0.013mm，平均粒径 0.040mm。为减少泥沙对高水头蓄能机组的磨损和对水库的淤积，呼和浩特抽水蓄能电站泄洪排沙洞利用下水库河道凸曲段，洞线裁弯取直布置于左岸山体内，施工期兼作导流洞，负责宣泄上游的洪水和泥沙，确保不入蓄能专用下水库，汛期电站不因泥沙问题而停止运行。在泄洪排沙洞设计过程中，进口采用消涡结构、无压洞身沿程洞高降低和生态补水设施利用无压洞身等技术创新，同时通过水工模型试验对泄洪排沙洞布置的合理性进行验证。

1　概述

呼和浩特抽水蓄能电站下水库位于哈拉沁沟与大西沟交汇处上游，由拦河坝和拦沙坝围筑形成。泄洪排沙洞利用下水库河道凸曲段，洞线裁弯取直布置于左岸山体内，进口位于拦沙坝上游约 210m 处，出口位于拦河坝下游约 140m 处，洞轴线方向 NE30°33′18″。泄洪排沙洞具有放空拦沙库及泄洪拉沙功能，下水库施工期兼作导流洞。

泄洪排沙洞为 1 级建筑物，拦沙库正常补水水位、设计洪水位（P=0.2%）、校核洪水位（P=0.05%）均为 1400m，按宣泄拦沙坝址处 2000 年一遇洪水设计，其洪峰流量为 737m^3/s，消能防冲正常运用洪水标准为 100 年一遇。汛期泄洪排沙洞基本处于敞泄状态，拦沙库内的洪水和泥沙通过泄洪排沙洞排往拦河坝下游，不进入蓄能专用下水库。

泄洪排沙洞全长 575.8m，采用短有压进口后接无压隧洞型式，包括引水渠、进水塔、无压洞身、水平出口段、挑流鼻坎、护坦和出水渠。进口高程为 1380m，出口高程 1358m，洞底坡为 4.14%，洞身净断面尺寸为 7.0m×（9.5～8.5）m，挑流消能，泄洪排沙洞纵剖面如图 1 所示。

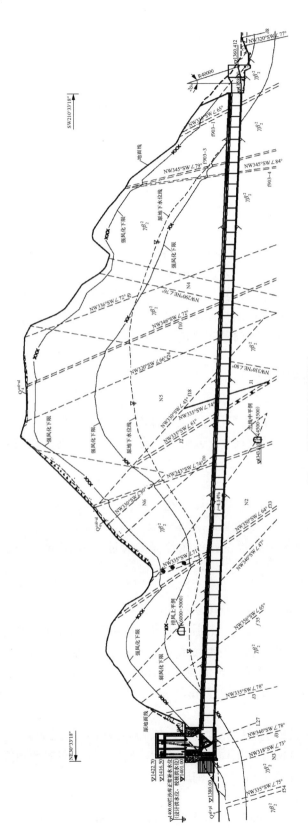

图 1 泄洪排沙洞纵剖面

2 泄洪排沙洞泄流能力确定原则

泄洪排沙洞泄流能力根据工程条件按以下原则确定：

（1）距呼和浩特抽水蓄能电站下水库拦河坝上游约 2.6km 修建有哈拉沁水库。哈拉沁水库是一座以防洪为主兼顾农业灌溉和供水的水库，挡水坝采用砂壤土厚斜墙砂砾石坝，坝顶高程 1453.8m，最大坝高 46.8m，按 2 级建筑物设计，正常运用洪水标准为 500 年一遇，非常运用洪水标准为 2000 年一遇。由于哈拉沁水库挡水坝的建筑物级别比呼和浩特抽水蓄能电站的低，为确保其安全，拦沙库的回水高程按不淹哈拉沁水库挡水坝坝脚控制。

（2）呼和浩特抽水蓄能电站下水库位于哈拉沁沟上，多年平均水量 2290 万 m^3，悬移质输沙量 60.5 万 t。虽哈拉沁水库拦截了河道的大部分泥沙，但汛期入下水库的悬移质含沙量仍高达 15.3kg/m^3，悬移质中值粒径 0.013mm，平均粒径 0.040mm，主要成分为石英、长石，其棱尖状矿物含量较多，占 78.5% 左右，泥沙硬度大都在莫氏 6 度以上。为减少泥沙对高水头蓄能机组的磨损和对水库的淤积，呼和浩特抽水蓄能电站设置拦沙坝将下水库分隔为拦沙库和蓄能专用下水库，拦沙坝和泄洪排沙洞负责拦蓄、宣泄上游的洪水和泥沙，确保不入蓄能专用下水库，汛期电站不因泥沙问题而停止运行。

3 水力设计及水工模型试验

为验证泄洪排沙洞体型及下游消能防冲设施布置的合理性，研究冲排沙效果，进行了水工模型试验。模型按重力相似准则设计，几何比尺为 40，上、下游河道按天然地形模拟，河床消能区为动床，铺砂高程 1355m。

3.1 泄洪排沙洞泄流能力

泄洪排沙洞泄流能力按闸门全开计算，孔口有压出流与无压出流的库水位分界点为 1388.5m，与水工模型试验结果 1391.1m，基本一致。

当拦沙库水位 1400m 时，泄洪排沙洞计算的泄量为 764.5m^3/s，比水工模型实测值 792.9m^3/s 小 3.7%。

3.2 水面线

无压洞身未掺气水面线计算采用分段求和法，即把非均匀流分成若干段，利用能量方程由控制水深的一端逐段向另一端推算，最后将求得的各断面水深连起来就得非均匀流的水面线。另外考虑掺气对水面线的影响，采用《水力计算手册》矩形过水断面掺气水深的经验公式进行估算。计算闸门后控制断面的水流流速为 14.7m/s，未掺气水深 7.16m，掺气后水深 7.25m，与水工模型试验结果平均水深 7.27m，基本一致。

3.3 挑流消能

根据挑距和基岩河床冲刷坑深度计算公式，当泄洪排沙洞下泄 2000 年一遇洪水时，计算的挑距约 36m，冲坑深约 33m。水工模型试验表明，校核洪水流量时两侧挑距约 24m，中线最大挑距约 40m，最大冲深约 17m，小于河床覆盖层厚度。

3.4 泥沙试验

水工模型试验结果表明拦沙库淤积高程为 1382～1388m，采用 5、10 年和 20 年一遇洪水冲沙时，冲刷漏斗下沿泥沙边界线距泄洪排沙洞和生态补水设施进口均有一定的距离，能够达到"门前清"的要求，不影响闸门的开启和旁通管的引水。相对于区间推移质沙量，冲刷漏斗的冲刷量较大，加上电站合理的运行方式，拦沙库应能长期保持一定的有效库容。

4 泄洪排沙洞布置

4.1 引水渠设计

进水塔前布置引水渠，引水渠宽 11.5m，左岸护坡长 10.0m，顶高程 1391m，坡度从进水塔前 1:0.3 向上游渐变为 1:0.75。

4.2 进水塔设计

进水塔下部为有压短管进口，设一道事故平板闸门和一道弧形工作闸门。进口采用三向收缩，上唇和两侧边墩采用 1/4 椭圆，上唇椭圆方程为 $\dfrac{x^2}{3.6^2}+\dfrac{y^2}{2.0^2}=1$，两侧边墩椭圆方程为 $\dfrac{x^2}{3.6^2}+\dfrac{y^2}{1.2^2}=1$。事故平板闸门孔口尺寸为 7.0m×9.0m（宽×高），门后压板斜率为 1:4。弧形工作闸门孔口尺寸按拦沙坝挡水水位 1400m、泄洪排沙洞下泄 2000 年一遇洪峰流量确定为 7.0m×8.0m，在汛期开启泄洪排沙，非汛期下闸蓄水。进水塔长 27.3m，宽 12.0m，底板建基于花岗岩弱风化带中下部，厚 2.0m，建基高程 1378。闸门检修平台设在塔内 1401m 高程，下游侧与下水库左岸环库公路连接。启闭机平台位于 1416.5m 高程，布置一套 2×630kN 和一套 1600kN 固定卷扬式启闭机，启闭机室屋顶高程 1421.7m。

4.3 无压洞身设计

无压洞身长 525.4m，采用城门洞形，洞顶拱中心角 110°。上游 147m 长的洞身断面尺寸为 7.0m×9.5m，下游 358.4m 长的洞身断面尺寸为 7.0m×8.5m，中间 20m 长的洞身洞高从 9.5m 渐变为 8.5m。隧洞底坡为 4.14%，能保证泄流时水面线在洞身直墙内。洞身大部分在微风化岩石中，围岩以 Ⅱ、Ⅲ 类为主。由于洞内水流流速较大，采用钢筋混凝土衬砌。隧洞衬砌内力采用边值计算解法，计算得断面尺寸 7.0m×9.5m 的隧洞衬砌厚度为 0.7m，断面尺寸 7.0m×8.5m 的隧洞衬砌厚度为 0.6m。在顶拱范围内进行回填灌浆，回填灌浆孔深入岩石 10cm，并对进口 40m 长洞身和Ⅳ～Ⅴ类围岩裂隙密集带洞段侧壁和顶拱进行固结灌浆，孔深 4.0m，孔距 4.0m，排距 3.0m，固结灌浆孔呈梅花形布置。为减小洞身外水压力，利用顶拱回填灌浆孔设排水孔，孔深 3.0m，孔距 4.0m，排距 3.0m。

4.4 水平出口段及挑流鼻坎设计

水平出口段及挑流鼻坎段长 23.0m，边墙直立，墙顶厚度为 1.0m。其中水平出口段长 8.0m，墙顶高程为 1365m，底板宽 7.0m；挑流鼻坎段长 15.0m，墙顶高程从 1365m 以 1:2 的坡度升至 1367m，两侧以 5°向外扩散，墙脚埋设两根 ϕ150mm 排水管，底板宽 7.0～9.625m，挑坎反弧半径为 40.0m，挑射角采用 20°，挑坎顶高程 1360.4m，末端设置 ϕ300mm 通气管。

4.5 护坦及出水渠设计

护坦和出水渠向下游两侧仍以 5°扩散。混凝土护坦长 10.0m，厚 0.5m，下游端设置 1.0m

深齿槽。出水渠坡度为 1:2.5。

5 关键技术研究

5.1 无压洞身沿程洞高降低

根据泄洪排沙洞水面线计算和水工模型试验验证，无压洞身底坡采用 4.14%，可保证洞身沿程水面线逐渐降低，上游 147m 长洞身的洞高为 9.5m，下游 358.4m 长洞身的洞高降为 8.5m，中间设 20m 长的洞高渐变段。

无压洞身沿程洞高降低减少了石方洞挖、衬砌混凝土、钢筋、止水等工程量，降低了工程投资。

5.2 进口消涡结构设计

进水塔宽 12m，高 23m，顶部高程 1401m，水工模型试验表明，不采用消涡措施时，在各种水位条件下进水塔前均有较强漩涡。因此经试验确定在进水塔上游塔壁设消涡结构：竖向消涡板为 5 块，板厚 0.6m，板间净距 2.25m；水平消涡板为 1 块，顶部高程 1394.6m。竖向消涡板和水平消涡板伸出进水塔的距离为 1.5m，底部坡度 1:0.5。进水塔与竖向消涡板和水平消涡板混凝土一体浇筑。

此消涡结构简单，工程量小，对进水塔结构影响小，施工和运行管理方便，完全消除了进水塔前漩涡。

5.3 生态补水设施利用无压洞身

由于下水库拦河筑坝造成河流减脱水段，为满足下游生态补水要求，结合泄洪排沙洞设置了新型的生态补水结构，利用拦沙库的补水水位高于下游水位的落差进行自流补水，包括一根长钢管 20.9m（外径 530mm、壁厚 10mm），钢管的进水口伸入拦沙库，中心线高程 1382m；出水口在泄洪排沙洞工作闸门后接入无压洞身，中心线高程 1380.4m，略高于洞身底板高程 1379.95m。钢管上设两个电动蝶阀和一个电动流量调节阀，均采用钢制管法兰与钢管连接。泄洪排沙洞工作闸门开启时生态补水阀门自动关闭，工作闸门关闭时生态补水阀门自动开启，按下游所需的生态补水流量控制下泄。

生态补水结构结合泄洪排沙洞布置，利用了泄洪排沙洞一侧边墙和 530m 长洞身，简化了下水库布置，结构简单，经济实用；电动蝶阀和电动流量调节阀自动启闭，根据下游生态补水需要由电动流量调节阀控制下泄流量，操作方便快捷，安全可靠。

6 结语

符合国家能源发展政策，在抽蓄电站泄洪排沙洞设计中，采用进口消涡结构、无压洞身沿程洞高降低、生态补水设施利用无压洞身等技术创新，同时通过水工模型试验进行验证，方便了施工及运行管理，减少了工程投资。

参考文献

[1] 李炜. 水力计算手册. 2 版［M］. 北京：中国水利水电出版社，2006.

作者简介

吕典帅（1984—），男，高级工程师，主要从事水利水电工程设计工作。E-mail：lvds@bhidi.com

赵　轶（1970—），女，正高级工程师，主要从事水利水电工程设计工作。E-mail：zhaoy@bhidi.com

陈建华（1976—）女，正高级工程师，主要从事水利水电工程设计工作。E-mail：chenjh@bhidi.com

句容抽水蓄能电站地下厂房顶拱层
支护设计及开挖施工浅析

梁睿斌　徐剑飞　徐　祥　段玉昌　洪　磊

（江苏句容抽水蓄能有限公司，江苏省镇江市　212416）

[摘　要]抽水蓄能电站地下厂房的顶拱层是整个厂房开挖支护施工难度最大、安全风险最高的一层，特别是在地质条件复杂的情况下，厂房顶拱层支护设计及开挖施工方案尤为重要，关系工程及施工本质安全。句容抽水蓄能电站位于苏南宁镇山脉岩溶地区，地质条件、支护设计、地质缺陷处理均具有一定代表性，厂房顶拱层采用了先边导洞、后中隔墙、上下游边导洞错距开挖（眼睛法）的施工方案。

[关键词]句容抽水蓄能电站；地下厂房；支护设计；顶拱层开挖

0　引言

当前，我国抽水蓄能处于快速发展阶段，预计"十四五"期间，我国抽水蓄能电站年度投产规模约在 500 万～600 万 kW，五年内新开工规模在 3000 万～4000 万 kW。抽水蓄能电站地下厂房深埋于山体之中，工程安全受地质条件影响大，在岩溶地区进行大型地下厂房开挖施工面临溶洞、断层、涌水等地质难题，特别是顶拱层开挖施工，其安全风险最大，合理的支护设计、施工方案是确保工程及施工本质安全的关键。

1　工程概况

句容抽水蓄能电站位于江苏省句容市,距南京市和镇江市公路里程分别为 65km 和 36km。电站装机容量 1350MW，为一等大（1）型工程。工程主要由上水库、下水库、地下输水发电系统等建筑物组成。地下厂房采用尾部式布置，由主副厂房洞、主变压器室及母线洞、进厂交通洞、通风兼安全洞等洞室组成。主副厂房洞开挖尺寸 246.5m×27.0m（25.5m）×57.5m（长×宽×高），地下厂房洞室群布置见图1。

2　厂房顶拱层地质条件

句容抽水蓄能电站地下厂房顶拱层围岩主要为震旦系灯影组厚层细晶白云岩和寒武系幕府山组上段中薄层至厚层含磷硅质岩、含磷灰质白云岩、磷块岩,岩石抗压强度为 30～60MPa,属中硬岩；安装场段分布有寒武系炮台山组薄～中薄层泥质白云岩，岩层厚度较薄，顺层软

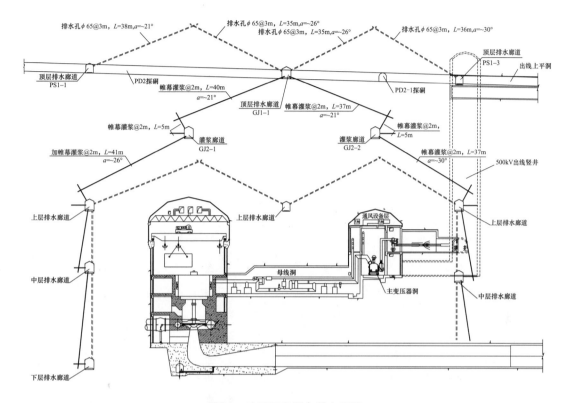

图 1　地下厂房洞室群布置图

弱夹层发育，工程性状较差；顶拱层开挖揭露的Ⅲ类围岩占 49.6%，Ⅳ类围岩占 50.3%，Ⅴ类围岩 0.1%。顶拱层揭露 2 条闪长玢岩脉，宽度 0.2～1.6m，具有蚀变、膨胀特性，开挖揭露时呈微风化状，强度较高，暴露于空气后快速蚀变，膨胀、崩解成全风化状；根据前期地勘情况，闪长玢岩脉开挖揭露 2.5 个月，蚀变深度 0.5m，开挖揭露 8 年，蚀变深度达 2～3m。顶拱层揭露 10 条断层，其中 f_{28} 断层宽度 0.3～0.6m，结构面组合切割块体较多。顶拱层揭露 3 个有一定规模的溶洞（含隐伏溶洞），最大溶洞规模 14m×6m×9m，充填黄泥。厂区岩体透水率以小于 3Lu 为主，地下水类型为裂隙水，暴雨后可发生涌水，观测最大涌水量 600～800m³/h（2018 年 7 月暴雨后，主变压器排风洞涌水点）。

3　厂房顶拱层支护设计

厂房顶拱层采用挂网喷纳米掺聚丙烯粗纤维混凝土+钢筋拱肋+系统预应力锚杆、普通砂浆锚杆+预应力锚索的系统支护方案，厂房顶拱层四类围岩典型支护图见图 2。三类围岩钢筋拱肋（横向）间距 3m、锚杆间距 1.5m×1.5m、锚索轴向间距 6m，四类围岩钢筋拱肋（横向、纵向）间距 2.4m、锚杆间距 1.2m×1.2m、锚索轴向间距 4.8m。厂房顶拱层 100kN 预应力锚杆约 3500 根、普通砂浆锚杆约 2500 根、1500kN 预应力锚索约 300 根。

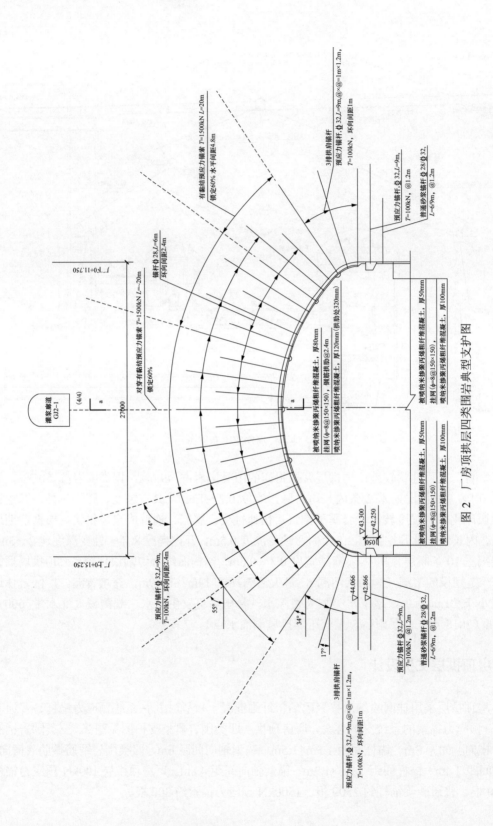

图 2 厂房顶拱层四类围岩典型支护图

4 厂房顶拱层开挖施工

4.1 施工方案

厂房顶拱层采用先边导洞、后中隔墙、上下游边导洞错距开挖的施工方案。顶拱层开挖高度10m，上游边导洞、中隔墙、下游边导洞宽度分别为9.5、8、9.5m，中隔墙与顶拱采用圆弧过渡连接，见图3。厂房顶拱层由通风兼安全洞进洞，从厂左向厂右开挖，上游边导洞领先下游边导洞不小于30m，两侧边导洞完成支护后方可进行中隔墙开挖，中隔墙开挖滞后边导洞不大于30m，厂房顶拱层开挖施工分区示意图见图4。

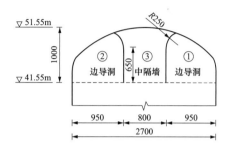

图3　厂房顶拱层开挖施工分区示意图（单位：cm）

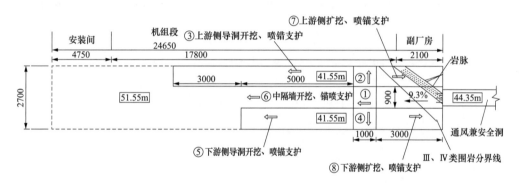

图4　厂房顶拱层开挖施工程序示意图（单位：cm）

4.2 超前排水

厂房开挖前，利用顶层排水廊道、灌浆廊道先行完成厂房顶拱帷幕灌浆、系统排水孔，见图1。在帷幕灌浆施工过程中，运用地震波CT、电磁波CT和钻孔声波等物探手段进行地质排查，掌握了厂房上游侧充填黄泥岩溶裂隙破碎带的分布情况，并进行了精准处理，保障了防渗成效，为厂房开挖创造了较为干燥的环境。此外，充分重视突发涌水的应急处置，在厂房左侧布置集水井及应急水泵，抽排能力达到900m³/h，确保突发涌水时能够及时抽排。在厂房顶拱层开挖过程中，围岩整体渗水较少，显示了超前排水的有效性。

4.3 地质查勘及预警预报

厂房开挖过程中，运用探地雷达、勘探孔进行超前勘探及地质预警预报，同时，重视运用排水孔、锚杆孔、锚索孔等钻孔记录进一步探明隐伏地质情况；句容电站参建各方坚持建设、设计、监理、施工四方"一爆一会商"制度，每一爆破开挖循环均进行现场查勘，并对隐伏溶洞等地质缺陷进行专项排查，确保了及时掌握和反馈地质条件信息。

4.4 爆破设计

厂房边导洞及中隔墙开挖均采用钻爆法，周边光面爆破，爆破参数根据围岩类别优化调整，其中：三类围岩光爆孔孔深 3.2m、间距 40cm，药卷间隔 30cm，线装药密度 167g/m；四、五类围岩光爆孔孔深 1.5m、间距 40cm，药卷间隔 35cm，线装药密度 143g/m。

4.5 安全监测

厂房开挖前，利用排水廊道、灌浆廊道在顶拱层先行安装了 12 套多点位移计，以采集围岩变形初值；开挖过程中，紧跟掌子面布置临时收敛观测断面，并在顶拱层安装了 11 套锚杆应力计、9 套锚索测力计，仪器测值反应的围岩变形、受力规律与爆破开挖过程相符。目前（厂房正在进行第三层开挖），厂房顶拱层多点位移计测值 -0.54～5.55mm，周变化量 -0.04～0.37mm；锚杆应力计测值 -11.93～29.94MPa，周变化 -1.34～1.64MPa；锚索测力计荷载 863.6～1073.5kN，周变化量 -2.8～0.7kN，损失率为 -13.33%～10.63%，围岩保持稳定，见图 5～图 7。

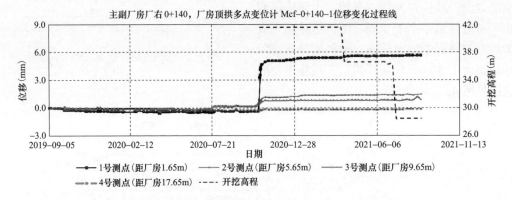

图 5　厂房顶拱层多点位移计典型测值过程线

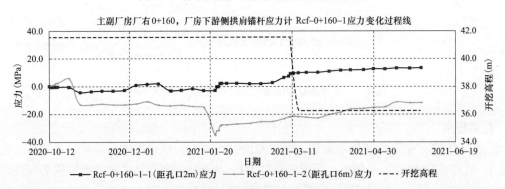

图 6　厂房顶拱层锚杆应力计典型测值过程线

图 7　厂房顶拱层锚索测力计典型测值过程线

4.6 开挖支护及检测情况

施工中严格执行"短进尺、弱爆破、强支护、早封闭、勤观测"的原则,针对揭露的溶洞、断层、岩脉等地质情况做好动态优化设计,并根据围岩监测数据安排中岩柱有序拆除。根据第三方质量检测单位检测结果,厂房顶拱层喷混凝土厚度合格率均大于90%,喷混凝土强度、锚杆砂浆强度、锚索净浆强度等均满足规范要求;锚杆拉拔力检测合格率100%,无损检测一次合格率99.6%,不合格锚杆经补打均合格;锚索张拉、注浆均满足规范要求。

根据第三方物探检测单位检测结果,厂房顶拱层围岩松弛深度为0.8~2.2m,远小于系统砂浆锚杆长度,开挖爆破振动速度满足规范要求。厂房顶拱层开挖施工面貌见图8。

图8 厂房顶拱层开挖施工面貌

4.7 地质缺陷处理

4.7.1 溶洞处理

厂房4~5号机组段上游拱肩开挖揭露3个有一定规模的溶洞(含隐伏溶洞),最大溶洞规模14m×6m×9m,距离边墙5m,充填黄泥,串联发育,并向下层延伸。施工中采用探地雷达、勘探孔、孔内摄像等手段探明溶洞分布规律,并采用导洞开挖+清理充填黄泥+回填混凝土+固结灌浆等措施进行了处理。

4.7.2 闪长玢岩脉处理

副厂房开挖揭露闪长玢岩脉(编号:δμx4),规模较大,沿顶拱向上游侧拱肩延伸,揭露长度达40m,局部宽度达2m。施工中采用快速封闭+对岩脉刻槽+混凝土回填+增设预应力锚杆和锚索等措施进行了处理。

4.7.3 安装场薄层岩体处理

厂房安装场泥质白云岩顺层软弱夹层发育,工程性状较差。开挖前,通过厂顶灌浆廊道对该区域进行了预固结灌浆,提高围岩的整体性和稳定性;在开挖过程中,严格执行"短进尺、弱爆破、强支护、早封闭、勤观测"的原则,保证了施工安全。

5 结语

句容抽水蓄能电站位于岩溶地区,地下厂房存在溶洞、断层、闪长玢岩脉发育,安装场泥质白云岩顺层软弱夹层发育等不利地质条件,厂房顶拱层支护设计经过详细论证优化,并采用了先边导洞、后中隔墙、上下游边导洞错距开挖的施工方案。2020年12月,句容抽水蓄能电站地下厂房顶层开挖支护通过水电水利规划设计总院专家组安全性评价。目前,句容抽水蓄能电站地下厂房开挖施工正安全、有序进行,参建各方将密切关注围岩变形、应力变化,确保工程及施工本质安全。

参考文献

[1] 王仁坤,刑万波,杨云浩. 水电站地下厂房超大洞室群建设技术综述 [J]. 水力发电学报,2016,35(8)1-11.

[2] 李洪涛. 大型地下厂房施工程序及开挖方法研究 [D]. 武汉：武汉大学，2004.

作者简介

梁睿斌（1990—），男，工程师，主要从事抽水蓄能电站工程建设管理工作。E-mail：liangrb90@163.com

覆盖层坝基软弱层处理范围对沥青混凝土心墙坝防渗体系的影响

李向阳

（中国电建集团北京勘测设计研究院有限公司，北京市　100024）

[摘　要] 某拟建沥青混凝土高堆石坝，坝基为深厚覆盖层，存在一定厚度的软弱层。心墙通过混凝土基座与防渗墙相接，墙下设帷幕灌浆，形成封闭式防渗体系，坝基软弱层采用振冲处理措施，振冲桩间距 3m，桩径 1m，深度为 20m。通过不同的处理范围方案有限元计算，研究了坝基软弱层处理范围对沥青混凝土堆石坝应力变形的影响，提出了经济有效的软弱层处理范围。

[关键词] 沥青混凝土堆石坝；廊道；防渗墙；软弱层；振冲碎石桩

0　引言

某拟建沥青混凝土堆石坝最大坝高 112m，坝基覆盖层深厚，结构组成复杂，一般厚度在 60～80m 之间，最厚可达 91.2m。河床覆盖层具有明显的成层性，自上而下可以分为 6 层，其中第 4 层为软弱砂层，顶板埋深约为 20m，厚度一般为 8～12m，分布较连续。

在深厚覆盖层上沥青混凝土心墙堆石坝的设计中[1]，防渗体系应力变形特性与坝体的变形控制是一项最重要的考虑因素[2]，沥青混凝土心墙、廊道与防渗墙的应力、位移等，无一不与此密切相关，是决定其在技术上是否可行的关键因素[3-5]。随着坝基覆盖层厚度的增加，大坝的变形将不可避免地出现较大的增长[6, 7]，特别在坝基存在软弱层的条件下，坝体的应力变形将十分复杂。根据一般工程经验，振冲碎石桩可以有效挤密砂层，提高变形模量，减小变形，并提高砂层的抗地震液化能力。但振冲碎石桩工期较长，施工难度大，造价相对较高，需要研究坝基软弱层加固范围对沥青混凝土堆石坝防渗体系的影响，以确定经济有效的软弱层处理范围。

1　计算方案与参数

振冲碎石桩桩径 1m，桩间距 3m，表 1 为根据室内试验和一般工程经验所取的软弱层与振冲碎石桩的邓肯模型参数。以沥青混凝土心墙中轴线为中心，设置了表 2 的处理范围计算方案，沥青混凝土堆石坝软弱层范围示意图如图 1 所示，为（含）细粒土质砂（砾），其中砾石含量平均为 18.2%，以中、细砾为主；砂含量平均为 65.4%，以中、粗砂为主；粉黏粒含量平均为 16.3%，力学参数较低，属于典型的软弱层。混凝土防渗墙与覆盖层，以及沥青混凝土心墙与过渡料、混凝土基座，混凝土基座与周边过渡层等均设置了接触单元。

表1 软弱层与振冲碎石桩的邓肯模型参数

名称	ρ (g/cm³)	φ_0 (°)	$\Delta\varphi$ (°)	k	n	R_f	k_b	m
软弱层	1.83	37.5	1.5	300	0.35	0.80	150	0.45
振冲碎石	2.10	40.9	4.4	800	0.54	0.70	350	0.05

表2 处 理 范 围 计 算 方 案

方 案	说 明
方案1	不处理
方案2	上、下游各20m
方案3	上、下游各60m
方案4	上游60m，下游140m（下游坝体范围一半）

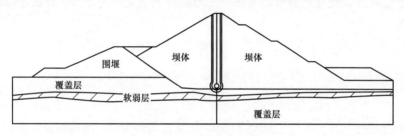

图1 软弱层范围示意图

2 坝体变形

表3为坝体（不包括覆盖层）变形极值统计。图2为蓄水期坝体位移图。应力以受拉为正，受压为负。竖向位移以竖直向下为正，指向上游的水平位移为负，指向下游的水平位移为正。

表3 坝 体 变 形 极 值 统 计

工况	方案	竖向位移 (cm)	向上游水平位移 (cm)	向下游水平位移 (cm)
蓄水期	方案1	133.0	−21.5	48.9
	方案2	133.0	−22.7	47.3
	方案3	125.0	−23.1	46.1
	方案4	121.0	−19.6	41.8

随着振冲范围的增加，坝体竖向位移、向下游的水平位移均有所减小，但是原方案、方案2与方案3坝体变形差异性均不大，主要为这三种方案振冲碎石桩处理范围有限，对整个坝体的应力变形改善作用不明显，而方案4水平位移有显著减小，说明小范围的振冲碎石桩

处理对坝体应力变形改善有限，处理范围必须涵盖一定的坝体长度。

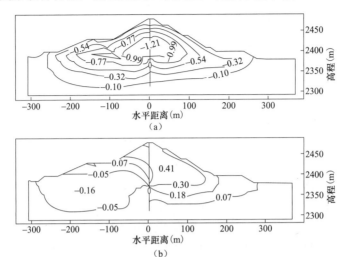

图 2　蓄水期坝体位移图（单位：m）

（a）顺河向；（b）竖向

3　覆盖层顶部位移

对覆盖层顶面竖向位移进行了四种方案的比较，完建期覆盖层顶面竖向位移曲线见图 3 所示，可知明显方案 4 的竖向位移最小，如果以防渗墙为中心分界线来看，防渗墙左边的覆盖层比右边的深度要厚一些，因而防渗墙左边的竖向位移改善效果要比右边稍微好一些。

其中方案 3 与方案 4 在重合的振冲碎石桩处理范围内对覆盖层顶面竖向位移改善程度基本相似，明显优于方案 2。

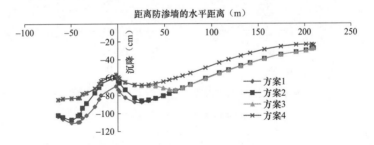

图 3　完建期覆盖层顶面竖向位移比较

4　沥青混凝土心墙应力变形

表 4 为沥青混凝土心墙应力变形极值统计。图 4 为蓄水期沥青混凝土心墙应力与变形曲线图。

表4   沥青混凝土心墙应力变形极值统计

工况	方案	竖向位移（cm）	顺河向位移（cm）	顺河向应力（MPa）	竖向应力（MPa）	应力水平
蓄水期	方案1	132.6	35.3	−2.2	−2.3	0.67
	方案2	132.0	35.9	−1.7	−2.1	0.66
	方案3	123.6	36.8	−1.6	−2.0	0.70
	方案5	121.9	33.8	−1.7	−2.0	0.68

对于沥青混凝土心墙来说，其底部支承在混凝土廊道上，底部的变形基本无变化，但是随着振冲碎石桩范围逐步增大，覆盖层的竖向位移减小导致过渡层与心墙之间的摩擦力变小，心墙自身的竖向位移也随之变小，蓄水期原方案心墙最大竖向位移为132.6cm，而方案2、方案3、方案4心墙最大竖向位移分别为132.0、123.6、121.9cm，可见，只有方案3、方案4的竖向位移改善较为显著，同样据图4（a）可知，方案4对心墙的顺河向位移改善也较为显著。

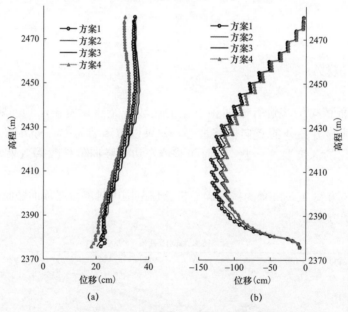

图4   蓄水期沥青混凝土心墙应力与变形曲线
（a）顺河向位移；（b）竖向位移

由于心墙模量较小，四个方案的应力与应力水平均相差均不大，均无拉应力产生，压应力最大为原方案的−2.9MPa。沥青混凝土心墙应力水平最大为0.70，因而心墙不会发生剪切破坏。

5   防渗墙应力变形

表5为防渗墙应力变形极值统计，图5为蓄水期防渗墙应力与变形曲线图。

工况	方案	竖向位移（cm）	顺河向位移（cm）	竖向应力（MPa）	
				拉应力	压应力
蓄水期	方案1	4.7	20.0	2.8	−21.2
	方案2	4.6	19.5	0.7	−18.0
	方案3	4.4	18.0	0.0	−17.3
	方案4	4.6	17.0	0.0	−18.5

表5　　　　　　　　防渗墙应力变形极值统计

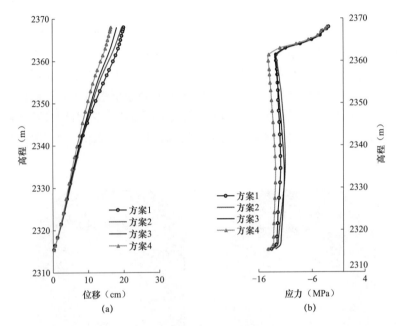

图5　蓄水期防渗墙应力与变形曲线图

（a）顺河向位移；（b）中轴线竖向应力

覆盖层的振冲处理范围对于防渗墙的总体的应力变形的影响，主要是能显著减小防渗墙向下游位移，蓄水期原方案向下游的水平位移是20.0cm，方案2、方案3与方案4分别是19.5、18.0、17.0cm，对于混凝土结构来说，减小3cm变形是较为显著的效果。

防渗墙底部位于基岩上，因而四个方案对防渗墙竖向变形影响较小，四个方案蓄水期竖向位移最大值分别为4.7、4.6、4.4、4.6cm。

蓄水期竖向压应力极值差异不大，而竖向拉应力分别为2.8、0.7、0、0MPa，表明振冲碎石桩处理能改善防渗墙的局部拉应力集中现象。

6　廊道结构应力变形

廊道结构应力变形极值统计见表6。蓄水期廊道应力云图见图6。

蓄水期廊道竖向拉应力有所增加，最大拉应力为0.7MPa；顺河向最大拉应力分别为2.1、1.3、1.2MPa与1.5MPa，最大顺河向位移分别为22.2、22.6、20.7cm与19.2cm，顺河向位移有所减小。

表6 廊道结构应力变形极值统计

工况	方案	竖向位移（cm）	顺河向位移（cm）	顺河向应力（MPa）		竖向应力（MPa）	
				拉应力	压应力	拉应力	压应力
蓄水期	方案1	4.8	22.2	2.1	−6.1	0.7	−10.6
	方案2	4.8	22.6	1.3	−4.2	0.3	−9.2
	方案3	4.6	20.7	1.2	−4.0	0.2	−9.2
	方案4	4.8	19.2	0.9	−4.0	0.2	−8.8

由于廊道结构和防渗墙体系是一整体，其底部支承在基岩上，因而覆盖层对廊道结构和防渗墙体系的影响主要体现在两者之间的位移差引起的摩擦力。由于覆盖层与防渗墙之间存在一定厚度的泥皮，摩擦系数较小，因而覆盖层的振冲处理范围对于廊道结构竖向的变形影响不大；但随着振冲处理范围逐步增大，蓄水期廊道的顺河向位移有明显减小，原方案廊道最大顺河向位移为22.2cm，而方案4廊道最大顺河向位移为19.2cm，对混凝土结构来说有较为明显的改善。

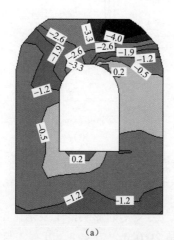 

（a） （b）

图6 蓄水期廊道应力云图（单位：MPa）

（a）顺河向；（b）竖直向

7 结语

（1）坝基小范围的振冲碎石桩处理对坝体变形改善有限，因此处理范围必须涵盖一定的坝体长度。

（2）对于沥青混凝土心墙来说，随着振冲碎石桩范围逐步增大，覆盖层的竖向位移减小导致过渡层与心墙之间的摩擦力变小，心墙自身的竖向位移也随之变小。

（3）由于廊道结构和防渗墙体系是一整体，其底部支承在基岩上，因而覆盖层的振冲处理范围对于廊道结构和防渗墙的总体的应力变形影响不大，只是能减小廊道结构和防渗墙向下游的水平位移，从而改善局部拉应力。

参考文献

[1] 何顺宾，胡永胜，刘吉祥. 冶勒水电站沥青混凝土心墙堆石坝 [J]. 水电站设计，2006，22（2）：46-53.

[2] 冯蕊，何蕴龙. 超深覆盖层上沥青混凝土心墙堆石坝防渗系统抗震安全性 [J]. 武汉大学学报（工学版），2016，49（1）：32-38.

[3] 肖亚子，裴亮，陈建康，等. 某沥青混凝土心墙堆石坝变形特性分析 [J]. 水电能源科学，2016，34（11）：82-85.

[4] 党发宁，高俊，杨超，等. 降低高沥青混凝土心墙拉应力的措施研究 [J]. 水力发电学报，2019，38（3）：155-164.

[5] 丁树云，毕庆涛. 深厚覆盖层上沥青混凝土心墙土石坝的应力变形特征 [J]. 水力发电，2011，37（4）：43-45，94.

[6] 饶锡保，程展林，谭凡，等. 碾压式沥青混凝土心墙工程特性研究现状与对策 [J]. 长江科学院院报，2014，31（10）：51-57.

[7] 沈振中，田振宇，徐力群，等. 深覆盖层上土石坝心墙与防渗墙连接型式研究 [J]. 岩土工程学报，2017，39（5）：939-945.

作者简介

李向阳（1983—），男，高级工程师，从事水电工程水工设计工作。E-mail：308955307@qq.com

钢闸门面板空间有限元分析原则研究

张雪才[1] 陈丽晔[1] 周 伟[1] 王正中[2]

（1. 黄河勘测规划设计研究院有限公司，河南省郑州市 450003;
2. 西北农林科技大学水利与建筑工程学院，陕西省杨凌市 712100）

[摘 要] 针对采用现行闸门规范设计高水头大泄量闸门面板理论基础不尽完善的问题，采用有限元法分别对四边简支、四边固支板中心挠度进行求解，并与基于 Kirchhoff-Love 薄板理论和基于 Mindlin-Reissner 中厚板理论的解析解对比。研究表明：有限元分析时单元类型和单元网格数对面板区格的计算结果有较大影响，且当面板区格各边单位长度网格数不少于 4 份或单元尺寸长度在 0.03～0.25m 时，可满足计算精度和效率的统一；采用基于 Kirchhoff-Love 的薄板理论计算中厚面板区格中心挠度时，得到的结果比真实结果偏小 18.67%，采用基于 Mindlin-Reissner 的中厚板理论对中厚面板区格进行计算时误差仅 0.5%；采用中厚板理论和具有横向剪切变形功能的单元类型的有限元法可对中厚板和薄板类型的闸门面板进行合理设计，而不具有横向剪切变形功能单元类型的有限元法仅适用薄板类型的闸门面板。可为空间有限元法在闸门分析中的推广应用奠定技术基础，为闸门设计规范的修订完善提供理论基础。

[关键词] 水工闸门；薄面板区格；中厚面板区格；有限元分析原则；理论基础

0 引言

我国现行闸门设计规范[1, 2]、美国闸门设计标准[3, 4]等都是根据薄板理论设计面板的，该理论基于 Kirchhoff-Love 假定，在其控制微分方程中忽略了横向剪切变形的影响，当面板为薄板时，该理论具有足够的精度，但随面板厚度的增加，忽略横向剪切变形将对结果产生较大影响，尤其是面板厚度愈加增大，当实际工程[5, 6]中闸门面板厚度达到了中厚板水平，若再继续使用薄板理论对此同类型闸门面板进行设计已不尽合理且不能满足工程设计的需要，所以根据实际工程中面板类型（薄面板或中厚面板）选择既安全又简洁的理论方法进行设计，具有重要的工程价值和科研意义。

因采用解析法求解中厚板问题较为复杂，不少学者如黄义[7]采用变分解法对弹性地基上四边自由中厚板进行了求解；钟阳等[8, 9]采用 Hamilton 原理拓展了中厚板弯曲问题的辛几何解法以及采用解耦法和改进重三角级数法对中厚板问题求解；Pugh 等[10]，Hughes 等[11, 12]，Spilker 等[13]学者以 Mindlin-Reissner 理论为基础提出了一系列中厚板通用单元体，这些单元体采用了简化数值积分，理论上不够完善，求解过程复杂；武秀丽利用胡海昌中厚板理论建立了轨枕板的计算模型[14]，求解过程同样复杂，不利于工程设计人员应用，亦不便于推广。

空间有限元法在结构分析中具有深厚完善的理论基础，实践中有强烈迫切的需求，随着 GB/T 33582—107《机械产品结构有限元分析通用规则》[15]的颁布实施、商业化软件的完善成熟，已具备使用有限元法的条件。为保证采用空间有限元法分析面板结构时有限元模型的正确性、网格划分的真实性和分析结果的合理性，特对面板结构空间有限元分析原则进行系统研究，进而制定具体可依且科学高效的分析原则。

1 闸门面板区格数值分析原则

面板主要有弧面和平面两种类型，分别如图 1（a）和图 1（b）所示。现行闸门设计规范[1, 2]规定弧形闸门面板可忽略曲率的影响按平面结构进行设计，根据闸门结构的布置将面板区格分为四边固定（或三边固定一边简支，或两相邻边固定、另两相邻边简支）等情况的正方形或矩形板，为确保研究成果的普适性，分别对四边简支、四边固支的正方形区格进行系统研究，从而确定采用有限元法对面板分析时单元类型、边界条件和单元网格数等定量的分析原则。采用有限元法对闸门进行分析时，面板一般采用壳单元模拟，面板被梁格分割成不同区格的小正方形或小矩形，采用通过与理论解对比的方式确定有限元分析闸门面板区格的恰当单元类型和合理单元网格数（单元网格尺寸）。

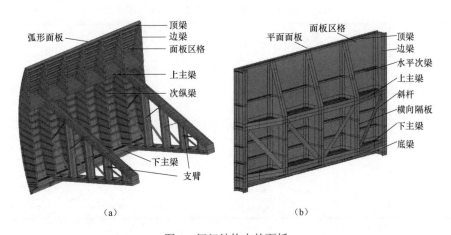

图 1 闸门结构中的面板

（a）弧形闸门结构中弧形面板；（b）平面闸门结构中平面面板

分别对正方形四边简支和固支薄板区格进行分析，大量工程实践表明闸门薄面板的厚度量级在 10mm 左右，由薄板理论[16]确定出各薄面板区格的边长可分别为 0.6m、0.8m 和 1.0m。由弹性力学理论可知，薄板中心挠度理论解[16, 17]为

$$w = \alpha \frac{qa^4}{Eh^3} \tag{1}$$

式中 a——薄板的短边；

q——板受到的均布荷载；

E——材料的弹性模量；

h——薄板的厚度。

α 取值由薄板长边与短边的比值，即 b/a 比值决定。对受均布荷载作用的四边简支和四边固支薄板 α 与 b/a 的关系见表 1。

表 1 均布荷载作用下薄板 α 值

b/a	四边简支时 α 值	四边固支时 α 值
1.0	0.0443	0.0138
1.2	0.0616	0.0188
1.4	0.0770	0.0226
1.6	0.0906	0.0251
1.8	0.1017	0.0268
2.0	0.1106	0.0277

1.1 闸门面板区格的合理单元类型

单元类型决定着有限元计算的精度和效率。有限元软件 ANSYS 中常用于分析板壳单元的类型有 Shell 43、Shell 63、Shell 181 和 Shell 281 等。为消除单元网格数对分析薄面板梁格的影响，以边长 0.8m×0.8m，厚 0.01m 的薄板为例，计算结果见表 2 及相应的挠度云图见图 2 和图 3。

表 2 闸门面板区格不同单元类型挠度计算结果

b（m）	a（m）	厚度（m）	均布荷载（MPa）	单元网格数	单元类型	约束类型	理论解挠度（m）	数值解挠度（m）	误差（%）
0.8	0.8	0.01	0.2	32×32	Shell 43	四边简支	$1.76×10^{-2}$	$1.77×10^{-2}$	−0.71
					Shell 63			$1.76×10^{-2}$	−0.14
					Shell 181			$1.77×10^{-2}$	−0.65
					Shell 281			$1.78×10^{-2}$	−1.39
					Shell 43	四边固支	$5.49×10^{-3}$	$5.51×10^{-3}$	−0.33
					Shell 63			$5.50×10^{-3}$	−0.22
					Shell 181			$5.51×10^{-3}$	−0.40
					Shell 281			$5.51×10^{-3}$	−0.40

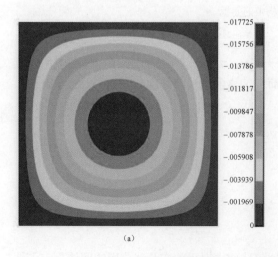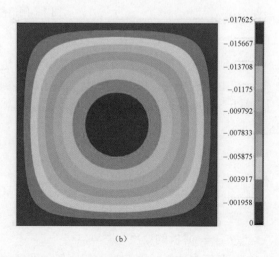

(a) (b)

图 2 不同单元类型时四边简支正方形板的中心挠度（0.8m×0.8m×0.01m）（一）

（a）Shell 43 时中心挠度；（b）Shell 63 时中心挠度

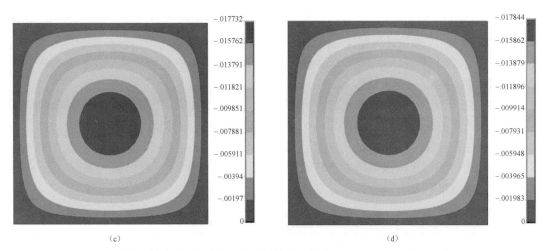

图2 不同单元类型时四边简支正方形板的中心挠度（0.8m×0.8m×0.01m）（二）

（c）Shell 181 时中心挠度；（d）Shell 281 时中心挠度

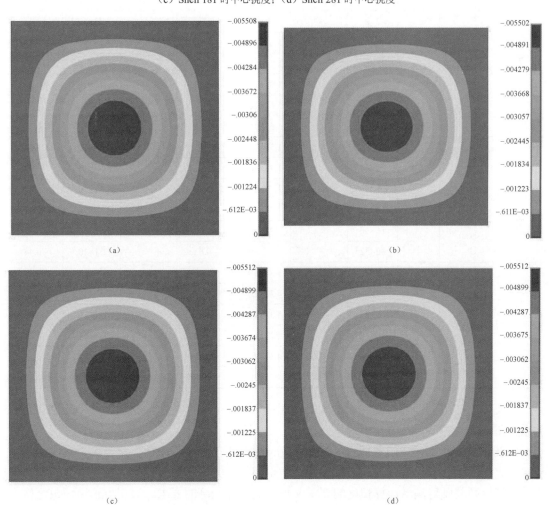

图3 不同单元类型时四边固支正方形板的中心挠度（0.8m×0.8m×0.01m）

（a）Shell 43 时中心挠度；（b）Shell 63 时中心挠度；（c）Shell 181 时中心挠度；（d）Shell 281 时中心挠度

由表 2 及图 2、图 3 可知，对闸门面板区格采用不同单元类型 Shell 43、Shell 63、Shell 181 和 Shell 281 模拟时，数值计算结果与理论计算结果都很接近。故当闸门面板处于薄板水平时，采用以上常用 Shell 单元，并保证单元网格数取值合理，方可满足计算精度和效率的统一。

1.2 面板区格的合理单元网格数

1.1 说明了采用常用 Shell 单元可较好的对薄面板进行模拟，为探究有限元分析时单元网格数对分析结果的影响，本节采用式（1）和有限元法对正方形薄面板在四边简支和四边固支时的中心挠度进行计算，采用 Shell 181 单元类型，该单元为 4 结点有限应变壳单元，每个结点有 6 个自由度，适用于模拟不同类型和不同形状的板壳。不同薄面板区格和不同单元网格数时有限元分析结果见表 3。

表 3　　　　　　　　　　　　　　正方形四边简支和固支薄面板区格中心挠度

b （m）	a （m）	厚度 （m）	均布荷载 （MPa）	单元网格数	四边简支薄板			四边固支薄板		
					理论计算挠度（m）	数值计算挠度（m）	误差（%）	理论计算挠度（m）	数值计算挠度（m）	误差（%）
0.6	0.6	0.01	0.2	2×2	5.57×10⁻³	5.03×10⁻³	9.78	1.74×10⁻³	1.03×10⁻⁵	99.41
				4×4		5.61×10⁻³	−0.66		1.76×10⁻³	−1.19
				8×8		5.61×10⁻³	−0.57		1.75×10⁻³	−0.67
				12×12		5.61×10⁻³	−0.63		1.75×10⁻³	−0.67
				16×16		5.61×10⁻³	−0.70		1.75×10⁻³	−0.67
				32×32		5.63×10⁻³	−1.00		1.75×10⁻³	−0.67
0.8	0.8	0.01	0.2	2×2	1.76×10⁻²	1.59×10⁻²	9.84	5.49×10⁻³	1.84×10⁻⁵	99.66
				4×4		1.77×10⁻²	−0.56		5.54×10⁻³	−0.95
				8×8		1.77×10⁻²	−0.42		5.51×10⁻³	−0.42
				12×12		1.77×10⁻²	−0.43		5.51×10⁻³	−0.42
				16×16		1.77×10⁻²	−0.47		5.51×10⁻³	−0.42
				32×32		1.77×10⁻²	−0.65		5.51×10⁻³	−0.44
1.0	1.0	0.01	0.2	2×2	4.30×10⁻²	3.88×10⁻²	9.85	1.34×10⁻²	2.88×10⁻⁵	99.79
				4×4		4.32×10⁻²	−0.51		1.35×10⁻²	−0.87
				8×8		4.32×10⁻²	−0.35		1.34×10⁻²	−0.31
				12×12		4.32×10⁻²	−0.34		1.34×10⁻²	−0.31
				16×16		4.32×10⁻²	−0.36		1.34×10⁻²	−0.31
				32×32		4.32×10⁻²	−0.48		1.34×10⁻²	−0.32

由表 3 得正方形四边简支和四边固支薄面板区格中心挠度数值结果误差与单元网格数的关系见图 4。

由表 3 及图 4 知，闸门薄面板区格的单元网格数不能过小，即单元尺寸不能过大，否则导致计算结果错误或误差过大；但单元网格数也不能过大，否则会导致计算量过大。而合理的单元网格数是既可满足计算精度的要求又可满足计算经济的要求，对正方形薄面板区格，网格划分时尽可能保证相同边长的单元网格数相等，但要大于 2 份，一般为 6～12 份或单元网格尺寸为 0.03～0.15m 时可得到精确结果。

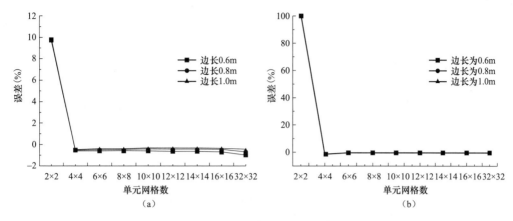

图4 正方形薄板中心挠度误差与单元网格数的关系

（a）四边简支正方形薄板；（b）四边固支正方形薄板

2 闸门中厚面板区格数值分析原则

由闸门面板区格数值分析原则分析结果可知，采用有限元法对闸门面板区格进行分析时，当单元类型确定时，合理单元网格数不受面板区格的形状、边界条件等因素的影响，限于篇幅，当单元类型确定时，仅对闸门正方形中厚面板区格的合理单元网格数进行研究。

同理采用 Shell 43、Shell 63、Shell 181、Shell 281 来模拟闸门中厚面板区格，以边长 1.0m×1.0m，厚 0.05m 的中厚板为例进行分析，并与文献[8,18]计算结果对比，结果见表4。

表4　　　　　　　　　　闸门中厚面板区格不同单元类型挠度计算结果

b（m）	a（m）	厚度（m）	均布荷载（MPa）	单元网格数	单元类型	约束类型	理论解挠度（m）	数值解挠度（m）	误差（%）
1.0	1.0	0.1	0.2	32×32	Shell 43	四边简支	4.88E-05	$4.88×10^{-5}$	−0.02
					Shell 63			$4.30×10^{-5}$	11.87
					Shell 181			$4.88×10^{-5}$	−0.02
					Shell 281			$4.89×10^{-5}$	−0.23
					Shell 43	四边固支	1.59E-05	$1.59×10^{-5}$	−0.25
					Shell 63			$1.34×10^{-5}$	15.51
					Shell 181			$1.59×10^{-5}$	−0.25
					Shell 281			$1.60×10^{-5}$	−0.88

由表4知，对闸门中厚面板区格采用不同的单元类型 Shell 43、Shell 63、Shell 181 和 Shell 281 进行模拟时，除 Shell 63 单元类型外，数值计算结果与理论结果都很接近，因在 ANSYS 中，Shell 单元采用平面应力单元和板壳弯曲单元的叠加，而 Shell 63 没有考虑横向剪切变形，所以采用 Shell 63 单元类型模拟中厚面板区格时计算误差较大（分别达到 11.87%和 15.51%）。所以对闸门中厚面板区格进行模拟时，所选单元类型要具有考虑横向剪切变形的功能，如 Shell 43、Shell 181 和 Shell 281 等。只有选择恰当的单元类型，并且单元网格数合理，才能

得到较为精确结果。

3　两种理论计算结果对比

Shell 181 等单元类型可模拟薄面板区格和中厚面板区格，为探究现行闸门设计规范[2~3]中薄面板区格计算理论与采用中厚面板区格理论计算结果的差别，采用上文已验证的方法进行计算，对边长 1.0m×1.0m，厚度由 0.01～0.1m 范围的面板区格进行系统计算，单元网格数为 32×32，计算结果见表 5。

表 5　　　　　　　　　　薄板理论、中厚板理论和有限元法计算结果

边长 b（m）	边长 a（m）	厚度（m）	跨厚比	均布荷载（MPa）	单元网格数	理论解（m）薄板理论结果	中厚板理论结果	数值解（m）	薄板理论结果与数值解误差（%）	中厚板理论结果与数值解误差（%）
1.0	1.0	0.010	100	0.2	32×32	0.0134	0.0134	0.0134	−0.31	−0.16
1.0	1.0	0.013	80	0.2	32×32	$6.86×10^{-3}$	$6.86×10^{-3}$	$6.89×10^{-3}$	−0.41	−0.38
1.0	1.0	0.017	60	0.2	32×32	$2.89×10^{-3}$	$2.89×10^{-3}$	$2.91×10^{-3}$	−0.66	−0.65
1.0	1.0	0.025	40	0.2	32×32	$8.57×10^{-4}$	$8.58×10^{-4}$	$8.69×10^{-4}$	−1.34	−1.28
1.0	1.0	0.050	20	0.2	32×32	$1.07×10^{-4}$	$1.13×10^{-4}$	$1.12×10^{-4}$	−4.49	0.62
1.0	1.0	0.067	15	0.2	32×32	$4.52×10^{-5}$	$4.92×10^{-5}$	$4.91×10^{-5}$	−8.58	0.10
1.0	1.0	0.100	10	0.2	32×32	$1.34×10^{-5}$	$1.59×10^{-5}$	$1.59×10^{-5}$	−18.67	−0.25

由表 5 知，①当面板区格的跨厚比为 40～100（即薄板）时，采用薄板理论、中厚板理论和有限元法的结果较接近；②当跨厚比为 10～20（即中厚板）时，采用薄板理论计算结果与中厚板理论和有限元法结果相差较大，即薄板理论不再适用跨厚比较小板的计算；③采用中厚板理论和有限元法对薄板和中厚板都适用，且具有较高的精度。这是由于薄板理论基于 Kirchhoff-Love 理论，不考虑板的横向剪切变形的影响，中厚板理论基于 Mindlin-Reissner 理论，考虑横向剪切变形的影响，而横向剪切变形对薄板的力学特性影响小于对中厚板力学特性影响的缘故。

4　结语

通过对闸门面板结构空间有限元分析原则的系统研究，得到以下结论：

（1）对高水头大泄量闸门面板仍采用现行闸门规范设计不能较好满足其安全性与经济性且偏危险。

（2）应采用中厚板理论和具有横向剪切变形功能单元类型的有限元法对中厚板和薄板类型的闸门面板进行合理设计，而不具有横向剪切变形功能单元类型的有限元法仅适用于薄板类型的闸门面板。

（3）面板区格的单元类型、边界条件对其合理网格数影响不大，即对面板结构进行有限元分析时，各边每单位长度网格数不少于 4 份或单元尺寸长度尽可能保证在 0.03～0.25m 时，

可满足计算精度和效率的统一。

（4）采用具有横向剪切变形功能单元类型的有限元法不仅可弥补基于中厚板理论解析法求解复杂的不足，还可对任意几何形状、边界和荷载条件的中厚板、薄板及其组合结构进行更高精度地分析。

参考文献

［1］中华人民共和国水利部. SL 74—2019 水利水电工程钢闸门设计规范 ［S］. 北京：中国水利水电出版社，2020.

［2］国家能源局. NB 35055—2015 水电工程钢闸门设计规范 ［S］. 北京：中国电力出版社，2015.

［3］USACE. Design of spillway tainter gates: CECW-ET Engineer Manual 1110-2-602 ［S］. US Army Corps of Engineers (USACE), Washington D C，2000.

［4］USACE. Vertical lift gates: CECW-ED Engineer Manual, 1110-2-601 ［S］. US Army Corps of Engineers (USACE), Washington D C，1997.

［5］郑克红. 高水头弧形钢闸门三维有限元分析 ［D］. 南京：河海大学，2005.

［6］陈洪伟，姚宏超，陈丽晔. 高水头深孔事故闸门的原型动水闭门试验 ［J］. 红水河，2016，35（5）：6-8.

［7］王明贵，黄义. 弹性半空间地基上的矩形板 ［J］. 应用力学学报，1994（4）：120-126.

［8］钟阳，刘衡. 矩形中厚板弯曲问题的解耦解法 ［J］. 哈尔滨工业大学学报，2016，48（3）：143-146.

［9］Zhong Y, Li R. Exact bending analysis of fully clamped rectangular thin plates subjected to arbitrary loads by new symplectic approach ［J］. Mechanics Research Communications，2009，36（6）：707-714.

［10］Pugh, E. D. L., Hinton B., Zienkiewicz O. C. A study of quadrilateral plate bending elements with reduced integration ［J］. International Journal for Numerical Methods in Engineering，1978，12（7）：1059-1079.

［11］Hughes, T. T. R., Taylor, R. L., Kanoknulchui, H. A simple and efficient finite element for plate bending ［J］. International Journal for Numerical Methods in Engineering，1977，11（10）：1529-1543.

［12］Hughes, T. T. R., Tezduyar, T. E.Finite elements based upon the Mindlin plate theory with particular reference to four-node bilinear isoparametric element ［J］. Journal of Applied Mechanics，1981，48（3）：587-596.

［13］Spilker R L, Munir N I. The hybrid: tress model for thin plates ［J］. International Journal for Numerical Methods in Engineering，1980，15（8）：1239-1260.

［14］武秀丽. 轨枕板的"中厚板"力学模型及其计算 ［J］. 工程力学（增刊），1995，5：331-335.

［15］中华人民共和国国家质量监督检验检疫总局. 机械产品结构有限元力学分析通用规则：GB/T 33582—107 ［S］. 北京：中国标准出版社，2017.

［16］铁木辛柯，沃诺斯基. 板壳理论 ［M］.《板壳理论》翻译组，译. 北京：科学出版社，1977.

［17］铁摩辛柯. 材料力学 ［M］. 汪一麟，译. 北京：科学出版社，1964.

［18］王秀喜，曾皓. 复杂形状中厚板和薄板有限元分析 ［J］. 计算结构力学及其应用，1988，6（3）：10-18.

作者简介

张雪才（1990—），男，工程师，主要从事水工结构稳定及优化研究。E-mail: xnzxc1990@ 163.com

陈丽晔（1969—），女，正高级工程师，主要从事水工金属结构的勘察设计工作。E-mail: 583657562@qq.com

高原区域岩溶地下水系统划分研究
——以丽江黑龙潭泉群为例

郑克勋 [1,2]　韩　啸 [1,2]　刘　胜 [1,2]　王森林 [1]　姜伏伟 [3]

（1. 中国电建集团贵阳勘测设计研究院有限公司，贵州省贵阳市　550081；
2. 坝道工程医院岩溶地区分院，贵州省贵阳市　550081；
3. 贵州理工学院，贵州省贵阳市　550003）

[摘　要]本文以丽江黑龙潭泉群为例，研究高原区域岩溶地下水系统划分的勘察、分析和论证方法，从宏观的地形地貌、地层岩性、地质构造和岩溶现象等基本地质条件入手，形成地下水系统边界的基本判断，找出地下水系统划分的疑点与主要矛盾；通过地下水场分析与水均衡计算，论证可疑地区的泉域归属，通过勘探证实局部可疑地区的地下水分水岭边界的可靠性，通过连通试验确认地下水系统的主要补给与排泄区域，最终划定岩溶地下水系统的范围与边界，确定泉域。通过综合的调查、分析、勘察与试验，将丽江盆地北部山区的地下水系统划分为九子海—黑龙潭与红水塘—白浪花等两大地下水系统，充分证实了九子海地区为丽江黑龙潭泉群的补给源区，为黑龙潭泉群的治理与保护提供了可靠的依据，也可为其他区域岩溶地下水系统划分提供参考与借鉴。

[关键词]岩溶大泉；泉域；地下水均衡；地下分水岭；连通试验；渗流场

0　引言

岩溶管道水系统是指在某一范围较大的岩溶地区，有确定水文地质边界的，以地下岩溶空间集中赋存、传输岩溶水物质、能量和信息的地下水和地质体的有机整体。在中国北方，常以岩溶泉域构成一个完整的岩溶管道水系统[1-3]，面积一般数百平方千米，大者数千平方千米，其输出形式多以大泉（泉群）形式集中排泄。南方岩溶管道水系统范围相对北方要小一些，但是水量大而集中，其形式有伏流、地下河和泉水等。区域岩溶大泉流量大，泉域大，作用大，是宝贵的资源，但也兼具复杂性、敏感性与脆弱性[4-6]。多年来，区域岩溶大泉频发断流、污染等问题[7-8]，社会关注度越来越高，全社会对其的保护意识越来越强。区域岩溶大泉的地下水系统划分，范围的圈定是其开发与保护的一项基础性工作，也是难点[9-11]，如济南趵突泉的泉域划分与论证持续了数十年，至今仍在持续的研究中[12-14]。

丽江黑龙潭泉群作为中国名泉之一，是世界文化遗产丽江古城的水源，自清朝以来，黑龙潭泉群就有断流的记载，2012年以来，降水持续偏少，加上其他的原因共同影响，泉群最长连续断流天数达到1299天，其保护与修复工作越来越受到重视，但泉群的地下水系统划分，范围的圈定，特别是九子海地区的地下水系统归属一直以来存在较大的疑问。康晓波[15]对黑龙潭泉群岩溶水系统水文地质特征进行了分析，认为降水量减少是泉群断流的主要原因。李豫馨[16-17]基于黑龙潭泉群及清溪泉泉群多年逐月流量时间序列数据，提取多年数据的数据结构及水文过程动态变化特征。高伟[18]采用由"汇"到"源"反追踪的思路，根据各泉群排泄点特征，对地下水补给来源、补给方式、径流路径等进行深入分析。雷凤平[19]基于水文地质条件分析，得出北衙组中段、上段的灰岩、白云质灰岩是研究区的主要含水层，地形切割上述含水层使得地下水出露成泉。韩啸[20]采用人工化学示踪方法，根据试验数据计算地下水渗流速度，并分析了黑龙潭泉域地下水系统结构特征。和菊芳[21]通过黑龙潭泉水动态变化与降水关系，分析了泉水与降水动态蓄变关系。李恒丽[22]基于人工神经网络方法分析黑龙潭泉群降雨量与流量的变化，及计算黑龙潭降雨量与流量的相关性。覃绍媛[23]在黑龙潭泉域采取水样测试分析其水化学特征和氢氧同位素特征，探讨了黑龙潭泉域水化学组成特征和影响因素，以及各泉群的补给来源。

本文从宏观的地形地貌、地层岩性、地质构造和岩溶现象等基本地质条件入手，形成地下水系统边界的基本判断，找出地下水系统划分的疑点与主要矛盾；通过地下水场分析与水均衡计算，论证可疑地区的泉域归属，通过勘探证实局部可疑地区的地下水分水岭边界的可靠性，通过连通试验确认地下水系统的主要补给与排泄区域，最终划定岩溶地下水系统的范围与边界，确定泉域。通过综合调查、分析、勘察与试验，将丽江盆地北部山区的地下水系统划分为九子海—黑龙潭与红水塘—白浪花等两大地下水系统，充分证实了九子海地区为丽江黑龙潭泉群的补给源区，为黑龙潭泉群的治理与保护提供了可靠的依据，也可为其他区域岩溶地下水系统划分提供参考与借鉴。

1　基本地质条件

丽江盆地与黑白水河之间的岩溶山区为本文的研究区域，如图 1 所示。

1.1　地形地貌

金沙江环绕在研究区西、北和东面，形成深切峡谷；丽江地区呈向北突出的半岛状山地，丽江盆地位于丽江半岛南部，高程在 2400m 左右，南部与鹤庆盆地相接。西北侧为玉龙雪山，主峰海拔高程 5596m；北侧为黑白水河，其中下游河床高程低于 1800m，为地下水排泄基准面。研究区由北往南高程逐渐降低，山间分布九子海、古都塘、红水塘、腊日光等洼地（盆地），在南部象山山麓发育黑龙潭泉群，西侧为甘海子垭口、玉湖—白沙槽谷，东侧为干地坝—团山槽谷。

1.2　地层岩性

研究区域地层从新到老依次如下：

第四系（Q）湖积层、冰积层和残坡积覆盖层。

下第三系丽江组（E_2l）砂砾岩、灰质角砾岩；主要分布于丽江城、象山北部至腊日光一带，盖于北衙组地层之上。

三叠系上统松桂组（T_3sn）砂泥岩和页岩，中窝组（T_3z）灰岩、泥灰岩和页岩；主要位于九子海以西及东南部山顶。中统北衙组中、上段（T_2b^{2+3}）灰岩、白云质灰岩，下部第一段（T_2b^1）含泥灰岩、钙质泥岩，底部为砂页岩；主要分布于研究区大部，部分埋藏于丽江组之下。

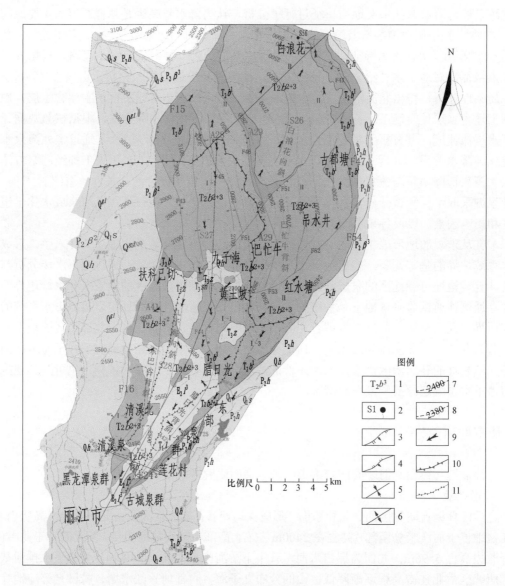

图 1 研究区地质简图

1—地层代号；2—泉水点编号；3—正断层；4—逆断层；5—向斜；6—背斜；7—北衙组含水层地下水位线；

8—第四系等水位线；9—地下水流向；10—一级地下分水岭；11—二级地下分水岭

二叠系黑泥哨组（P_2h）玄武岩、砂页岩夹煤层，主要位于研究区东侧及北西侧，构成整个地下水系统的底界及边界。

1.3 地质构造

九子海—黑龙潭研究区位于丽江—大具断裂以东、小金河—丽江—剑川断裂北西断块区内。主要受九子海环状扭动构造控制，旋涡位于九子海靠西侧，中心部位的三叠系灰岩的断裂褶皱呈 NNW 向，保持了原有的经向构造。分布白浪花向斜（S26）、巴牦牛背斜（A29）、九子海向斜（S27）、腊日光背斜（A24）与东巴谷背斜（A41）等。

2 岩溶地下水系统

2.1 岩溶水文地质条件

研究区总体属于溶蚀断块中高山山地地貌，区内岩溶发育，岩溶地貌组合形态包括溶蚀盆地（坡立谷）、溶丘洼地、溶（岭）丘谷地、岩溶斜坡或陡崖几种类型。其中最大的盆地——九子海盆地分为北洼地与南洼地，南洼地南端发育 K18 落水洞，盆地的汛期地表水大部从 K18 进入地下。

研究区内各地层的溶蚀强度由大到小依次为：三叠系北衙组中、上段（T_2b^{2+3}）、下第三系丽江组第三段（E_3l^3）、三叠系北衙组下段（T_2b^1）、三叠系中窝组（T_3z）地层。深部和外围二叠系地层为相对隔水层。丽江盆地自第四系后连续沉积，堆积了巨厚的新生界地层，厚度达 1200 余米，浅部覆盖层为孔隙含水层，透水性强，深部透水性弱。

丽江半岛地下水补给来源主要为地表降水入渗，其最终排泄基准面为金沙江。研究区北西边界至玉龙雪山，东侧边界至金沙江区域未见大规模泉水出露；地下水主要沿研究区南北边界以岩溶泉及潜流方式排泄，如北侧边界白浪花泉群带；东南侧边界泉群带；南部古城泉群、南西侧黑龙潭泉群和清溪泉。在腊日光至丽江盆地山区分布丽江组砾岩层，底部岩溶发育程度较弱，砾岩含水层向下越流补给北衙组灰岩含水层的能力有限，出露形成地表溢流泉，主要有海落沟泉、畜牧坊泉和荷麻冲泉等。

2.2 岩溶地下水系统初步划分

研究区域 T_2b^1 地层和二叠系地层为相对隔水层；西部山麓无泉水，玉湖—白沙槽谷下水流向为自北向南，研究区与其无显著地下水交换；东部山麓分布二叠系相对隔水地层，东部金沙江无大规模泉水，东部干地坝—团山槽谷与研究区无显著地下水交换。地下水补给为天然降水入渗，南部为丽江盆地，分布黑龙潭泉群、清溪泉和古城泉群等。北部以黑白水河河谷为界，发育白浪花泉群，排泄区分别位于研究区南北两端，即从地下水系统排泄条件分析研究区存在两个大的地下水系统，即南部的黑龙潭地下水系统和北部的白浪花地下水系统。

以地下构造和地形分水岭初步划分两大地下水系统的界线。九子海向斜与巴牦牛背斜造成 T_2b^1 地层在九子海以北和以东扬起抬高，对地下水形成顶托，有助于形成地下分水岭，同时与九子海以北超过 3500m 连续山脉和九子海以东的巴牦牛山脉的地形分水岭对应。两大地下水系统的分界线位于九子海以北与巴牦牛山脉，初步认为，九子海属于黑龙潭地下水系统。

3 地下水系统边界论证

3.1 地下水分水岭

由于巴牦牛山东南的红水塘地表高程最低 2600m，地下水位低于 2350m，地下水位低于丽江盆地，九子海盆地地下水存在向红水塘排泄的可能。在九子海盆地内和盆地东侧的巴牦牛山山脉西麓断层或垭口布置一系列钻孔，绘制了九子海盆地的地下水位等值线图（见图1）。九子海北洼地东侧 F51 断层处 ZK9 枯期水位 2684.85m，而九子海北洼地西侧的 Zkgy3 水位 2642m；九子海南洼地东侧 F53 断层 ZK12、黄土坡洼地东侧 ZK02 枯期水位分别为 2679.16m 和 2596.1m，ZK02 以西黄土坡洼地的 ZK01 水位为 2569.1m。说明九子海东侧水位有逐渐抬升的趋势，越接近分水岭地下水位越高，巴牦牛山山脉的地下分水岭与地表分水岭是一致的，是可靠的，排除了九子海盆地存在向东往红水塘径流的可能，九子海盆地应属于（Ⅰ）黑龙潭地下水系统，即为九子海—丽江坝地下水系统。

红水塘为斜坡地形，冲沟发育，在其东部地形存在缺口，地表水向东通过文化河排向金沙江。红水塘以东地层为二叠系的砂泥岩、玄武岩，为可靠的隔水地层，阻挡了地下水向南和向东排泄，只能顺灰岩与砂泥岩地层接触带的强岩溶发育带排向白浪花泉，即为（Ⅱ）红水塘—白浪花地下水系统。

红水塘地区地下水水位偏低，一方面由于北侧白浪花所在黑白水河深切，地下水系统岩溶发育强烈，溯源侵蚀使的岩溶管道水较为通畅，较好的排泄拉低了补给源地区的地下水位；另一方面，红水塘地区为白浪花地下水的源头区域，该地属斜坡地形，地表水排泄通畅，周边地下水入渗相对较弱，九子海地下水也未形成对红水塘地下水的补给，红水塘地区地下水补给不足。补给弱，排泄强共同造成红水塘地区地下水位低（如图 2 所示）。

清溪泉泉口高程比黑龙潭泉群高 25m，根据《丽江坝区水资源综合规划报告》和本项目研究的水质检测，其泉水矿化度、总硬度及水化学类型与黑龙潭泉群不一致，但该泉群的流量相对黑龙潭泉群稳定，在黑龙潭泉群断流时，其不曾出现断流现象；从地质条件上看，西侧扶科已切—猎鹰谷—清溪北洼地东侧一带位于东巴谷背斜核部，其下伏的北衙组下段（T_2b^1）砂泥岩与灰岩互层为隔水层，因此在研究区南部的九子海—丽江坝地下水系统内沿东巴谷背斜核部一线的次级地下分水岭单独划分出清溪泉泉域岩溶水系统（Ⅰ-2）。根据等水位线图，结合地形地貌，推测在东侧腊日光一线还存在一条次级地下分水岭，位置基本与地表分水岭重合，将东侧单独划分为东部泉群分散性岩溶水系统（Ⅰ-3），如图 3 所示。

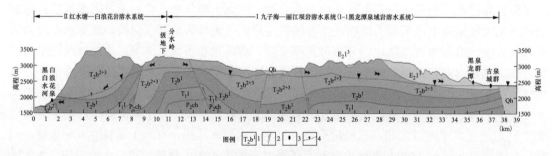

图 2 白浪花—九子海—丽江盆地水文地质剖面图

1—地层代号；2—断层；3—泉群；4—枯期地下水位线

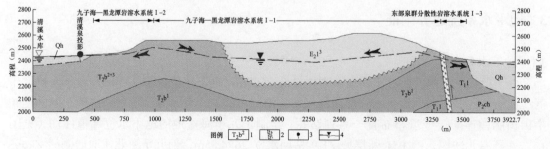

图 3 Ⅰ-1、Ⅰ-2、Ⅰ-3 次级岩溶水系统横剖面示意图

1—地层代号；2—断层；3—泉群；4—枯期地下水位线

3.2 水均衡计算

根据降雨与黑龙潭泉群流量资料，从 1993—2011 年，各年份黑龙潭泉水出流量占总降水量的比例为 20.62%，即若泉域降雨入渗到地下水后仅考虑黑龙潭为唯一排泄通道时的平均年入渗系数只有 0.21。而黑龙潭泉域补给区地表岩溶发育强烈，泉域内分布九子海、黄土坡、腊日光等大型洼地群，按照类似岩溶地区经验，其年降水入渗系数在 0.5 左右，因此所得年均入渗系数 0.21 说明黑龙潭泉群仅为黑龙潭地下水系统的排泄 "天窗"，其泉群出流量只为补给区入渗补给量的一部分，还有部分地下水改变了黑龙潭泉域地下滞流系统容量并以潜流形式向丽江盆地排泄。

洼地区域与坡地外流区域分别采用不同的入渗系数进行计算，通过计算所得综合入渗系数为 0.47，同类似地区的经验值 0.5 相比，较为接近，所得结果较合理。得到黑龙潭泉域年均降雨入渗总量后，结合泉水排泄量，即可计算出地下潜流排泄量。此地下潜流排泄量包含了古城泉群流量和地下水超采量，根据地下水动态特征，将水量平衡计算分为四个时期，分别为 1993—2005 年、2006—2011 年、2012—2017 年、2018 年，其计算验证结果见表 1。

表 1   **黑龙潭地下水系统水均衡计算表**

时 间 段（年）	1993—2005	2006—2011	2012—2017	2018
年均入渗量（万 m^3）	7966	8749	6241	11651
年均泉水排泄量（万 m^3）	4561	2096	0	3603
地下滞流系统变化量（万 m^3）	0	0	—	4900
年均地下潜流量（万 m^3）	3404	6309	≥6241	3149

2005 年以前，黑龙潭地下水系统的潜流排泄量保持稳定，年均排泄量为 3404 万 m^3。2005 年以后，由于丽江进入连续枯水年份，降雨量减少，城市用水造成了更多的地下水开采，从而导致潜流排泄量增大为 6309 万 m^3，而 2012—2017 年期间的年均降雨入渗量 6421 万 m^3，仅能基本满足黑龙潭泉群以外的潜流排泄量，从而导致黑龙潭泉群出现了持续性断流。自 2017 年，丽江市开始治理地下水超采，潜流排泄量逐渐由约 6300 万 m^3 恢复为 3400 万 m^3。2018 年降雨入渗量达 11651 万 m^3，远超过除黑龙潭泉群之外的潜流流量，不仅将地下水亏空补齐，还使黑龙潭泉群恢复出流。

如果将九子海区域纳入白浪花地下水系统范围，则丰水年份黑龙潭泉群的流量将大于地下水的补给量，地下水不均衡，证实九子海区域属于黑龙潭地下水系统范围。

3.3 场分析

3.3.1 化学场特征

通过对研究区地下水进行取样检测，Ca^{2+}、Mg^{2+}、HCO_3^- 为研究区地下水的主要离子成分，地下水化学类型较单一，主要为 Ca、Mg-HCO_3 型和 Ca-HCO_3 型，且以 Ca、Mg-HCO_3 型为主，说明研究区地下水水岩作用环境相似，地下水主要流经碳酸盐岩地层，地下水化学组分受方解石（$CaCO_3$）、白云石 [CaMg（CO_3）$_2$] 等碳酸盐矿物的溶滤作用较强，这与研究区岩溶发育，碳酸盐岩分布广泛，地下水径流通畅，循环条件好，Ca^{2+}、Mg^{2+}、HCO_3^- 为地下水的主导离子等特征相对应。选取较有代表性的 8 个指标（K^+、Na^+、Ca^{2+}、Mg^{2+}、SO_4^{2-}、Cl^-、HCO_3^-、Ca^{2+}/Mg^{2+}）进行聚类分析，成果见图 4。由图可知：各排泄区内地下水常量离子浓度大小关系为：白浪花泉＜黑龙潭区域＜清溪区域＜古城区域＜莲花村泉，各水样主要离子浓度大小反映地下水的循环通畅程度，离子浓度越小，地下水循环越通畅。

地下水离子浓度聚类分析成果表明，研究区各点水样可划分为 6 类，北侧白浪花泉群整体指标值低于南侧地下水，且差异较为明显，故将其单独归一类，清溪泉与黑龙潭—古城泉群分属不同类别，说明清溪泉与黑龙潭泉群的化学综合特征存在差异，而古城区域与黑龙潭区域各泉水归类存在交叉，说明两个区域的地下水存在一定的联系。由此分析得到：白浪花泉、清溪泉、黑龙潭—古城泉群、东部边界泉群均各自为单独的岩溶水系统；古城区泉群与黑龙潭泉群的岩溶地下水既有联系也有区别。

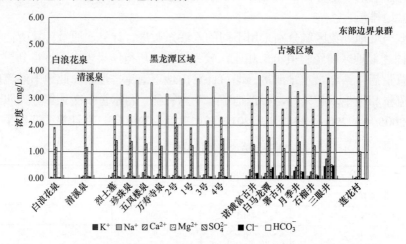

图 4　研究区地下水常量离子浓度统计及聚类分析图

3.3.2　温度场特征

对研究区地下水温进行观测，各观测点位置及平均监测温度统计如图 5 所示。由图可知：

研究区地下水位高程与温度有较好的对应关系，高高程补给区地下水为低温，从补给区到排泄区呈逐渐上升趋势；在各排泄区内，水温高低关系为：白浪花泉＜清溪泉＜黑龙潭区域＜古城区域。白浪花泉水温最低，化学成分含量也最低，说明泉水循环快；清溪泉和黑龙潭泉群地下水温的差异相对较大，一定程度上说明两者径流路径存在差异；古城区部分泉点水温接近黑龙潭泉水，说明两者可能存在一定联系。

研究区地下水在汛期内，地下水接受大量降雨补给，地下水交换快，赋存时间短，使排泄区地下水温接近补给区低温，地下水温整体呈下降趋势；汛期结束，降雨补给减少，地下水补给源减少，水交换变缓，接收地温加热，排泄区地下水温发生不同程度回升。

研究区高高程补给区钻孔水温受高温地表水影响，温度略微上升，但仍为低温水。排泄区内钻孔水温在汛期内，受到汛期通畅的地下水径流影响，整体呈现略微下降趋势。黑龙潭周边监测井及钻孔水温基本不变，说明该区域地下水活动强，水温交换条件好。水位埋深较浅的钻孔，如 3 号监测井，汛期内水温受到高温地表水入渗影响，呈现上高下低现象，汛期结束，地表水入渗作用减弱，垂向深度上的水温恢复稳定。

3.4　示踪试验

本次示踪试验研究[20]以九子海为中心，以南侧黑龙潭泉群、古城泉群、清溪泉，北部白浪花泉群为重点研究对象，其主要目的在于明确九子海盆地补水位置与各系统泉水的连通关系和补排规律，验证地下水系统划分的合理性。示踪试验采用碘化钾作为示踪剂，投放点位于九子海盆地南端 K18 落水洞，取样点主要位于黑龙潭泉群、白浪花泉、古城泉群、清溪泉和东部边界泉。

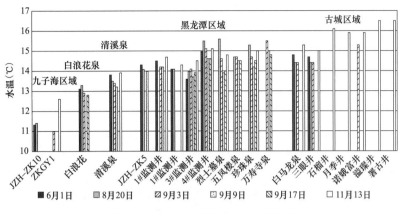

图 5　研究区地下水温度时间变化图

试验显示，黑龙潭泉群约 600h 后出现显著示踪剂信号，说明 K18 落水洞与黑龙潭泉群存在水力联系。古城泉群出现不连续示踪剂信号，且信号出现时间晚于黑龙潭泉群，说明 K18 落水洞与古城泉群存在水力联系，但其位于黑龙潭泉群下游，径流通道通畅性弱于黑龙潭泉群。白浪花泉群、清溪泉不曾出现示踪剂信号，说明 K18 落水洞与白浪花泉群、清溪泉不存在水力联系。示踪试验结论充分验证了研究区岩溶水系统划分的准确性。

4　黑龙潭岩溶地下水系统特征

黑龙潭地下水系统（Ⅰ-1）地势整体北高南低，北衙组上段与中段（T_2b^{2+3}）灰岩与白云质灰岩、丽江组第三段（E_2l^3）石灰质角砾岩等碳酸盐岩广泛分布地表，岩溶较发育，岩溶洼地、落水洞密集分布，尤其是九子海盆地、九子海北部 F_{43} 断层岩溶谷地，其底部及周边分布落水洞，大气降水在地表汇集形成季节性或永久性地表径流，经地形低洼的岩溶洼地或谷地底部落水洞集中补给地下岩溶含水层，是地下水的最主要补给方式。

黑龙潭地下水系统（Ⅰ-1）的排泄出口主要为黑龙潭泉群和古城泉群，根据各泉群泉水出流情况可认为该岩溶水系统由上至下可划分为垂直入渗带—季节变动带—水平流动带，黑龙潭泉群在地下水水动力分带中处于季节变动带的末端，降雨减少使得地下水位低于泉口时，即出现断流现象；而古城泉群地下水水动力分带处于水平流动带表层，大气降水变化仅能带来流量有所变化，而未曾出现断流现象。

5　结语

综合研究区基本地质条件、岩溶水文地质条件、水均衡、渗流场、温度场、化学场特征及连通试验成果等证实研究区存在南北两个大岩溶地下水流动系统：分别是九子海—丽江坝岩溶地下水流动系统（Ⅰ）和红水塘—白浪花岩溶地下水流动系统（Ⅱ），九子海与白浪花泉群不存在水力联系，九子海与黑龙潭存在显著的水力联系。九子海-丽江坝岩溶水系统（Ⅰ）

在横向上可分为Ⅰ-1 黑龙潭泉域岩溶水流动子系统、Ⅰ-2 清溪泉域岩溶水流动子系统和Ⅰ-3 东部泉群分散性地下水流动系统。三个岩溶水流动子系统补-径-排条件自成一体，相互之间水力联系微弱，九子海补水区与清溪泉域及东部泉群之间不存在连通关系。

参考文献

[1] 张春潮，侯新伟，李向全，等. 三姑泉域岩溶地下水水化学特征及形成演化机制 [J]. 水文地质工程地质，2021，48（3）：62-71.

[2] 申豪勇，梁永平，赵春红，等. 古堆泉岩溶地下水系统特征及系统圈划 [J]. 吉林大学学报（地球科学版），2020，50（1）：217-225.

[3] 赵春红，李强，梁永平，等. 北京西山黑龙关泉域岩溶水系统边界与水文地质性质 [J]. 地球科学进展，2014，29（3）：412-419.

[4] 柴福鑫，潘世兵，石维新，等. 邢台百泉泉域岩溶地下水模拟与方案调算 [J]. 水文地质工程地质，2016，43（3）：17-21.

[5] 任焕莲. 辛安泉系统岩溶地下水降水补给滞后分析研究 [J]. 地下水，2007，128（5）：59-63.

[6] 郭达鹏，康凤新，陈凫良，等. 山东淄博沣水泉域岩溶水系统模拟及水源地优化开采预测 [J]. 中国岩溶，2017，36（3）：327-338.

[7] 曹小虎. 南梁-古堆泉域岩溶地下水系统研究分析 [J]. 地下水，2005，（3）：181-183.

[8] 彭淑惠，王宇，黄成，等. 昆明大板桥岩溶地下水系统污染边界及其防污性能研究 [J]. 中国岩溶，2015，34（4）：362-368.

[9] 赵宏生. 泰安上泉泉域边界特征与泉水保护 [J]. 山东国土资源，2020，36（10）：46-51.

[10] 王振兴，李向全，侯新伟，等. 三姑泉域岩溶地下水分布特征及子系统识别 [J]. 地球与环境，2020，48（2）：228-239.

[11] 唐春雷，晋华，梁永平，等. 娘子关泉域岩溶地下水位变化特征及成因 [J]. 中国岩溶，2020，39（6）：810-816.

[12] 祁晓凡，王雨山，杨丽芝，等. 近50年济南岩溶泉域地下水位对降水响应的时滞差异 [J]. 中国岩溶，2016，35（4）：384-393.

[13] 管清花，李福林，王爱芹，等. 济南市岩溶泉域地下水化学特征与水环境演化 [J]. 中国岩溶，2019，38（5）：653-662.

[14] 于翠翠. 济南明水泉域岩溶地下水数值模拟及泉水水位动态预测 [J]. 中国岩溶，2017，36（4）：533-540.

[15] 康晓波，王宇，张华，等. 丽江黑龙潭泉群水文地质特征及断流的影响因素分析 [J]. 中国岩溶，2013，32（4）：398-403.

[16] 李豫馨. 基于时间序列分析的丽江黑龙潭泉域动态研究 [D]. 成都理工大学，2016.

[17] 李豫馨，许模，高伟，等. 基于时间序列方法预测丽江黑龙潭泉域流量 [J]. 人民珠江，2016，37（3）：6-9.

[18] 高伟. 云南省丽江市黑龙潭泉域地下水系统分析 [D]. 成都理工大学，2016.

[19] 雷风平，王锦国，赵燕容，等. 丽江市黑龙潭地区水文地质条件分析 [J]. 中国煤炭地质，2019，31（4）：51-56，67.

[20] 韩啸，陈鑫，郑克勋，等. 示踪试验在岩溶大泉修复中的应用——以丽江黑龙潭为例 [J]. 中国岩溶，2019，38（4）：524-531.

［21］和菊芳，方金鑫．丽江黑龙潭泉水动态变化与降水关系初探［J］．中国农村水利水电，2019，442（8）：26-27，35．

［22］李恒丽，李保珠．基于人工神经网络模型的丽江黑龙潭泉群断流预测［J］．中国水运，2020，660（7）：149-152．

［23］覃绍媛，李泽琴，许模．黑龙潭泉域地下水化学特征及补给源识别［J］．人民黄河，2020，42（3）：63-67．

作者简介

郑克勋（1982—），男，正高级工程师，主要从事水利水电工程勘察，岩溶工程与环境问题的勘察和处理工作。E-mail：848545331@qq.com

某日调节水电站下游河道安全风险
分析及应对策略

赵 鹏 王 军

（雅砻江流域水电开发有限公司，四川省成都市 610051）

[摘 要] 某大型水电站水库总库容 0.912 亿 m³，具有日调节性能，电站下游河道地处人员居住密集区域。电站因发电负荷和来水的不确定性，出库流量快速变化导致下游河道水位随之突升突降，对下游河道人员生命和财产安全造成较为严重的威胁。本文通过深入剖析该水电站下游河道存在的安全风险，因地制宜制定相应对策略，确保电站下游河道安全。

[关键词] 日调节水电站；下游河道；风险；策略

0 引言

某大型水电站总装机容量为 4×150MW，距上游梯级水电站 18km，距主河道支流入口 2.5km，距其下游的两江交汇口 15km，电站在设计上为上游梯级电站的反调节电站，总库容仅 0.912 亿 m³，为日调型水库电站，水库调节库容较小，仅为 0.14 亿 m³，干流与上级电站尾水衔接，一级支流回水至已建成的水电站，长度约 7km[1]。

电站在实际运行中，可调库容小、调节能力差、负荷调整和闸门操作频繁、上游支流流量不稳定、水库水位控制安全风险高诸多实际困难，导致电站出库流量变化不确定[2]。同时，电站下游河段地处人员居住密集区域，沿江取水、钓鱼、挖虫、餐饮、挖沙、野炊、露营等活动频繁，各下江口岸均存在一定的安全风险，电站下游河道安全问题十分突出，如何有效保证下游河道的安全成为该电站安全稳定运行的重大课题。

1 下游河道安全风险分析

1.1 一厂两站，两级调度，运行关联性弱

该水电站和上游梯级电站虽同属于一个发电公司管理，但上游梯级电站属于西南网调的调度范围，通过 500kV 接入电网，电量主要送往四川省主网和重庆市电网；该水电站属于四川省调调度，通过 220kV 接入电网，电量主要送往攀枝花地区。因分属两级调度机构、不同电压等级接入电网，市场消纳方向及消纳量不同，导致两级调度的调度目标无法统一，两站运行关联性较弱，更无法做到日计划电量与水量平衡[3]。该水电站频繁的负荷调整有时使上级值班调度员不胜其烦，出现拖延同意或断然拒绝的情况，且不说经济性无法保证，水库及下游河道安全因此受到了严重威胁[4]。

1.2 调峰调频，负荷变化频繁且变幅大

该水电站为攀西地区省调直调最大电站，为确保电网安全，承担区域电网主要调峰调频任务。为更好地满足调峰调频要求，该电站自动发电控制（automatic generation control，AGC）投入省调远方闭环控制，电站自动按调度侧 AGC 实时计算后的下发值进行负荷调整。AGC 实时下发负荷值表现为变化快、无规律，电站无法预测后续负荷变化趋势，也无法预测出库流量的变化。统计发现，该水电站负荷调整次数多则达 600 余次/天，少则近 200 次/天；15min 内，负荷变幅可达到 30 多万千瓦。

以 2021 年 4 月 7～8 日为例，该水电站投入 AGC 运行，AGC 调度下发全站负荷多次大幅调整，下游河道出库流量也随之波动。据统计，AGC 调整负荷导致 15min 内变幅超 100MW（流量变幅约 500m³/s）次数达 22 次，15min 内变幅超 150MW（流量变幅约 800m³/s）次数达 8 次。

4 月 7 日 08:51～09:35 期间该电站负荷由 253MW 调整至 449MW，出库流量增加约 1000m³/s，调整后下游水位上涨约 1.6m；12:12～12:14 期间该电站负荷由 254MW 调整至 343MW，出库流量增加约 500m³/s，调整后下游水位上涨约 0.7m。

4 月 8 日 01:28～5:50 期间，全厂负荷在 150～300MW 之间来回频繁波动；4 月 7 日 23:08～23:20、04 月 08 日 06:16～11:56、04 月 08 日 17:46～23:52 期间，负荷陡增陡降、出库流量和下游水位也随之变化。具体负荷及下游水位曲线如图 1 所示，出库流量曲线如图 2 所示。

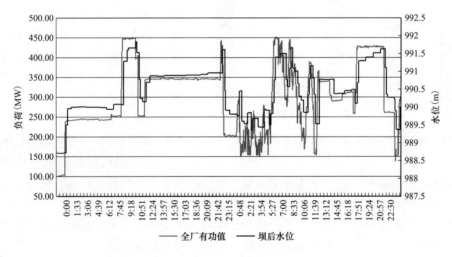

图 1　电站负荷、坝后水位曲线

结合图 1、图 2 分析，该水电站参与系统调频调峰时，调度 AGC 自动下发至电站的负荷变化毫无规律，且频繁大幅调整，下游河道水位陡升陡降，严重威胁下游河道安全。

1.3 调节库容小，泄洪闸紧急操作多

日调节水电站调节库容小，水库水位受上游来水和发电负荷影响明显，控制难度大。该水电站上游一级支流流量受降雨影响明显，具有不确定性，加之机组投入 AGC 控制，调峰调频时发电负荷往往短时间内频繁大幅调整，水库面临洪水漫坝和水库拉空风险。为确保大坝安全，水电站只能采用紧急调整闸门方式来控制水库水位，导致紧急操作口令频繁。据统计，2020 年紧急口令操作泄洪闸共计达到 378 次。电站投产以来，具体的泄洪闸门操作次数统计

见图3。

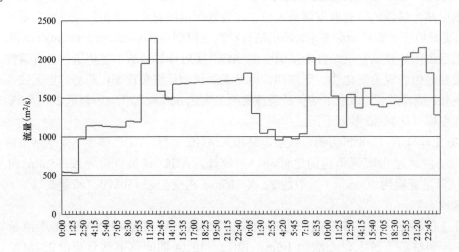

图 2　电站出库流量曲线

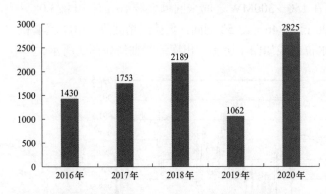

图 3　电站投产以来，泄洪闸门操作次数统计

泄洪闸紧急口令操作使得河道预警时间、泄洪信息传递以及下游河道巡逻时间极为紧张，电站长期面临信息传递不到位、下游河道水位突变，甚至造成下游人员伤害和设备损坏的巨大风险。同时高频次的闸门操作也对泄洪闸的维护提出更高要求，一旦发生闸门机械或控制回路异常，极有可能发生洪水漫坝和水库拉空的风险。

1.4　紧邻县城，下游河道人员活动密集

该水电站紧邻县城，且该区域冬暖、春温高、夏秋凉爽，年平均气温 19.2℃，前往江滩烧烤、钓鱼、游玩人员多，河道水位快速上涨将直接威胁人身安全。

在该电站下游约 5km 处有一淤积形成堆积扇，由于多年无序采砂挖石，形成江心洲。在电站负荷 140MW 以下时，江心洲完全露出，与岸边相连形成半岛，人员和车辆都可进入河道内江心洲，经常出现人员被困险情。

为满足沿江农业灌溉，在下游河道两岸取水口共计 12 处，其中左岸有 4 处，右岸有 8 处。在 2017 年某日出现过下游河道群众多台取水泵被淹，群众在抢救水泵时发生触电险情。

另外，下游河道中有一家餐饮趸船在经营，水位变幅较大时，趸船存在搁浅的风险。

下游河道密集的人员活动到来极高的下游河道安全风险，同时该水电站发电负荷受电网调度控制，电站现场无法控制和预测后续负荷变化，无法提前或实时预警，仅能做到事后预警。因此，下游河道随时可能发生游玩群众、涉水作业人员被困、溺水，生产设备冲走或损毁、船舶搁浅或倾覆等突发事件。

2 应对策略

面对下游河道的高风险，水电站始终把保障人民生命财产安全放在第一位，根据电站自身特点，因地制宜，多措并举，控制乃至消除安全风险。该水电站主要采取了以下应对措施：

（1）加强出库流量监视，15min 内负荷变幅导致总出库流量变幅 500m³/s（对应负荷变幅约 100MW）时，及时将流量变化信息在政府部门组建的微信群中进行通知，提醒相关单位和人员。

（2）加强电站负荷监视，电站总负荷上跨 100MW 或调增量超过 150MW 时，立即通知巡查人员开展下游河道巡查。若河道有人逗留及时劝离并拍照、记录、存档，必要时汇报上级调度调整负荷。

（3）加强 AGC 下发设定值监视，发现负荷快速变化时，应立即向上级调度申请调整负荷变化速率，避免上下游水位陡涨陡落。

（4）编制电站水库及下游河道突发事件现场处置方案、电站下游河道突发事件应急预案和专题事故预想，以保障下游河道人民生命安全。当发生险情时，当班值长应不待调令，进行机组调减负荷操作；必要时不待调令，进行泄洪闸门关闭操作。

（5）加强与上级调度沟通交流，总结水库调度偏差原因和运行经验，增加流域水情数据修正频次，提高水位预测的准确性，尽量让水库水位变化保持平稳，避免频繁操作。

（6）加强中短期水情信息预报，加快支流流域基础水文设施建设，进一步做好支流来水预测预报工作，引进卫星遥感技术、无线雷达波数字化测流技术、无人机航拍监测技术等新技术，以此加强对流域水文监控工作，构建数字化水文体系，从而提高该水电站入库流量的预报精度。

（7）大力推进水调、电调合一，实现集控中心对流域水电站的水调、电调合一，减少沟通环节，提高工作效率，为该水电站的调度运行创造良好的内部环境。

（8）组织相关技术人员实地勘察，对部分砂石滩进行挖除，疏浚河道，阻断人员进入江心洲的通道。仔细排查人员活动密集区下江通道，在下江通道处设置格栅围网，形成隔离，阻止人员进入该区域活动。

3 结语

日调节水电站水库库容小，受发电负荷和来水不确定性影响大，下游河道风险异常突出。为保证人民群众生命财产安全和枢纽安全，水电站应不断对下游河道进行风险分析和经验总结，采取必要措施不断提高值班人员对风险的把控能力，不断增强值班人员应对下游河道突发事件的处置能力。

参考文献

[1] 吴宇腾，雷运华. 四川省雅砻江桐子林水电站综述 [J]. 黑龙江水利科技，2011（2）：85-87.

[2] 李民希. 径流式反调节水电站水库调度分析与应对措施 [J]. 水电站机电技术，2020，43（3）：67-70.

[3] 唐杰阳，丁仁山，王超，等. 桐子林水电站调度难点分析及对策研究 [J]. 人民长江，2020，51（6）：

217-222.

[4] 李民希. 基于两级调度模式下的大型水电站优化运行分析 [J]. 水电站机电技术，2020，43（2）：4-8+71.

作者简介

赵　鹏（1995—），助理工程师，主要从事水电站运行管理工作。E-mail：zhaopeng@ylhdc.com.cn

王　军（1986—），高级工程师，主要从事水电站运行管理工作。

"双碳"背景下小水电梯级开发河流生态流量保障研究：以东江为例

丁晓雯[1] 王露露[1] 李兴拼[2] 陈庆伟[3]

（1. 华北电力大学环境科学与工程学院，北京市 102206;
2. 珠江水利科学研究院，广东省广州市 510000;
3. 水利部水资源管理中心，北京市 100053）

[摘 要] 在"双碳"背景下，水电作为清洁能源发电成本低、高效而灵活；小水电绿色环保，依托地形优势，一般建设在偏远山区，促进了新农村建设，但由于小水电的不合理开发，导致河流下游出现河道断流和减脱水现象，因此科学规范小水电最小下泄流量意义重大。本文以梯级小水电开发河流为研究对象，运用水文学法中的 Q_P 法、经验法和频率曲线法计算得到梯级小水电最小下泄流量应控制在 $226.25 \sim 237.05\mathrm{m^3/s}$ 范围内，以保证小水电能够健康可持续发展，为实现"2030 碳达峰"和"2060 碳中和"国家战略目标出力。

[关键词] 小水电；最小下泄流量；生态流量计算

0 引言

习近平总书记于 2020 年 9 月在第七十五届联合国大会上承诺我国力争在 2030 年前实现"碳达峰"、2060 年前实现"碳中和"，并于 2021 年 4 月在领导人气候峰会上宣布严控煤电项目。国家要求加快水电基地建设，并以水电作为煤电的一个重要补充，而小水电作为绿色的可再生能源，在环境保护与新农村建设中发挥着巨大作用，但是小水电的不合理开发，导致下游河道出现减脱水和断流等问题。为了保证小水电健康可持续发展，在运行过程中必须保证一定的流量下泄，因此计算梯级小水电最小下泄流量[1]成为一大热点。

目前，我国最小下泄流量的计算方法尚不统一，相关学者的观点也不尽相同，国内外研究学者的研究目标主要集中在河流生态需水定义和计算方法上，逐步形成了水文学法、水力学法、生境模拟法和整体分析法四大类，水文学法相比于其他方法具有很多优势，即不需要进行现场测量，简单方便，对数据的要求不是很高，适用于优先度不高的河段。如韩建军等[2]在计算金鸡口水电站最小下泄流量时，因减脱水河段内无水文站，故选择较合适的监测断面应用水文学法计算水电站最小下泄流量；李小强等[3]在分析探讨农村水电站最小下泄流量时，在留金坝水电站上下游布设监控断面应用水文学法计算水电站最小下泄流量。本文以梯级小水电开发河流—东江为例，选用水文学法中 Q_P 法[4]、经验法[5]和频率曲线法[6]计算梯级小水电开发河流下游最小生态流量，并采用 Tennant 法对计算结果进行合理性分析[7,8]，其结果对科学合理指导河流上游小水电流量下泄、促进流域小水电健康可持续发展具有重要意义，从而为"2030 碳达峰"和"2060 碳中和"国家战略目标的实现奉献一份力量。

1 流域小水电概况

我国的小水电主要分布在雨量丰沛、河流密布、河道天然落差大的经济发展相对落后、远离大电网且农村人口相对集中的长江以南山区。截至 2017 年年底,广东省装机容量 5 万 kW 以下的小型水电站有 9834 座,装机容量达 760 万 kW,年发电量约 206 亿 kWh,水电站数量位居全国各省(市)第 1 位,而东江干流上已投运和在建的梯级电站多达 12 座,总装机容量达 47.77 万 kW,占东江干流技术可开发量的 88.51%,因此本文选择广东东江作为典型小水电开发河流。但是,分布在东江中上游地区的小水电大多为引水式水电站[9],需要长期蓄水,故导致下游流量匮乏,河道出现减脱水和断流等问题,不利于小水电的健康可持续发展。在东江干流的众多水文站中,博罗站位于诸多小水电下游,是国家重点水文站,控制流域占总面积的 93.7%,相比其他水文站更具代表性,因此本文选择博罗站作为研究对象。

2 数据和方法

2.1 数据资料

东江干流水电站数量多达 12 座且大都处于中上游地区,对于计算梯级小水电的最小下泄流量,可将其转化为计算下游断面的最小生态流量,而位于东江下游的博罗水文站是东江干流进入三角洲前的控制性水文站,具有长序列的月径流资料,能够计算出河流下游的最小生态流量。故选取东江博罗站 1971—2000 年的实测水文数据,计算得到多年实测平均流量为 769.5m³/s。

2.2 梯级小水电最小下泄流量计算方法

小水电最小下泄流量的确定直接关系到水电站的经济效益,在保证水电站最大经济效益的同时,要求小水电最小下泄流量不应低于最小生态流量,这对小水电健康可持续发展非常重要。而最小生态流量是指维持河道基本形态和基本生态功能、旨在防止河流断流、避免水生态系统遭受到不可挽救的破坏的最小流量。

目前,生态流量的计算方法较多,主要分为水文学法、水力学法、生境模拟法和整体分析法四大类[10-12]。东江流域水量较大,开发利用程度高,无特殊生物保护目标且具有长序列的实测月径流资料,但是缺少长时间的日径流数据资料,因此选择水文学法进行计算。但部分计算生态流量的水文学方法不适用,如年内展布法[13]、改进 7Q10 法[5]。本文综合考虑东江的流域特征及实际发展状况,并基于现有资料及计算方法的适用范围,选用水文学法中的 Q_P 法[4]、经验法[5]及频率曲线法[6]计算最小生态流量,并利用 Tennant 法对计算结果进行评价[7,8],得出东江下游最小生态流量,为梯级小水电流量合理下泄提供科学依据。

(1)Q_P 法。Q_P 法是以控制断面至少连续 30 年的最枯月平均流量、水位或径流量排频的一种生态流量计算方法[4]。根据河流的开发利用程度、实际来水情况确定频率 P。该方法一般适用于所有河流(特殊河流和特殊时期除外),本文选择 90%保证率对应的平均流量值作为控制断面最小生态流量。

(2)经验法。经验法是通过确定生态环境健康状况与径流量存在的经验关系计算生态流

量的一种计算方法[5]，计算公式如下

$$Q_1 = P_{experience} \times Q_{average} \tag{1}$$

式中 Q_1 ——某时段最小生态流量，m^3/s；

$\quad\quad Q_{average}$ ——平均流量，m^3/s；

$\quad\quad P_{experience}$ ——百分比，%。

通过多年对生态流量的相关研究得知，当河道流量为年平均流量的 30%～60%时，生态环境及水生生物生存状态较好，根据经验公式计算得到最小生态流量，该方法适用于水量较大的常年性河流。

（3）频率曲线法。频率曲线法是选用连续至少 30 年的历史径流资料构建各月水文频率曲线，计算汛期与非汛期生态流量的方法[6]。根据东江博罗站水文特征，将全年分为汛期（4～9 月）和非汛期（10 月～次年 3 月）两个时段，本文取 95%保证率下的生态流量作为河道适宜生态流量，该方法一般适用于所有河流。

（4）Tennant 法也叫蒙大拿法，是 Tennant、DL 等人针对美国 3 个州的 11 条河而研究的一种生态流量计算方法，常作为河流生态流量的评价指标[7,8]。该方法通过控制断面多年平均径流量的百分比，判断河湖水生生物、河流景观与河流流量之间的关系，关系标准见表 1。

表 1　　　　　　　　　　　Tennant 法对栖息地质量和流量关系的描述

流量值及相应栖息地的定性分析	推荐的基流标准（%）	
	一般用水期（10 月～次年 3 月）	鱼类产卵育幼期（4～9 月）
最大	200	200
最佳	60～100	60～100
很好	40	60
好	30	50
较好	20	40
一般或较差	10	30
差或最小	10	10
严重退化	<10	<10

3　计算结果分析

3.1　Q_P 法

基于东江博罗站 1971—2000 年流量数据，选用博罗站连续 30 年实测月平均流量序列，应用水文统计方法，将连续 30 年的最枯月平均流量进行排频，求得 90%保证率下的最小生态流量为 232.81m^3/s，P-Ⅲ型曲线进行配线结果见图 1。

3.2　经验法

基于东江博罗站 1971—2000 年连续 30 年实测月平均流量数据，应用水文统计方法，计算逐年平均流量，并对年平均流量进行排频，$Q_{average}$ 取 50%保证率下的年平均流量，得到 50%保证率下的年平均流量为 754.18m^3/s，P-Ⅲ型曲线进行配线结果见图 2。本文 $P_{experience}$ 取 30%，

将得到的 $Q_{average}$ 代入式（1）进行计算，得到最小生态流量 226.25m³/s。

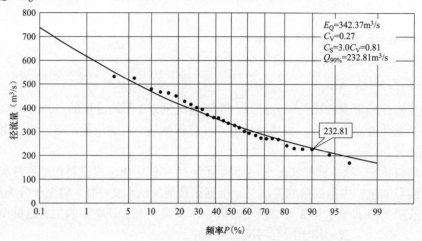

图1　Q_P 法 P-Ⅲ型曲线配线成果图

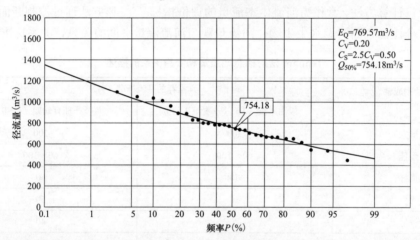

图2　经验法 P-Ⅲ型曲线配线成果图

3.3　频率曲线法

基于东江博罗站 1971—2000 年月平均流量数据，将其分为 1～12 月共 12 个月平均径流系列，采用 P-Ⅲ型曲线对系列进行配线，确定各月流量的均值、C_V、C_S/C_V 以及 95% 保证下各月生态流量，计算结果见表 2。根据表 3 的统计结果，得到汛期（4～9 月）的生态流量为511.88m³/s，非汛期（10 月～次年 3 月）的生态流量为 237.05m³/s，取东江博罗断面非汛期的生态流量作为的最小生态流量。

表2　　　　　　　　　　　频率曲线法年内不同时段值计算成果表

月份	均值（m³/s）	C_V	C_S/C_V	P（%）	月基本生态流量（m³/s）
1	422	0.25	2	95	266.03
2	426	0.48	2.5	95	170.65
3	555	0.8	2	95	188.53

月份	均值（m³/s）	C_V	C_s/C_V	P（%）	月基本生态流量（m³/s）
4	835	0.48	3	95	300.42
5	1067	0.43	2	95	448.07
6	1366	0.37	2.5	95	655.55
7	1073	0.36	2.5	95	568.73
8	1134	0.36	2	95	578.79
9	896	0.32	3	95	519.72
10	584	0.4	2	95	262.74
11	456	0.28	2.5	95	273.50
12	421	0.27	2.5	95	260.85

3.4 结果和讨论

比较分析以上 3 种计算方法的结果，Q_P 法的计算结果为 232.81m³/s，占多年实测平均流量的 30.25%；经验法的计算结果为 226.25m³/s，占多年实测平均流量的 29.40 %；频率曲线法计算的非汛期生态流量值最大，结果为 237.05m³/s，达到多年实测平均流量的 30.80%。针对 Q_P 法、经验法和频率曲线法，本文选用 Tennant 法对这 3 种生态流量计算方法成果进行比较分析[7,8]，得到的评价结果见表 3。

综合来看，Q_P 法、经验法和频率曲线法的计算结果相差不大，且高于多年实测平均流量的 10%。相关学者认为：在我国目前的水文工作中，将多年平均流量的 10%作为河流水生态系统不退化的最小生态流量，不利于河流生态系统的健康发展，应在此基础上预留一定的空间[14]。本研究利用 Q_P 法、经验法和频率曲线法的计算结果均大于多年平均流量的 10%，其结果适用于东江流域博罗断面的生态流量控制，故本研究提出的东江博罗断面最小生态流量建议值在 226.25～237.05m³/s 范围内，以保证小水电健康可持续发展。

表 3　　　　利用 Tennant 法对 Q_P 法、经验法及频率曲线法计算结果的评价

月份	多年月平均实测流量（m³/s）	P_1（%）	评价结果	P_2（%）	评价结果	P_3（%）	评价结果
1	422	54.4	很好	53.6	很好	63.0	最佳
2	426	53.8	很好	53.1	很好	40.1	很好
3	555	41.3	很好	40.8	很好	34.0	好
4	835	27.5	最小	27.1	最小	36.0	一般
5	1067	21.5	最小	21.2	最小	42.0	较好
6	1366	16.8	最小	16.6	最小	48.0	较好
7	1073	21.6	最小	21.1	最小	53.0	好
8	1134	20.2	最小	20.0	最小	51.0	好
9	896	25.6	最小	25.3	最小	58.0	好
10	584	39.3	好	38.7	好	45.0	很好
11	456	50.3	很好	49.6	很好	60.0	最佳
12	421	54.5	很好	53.7	很好	62.0	最佳

4 结语

大力发展清洁与可再生能源，是我国实现"双碳"目标的一大战略要求，发展水电是其中的一项重要工作内容，而小水电在发电和减排中做出了很大的贡献。但是小水电的不合理开发对下游河道产生了一定影响，为了小水电健康可持续发展，在运行过程中必须保证一定的流量下泄。对于小水电梯级开发河流，小水电的下泄流量可以转换为河流下游断面的最小生态流量，本文推荐 Q_P 法、经验法和频率曲线法的计算结果作为小水电梯级开发河流最小生态流量标准，计算得到，东江上游梯级小水电的最小下泄流量应控制在 $226.25 \sim 237.05 \mathrm{m}^3/\mathrm{s}$ 范围内，为河流上游小水电合理下泄提供技术支撑，为实现"2030 碳达峰"和"2060 碳中和"国家战略目标出力。

参考文献

[1] 王露，THI V V，马智杰. 绿色小水电综合评价研究 [J]. 中国水利水电科学研究院学报，2016，14（04）：291-296.

[2] 韩建军，李晓敏，周方红，等. 金鸡口水电站最小下泄流量分析 [J]. 水电能源科学，2016，34（03）：64-66+31.

[3] 李小强，刘建新. 农村水电站最小下泄流量研究探讨 [J]. 小水电，2015，000（005）：14-17.

[4] 李文炜. 桑干河河道生态需水量分析研究 [J]. 水利水电技术，2020，51（S2）：318-321.

[5] 刘琳. 典型小水电梯级开发河流生态流量核算评估及保障研究 [D]. 华北电力大学（北京），2020.

[6] 张沛雷. 汾河入河口基本生态流量分析计算 [J]. 陕西水利，2020，（10）：34-35+8.

[7] HUANG S, CHANG J, HUANG Q, et al. Calculation of the Instream Ecological Flow of the Wei River Based on Hydrological Variation [J]. Journal of Applied Mathematics，2014，（2014-4-2），2014，2014：1-9.

[8] 李千珣，郭生练，邓乐乐，等. 清江最小和适宜生态流量的计算与评价 [J]. 水文，2021，41（02）：14-19.

[9] ZYA B, JING Z, JZA B, et al. A new method for calculating the downstream ecological flow of diversion-type small hydropower stations - ScienceDirect [J]. Ecological Indicators，125.

[10] 刘悦忆，朱金峰，赵建世. 河流生态流量研究发展历程与前沿 [J]. 水力发电学报，2016，（12）：23-34.

[11] 徐宗学，武玮，于松延. 生态基流研究：进展与挑战 [J]. 水力发电学报，2016，（4）：1-11.

[12] TIAN C, ZHOU F, HUANG D J. Calculation of the instream ecological flow of Shifengxi River in Zhejiang Province, China using hydrology and section morphology analysis method [J]. IOP Conference Series Earth and Environmental Science, 2019, 344: 012136.

[13] 方国华，丁紫玉，黄显峰，等. 考虑河流生态保护的水电站水库优化调度研究 [J]. 水力发电学报，2018，037（007）：1-9.

[14] 陈晓璐，林建海，梁华玲. 基于水文学法的海南省三大江生态需水量研究 [J]. 人民珠江，2020，41（02）：28-35.

作者简介

丁晓雯（1981—），女，教授，主要从事水电水资源管理、流域综合管理、环境评价工作。E-mail:

binger2000dxw@163.com

王露露（1996—），女，硕士研究生在读，主要从事生态流量核算与保障工作。E-mail：2012087826@qq.com

李兴拼（1983—），男，高级工程师，主要从事珠江流域水资源配置、水资源管理、水资源规划和相关科研工作。E-mail：282543748@qq.com

陈庆伟（1977—），男，高级工程师，主要从事水资源调度与管理工作。E-mail：ghc@mwr.gov.cn

智慧电网架构下黄登水电站计算机
监控系统设计与实现

颜现波 [1,2]　赵勇飞 [1,2]　卢小芳 [2]

（1. 中国水利水电科学研究院，北京市　100038;
2. 北京中水科水电科技开发有限公司，北京市　100038）

[摘　要] 本文主要介绍了澜沧江流域黄登水电站数据采集与监视控制系统（supervisory control and data acquisition，SCADA）的设计与建设，并对几项关键技术给出解决方案。在该设计过程中优选磁盘阵列（redundant arrays of independent disks，RAID）技术解决大容量历史数据存储问题。其次，厂站层及现地 LCU 层均采用双环双冗余网络通信方式，实现整个系统的高可靠性、高度冗余性。利用基于多主机、多规约、多链路的"调控一体化"技术实现电站与流域集控中心海量数据的高速通信及远程调控功能。智能温度控制及故障隔离技术保障机组安全平稳运行。

[关键词] SCADA 系统；RAID 数据存储；冗余性；调控一体化

0　引言

黄登水电站为澜沧江上游河段规划中的第六个梯级，其上游与托巴水电站衔接，下游梯级为大华桥水电站。该电站以发电为主，是兼有防洪、灌溉、供水、水土保持和旅游等综合效益的大型水利水电工程。水电站设置 4 台 475MW 发电机组，总装机容量 1900MW，在系统中承担腰荷、调峰和调频的任务。电站接受南方电网总调、云南省调及上级集控中心调管。

为了适应智慧电网对传感测量技术、信息通信技术、自动控制技术和能源电力技术的先进要求，在构建水电厂 SCADA 系统中充分考虑到监控系统的信息化、数字化、自动化、智能化等设计原则。整个 SCADA 建设方案采用 H9000 V4.5 国产化水电站计算机监控软件，H9000 V4.5 软件已经成功应用于国内外数百个水电站，是一套成熟的水电站计算机监控系统。

1　黄登水电站计算机监控系统建设总体原则

电站 SCADA 系统利用基于多主机、多规约、多链路的"调控一体化"技术实现现地、远方、集控、调度等多方调控。在整个系统设计和部署过程中，坚持"设备对象数字化""数据通信规范化""监控平台一体化"等原则，以适应智慧电网架构下"智能电站"的发展需要。

为解决大容量数据存储问题，采用 RAID 磁盘存储技术实现海量数据的安全、快速存储。配备商业 ORACLE 数据库，用于秒级、分钟、小时等历史数据存储与检索，并按照实际需求配置专业数据可视化软件 SMA2000，以及灵活的报表制作软件 Hreport。

为实现网络通信的高可靠性及快速传输性，电站厂站层系统主干控制网采用双环型 1000Mbit/s 冗余以太网结构。同时，现地 LCU 层设置冗余交换机，采用双 CPU、双以太网保证监控数据的实时性和稳定性。SCADA 系统主干网结构图如图 1 所示。

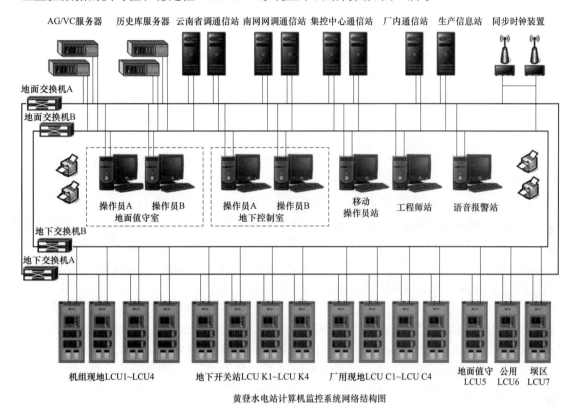

图 1　SCADA 系统主干网结构图

2　SCADA 系统实现方案

2.1　厂站层控制系统构成及配置方案

（1）实时数据采集及高级功能应用服务器 2 套，主要功能如下：

1）监控实时数据数据采集，DI、SOE 量事件报警处理，AI、RTD 量数值越限检查，系统综合计算库执行、实时设备操作闭锁库生成等功能。

2）实现电站在调控模式下经济运行（即自动发电 AGC 技术、自动电压 AVC 技术）。

（2）基于 ORACLE 历史库服务器 2 套，主要功能如下：

1）两套服务器互为备用共同完成对磁盘阵列的数据存储及管理功能。

2）主控服务器按周期将实时数据库写入历史库，实现监控数据长期存档，并对其他客户端提供访问接口及历史数据查询、调用服务。

（3）设置运行操作工作站 5 套，主要功能如下：

1）基于 H9000 V4.5 的 OIX 人机界面软件可以实现厂站人员对电站机电设备运行情况监

视功能。如发电机组、调速器系统、励磁系统、油系统等运行工况监视、事故告警、控制方式调节、机组启停和开关设备操作等。

2）实现厂站人员对站控设备的控制命令下发功能。其中主要操作命令包括机组顺控流程操作、发电功率调节、断路器、隔离开关及接地开关等设备操纵以及闸门升、降、停及开度给定操作等。

3）4 套操作工作站分别布置在地面值守楼及地下控制室，地面值守楼及地下控制室的操作工作站应相互闭锁，地下控制室的操作工作站优先。另外一台操作工作站设置成移动式，主要完成现场调试、试验及维护任务。

（4）设置对外通信服务器 6 套：为满足调度中心对监控数据信号"直采直送"要求，通信服务器直接接入厂站层主干控制网。其中 2 套完成厂站与省调、地调通信，2 套完成电站与南方电网网调的调度通信，2 套完成电站与上级公司集控中心通信。

（5）配置工程师站 1 套、厂内通信工作站 1 套、语音告警及 ON-CALL 服务器 1 套，主要承担系统数据库、画面的维护管理、电站辅控设备通信、语音报警及短信发送功能。ON-CALL 报警系统支持中国移动、中国联通、中国电信等移动通信运营商。

2.2 现地层控制单元（local control unit，LCU）系统构成

（1）机组 LCU（LCU1～LCU4）4 套。每套均包含 1 个进水口远程 I/O 和 1 套机组测温 LCU。设置冗余的现地交换机，双 CPU、双机架、双以太网口、双电源装置。为满足大型机组温度监视需求，该系统配置独立的机组测温 LCU 系统。

（2）地下开关站 LCU（LCUK1～LCUK4）4 套。 500kV 每串设备和双母线各设置一套 LCU，共 4 套。LCU 配置冗余的现地交换机，双 CPU、双机架、双以太网口、双电源装置，每个 LCU 与上位机通过工业以太网交换机相连接，组成双星型网络。

（3）厂用电设备 LCU（LCUC1～LCUC4）4 套。每段 10kV 厂用电设置 1 套 LCU，共 4 套，LCU 配置冗余的现地交换机，双 CPU、双机架、双以太网口、双电源装置，LCU 与上位机通过工业以太网交换机相连接，组成双星型网络。

（4）现地层控制单元还包括 1 套公用设备 LCU、1 套坝区设备 LCU、1 套地面值守楼 LCU以及一键式落门控制柜等。典型现地 LCU 网络拓扑图如图 2 所示。

3 关键技术及实现方案

3.1 多主机、多规约、多链路通信网络设计与实现

电站控制调节方式的优先级依次为：现地控制级、厂站控制级、集控中心、调度控制级。电站与集控中心网络通信采用双网络 IEC104 规约。为保证大量数据通信的完整与安全，设计了基于多服务器、多规约、多链路的通信设计思想，并采用电信、电网双通道冗余结构。集控通信网络拓扑图如图 3 所示。

3.2 SCADA 系统 RAID 存储技术及实现方案

（1）RAID 磁盘存储技术原理是将一组磁盘驱动器用某种逻辑方式联系起来，作为逻辑上的一个磁盘驱动器来使用。目前主要有 RAID0、RAID1、RAID5 等多种存储方式，为了得到更高的速度、稳定性、更大的存储能力以及容错能力，一般都采用集中 RAID 方式组合形式。

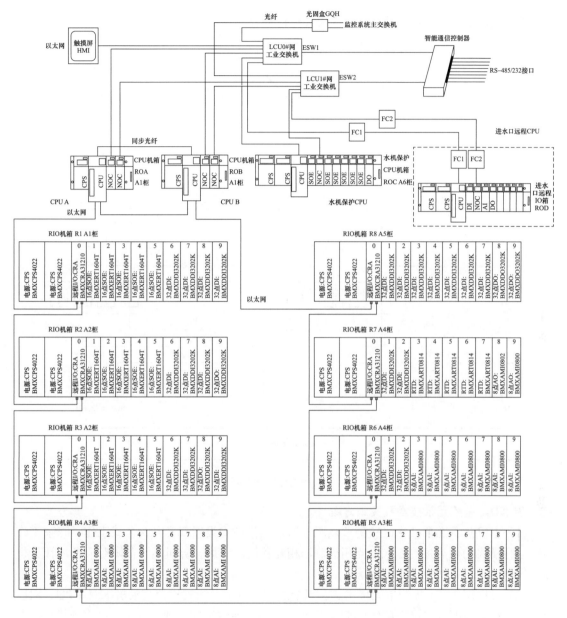

图 2　LCU 网络拓扑图

（2）选用 RAID 存储技术优势如下：

1）采用快速数据校验技术，保障较高的数据安全性和完整性。

2）超大容量和级联的扩展技术，实现海量数据存储。

3）采用磁盘阵列自带 CPU 和内存技术，实现数据访问的高速性。

4）配备双机集群容错软件，保证作业连续性。

5）盘阵列采用级联技术或 SAN 存储区域网技术，具有灵活的扩展能力。

（3）选型方案：2 套历史库存储服务器，一套联想磁盘阵列。对于存储服务器，为了具有更好的系统稳定性采用 2 块硬盘做 RAID1 模式；为了实现更大的存储能力以及容错能力，磁盘阵列配置 10 块硬盘并按照 RAID5 模式进行设置。

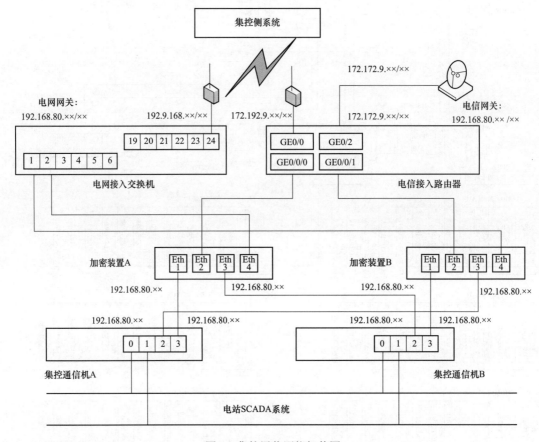

图 3　集控通信网络拓扑图

3.3　SCADA 系统冗余技术及实现方案

（1）主机热备冗余技术：关键节点服务器及工作站均设置双套冗余方式工作。冗余工作站的运行模式均为热备用方式，互相检测，相互备用。主用计算机出现故障时，备用计算机能无扰动地、快速切换成主机运行。

（2）现地层 LCU 控制单元采用热备冗余的配置方案，设置冗余交换机，双 CPU、双以太网卡、双电源供电装置。冗余 CPU 之间数据交换，通过独立的数据同步光纤直连模块，保证数据交换的高效率以及无扰主备切换。

（3）可靠的冗余 UPS 电源供给系统：UPS 主机采用双总线结构，两套主机独立工作，确保不存在两路供电系统的关联故障。SCADA 系统设备均采用双路电源供电，对于单电源设备，采用购置静态切换开关（static transfer switch，STS）供电，确保整个 SCADA 系统中不存在单点电源故障问题。

3.4　历史数据快速查询及报表方案

使用 HISTA 历史库管理软件可以实现历史库自定义配置及数据快速查询功能。另外，针对 ORACLE 数据库特点，配置了基于 Net Framework 平台的运行报表软件 Hreport V4.5，该软件可以为用户提供人性化的报表制作功能。

4 结语

H9000 V4.5 SCADA 系统在澜沧江流域黄登水电厂的优化设计以及相应关键技术的实现，为该站后续机组并网发电积累了宝贵经验，同时，也验证了 H9000 V4.5 SCADA 系统针对大、中型水电站海量数据的超强处理能力和控制能力以及满足水电厂智能化、智慧化应用实际技术需求。

参考文献

[1] 王德宽，等. H9000 V4.0 计算机监控系统技术特点概要 [J]. 水电自动化与大坝监测，2007（03）：16-18.

[2] 王德宽，张毅，何飞跃，等. iP9000 水电厂智能平台 [J]. 水电站机电技术，2014，37（3）：1-3，27.

[3] 张毅，王德宽，王桂平，等. 面向巨型机组特大型电站的新一代水电厂监控系统的研制开发 [J]. 水电自动化与大坝监测，2008，32（1）：24-29.

[4] 张毅，文正国，王德宽，等. 水电厂智能智慧化建设整体解决方案综述 [J]. 水电站机电技术，2019，42（12）：1-4.

[5] 王德宽，张煦，文正国，等. 面向智慧水电厂的 iP9000 智能一体化平台 [J]. 水电站机电技术，2019，42（3）：5-8.

作者简介

颜现波（1981—），男，高级工程师，主要从事水利水电工程自动化系统开发、设计与施工，水电站 AGC/AVC 系统开发及应用，新能源集控中心监控系统设计与施工工作。E-mail：xianboyan@126.com

水电站鱼道设计探讨
——以大渡河沙坪一级水电站为例

唐烨林

（国能大渡河流域水电有限公司枕沙水电建设分公司，四川省乐山市　614700）

[摘　要]在全世界范围内，河流系统中大量的人为屏障已被确定报告为洄游鱼类平均数量惊人下降的主要原因之一，鱼道已被证明有助于缓解这个问题。随着我国对河流生态保护的愈加重视，鱼道的设计显得至关重要，本文论述了鱼道的重要意义，影响鱼道效果的重要因素，同时以沙坪一级水电站为例，探讨了鱼道设计中如何进行设计优化以及今后鱼道设计需要注意的问题。

[关键词]鱼道；过鱼效果；鱼道设计

0　引言

随着 2021 年 3 月 1 日《中华人民共和国长江保护法》的颁发，表明我国对河流生态系统的保护越来越重视，水利建设作为我国发展的重要工程，对水生生态保护的任务和要求也越来越高，鱼道作为保护河流渔业资源和水域生态系统生物多样性的重要措施，其设计至关重要。

1　概述

1.1　鱼道建设必要性

中国水资源总量居世界第六位，但人均水资源量只有世界平均水平的四分之一，且我国降水时空分布极不均匀。因此，我国是一个严重干旱缺水的国家，迫切需要稳定的水资源。因此，中国的水利事业发展迅速，且随着防洪、灌溉和发电需求的增加，河流中的水坝、堰、闸和其他水工建筑物的建设迅速增加。而这些水工建筑物，特别是水电站的建设，通常会对自然鱼类种群产生不利影响，并可能导致许多水生物种灭绝。在幼鱼生长阶段，鱼类依靠迁徙来满足其对生物区结构的要求，在水流平缓和细粒基质的区域找到它们的最佳栖息地。鱼类栖息地是河流生态系统的重要组成部分，然而水电站的建设破坏了河流的连通性，阻碍了鱼类的迁徙，破坏了鱼类的栖息地，可能导致许多鱼类种群的减少，引发一系列的生态问题[1]。此外，水电站改变了河流的物理环境，如水温、水流状况、水位等，同时产卵迁移被不可逾越的障碍物（如大坝）阻断，鱼类则可能在条件不太合适的河流部分产卵。有数据指出，在过去的 40 年里，全球淡水鱼的数量下降了 80% 以上，这在一定程度上是由于成千上万的水坝、堰和屏障阻止了它们的洄游运动。因此，恢复鱼类洄游通道对保护河流生物多样性至关重要。修建鱼道是恢复鱼类洄游通道、衔接零散栖息地的有效手段，其目的是帮助鱼类顺利绕过障碍物，可以减轻水坝、堰等障碍物对洄游鱼类的影响，同时保护河流连通性和生物多样性，防止鱼类灭绝[2]，其一般原理是通过打开水道吸引鱼类并帮助它们从障碍物上移。现今常见鱼道大类有两种，分别为槽式和池式，其中丹尼尔式鱼道属于槽式，池式又分为溢流堰式、竖缝式等。竖缝式鱼道是应用最为广泛的鱼道布置形式之一[3]。

1.2 鱼道建设历史

鱼道有着悠久的历史，据记载，鱼道的概念最早出现在 300 多年前的法国[4]，当时法国南部的比恩省规定，堰和水坝的建设必须考虑到鱼类的通道，以使其顺利移动。1883 年，苏格兰在泰斯河的一条支流上修建了世界上第一条池式鱼道，然而，由于鱼道与鱼类的习性不同，鱼类并没有成功通过鱼道[5]。随着西方经济的快速发展，对水利工程建设的需求日渐增大，至今，加拿大已建鱼道超过 240 座，巴西超过 50 座，英国超 380 座，法国超 500 座，波兰超 50 座，西班牙超 115 座，日本超 11000 座，澳大利亚超 70 座[6]。我国的鱼道建设起步较晚，第一批鱼类通道只有 50 年的历史，随着环保意识的增加，至今已有超过 100 条鱼类通道建成[7]。

2 鱼道设计的主要因素

在鱼道设计中，要考虑的重要因素包括鱼道类型的水力特性，以及拟通过鱼种的游动性能和表现。

2.1 水力特性

设计鱼道的生物和水力标准因鱼类的种类和大小而异，而鱼道效率取决于对鱼类的吸引力，以及是否对鱼类安全和快速的运输。鱼道入口位置及结构类型的选择至关重要，这关系到是否能将鱼类吸引到鱼道入口，通常，入口的水流和适当的水流速度有利于吸引鱼类，而对目标物种的游动性能的研究通常是设计鱼道入口的重要参考[8]。在丹尼尔式鱼道中，水面附近的流速较快，仅适用于游速高、耐力强的中大鱼类。在竖缝式鱼道中，上游水位在较大范围内变动，鱼道的流速、紊动都增加不大。

2.2 游动性能

选择要使用的鱼道类型时，最重要的因素是目标鱼类过往的经验记录以及模拟试验的实验结果。丹尼尔式和竖缝式鱼道已成功地用于各种各样的溯河产卵和淡水鱼。在鱼道通道中，鱼类的通过取决于水流速度不超过迁徙物种的游泳能力[9]。游泳能力随物种、大小以及水温、氧气、pH 值和盐度而变化。水流速度取决于鱼道类型、河道坡度和水深。以往的各种鱼道比例模型提供了一系列流速、坡度以及水深的数据，以及这些变量之间的函数关系，为鱼道的设计提供了数据支撑。

当水深太低或水流速度超过鱼类的游泳能力，这将会对鱼类形成速度障碍，鱼类可能无法到达产卵地[10]。在设计流量下，将水流速度与鱼类游泳性能相匹配，满足鱼类洄游要求，实现对鱼类的充分鱼类和最大的经济效益。

3 沙坪一级水电站鱼道建设

3.1 电站简介

沙坪一级水电站是四川省大渡河干流下游重要梯级电站，位于四川省乐山市金口河区境内，无防洪能力，无通航、灌溉供水等要求，主要任务为发电。沙坪一级水电站主要过鱼对象为齐口裂腹鱼、重口裂腹鱼、青石爬鲱和白缘鲿等 4 种鱼类，兼顾工程所在河段其他 13 种珍稀保护特有鱼类。过鱼季节为 3～9 月，3～4 月和 8～9 月为主要过鱼时期。

3.2 鱼道设计

由于沙坪一级水电站坝高相对较高，枢纽区左岸为铁路，右岸为山区，场地有限，无布置仿生态鱼道的地形条件。同时，槽式鱼道适合游泳能力强的鱼类，而本项目主要过鱼对象为具有一般游泳能力的裂腹鱼亚科鱼类，不适合采用槽式鱼道。特殊结构的鱼道适用于能够爬行、黏附和跨越缝隙的鱼类，而本项目主要过鱼种类不能爬行和附着。另外，通过对丹尼尔式、溢流堰式、竖缝式和底（潜）孔式等主要鱼道型式的综合比选，竖缝鱼道型式更能适应本工程上游水位变化大的特点，因此沙坪一级水电站拟采用竖缝鱼道。同时，通过建立三维数学模型，分别就以下几个方面进行了分析及优化处理：①分析了不同运行工况下水电站上游库区流态及流速分布情况，分析上游下游流速差异及不利流态情况，确认鱼道进口及出口位置流速量值和流态处于适合状态；②计算模拟了不同工况下，水电站下游河道的水动力特性，结果表明机组运行方式对电闸下游河道内流速分布有一定影响，应确定合适的机组工作方式；③通过各种针对鱼道隔板型式的布置试验，确认隔板之间有良好流态，适合于主要过鱼对象的顺林上溯，避免不利于过鱼的水利条件；④根据鱼道出口水位及鱼道内水深与流速变动情况，采用局部溢流形式提高适应性及稳定性，可实现上游无闸控制，提高运行效率。将上游调节池溢流余水作为鱼道进口诱鱼水流，提出跌水诱鱼补水措施，量测不同水深下，鱼道进口附近流场分布情况，分析水流诱鱼效果；⑤分析对比折线型墩头、半圆形墩头及钩状墩头体型对常规池室水力特性的影响，经数值计算与模型结果分析，折线型墩头流量系数及竖缝断面平均流速更满足设计要求；⑥分析了增设整流板措施对休息池内的流态的影响规律，为形成有利于洄游鱼类上溯的流态特征，提出了基于休息池流态改善的最优方案[11]。

4 结语

鱼道作为保证河道连通性和保护河流生态系统及鱼类栖息地的重要措施，在电站建设中有着至关重要的作用，然而最早的鱼类结构通常设计得很差，不适合当地的水力条件和鱼类种类，近年来随着环保意识的提高以及国家的重视，在鱼道实地评估中越来越重视鱼类通过效率，鱼类通道系统正变得更有效，更适合于多种鱼类。如何有效实现大幅提高鱼类河流连通性的目标，我们需要整合并运用所有相关学科，需要考虑鱼类的生物特性、生活习性、行为、空间、游泳能力和水力条件，包括水流速度和湍流模式，根据不同的物种和它们的生存环境条件因地制宜。例如黑水河松新电站的鱼道，考虑到鱼道进水口水位日变幅较大，工程周边地质情况复杂，设计鱼道时将隔板略微增高，在坝址处采用镶嵌型式与坝体结合，利用补水通道为鱼道进口补水，以改善鱼道进口水流影响范围，增强诱鱼效果[12]。西藏湘河水利枢纽的鱼道设计，通过综合数据模拟，得出采用两个入口可保证各个工况下过鱼所需的流量和水深[13]。因此，在鱼道设计中需要更加重视设计参数，以提高未来鱼道的有效性和效率。应通过大量模型试验确认出入口及鱼道中水流速度、水深等参数，确保水流速度应与洄游鱼类的游泳能力相匹配，应实地研究目标鱼类的游泳能力。理想的鱼道入口位置和结构型式是鱼道成功的关键[14]，鱼道入口的水力学参数必须满足鱼群要求，从而导致鱼类聚集。同时不能忽视小型幼鱼的存在，需要考虑所有生命周期阶段的鱼类。与其增加鱼道试验和研究工作的数量，不如在鱼道设计质量研究方面开展更精确的工作，以期其能更适合鱼类行为和河流特征。随着对鱼类和河流生态的研究越来越深入，相信我国鱼道建设会越来越有效，实现生态与工程和谐共存。

参考文献

[1] 仇延林，李明双，王宁. 水电工程对水生生态的影响初探 [J]. 内蒙古水利，2012（03）：48-49.

[2] 孔庆辉，付鹏，陈凯麒，王光磊. 水电开发对鱼类的影响及其保护措施 [J]. 东北水利水电，2012，30（02）：36-39.

[3] 诸韬，傅宗甫，崔贞，等. 双侧竖缝式鱼道水力特性三维数值模拟研究 [J]. 水电能源科学，2016，34（11）：93-96.

[4] 刘志雄，周赤，黄明海. 鱼道应用现状和研究进展 [J]. 长江科学院院报，2010，27（04）：28-31+35.

[5] 王然. 鱼道规划设计研究进展 [J]. 水利建设与管理，2012，32（05）：11-13+47.

[6] 杨红玉，李雪凤，刘晶晶. 国内外鱼道及其结构发展状况综述 [J]. 红水河，2021，40（01）：5-8.

[7] 曹娜，钟治国，曹晓红，等. 我国鱼道建设现状及典型案例分析 [J]. 水资源保护，2016，32（06）：156-162.

[8] 侯轶群，蔡露，陈小娟，等. 过鱼设施设计要点及有效性评价 [J]. 环境影响评价，2020，42（03）：19-23.

[9] 祁昌军，曹晓红，温静雅，等. 我国鱼道建设的实践与问题研究 [J]. 环境保护，2017，45（06）：47-51.

[10] 杨秀荣，朱成冬，范穗兴. 鱼道设计关键技术问题探讨 [J]. 水利规划与设计，2020（12）：114-120.

[11] 大渡河沙坪一级水电站可行性研究阶段鱼道模型试验研究报告，中国水利水电科学研究院报告，2021.

[12] 李志敏，朱冬舟，杨少荣. 黑水河松新电站鱼道设计 [J]. 小水电，2020（04）：33-37.

[13] 孙宇，张友利，谢方参. 西藏湘河水利枢纽过鱼建筑物设计 [J]. 水利科技与经济，2021，27（01）：9-14+26.

[14] 毛煜文，陈权臻. 鱼道应用现状与结构优化研究 [J]. 东北水利水电，2015，33（10）：49-51.

作者简介

唐烨林（1996—），女，主要从事水利水电建设工作。E-mail：akee277@163.com

水电站建设期智能工业电视设计及应用

陈宇 王洵 程文

（雅砻江流域水电开发有限公司两河口水力发电厂，四川省甘孜州 626000）

[摘 要] 采用智能工业电视系统，能有效提升水电站建设期的安全防护水平，保障水电站建设的稳定推进和后续高效运行。水电站建设期的智能工业电视设计，应围绕保障安全的设计思路，采用现代化、智能化的管理系统，综合考虑规划智能工业电视布置区域，实现信息共享和安全报警功能，以此保障水电站建设期间现场安全施工面貌和投运后设备运行质量。

[关键词] 水电站；智能工业电视；原则思路；布置规划；功能应用

0 引言

水电站建设期施工现场带电及旋转设备繁多、各工作面立体交叉、安装现场环境复杂，人、机、物、环方面的安全风险较大，急需一种实时监控方式以保障现场工作安全稳定推进。此时智能工业电视作为一种新兴的监控手段逐渐被采用，其通过嵌入式视频服务器，集成智能行为识别算法，能够对画面场景中的人员、车辆、起重吊装等设备对象的行为进行识别、判断，并在适当的条件下发出报警用于提示用户。在水电站建设期应用智能工业电视系统，能够实时监控施工现场作业情况，利用人工智能（artificial intelligence，AI）进行智能分析并进行相应安全提示，保障施工现场作业安全。在水电站建设期采用的智能工业电视系统，其设计原则应契合实际，设计思路简单高效，布置规划合理恰当，实现功能齐备完善，以此提升水电站建设期安全防护水平，保障设备投运后稳定运行。

1 智能工业电视设计原则

为保障智能工业电视系统建成后能够切实提高水电站建设现场的安全作业水平，在智能工业电视系统设计时应遵循经济实用、先进合理、模块扩展、安全可靠、维护简单的设计原则。

1.1 经济实用

水电站建设期智能工业电视应注重实用性，需最大程度满足建设安装期水电站内外各系统监视管理需求，同时满足各系统管理人员和维护人员的功能使用需求。在满足监视需求前提下，可通过选择技术成熟、性能稳定、性价比高的工业电视产品降低工业电视系统建设费用。

1.2 先进合理

在顺应系统工程设计准则的前提下，尽可能使工业电视系统设计先进合理。即设计时关注整个系统的先进与合理性，在工业电视系统性能满足要求的前提下，最大程度选择已成熟、可继承、发展潜力巨大的技术。

1.3 模块扩展

工业电视系统设计尽量采用标准模块，严格遵守国际、国内和行业标准，确保系统内部各组成部分互联互通。同时需考虑后续系统和设备的增加，设计时尽量保证一定程度的裕度。如后续有扩展要求时，在设计之初即对设备的增长和扩容进行科学预测，保留扩展空间。

1.4 安全可靠

在设计工业电视系统时，注重系统的安全可靠性。在总体设计时，需考虑内部设备以往的长周期安全可靠运行记录，对于其中的关键设备或部件，应采取双重化配置，冗余备份。这要求设计时采用成熟的技术，使系统可靠性高、恢复性好、容错性和抗干扰能力强。考虑到水电站建设期各大型设备多、电磁场环境复杂，系统中的各部分与子系统应不被强电磁场干扰。

1.5 维护简单

工业电视系统需便于维护管理，系统的基础设计应尽量采用简洁方便的结构体系，以降低系统运行维护成本。为满足维护简单的要求，在选用内部设备时，尽量挑选技术成熟的品牌产品。

2 智能工业电视设计思路

在水电站建设期，遵守智能工业电视系统设计原则的前提下，应采用安全合理的设计思路。智能工业电视系统设计思路应将提升现场安全水平作为设计核心，以实现为水电站现场施工提供安全保障的目的。为满足上述需求，水电站建设期智能工业电视应采用现代化、智能化的管理系统，采用成熟的信息技术，使网络内部互联互通，实现信息的共享和安全报警的功能。

在满足上述条件基础上，智能工业电视系统构架可由图像摄取设备（高清网络摄像机）、图像传输设备（网线、光纤收发器和光纤等）、信号切换与系统控制设备、图像显示设备、存储设备和电源等组成。具体来看，对于厂站内外各作业区域，工业电视系统需采集高清图像，并能将其传输、储存于系统中，且具备回放功能。在系统处理的各个阶段，均能实现高清监控和危险报警功能。在智能工业电视的辅助下，AI 能对视频中各元素进行精确分析，预测人、机、物、环的安全形势，帮助设备安全安装，并提供一站式智慧工业电视解决方案。智能工业电视拓扑图见图 1。

3 智能工业电视布置规划

在明确设计原则和设计思路后，需对智能工业电视布置进行详尽规划。目前大型水电站一般分为厂内和厂外两部分，厂内部分主要包含安装间、主厂房、主变压器洞、尾水调压室，厂外部分主要包含开关站、进水口及泄洪洞。在水电站建设期间，设备安装工作面广，分布区域宽，人员密集，需要综合考虑智能工业电视布置位置，对布置区域进行合理规划。可在厂房设置由存储系统（硬盘录像机等）、控制系统（客户端）、显示系统（监控显示器或者电脑）组成的监控室，通过光纤收集各区域工业电视视频影像，方便人员实时查看。以下主要对安装间、主厂房各层、主变压器洞、开关站区域的智能工业电视布置和详细参数进行说明。

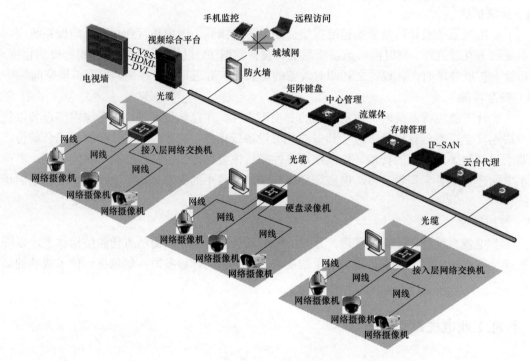

图 1　智能工业电视拓扑图

3.1　安装间工业电视布置

因安装间进出人员较多，为满足安全检测和疫情防控要求，可考虑在安装间设置红外测温摄像机，实现对进出厂房的人员进行测温，并根据设定定值报警。同时考虑安装间进出车辆较多，可在安装间设置固定枪型摄像机，利用其安装简单和监视区域固定的优点，对车辆进厂情况进行监测。

3.2　主厂房工业电视布置

因摄像机采用顶部向下俯视视野宽阔，监控条件较好，可在主厂房主层上、下游侧上方区域各设置全景星光级 360°球机，实现对安装间及厂房主层各部位全景实时监控；设备吊装遮挡上方监控视野时，可通过移动手持式摄像器材，用于各台机组设备吊装过程的影像录制，作为上方区域监控的补充。

主厂房其他各层均有不同的设备安装工作，工作面区域大，人员众多，安装细节不显著，可选择全彩球机进行监控。充分利用全彩球机画面清晰，拍摄区域宽，防强光能力强，柔和补光展示效果好的优点，在面积大、工作人员多的区域，清晰拍摄记录工作细节，方便查看与留档。全彩球机可设置在主厂房各机组设备安装工作面，用于对机组定子叠片、定子下线、集电环室等工艺精度要求高的部位进行监控。考虑到安装工作随时有变化，全彩球机的安装位置可根据工程进展实时调整。

3.3　主变洞工业电视布置

目前在建和已建的大型水电站中，主变压器洞与主厂房大多是平行布置，主变压器洞一侧紧邻安装间,另一侧紧邻机组端头,中部区域放置主变和封闭母线等设备。主变洞的两端可设置固定枪型摄像机,用于监控主变洞入口处人员和车辆进出情况以及主变廊道区域设备安装情况。主变洞中部封闭母线区域和主变区域,可设置多台全彩球机用于各机组主变安装、母线安装等部位施工情况监控,安装位置可根据工程进展实时调整。若主变室顶部采用高压电缆或气体绝缘线路(gas insulated line,GIL)引出,还可在引出区域设置全彩球机,用于监控高压电缆敷设或 GIL 安装。

3.4 开关站工业电视布置

厂外区域尤其是开关站外人员和车辆进出频繁,可在开关站大门进出口处设置固定枪型摄像机,用于监控人员和车辆进出情况。考虑开关站 GIS 室纵深较大,需设置多台全彩球机用于监控 GIS 室内设备安装施工情况;对于开关站外设备安装情况(如并联电抗器安装),可在开关站顶部设置全景星光级 360°球机,用于监控开关站外各部位施工情况。

4 智能工业电视功能应用

在完成智能工业电视系统合理布置后,可充分利用该系统各功能维护现场安全作业形势。智能工业电视系统由图像摄取设备(高清网络摄像机)、图像传输设备(网线、光纤收发器和光纤等)、信号切换与系统控制设备、图像显示设备、存储设备和电源等组成,能实现数据录制编辑、AI 视频分析、实时画面投屏、安全教育宣传、多机用户兼容、事故重放分析等多项功能。在智能工业电视系统各项功能辅助下,现场安全施工面貌逐步转好。

4.1 数据录制编辑

在各设备安装时,智能工业电视系统可负责在监视区域录制、编辑机组安装的全过程数字化影像资料,重点包括安装关键工序和控制性节点面貌,该资料能够以电子数据的形式导出,提供给安装管理人员,方便对安装质量、流程进行把控。同时该监视信息用光纤接入广域网,各用户可通过网络账户进行实时查看监视影像。

4.2 AI 视频分析

AI 视频分析算法是在开始时进行很多数据预处理,比如图像裁减、音视频平衡化,然后提取各种特征:点特征、边缘特征、轮廓特征等,音频中会提取频谱特征以及一些其他实际特征。特征提取完成之后,需要串联一个比较强的分类器以及各种算法,针对各种问题再加入一些后续处理,来进行分类识别。应用场景主要是人脸分析和视频内容分析,人脸分析是通过检测人脸上 67 个关键点,跟踪这 67 个点,局部采样、增强,以分析各种姿态、表情。视频内容分析则是将最重要的一部分内容抠图,通过提供一个虚拟化的场景,将人和背景分割出来,以达到增强视频空间感的效果。

在重点监视区域,通过布置行为分析摄像机,智能工业电视系统 AI 视频分析可实现对该区域的视频数据采集、分析。通过识别视频中的图像信息,可分析人员异常倒地、奔跑、聚集等行为,实时发出报警信息。系统管理人员收到报警信息后,可通过广播系统喊话、驱离等进行早期处置。同时 AI 视频分析增设了安全帽识别相机及分析设备,可通过视频图像识别,分析区域内人员是否佩戴安全帽,如果发现未佩戴安全帽,发出报警信息并截图,进而防止作业人员未佩戴安全帽进入施工现场后可能发生人身伤害事件,AI 视频分析图如图 2 所示。

图 2　AI视频分析图

4.3　实时画面投屏及安全教育宣传

可在厂房区域（如安装间）布置 LED 高清显示屏，用于投屏播放智能工业电视系统实时画面及抓拍到的违章照片，同时也可循环播放安全警示图片、标语，宣传安全规程和安全规章制度等，以达到安全警示教育宣传的目的。如图 3 所示。

图 3　实时画面图

4.4　多机多户兼容

智能工业电视系统采用 IP 数字工业电视系统，充分利用已有的 TCP/IP 网络技术实现图像远程监控。联网中的任意一台多媒体工作站，均能选看摄像机的监控信息，方便管理人员远方查看现场安装情况。且可分配用户权限，自主地将相近的用户划分到用户组进行权限管理，能支持多用户区域管理、集中配置管理，方便管理人员对用户权限进行集中管理。

4.5　事故重放分析

智能工业电视系统可提供事故过程图像重放和事故分析，能长时间连续工作，对图像信息实时采集，且系统能确认摄像机的所在位置、当前日期和时间。在事故发生后及时提供事故资料，辅助管理人员进行事故追溯和事故原因分析判断。

5 结语

在水电站建设期智能工业电视设计遵循经济实用、先进合理、模块扩展、安全可靠、维护简单的设计原则，围绕保障安全的设计思路，采用现代化、智能化的管理系统，综合考虑规划智能工业电视布置区域，最终实现数据录制编辑、AI 视频分析、安全教育提示、多机多户兼容、事故重放分析等多种功能应用。通过智能工业电视系统的应用，可确保安装现场监控无死角，施工过程有效监督，充分提升现场安全施工面貌和投产后各设备运行质量。

参考文献

[1] 邹仕华. 工业电视在色拉龙水电站工程中的应用 [J]. 浙江水力水电学院学报，2020（03）：34-37.

[2] 张二林，罗微，彭倞. 盖下坝水电站工业电视监视系统设计 [J]. 科技展望，2014（11）：27-27.

[3] 陈晓明. 工业电视监视系统在水电站的应用 [J]. 湖北水力发电，2006（4）：63-64.

作者简介

陈　宇（1993—），男，助理工程师，主要从事水电站运行工作。E-mail：chenyu006@sdic.com.cn

王　洵（1984—），男，高级工程师，主要从事水电站运行工作。E-mail：wangxun@ylhdc.com.cn

程　文（1987—），男，工程师，主要从事水电站运行工作。E-mail：chengwen@sdic.com.cn

一种灵活的 500kV 交流输电线路直流融冰接线方案

王德军[1]　王　强[2]

（长江电力溪洛渡水力发电厂，云南省昭通市　657300）

[摘　要] 交流输电线路覆冰严重影响线路正常运行，甚至会造成大面积停电、引起重大损失，直流融冰技术因其适用性强、融冰效果好，被广泛应用。500kV 交流输电线路直流融冰装置一般按照区域配置，数个有电气连接的厂站共用一套直流融冰装置，针对此特点，本文提出了一种灵活的 500kV 交流输电线路直流融冰接线方案，并详细分析了该接线方案中不同交流输电线路架空导线和架空地线的融冰接线方式。这种 500kV 交流输电线路直流融冰接线方案具有切换灵活、操作便捷高效、适用性强等特点，可应用与多个厂站，且能提高融冰效率，从而减少交流输电线路融冰时间，提高电力系统可靠性。

[关键词] 交流输电线路；直流融冰；接线方案；融冰方式；灵活

0　引言

我国是交流输电线路覆冰较为严重的国家之一。交流输电线路覆冰可能导致倒塔断线、绝缘子闪络、导线舞动、跳闸等事故，严重时甚至可能导致电网瘫痪，严重影响电力系统正常运行，也可能对国民生产和人民生活造成重大损失。交流输电线路融冰按其工作原理一般分为四类：热力融冰、机械除冰、自然被动除冰及其他方法。直流融冰作为热力融冰的一种，具有适用性强、融冰效果好等优点，可根据不同情况调节直流融冰电压、电流，使之满足不同的应用环境需要，是确保冰雪恶劣天气下供电安全可靠的一种非常有效的方法，已被广泛应用于交流输电线路融冰。

我国 500kV 交流输电线路直流融冰装置一般按照区域配置，数个有电气连接的厂站（发电厂、换流站、变电站）配置一套直流融冰装置，这就要求相关区域内各厂站设置灵活的直流融冰接线，以满足不同工况下融冰工作的需求。本文以三个有电气连接的厂站（一个发电厂、一个变电站、一个换流站）为研究对象，提出一种灵活的 500kV 交流输电线路直流融冰接线方案，这种灵活的直流融冰接线方案的提出将为开展 500kV 交流输电线路直流融冰接线设计提供参考，具有重要的现实意义。

1　500kV 交流输电线路直流融冰接线方案设计

本文研究的三个有电气连接的厂站包含一个发电厂、一个换流站和一个变电站，该区域电气连接示意图见图 1。A 发电厂设有四回 500kV 交流输电线路，其中三回送往 B 换流站，分别命名为 AB 甲线、AB 乙线、AB 丙线，一回送往 C 变电站，命名为 AC 甲线；B 换流站和 C 变电站之间设有一回 500kV 交流输电线路，命名为 BC 甲线（C 变电站内其他交流输电线路不在本文研究范围内）。

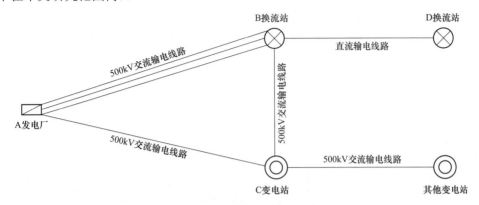

图 1　厂站间电气连接示意图

因 C 变电站为连接 A 发电厂、B 换流站及该区域其他厂站的中心变电站，交流输电线路众多，故主要考虑将直流融冰装置安装在 C 变电站内，这样该直流融冰装置既能用于 A 发电厂、B 换流站和 C 变电站之间交流输电线路融冰，还能用于与 C 变电站相连的其余交流输电线路融冰，可最大限度利用该直流融冰装置。

在 C 变电站设置三相直流融冰母线，将直流融冰装置输出正负极分别通过输出隔离开关接入三相直流融冰母线，将 AC 甲线和 BC 甲线三相架空导线通过架空导线融冰隔离开关接入三相直流融冰母线，将 AC 甲线和 BC 甲线架空地线通过架空地线融冰隔离开关接入 C 相直流融冰母线，同时直流融冰母线上装设三相短路接地开关，AC 甲线和 BC 甲线架空地线上装设架空地线接地开关。C 变电站无交流输电线路融冰时，直流融冰装置输出隔离开关、交流输电线路三相架空导线融冰隔离开关、架空地线融冰隔离开关置于断开位置，直流融冰母线三相短路接地开关及架空地线接地开关置于合闸位置，以保证交流输电线路正常运行或备用。

在 A 发电厂设置三相直流融冰母线，将 AC 甲线、AB 甲线、AB 乙线、AB 丙线三相架空导线通过架空导线融冰隔离开关接入三相直流融冰母线，将 AC 甲线、AB 甲线、AB 乙线、AB 丙线架空地线通过架空地线融冰隔离开关接入 B 相直流融冰母线，同时直流融冰母线上装设三相短路隔离开关和三相短路接地开关，AC 甲线、AB 甲线、AB 乙线、AB 丙线架空地线上装设架空地线接地开关。A 发电厂无交流输电线路融冰时，直流融冰母线三相短路隔离开关、交流输电线路三相架空导线融冰隔离开关及架空地线融冰隔离开关置于断开位置，直流融冰母线三相短路接地开关及架空地线接地开关置于合闸位置，以保证交流输电线路正常运行或备用。

在 B 换流站 BC 甲线、AB 甲线、AB 乙线、AB 丙线上分别设置一条直流融冰母线，每回交流输电线路三相架空导线及架空地线分别通过直流融冰隔离开关与直流融冰母线相连，同时在每条直流融冰母线和架空地线上均装设接地开关。B 换流站无交流输电线路融冰时，交流输电线路三相架空导线及架空地线直流融冰隔离开关置于断开位置，每条直流融冰母线和架空地线接地开关置于合闸位置，以保证线路正常运行或备用。

A 发电厂、B 换流站及 C 变电站之间 500kV 交流输电线路直流融冰接线方案见图 2。图中每回交流输电线路仅画出一条架空地线作为示意，每回交流输电线路均设置出线隔离开关（部分换流站/变电站交流输电线路可能未设置专门的出线隔离开关，但不影响本文对其直流融冰接线方案的研究）。

为方便后文中进行融冰接线方式研究表述，对图 2 中部分设备进行编号，详见表 1。因BC 甲线融冰接线方式和 AC 甲线相同，AB 乙线、AB 丙线融冰接线方式与 AB 甲线相同，故AC 甲线、AB 乙线、AB 丙线融冰相关设备未进行编号。另外，三个厂站 500kV 交流输电线路出线隔离开关均未编号。

表 1 　　　　　　　　　　　　设 备 编 号 表

厂站名称	设备概述	设 备 名 称	设备编号
A 发电厂	直流融冰母线	直流融冰母线三相短路隔离开关	A0
		直流融冰母线三相短路接地开关	E7
	500kV AC 甲线	A、B、C 相架空导线融冰隔离开关	A1~A3
		架空地线融冰隔离开关	A4
		架空地线接地开关	E3
	500kV AB 甲线	A、B、C 相架空导线融冰隔离开关	A5~A7
		架空地线融冰隔离开关	A8
		架空地线接地开关	E4
B 换流站	直流融冰母线	直流融冰母线接地开关	E5
	500kV AB 甲线	A、B、C 相架空导线融冰隔离开关	B1~B3
		架空地线融冰隔离开关	B4
		架空地线接地开关	E6
C 变电站	直流融冰装置	直流融冰装置负极输出隔离开关	C1~C3
		直流融冰装置正极输出隔离开关	C4~C6
	直流融冰母线	直流融冰母线三相短路接地开关	E1
	500kV AC 甲线	A、B、C 相架空导线融冰隔离开关	C7~C9
		架空地线融冰隔离开关	C10
		架空地线接地开关	E2

2　500kV 交流输电线路直流融冰接线方式分析

500kV 交流输电线路直流融冰操作流程一般包括融冰线路停运、融冰接线方式调整、直流融冰、恢复正常接线、融冰线路复电等 5 个环节。融冰线路停运及复电操作，由调管线路的调度机构指挥完成；融冰接线方式调整、直流融冰、恢复正常接线的操作，由融冰工作组指挥完成。融冰接线方式调整工作需在融冰线路停电且得到调度机构许可后，方能在融冰工作组指挥下进行。后文分别按交流输电线路架空导线融冰和架空地线融冰对 AC 甲线、AB 甲线直流融冰接线方式进行分析。

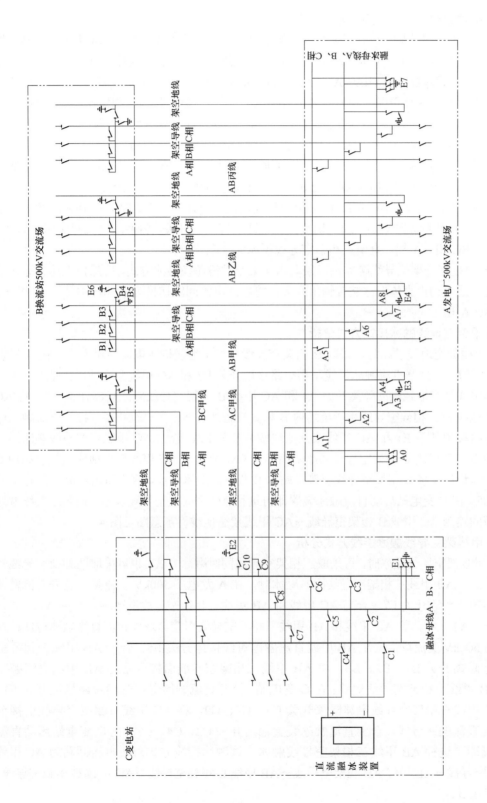

图 2　厂站间 500kV 交流输电线路直流融冰接线方案

117

2.1 AC 甲线架空导线融冰接线方式分析

AC 甲线架空导线融冰时，可采取三相架空导线同时融冰方式，也可采取两相架空导线轮换融冰方式。在 A 发电厂 500kV 交流场，拉开直流融冰母线三相短路接地开关 E7，合上 AC 甲线三相架空导线融冰隔离开关 A1、A2、A3，将 AC 甲线三相架空导线引接至相应直流融冰母线，合上直流融冰母线三相短路隔离开关 A0，将直流融冰母线三相短接；在 C 变电站，拉开直流融冰母线三相短路接地开关 E1，合上 AC 甲线三相架空导线融冰隔离开关 C7、C8、C9，将 AC 甲线三相架空导线引接至站内对应直流融冰母线，合上直流融冰装置输出开关 C3、C4、C5；在 C 变电站启动直流融冰装置即可进行 AC 甲线三相架空导线融冰。该融冰接线方式形成电流回路为 AC 甲线 AB 相架空导线→C 相架空导线，示意图见图 3。

该融冰接线方式下，AC 甲线 C 相架空导线电流为 AB 相电流之和，C 相融冰效果优于 AB 相；可待 C 相融冰结束后，通过切换直流融冰装置输出开关，将融冰电流回路切换为 AC 相→B 相，BC 相→A 相，直至三相架空导线覆冰完全融化。

此外，AC 甲线架空导线融冰也可采取两相架空导线轮换融冰方式，可保持上述融冰接线方式不变，通过切换直流融冰装置输出开关，将融冰电流回路切换为 A 相→B 相，B 相→C 相，C 相→A 相。

2.2 AC 甲架空地线融冰接线方式分析

AC 甲线架空地线融冰时，采取 B 相架空导线与架空地线构成电流回路方式。在 A 发电厂 500kV 交流场，拉开直流融冰母线三相短路接地开关 E7 和 AC 甲线架空地线接地开关 E3，合上 AC 甲线架空地线融冰隔离开关 A4 和 AC 甲线 B 相架空导线融冰隔离开关 A2，将 AC 甲线架空地线和 B 相架空导线引接至场内 B 相直流融冰母线；在 C 变电站，拉开直流融冰母线三相短路接地开关 E1 和 AC 甲线架空地线接地开关 E2，合上 AC 甲线架空地线融冰隔离开关 C10 和 AC 甲线 B 相架空导线融冰隔离开关 C8，分别将 AC 甲线架空地线引接至站内 C 相直流融冰母线，将 B 相架空导线引接至站内 B 相直流融冰母线，合上直流融冰装置输出开关 C3、C5；在 C 变电站启动直流融冰装置即可进行 AC 甲线架空导线融冰。该融冰接线方式形成电流回路为 AC 甲线 B 相架空导线→AC 甲线架空地线，示意图见图 4。

2.3 AB 甲线架空导线融冰接线方式分析

AB 甲线架空导线融冰时，可采取三相架空导线同时融冰方式，也可采取两相架空导线轮换融冰方式。AB 甲线三相架空导线同时融冰时，在 A 发电厂 500kV 交流场，拉开直流融冰母线三相短路接地开关 E7，合上 AC 甲线和 AB 甲线三相架空导线融冰隔离开关 A1、A2、A3 和 A5、A6、A7，将 AC 甲线和 AB 甲线三相架空导线引接至场内相应直流融冰母线；在 B 换流站 500kV 交流场，拉开 AB 甲线直流融冰母线接地开关 E5，合上 AB 甲线三相架空导线融冰隔离开关 B1、B2、B3，将 AB 甲线三相架空导线引接至站内 AB 甲线直流融冰母线，AB 甲线三相架空导线短路；在 C 变电站，拉开直流融冰母线三相短路接地开关 E1，合上 AC 甲线三相架空导线融冰隔离开关 C7、C8、C9，将 AC 甲线三相架空导线引接至站内对应直流融冰母线，合上直流融冰装置输出开关 C3、C4、C5；在 C 变电站启动直流融冰装置即可进行 AB 甲线三相架空导线融冰。该融冰接线方式形成电流回路为 AC 甲线 AB 相架空导线→AB 甲线 AB 相架空导线→AB 甲线 C 相架空导线→AC 甲线 C 相架空导线，示意图见图 5。

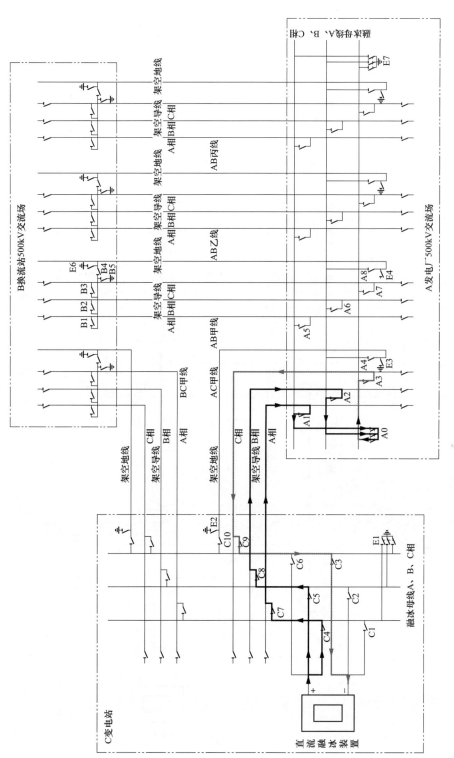

图 3　AC 甲线架空导线融冰电流回路图

119

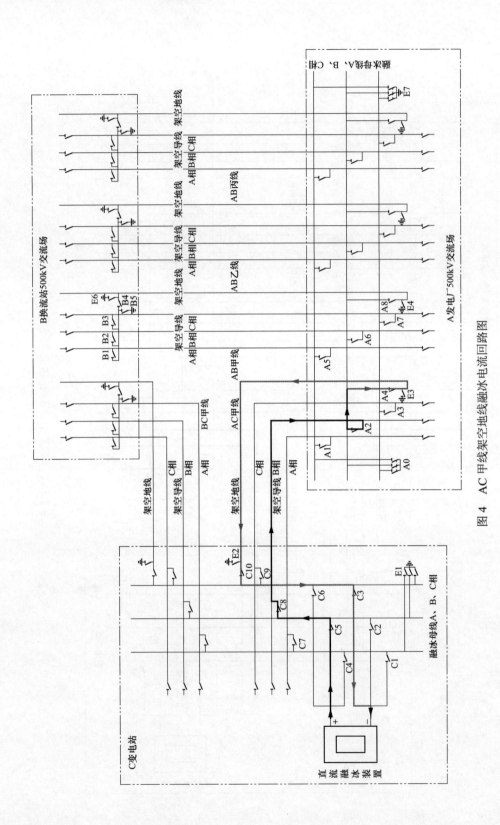

图 4 AC 甲线架空地线融冰电流回路图

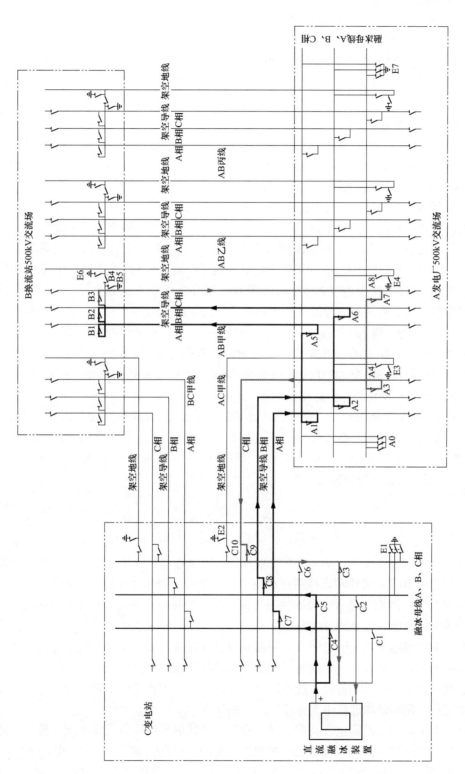

图 5　AB 甲线架空导线融冰电流回路图

121

该融冰接线方式下，AB 甲线 C 相架空导线电流为 AB 相电流之和，C 相融冰效果优于 AB 相；可待 C 相融冰结束后，通过切换直流融冰装置输出开关，将融冰电流回路切换为 AC 相→B 相，BC 相→A 相，直至三相架空导线覆冰完全融化。

此外，AB 甲线架空导线融冰也采取两相架空导线轮换融冰方式时，可保持上述融冰接线方式不变，通过切换直流融冰装置输出开关，将融冰电流回路切换为 A 相→B 相，B 相→C 相，C 相→A 相。

2.4 AB 甲线架空地线融冰接线方式分析

AB 甲线架空地线融冰时，采取 AC 甲线两相架空导线与 AB 甲线一相架空导线（B 相外）和架空地线构成电流回路方式。A 发电厂 500kV 交流场，拉开直流融冰母线三相短路接地开关 E7 和 AB 甲线架空地线接地开关 E4，合上 AC 甲线 A、B 相架空导线融冰隔离开关 A1、A2，将 AC 甲线 A、B 相架空导线引接至场内相应直流融冰母线，合上 AB 甲线 A 相架空导线融冰隔离开关 A5 和架空地线融冰隔离开关 A8，将 AB 甲线 A 相架空导线引接至场内 A 相直流融冰母线、架空地线引接至场内 B 相直流融冰母线；在 B 换流站 500kV 交流场，拉开 AB 甲线直流融冰母线接地开关 E5 和 AB 甲线架空地线接地开关 E6，合上 AB 甲线 A 相架空导线融冰隔离开关 B1 和架空地线融冰隔离开关 B4，将 AB 甲线 A 相架空导线和架空地线短接；在 C 变电站，拉开直流融冰母线三相短路接地开关 E1，合上 AC 甲线 A、B 相架空导线融冰隔离开关 C7、C8，将 AC 甲线 A、B 相架空导线引接至站内相应融冰母线，合上直流融冰装置输出开关 C2、C4；在 C 变电站启动直流融冰装置即可进行 AB 甲线架空地线融冰。该融冰接线方式形成电流回路为 AC 甲线 A 相架空导线→AB 甲线 A 相架空导线→AB 甲线架空地线→AC 甲线 B 相架空导线，示意图见图 6。

此外，AB 甲线架空地线融冰，也可以通过 AC 甲线 B、C 相架空导线与 AB 甲线架空 C 相架空导线和架空地线形成回路进行融冰，该融冰接线方式形成电流回路为 AC 甲线 C 相架空导线→AB 甲线 C 相架空导线→AB 甲线架空地线→AC 甲线 B 相架空导线。AB 甲线架空地线上述两种融冰方式效果相同。

3 结语

本文以三个有电气连接的厂站（一个发电厂、一个变电站、一个换流站）为研究对象，根据三个厂站之间 500kV 交流输电线路连接特点，考虑直流融冰装置最大化利用，设计了一种灵活的 500kV 交流输电线路直流融冰接线方案，并详细分析了该接线方案中不同交流输电线路架空导线和架空地线的融冰接线方式。

本接线方案，融冰接线与输电线路主回路完全独立设置、互不干扰。线路无需融冰时，所有融冰隔离开关置于断开位置，融冰母线和架空地线接地置于合闸位置，保障线路正常运行或备用；线路需要融冰时，待融冰线路停电、出线隔离开关拉开后，再进行融冰接线方式调整及融冰工作，保障融冰过程中人身及厂站设备安全。

本接线方案中每回交流输电线路架空导线和架空地线融冰接线方式均不止一种，可通过融冰隔离开关、融冰母线及融冰装置输出开关灵活切换，操作便捷、高效，可大大提高融冰效率，减少线路融冰时间，提高电力系统可靠性。另外，该接线方案具有较强的通用性，可推广至四个及以上的厂站，可为交流输电系统直流融冰接线设计提供参考，具有重要的现实意义。

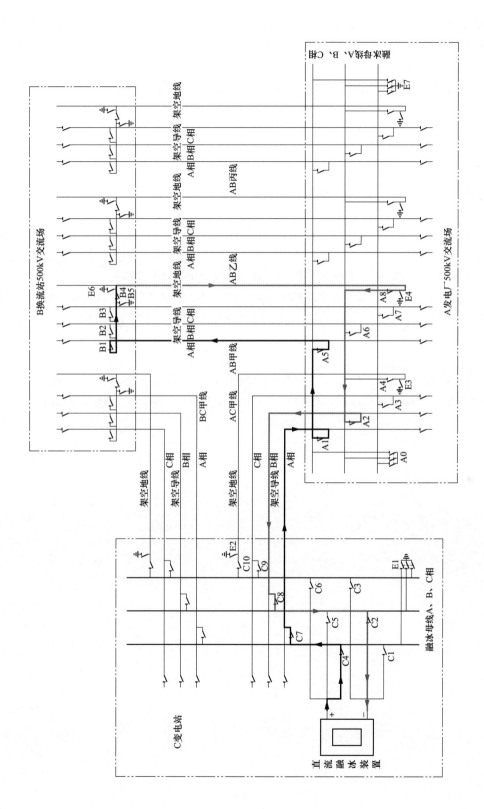

图 6　AB 甲线架空地线融冰电流回路图

　　本接线方案中 A 发电厂与 B 换流站之间交流输电线路融冰时，需 A 发电厂与 C 变电站之间交流输电线路停电配合，A 发电厂输电系统可靠性会有一定程度上降低。后续若有充足预算或需进一步提高系统可靠性时，可在 A 发电厂增设一套直流融冰装置，直流融冰装置输出正负极分别通过输出隔离开关接入三相直流融冰母线，其余接线无需改动，即可实现 A 发电厂与 B 换流站之间交流输电线路单独融冰，且 A 发电厂融冰装置和 C 变电站融冰装置还可实现一定程度的互备功能，也有利于提高该区域直流融冰系统的可靠性。

参考文献

[1] 傅闯，许树楷，饶宏，等. 交流输电系统直流融冰装置设计及其应用 [J]. 高电压技术，2013，（3）：705-711.

[2] 李扶中，雷翔胜，崔琼. 一种新型的特高压换流站直流融冰接线方案 [J]. 电力勘测设计，2012，（5）：62-65.

[3] 王靓. 直流融冰装置地线融冰功能改造研究 [J]. 电工技术，2013，（8）：26-27.

[4] 陈彦州，王奇，蔡延雷，等. 南方电网主网架直流融冰工作流程与融冰效率研究 [J]. 高压电器，2013（6）：86-92，98.

作者简介

王德军（1986—），男，高级工程师，主要从事水电站运行工作。E-mail：wang_dejun@ctg.com.cn。

王　强（1988—），男，工程师，主要从事水电站运行工作。E-mail：wang_qiang1@ctg.com.cn。

梨园水电站智慧巡检管理方案设计

舒安稳

（云南华电金沙江中游水电开发有限公司梨园发电分公司，云南省丽江市　674100）

[摘　要]为提升梨园水电站智慧管理水平，最大限度释放电站现场人力劳动强度，解放生产力，减少人为因素对设备巡检工作准确度的影响，提高设备运行稳定性。结合梨园水电站"远程集控、无人值班、少人值守"实际，设计水电站智慧巡检管理方案，并进行预期效益分析，为水电站的智慧管理提供可借鉴的范本。

[关键词]梨园水电站；智慧巡检；方案设计

0　引言

梨园水电站总装机容量 2400MW（4×600MW），电站首台机组 2014 年 12 月投产发电，2016 年 8 月最后一台机组并网运行。2017 年，梨园水电站实现远程集控，2020 年实现"无人值班、少人值守"运行管理。

为确保现场设备安全可靠，虽然梨园水电站已实行"远程集控、无人值班、少人值守"运行管理，但现场的大量定期巡检工作还是由运行人员人工执行。每天 3 名 ON-CALL 人员负责巡检、抄表及现场设备管理，常规设备巡检 1 轮/天，调速、励磁、保护、集电环等关键设备巡检 2 轮/天，完成全厂设备巡视检查，基本需耗费巡检人员一整天的工作时间。

目前，水电站智慧巡检主要为监控系统远程巡屏，以及部分厂站正在探索实施的机器人和无人机巡检等，巡检系统单一、分散，智慧分析及决策管理能力不足，也不能完全覆盖电站现场所有生产设备及区域的巡检需求。本文设计的智慧巡检管理方案，在常规计算机监控系统远程巡屏的基础上，现场巡检及设备实时监视管理工作由智慧巡检系统自主完成，巡检报表与报告系统自动生成，发现异常系统自动预警报告并进行决策处理，电站运行人员只需进行定期检查及校核系统的工作情况即可。大大地减少人员劳动强度，并通过智慧管理技术，提高设备管理可靠性。

1　梨园水电站机电设备布置情况及巡检要求

1.1　梨园水电站机电设备布置情况

梨园水电站机电设备主要布置于厂房、坝区溢洪道及进水塔，其中厂房布置 4 台机组主辅设备及站内输变电设备，坝区布置泄洪及发电引水设备设施。厂房设备较多、建筑物较复杂，坝区设备设施较少、布置简单，坝区主要设备为闸门及其启闭系统。梨园水电站枢纽布置示意图见图 1。

图 1　梨园水电站枢纽布置示意图

梨园水电站厂房由上游副厂房、主厂房、下游副厂房组成。主厂房长 225.2m、宽 33m，主厂房由上至下分为发电机层、中间层、水轮机层共三层，平均层高 6m；发电机层布置发电机集电环设备，中间层布置发电机风洞、接地变压器等设备，水轮机层布置水轮机室、调速器、圆筒阀设备等。上游副厂房由上至下分为出线层、GIS 设备层、10kV 厂用电层（含母线及主变压器平台）、电缆层、机旁盘层、励磁变压器层共六层，平均层高 7m；出线层布置出线设备，GIS 层布置 GIS 开关设备，10kV 层布置 10kV 厂用电设备、母线、主变及电抗器平台，电缆层布置线缆，机旁盘层分别布置四台机组监控、调速、励磁、保护等控制盘柜，励磁变压器层布置励磁变压器设备、发电机出口互感器设备。下游副厂房由上至下分为尾水平台、通风设备层、400V 厂用电层、气系统层、管路阀门层、顶盖取水层、技术供水层（尾水廊道）共七层，平均层高 7m；尾水平台布置尾水门机及进风设备，通风设备层布置风机及风管，400V 厂用电层布置厂用电盘柜，气系统层布置中低压气系统设备，管路阀门层布置机组冷却水管路、阀门，顶盖取水层布置顶盖取水管路及控制盘柜，技术供水层布置机组技术供水管路、阀门及蜗壳、尾水管进人门、测压管路、表计等。

1.2　巡检要求

水电站机电设备设施巡检是发现问题、解决问题，保证机组稳定运行的关键工作，有标准的工作规范及要求，不论人工巡检还是智慧巡检，都必须结合电站设备实际，满足巡检标准要求，确保巡检质量，为设备可靠运行保驾护航。以梨园水电站主变压器系统巡检为例，主变压器系统为电站的主要变电设备，巡检频率要求为枯期（低负荷期）每天 1 次，汛期（高负荷期）每天 2 次，每次需完成巡检内容并填报巡检报表。

主要巡检内容及要求如下：

（1）检查主变压器本体完好、无锈蚀、无渗漏、附近无异物，外壳接地良好，无异响、异味；

（2）检查变压器各油阀位置正确，无渗漏油；

（3）检查油枕油位正常，油位指示应和油枕上的环境温度标志线相对应；

（4）检查中性点接地良好，线夹无过热变色；

（5）检查铁芯接地、夹件接地良好，无发红、发热；

（6）检查套管、引线接头完好，无裂纹、破损，无渗漏，无电晕及放电痕迹与放电声响；

（7）检查分接开关挡位指示正确，连杆完好无变形；

（8）检查呼吸器工作正常，油封杯的油色、油位正常，硅胶变色不超过 1/3；

（9）检查压力释放阀无动作，各连接法兰无渗漏油；

（10）检查瓦斯继电器连接阀门在开启位置，无渗漏，取气孔内充满油，无气体；

（11）检查电抗器油面、绕组温度指示正确，与监控系统显示一致；

（12）检查各端子箱空开位置正确，二次接线端子无松动、脱落、发热；

（13）检查封闭母线测温箱关闭严密，箱内空开位置正确，温度显示值在正常范围；

（14）检查冷却器控制柜内电源正常，指示灯指示正确，各控制把手位置正确，PLC 液晶显示屏工作正常，显示正确，无异常告警信号；

（15）检查电缆孔洞封堵严密，屏体密封良好；

（16）检查冷却系统的各油阀，冷却水阀门符合当前运行工况；

（17）检查冷却器的运行台数与当前运行工况相符，油流示流器指示正常，冷却水进水、排水水压、流量正常，各管路、阀门无漏水、漏油；

（18）检查雨淋阀无严重锈蚀，阀门位置正确无渗漏，雨淋装置喷淋头构架完好，无变形、倾斜及倒塌，消防检测装置各信号灯指示正常。

对于主变压器巡检工作，信号、数据类的项目均已上送监控设备，可直接读取，其他"三漏"及"异响""异物"等问题及设备异常状态，可通过安装摄像头，利用 AI 技术进行温度、图像及声音识别，由智慧巡检系统完成巡检及与监控数据的复核对比，实现无人巡检、智慧巡检。

2 智慧巡检管理方案设计

2.1 总体框架

智慧巡检管理系统由智慧感知系统、网络传输系统、数据平台服务器、智慧监视控制系统等组成。智慧感知系统由设备原有传感器、巡检机器人、声音采集器、智慧摄像机（图像识别、红外测温、语音提醒等）构成[1]，网络传输系统由无线 AP/5G、交换机等网络设备组成，数据平台服务器布置于统一数据中心，智慧监视控制系统有原计算机监控系统及智慧巡检管理系统（其框架图见图 2）。各感知系统自动采集设备数据，统一存储并纳入数据中心管理，计算机监控系统对数据信息进行实时监控并报警。

智慧巡检系统根据巡检目标，通过人工智能、大数据、机器学习等技术进行训练，形成巡检标准模型[2]。在巡检过程中，巡检系统根据权限自动从数据中心拾取实时巡检数据，并与模型特征值进行比对，若发现异常，则发送移动信号至生产管理人员进行报警，由生产管理人员在已有的工作票系统发起工作票流程，完成问题处理，以实现巡检的最终目的。

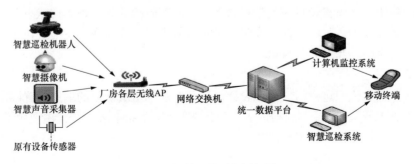

图 2　智慧巡检系统框架图

2.2 各层设备智慧巡检方案

2.2.1 水轮机层

梨园水电站水轮机层布置有水轮机室、调速器及圆筒阀设备。除原有已安装的设备传感器外，四台机组水轮机室在墙壁 X、Y 四个方向、主辅接力器位移传感器正对方向、顶盖水导油泵位置、调速器回油箱底部正对事故配压阀及管路位置分别设置 360°智慧摄像机，并在水机室内设置智慧声音采集器 1 套。摄像机定时转动，拾取全方位图像，智慧巡检系统根据图像、声音数据及模型对比，判断是否存在振动、异响、油水管路渗漏等问题，并校核位移传感器实际位置，确保巡检正常。另外，在水轮机层的水轮机室外围配置智慧巡检机器人 1 台，定时移动定点巡视拾取四台机组的调速器、圆筒阀压力表计、电机温度、管路阀门渗漏等图像，拾取电机运行声音，供巡检系统进行分析判断。

2.2.2 发电机层

发电机层配置智慧巡检机器人 1 台，循环定点巡视四台机组滑环室集电环及碳刷、励磁电缆接头等设备，拾取测温图像及运行声音。发电机风洞内沿圆周四个方向设置 360°智慧摄像机，实时拾取发电机空气冷却器及管路流量、发电机引出线设备及定子端部图像，供巡检系统判断是否存在泄漏及温度、流量异常等问题。

2.2.3 主变及电抗器平台

每台主变压器及电抗器室内高处墙壁 180°方向分别设置 360°智慧摄像机，记录主变压器及电抗器油温、绕温及油压表计图像，并对设备本体及引出线、中心点引出线红外测温，记录测温及连接件图像，记录室内异物进入图像，同时，在监视到有人员进入时，智慧巡检系统控制摄像机通过语音提醒人员注意安全，保持安全距离。

2.2.4 出线场及 GIS 室

出线场两端各设置全景摄像机 1 台，对出线设备进行循环红外测温，拾取图像监视放电情况，同时监视异物状态，语音提醒人员高压危险、注意保持安全距离。

GIS 室配置巡检机器人 1 台，循环定点拾取各开关汇控柜信号状态、各压力及气体密度监测表计读数，智慧巡检系统定期比对信号与监测数据，发现异常发信报警，达到巡检目的。

2.2.5 10kV、400V 厂用电层及机旁盘层

更换各设备层原有摄像机为全景智慧摄像机，实时拾取各厂用电及机旁盘柜信号状态图、电压电流参数表计图、一次设备运行状态图及声音，监视异物进入状态，语音提醒进入人员带电危险、注意安全。

2.2.6 技术供水层、管路阀门层及顶盖取水层

更换各台机组设备室摄像机为全景智慧摄像机，实时拾取各管路阀门状态图、各压力及流量表计图、控制盘柜信号状态图，同时在各技术供水室和顶盖取水室配置声音采集器，拾取运行设备实时声响，判别异常状态。

2.2.7 尾水廊道

在尾水进人门、蜗壳进人门、测压表计位置及尾水廊道最低处的墙壁设置固定摄像机，在进人门处设置声音采集器，实时拾取进人门状态及声响，拾取表计数值图及廊道水位情况，监视进人门振动、渗漏情况及表计读数。

2.2.8 坝区设备

更换原有摄像机为全景智慧摄像机，循环拾取各闸门状态、液压系统管路阀门状态、压

力表计读数、库水位信息、人员及异物进入情况等图像，监视比对各设备系统运行情况，发现人员进入，语音提醒注意安全。

2.3 巡检数据传输

为确保巡检数据的正常传输，在厂房内各层布置无线路由，各摄像机及巡检机器人通过无线路由将数据传输到数据中心。对于坝区设备，5G 信号覆盖前，通过现有光缆进行传输，5G 信号覆盖后，增加部署 5G 传输通道。对于原有的传感器，仍采用原有的线缆或光缆进行信号传输。

2.4 智慧巡检系统功能

智慧巡检系统具有制定、修改巡检计划，生成巡检报表、巡检报告，新增或重新设置巡检点表，设置巡检频次，设置机器人巡检路径、巡检点，监视巡检点状态，建立并不断完善设备特征模型，实时分析判断设备状态，发现异常进行声光报警并向移动终端发信等功能。

同时，智慧巡检系统还具有登录及控制权限管理，图像、数据及影像资料存储等功能，对于巡检发现的异常点，还可以控制巡检感知设备进行重点监视、记录，进行加密巡检，最大限度替代人的巡检工作，提高巡检的精确度和质量。

3 预期效益分析

结合大数据、云计算、人工智能、机器学习、VR 虚拟现实、智慧感知等智慧技术的发展现状，这些技术均在不同的行业有成功应用的先例[3]，因此，对于梨园水电站智慧巡检管理的实施，预期是完全可行的。梨园水电站实施智慧巡检管理后，现场设备巡检全部由智慧系统完成，不再需要人工的全过程实施，将大大减轻电站现场人员工作量，减少现场人为主观因素对设备运行工况判断的影响，切实提高企业的本质安全水平，降低电站生产运营成本。

3.1 经济效益分析

智慧巡检管理将减少人员到电站现场的工作时间，梨园水电站每人每天在电站生产现场工作产生的食宿、交通、安全防护等费用按 100 元计，考虑智慧巡检后到生产现场工作时间减半，则一年每人将节约 1.82 万元。同时，智慧巡检使设备的故障判断更精准，设备缺陷的处理更及时，设备的可用时间变得更长，按主设备年平均可用时间最少增加 1%计算，梨园水电站设计年平均利用小时数为 3948h，电站 240 万 kW 的机组每年将增发电量为 0.95 亿 kWh，按 0.2 元/kWh 计算，则每年可增加收入约 1900 万元。

3.2 安全及社会效益分析

安全效益方面，梨园水电站实施智慧巡检管理后，设备巡视检查过程由智慧巡检系统自动完成，将明显降低人的作业安全风险，并通过设备故障精准识别和自动决策处理，助推电站实现本质安全。

社会效益方面，通过水电站智慧巡检管理的实施，使大数据、人工智能等新技术与电力生产的融合实践更加深化具体，将有力地推动技术再进步。不仅如此，梨园水电站推广实施智慧巡检管理后，其成功经验可在国内外行业内全面推广应用，切实通过水电站智慧运营，为社会提供更加智慧安全可靠和绿色优质的电能。

4　结语

　　智慧巡检管理涉及水电站生产运行的各设备系统，需结合水电站实际，深度应用人工智能、大数据等信息化技术，持续进行优化完善。为实现水电站智慧运营，除进行智慧巡检管理方案设计外，还需对智慧调度、智慧检修、智慧大坝等水电站生产管理的各方面进行设计研究与实践，以推动水电站实现生产运营全过程智慧管理。

参考文献

[1] 张强. 探析智能巡检机器人推动水电企业智慧检修新发展 [J]. 水电与新能源，2018，32（08）：64-66.

[2] 刘吉臻，胡勇，曾德良，夏明，崔青汝. 智能发电厂的架构及特征 [J]. 中国电机工程学报，2017，37（22）：6463-6470+6758.

[3] 屠学伟，郑亚锋. 智慧电厂建设探讨 [J]. 自动化博览，2019（01）：29-31.

作者简介

　　舒安稳（1987—），男，工程师，主要从事水电站生产技术及信息化管理工作。E-mail：464177261@qq.com

陡坡地段桥梁嵌岩桩水平向承载特性试验研究

何静斌[1]　冯忠居[2]　尹继兴[2]　董芸秀[3]　陈　露[2]

（1. 中国电建集团西北勘测设计研究院有限公司，陕西省西安市，710065;

2. 长安大学公路学院，陕西省西安市，710064;

3. 陇东学院土木工程学院，甘肃省庆阳市，745000）

[摘　要]基于室内离心模型试验及数值模拟方法，对比分析坡度变化及嵌岩深度变化对陡坡地区嵌岩桩水平向承载特性的影响，同时利用敏感性分析方法定量描述坡度、嵌岩深度对桩基承载性能的影响程度，以探明陡坡桥梁桩基水平向承载特性规律。结果表明：①坡度一定时，桩基础水平向极限承载力随嵌岩深度增加而增大；嵌岩深度一定时，桩基础水平向极限承载力随坡度增加而减小；②嵌岩深度以及坡度变化时桩基水平向承载特性的数值模拟与离心模型试验结果一致，为工程实际提供理论参考；③通过敏感性分析，得到坡度对桩基承载力影响大于嵌岩深度，在桩基础设计过程中，应重点考虑坡度对桩基竖向承载特性的影响；提出了适用于陡坡地段的刚弹性桩判别方法。

[关键词]岩土工程；水平向承载特性；离心模型试验；数值模拟；陡坡；嵌岩桩

0　引言

我国山区约占全国总面积的 2/3，基础设施建设难度大。许多桩基础不可避免的建立在陡坡地段，受工程地质条件与所受复杂荷载的影响，水平荷载作用下的桩基受力特性与平地处的桥梁桩基存在差异，因此考虑坡度与嵌岩深度影响时，位于陡坡地段的桩基水平承载特性仍需进一步研究[1, 2]。

目前国内外专家学者针对嵌岩深度及坡度变化对桩基承载特性的影响进行了一定的研究。张建伟[3] 等运用 ABAQUS 有限元分析软件建立了 45°斜坡模型，对不同弯矩荷载作用时斜坡上单桩桩身水平位移、桩身弯矩和桩前后土压力进行了数值模拟；程刘勇[4] 等采用模型试验和数值模拟相结合的方法研究了斜坡基桩水平承载特性及影响因素。赵明华[5] 等根据陡坡段桥梁基桩承载特性，提出了一种可考虑桩土非线性作用的基桩内力与位移分析有限杆单元方法；陈兆等[6] 根据极限平衡原理，建立了横向荷载作用下斜坡刚性桩弯矩和应力平衡方程，提出了综合考虑桩侧土体极限承载力与水平抗力系数沿深度呈线性增加的侧向极限承载力与土体抗力承载力系数计算方法；彭文哲[7] 等引入斜坡地基水平极限承载力模型及平地应变楔模型，提出了适用于斜坡地基桩前土抗力计算分析的桩前土楔模型。现场试验方面，乾增珍[8] 等根据高露头挖孔桩基础水平荷载现场试验，研究了斜坡地形高露头挖孔桩基础水平荷载作用下的桩土体系稳定性及承载机理；喻豪俊[9] 等通过现场水平静载荷试验，探讨桩身变形、桩身弯矩、土压力的变化；邓友生[10] 等从室内模型试验和现场试验研究及计算机数值模拟分析等方面讨论了山区陡坡桩柱水平承载性状的理论计算方法与在复杂荷载条件下的应力分布与变形性状，并研究了嵌固深度的计算方法。龚先兵[11]等通过三种不同陡坡下高陡横坡段桥梁桩基的室内模型承载试验，对水平向荷载作用下桩基的荷载传递规律、内力分布规律及桩侧土压力分布规律进行了研究；文松霖[12]等通过物理模型试验研究了渠坡上基桩的水平承载机制；尹平保[13]等设计并完成了不同坡度及水平荷载作用角度下斜坡基桩室内模型试验，测得了桩顶荷载位移曲线及桩身弯矩分布；穆红海[14]等通过室内水平静载模型试验，获得了不同斜坡坡度下桩基水平承载力的变化规律，提出了基于水平场地计算斜坡桩基承载力的简便计算公式。

为了深入探究陡坡地段嵌岩桩水平向承载特性，本文基于室内离心模型试验、数值模拟以及理论分析成果，讨论坡度变化、嵌岩深度变化对桥梁桩基础水平向承载特性的影响，探明陡坡桥梁桩基承载特性规律。

1 离心模型试验与数值模拟方法

1.1 离心模型试验设计

1.1.1 离心试验相似关系确定

离心模型试验具有可实现大比例缩尺、相似条件易满足、缩短试验周期、减小试验工作量等优点。本文依据相似第二定理，综合考虑模型箱尺寸以及实际工程规模，本离心模型试验选定的模型比率为 $n=100$，即离心加速度加到 $100g$。

1.1.2 试验设计

（1）模型桩设计与制作。试验模型桩选用封底的长度为 280mm 的镁铝合金管，伸出土层的 40mm 嵌套一个 10cm×10cm 的加载平台，用以放置荷载加载铁板；每根模型桩径向剖开为两段，桩身前后两侧均对称布置有应变片，模型桩见图 1。

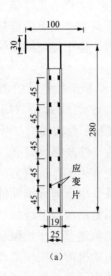

（a）   （b）

图 1 模型桩

（a）模型桩示意图（单位：mm）；（b）模型桩实体图

（2）地基土的选取与制备。地基土分为上下两层，上层采用黄土来模拟覆盖层，下层采用土、砂及砾石和水混合层来模拟持力岩层。地基土层参数见表1。

表1　　　　　　　　　　　　　　陡坡桥梁桩基试验参数

模拟地基土类别	含水率（%）	容重（kN/m）	压缩模量（MPa）	内摩擦角（°）	黏聚力（kPa）
粉质黏土	30%	18.00	28	22	28
中风化灰岩	13%	25.00	60	—	—

（3）模型箱及加载装置设计。试验采用 TLJ-3 型土工离心机，有效半径2.0m，试验模型箱尺寸为 700mm×360mm×500mm。水平向荷载的具体加载及位移测量主要利用自行设计的固定架及加载平台，见图2。桩顶荷载为水平荷载时，激光测距仪设置于桩顶加载平台一侧测量水平位移。每次水平加载为质量40g的圆铁片，水平向荷载 P_y 分5级加载，每级荷载39N，加载范围为 39～196N。

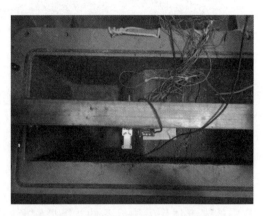

图2　水平向位移变形量测装置图

1.1.3　试验方案

为深入探究坡度及嵌岩深度对陡坡桥梁桩基的受力特性及荷载传递机理的影响，同时满足边界条件，确保陡坡桩基不受模型箱尺寸效应的影响，试验中模型桩位置距模型箱壁的距离不小于 8D，工况设计如图3、图4所示。具体工况设置见表2。

表2　　　　　　　　　　　　水平向荷载作用下的试验方案

分析因素	桩径 D（mm）	桩长 L（mm）	坡度（°）	嵌岩深度 H（mm）
坡度变化	25/19	240	0、30、45、60、75	60
嵌岩深度变化	25/19	240	45	0、30、60、90、120

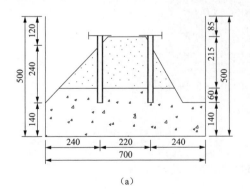

（a）

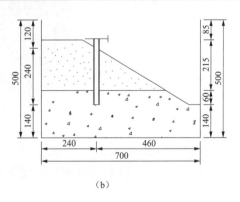

（b）

图3　工况设计示意图（单位：mm）

（a）一箱两种工况示意图；（b）一箱一种工况（30°）示意图

（a）　　　　　　　　　　　　　　　　（b）

图 4　工况具体实施情况

（a）一箱两种工况实拍图；（b）一箱一种工况（30°）实拍图

1.2　数值模拟模型建立

1.2.1　模型建立

采用 Marc 有限元软件对陡坡-桩-土相互作用时桩基础的承载特性进行模拟，模型取桩前 20D（40m）、桩后 13D（26m）、桩左及桩右各 10D（20m）、桩底以下 10D（20m）范围的岩土体作为边界条件。模型侧面的边界约束为 x、y 方向位移固定，模型下部地面为 x、y、z 方向位移固定。研究中桥梁桩基结构采用混凝土材料，分析中采用理想弹性本构模型，桩周的岩土体采用 Mohr-Coulomb 线性破坏准则进行模拟计算。有限元计算模型见图 5。

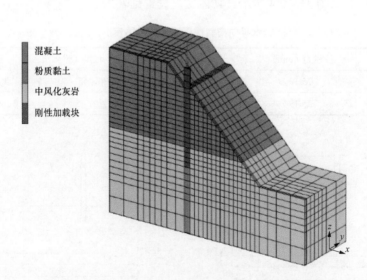

混凝土
粉质黏土
中风化灰岩
刚性加载块

图 5　陡坡桥梁桩基数值模拟计算模型（以 45°为例）

1.2.2　参数选取及计算方案

具体参数选取见表 3。计算工况见表 4。

表 3　　　　　　　　　　　　模 型 材 料 参 数

材料名称	弹性模量 E（Pa）	泊松比 v	黏聚力 c（kPa）	内摩擦角 φ（°）	容重 γ（kN·m³）
桩	3.0×10^{10}	0.20	—	—	25.0
粉质黏土	7.0×10^6	0.25	22.5	18.5	19.5
中风化岩层	8.5×10^9	0.23	—	—	28.0

表 4　　　　　　　　　　　　计 算 工 况

分析因素	桩径 D（m）	桩长 L（m）	坡度（°）	嵌岩深度 H（m）
坡度变化	2.0	24	0、30、45、60、75	6
嵌岩深度变化	2.0	24	45	0、3、6、9、12

2　离心模型试验与数值模拟成果分析

2.1　坡度变化时桩基水平向承载特性

在离心模型试验和数值模拟中，不同坡度时桩基的承载特性，其 P_y–y 曲线如图 6 所示。其中 n_y 为承载力影响度，$n_y = \dfrac{P_{y0} - P_y}{P_{y0}} \times 100\%$，$P_y$ 与 P_{y0} 分别代表陡坡与平地时桩基的水平容许承载力。

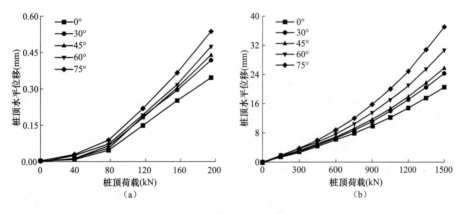

图 6　桩基 P_y–y 曲线

（a）离心模型试验；（b）数值模拟

由图 6 可知，随桩顶水平荷载增大，土体逐渐出现裂缝，桩基础水平位移增大。随坡度的增大，水平荷载作用下桩顶水平位移逐渐增大。这说明坡度越大，坡体一侧桩侧岩土体强度降低程度越大，另一侧作用于桩基的坡体自重也越大，此时桩的挠曲变形量增大。

坡度变化时桩基水平容许承载力变化规律如图 7 所示。

桩基承载力变化规律曲线如图 7 所示。由图 7 知，随坡度增大，桩基水平承载力逐渐降低，且当坡度大于 45°时，承载力减幅显著增大。这说明坡度增大使桩周岩土体缺失情况加剧，此时桩侧土强度显著降低，坡体一侧的土体强度降低使得土体在受到桩身挤压时产生的抗力减小，随荷载增大桩侧土体结构出现破坏，坡顶处及桩周土体出现张拉裂缝，承载力显著降低，因此坡度增大对桩基承载力有显著影响且坡度大于45°时影响尤其明显。

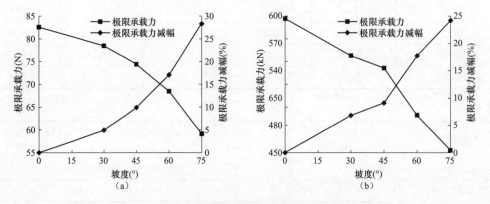

图 7　桩基承载力变化规律曲线

（a）离心模型试验；（b）数值模拟

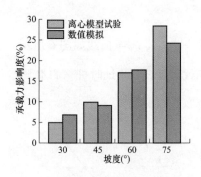

图 8　离心模型试验与数值模拟确定的承载力影响度对比

坡度变化时离心模型试验与数值模拟确定的承载力影响度 n_y 对比结果如图 8 所示。

由图 8 可知，随坡度增大，离心模型试验和数值模拟的承载力影响度 n_y 都逐渐增大，且坡度增大对桩基水平向承载力的影响在离心模型中比数值模拟中的结果更明显。当坡度由0°增加到75°时，离心模型试验中 n_y 从4.95%增加到28.38%，数值模拟中 n_y 从6.82%增加到24.21%。总体来看，数值模拟与离心模型试验得到的结果一致，数值模拟结果具有一定的可靠性，可为工程实际提供参考。

2.2　嵌岩深度变化时桩基水平向承载特性

在离心模型试验和数值模拟中，不同嵌岩深度时的承载特性，其 P_y–y 曲线如图 9 所示。

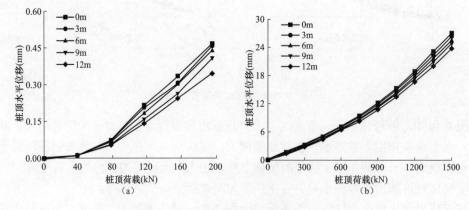

图 9　桩基 P_y–y 曲线

（a）离心模型试验；（b）数值模拟

由图 9 可知，在离心模型试验和数值模拟分析中，随嵌岩深度增大，桩基础在相同荷载作用下产生的水平位移减小，桩基水平承载力逐渐增大，这说明桩侧岩土体的增强能够有效的约束桩的挠曲变形。

嵌岩深度变化时桩基极限承载力变化规律如图 10 所示。

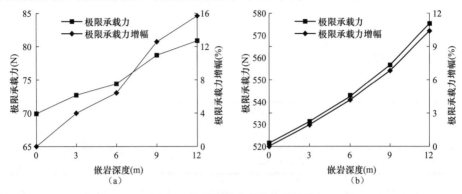

图 10　桩基承载力变化规律曲线

（a）离心模型试验；（b）数值模拟

由图 10 可知，随着嵌岩深度的增大，水平向极限承载力逐渐增大。这说明嵌岩深度的增加能够增强桩周岩土体对桩身的约束作用，在相同等级荷载作用下，桩身产生水平位移减小，水平承载力增大。在数值模拟分析中，随嵌岩深度的增大，桩基水平承载力逐渐增大，且增幅逐渐增大。这充分说明这说明桩侧岩土体的增强能够约束桩的挠曲变形，从而提高桩基水平承载力，在桩基强度满足要求的条件下，应保证足够的嵌岩深度。

嵌岩深度变化时离心模型试验与数值模拟中承载力影响度 n_y 对比结果如图 11 所示。

由图 11 可知，随嵌岩深度的增加，离心模型试验和数值模拟中承载力及其影响度 n_y 都逐渐增大，且嵌岩深度增大对桩基水平向承载力的影响在离心模型中比数值模拟中的结果更明显。当嵌岩深度由 0m 增加到 12m 时，离心模型试验中 n_y 从 3.99% 增加到 15.68%，数值模拟中 n_y 从 1.96% 增加到 10.41%。离心模型试验得到的影响度普遍大于数值模拟结果，是因为离心模型试验中每箱设置两种工况，在施加水平荷载时两侧桩基

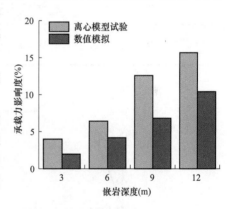

图 11　离心模型试验与数值模拟中
承载力影响度 n_y 对比结果

同时背向坡体的力，从而使得坡顶处张拉出现裂缝，导致不同工况下的水平承载力差异增大。

综上所述，可以证实随嵌岩深度增大桩基水平承载力增大，数值模拟结果具有一定的可靠性，可为工程实际提供参考。

3　敏感性分析及刚弹性判别公式修正

3.1　敏感性分析

为客观评价各参数对陡坡地段嵌岩桩水平向承载特性的影响，采用敏感性分析方法定量

描述桩基嵌岩深度、坡度变化等参数的影响程度。

采用离心模型试验数据为支撑，取水平向极限承载力 Q_u 作为水平向承载性能的表征参数 P。水平向极限承载力是水平向受荷桩承载控制指标，依据这个衡量指标对嵌岩桩嵌岩深度 H、坡度等参数影响下的陡坡地段嵌岩桩水平向承载性能敏感度进行分析。其基准参数集为：嵌岩深度 H 为 6m；坡度 α 为 45°。

采用曲线拟合方法，建立 Q_u 与 α、H 的函数关系 $\varphi_\alpha(x)$、$\varphi_H(x)$，见表 5。坡度、嵌岩深度的敏感度函数及敏感度因子见表 6，敏感度函数曲线见图 12。

表 5　　　　　　　　　　　Q_u 与 α、H 的函数关系

影响因素 x_i	函数关系式	拟合精度 R^2
α	$Q_u = \varphi_\alpha(x) = -2.3571x^2 - 21.357x + 617.6$	0.984
H	$Q_u = \varphi_H(x) = 1.2857x^2 + 5.6857x + 514.2$	1.000

各影响因素的敏感度函数 $S_\alpha(x)$、$S_H(x)$ 及敏感度因子见表 6，敏感度函数曲线如图 12 所示。

表 6　　　　　　　　　坡度、嵌岩深度的敏感度函数及敏感度因子

影响因素 x_i	敏感度函数	敏感度因子
α	$S_\alpha(x) = \left\| \dfrac{21.357x - 1235.2}{-2.3571x^2 - 21.357x + 617.6} + 2 \right\|$	2.054
H	$S_H(x) = \left\| \dfrac{-5.6857x - 1028.4}{1.2857x^2 + 5.6857x + 514.2} + 2 \right\|$	0.213

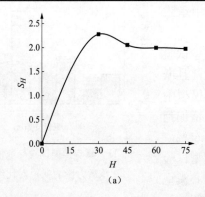
(a)

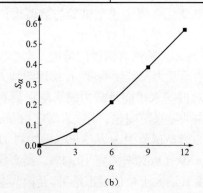
(b)

图 12　敏感度函数曲线

（a）坡度；（b）嵌岩深度

由表 6 及图 12 可知：当坡度变化时，S_H 先增大后减小，当坡度大于 30°后，S_H 小幅度减小，并逐渐趋于稳定；当嵌岩深度增大时，S_α 呈指数函数增长，当嵌岩深度逐渐增大时，敏感度逐渐增大。对比嵌岩深度与坡度敏感度函数，坡度的影响大于嵌岩深度的变化。这说明在桩基础设计过程中，应重点考虑坡度对桩基水平向承载力的影响。

3.2　刚弹性判别公式修正

现行规范中，当桩基受到水平荷载作用时，常根据桩的相对刚度系数将桩基分为刚性短

桩和弹性长桩两类，该刚弹性桩判别方法在应用于陡坡地段桥梁桩基时具有一定的局限性。由于桩基水平向承载力随坡度的减幅一定程度上可以反映地基土强度的降低程度。因此，本文根据坡度变化时桩基承载力的减幅对地基系数 m 进行修正，以提出适用于陡坡地段的刚弹性桩判别方法，具体可表示为：

$$\alpha h = \sqrt[5]{\frac{\lambda m b_0}{EI}} \times h_m \begin{cases} \leqslant 2.5, \text{为刚性桩} \\ > 2.5, \text{为弹性桩} \end{cases}$$

其中 λ 为比例系数 m 的修正系数，具体取值见表 7。

表 7 修正系数 λ 参数取值

坡度	0°	30°	45°	60°	75°
λ	1.000	0.932	0.910	0.824	0.758

4 结语

本文综合考虑嵌岩深度与坡度变化，采用离心模型试验和数值模拟方法开展了陡坡桥梁桩基础水平向承载特性研究，具体结论如下：

1）坡度一定时，随嵌岩深度增大桩顶位移减小，桩基水平向承载力逐渐增大；嵌岩深度一定时，随坡度增大桩顶水平位移增大，桩基水平向承载力降低；当坡度大于 45° 时，桩基各项承载特性参数发生显著变化。

2）对比嵌岩深度以及坡度变化时桩基水平向承载特性的数值模拟与离心模型试验结果，认为二者结果具有一致性。

3）对于陡坡地段嵌岩桩，坡度的影响大于嵌岩深度的变化。因此在桩基础设计过程中，在满足最小嵌岩深度的情况下，应重点考虑坡度对桩基水平向承载力的影响；提出了适用于陡坡地段的刚弹性桩判别方法。

参考文献

[1] 冯忠居. 基础工程 [M]. 北京：人民交通出版社，2001.

[2] 冯忠居. 特殊地区基础工程 [M]. 北京：人民交通出版社，2008.

[3] 张建伟，胡明源，王宏权，等. 不同弯矩作用时斜坡上单桩承载特性的数值模拟 [J]. 河南理工大学学报（自然科学版），2018，37（04）：136-140+147.

[4] 程刘勇，许锡昌，陈善雄，等. 斜坡基桩水平极限承载力及影响因素模型试验和数值模拟 [J]. 岩土力学，2014，35（09）：2685-2691.

[5] 赵明华，彭文哲，杨超炜，等. 斜坡地基刚性桩水平承载力上限分析 [J]. 岩土力学，2020，41（03）：727-735.

[6] 陈兆，陈骅伟，蒋冲，等. 水平荷载作用下斜坡刚性桩非线性分析 [J]. 土木建筑与环境工程，2016，38（03）：47-52.

[7] 彭文哲，赵明华，杨超炜，等. 斜坡地基桩前土抗力的应变楔模型修正 [J]. 中南大学学报（自然科学版），2020，51（07）：1936-1945.

[8] 乾增珍，鲁先龙. 斜坡地形高露头挖孔桩水平承载特性试验研究 [J]. 辽宁工程技术大学学报（自然科

学版），2009，28（02）：225-227.

[9] 喻豪俊，彭社琴，赵其华. 碎石土斜坡水平受荷桩承载特性研究 [J]. 岩土力学，2018，39（07）：2537-2545+2573.

[10] 邓友生，赵明华，邹新军，等. 山区陡坡桩柱的承载特性研究进展 [J]. 公路交通科技，2012，29（06）：37-45.

[11] 龚先兵，杨明辉，赵明华，等. 山区高陡横坡段桥梁桩基承载机理模型试验 [J]. 中国公路学报，2013，26（02）：56-62.

[12] 文松霖，胡胜刚，胡汉兵，等. 渠坡上基桩的水平承载机制试验研究 [J]. 岩土力学，2010，31（06）：1786-1790.

[13] 尹平保，贺炜，张建仁，等. 斜坡基桩的斜坡空间效应及其水平承载特性研究 [J]. 土木工程学报，2018，51（04）：94-101.

[14] 穆红海，彭社琴，赵其华，等. 碎石土斜坡桩基水平承载特性模型试验 [J]. 科学技术与工程，2016，16（24）：268-272.

二、

机组装备试验与制造

基于PLC的水轮机非接触式蠕动探测控制系统的设计

田源泉 李 辉 汪 林 徐 龙

（溪洛渡电厂，云南省昭通市 657300）

[摘 要] 对于高水头巨型水电站来说，水压大可能造成导叶漏水，从而使机组产生蠕动，严重情况下可能损坏水轮机大轴和推力瓦，对水轮发电机使用寿命造成威胁。所以水轮机蠕动探测装置是水轮机自动化不可缺少的设备之一。另外，蠕动探测装置的投入和退出作为水轮发电机组开机流程、停机流程的一部分，投退信号的不可靠严重威胁机组开停机成功率，影响电力生产。本文介绍了一种基于PLC的水轮机非接触式蠕动探测控制系统的设计方案，完美解决了传统机械接触式蠕动探测装置故障率高、容易受振动干扰的缺点，将设备的可靠性提升到一个新高度；非接触式测量，测量元件不需要进行机械运动，大大减少了装置的附件，也减少发生故障的来源；使用程序逻辑判断代替传统电路判断，提高容错率和可靠性；组态灵活可靠。

[关键词] 水轮机；蠕动探测；非接触；PLC；可编程控制器

0 引言

对于高水头巨型水电站来说，水压大容易造成导叶漏水，从而使机组产生蠕动，严重损坏水轮机大轴和推力瓦，对水轮发电机使用寿命造成威胁，因此蠕动探测装置必不可少。另外，蠕动探测装置的投入和退出作为水轮发电机组开机流程、停机流程的一部分，影响机组开停机流程，对电力生产造成影响。

我国水电行业水轮机蠕动探测装置使用传统的接触式测量方法，当机组停机时蠕动装置投入，机械测量杆与机组接触；机组开机时，蠕动装置撤出，机械测量杆与机组分离。无论是气动式还是电动式蠕动探测装置，因为与机组转动部件有机械接触，受到机组振动和环境的影响，长期运行易产生故障。在实际运行过程中，接触式蠕动探测装置投入和撤出失败、信号反馈异常等问题频发，导致机组开停机不成功，接触式蠕动探测装置可靠性达不到要求，严重威胁机组开停机成功率，对电力生产造成恶劣影响。

为了解决传统机械接触式蠕动探测装置故障率高、容易受振动干扰的问题，本文提出了一种基于PLC的水轮机非接触式蠕动探测控制系统的设计方案。本设计采用接近开关实现非触式蠕动探测，从而实现机械部件与测量装置隔离，完美解决机械接触式蠕动探测装置故障率高、容易受振动干扰的缺点，将设备的可靠性提升到一个新高度；在机组测速齿盘安装4个接近开关，根据GB/T 11805《水轮发电机组自动化元件（装置）及其系统基本技术条件》

对蠕动探测的精度要求确定接近开关之间的距离，将接近开关信号接入 PLC 的 DI 模块，通过 PLC 程序判断机组蠕动报警以及蠕动探测装置状态信号开出。非接触式测量，测量元件不需要进行机械运动，大大减少了装置的附件，也减少发生故障的来源；使用程序逻辑判断代替传统电路判断，提高容错率和可靠性。

1 总体方案设计

本设计使用接近开关信号判断机组蠕动，从而实现机械部件与测量装置隔离。具体实现过程为：在机组测速齿盘安装 4 个接近开关，将接近开关信号接入 PLC 的 DI 模块，通过 PLC 程序判断机组蠕动报警以及蠕动探测装置状态信号开出。非接触式蠕动探测装置原理图如图 1 所示。

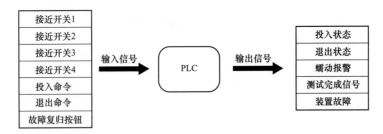

图 1　非接触式蠕动探测装置原理图

非接触式蠕动探测装置接近开关布置关系根据 GB/T 11805 对蠕动探测的精度要求确定。具体间距确定规则如下：

设齿盘中齿的长度为 1，接近开关直径为 d，1～4 号接近开关的布置关系如下。

1 号接近开关与 2 号接近开关中心距为

$$D_1 = \frac{1}{2}l + d \tag{1}$$

2 号接近开关与 3 号接近开关中心距为

$$D_2 = \frac{3}{4}l + d \tag{2}$$

3 号接近开关与 4 号接近开关中心距为

$$D_3 = \frac{1}{2}l + d \tag{3}$$

因此，1 号接近开关与 4 号接近开关中心距为

$$D_4 = \sum_{n=1}^{3} D_n = \frac{7}{4}l + d \tag{4}$$

以水电行业较为常见的某型号水轮机为例，其测速齿盘的齿与槽的长度分别为 85mm，按上述原则布置，典型水轮机蠕动探头布置关系图如图 2 所示。

非接触式蠕动探测装置原理图如图 1 所示，典型水轮机蠕动探头布置关系图如图 2 所示，接近开关信号通过 DI 输入，通过上升沿和下降沿触发变位信息。单个接近开关变位后，10min 内其他接近开关无变位，自动复归该变位信息。停机时，当接近开关出现跳变，需采用计数

的方式屏蔽，若 1s 内变位次数大于 10 次，即认为该接近开关跳变故障，将该信号屏蔽；若其他任意开关变位即认为蠕动，但蠕动报警后再出现此信息，则忽略。接近开关无故障时，任意 2 个接近开关变位则判断为蠕动报警。如有一个或以上接近开关故障，则单个接近开关信号出现变位则直接报蠕动动作。

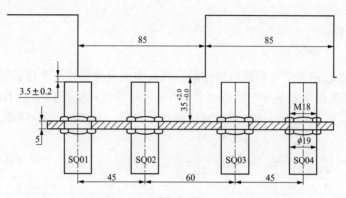

图 2　典型水轮机蠕动探头布置关系图（单位：mm）

2　控制系统硬件设计

根据本控制系统的控制需求，PLC 需要接入蠕动装置投入命令、蠕动装置退出命令、故障复按钮、1～4 号接近开关信号共计 7 个开关量输入信号；PLC 需要送出装置投入状态、装置退出状态、蠕动报警、装置故障、蠕动测试完成、探头切除共计 6 个开关量输出信号，根据水轮机非接触式蠕动探测控制系统对输入点、输出点数量的实际需求，综合考虑决定采用 SIMATIC S7-200 系列 PLC。该 PLC 集成 14 输入/10 输出共 24 个数字量 I/O 点，20KB 程序和数据存储空间，2 个 RS 485 通信/编程口，具有 PPI 通信协议、MPI 通信协议和自由方式通信能力。

综合考虑到现场设备可行性，控制系统元器件宜安装在水轮机仪表柜内。柜内共布置一套 S7-200 PLC、空气开关 2 个、控制继电器 9 个。按钮 1 个、指示灯 2 个、端子排若干。设计有安装背板，可将元器件及相关接线在预制场内完成预制，进行功能试验确保无异常后，整体搬运至水电站机组现场安装。本装置与外部相关接线全部经过端子排中转，故接线方便、快捷。

蠕动探测装置采用 4 个接近开关，该接近开关为 PNP 型、M18 螺纹带双螺母固定。接近开关采用支架固定，安装于水车室内，水导油槽盖板上面，且注意避免干涉机械过速装置。接近开关相互之间的间距按上文所述方法确定，不再赘述；接近开关与测速齿盘凸出面之间的间距，根据接近开关有效探测距离来确认，一般定为有效探测间距的 0.735～0.5 倍，典型值为 3.5mm。

探头信号接入 PLC 原理图如图 3 所示，可通过 KA01、KA02 两个继电器决定四个接近开关变位信号是否送入 PLC 输入通道。这样设计的目的是确保当机组开机处于高速旋转的状态，接近开关信号持续高频率变位对 PLC 的输入通道造成不必要的损害，尤其是 PLC 的输入为继电器型的时候，通过该设计可以极大地提高 PLC 输入通道的使用寿命。同时为了在需要投入蠕动探测装置时，确保各个接近开关能完全可靠地接入 PLC 输入通道，本方案设计了 KA01、KA02 两个冗余的继电器，可有效避免单一继电器触点失效带来的接入不可靠风险。

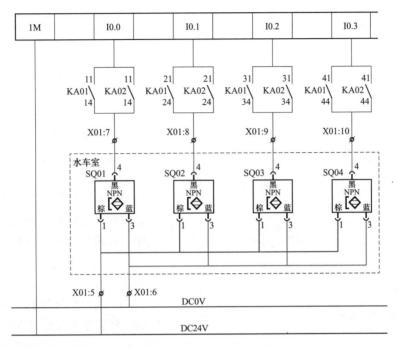

图 3　探头信号接入 PLC 原理图

3　控制系统软件设计

非接触式蠕动探测系统程序控制流程图如图 4 所示，为了满足水轮机非接触式蠕动探测控制的需求，控制器在上电初始化完成后即进入退出状态，并复归蠕动报警，防止装置误投入干扰水电机组正常控制流程，也避免了误投入造成的装置损坏。

当装置收到投入命令后，蠕动装置进入投入状态，此时可通过四个接近开关（探头）来检测水轮机大轴齿盘的蠕动情况，具体蠕动报警检测情况分两种，一种为所有探头均无故障的情况，另外一种为有探头故障的情况，具体检测原则见下文所述。

当水轮发电机组开机时，装置收到退出命令后，首先会给上位机开出一个蠕动退出状态，以便上位机顺利下一步的其他设备操作。同时蠕动装置进入开机自检流程，利用开机实际产生的转速信号来检测本装置的探测功能是否完善，并在自检成功后，向上位机开出一个自检成功标志信号。若自检失败，有可能是非接触式蠕动探测装置本体的故障；还有可能是机组处于机电联调等原因，机组确实无转速，导致蠕动退出后，蠕动装置检测不到大轴的转动，从而误报装置故障，因此，由开机自检失败导致的故障在故障信号报出 30s 后自行复归，以降低人工复归故障的工作量。

各个子功能具体如下：

探头信号处理：四个接近开关输入信号，需通过上升沿和下降沿触发变位信息。单个接

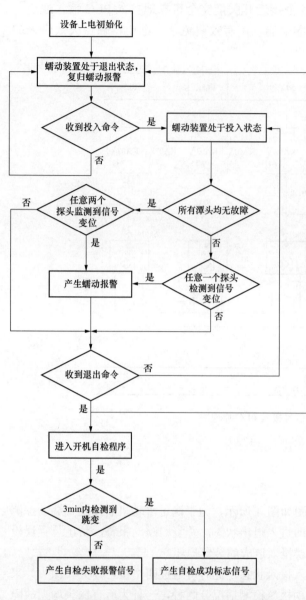

图 4　非接触式蠕动探测系统程序控制流程图

近开关变位后，3min 内其他接近开关无变位，自动复归该变位信息，以减少误报的可能。

（1）蠕动投入过程处理：上位机投入蠕动探测功能时，由于继电器吸合，部分接近开关信号会变位，此时需加入闭锁条件，即投入变位后延时 3s 再判断是否蠕动。

（2）探头故障检测：当停机时，接近开关出现跳变时，需采用计数的方式屏蔽，如 1s 内变位次数大于 20 次（包含上升沿和下降沿），即认为跳变，将该信号屏蔽，其他任意开关变位即认为蠕动，但蠕动报警后再出现此信息，则忽略。若四个接近开关中有三个出现变位 2 次，第四个无变位信息，则判断第四个接近开关故障。

（3）蠕动报警检测：接近开关无故障时，任意 2 个接近开关由变位即可报蠕动动作，如有一个或以上接近开关故障，则单个接近开关信号出现变位则直接报蠕动动作。

（4）故障及复归：接近开关跳变故障可通过复归按钮即可复归。蠕动报警可在蠕动装置退出时自动复归。

（5）装置自检程序：在蠕动退出时，完成程序自检，即蠕动退出 3min 内未检测到蠕动动作信号则认为蠕动自检失败，并报蠕动故障至监控系统。自检失败信号设计为 30s 内自保持，30s 后自动复归，且因自检失败导致的蠕动故障信号亦复归。

4　结语

基于 PLC 的水轮机非接触式蠕动探测控制系统的设计可靠性和灵活性优势明显。非接触式接近开关代替传统机械接触，完美解决机械接触故障率高、容易受振动干扰的缺陷，可靠性提升到一个新高度；非接触式测量，测量元件不需要进行机械运动，大大减小装置附件，也减少发生故障的来源；使用程序逻辑判断代替传统电路判断，提高容错率和可靠性；组态灵活性高，除接近开关安装间距有要求外，其逻辑判断部分无硬性要求，精度可控制，通过调整接近开关间距实现测量精度控制。自 2017 年以来，累计在长江干流及其上游多个巨型水电站得到投产应用，取得巨大的电力安全生产效益。具体体现在以下几点：

（1）针对接触式蠕动探测装置存在退出或投入失败的问题，非接触式蠕动探测装置可以从根源上杜绝该问题的出现。

（2）非接触式蠕动探测装置存在检测精度高的优点，解决了接触式蠕动探测装置蠕动报警角度不准确的缺点。

（3）非接触式蠕动探测装置可降低因蠕动退出失败导致的开机流程退出，有效地提高了机组开机成功率。

参考文献

[1] 田源泉，李辉，汪林，等. 巨型水电站机组辅助设备自动控制一体化设计 [J]. 水电与新能源，2018，32（2）：29-32.

[2] 徐章恒，吴潇，欧阳凌云，等. 某大型水电站自动化元件的应用及技术改造 [J]. 中国新技术新产品，2020，（3）：46-47.

[3] 邓诗军. 关于机组现地控制单元装置调试若干问题 [J]. 水电站机电技术，1994，（02）：53-56.

作者简介

田源泉（1988—），男，工程师，主要从事水电厂二次设备维护工作。E-mail：tian_yuanquan@ctg.com.cn

李　辉（1982—），男，高级工程师，主要从事水电厂二次设备维护工作。

汪　林（1986—），男，工程师，主要从事水电厂二次设备维护工作。

徐　龙（1987—），男，高级工程师，主要从事水电厂二次设备维护工作。

抽水蓄能电站主变压器差动保护相位校正及零序电流补偿分析

孙伟翔　陈　磊　刘园丽　秦晓康　王利国　许修乐　邱雪俊

（华东琅琊山抽水蓄能有限责任公司，安徽省滁州市　239000）

[摘　要]本文针对抽水蓄能电站常见的主变压器接线方式，阐述了主变压器差动保护的原理以及因不平衡电流而需要的相位校正。根据不同相位关系，具体分析了 Y 型和 △ 型的校正方法。对于电站运行期间变压器的零序电流补偿问题，本文分别从 Y 侧和 △ 侧对存在的零序电流分量进行分析，并提出补偿方法。最后通过生产应用实例说明零序补偿对变压器差动保护的影响，为后续生产应用提供了参考。

[关键词]零序电流；差动保护；变压器；Y-△

0　引言

在抽水蓄能电站中，主变压器是重要的电气元件之一，是电站电量上网和下网的必经元件，电站主变压器的稳定运行是维系电站安全的必要条件。根据电力系统继电保护的要求，任何电力设备均不得无保护运行[1-3]。根据变压器结构特点，设置了电气量和非电气量保护。其中电气量的主保护为差动保护，主要用于反映变压器内部绕组、套管及其引出线相间短路故障，可以实现全线速动，具有很高的灵敏度。对于差动保护而言，是通过电流互感器（TA）分别采自变压器低压侧、高压侧的电流来进行整定计算，利用平衡差流来保证变压器正常运行或者区外故障时不误动，区内故障可以可靠、灵敏动作。诸多专家对变压器差动保护的研究已取得了很多成果：文献[4-5]通过对 TA 变比、励磁涌流等方面分析了差流平衡问题；文献[6-7]对差流平衡提出了不同的校正方法；文献[8]对变压器差动保护的零序电流补偿进行了分析。本文以抽蓄电站常见的 YNd11 三相变压器为例，首先对变压器差动保护的基本原理进行了阐述。由于变压器绕组连接方式的不同，使得一、二次侧存在相位差，根据不同的绕线方式分别分析了 Y 型和 △ 型接线的校正方法以及变压器差动保护零序分量的补偿问题。最后结合生产应用实例对零序电流补偿案例进行了详细分析。

1　变压器差动原理

差动保护原理的基础符合基尔霍夫定律[9]，图 1 为变压器 Y-△ 型接线图。图 2 为变压器差动保护不同故障点差流方向，其中，电流互感器 TA1、TA2 分别装设在变压器两侧，当区外发生故障时 $\dot{I}_1' = \dot{I}_2'$，所以 $\dot{I}_k' = \dot{I}_1' - \dot{I}_2' = 0$；当区内发生故障时 $\dot{I}_1' = -\dot{I}_2'$，所以 $\dot{I}_k' = \dot{I}_1' - \dot{I}_2' \neq 0$。

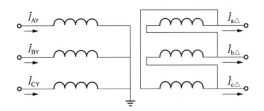

图 1 Y-△型变压器接线图

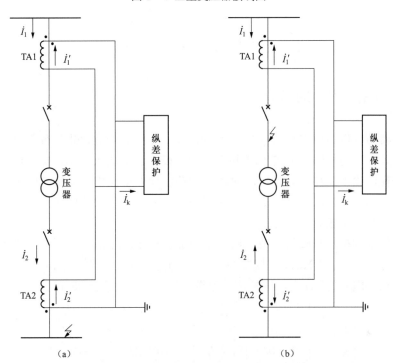

图 2 变压器差动保护不同故障点差流方向

（a）区外故障差流方向；（b）区内故障差流方向

2 变压器差动保护相位校正

变压器高低压侧电流相位关系如图 3 所示，由于不平衡电流 $\dot{I}_{ua}$、$\dot{I}_{ub}$、$\dot{I}_{uc}$ 的存在，致使差动回路中高、低压侧所对应的相间会存在相位差，即电流 $\dot{I}_{AY}$、$\dot{I}_{BY}$、$\dot{I}_{CY}$ 分别超前电流 $\dot{I}_{a\triangle}$、$\dot{I}_{b\triangle}$、$\dot{I}_{c\triangle}$ 30°。针对 Y 侧向△侧的相位校正，保持△侧三相线电流相位不变，将 Y 侧三相线电流向△侧顺时针旋转 30°，从而达到相位校正后两侧线电流相位相同。在常规保护中，将变压器△侧三个电流互感器接成 Y 型，而将 Y 侧三个电路互感器接成△，为了使 Y 侧电流互感器变比相同，还需将 Y 侧电流互

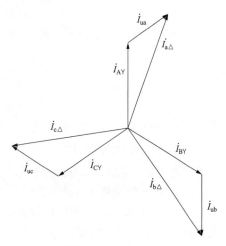

图 3 变压器高低压侧电流相位关系

感器变比扩大 $\sqrt{3}$ 倍（即二次侧电流缩小 $\sqrt{3}$ 倍），校正关系见式（1）。

$$\begin{bmatrix} \dot{I}''_{AY} \\ \dot{I}''_{BY} \\ \dot{I}''_{CY} \end{bmatrix} = \frac{1}{\sqrt{3}} \times \begin{bmatrix} 1 & -1 & 0 \\ 0 & 1 & -1 \\ -1 & 0 & 1 \end{bmatrix} \times \begin{bmatrix} \dot{I}_{AY} \\ \dot{I}_{BY} \\ \dot{I}_{CY} \end{bmatrix} \tag{1}$$

对于 △→Y 的相位校正方式，保持 Y 三相线电流相位不变，将 △ 侧三相线电流向 Y 侧旋转调整 30°，关系见式（2）。

$$\begin{bmatrix} \dot{I}''_{a\triangle} \\ \dot{I}''_{a\triangle} \\ \dot{I}''_{a\triangle} \end{bmatrix} = \frac{1}{\sqrt{3}} \times \begin{bmatrix} 1 & 0 & -1 \\ -1 & 1 & 0 \\ 0 & -1 & 1 \end{bmatrix} \times \begin{bmatrix} \dot{I}_{a\triangle} \\ \dot{I}_{b\triangle} \\ \dot{I}_{c\triangle} \end{bmatrix} \tag{2}$$

3 零序补偿对差动保护的影响

由于变压器高、低压侧 Y—△接线结构的影响，当在 Y 侧进行相位校正时，由于三相零序电流大小相等、方向相同，由式（1）可以看出，校正后所流入差动保护元件的电流将不存在零序电流，在区内发生单相接地故障时，这种补偿使差动保护不误动，但灵敏度降低了。选择在△侧进行相位校正时，为了防止 Y 侧零序电流致使差动保护误动作，则应采取在 Y 侧进行零序电流补偿的措施。

当区外发生单相接地故障时，变压器 Y 侧可能存在零序电流分量，而△侧各相电流则均不会存在零序分量。对于 YNd11 型接线的变压器，Y 侧中性点直接接地运行，采用 A 相为故障相举例，Y→△相位校正方式，将 Y 侧差流按正序、负序、零序展开：

$$\begin{bmatrix} \dot{I}_{Acd} \\ \dot{I}_{Bcd} \\ \dot{I}_{Ccd} \end{bmatrix} = \begin{bmatrix} 1 & -1 & 0 \\ 0 & 1 & -1 \\ -1 & 0 & 1 \end{bmatrix} \times \begin{bmatrix} \dot{I}_{AY} \\ \dot{I}_{BY} \\ \dot{I}_{CY} \end{bmatrix} = \begin{bmatrix} (1-a^2)\dot{I}_1 + (1-a)\dot{I}_1 \\ (a^2-a)\dot{I}_1 + (a-a^2)\dot{I}_2 \\ (a-1)\dot{I}_1 + (a^2-1)\dot{I}_2 \end{bmatrix} \tag{3}$$

$$\begin{bmatrix} \dot{I}_{AY} \\ \dot{I}_{BY} \\ \dot{I}_{CY} \end{bmatrix} = \begin{bmatrix} 1 & 1 & 1 \\ a^2 & a & 1 \\ a & a^2 & 1 \end{bmatrix} \times \begin{bmatrix} \dot{I}_1 \\ \dot{I}_2 \\ \dot{I}_0 \end{bmatrix} \tag{4}$$

△→Y 的相位校正方式，将 Y 侧差流按正序、负序、零序展开有：

$$\begin{bmatrix} \dot{I}_{Acd} \\ \dot{I}_{Bcd} \\ \dot{I}_{Ccd} \end{bmatrix} = \begin{bmatrix} \dot{I}_{AY} \\ \dot{I}_{BY} \\ \dot{I}_{CY} \end{bmatrix} = \begin{bmatrix} \dot{I}_1 + \dot{I}_2 + \dot{I}_0 \\ a^2\dot{I}_1 + a\dot{I}_2 + \dot{I}_0 \\ a\dot{I}_1 + a^2\dot{I}_2 + \dot{I}_0 \end{bmatrix} \tag{5}$$

式中 $\dot{I}_1$ ——A 相对应的正分量；

$\dot{I}_2$ ——A 相对应的负分量；

$\dot{I}_0$ ——A 相对应的零序分量。

a ——相量算子（$e^{j120°}$）。

由式（3）可知，Y 侧相位校正后差流中的零序分量已经被过滤，但是式（4）中△侧差流中存在零序分量，需要进行零序补偿，以防止保护误动。

当 YNd11 型变压器低压侧发生接地故障时，变压器两侧均不会存在零序电流分量，所以只需考虑高压侧差动保护区内和区外发生接地故障时的情况（在此仅考虑区外故障）。如图 4 所示，D1 为区外接地故障。当△侧相位校正时，需要考虑对 Y 侧进行零序电流补偿。

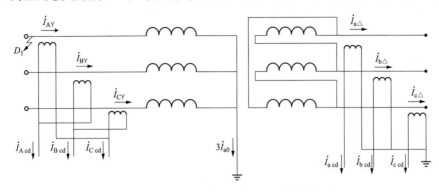

图 4　YNd11 型变压器差动保护区内外接地故障图

由式（4）可知，在等式右侧对零序电流分量减去即可完成补偿。对差流的零序分量选择中性点零序电流 $3\dot{I}_{m0}$，所以对区外发生接地故障时的零序电流补偿（过滤）可采用式（6）。

$$\begin{bmatrix} \dot{I}_{Acd} \\ \dot{I}_{Bcd} \\ \dot{I}_{Ccd} \end{bmatrix} = \begin{bmatrix} \dot{I}_{AY} \\ \dot{I}_{BY} \\ \dot{I}_{CY} \end{bmatrix} = \begin{bmatrix} \dot{I}_1 + \dot{I}_2 + \dot{I}_0 \\ a^2\dot{I}_1 + a\dot{I}_2 + \dot{I}_0 \\ a\dot{I}_1 + a^2\dot{I}_2 + \dot{I}_0 \end{bmatrix} - \frac{1}{3}\begin{bmatrix} 3\dot{I}_{m0} \\ 3\dot{I}_{m0} \\ 3\dot{I}_{m0} \end{bmatrix} = \begin{bmatrix} \dot{I}_1 + \dot{I}_2 \\ a^2\dot{I}_1 + a\dot{I}_2 \\ a\dot{I}_1 + a^2\dot{I}_2 \end{bmatrix} \tag{6}$$

△侧相位校正方式下，通过加入中性点零序电流进行补偿的方法，一方面实现了区外接地故障时的差流平衡，另一方面如果 Y 侧中性点不接地运行，区内接地故障形成的差流则为三个序分量的完整叠加，不会影响差动保护的灵敏度，如果 Y 侧中性点接地运行，则区内接地故障形成的差流会额外多出一个零序电流分量，从而提高了差动保护的灵敏度。

4　零序补偿对差动保护的影响实例分析

在实际生产应用中，变压器差动保护装置通常会在高压侧将零序分量过滤或者补偿掉，防止保护因为区外故障引起误动。对于因零序分量未补偿而造成的差动保护动作实际案例分析如下：

2020 年国内某抽水蓄能电站 7 号机抽水工况稳态运行，主变压器差动保护 A 套动作，7 号机事故停机。故障前正常的运行情况下，该电站与其二期电站共用开关站主接线为双母线分段运行。7 号发变组接在母线Ⅱ段上。当一条母线上 2 台机同时发电时，二期电站主变压器中性点直接接地，电站主变压器中性点不接地。抽水工况运行时，电站主变压器中性点直接接地，二期电站主变压器中性点不接地。7 号机跳闸前，该电站 6、7 号机处于抽水稳态工况运行，6、7 号主变压器中性点直接接地。

故障发生后该电站 7 号主变压器高压侧断路器 2207 跳闸，机组出口断路器 1307 跳闸，7 号机组停机。经查询该发变组保护 A 屏显示"主变压器差动保护动作""低功率保护动作"；保护 B 屏"低功率保护动作"，故障录波器有录波记录。线路保护均有启动，线路故障录波器存在录波记录。对其主变压器保护装置的录波进行分析，主变压器差动保护动作故障录波如图 5 所示。

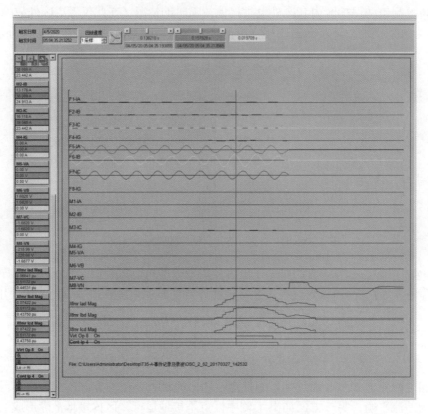

图 5　主变压器差动保护动作故障录波

该机 A 套主变压器差动保护差流整定值为 0.3 标幺值，保护 A 相、B 相、C 相差动电流分别为 0.445 标幺值、0.438 标幺值、0.438 标幺值，满足保护动作条件，致使主变压器差动保护动作。

结合 7 号机组故障录波（见图 6）和线路保护录波（见图 7），发现主变压器高压侧相电流突变明显，出现了较大零序电流；主变压器低压侧电流突变不明显，高低压侧同一相电流之间相位未发生较大变化，分析为区外故障。

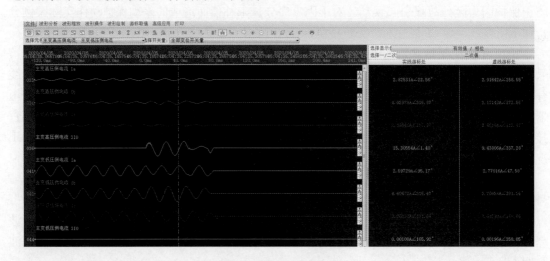

图 6　7 号机组故障录波

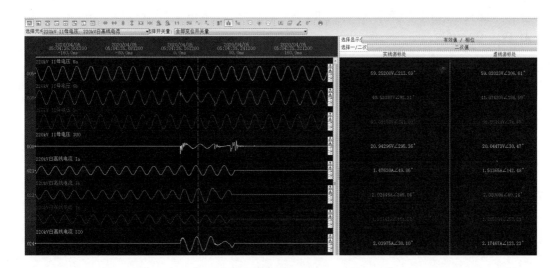

图 7　线路保护录波

对机组及主变压器进行检查，均未发现异常情况。联系网调得知，在该站主变压器差动保护动作时，其相邻线路发生了单相接地故障。经过一系列检查，发现该电站主变压器差动保护的零序电流补偿功能选择未投入，所以当保护区外发生接地故障时，直接致使主变压器差动保护误动。当选择投入零序电流补偿功能后，再次校验，运行正常。

5　结语

本文首先对变压器原理及抽水蓄能电站变压器常用接线方式进行了分析，然后针对变压器的 Y 型和△型存在的不平衡电流进行相位校正，Y 侧相位校正不需零序电流补偿即可达到各侧差流相位一致和区外接地故障差流平衡；而△侧相位校正必须进行零序电流补偿，才能同时达到各侧差流相位一致和区外接地故障差流平衡。最后结合生产实例阐述了零序电流补偿的重要性，为后续生产应用提供了参考价值。

参考文献

[1] 陈志文. Y0/Δ-11 变压器差动保护相位校正及零序电流补偿问题分析 [J]. 现代电力，2010. 27（2）：26-29.

[2] 邓帅，杜乾. 变压器比例差动保护星角补偿方法综述 [J]. 安徽电力，2018. 9（3）：46-49.

[3] 兰生，张小凡. 基于多判据的变压器差动保护方法 [J]. 电力系统保护与控制，2015，43（23）：125-131.

[4] 张兆云，陈卫. 一种广域差动保护实现方法 [J]. 电工技术学报，2014，29（02）：297-303.

[5] 蔡云峰，徐洋，潘琪. 基于自定义模式的变压器纵差保护 PSCAD 仿真 [J]. 电力系统保护与控制，2015，43（03）：118-122.

[6] 赵曙伟. 变压器差动保护的补偿算法分析 [J]. 技术交流，2017. 45（10）：95-100.

[7] 毕大强，王祥珩，杨恢宏，等. 变压器差动保护中电流相位补偿方式的分析 [J]. 电力系统自动化，2006，30（18）：33-37.

[8] 金宇，刘慧俊. 变压器差动保护采用不同相位补偿算法时差动回路电流大小比较 [J]. 华东电力，2013，41（9）：1916-1919.

作者简介

孙伟翔（1993—），男，助理工程师，主要从事电机电器及其控制、水电运维管理及继电保护工作。Emal：2282805314@qq.com

陈　磊（1991—），男，工程师，主要从事水电站电气二次、水电运维管理及继电保护工作。E-mail：244657610@qq.com

抽水蓄能电站主变压器差动保护 TA 极性带负荷校验探讨

周　强[1]　张淑一[1]　张永明[2]　王希癸[2]

（1. 国网新源山东沂蒙抽水蓄能有限公司，山东省临沂市　276000；
2. 山东中实易通集团有限公司，山东省济南市　250000）

[摘　要] 即将投入运行的变压器差动保护 TA 二次回路可能存在各种问题，导致变压器差动保护误动或拒动。为了保证运行的可靠性，就需要在变压器投入运行前，对变压器做一次通流试验，为了增大测量电流以提高测量的稳定性，常采取带负荷试验。本文以工程实例讨论挂电容负荷进行通流需考虑的问题。

[关键词] 抽水蓄能；一次通流；TA 极性；倒送电

0　引言

主变压器差动保护 TA 极性的校验方法很多，主要方法如下。

方法一：低压侧短接，高压侧直接接入 380V 电压，进行一次通流；方法二：低压侧短接，高压侧用三相调压器施加电压进行一次通流；方法三：主变压器并网后在主变压器低压侧各支路挂电阻负荷进行通流；方法四：主变压器并网后在主变压器低压侧各支路挂电容负荷进行通流；方法五：将主变压器高压侧短接，由机组发电进行零起升流。每种方法都有自己的利弊、适用场景和注意事项，本文将以山东省沂蒙抽水蓄能电站的 500kV 主变压器差动保护 TA 极性校验为例，讨论挂电容负荷进行通流需考虑的问题。

1　TA 二次回路常见问题及后果

（1）主变压器高低压侧电流互感器二次相序接错。主变压器保护装置会对高压侧或低压侧的电流相位进行矫正，以保证高低压侧电流作差时的准确性。若高压侧或低压侧的 TA 二次相序接错，则本是同相之间做差流，结果变成不同相间做差流，在额定工况下，将产生根三倍额定电流的差流，大于差动动作定值，造成误动。

（2）电流互感器安装时一次侧极性装反。一次极性装反后会使二次侧电流方向相反，按照差动保护逻辑，差流会从作差变成作和，产生 2 倍额定电流的差流，引起误动。

（3）电流互感器二次回路极性接反。同理，按照差动保护逻辑，差流会从作差变成作和，产生 2 倍额定电流的差流，引起误动。

（4）电流互感器二次回路开路。此时送电会在开路处感应出高电压，烧坏设备。同时，开路所丢失的电流将被判断为差流。

在保证 TA 二次回路不开路的前提下进行带负荷试验，则能发现以上 TA 二次回路的常见问题，以下将以山东省沂蒙抽水蓄能电站的 500kV 主变压器为例，讨论挂电容负荷进行通流需考虑的问题。

2 设备参数

主变压器视在容量：360MVA　　　　　电压比：（525±2×2.5%）kV/18kV

电流比：395.9A/11547.3A　　　　　　高压侧 TA 电流变比：2500A/1A

低压侧小差 TA 电流变比：15000A/1A　　低压侧大差电流变比：15000A/1A

静止变频器输入变压器侧 TA 电流变比：3500A/1A　　高压厂用变压器侧 TA 电流变比：3500A/1A

3 保护范围与负荷分配

沂蒙抽水蓄能电站计划装机容量为 4×300MW，采用一台机组配一台主变压器的单元式接线方式，见图 1，本次倒送电的目的是为电站倒送厂用电，送电至 1 号主变压器低压侧及 1 号高压厂用变压器，由于 1 号高压厂用变压器是接在 2 号主变压器低压侧，2～4 号主变压器不具备启动条件，所以采用临时电缆将 1 号高压厂用变压器接至 1 号主变压器低压侧，且在 1 号主变压器保护装置内增加一条差动支路，将 1 号高压厂用变压器接入主变压器差动保护范围内。变动后的主变压器大差保护范围见图 1。

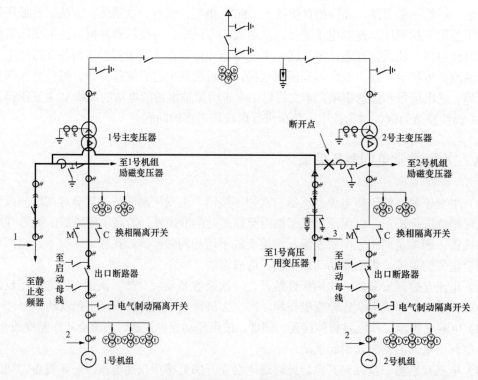

图 1　主变压器大差保护范围图

根据 TA 极性校验仪说明书，当所测电流大于 5mA 时，即能测出 TA 极性。为确保测量的准确性，调度要求在主变压器高压侧电流达到 10%额定电流左右时进行测量。当主变压器高压侧电流满足 10%额定电流时校核所需容量（不计功率因数角）：

$$Q_1 = \sqrt{3}UI = \sqrt{3} \times 500kV \times 10\% \times 395.9A = 34.28Mvar$$

决定租用 4 组 10Mvar 的电容器，分别通过临时断路器接于参与主变压器差动保护的 3 条低压侧支路（励磁变压器阻抗大、高压侧电流小，并未设置主变压器差动电流互感器），接入点如图 1 所示，全部选择在本支路差动电流互感器的外侧。其中静止变频器支路接入一组电容器（如图 1 中的挂点 1 所示），高压厂用变压器支路接入一组电容器（如图 1 中的挂点 3 所示），机组支路接入两组电容器（如图 1 中的挂点 2 所示）。

4 试验电流计算

挂点 1：挂 10MVA 的负荷

$$一次侧电流 = 10MVA \div (\sqrt{3}U) = 321A$$
$$二次侧电流 = 321A \div 3500 = 91.7mA$$

挂点 2：挂 20MVA 的负荷

$$一次侧电流 = 20MVA \div (\sqrt{3}U) = 642A$$
$$二次侧电流 = 642A \div 15000 = 42.8mA$$

挂点 3：挂 10MVA 的负荷

$$一次侧电流 = 10MVA \div (\sqrt{3}U) = 321A$$
$$二次侧电流 = 321A \div 3500 = 91.7mA$$

主变压器高压侧：

$$一次侧电流 = 40MVA \div (\sqrt{3}U) = 44A$$
$$二次侧电流 = 44A \div 2500 = 17.6mA$$

5 试验保护配置与校验

配置：电容器通过临时断路器接于参与主变压器差动保护的 3 条低压侧支路，为保证试验过程中的安全性，为每条支路配置了一组临时保护装置，保护装置采样取自厂家自带互感器，保护柜具备过、欠电压和过电流、速断保护功能，过电压倍数 $1.1U_N$，过电流 $1.5I_N$，速断 $6I_N$，并带有延时功能。

校验：已知基准容量 S_B 为 1000MVA，500kV 侧基准电压 U_B 为 525kV，500kV 母线系统正序阻抗标幺值为 0.07，主变压器电抗标幺值为 0.5，则 18kV 侧的基准电流为

$$I_B = \frac{S_B}{\sqrt{3} \times U_B} = \frac{1000MVA}{\sqrt{3} \times 18kV} = 32075.01A \tag{1}$$

挂点一灵敏度校验：按小运行方式保护安装处电容侧（K2 点）两相短路电流校验，见图 2。

$$Z_{K2\times l}^{*} = 0.07 + 0.5 = 0.57 \tag{2}$$

$$I_{a1}^{*} = \frac{1}{Z_{K2\times l}^{*} \times 2} = \frac{1}{2 \times 0.57} = 0.8772 \tag{3}$$

$$I_{K}^{(2)} = \sqrt{3} I_{a1}^{*} \cdot I_{B} = \sqrt{3} \times 0.8772 \times 32075.01 = 48733.3258A \tag{4}$$

$$K_{sen} = \frac{I_{k}^{(2)}}{6I_{N}} = \frac{48733}{6 \times 321} = 25 \tag{5}$$

满足灵敏度要求。

式中　S_B——基准容量，MVA；

　　　U_B——基准电压，kV；

　　　I_B——基准电流，A；

　　　$Z_{K2\times l}^{*}$——K2 点正序阻抗；

　　　I_{a1}^{*}——K2 点电流正序分量；

　　　$I_K^{(2)}$——故障相两相短路电流，A；

　　　K_{sen}——灵敏度。

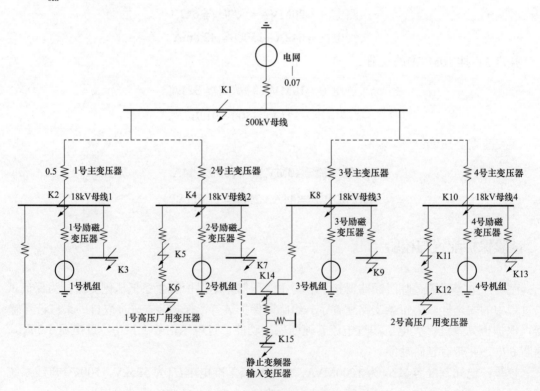

图 2　短路点阻抗关系图

挂点一选择性校验（是否会越级跳主变压器保护）：

电容器保护柜的速断定值电流为

$$6I_N = 6 \times 321A = 1926A \tag{6}$$

远小于主变压器低压侧额定电流，不会越级跳主变压器过电流、过负荷、差动等保护。

挂点二灵敏度校验：按小运行方式保护安装处电容侧两相短路电流校验：

$$K_{sen} = \frac{I_k^{(2)}}{2 \times 6I_N} = \frac{48733}{2 \times 6 \times 321} = 12.5 \tag{7}$$

满足灵敏度要求。

挂点二选择性校验（是否会越级跳主变压器保护）：

电容器保护柜的速断定值电流为

$$2 \times 6I_N = 2 \times 6 \times 321A = 3852A \tag{8}$$

远小于主变压器低压侧额定电流，不会越级跳主变压器过电流、过负荷、差动等保护。

挂点三校验过程如挂点一。

6 试验中实测数据分析

试验中实测数据见表 1。

表 1   试 验 实 测 电 流 值

项目	机组支路二次电流（mA）	静止变频器支路二次电流（mA）	高压厂用变压器支路二次电流（mA）	主变压器高压侧二次电流（mA）	主变压器高低压侧差流（mA）
A 相数值	50.1	103.7	104.4	20.2	0
B 相数值	49.9	104.2	105.1	20.1	0
C 相数值	49.6	104.5	105.2	19.7	0

实测数据与计算数据基本一致，数值差异的主要原因是由电容器组的容量并不是严格 10Mvar 导致。试验数据证明 TA 二次回路完整，主变压器差动保护极性正确，现场测量相位正确。

7 结语

用电容作为负荷校 TA 极性能产生较大的电流，测得的数据更加准确可靠，适用于水电站倒送电时机组不能提供电流等情况，本文从工程实例出发，分析了通流的必要性、过程中应考虑的保护范围、负荷分配、电流计算、保护校验等几个方面，对同类试验具有一定指导性。

参考文献

[1] 杨洪涛，景城. 抽水蓄能电站主变压器差动保护 TA 极性校验方法探讨 [J]. 水电站机电技术，2010，33（4）：16-19

[2] 牛利涛，汪成根，牛洪涛. 利用短路电流校验母差保护极性的新方法 [J]. 电力与能源，2014（04）：535-538.

[3] 叶金明，杜成峰，陈全明. 电厂倒送电期间保护带负荷校验方案探讨 [J]. 华东电力，2012（10）：1858-1859.

[4] 兀鹏越，张文斌，赵炳忠，等. 利用电动机启动电流检验差动保护接线的新方法 [J]. 电力建设，2007（09）：70-72，75.

作者简介

周　强（1990—），男，助理工程师，主要从事抽水蓄能电站二次设备安装与管理工作。E-mail：489306937@qq.com

张淑一（1992—），男，助理工程师，主要从事抽水蓄能电站运行维护与管理工作。E-mail：zhangshuyi163@163.com

张永明（1985—），男，中级工程师，主要从事电气调试及涉网试验工作。E-mail：18653785917@163.com

王希癸（1987—），男，中级工程师，主要从事电气调试及发电厂、新能源涉网试验工作。E-mail：798017751@qq.com

回龙水电站 1 号机组水轮机主轴工作密封改造

张传富

（国家能源集团国电电力发展股份有限公司和禹水电开发公司，辽宁省本溪市 117200）

[摘 要] 回龙水电站装有 2 台 36MW 的轴流转桨式水轮发电机组，机组安装高程–8m，尾水隧洞长为 120m，机组工作密封经过多次改造、多次检修，止水效果不良。分析了历次工作密封改造失败的原因，最终自主研究改造一种填料式与随动式组合的水轮发电机工作密封装置彻底解决了工作密封漏水量大的问题。目前，此密封装置已取得国家实用新型专利。

[关键词] 轴流转桨机组；工作密封；原因分析；新密封结构；应用

0 引言

国电电力发展股份有限公司和禹水电开发公司回龙水电站（简称回龙水电站）为引水式电站、地下式厂房，装有 2 台 36MW 的轴流转桨式水轮发电机组，由东方电机厂制造，1972 年 10 月首台机组投产发电，水轮机转轮因漏油、叶片空蚀严重，分别在 2000、2001 年改造更换成由克瓦纳公司生产的不锈钢转轮，型号为 ZZ（K421567）-LH-450，设计工作水头 26m、额定流量 173.2m³/s、转轮直径 4.5m。水轮机吸出高度 H_S 在 –7.5～–15.7m 之间，一般为 –8m，尾水隧洞长度为 120m。回龙水电站水轮机工作密封除承受较高的尾水压力外，因尾水洞较长，机组正常运行时，还承受尾水由静止到流动过程中的返水涌流，工作密封受尾水水位的波动影响较大、密封水的稳定性较差，漏水量较大。为解决此原因，回龙机组工作密封先后经历过榆木止水密封、活塞式端面水压密封、填料式密封改造，均因漏水量大、密封水效果差，造成了水淹厂房的风险，严重威胁机组的安全稳定运行，工作密封改造迫在眉睫。

1 电站概述

回龙水电站位于浑江中下游，距上游桓仁水电站 44km，距下游太平哨水电站 35.6km。桓回区间流域面积 2100km²，水库总库容 1.23 亿 m³，调节库容 0.18 亿 m³，为日调节水库。工程主要任务是发电，在系统担负调峰、调频和事故备用。工程由东北勘测设计院设计，水电第一工程局施工，1969 年 5 月 15 日主体工程开工，1972 年 10 月 18 日首台机组并网发电，1973 年 7 月 28 日第二台机组并网发电，1977 年 10 月竣工验收移交。

回龙水电站水轮机主轴密封有检修密封和工作密封，检修密封为空气围带式心型密封；回龙 1 号机组水轮机工作密封在 2000 年机组 A 修时，将原榆木止水密封改造成活塞式端面水压密封，但因端面水压密封止水效果不好、漏水量大，分析其原因后将原密封结构改成填料式工作密封，止水效果良好。

2013 年回龙水电站 1 号机组 A 级检修时，对水轮机工作密封填料盘根进行了更换，密封效果良好。2015 年，工作密封漏水量逐渐加大，经过多次停机压盘根、机组临检更换填料盘根，效果均不理想，两台顶盖排水泵间隔 1min 35s 抽水一次，每次抽水时间为 3min 40s 左右，随机组负荷加大，漏水量也随之增大，两台顶盖排水泵不停歇连续抽水。为防止工作密封漏水加重，水淹水导轴承、甚者水淹厂房等不良后果，进行了机组的限负荷运行，36MW 的机组需减负荷至 30MW 运行，并在支持盖内另加设潜水泵。机组因主轴工作密封漏水问题，每年至少被迫停机抢修一次，每次工期至少需要 5 天时间。

为彻底解决工作密封漏水严重危及安全生产的不利局面，对工作密封进行改造势在必行。在 2018 年机组小修作业中，在原填料式密封座上，增加了两道径向式随动密封，运行至今，止水效果非常好。机组满负荷运行状态下，两台顶盖排水泵间隔 38min 抽水一次，每次抽水时间 45s。

2 主轴工作密封漏水原因

2.1 水轮机主轴密封的作用

主轴的密封装置分为两种，一种是机组正常运行时所使用的密封，称为工作密封；另一种是机组检修时所使用的密封，称为检修密封。

工作密封的应用有两种情况：一是当采用稀油润滑的导轴承时，为了防止水轮机运行过程中从水轮机顶盖或支持盖和主轴之间漏出的水进入水轮机的导轴承内，更甚者水淹厂房，需要在水导轴承下方的主轴处设置工作密封；二是当采用水润滑的导轴承时，为了防止润滑水从水箱上部漏出，需要在润滑水箱内上部的主轴处设置工作密封。

检修密封，是在水电站下游尾水位的高程高于水导轴承的安装高程的情况下，为了防止下游尾水返回进入水导轴承内、甚者水淹厂房，需要在导轴承下方的水轮机主轴或主轴的法兰处装设检修密封，机组停机检修时投入该密封、进行工作，封堵下游尾水。

2.2 水轮机工作密封首次改造成活塞式端面水压密封失败的原因

回龙水电站活塞式端面水压密封结构图见图 1。此密封结构，在试验台上，试验灵活，但在现场安装后，漏水量大，一方面从向销缝隙中漏出来，另一方面是进水口太高，水从密封块外侧漏出来。试运行时，漏水量很大。

分析原因：回龙水电站尾水水位太高，吸出高度 H_S 在 $-7.5 \sim -15.7$m 之间，一般为 -8m。水轮机安装高程

$$\nabla = \nabla_d + H'_S，即 H'_S = \nabla - \nabla_d \tag{1}$$

式中　　H'_S——名义吸出高度，m；

∇_d——尾水位高程，m。

因立式轴流式水轮机 $H'_S = H_S$，故 $H_S = \nabla - \nabla_d = -7.5 \sim -15.7$m，一般取 -8m；

故尾水水位高于机组的安装高程 $7.5 \sim 15.7$m。

又因尾水隧洞长度 120m，工作密封除承受较高的尾水压力外，正常运行时，还将承受尾水由静止到流动过程中的返水涌浪。活塞式断面水压密封水的稳定性较差，漏水量受尾水水位的波动影响较大。工作密封改造设计时，未能考虑到这种特殊情况，是此次工作密封改造

失败的主要原因。

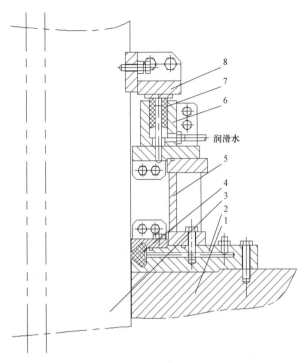

图1　回龙水电站活塞式端面水压密封结构图

1—支持盖或顶盖；2—围带座；3—水轮机主轴；4—围带；5—密封支座；6—活塞环密封座；

7—活塞环；8—密封镜板或密封转环

2.3　填料式工作密封漏水加大的原因

2013年回龙水电站1号机组A级检修，对水轮机工作密封进行了更换，工作密封填料盘根为聚四氟乙烯炭质盘根，检修后工作密封漏水量良好，直到2015年，工作密封漏水量逐渐加大，每况愈下，经过多次停机压盘根，效果均不理想。后经机组小修，发现工作密封止水轴套对口已开缝，止水轴套下焊接的4个限位块，开裂、部分已掉落，并发现止水轴套在水轮机轴上已转动，导致此处轴领已刮伤，止水轴套变形。

分析原因：工作密封止水轴套对口螺栓紧固力不够、限位块焊接不牢固，导致机组开机后限位块不能起到限制约束作用，止水轴套在密封盘根的紧压下与水轮机轴产生了相对运动，最终导致衬套限位块掉落、止水轴套变形、轴领刮伤。

分析了以上原因，回装时，首先对止水轴套安装位置的刮伤轴领进行了现场修磨处理（现场不具备机组大修，水轮机轴吊出进行车床车削条件），因衬套变形，安装中采用了4个10T压机进行了对称顶装，保证对口无缝，并增加了衬套限位块（8块），焊接中保证焊接工艺，以防止焊缝开裂。

机组检修后工作密封止水效果不佳。

主要原因：填料式密封，不能自动补偿，对衬套的椭圆度及与水轮机轴的同心度要求较高。因止水轴套变形，安装过程中无法保证止水轴套的椭圆度及与水轮机轴的同心度，机组运行后，止水轴套就与密封盘根之间刮出了间隙，这是此次检修后压盘根密封漏水的主要原因。图 2 为回龙水电站填料式密封结构图。

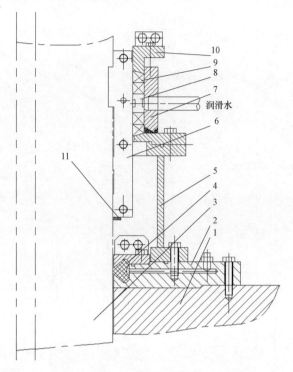

润滑水

图 2　回龙水电站填料式密封结构图

1—支持盖或顶盖；2—围带座；3—水轮机主轴；4—围带；5—密封支座；6—止水轴套；

7—填料密封座；8—工字环；9—填料盘根；10—盘根压环；11—限位块

3　改造后的工作密封结构

此工作密封是一种填料式与随动式组合的水轮发电机工作密封装置，主要由围带座、密封支座、密封支架Ⅰ、密封支架Ⅱ、密封块、止水轴套、弹簧、导向块、供水管路等部件组成，回龙水电站工作密封改造后的结构图如图 3 所示。密封支座固定围带座上，围带座固定在支持盖或顶盖。止水轴套套设在主轴，止水轴套外部由下至上依次装设密封支座、下层密封块、密封支架Ⅰ、上层密封块、密封支架Ⅱ。止水轴套、密封支座、密封支架Ⅰ、密封支架Ⅱ均采用不锈钢材质。密封支座采用焊接构成的工字型结构，密封支架Ⅰ、密封支架Ⅱ分别采用 L 型结构。密封支座与密封支架Ⅰ之间设置下层密封块，密封支架Ⅰ与密封支架Ⅱ之间设置上层密封块。上、下层密封块均由 6 块扇形的密封块，首尾凹凸插装组成一个圆形，密封块外圈 U 型槽中经 6 条不锈钢弹簧挂钩连接在一起约束形成整体。导向块设置在上、下层每块扇形的密封块的下方，每层各有 6 个导向块，分别固定在密封支架Ⅰ与密封支架Ⅱ上，起到防止密封块随水轮机轴转动、限制只能向轴心径向方向动作的导向作用。密封入水口设在密封支架Ⅰ上，上、下层每块扇形的密封块在贴近密封支架Ⅰ侧（上层密封块在底面、下层密封块在顶面）都有 2 个润滑水孔通向密封块与止水轴套接触的立面，密封块与止水轴套之间通过供给的清洁水建立的水膜起到密封、润滑及冷却作用。

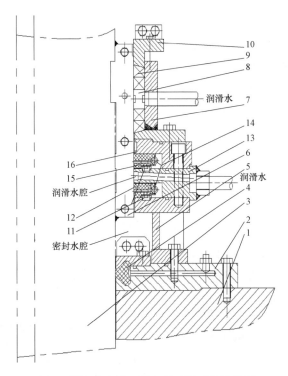

图 3 回龙水电站工作密封改造后的结构图

1—支持盖或顶盖；2—围带座；3—水轮机主轴；4—围带；5—密封支座；6—止水轴套；7—填料密封座；

8—工字环；9—填料盘根；10—盘根压环；11—导向块；12—下层密封块；13—密封支架 I；

14—弹簧；15—上层密封块；16—密封支架 II

密封块采用高分子材料，此材料具有良好抗磨性、使用寿命长等特点。止水轴套材料采用 ZG06Cr13Ni4Mo，此材料抗磨损、抗空化性能好等等特点。机组运行时，工作密封需采用清洁水润滑，通入的润滑水构成的密封水腔的压力高于泄漏水腔压力，所以被密封住的支持盖（顶盖）与主轴之间的压力水泄漏很少，漏出的水大部分为密封的润滑水，此水继续作为上层的聚四氟乙烯盘根的填料式密封的润滑水。上下两层密封块位于各层密封支架之间，通过不锈钢弹簧的约束形成整体，通过水压和弹簧约束的径向力的联合作用，使得随动的密封块紧紧贴在止水轴套上。机组运行时，密封块与止水轴套之间通过供给的清洁水建立了水膜，水膜起到密封、润滑和冷却作用，减少密封块的磨损。当密封块密封面被磨损时，上、下层密封块在水压和弹簧约束的作用下径向移动，起到了密封块的自补偿作用。

填料式与随动密封相组合式的密封结构：填料式密封具有稳定性较好、耐磨损、漏水量不受尾水水位的波动影响，但填料式密封对密封面的椭圆度、同心度要求较高，没有自调节能力，填料采用聚四氟乙烯碳质盘根，具有耐高温、自润滑特点；随动式密封，自调节能力强，密封块由多个等分的小密封块组成，首尾采用凹凸结构插接，并通过不锈钢弹簧在密封块外圈 U 形槽中约束形成整体，当密封块密封面被磨损时，随动的密封块在水压和弹簧约束的作用下径向移动，起到了密封块的自补偿作用。

填料式与随动密封相组合式的密封结构，能够互补其中的缺点、取长补短，减少工作密封的漏水量。

随动密封块采用高分子材料，具有耐磨、耐高温、耐老化、自润滑、使用寿命长等特点。

工作密封润滑水，一是清洁，有必要时可在主技术供水滤过器后另加一个小滤水器、定期排污；二是水压，润滑水压要大于机组运行时转轮上腔压力或尾水水压（无转轮上腔压力测值时）；三是水量，供水量要满足随动密封的运行性能定量分析的最大供水量值。

此组合式密封结构，涉及的金属部件均采用不锈钢材质，在水中具有防锈蚀，拆装方便、使用寿命长等特点。

此组合式密封中采用两层随动密封，如果空间足够，可以采用多层布置，密封效果会更好。

4 改造后工作密封的止水效果

4.1 改造后工作密封运动性能的定量分析

对两层径向随动密封的运行性能进行定量分析，结果如下：

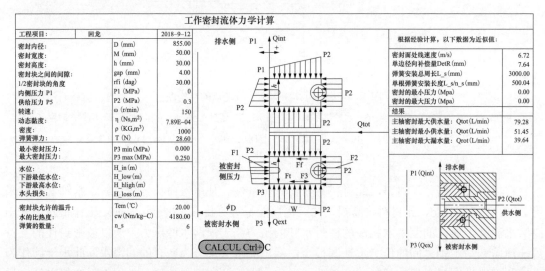

径向随动密封的清洁润滑水源压力：最高压力 0.3MPa，运行实际压力可在 0～0.3MPa 之间调整。

清洁润滑水流量：计算值最少 79L/min。

径向随动密封漏水量：计算值最大漏水量 40L/min。

上述计算过程没有考虑上部保留的原压盘根密封的密封作用，所以这种填料式与随动密封相组合式的密封结构实际漏水量会更小。

4.2 改造后工作密封的实际效果

改造后，机组满负荷运行，顶盖排水泵间隔 38min 抽水一次，每次抽水 45s，解决了水淹水轮机室、水淹厂房的安全风险，减少了顶盖排水泵频启消耗的厂用电量，避免了机组的限负荷运行，还避免了机组每年因工作密封漏水量大至少一次的被迫停机检修，增发了发电量，为机组汛期大发电提供了可靠保障。

顶盖排水泵的排水流量为 65m³/h，则为 1083.33L/min，顶盖排水泵间隔 38min 抽水一次，每次抽水 45s，则为 0.75min，得出漏水量=1083.33×0.75/（38+0.75）=20.97（L/min）。比单

对两层径向随动密封的运行性能进行定量分析计算值的最大漏水量 40L/min 还少近一半的量，这两种密封有效的结合，互补其中缺点、取长补短，解决了水轮机因尾水水位较高、波动大，机组的安装高程、吸出高度 H_S 较低，尾水隧洞较长时，工作密封漏水量大的问题。

这种填料式与随动式组合的水轮发电机工作密封装置已取得国家实用新型专利。

5 结语

（1）这种填料式与随动式组合的水轮发电机工作密封装置的改造方案满足回龙水电站水轮机现有的结构布置，在原主轴密封座上增设两道径向随动密封，这种组合式结构的工作密封使得机组运行更加可靠，漏水量更小。

（2）回龙水电站 1 号机主轴工作密封改造解决了机组顶盖漏水量过大问题，提高了机组安全稳定性，解决了因主轴工作密封漏水量大而引发的机组非停，减少损失电量，为机组汛期大发电提供了保障。

（3）这种密封形式对现有结构布置及导水机构结构无改动，而且结构更加紧凑、运行更加可靠、漏水量大大减少且此种方式不需外加设备或系统，不需要利用机组 A、B 级长周期检修时机进行改造施工，适合水轮发电机组工作密封改造，可进行广泛推广和使用。

参考文献

[1] 孙定茂. 水轮机密封装置的一些问题及改进措施. 云南水力发电，2003，19（1），78-81.

[2] 中华人民共和国国家质量监督检验检疫总局. GB/T 8564—2003 水轮发电机组安装技术规范 [S]. 北京：中国标准出版社，2004.

[3] 电力行业水轮发电机及电气设备标准化技术委员会. DL/T 507—2014 水轮发电机组启动试验规程 [S]. 北京：中国电力出版社，2014.

作者简介

张传富（1984—），男，工程师，主要从事水电厂生产管理。E-mail：475873939@qq.com

某抽水蓄能电站发电电动机磁轭热打键工艺优化

何 林 姜 景

（东方电气集团东方电机有限公司，四川省德阳市　618000）

[摘　要] 某抽水蓄能电站发电电动机转子采用新型整体分段式磁轭，1 号机磁轭在热打键后的冷却过程中，产生了相对转子支架的向上位移。通过在磁轭冷却过程中增加上端转子支架和主轴冷却措施，解决磁轭向上位移的问题，优化了整体分段式磁轭的热打键工艺。

[关键词] 抽水蓄能；发电电动机；磁轭；热打键

0　引言

某抽水蓄能电站机组额定转速 500r/min，转子为"一根轴"结构，采用整环磁轭，使用优质高强度钢板 780CF 制成，由高强度螺杆分段把合再整体把合。磁轭与转子支架之间按 1.1 倍额定转速设计热打键的紧量。与常规叠片式磁轭相比，整体分段式磁轭整体刚度显著提升，有效提高了磁轭安全、稳定和可靠性，由于无需工地叠片，能有效缩短转子装配工期，现阶段广泛用于高转速抽水蓄能机组。磁轭热打键为磁轭安装过程中关键工序，热打键结果直接影响磁轭安装质量，1 号机磁轭首次热打键后出现磁轭向上位移的问题，说明现有的磁轭热打键工艺运用在整体分段式磁轭上还存在不足之处，磁轭热打键工艺急需优化。

1　优化前磁轭热打键工艺简介

为了保证在低于分离转速时，磁轭与支架间仍有一定的过盈，打键时必须加热磁轭，加热温度应达到使磁轭的径向膨胀量与分离转速时由离心力产生的径向变形量相等[1]。

冷态打紧磁轭径向键后，标记热打键长度，磁轭设计热打键紧量 0.91mm，根据磁轭径向键 1:200 的斜率，计算出热打键长度为 182mm。测量磁轭与转子支架立筋初始径向间隙以及磁轭与立筋挂钩轴向间隙。磁轭结构简图见图 1。

磁轭加热采用不锈钢超薄加热片的加热工艺，在转子磁轭通风沟内布置 168 片不锈钢加热器，并在每个磁极 T 尾外侧悬挂 5 片不锈钢加热器共计 60 片，在磁轭下方 100mm 处

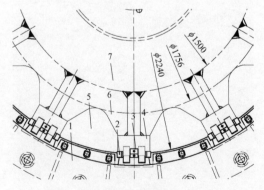

图 1　磁轭结构简图（单位：mm）

1—磁轭；2—磁轭切向键；3—磁轭径向键；4—立筋；

5—转子通风口；6—转子支架；7—主轴

均匀布置 10 片辅助加热片，整个磁轭采用保温毯进行覆盖，磁轭加温过程按照升温曲线控制。

升温过程中监测磁轭与立筋径向间隙，并计算磁轭膨胀量，膨胀量＝测量径向间隙−初始径向间隙，当膨胀量达到打键紧量后，将磁轭径向键打入 182mm，停止加温并进行保温冷却，冷却过程中监测磁轭与挂钩轴向间隙，待磁轭冷却至室温时，拆除保温毯和加热设备，测量磁轭热打键后数据。

2 首次热打键情况

1 号机磁轭首次热打键严格按热打键工艺执行，测量磁轭与立筋挂钩初始轴向间隙均为0，整个磁轭加温过程按照升温曲线控制，经过 10h 左右，磁轭胀量达到打键紧量，将磁轭主键打入 182mm 后，停止加温并进行保温冷却。在磁轭冷却过程中，发现磁轭与立筋挂钩之间产生轴向间隙，并且随着磁轭冷却呈逐渐加大趋势，待磁轭温度降至 40℃以下后，对12 个立筋挂钩与磁轭的轴向间隙进行测量，测量数据见表1。

表1 1 号机磁轭首次热打键后磁轭与挂钩轴向间隙

挂钩编号	间隙值（mm）	挂钩编号	间隙值（mm）
1	0.25	7	0.2
2	0.25	8	0.15
3	0.3	9	0.1
4	0.45	10	0.1
5	0.3	11	0.15
6	0.2	12	0.2

3 原因分析

从挂钩间隙数据分析，转子磁轭相对转子支架产生向上位移并且发生倾斜，如果不做处理，磁轭热打键后的圆柱度及同心度将超过标准要求。从现象分析，磁轭相对于转子支架产生位移的原因为：磁轭冷却过程中，上部磁轭先于下部磁轭抱紧转子支架，随着温度的降低，磁轭往上部收缩。

分析磁轭方面，热打键完成后，先停止磁轭下部加热片，1h 后停止磁轭中部的加热片，再间隔 1h 停止磁轭上部的加热片。该过程可以确保磁轭冷却是从下至上逐渐冷却，能够保证磁轭下部先收缩。同时，从温控柜监测的磁轭温度也是下部温度低于上部温度，磁轭收缩顺序没有问题。

分析转子支架和主轴方面，磁轭高度 3145mm，主轴与磁轭之间的距离仅 370mm，通风孔径向宽度仅 242mm，不利于通风冷却。在磁轭冷却过程中，主轴上部的温度通过热传导很快就接近磁轭的温度，并膨胀与磁轭接触。磁轭冷却第一天，发现磁轭与挂钩出现间隙后用点温枪测量主轴上部温度为 80℃，而下部温度不到 60℃，且温度分布也不是很均匀。

综上分析，磁轭冷却过程中，磁轭、转子支架以及主轴温度呈梯度分布，且上部温度大于下部温度。随着磁轭与转子支架温差不断减少，磁轭逐步抱紧转子支架，由于上部磁轭与转子支架温差减少速度快于下部磁轭与转子支架温差减少速度，上部磁轭先于下部磁轭抱紧转子支架，磁轭继续冷却，下部往上部收缩，产生位移。

4 热打键工艺优化

图2　主轴冷却示意图

待磁轭冷却至室温后，重新进行加温，磁轭加温过程仍然按照温度曲线进行控制。在磁轭温度达到 80℃后每隔 0.5h 测量一次磁轭与挂钩的间隙，直到磁轭与挂钩之间间隙为零后再继续加温 1h，仍然从下往上间隔 1h 依次断开下部、中部、上部加热片，开始进行磁轭保温冷却。

此次冷却过程中，为降低转子主轴上部的温升，在原磁轭热打键工艺基础上，增加上部转子支架和主轴冷却措施：在主轴上方铺设棉布，并将棉布接成布条缠绕在转子支架立筋两侧，在整个磁轭冷却过程中安排专人在转子上方随时用花洒对棉布进行喷水，确保棉布湿润。主轴冷却示意图见图2。

磁轭冷却过程中的前两天，每隔 2h 测量一次磁轭与挂钩间隙，两天后，每隔半天测量一次。

5 优化后工艺效果

1 号机磁轭按优化后工艺热打键完成后，磁轭与挂钩之间最终间隙值见表2。

表2　　　　　　　　1号机磁轭按优化工艺热打键后磁轭与挂钩轴向间隙

挂钩编号	间隙值（mm）	挂钩编号	间隙值（mm）
1	0	7	0
2	0	8	0
3	0.05	9	0
4	0.2	10	0
5	0.15	11	0
6	0	12	0

从数据中可以看出磁轭与挂钩间隙已经到得到明显改善，只有 3、4、5 号挂钩处仍有少许间隙，但在标准允许范围内：磁轭与挂钩一般无间隙，个别的不应大于 0.5mm。

电站 2 号机磁轭热打键冷却过程中，相比 1 号机，增加了在转子支架上缠绕水管通水冷却的措施，并加大了棉布喷水量，加强了主轴上部的冷却效果，2 号机转子磁轭与挂钩之间最终间隙值见表3。

表3   2号机磁轭按优化工艺热打键后磁轭与挂钩轴向间隙

挂钩编号	间隙值（mm）	挂钩编号	间隙值（mm）
1	0	7	0
2	0	8	0
3	0	9	0
4	0	10	0.1
5	0	11	0
6	0	12	0

10号挂钩间隙在热打键前即为0.1mm，故2号机磁轭热打键后磁轭与挂钩的间隙没有发生变化，磁轭未产生向上位移。

6　结语

优化后的磁轭热打键工艺与原磁轭热打键工艺相比，在磁轭冷却过程中增加了上部转子支架和主轴冷却措施，有效解决了整体分段式磁轭在冷却过程中产生向上位移的问题。不足之处在于冷却水顺着主轴流下，增加了主轴下法兰面锈蚀的风险，后续可以考虑使用更专业、更有效的冷却方式，进一步提高冷却效果，同时减少不利影响。

参考文献

［1］白延年. 水轮发电机设计与计算. 北京：机械工业出版社，1982.

作者简介

何　林（1987—），男，工程师，主要从事水轮发电机安装技术指导工作。E-mail：dyhelin@163.com

姜　景（1983—），男，高级工程师，主要从事水轮发电机安装技术指导工作。E-mail：jiangjing816@163.com

三、

施 工 实 践

水工混凝土梁结构中 GFRP 筋替代钢筋的代换原则研究

任泽栋 [1]　刘建新 [2]　吕典帅 [1]　杜贤军 [1]

（1. 中国电建集团北京勘测设计研究院有限公司，北京市　100024;
2. 山东文登抽水蓄能有限公司，山东省威海市　264200）

[摘　要]文章借助有限元软件对水工混凝土梁结构中采用 GFRP 筋替代钢筋的代换原则进行了研究，对比分析了其挠度、结构应力、裂缝开展以及筋材应力应变情况。结果表明：两种筋材的结构挠度变形、大主应力最值、裂缝开展范围、筋材应力应变最值等分布情况基本一致，受两种筋材之间的弹性模量差异较大的影响，耐碱玻璃纤维筋（glass fiber reinforced polymer composite，GFRP）配筋梁的挠度、混凝土最大应力、筋材应变均略有增加，但增幅不大；裂缝开展范围基本一致均在 10.5% 左右；筋材应力明显降低。随着 GFRP 筋直径的增大，梁的挠度及结构大主应力均略有减少，轴向应力及应变均有所降低，但幅度不明显。

[关键词] 水工混凝土；梁；GFRP 筋；钢筋；替代

0　引言

伴随着技术不断革新进步，工程建设绿色、低碳化已经成为当下"时尚追求"[1-4]。水利水电工程具有混凝土结构种类多、范围广、钢筋用量大等特点，加之水工钢筋混凝土结构常年在有水、潮湿、严寒、高温等多种复杂环境下交替运行，钢筋腐蚀问题时有发生。作为混凝土结构的应用"大户"，这种传统的钢筋混凝土结构也在去锈蚀、低碳化方面不断做着多种尝试。GFRP 作为一种新型低碳高性能复合材料，由于具有质量轻、抗拉强度高、耐腐蚀性强、透磁波性能强等一系列的优点[5-9]，在建筑结构、桥梁等领域的工程实践中做了一些混凝土结构中替代钢筋尝试，并取得了较好的效果[10-13]。因此，为了探究水工混凝土结构中 GFRP 筋替代钢筋的可行性，本文针对某工程启闭机房框架梁结构，结合三维有限元软件开展了 GFRP 筋替代钢筋代换原则进行研究。图 1 为 GFRP 筋产品图。

图 1　GFRP 筋产品图

1 数值计算分析

1.1 结构设计及替代方案

该进水塔梁结构采用 C30 钢筋（GFRP 筋）混凝土，梁截面尺寸 300mm×600mm，跨度 5m，该梁承受自重荷载及上部均布荷载 $100kN/m^2$。原钢筋混凝土结构设计方案中确定钢筋配筋型式主筋为 4 根 C25，箍筋为 C10@200。初拟采用 GFRP 筋替代混凝土梁中的主筋，按照小直径、等直径、大直径的代换思路，拟定了替代方案见表 1，按照控制变量法，箍筋仍采用原设计规格。

表 1 梁结构 GFRP 筋替代方案

分类	钢筋直径	GFRP 筋直径		
		方案一（小直径）	方案二（等直径）	方案三（大直径）
规格（mm）	25	22	25	28
根数（根）	4	4	4	4

1.2 材料模型及参数

为了探究 GFRP 筋替代钢筋的代换原则，利用采用 midas FEA 三维有限元软件做了计算分析，混凝土结构数值计算所采用的材料参数见表2。

表 2 材 料 参 数[1-5]

类别	弹性模量（GPa）	泊松比	抗拉强度（MPa）	极限应变（%）	密度（kg·m⁻³）
混凝土	25	0.167	2.64	—	2500
钢筋	210	0.3	520	>10	7850
GFRP	50	0.23	1000	1.8	2150

模型网格划分及荷载施加示意图如图 2 所示，混凝土结构采用实体单元进行模拟，主筋及构造筋采用一维桁架单元模拟，桁架单元计算中均按照筋材的拟定实际直径设置。计算过程中，在模型两端施加铰支约束，在混凝土梁顶部施加 100kPa 的均布荷载，以此模拟梁在运用过程中的真实边界条件。

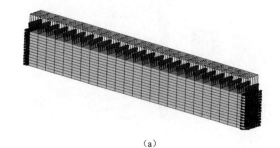
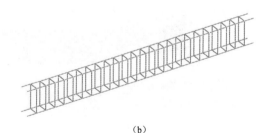

（a）　　　　　　　　　　　　　　　（b）

图 2　模型网格划分及荷载施加示意图

（a）混凝土网格；（b）筋材网格

2 筋材替代效果分析

2.1 挠度变形

通过数值计算可得该混凝土梁挠度变形云图如图 3 所示，由图中数据可知，四种配筋方案梁的挠度变形分布情况基本一致，其中梁的跨中挠度最大，两端挠度最小，挠度最大的范围占比约 17.5%，总体挠度变形量均在 10^{-4}m 量级左右。相比较而言，同部位 GFRP 筋方案

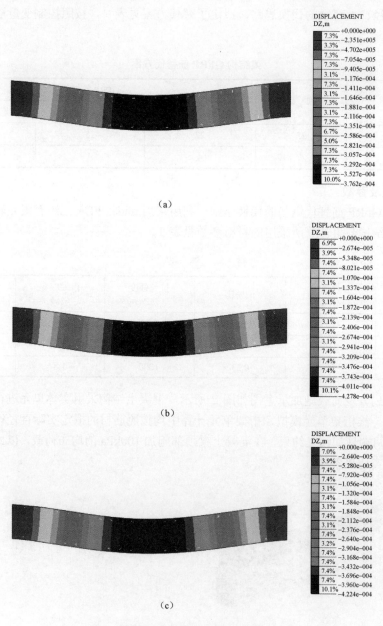

（a）

（b）

（c）

图 3　梁挠度变形云图（单位：m）（一）

（a）钢筋；（b）GFRP 筋（小直径）；（c）GFRP 筋（等直径）

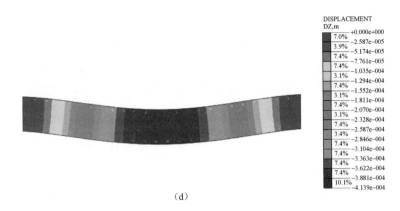

（d）

图 3　梁挠度变形云图（单位：m）（二）

（d）GFRP 筋（大直径）

梁的挠度普遍大于钢筋方案，这是 GFPR 筋弹性模量相比钢筋弹性模量偏小所导致的。而且随着 GFRP 筋直径的增大，梁的最大挠度值逐渐减小（0.4278mm、0.4224mm、0.4139mm），与钢筋方案梁的最大挠度值（0.3762mm）也越接近。

2.2　结构应力及裂缝情况

　　该混凝土梁裂缝开展范围及大主应力云图如图 4 所示。由图中数据可知，四种配筋方案梁的裂缝及大主应力最值产生部位基本一致，均发生在梁跨中底部以及梁端顶部。就裂缝开展范围而言，钢筋方案开展范围占比约 10.5%，GFRP 筋小直径、等直径、大直径方案开展范围占比约 10.9%、10.5%、10.2%，表明四种配筋方案裂缝开展范围基本相当，且随着替代 GFRP 直径的增大，裂缝开展范围逐渐减小，但减幅不显著，混凝土结构的开裂主要是受混凝土材料自身的应力情况影响较大。就大主应力最值情况而言，钢筋方案最大值为 1.71MPa，GFRP 筋小直径、等直径、大直径方案最大值分别为 1.79、1.78、1.77MPa，表明四种配筋方案混凝土应力基本相当，GFRP 筋方案混凝土的应力较钢筋方案略有增大，说明由于 GFRP 筋弹性模量较小，导致部分荷载转移至混凝土承担；随着 GFRP 筋直径的增大，混凝土应力有小幅度的减小。

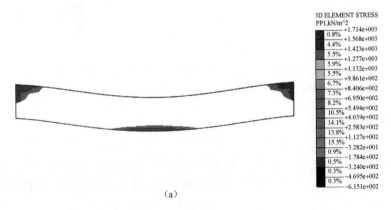

（a）

图 4　裂缝开展范围及大主应力分布云图（单位：kPa）（一）

（a）钢筋

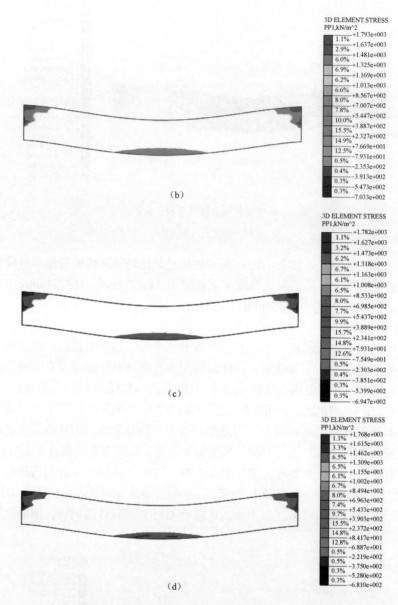

图4 裂缝开展范围及大主应力分布云图（单位：kPa）（二）

（b）GFRP 筋（小直径）；（c）GFRP 筋（等直径）；（d）GFRP 筋（大直径）

2.3 筋材应力及应变

四种方案中筋材（钢筋或 GFRP 筋）的轴向应力及应变云图如图 5 和图 6 所示。由图中数据可知，相同的荷载及应用条件下，筋材应力及应变最值均发生在梁端顶部位置。钢筋应力应变最大值分别为 29.02MPa 及 1.409×10^{-4}，GFRP 应力应变最大值普遍在 13MPa 及 1.9×10^{-4} 左右，但均未达到筋材的极限值。表明由于 GFRP 筋较弹性模量明显偏小，混凝结构中大部分荷载主要由钢筋在承担转变为混凝土及 GFRP 筋共同承担。此外，GFRP 筋方案中随着筋材直径的增大，轴向应力及应变均有所降低，但幅度不明显。

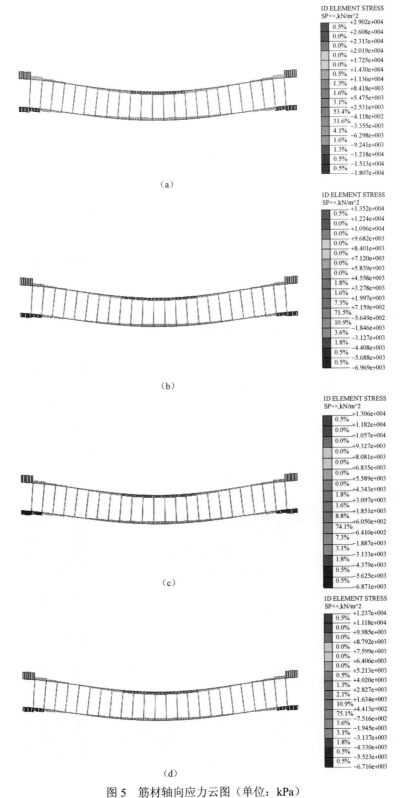

图 5　筋材轴向应力云图（单位：kPa）

（a）钢筋；（b）GFRP 筋（小直径）；（c）GFRP 筋（等直径）；（d）GFRP 筋（大直径）

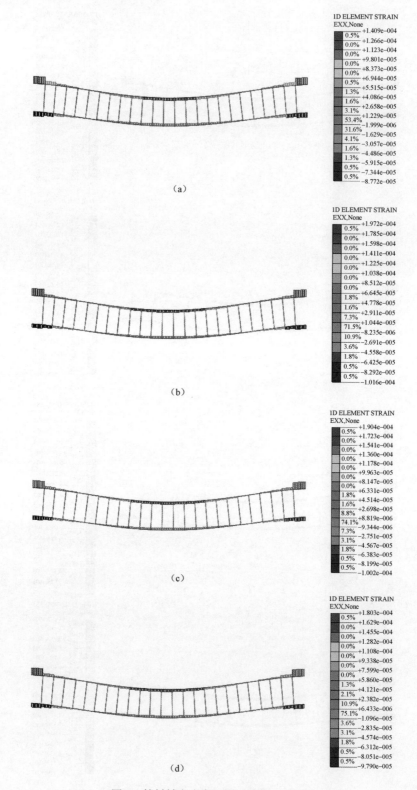

图 6　筋材轴向应变云图（单位：kPa）

（a）钢筋；（b）GFRP 筋（小直径）；（c）GFRP 筋（等直径）；（d）GFRP 筋（大直径）

3 结语

本文以水工结构中常见的梁结构为研究对象，结合工程实例，利用 midas FEA 三维有限元软件对该启闭机房框架梁中 GFRP 筋替代钢筋的代换原则进行了研究，结果表明：

（1）采用钢筋及 GFRP 筋配筋的混凝土梁在承载作用下，结构挠度变形、大主应力最值、裂缝开展范围、筋材应力应变最值等分布情况基本一致。

（2）两种筋材的应用效果比较而言，GFRP 筋方案较钢筋方案来说，受两种筋材之间的弹性模量差异较大的影响，相应的梁的挠度、混凝土最大应力均略有增加，但增幅不大；裂缝开展范围基本一致均在 10.5%左右；筋材应力明显降低，筋材应变略有增大。

（3）GFRP 筋小直径、等直径、大直径三种方案应用效果比较，随着直径的增大，梁的挠度及结构大主应力均略有减少，轴向应力及应变均有所降低，但幅度不明显。

（4）综上所述，建议水工混凝土梁结构中采用 GFRP 筋替代钢筋时，采用等直径代换方案即可，但是需要关注大荷载情况下梁的挠度变形问题。

参考文献

[1] 王海刚，白晓宇，张明义，等． 玄武岩纤维增强聚合物锚杆在岩土锚固中的研究进展 [J]. 复合材料科学与工程，2020，（8）：113-122.

[2] 杨俊杰，杨城． GFRP 管混凝土长柱轴压极限承载力研究 [J]. 浙江工业大学学报，2015，43（06）：685-689+698.

[3] 朱虹，钱洋． 工程结构用 FRP 筋的力学性能 [J]. 建筑科学与工程学报，2006，（03）：26-31.

[4] 叶列平，冯鹏． FRP 在工程结构中的应用与发展 [J]. 土木工程学报，2006，（03）：24-36.

[5] 陆新征，叶列平，滕锦光，等． FRP-混凝土界面黏结滑移本构模型 [J]. 建筑结构学报，2005，（04）：10-18.

[6] 万江，宋明健，吴耀冬，等． GFRP 管钢筋混凝土组合构件的徐变性能研究 [J]. 水利与建筑工程学报，2015，64（06）：95-99.

[7] 李荣，滕锦光，岳清瑞． FRP 材料加固混凝土结构应用的新领域——嵌入式（NSM）加固法 [J]. 工业建筑，2004，（04）：5-10.

[8] 帅威，马蟹． GFRP 锚杆应变分布的数值模拟 [J]. 江西建材，2016，194（17）：2.

[9] 张剑，洪涛，杨朝辉，等． 预应力 CFRP/GFRP 布加固 RC 梁的结构响应 [J]. 低温建筑技术，2016，212（02）：42-44.

[10] 金鑫，刘军，周洪，等． 玻璃纤维筋在地铁盾构始发中的应用 [J]. 北京建筑大学学报，2016，104（01）：52-58.

[11] 高丹盈，B. Brahim． 纤维聚合物筋混凝土的黏结机理及锚固长度的计算方法 [J]. 水利学报，2000，（11）：70-78.

[12] 薛伟辰，康清梁． 纤维塑料筋在混凝土结构中的应用 [J]. 工业建筑，1999，（02）：3-5.

[13] 倪春雷，常海军，张秋坤． GFRP 管钢筋混凝土柱偏心受压有限元分析 [J]. 低温建筑技术，2016，214（04）：106-108.

作者简介

任泽栋（1988—），男，工程师，主要从事水利水电工程设计与土工合成材料应用研究工作。E-mail：renzd@bhidi.com

刘建新（1991—），男，工程师，主要从事水利水电工程建设管理工作。E-mail：664562368@qq.com

吕典帅（1984—），男，高级工程师，主要从事水工结构设计工作。E-mail：lvds@bhidi.com

杜贤军（1980—）男，教授级高工，主要从事水工结构设计与工程项目管理工作。E-mail：duxianj@bhidi.com

一种新型喷射混凝土黏结强度测试
设备的研究

（中国水利水电第十二工程局有限公司施工科学研究院，浙江省建德市 311600）

[摘 要] 本文对隧道、洞室支护等工程喷射混凝土的黏结强度试验中，预留试件拉拔法的设备进行研制并编制相应试验工法，以解决该试验无具体试验步骤、检测数据准确性不高等问题，从而弥补现行规范和技术标准的空缺和不足。

0 引言

喷射混凝土是隧道、洞室支护的常用施工方法，而喷射混凝土的黏结强度检测是喷射混凝土质量检测的重要手段，数据的准确性对黏结效果的好坏起决定性的作用。SL 377—2007《水利水电工程锚喷支护技术规范》、GB 50086—2015《岩土锚杆与喷射混凝土支护工程技术规范》、DL/T 5181—2017《水电水利工程锚喷支护施工规范》中，喷射混凝土黏结强度的试验有钻芯拉拔法、喷大板室内劈裂法、预留试件拉拔法三种方法。这些规范中描述都相对笼统，没有对试验设备尺寸和精度提出要求，没有对试模和反力架安装加以说明，没有对一组试验试样制作数量加以规定，没有对计算结果保留的小数位数和结果判定进行说明。存在空缺和不足导致喷射混凝土黏结强度结果不能反映混凝土真实质量。

1 钻芯拉拔法、喷大板室内劈裂法、预留试件拉拔法实际应用情况分析

隧道、洞室支护等工程的施工、质量等方面导致了漏水、渗水围堰变形等情况，存在极大安全隐患。这些工程不便于拆除重建，通常是进行加固与维修，其费用为新建的30%左右。喷射混凝土的良好黏结是混凝土结构稳固的关键，而黏结强度检测是喷射混凝土质量控制的重要手段。现对黏结强度检测试验方法进行分析。

（1）钻芯拉拔法。现场钻芯时，钻机摆动对混凝土试件有扰动与损伤，钻孔埋拉杆或用环氧树脂粘拉头均很难保证加荷不偏心，喷层厚度不足易引起应力集中现象，芯样易断裂，现场钻芯法成功率不高。通过黏结强度为 1.0MPa 标准试件进行大量比对试验，钻芯拉拔法黏结强度均达不到 1.0MPa。由此可见以上因素都会导致现场钻芯拉拔法得出的轴拉黏结强度偏小，该方法检测结果不能真实反映喷射混凝土与围岩黏结情况，现场实际应用较少。

（2）喷大板劈拉法。规范要求上下垫条在同一垂直面上，而喷大板加工劈拉试件的混凝土与岩石黏结面不可能在同一垂直面上，试验经常有剪切现象。通过黏结强度为 1.0MPa 标准

试件进行大量比对试验，喷大板劈拉法黏结强度均大于 1.0MPa。由此可见导致喷大板劈拉法得出的劈拉黏结强度偏高。且施工现场选取岩块进行喷大板，不能完全反映现场实际情况，与实际喷射混凝土与围岩黏结情况有出入，应用较少。

（3）预留试件拉拔法：要求在混凝土喷射后，立即用铲刀沿试件（直径 $\phi200\sim500mm$ 的圆柱体）轮廓挖出 50mm 宽环形槽，且在拉拔试验前钻孔埋拉杆或喷混凝土前预埋钢拉杆，采用穿心式拉拔器进行拉拔加荷。由于喷射混凝土掺用速凝剂强度发展很快，挖 50mm 宽环形槽不容易进行。采用先预埋钢拉杆后喷混凝土方法，很难保岩面上固定的钢拉杆在加荷时不偏心。当喷层较厚、预留试件较重时有挂不住试件导致试验失败情况。具体问题如下：

1）人工投入、工作效率方面。通过大量试验数据统计每组试验：平均人员 4 人/组、平均耗时 3:56/组。人工投入大、工作效率低，严重影响赶工时的有效施工时间，增加施工成本。

2）试验数据准确性方面。随着偏心角度的增大，测试值逐渐减小，当超过 5°时，变化加速，当偏心角度为 10°时，黏结强度仅为正向受力的一半。证明原有预留试件拉拔法当偏心角较大时测试值偏离较大，检测数据准确性不高。

3）试模重复利用率方面。试模平均破损率为 81%，平均重复利用率为 19%。证明预留试件拉拔法试验时试模消耗量大、重复利用率不高，增加施工成本。

4）通过对 SL 377—2007《水利水电工程锚喷支护技术规范》、GB 50086—2015《岩土锚杆与喷射混凝土支护工程技术规范》、DL/T 5181—2017《水电水利工程锚喷支护施工规范》比较分析，预留试件拉拔法无具体试验过程。

通过黏结强度为 1.0MPa 标准试件进行大量比对试验，当偏心角小于 5°时，预留试件拉拔法的黏结强度均在 1.0MPa 左右。由于检测结果在偏心角小于 5°时较为准确，现场实际应用较广。该方法虽有缺陷，但通过新型设备来控制偏心角，编制试验工法以解决上述问题。

2 喷射混凝土黏结强度试验预留试件拉拔法新型设备的研制

（1）确定及实施预留试件拉拔法新型设备的最佳方案。

通过网络查新，相关科学期刊及学术论文网站上未找到相关文献可以借鉴。从三本规范中对预留试件拉拔法表述均有加荷时应确保试件轴向受拉，而现实试验中没有相关辅助设备，使拉拔器对试件上拉杆轴向受拉。通过发明试模+反力架+拉拔器试验辅助设备方法，完善整个试验流程，编制试验工法，使配套使用的试模、反力架和传力杆位于试件的中心并垂直于黏结面、通调节高度使拉拔器与试件上拉杆轴向垂直。确保黏结强度试验轴向垂直受拉。达到获得准确试验数据的目的。

针对试模、内支撑、反力架所用材质选钛合金、不锈钢、硬铝合金；针对试模、反力架形状拟定正方形、圆形、六棱形；内支撑的数量拟分为 2、4、6 个；反力架螺杆数量拟分为 3、4、5 根。通过强度、密度、经济性、可焊性、抗腐蚀性方面比选最终确定试模、内支撑、反力架材料为不锈钢。通过稳定性、安拆性、重复利用率、经济性、可操作性方面比选最终确定试模、反力架形状为圆形。通过稳定性、安拆性、经济性、可操作性方面比选最终确定内支撑的数量为 4 个，反力架螺杆数量分为 4 根。

（2）预埋套筒后装杆件法检测喷射混凝土黏结强度试验工法。

1）适用范围。本方法适用于水利水电、公路、铁路工程喷射混凝土与围岩拉伸黏结强度检测，其余工程喷射混凝土与围岩拉伸黏结强度检测可参照执行。

2）试验环境。试验温湿度应满足千斤顶正常工作的相关要求。

3）试验设备。需要的试验设备如下。

a．拉拔仪：可采用分体式或一体式，最大出力 100kN，千斤顶行程 50～200mm，拉拔仪应采用数显指示，精度为 1%，最小示值为 1N。

b．试模组件：由两个直径为ϕ200 的带十字半圆形钢模。

c．反力架：由底座、承压板和 4 根ϕ25×140 的螺杆组成。

d．直径ϕ22 两端有丝口的传力杆 1 根。

e．其余材料、工具：冲击电钻 1 把、膨胀螺栓、长度 200mm 的、20 钢筋 1 根、榔头 1 把、丁字尺、琵琶撑 1 个。

4）试验点要求。一组试件应制备三个试样，试验点选择施工面相同的围岩上，试验区域应优先在水平的围岩面上选择一块面积为 500mm×500mm 的岩面，试验区域内围岩表面应清除粉尘、石渣和松动的岩块，在试验区域中心 300mm×300mm 范围作为试验点，平整度应不大于 10mm，其余部位平整度不应大于 30mm。

5）制备试样。将两个半圆形钢模止口对齐合拢形成一个圆形的试模，然后把带有翼板的套筒对准钢模内的线槽塞入钢模内，完成试模组装；在试模外侧粘贴一圈 20mm 厚挤塑板或珍珠棉板等隔离材料，根据实际情况进行加厚。

在试验点中轴线两端各打一个膨胀螺栓，用钢丝将钢模固定在试验点位置，钢丝卡入钢模上表面的小槽内，抽紧钢丝，保证钢模不会松动；套筒拧上闷头螺丝，防止喷射混凝土进入套筒内。

喷射作业时应及时将围岩的凹坑填平，喷射厚度达到试模外口时，及时将试验区域内的混凝土用刮尺刮平，厚度应与钢模外口齐平。

6）拉伸黏结强度试验。达到龄期后挖除隔离材料，剪断固定钢丝，安装传力杆。在传力杆正上方按反力架底座圆心到悬挂孔的距离在混凝土面打一个 150mm 深直径ϕ20 的孔，插入钢筋，将反力架底座挂在钢筋上，在底座上安装四根承压螺杆，套上承压板，用手轻按反力架使之贴紧混凝土表面，用丁字尺靠在承压板上，调节承压螺杆的螺母，使承压板与传力杆垂直后拧紧螺母。安装千斤顶，使传力杆穿过千斤顶的中心孔，轻轻推入千斤顶，使千斤顶底落于承压板上的圆槽内，用琵琶撑撑住千斤顶，使传力杆位于千斤顶中心孔的圆心。套上中空球铰，拧上螺母。

用一绳连接悬挂钢筋和传力杆，防止试件破坏后落下伤人。缓慢以 10kN/min 的速度施加拉力，直至试件破坏，记录破坏荷载。

7）拉伸黏强度计算。计算公式见式（1）。

$$f_{as} = \frac{F}{A} \tag{1}$$

式中 f_{as} ——拉伸黏结强度，MPa，保留两位小数；

F——试件破坏时的荷载，N；

A——黏结面积，mm。

8）拉伸黏结强度结果按下列要求判定。

a. 应以三个试件的平均值作为拉伸黏结强度的试验结果。

b. 当其中一个试件的强度值与平均值之差大于平均值20%时，以余下的两个试件的强度平均值作为试验结果。

c. 当有两个试件的强度值与平均值之差大于平均值的20%时，应再增加三个试样，试验结果合并计算，当不超过三个试件的强度值与平均值之差大于平均值的20%时，以余下的试件强度平均值作为试验结果;反之试验无效，应分析原因，重新选取部位重做试验。

3 预埋套筒后装杆件法检测喷射混凝土黏结强度试验效果检查

图1为不锈钢试模各部件设计图，图2为反力架设计图，图3为现场实际应用图。

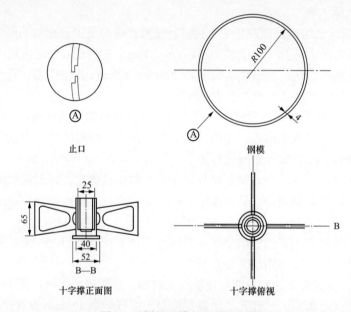

图1 不锈钢试模各部件设计图

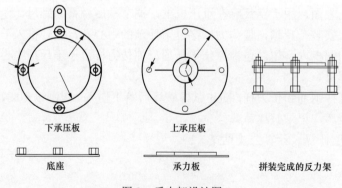

图2 反力架设计图

效果检查：通过研制每组试验人员由4人/组降至2人/组。工作效率由3:56/组降至1:35/组。相对误差为9.3%，在规范要求的15%范围内。提高数据准确性，减少偏心受力。试模重复利用率从19%提升到100%，提高了试模的重复利用率。研制的喷射混凝土黏结强度新型设备和编制的《预埋套筒后装杆件法检测喷射混凝土黏结强度试验工法》，在周宁抽水蓄能电站、千岛湖引水配水等多个隧洞、支护工程中应用。

在国家相关技术规范及管理规定未更新或出台之前，可使用喷射混凝土黏结强度新型设备和编制的《预埋套筒后装杆件法检测喷射混凝土黏结强度试验工法》开展试验检测，规避检测人员根据经验进行试验，试验数据准确性不高、不能真实反映喷射混凝土同接触面的黏结情况，因未把好工程质量关而导致工程渗水、漏水、甚至塌方等安全生产事故发生。有效降低了因返工、修复、重建而带来的经济损失。同时也降低相关管理部门及相关建设单位的安全责任风险，确保工程安全可靠运行。

图 3　现场实际应用图

4　结语

我国水利水电等基建工程发展迅速，但针对某些关键试验只进行理论说明，无具体设备和试验工法。检测人员深入实际研制出新型设备并编制试验工法，以填补规范的空缺和不足，有效避免工程渗水、漏水、塌方等情况发生。

参考文献

[1] 中华人民共和国水利部. SL 377—2007 水利水电工程锚喷支护技术规范 [S]. 北京：中国水利水电出版社，2007.

[2] 中华人民共和国住房和城乡建设部. GB 50086—2015 岩土锚杆与喷射混凝土支护工程技术规范 [S]. 北京：中国计划出版社，2016.

[3] 国家能源局. DL/T 5181—2017 水电水利工程锚喷支护施工规范 [S]. 北京：中国电力出版社，2018.

[4] 中华人民共和国国家发展和改革委员会. DL/T 5195—2004 水工隧洞设计规范 [S]. 北京：中国电力出版社，2014.

[5] 王标，王凯. 新老混凝土粘结性能的提高途径 [J]. 建筑技术，2010，41（1）：26-27.

作者简介

李莹莹（1981—），女，高级工程师，主要从事混凝土性能研究。E-mail：417630149@qq.com

徐　敏（1975—），女，正高级工程师，主要从事混凝土性能研究工作。E-mail：183294569@qq.com

基于地质三维模型的金川水电站石家沟料场
无用料剥离及其容量复核

骆 晗 王文革

（中国电建集团西北勘测设计研究院有限公司，陕西省西安市 710048）

[摘 要]石家沟料场是金川水电站混凝土骨料及堆石料料源，确保料场储量充足极为重要。文章应用中国电建集团西北勘测设计研究院有限公司自主研发的地质三维建模软件，开展基于金川水电站前期勘察资料地质三维建模工作，建立各开挖高程设计坡比下的料场容量包络体模型，以达到无用料剥离及查询储量的目的，节省人力、物力，本次研究成果对同类型工程有参考意义及应用价值。

[关键词]地质三维模型；金川水电站；石料场

0 引 言

金川水电站[1-6]位于四川省阿坝藏族羌族自治州金川县境内的大渡河上游河段[7]，坝址距下游金川县城约13km，是审定的《四川省大渡河干流水电规划调整报告》中的第6个梯级电站，上游与双江口水电站[8]相衔接，下游为安宁水电站。

工程区位于甘孜—松潘地槽褶皱系之巴颜喀拉冒地槽褶皱的东南部[9,10]，小金弧形构造的北西翼，新构造运动以大面积间歇性整体抬升为主，工程场地历史地震活动水平较低，属构造相对稳定区，地震危险性主要受近场区抚边河、松岗潜在震源区强震的影响。根据中国地震局批复的场地地震安全性评价报告，坝址区50年超越概率10%的基岩水平峰值加速度为0.097g，相应的地震基本烈度为Ⅶ度。

金川水电站库区地处高山峡谷区，两岸岸坡较陡，岩体风化卸荷强烈，其中石家沟料场[11]为工程混凝土骨料料源及堆石料料源，因此确保料场储量充足极为重要。文章采用地质三维建模软件，开展基于金川水电站前期勘察资料地质三维建模工作，建立各开挖高程、设计开挖坡比下的料场包络体模型，以达到无用料剥离及查询储量的目的。随着现场开挖揭露，可采用该方法，根据实际地质情况快速更新料场地质模型，结合料场的动态开采，完成料场的容量复核工作。

1 金川水电站石家沟料场地质概况

石家沟料场位于坝址区下游左岸石家沟内，沟口距离坝址公路距离 3km，料场距沟口G248（原S211）公路约2.5km，该料场沿便道通过喀尔大桥、S211 公路至坝址距离约5.5km。

图1为金川水电站库区的地形地貌，图2为石家沟料场实景模型。

图1　金川水电站库区地形地貌图

图2　石家沟料场实景模型

石家沟料场区岩体卸荷水平深度为8～15m，卸荷带内岩体较破碎，卸荷裂隙较发育，多闭合，少数张开，一般充填岩屑、钙质，局部见铁锈。无强风化，弱风化上带下限水平深度为20～38m，岩块断面新鲜，裂隙面多附有钙膜、铁锈等；弱风化下部下限水平深度为80～95m，岩体裂隙较发育，岩石断面新鲜，裂隙面局部有铁锈。

石家沟料场出露地层岩性为三叠系上统侏倭组中-厚层变质细粒钙质长石石英细砂岩，少量薄层状、极薄层状、千枚状变质细砂岩夹炭质千枚岩，主要为坚硬岩，少量为中硬岩、软岩。料场岩体中断层普遍顺层发育，宽度大多为0.2～1m，充填千枚岩或薄层砂质板岩。构造裂隙发育，主要发育有以下3组：

（1）NW330°-NW350°SW∠74°-85°，该组裂隙顺层发育，主要充填方解石脉、石英脉等，总体胶结较好，裂隙面多平直光滑，延伸远；

（2）SN-NE40°NW∠45°~67°，该组裂隙切层发育，多数为中倾角裂隙，主要充填碎裂岩、岩屑、岩块等，胶结差，一般未胶结~胶结差，裂隙面多弯曲粗糙，一般延伸较短；

（3）SN 走向，近直立，该组裂隙不甚发育，主要充填碎隙岩、岩屑等，多数呈弱胶结，裂隙面粗糙，但较平直，一般延伸较远。石家沟料场边坡赤平投影如图 3 所示。

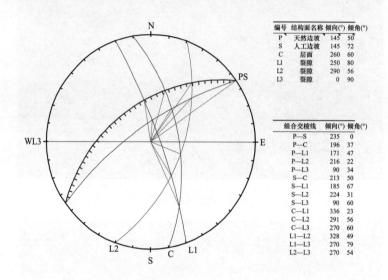

编号	结构面名称	倾向(°)	倾角(°)
P	天然边坡	145	50
S	人工边坡	145	72
C	层面	260	60
L1	裂隙	250	80
L2	裂隙	290	56
L3	裂隙	0	90

组合交棱线	倾向(°)	倾角(°)
P—S	235	0
P—C	196	37
P—L1	171	47
P—L2	216	22
P—L3	90	34
S—C	213	50
S—L1	185	67
S—L2	224	31
S—L3	90	60
C—L1	336	23
C—L2	291	56
C—L3	270	60
L1—L2	328	49
L1—L3	270	79
L2—L3	270	54

图 3 石家沟料场边坡赤平投影图

根据赤平投影图（见图 3），C（层面）与 L1、L2、L3 组结构面的 3 个交点，均位于边坡（天然斜坡和人工边坡）投影弧的对侧，说明其结构面组合交线倾向与坡面倾向相反，均属于稳定结构面组合。综上认为左岸岸坡稳定性较好。

2 坝料剥离与容量复核

石家沟料场开挖方案如下：Ⅰ期开挖至高程 2450m，Ⅱ期开挖至高程 2430m，Ⅲ期开挖至高程 2420m。本次三维建模工作的主要内容及流程如下：

（1）首先基于前期勘察资料建立石家沟料场三维地形、覆盖层包络体及基岩顶板（见图 4）。

（2）根据前勘成果确定的石家沟料场卸荷深度建立强卸荷带下限，强卸荷带下限面以上为弃料（见图 5）。

（3）将强卸荷带下限面与开挖坡面（低高程 EL2450m）相互裁剪（见图 6），开挖坡面保留强卸荷下限以下部分。将保留的开挖坡面与开挖坡面范围内的强卸荷下限面进行合并，即可剔除强卸荷下限面以上岩体（弃料），完成Ⅰ期开挖包络体建立，查询容量（见图 7）。

（4）将开挖坡面、强卸荷带下限面、EL2450m 平面、EL2430m 平面相互裁剪后合并，建立Ⅱ期开挖包络体，查询容量。Ⅲ期开挖包络体建立方式同上，如图8所示。

（5）基于以上流程即可快速完成石家沟料场储量复核，对于断层等无用料的剥离，根据前勘阶段得到的有用料与无用料的比例进行简单计算，即可获得。

图4　石家沟料场地形及覆盖层包络体

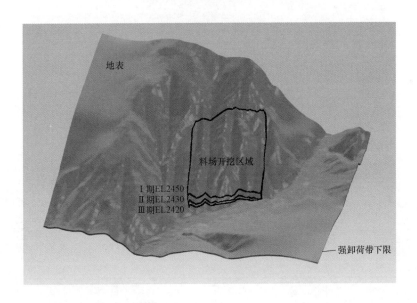

图5　拟定开挖方案

采用以上方法即可完成料场容量的复核工作。本次石家沟料场无用料剥离及容量复核主要针对料场开挖前进行容量的初步复核，但是利用该方法也可随着现场开挖揭露，根据实际地质情况快速更新料场地质模型，结合料场的动态开采，完成料场的容量复核工作，实现料场容量的动态计算。

3　结语

　　本文针对金川水电站石家沟料场无用料剥离及容量复核，开展基于金川水电站前期勘察资料地质三维建模工作，建立各开挖高程、设计开挖坡比下的料场包络体模型，以达到无用料剥离及查询储量的目的。利用该方法也可随着现场开挖揭露，根据实际地质情况快速更新料场地质模型，结合料场的动态开采，完成料场的容量复核工作，实现料场容量的动态计算。

　　本次研究成果可快速准确达到料场无用料剥离及容量复核的目的，对同类型的工程有借鉴意义，节省人力、物力，具有重要的应用价值。

图 6　强卸荷带下限面与开挖坡面相互裁剪

图 7　第一阶段开挖容量复核

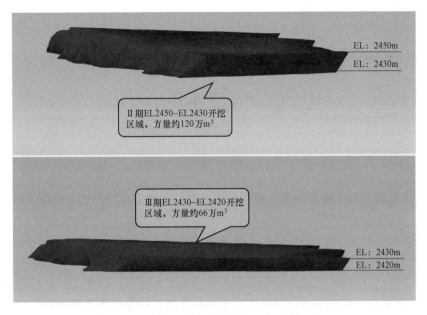

图 8　第二阶段、第三阶段容量复核

参考文献

[1] 周丹顺，侯江炜. 金川水电站混凝土面板堆石坝施工设计特点 [J]. 陕西水利，2014，（4）：56-57.

[2] 周丹顺，侯江炜. 大渡河金川水电站土石围堰三维有限元渗流分析 [J]. 西北水电，2014，（4）：54-58.

[3] 黄秋枫，杨勇. 金川水电站地下厂房开挖方案优化分析 [J]. 西北水电，2014，（3）：19-23.

[4] 钱宁. 大渡河金川水电站两岸卸荷岩体固结灌浆试验工艺研究 [J]. 西北水电，2008，（6）：55-57.

[5] 付恩怀，高海涛. 金川水电站坝基砂层透镜体震动液化评价及工程措施 [J]. 西北水电，2014，（1）：15-18.

[6] 赵有东，李蔚. 百米水头段水轮机主要参数选择浅析 [J]. 西北水电，2010，（1）：51-55.

[7] 段斌，陈刚. 大渡河流域水电科学开发实践分析 [J]. 西北水电，2013，（6）：6-9.

[8] 钱洪建，段斌，陈冈，等. 大型龙头水库电站项目前期研究与论证 [J]. 西北水电，2017，（3）：1-4.

[9] 王世元，王道永，王亚琼，等. 大渡河金川水电站坝区节理构造及工程稳定性影响 [J]. 中国地质，2007，34（4）：682-687.

[10] 刘维亮，吴德超，赵德军，等. 大渡河金川水电站区域地壳稳定性定量化评价 [J]. 陕西师范大学学报（自然科学版），2008，33：157-161.

[11] 张军，任光明，李冬，等. 大渡河金川石家沟泥石流灾害特征及防治措施研究 [J]. 长春工程学院学报（自然科学版），2013，14（1）：100-104.

作者简介

骆　晗（1993—），女，工程师，主要从事地质勘察设计及地质三维设计工作. E-mail：510128531@qq.com

王文革（1966—），男，教授级高级工程师，主要从事地质勘察. E-mail：499043288@qq.com

浅谈抽水蓄能电站竖井施工提升系统电气安全技术的应用

范玉磊

（中国水利水电第十二工程局有限公司，浙江省杭州市　310004）

[摘　要] 抽水蓄能电站竖井施工，通常采用卷扬机提升系统运送施工人员及材料设备。由于竖井施工属受限空间、吊篮载质量大、提升系统运行频率高及载人载物的特点，要求采取安全有效的机械和电气技术措施来避免因提升系统过载、过卷或钢丝绳断绳造成吊篮坠落等引发安全事故。本文重点介绍福建周宁抽水蓄能电站竖井施工提升系统电气安全技术的应用。

[关键词] 抽水蓄能电站；竖井提升系统；电气安全

0　引言

周宁抽水蓄能电站位于福建省宁德市周宁县七步镇境内，电站装机容量为1200MW（4×300MW），电站距周宁县城公路里程约 19km，距福安、宁德、福州三市公路里程分别为39、96、185km。枢纽工程主要由上水库、输水系统、地下厂房系统、地面开关站及下水库等建筑物组成。本工程竖井包含排风竖井 1 条，电缆竖井 1 条，高度分别为219.91、274.93m，开挖洞径分别为 ϕ6m、9.8m×8.5m。提升系统是竖井的主要通道，是人员进出作业面的必经之路。由于竖井提升系统工作负荷重、提升速度快、升降频繁、安全装置不完善以及管理维护欠佳等，容易发生人身伤亡事故。竖井施工时，为了保证排风及电缆竖井施工人员和设备的安全，减少吊篮在较大负荷作用下的运行次数，每条竖井布设了 2 套卷扬提升系统，人员和材料设备上下由单独的提升系统控制，避免人货混装现象，很大程度降低了安全风险。

1　竖井施工提升系统电气安全技术及原理

在周宁抽水蓄能电站竖井施工中，基于本质安全理念，卷扬提升系统采用了多项电气安全技术，如紧急停电控制；卷扬机电动机的短路、过负荷保护，断相、相序保护，上下行程限位保护，无线遥控急停装置，闭路电视监控系统，应急照明，牵引缆绳测力超载安全保护装置和同轴双筒双刹卷扬机牵引及平衡油缸的运用 1 项机械安全技术。以上每一个装置都影响着竖井提升系统的工作效率和安全。以下说明各电气安全装置及机械装置在提升系统中的应用，经实践后，技术可靠，对提升系统的安全运行提供了有力保障。

1.1 紧急停电控制

为了避免竖井提升系统因断电造成意外事故，提升系统采用专用供电线路供电，供电电源接入提升系统动力柜（即卷扬机动力控制柜）。动力控制柜内总开关选用 DZ20Y 系列带分励脱扣器的电动机保护型的断路器，在卷扬机操作台上及卷扬机滚筒边各安装 1 只旋转复位型急停按钮，当卷扬机动力回路无法断开或发生其他无法停机的情况时，按下急停按钮，通过分励脱扣器使断路器跳闸，断开供电电源，确保运行安全。

1.2 卷扬机电动机的短路、过载保护

卷扬机电动机的短路保护采用动力控制柜内作为总开关的断路器中的瞬动过电流脱扣器。

在卷扬机电动机电气主回路上安装 JRS2 型热继电器，用于电动机的过负荷保护。热继电器安装前应检查卷扬机电动机的额定电流是否包容在热继电器整定电流的调节范围内，使用时应将热继电器的整定电流值调节到卷扬机电动机的额定电流相一致。

1.3 卷扬机电动机断相、相序保护

在卷扬机动力控制柜内，安装 1 只断相、相序保护器，接在卷扬机电动机的控制回路上。当发生电源缺相时，卷扬机无法启动，起到保护电动机作用。当电源相序发生改变时，卷扬机无法启动，可以防止卷扬机正、反转颠倒，确保提升系统运行的安全。

1.4 吊篮限位装置

1.4.1 上、下行程限位器

为使吊篮在运行过程中停在指定位置，在竖井井架上及作业面吊篮停止位置安装行程限位器，限位器安装高度应根据吊篮高度进行计算。此装置作用是吊篮在上提或下降过程中，一旦触到限位器，卷扬机马上停止运行，从而避免竖井施工过程中因吊篮上提冒顶及下降时超过指定位置，引发安全事故。

1.4.2 上行程限位器

上行程限位器分上限位开关和上极限限位开关（越程开关）。

（1）上限位开关安装在竖井井架上，当提升吊篮超过正常停车位置时，提升卷扬机能自动停止运转，实现制动。

（2）上极限限位开关作为限位开关的后备保护，动作后切断动力总电源，使动力柜内总断路器跳闸，只有手动复位后才能使卷扬机重新启动，恢复吊篮运行。

上极限限位开关和上限位开关之间的距离应为 0.15m，并应保证两者位置顺序正确，即上限位开关动作在前。

1.4.3 下限位开关

下限位开关在滑模施工时使用。使用时应考虑竖井的高度及控制线的截面尺寸。若竖井高度越高，控制线就越长；如控制线截面小，则其电阻值大，控制线存在电压降，将会导致下降接触器线圈电压不够，下降接触器吸合不住会发生跳动，进而影响吊篮的正常下落。解决方法有两种：一是增大下限位控制线的截面积；二是在动力控制柜内增装一只中间继电器来控制下降主接触器。下限位开关的装置，能有效保证滑模运行的安全，减少事故的发生。

1.5 无线遥控急停装置原理及型号

无线遥控急停装置由 1 只 YK1000-4 型无线遥控器和 1 只安装在竖井口井架上的 JD220-3PC 型智能控制器组成。

为防止载物和载人吊篮（大小吊篮）在运行过程中发生意外，除吊篮上下指挥人员需配备对讲机外，还专门设置了这套无线遥控急停装置。在竖井内的任意运行位置，指挥人员随时可用无线遥控器对准智能控制器按下停机按键，随即卷扬机立刻停机，防止意外发生。无线遥控器按复位键后，卷扬机才能再次启动运行。

1.6 闭路电视监控系统

为了竖井提升系统、卷扬机、大小吊篮的安全运行，在卷扬机、竖井井口、作业面位置装有摄像头，通过无线视频传送装置将视频信号输送到设置在卷扬机操作台上的显示屏，卷扬机操作人员可对提升系统运行过程进行实时监控大小吊篮运行的位置及卷扬机运行状态。

1.7 应急照明

在卷扬机操作台、竖井井口、作业面等位置安装应急照明设施，以防止突然停电引发施工人员恐慌，酿成安全事故。

1.8 测力超载安全装置

竖井在扩挖过程中遵循开挖、支护跟进原则进行。竖井初期支护一般有随机或系统支护方式，外露锚杆有可能挂住在运行中的大小吊篮，导致牵引钢丝绳被拉断引发吊篮、人员坠落事故。

为防止此类事故的发生，测力超载安全保护装置显得尤为重要，本竖井施工测力装置型号为 XST/B-F 型。该装置由 ML 型牵引绳测力装置和安装在卷扬机操作台上的 1 台电子数显报警控制仪组成。它的基本原理是：卷扬机提升系统的两根牵引钢丝绳经过两只导向滑轮改向后，经过测力装置的滑轮组牵引吊篮，吊篮的重力经压力传感器检测后，显示在报警控制仪上，该测力仪设置有以下 3 个报警点：

（1）第 1 报警点：当吊篮重力达到第 1 报警点设定值时，第 1 报警点继电器吸合，指示灯点亮，预报警蜂鸣器启动，并开始第 1 报警点延时，取值范围 0～200s，一般整定为 20s。

1）在延时期间，若吊篮重力始终大于第 1 报警点设定值，则延时时间达到设定值时继电器复位，对应指示灯熄灭，预报警蜂鸣停止。

2）在延时期间，若吊篮重力小于报警设定值，停止延时，继电器复位对应指示灯熄灭，预报警蜂鸣停止。

（2）第 2 报警点：当吊篮重力达到第 2 报警点设定值时，对应指示灯点亮，停机报警蜂鸣器启动；当吊篮重量小于第 2 报警点设定值时，对应指示灯熄灭，停机报警蜂鸣器停止。

（3）第 3 报警点：当吊篮重力达到第 3 报警点设定值时，继电器吸合，自动控制卷扬机停机。

2 竖井施工提升系统电气安全技术评价

竖井施工提升系统电气安全技术应用，所涉及的电气装置，如卷扬机过负荷、缺相、相序保护的继电器，紧急停电断路器，无线遥控急停装置测力仪超载保护装置和行程限位器在安装前都必须进行调试，安装后应与卷扬机的电气控制回路进行模拟实验，动作正常后进行动态试车。试车完毕后，操作及施工人员须上岗培训合格和实践操作提升系统，熟悉电气装置原理和安全流程，做到心中有数。

周宁抽水蓄能电站竖井提升系统在竖井开挖、灌浆及滑模施工过程中，系统发生电路短路、过负荷及人、货超重、吊篮无法下放和上提等状况，安全装置及时动作，电气安全技术可靠实用，帮助了人员及时发现问题，解决问题，避免事故发生。

3　结语

竖井提升系统的安全运行，除了采取安全可靠的机械和电气技术措施外，还必须注重对人的不安全行为因素和人的素质进行剖析，建立严格的安全管理和培训制度，同时注意提升设备的维修和保养[1]，保证设备的完好。

周宁抽水蓄能电站竖井提升系统由于电气安全技术的应用，安全保护设施齐全及安全保障制度完整有效，排风竖井和电缆竖井提升系统分别自 2019 年 12 月至 2020 年 11 月和 2020 年 4 月至 2021 年 3 月运行期间，先后进行了竖井扩挖、滑模及灌浆等施工，提升系统正常可靠，运行良好，保障了人员和机械设备的安全，未发生一起安全事故。该提升系统赢得业主、监理等单位的高度评价，在同类竖井施工中具有良好的借鉴意义。

参考文献

[1] 苗梦露. 安全系统工程在预防竖井提升伤亡事故中的应用 [J]. 煤炭技术，2011，30（6）：127-129.

作者简介

范玉磊（1990—），男，工程师，主要从事水利水电工程施工管理工作。E-mail：1195977933@qq.com

基于生态文明建设的湖泊水生态修复技术应用探讨
——以黄石市大冶尹家湖水生态修复工程为例

彭　攀 [1,2]　李红星 [1,2]　把玉祥 [1,2]　冯坤 [1,2]

（1. 中国电建集团西北勘测设计研究院有限公司，陕西省西安市　710065；
2. 陕西省河湖生态系统保护与修复校企联合研究中心，陕西省西安市　710065）

[摘　要] 根据党中央和国务院让江河湖泊休养生息和生态文明建设的战略部署，各地相继开展了湖泊生态环境方面的工作实践，湖泊的生态环境得到了很大的改善和提高。本文通过对湖泊治理的成功案例进行总结分析，提出常见的湖泊水生态修复技术，以黄石市大冶尹家湖水生态修复工程为例，对技术的应用进行了深入分析探讨，可以在类似湖泊保护和修复项目中进行应用。

[关键词] 生态文明；湖泊；水生态修复

0　引言

我国生态文明建设正在不断深入，水生态文明是其中一项重要建设内容，各地也将其定位成地方生态文明建设的载体和建设美丽中国的资源环境基础。湖泊是水生态的重要组成部分之一，我国湖泊数量众多，为人类的生存和发展提供了大量的资源，但是随着城市化进程的加快导致湖泊污染日益严重，生态功能不断退化，人与湖泊的和谐相处出现问题。因此，对湖泊水生态系统进行修复、恢复正常和谐的人水关系成为当前一段时期的工作重点。本文从生态文明建设的视角出发，结合湖泊治理的成功案例，提出常见的湖泊水生态修复技术，以黄石市大冶尹家湖水生态修复工程为例，重点分析探讨了水生态修复技术的应用。

1　水生态文明建设与湖泊

水是生命之源、生产之要、生态之基，人类需要依靠水作为维持生命的基本条件，依靠水作为生产制造人类文明社会的产品，还需要将水作为维持人类、其他生物以及生态系统关系平衡的载体和基础。因此，从水这个载体出发去平衡人类和生态环境的关系，让各方都能够和谐发展显得尤为重要。每年的 5 月 22 日是国际生物多样性日，2020 年更是将"生态文明：共建地球生命共同体"作为主题，呼吁全世界共同行动共建地球生命共同体。

我国积极响应，以水生态文明建设为突破口，用实际行动践行着这一主题，取得了良好的效果。2014 年 9 月，环境保护部、发展和改革委员会、财政部联合发布了《关于印发〈水质较好湖泊生态环境保护总体规划（2013—2020 年）〉的通知》（环发〔2014〕138 号），湖北省共有 16 个湖泊入围湖泊保护名录，其中黄石市的大冶湖名列在内。

湖泊是在地壳构造运动、冰川、河流冲淤等地质作用下，地表的许多凹地积水形成的，是陆地水圈的重要组成部分，是流域物质的储存库和重要的信息载体，在供水、防洪、航运、养殖、旅游及维系区域生态平衡方面发挥着巨大作用。我国面积在 $1km^2$ 以上的湖泊约有 3000 个，属于一个多湖的国家。生态健康的湖泊为我国社会经济的平衡发展贡献了巨大力量。我国城镇供水约 30%来自湖泊、水库，粮食主产区的 1/3 在湖泊流域，工农业总产值的 30%来自湖泊流域。[1]

生态健康的湖泊生态系统符合四个方面的要求：一是形态合理，即湖泊具备合理的岸线形态，可使水体流动畅通，保持良好的连通性和完整性；二是生态稳定，即湖泊具有完整的生态服务功能，有足够的水量和良好的水质；三是抗干扰能力强，即湖泊具有可持续的生态系统，保持自身结构和功能相对稳定，具备较强的自我修复能力；四是景观优美，即作为城市中特有的水体景观空间，城市湖泊不仅水清岸绿，还应景观宜人。[2]

近年来，国内对于湖泊治理的技术手段逐渐从富营养化控制转变为流域控源减排、水体减负修复和水环境综合调控的成套关键技术，很好地体现了水生态文明建设的理念。黄石市大冶尹家湖水生态修复项目采用生态修复为主，后期管理为辅的总体治理思路，实施以水生植物群落构建为核心的生态修复工程，通过生产者-消费者-分解者的协同作用，净化水质，构建草型清水湖泊。

2 国内外常见湖泊治理对策

国内外已经开展了湖泊治理的实践，日本的琵琶湖和我国云南玉溪的抚仙湖治理后效果明显，基本上达到了水质目标和社会目标。

2.1 日本琵琶湖治理

琵琶湖是日本最大的淡水湖，流域面积为 $3848km^2$，湖域面积为 $674km^2$，为周边 1400 万人提供水源。从 1950 年开始，随着经济快速增长，排放到湖里的污染物大量增加，水质不断恶化，严重影响了周边区域居民的生产生活和经济社会的可持续发展。当地政府和居民高度重视，经过 20 年的整治，琵琶湖水质发生了很大变化，环境污染得到了基本控制，其核心的水生态修复技术包括污水处理厂改造去除污水中的氮磷、出台法规限制周边区域使用的肥料农药和清洁剂中磷的含量、提高普通民众自觉环境保护的意识。[3]

2.2 云南玉溪抚仙湖治理

由于太湖、滇池和巢湖等重污染湖泊在投入巨资治理后环境质量仍然没有实质性改善，我国对于湖泊治理的思路逐渐从单一的富营养化治理转变为系统综合治理。抚仙湖是《水质较好湖泊生态环境保护总体规划（2013—2020 年）》中确定需要治理的湖泊之一，目标水质是维持现状的Ⅰ类水质。抚仙湖位于云南省玉溪市境内，属于贫营养深水湖泊，流域面积为 $1098.48km^2$，湖域面积为 $216.6km^2$，为流域 36 万人和 $284.08km^2$ 耕地提供水源。抚仙湖流域由于矿产资源丰富，20 世纪 80 年代开始矿业的粗放式发展导致植被破坏严重、地形地貌景观破坏，同时也存在农业面源污染、森林林分质量不高且结构单一、水质下降与水生态结构受损等问题。根据问题导向和目标指引原则，围绕"修山-保水-扩林-调田-治湖-护草"重点部署生态保护修复工程，具体包括调田节水类、生境修复类、矿山修复与水源涵养类、控污治河类、湖泊保育与综合管理类，从而构建"一湖三圈五区"流域生态保护修复格局，达到保障抚仙湖流域现有水源涵养功能，并满足区域社会、经济、生态可持续发展目标的需求。[4,5]

3 黄石市大冶尹家湖水生态修复工程

3.1 概况

大冶湖是黄石市第一大湖泊，被称为当地的母亲湖，尹家湖是大冶湖的子湖之一，曾为大冶市城区饮用水水源地，后期功能为鱼类养殖及工农业用水，现已经全面实施了禁养。尹家湖面临着湖面萎缩、水质下降、水生态恶化等多种问题。根据《水质较好湖泊生态环境保护总体规划（2013—2020 年）》，黄石市大冶湖的水质目标是达到地表水Ⅲ类。

湖北大冶湖的水污染情况一直以来得到当地学者的广泛关注和重视。李兆华[6]等的研究成果表明，大冶湖流域内人口增加和城镇化进程加快，加上周边地区工业快速发展以及水资源开发利用不当等问题，致使湖泊生态环境快速恶化，其中 TP（总磷）超过整个大冶湖环境容量的 5.98 倍、TN（总氮）超过 1.62 倍、铜超过 0.79 倍、COD（化学需氧量）超过 2%。韩忠[7]等采用湖北省环境保护厅的数据，2014 年大冶湖（内）水质为Ⅴ类，达不到目标水质Ⅲ类的标准，属于轻度富营养化，其中总磷、BOD_5（五日生化需氧量）、COD（化学需氧量）等超标。

3.2 水生态调查结论

通过对大冶湖的子湖——尹家湖进行水生态调查，主要从水质、沉积物和水生生物现状等三个方面，为采取合理的治理措施提供依据[8]。一是水质现状，通过对选取的 5 个取样点进行分析，水质类别在Ⅳ～Ⅴ类，平均为Ⅴ类水质，富营养化程度处于轻度富营养和中度富营养之间，综合为中度富营养状态；二是沉积物现状，通过对选取的 5 个取样点进行分析，底泥污染严重区域主要分布在近岸区域，底泥不具有重金属污染风险；三是水生生物现状，通过进行采样检测，尹家湖以富营养类群的蓝藻为主要优势种，根据多样性指数评价结果显示，尹家湖处于中度污染，水体内发现大型水生植物 3 种，鱼类主要以鲢鳙鱼为主，底栖性鲤科鱼类鲫鱼、鲤鱼密度也较高。

3.3 水生态修复技术

水生态修复技术种类很多，需要与应用的环境相匹配才能够发挥作用。比如，日本琵琶湖治理采用的都是污水厂提标改造和控制农业面源污染等常规技术，但是取得了明显的成效，这与当地政府和居民共同不断完善政策法规、加强基础设施建设、大力开展环境教育等做法是分不开的[3]。云南玉溪的抚仙湖治理成功，采用的也是常规农村农田面源污染治理和入湖河流综合整治等技术，核心在于构建山水林田湖的生态格局，总体思路向系统综合治理方向的转变[4]。

对于大冶湖水环境治理，不少学者提供了很好的思路。李兆华[6]等提出严格控制污染物排放总量、调整矿业经济结构、加大水污染治理力度、实施湖泊生态修复、建立水环境保护的长效机制。韩忠[7]等提出了当务之急从湖泊形态保护和生态保护两方面着手，采取切实的护岸和护水措施，其中护岸措施包括保护原有天然岸线、确定湖泊保护的蓝线绿线灰线、修复使用生态岸坡，护水措施包括保护源头主港清水、禁止污水直排入湖、污染水体治理和水生态修复等。

尹家湖作为大冶湖的子湖之一，结合已有学者提供的水环境治理思路，本次从水生态修复入手，提出实施以水生植物群落构建为核心的生态修复工程，通过生产者-消费者-分解者的协同作用，净化水质，构建草型清水湖泊的总体治理思路，包括生境改造、水生植物恢复和水生动物放养三个方面[8]。

（1）生境改造。主要目的是快速恢复水生植物，提高水体透明度，为水生植物恢复创造条件，构建"生产者-消费者-分解者"这一生态链所需要非生物的物质和能量等环境条件，包括杂草清除、生态降补水、底质改善和透明度提升四方面。杂草清除主要对湖岸的野生菱角、湖底的固体垃圾及湖底表层 10cm 垃圾进行清除；生态降补水主要便于植物存活，降水种植植物；底质改善靠施用一定量的底质微生物菌剂，有效清除难处理的河湖淤泥中的有机质；可快速除臭，处理完成后无新增污染排放，不会造成二次污染；透明度提升采用投加脱氮菌和除磷菌等微生物菌剂，调节水体透明度，使其达到水生植物的生长标准。

（2）水生植物恢复。主要目的是培育能够吸附和处理污染物的水生植物，持续改善湖区环境，净化水质，构建"生产者-消费者-分解者"这一生态链中的生产者，包括生态围隔、杂鱼清除、浮叶植物群落构建、沉水植物群落构建等。生态围隔主要防止种植的水生植物被草食性鱼类啃食，同时保证围隔内合适的生长环境；杂鱼清除主要考虑对项目范围内的鲫鱼、鲤鱼等进行清除；浮叶植物群落构建主要考虑种植黄睡、白睡莲和红睡莲等，兼顾景观和生态；沉水植物群落构建主要考虑包括苦草、穗状狐尾藻、轮叶黑藻、金鱼藻、马来眼子菜、微齿眼子菜等。

（3）水生动物放养。主要目的是有效利用水生植物作为饵料资源、优化群落结构、改善水质、增加经济效益，构建"生产者-消费者-分解者"这一生态链中的消费者和分解者，包括鱼类放养和底栖动物投放。鱼类放养除了作为消费者外，还具有一定的经济价值，考虑投放的鱼类品种有白鲢、鳙鱼、乌鳢、鳜鱼、鲴鱼等；底栖动物投放选用大型底栖动物有铜锈环棱螺和无齿蚌等湖北当地湖螺和湖蚌等，部分区域投放底栖性的沼虾等。

尹家湖水生态修复工程平面布置如图 1 所示。

3.4 治理目标和可达性分析

（1）治理目标。本项目的治理目标分为施工期间和运营维护期。施工期间目标为施工完成后第一年，工程区域稳定优于地表水环境质量Ⅳ类水质标准，逐步打造"水下森林"，形成稳定的水生态系统；运营维护期目标为项目实施完成第二年以后，水质得到明显改善，水质指标达到地表水Ⅲ类水质目标，生态系统健康可持续。

（2）可达性分析。本项目的核心是尹家湖水质达到地表水Ⅲ类，通过计算需要削减的目标污染物含量为 COD、TN、TP（t/年）分别为 69.97、33.05、4.72，构建的"水生植物-水生植物-底栖动物"等生物链能够削减 COD、TN、TP（t/年）分别为 542.75、48.29、4.87。因此，本项目通过大范围种植水生植物和生态渔业工程等生态修复等工程措施，尹家湖的工程措施的净化能力能够满足污染物的削减要求。

3.5 水生态修复技术适用性及效果分析

本项目实施后进入一年的运营维护期，项目部分别在 2021 年 5 月和 7 月进行了检测，湖泊水质达到优于地表水环境质量Ⅳ类水质标准的设计目标。

（1）水质检测报告。根据水质检测报告结果，除总磷和总氮两个指标略有高于Ⅲ类水质的标准外，其余指标均达到了Ⅲ类水质标准。湖泊水质达到优于地表水环境质量Ⅳ类水质标准的设计目标。

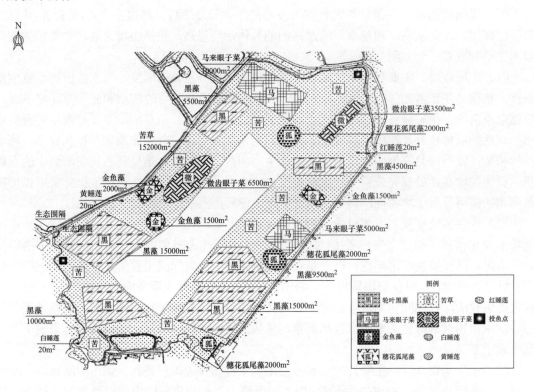

图1 尹家湖水生态修复工程平面布置图

（2）水生生物生长情况（见图2）。水生态修复技术包括生境改造、水生植物恢复和水生生物放养等，主要从湖泊整体是否形成"水下森林"进行定性评价。通过采集的照片，种植的水草长势良好，基本上达到形成"水下森林"的设计目标，表明采用的水生态修复技术是适合当地湖泊的。

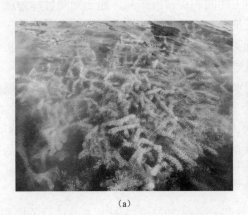

（a）　　　　　　　　　　（b）

图2 水生植物生长情况（2021年7月采集）

（a）水下森林；（b）白荷

4 结语

以大冶湖的子湖之一尹家湖为研究对象，通过对湖泊进行水生态调查，结论表明湖泊中度富营养（水质位于Ⅳ～Ⅴ类）、底泥不具有重金属污染风险、水体以富营养类群的蓝藻为主要优势种。结合湖泊水质达到地表水Ⅲ类的水质目标，从水生态修复入手，提出实施以水生植物群落构建为核心的生态修复工程，通过生产者-消费者-分解者的协同作用，净化水质，构建草型清水湖泊的总体治理思路，并分别通过生境改造、水生植物恢复和水生动物放养等措施来实现。经过计算，实施本工程能够有效削减污染含量，湖泊水质能够达到地表水Ⅲ类的水质目标。

随着美好人居环境成为人民的迫切需求，国家和社会各个层面都对生态文明建设保持高度关注，相继出现了水生态文明、生命共同体以及山水林田湖草·城等热词，不断扩大生态文明建设的深度和广度，也对河流湖泊等自然资源的开发和保护提供了思路。山水林田湖草·城是一个生命共同体，坚持和落实生态文明建设，依靠社会各界的共同努力，一定能够为子孙后代留下一碧万顷的河湖。

参考文献

[1] 郑丙辉. 中国湖泊环境治理与保护的思考 [J]. 民主与科学，2018，（5）：12-15.

[2] 刘晓敏，徐慧，张其成. 基于健康湖泊理念的城市湖泊湖滨带生态建设与保护 [J]. 水电能源科学，2013，31（4）：103-105，108.

[3] 王军，王文武，伊香红实. 关于强化湖泊污染精准治理的几点思考 [J]. 环境保护与循环经济，2019，39（1）：4-6.

[4] 牛远，胡小贞，王琳杰，等. 抚仙湖流域山水林田湖草生态保护修复思路与实践 [J]. 环境工程技术学报，2019，9（5）：482-490.

[5] 彭建，吕丹娜，张甜，等. 山水林田湖草生态保护修复的系统性认知 [J]. 生态学报，2019，39（23）：8755-8762.

[6] 李兆华，赵丽娅，康群，等. 湖北大冶湖水污染防治研究 [A]. 第十三届世界湖泊大会论文集 [C]，2010：2355-2361.

[7] 韩忠，柯培新. 护岸与护水：大冶湖湿地保护的关键问题与主要途径 [A]. 第六届中国湖泊论坛论文集 [C]，2016：21-27.

[8] 中国电建集团西北勘测设计研究院有限公司. 大冶市尹家湖水生态保护与修复工程水生态环境调查报告 [D]. 2021-3.

作者简介

彭 攀（1986—），男，工程师，主要从事水环境工程规划和设计工作。E-mail：124178347@qq.com

老挝南欧江梯级水电站建设人工料生产
绿色环保技术的工程研究与应用

周建新　　白存忠

（中国电建集团海外投资有限公司，北京市　　100048）

[摘　要] 一级水电站坝址距世界历史文化遗产名城老挝琅勃拉邦市公路里程约 45km，三级水电站坝址距离下游左岸著名旅游景点勐威老县城约 15km，七级水电站邻近老挝某国家森林公园自然保护区。老挝政府要求工程建设尽量不对自然景观和社会环境造成影响，尽量减少废水、废气、废料排放，全面禁止施工噪声超标。为达到老挝政府高标准建设环保要求，一级水电站全部利用工程开挖辉绿岩干法制备混凝土骨料，避免料场开挖。同时，骨料生产采用全封闭绿色环保技术，实现废水、废气、废料"零污染、零排放"；三级和七级水电站工程区和料场开挖采用新型水介质换能爆破技术，可对爆破振动、噪声、烟尘、飞石范围、爆破岩石应力等进行控制，达到环保要求。同时，还能对爆破粒径和级配进行控制，大幅度减少二次破碎量，提高骨料获得率，极大提高施工作业效率。

[关键词] 南欧江；干法；辉绿岩；水介质；爆破

0　引言

南欧江一级水电站可行性研究设计在坝址下游左岸规划两个灰岩石料场，作为混凝土骨料和导流围堰堆石料料源，因老挝政府禁止在工程区附近开挖料场，建设期决定全部利用工程开挖辉绿岩生产所需人工料。辉绿岩中 SiO_2 几乎占到 50%，是一种过硬、过强、密度大的难破碎坚硬岩。采用辉绿岩加工骨料难度较大，对设备磨损程度高，加工出的骨料针片状多，细骨料颗粒粗、级配差、石粉含量多，而石粉遇水容易结块或贴裹在骨料表面，因此宜采用全干法破碎工艺制备辉绿岩人工料，并需严格控制料源的含水量。辉绿岩人工骨料在混凝土中的应用，国内外少有成功的经验，特别在水电工程常态混凝土中大规模应用辉绿岩骨料还是一项空白。因此，需开展干法制备辉绿岩常规混凝土骨料的设备、工艺及质量控制等方面研究及应用。

辉绿岩的密度和平均可磨蚀性指数超过花岗岩，坚硬的辉绿岩与加工设备碰撞，会产生更大噪声，且辉绿岩需采用全干法破碎工艺制备人工骨料，加工料石粉含量偏高，加工过程中会产生更大灰尘。为控制辉绿岩加工产生的噪声和灰尘，并尽量减少"废水、废弃、废料"的排放，首次在老挝采用"零污染、零排放"的全封闭砂石加工系统，全面满足老挝政府的环保要求。

南欧江三级水电站混凝土骨料料场和枢纽区开挖量共约 $370×10^4m^3$，南欧江七级水电站混凝土骨料料场、坝体堆石料及枢纽区开挖量共约 $1600 \times 10^4 m^3$。三级和七级水电站建设开挖量较大，需进行大量的爆破作业，但分别临近著名旅游景点勐威老县城和某国家森林公园自然保护区。为满足环保要求，需采用新型绿色环保水介质换能爆破技术，对爆破振动、噪声、烟尘、飞石范围、爆破岩石应力等进行有效控制，同时为满足爆破作业的技术经济性，需对爆破料颗粒度和级配进行控制。

1 工程概况

南欧江是湄公河左岸老挝境内最大支流，发源于中国云南省江城县与老挝丰沙里省接壤的边境山脉一带，是湄公河在老挝北部的最大支流，为典型的山区河流，全河流域面积为 $25634km^2$，河长 $475km$。南欧江流域梯级电站项目，是中国"一带一路"国家战略实施的骨干项目，是中资公司"走出去"首个全流域开发水电项目。全流域采用"一库七级"方案开发建设，总装机容量为 $1272MW$，分两期建设。一期（二、五、六级水电站）总装机容量为 $540MW$，2012 年 10 月开工建设，2016 年 4 月全部投产发电；二期（一、三、四、七级水电站）总装机容量为 $732MW$，2016 年 4 月开工建设，计划 2021 年 11 月全部投产发电。

一级水电站采用堤坝式开发，枢纽主要建筑物包括混凝土闸坝、坝式进水口及河床式厂房、两岸非溢流坝段，最大坝高为 $52.5m$，水库正常蓄水位为 $307.00m$，相应库容为 $0.89 \times 10^8 m^3$，调节库容为 $0.22 \times 10^8 m^3$，具有日调节性能。电站装机容量为 $180MW$，Ⅱ等大（2）型工程；三级水电站采用堤坝式开发，枢纽主要建筑物包括混凝土重力坝、坝式进水口及河床式厂房、冲沙底孔坝段、两岸非溢流坝段，最大坝高为 $58.5m$，水库正常蓄水位 $360m$，相应库容为 $1.81 \times 10^8 m^3$，调节库容为 $0.24 \times 10^8 m^3$，具有日调节性能。电站装机容量为 $210MW$，Ⅱ等大（2）型工程；七级水电站采用堤坝式开发，枢纽主要建筑物包括混凝土面板堆石坝、左岸溢洪道、左岸引水系统、发电厂房、右岸防空洞，最大坝高为 $143.5m$，水库正常蓄水位为 $635m$，相应库容为 $16.94 \times 10^8 m^3$，调节库容为 $12.45 \times 10^8 m^3$，具有多年调节性能。电站装机容量为 $210MW$，Ⅰ等大（1）型工程。

2 主要研究内容

为达到南欧江梯级水电站建设人工料生产的绿色环保要求，需开展全干法制备辉绿岩常规混凝土骨料加工工艺、全封闭"零污染、零排放"辉绿岩加工绿色环保技术、新型水介质换能爆破绿色环保技术的相关研究。

2.1 干法制备辉绿岩人工骨料绿色环保技术应用

2.1.1 干法制备辉绿岩人工骨料工艺

为灵活调整砂石生产各级成品砂石骨料的级配和数量，降低工艺流程循环负荷量，辉绿岩制备砂石骨料生产系统采用分段闭路工艺流程。

一级水电站砂石系统生产规模原则上要求：系统处理能力 $310t/h$，成品生产能力 $250t/h$。根据施工总进度计划混凝土浇筑高峰强度为 3.42 万 $m^3/$月，砂石加工系统按一天两班 $14h$ 工作制并满足高峰时段 3.42 万 $m^3/$月混凝土生产强度的骨料生产要求进行设计。根据拟定的工艺流程，砂石加工厂由粗碎车间、半成品堆场、第一筛分车间、中细碎车间、第二筛分车间、超细碎车间、脱粉车间、成品堆场及供配电、给排水设施等部分组成。

粗碎车间根据 310t/h 生产能力要求及辉绿岩的物理力学特性,选用 2 台 JC1150 鄂式破碎机;半成品堆场配置 GZG130-4 型电机振动给料机 3 台,堆场堆高 14m,容积为 5020m³,可满足生产高峰期 2 天的需要量;第一筛分车间设计处理能力为 480t/h,配置 2YKR1845 型振动筛 2 台;中细碎车间设计处理能力 226t/h,配置 CC300EC 型圆锥式破碎机 1 台;第二筛分车间设计处理能力 480t/h,配置 3YKR2460 型振动筛 2 台;超细碎车间设计处理能力 124t/h,设置超细碎料仓容积为 125m³ 二座,配置 PL8000 型立轴冲击式破碎机 2 台。另外,配置一台对辊破碎机用于处理部分 3～5mm 的物料,破碎后的骨料返回第二筛分车间,形成闭路循环;脱粉设备,采用一台处理能力 120t/h 砂石专用选粉机剔除多余的石粉。

2.1.2 干法制备辉绿岩人工骨料绿色环保技术

(1)砂石加工系统生产排放物对环境的影响。砂石骨料加工系统生产,产生的废水中含有大量悬浊物,未经处理排入江中,会影响水质,对水生物生存不利;易产生大量粉尘,导致大气中的 PM2.5 超标,产生雾霾,对人类和动植物生存不利;淤泥等固体废弃物会对周围环境造成污染;加工过程中,石头与铁碰撞会产生大量噪声,对人员的身体和心理会产生不利影响。

(2)粉尘和噪声防治。为降低噪声和粉尘量,对除粗碎车间外其他生产线采用全密封环保设计,对不能全封闭的粗碎车间采用喷淋系统降尘,对产生的粉尘采用 PPDC 系列气箱脉冲袋式除尘器除尘,其可处理含尘浓度高达 1000g/(N·m³) 的气体。第一除尘车间选用 DMCA-220Ⅱ除尘设备一台,用来收集和处理第一筛分和超细碎车间生产时产生的扬尘,第二除尘车间选用 DMCA-100Ⅱ除尘设备一台,用来收集和处理中细碎生产时产生的扬尘,第三除尘车间选用 DMCA-100Ⅱ除尘设备一台,用来收集和处理第二筛分车间生产时产生的扬尘。

PPDC 系列气箱脉冲袋式除尘器(见图 1)具有先进除尘理念:①采用离线清灰技术进行反吹脉冲清灰,既避免粉尘二次飞扬"再吸附",又不影响设备正常连续运行,提高清灰效果并延长滤袋使用寿命;②采用"滤袋自锁密封装置"专利技术,提高密封性和除尘效率;③采用气箱式结构,从而降低设备局部阻损,并避免安装滤袋带来的不方便;④电磁脉冲阀采用双模片结构,控制灵活、效率高、寿命长;⑤采用单片机进行集中控制,具备自动和手动两种方式,调试和检修时采用手动控制,正常运行时采用自动控制;⑥脉冲清灰采用自动控制,卸灰可采用手动或自动两种方式,卸下的灰回收后可作为混凝土石粉掺和料。

图 1　PPDC 系列气箱脉冲袋式除尘器

(3)废水处理。废水主要来自粗骨料进仓前的冲洗和筛分,以及粗碎车间除尘喷淋,废水处理系统设计处理能力为 100m³/h,采用"刮砂机+DH 高效污水净化器+板框式压滤机"工艺,经处理后的废水循环用于骨料冲洗筛分,产生的污泥运至弃渣场堆弃,废水处理工艺流程如图 2 所示。

1)废水经排水沟至沉淀池初步沉淀,沉淀出的较粗颗粒采用装载机清理。

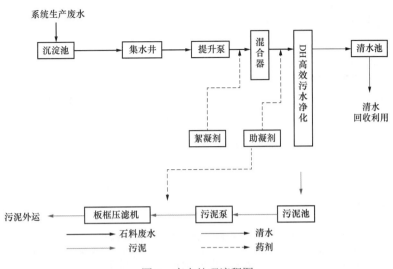

图 2　废水处理流程图

2）初步沉淀后的废水进入集水井，经泵提升至 DH 高效污水净化器，在废水提升泵出口管道上设置混凝混合器，在混凝混合器前后分别投加絮凝和助凝药剂，在管道中完成混凝反应。

3）废水在 DH 高效污水净化器，经离心分离、重力分离及污泥浓缩等过程，从净化器顶部排出经处理后的清水。

4）从净化器底部排出的浓缩污泥排入污泥池，在污泥池上方设置搅拌器，防止污泥沉淀。污泥泵将污泥提升至板框式压滤机，经脱水干化，放至板框式压滤机底部，集中后采用装载机装车外运。

5）清水进入清水池后，经泵抽至系统生产冲洗用水管道回收利用，如此反复循环，真正实现了"零排放"。

2.2　绿色环保水介质换能爆破技术研究与应用

2.2.1　水介质换能爆破机理

水介质换能爆破系统，是指爆破作业中需要对岩石、混凝土等介质进行破碎时，在被爆介质中采用机械设备形成装药腔后，分别埋设炸药、与炸药隔离封闭的水介质和起爆系统，最后堵塞封闭形成整体爆破系统。

水介质换能爆破机理，水是最容易吸收和释放能量的物质，从热力学角度分析，在"爆炸热力学系统"中加入"一定量"的水，按照热力学定律和质量守恒定律，炸药释放的能在绝热的"爆炸热力系统"中将转换为水的内能，在常压状态下当温度达到 2000K（1726.85℃）时水开始分解为氢和氧，积蓄了炸药爆炸能的水和炸药共生的爆生气态物质在炸药爆炸的 3000℃和 10×10^4MPa 的高温高压条件下将进一步发生化学反应生成 H_2、O_2、CO_2、NO_2 等新物质。这些高温高压爆生气态物质体积是标准状态下的 1100 多倍，由于这些气态物资高度压缩在"爆炸热力学系统"中，因此继续巨大能量，遵循爆轰论的"爆轰产物的飞散遵循等距离面组规律"，主要以急剧膨胀做功的方式挤压被爆介质使被爆介质破碎，完成爆破作业。在"爆炸热力学系统"中由于水介质的加入，是水和炸药共同参与化学反应，即水的化学键发生一个断裂后再形成的过程。这一能量变化的化学反应过程相对延缓"爆炸热力学系统"瞬时爆轰时程，能够较为缓慢地释放炸药的爆炸能，使炸药爆炸所产生空气冲击波、地震波、光和声的效应、爆炸飞散物的危害作用变小。

2.2.2 水介质换能爆破施工工艺

（1）钻孔。根据爆破设计图布置钻孔孔位，由测量人员现场放出具体孔位并明确标识。钻孔明挖采用 90～250mm 大孔径潜孔钻、履带液压钻机等大型钻孔机械设备造孔，洞挖以及药室爆破采用 40～65mm 小孔径手风钻、轮胎液压钻机等机械设备造孔。根据地质、地形条件以及开挖梯段高度，明挖孔网参数（孔排距）推荐采用斜形起爆的正矩布置，形成炮孔密集系数为 2 的宽孔距爆破格局，可进一步提高爆破质量。

（2）水袋注水。水介质换能爆破水袋须采用国家专利产品——爆破用注水自动封闭水袋装置，才能取得预期效果，水袋规格见表 1。

表 1   常用爆破用注水自动封闭水袋装置规格表

型号（mm×mm×mm）	适用炮孔直径（mm）	注水量（kg）
ϕ32×560 ×0.075	38～42	0.396
ϕ65×630 ×0.125	80～90	2.10
ϕ75×600 ×0.125	100～110	2.10
ϕ120×645×0.175	140	5.40
ϕ150×710×0.200	165	9.20

除用于手风钻等 32mm 直径的小水袋采用 ϕ8mm 外径注水管注水外，其余均采用市政供水常用 ϕ20mm 外径注水管注水。将注水管插入注水口 3cm 并捏紧注水口，打开水龙头开关注满水袋后拔掉注水管即完成注水工序。

（3）水袋安装。水袋安装与普通爆破炸药安装工艺并无多大区别，一般情况孔深小于 12m 的炮孔水袋安装在炸药顶部；孔深大于 12m 的炮孔水袋宜分别安装在炸药的中部和顶部。直径不大于 75mm 的水袋安装与炸药安装相同，即采用 ϕ5mm 钢筋钩勾住水袋翼缘下放；直径大于 75mm 的水袋采用水袋下放装置安装。

炮孔中炸药和水介质相互隔离，最优值的安装质量比为

$$M = \frac{H_e}{H_S} \times 100\%$$

式中 M——水介质和炸药之间的质量比的最优值；

      H_e——爆破所采用炸药的爆热，kJ/kg，可采用表 2 的数值；

      H_S——氢和氧合成水时所释放的热能，H_S=15879kJ/kg。

炸药用量确定后就可以按照上式确定水介质用量，从而确定水袋数量。

表 2   常用工业炸药的爆热值表

序号	炸药名称	爆热（kJ/kg）
1	岩石粉状乳化	4600
2	一级煤矿粉状乳化	4466
3	二级煤矿粉状乳化	4447

序号	炸药名称	爆热（kJ/kg）
4	三级煤矿粉状乳化	4075
5	煤矿乳化	3981
6	2号煤矿抗水铵梯	3796
7	2号岩石铵梯	4345

（4）炸药安装。与普通爆破炸药安装一样。

（5）炮孔堵塞。炮孔堵塞长度不小于最小抵抗线或排距。洞挖采用炮泥或"砂水袋"堵塞，明挖就地采用炮渣（钻孔石屑）堵塞，洞室爆破应严格按照设计要求封堵药室施工通道。

（6）爆破网络。洞挖爆破网络与普通洞挖爆破网络完全相同；明挖爆破网络优先推荐采用逐孔起爆网络以进一步提高炸药的能量利用率，根据不同爆破要求也可以采用多孔逐段爆破或排间微差爆破方式，起爆网络比较灵活，数码雷管起爆的微差间隔采用40~50ms为宜；药室爆破网络应该按照药室爆破设计要求实施。爆破网络引爆必须经公安部门考核合格的爆破人员按照设计要求联网起爆。

2.2.3　水介质换能爆破试验及效果分析

水介质换能爆破技术在南欧江三级和七级水电站建设中予以运用。南欧江三级水电站附近有索节村、哈萨非村，南欧江七级水电站附近是某国家森林公园自然保护区，且七级水电站堆石坝料开采爆破工程量巨大，对爆破料粒径、级配也提出较高要求。为达到环保和工程要求，采用水介质爆破对爆破振动、噪声、颗粒度、烟尘、飞石范围、爆破岩石应力、炸药单耗等进行控制，先要开展现场爆破效果试验和评价。

（1）爆破振动测试分析。南欧江三级、七级水电站水介质换能爆破振速降低率见表3。在相同爆破效果时，采用水介质换能爆破技术与采用普通爆破技术相比，爆破所需炸药量减小14%，爆破振动降低率为34.8%~43.4%。

表3　　　　　　　　南欧江三级、七级水电站水介质换能爆破振速降低率

实测与计算值	系数 K	系数 α	单响药量 Q（kg）	爆心距 R（m）	爆破最大振速 v（cm/s）	实测爆破振速比 GB 6722—2014《爆破安全规程》经验值降低率（%）	同比降低率（%）	爆破有无水袋
实测	58.62	1.60	5.6	20	1.22	61.90	38.00（南欧江三级）	有
计算	250	1.8	5.6	20	3.20			
实测	90.9	1.71	5.6	20	1.97	38.50		无
计算	250	1.8	5.6	20	3.20			
实测	90.9	1.71	12.5	40	0.70	47.90	32.38（南欧江七级）	有
计算	300	1.9	12.5	40	1.34			
实测	101	1.61	12.5	40	1.03	23.00		无
计算	300	1.9	12.5	40	1.34			

注　南欧江三级为泥板岩，南欧江七级为砂岩。

（2）爆破噪声测试分析。对水介质换能爆破与普通爆破的爆破噪声和冲击波过程作对比监测，试验采用 WSD-2A 进行声波监测，监测结果如图 3 和图 4 所示。水介质换能爆破噪声保留的岩体声波衰减在离建基面 1.0m 范围内，脉冲噪声声压峰值在 70~110dB 范围内，小于工人工作场所国家标准 125~140dB。水介质换能爆破的噪声峰值比普通爆破噪声值低，噪声控制效果好。

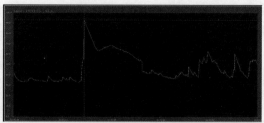

图 3　普通爆破噪声监测　　　　　　　图 4　水介质换能爆破噪声监测

（3）爆破颗粒试验分析。水介质换能爆破与普通爆破的爆破颗粒级配对比试验采用人工筛分法获得，见表 4、图 5。

表 4　　　　　　　　　　　　　　爆破颗粒筛分成果表

序号	试验编号	颗粒直径（mm）																
		通过下列筛孔的质量百分率（%）																
		800	600	500	400	300	200	100	80	60	40	20	10	5	2	1	0.5	0.25	0.08
1	水介质爆破		100.0	91.3	80.6	67.5	56.8	42.3	38.1	33.2	28.3	22.6	17.4	13.7	9.4	6.2	4.5	3.8	3.6
2	普通爆破	97.3	83.5	73.9	64.0	54.5	46.5	34.2	30.8	26.8	21.7	16.0	13.4	11.5	10.1	9.1	8.1	7.0	5.0

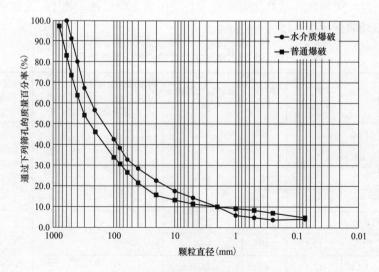

图 5　爆破颗粒级配曲线图

（4）爆破烟尘试验分析。水介质换能爆破炮孔腔壁从开始破裂至周围被爆介质逐步产生破碎、鼓包、塌落过程均有大量雾态水存在，而大量水雾随其破碎过程能够极大减小爆破烟尘的产生。综合不同现场试验成果，根据地质条件以及岩石构造的不同，水介质换能爆破比普通爆破烟尘降低量达50%~95%。对比试验过程高速摄像机拍摄的爆破烟尘图像如图6和图7所示，水介质换能爆破产生的烟尘明显小于普通爆破。

图6 水介质爆破烟尘测试　　　　　　　图7 常规爆破烟尘测试

（5）爆破飞石试验分析。在爆破试验区临空面方向，工作面20m中心线地面铺设彩色塑料编织布，观测爆破后的飞石分布情况以及飞石粒径与离爆破试验中心点距离关系。试验结果表明，爆破飞石可以控制在20~50m范围内，外围飞散多是粒径小于6cm的小颗粒。

（6）爆破技术经济效益。南欧江七级水电站施工现场普通爆破试验炸药单耗为0.29~0.32kg/m³，而水介质换能爆破大水袋、小水袋爆破的炸药单耗分别为0.25、0.22kg/m³。水介质换能爆破比普通爆破炸药单耗降低13.8%~31.3%，可显著节省成本。

南欧江三级水电站施工现场爆破试验显示，水介质换能爆破对比普通爆破，炸药单耗下降18%，综合考虑水袋装置成本后，爆破总体施工成本降低14.9%。另外较普通爆破开挖施工机械效率提高约44%，大粒径石料减少，相应减少二次解爆的成本，综合技术经济效益明显。

3　结语

干法制备辉绿岩常规混凝土人工骨料绿色环保技术和绿色环保水介质换能爆破技术应用于南欧江流域梯级水电站建设，既全面满足老挝政府对施工环保的要求，又实现工程建设进度、质量、安全、成本、环保五大要素。该研究项目形成干法制备难破碎坚硬岩施工工艺、人工骨料"零污染、零排放"绿色环保加工工艺、绿色环保高效爆破技术等科技成果，可为类似工程建设提供实施经验和借鉴。

干法制备辉绿岩技术是根据辉绿岩物理和化学特性，在总结分析以往工程经验的基础上，通过试验研究，对砂石料加工系统工艺进行有针对的调整，比较选择合适的设备，首次实现采用全干法制备坚硬岩（辉绿岩）常规混凝土人工骨料，并通过试验确定符合质量要求的常规混凝土最优配合比，该技术成果可为坚硬岩制备混凝土骨料提供借鉴。整个砂石骨料加工系统采用全封闭绿色环保技术，运行三年多时间，噪声控制在平均值为30.83dB，PM2.5平均值为32.6675μ/m³，PM10平均值为56.1675μ/m³，总悬浮微粒（TSP）平均值为95.3375μ/m³，扬尘和废水均实现零排放，回收利用石粉36t。首次在老挝工程建设中实施全封闭"零排放、零污染"人工混凝土骨料加工系统，为类似工程建立绿色环保砂石加工系统提供了成功经验。

水介质换能爆破对爆破振动、噪声、颗粒度、烟尘、飞石范围、爆破岩石应力等实现全面控制，技术经济效益优越。水介质换能爆破脉冲噪声声压峰值为70～110dB，小于国家标准的规定值；爆破飞石控制在20～55m范围内，外围飞散多是粒径小于6cm的小颗粒。水介质换能爆破较常规爆破，炸药单耗减少14%，爆破质点振速将减小7%，爆破自身减振作用大于32%，烟尘降低50%～95%，爆破应力增加20%左右，爆炸应力作用时间延长16%～17%，爆破危害全面减小，爆破渣块更均匀、大块率降低、微颗粒量减小，降低二次破碎量，提高骨料获得率，便于挖、装、运作业，提高施工作业效率。技术经济效益分析表明，施工直接成本降低14.9%，相关辅助机械设备的施工效率提高44%。

参考文献

[1] 许泾川，赵铭荟，朱跃华，等. 苏阿皮娣项目辉绿岩开采爆破粒径控制方法研究与应用 [J]. 水电与新能源，2019.

[2] 陆民安. 辉绿岩砂石骨料在百色碾压混凝土主坝的应用研究 [J]. 中国碾压混凝土筑坝技术交流研讨会议资料，2010.

[3] 陆民安. 大型人工砂石加工系统干法布袋收尘处理研究与 [J]. 水利水电技术，2010.

[4] 郭子晗，韦仕鸿. 砂石加工系统高浓度废水处理工艺的应用 [J]. 水利水电施工，2016.

[5] 张奇，杨永琦，于滨. 岩石爆破破碎时间及微差起爆延时优化 [J]. 爆炸与冲击，1998，(3)：77-81.

[6] 秦健飞，秦如霞. 浅谈水介质换能爆破技术的工程应用 [J]. 采矿技术，2018，(5)：157-159.

[7] 周后友，池恩安，张修玉，等. $\phi42mm$ 炮孔空气间隔装药爆破对岩体破碎效果的影响研究 [J]. 爆破，2018，35(4)：67-72.

[8] 周芷若，郝东东，管宏伟，等. 生物制氢的原理及研究进展 [J]. 山东化工，2016，(10)：40-41，47.

作者简介

周建新（1978—），男，高级工程师，主要从事水电工程投资、建设及运营技术管理工作。E-mail：zhoujianxin@powerchina.cn

白存忠（1968—），男，高级工程师，主要从事电力工程投资建设及运营的技术、质量、科技进步及信息化管理工作。E-mail：baicunzhong@powerchina.cn

GNSS 系统在索风营水电站 Dr2 危岩体外部变形监测中的应用

程淑芬　李运良　钟　辉

（中国电建集团贵阳勘测设计研究院有限公司，贵州省贵阳市　550081）

[摘　要] GNSS 系统具有全方位、全天候、全时段、高精度的特点，测量基线的精度已经达到毫米级，在水利水电工程变形监测上可以发挥重要作用。索风营水电站 Dr2 危岩体方量大，裂隙发育、局部形成倒悬坡，一旦发生破坏则危害严重。通过 GNSS 系统在索风营 Dr2 危岩体的应用，提出了设计方案并经过现场测试，证实了 GNSS 系统能满足山体变形监测要求，可对今后的同类型工程提供经验。

[关键词] 索风营水电站；Dr2 危岩体；GNSS 系统；变形监测

0　引言

随着我国科学技术的发展以及人们在水利水电事业运行要求上的不断提高，水利水电安全监测也在向着自动化和智能化的方向转变[1]。我国是一个地域辽阔、地质环境复杂的国家，地质灾害频发[2]，在进行水利水电工程时，山体破坏是造成损失最大的地质灾害之一。因此，为了确保人们生命、财产安全，对山体进行长期的监测预警十分必要，而高精度和实时性是实现山体监测预警成功的重要前提[3,4]。GNSS 系统全称为全球导航卫星系统（global navigation satellite system），是利用卫星，在全球范围内实时进行定位、导航的系统。这是具有全方位、全天候、全时段、高精度的卫星导航系统，它所依据的卫星有美国的全球定位系统 GPS、俄罗斯的全球卫星导航系统 Glonass、欧洲的伽利略 Galileo、中国的北斗卫星导航系统等。GNSS 系统能为全球用户提供低成本、高精度的三维位置、速度和精确定时等导航信息，是卫星通信技术在导航领域的应用典范。经过几十年的应用和发展，GNSS 测量基线的精度已经由过去的 $10^{-6} \sim 10^{-7}$ 提高到 $10^{-8} \sim 10^{-9}$，静态相对定位精度提高到了毫米级甚至亚毫米级，尤其是高程精度也达到了毫米级[5]。精度的提高使得 GNSS 系统足以胜任工程变形监测的要求[6]。

1　索风营水电站 Dr2 危岩体

索风营水电站位于贵州省修文县和黔西县交界的乌江干流六广河段，距贵阳市公路里程为 82km，装机容量为 3×200MW，属Ⅱ等大（二）型工程。Dr2 危岩体位于坝址右坝肩上方的灰岩陡崖上，距右坝肩最近水平距离为 140m，分布高程为 900～1085m，危岩体沿陡壁长约 160m，是坝址区规模最大、危害严重的危岩体。Dr2 危岩体高程 1070m 以上为 T_1m 灰岩地层形成的缓坡平台，地表有厚 0.5～1.5m 残坡积黏土夹碎石分布，地形坡度为 5°～10°；高程 960m 以下为Ⅲ号崩塌堆积形成的斜坡，地形坡度为 24°～40°；960～1070m 之间为 T_1m 灰岩形成的陡壁，地形坡度大于 70°，局部形成倒悬坡。Dr2 危岩体受 L1 拉裂缝切割，在 T_1m 灰岩地层中的陡壁边缘，形成一个与后缘完整岩体基本脱离的、坐落在下伏软岩（T_1y^3 泥岩）上的柱状不稳定体，危岩体分布发育的长大裂隙主要有 7 条，根据危岩体内拉裂缝展布及延伸情况，又可将危岩体划分为 Dr2-1、Dr2-2、Dr2-3、Dr2-4、Dr2-5 五部分。Dr2 危岩体位置及危岩体裂隙分布如图 1 和图 2 所示。

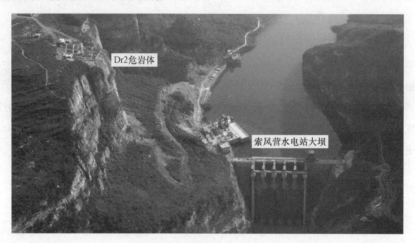

图 1　Dr2 危岩体位置图

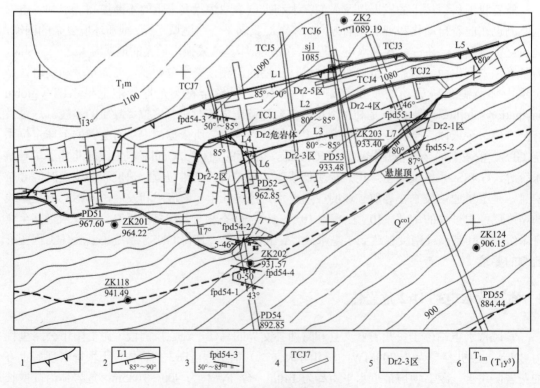

图 2　Dr2 危岩体裂隙分布图

2 Dr2 危岩体外部变形监测 GNSS 系统

2.1 Dr2 危岩体现有工程处理措施及监测手段

Dr2 危岩体工程实施了针对岩体掉块挂网喷锚支护、对各条裂缝顶部混凝土封闭、地表设置截水沟、岩体打排水孔、裂缝外侧采用无黏结锚索和锚杆加固、危岩体下部打抗滑桩加固、打锚固洞、实现"洞、桩、锚"联合受力等一系列工程处理措施。针对 Dr2 危岩体的加固处理措施，为了解工程处理效果和危岩体运行情况，布置了表面观测墩、监测对标、裂缝计、多点位移计、渗压计、锚索测力计、钢筋计、土压力计等监测仪器对 Dr2 危岩体的变形、加固处理措施结构应力、危岩体渗流等情况进行监测。然而 Dr2 危岩体位于右坝肩陡壁，人工观测交通条件不方便，观测人员每观测一次耗时长、难度大，危岩体的外部变形观测困难。为了能够全天候、实时地对 Dr2 危岩体加固工程的外部变形情况进行监控，能快速、便捷地获取工程运行状态数据，确保工程及工程附近居民的人身安全，决定对 Dr2 危岩体外部变形监测采用 GNSS 系统。Dr2 危岩体分布高程高、场地开阔，岩体四周基本无遮挡，采用 GNSS 系统具有较好的卫星信号接收条件，也可避免恶劣天气对观测作业影响。

2.2 Dr2 危岩体外部变形监测 GNSS 系统设计方案

结合已有的观测墩，在 Dr2 危岩体上布置两个监测断面 A-A、B-B，进行外部变形监测，两个断面间隔 50m 左右。L1 裂隙以外部分的 2 号危岩体为重点监测对象，因此 A-A 断面测点 1 分别布置在外缘的 Dr2-1 区，考虑到施工难度，将测点移至紧挨 Dr2-1 区的 Dr2-3 区内，结合已有的观测墩 HP1 布置，测点 2 也布置在 L1 裂隙以外的 Dr2-5 区，结合已有的观测墩 HP5 布置；B-B 断面也布置两个测点，测点 1 也选在 Dr2-3 区内，结合已有的观测墩 HP2 布置，测点 2 也选在 Dr2-5 区，结合已有的观测墩 HP6 布置。共布置 4 个测点。基准点布置 2 个，其中 1 个布置在 2 号危岩体 L1 裂隙以内、稳定基岩处，第 2 个基点共用 1.5km 外的工程基点。GNSS 系统测点布置如图 3 所示。

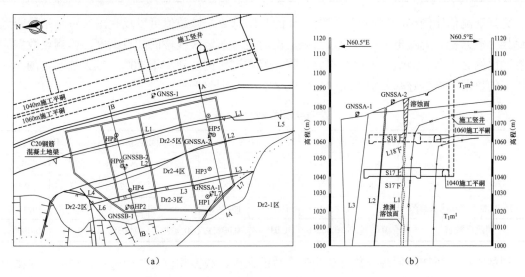

（a）

（b）

图 3 Dr2 危岩体外部变形监测 GNSS 测点布置图

（a）Dr2 危岩体外部变形监测 GNSS 平面布置图；（b）A-A 剖面布置图

3 GNSS 系统现场测试

在 Dr2 危岩体 GNSS 系统方案最终实施前，为确保 GNSS 系统在危岩体的搜星效果和精度的可靠性，需进行现场测试。

针对 Dr2 危岩体，在该变形区域选择一个监测点，远离该变形区域、地址条件稳定的地方选择基准点，将两套 GNSS 接收机和天线分别架在基准点和监测点，连接好相关线缆、通电、配置接收机和通信，便可自动采集数据，某软件从接收机按一定的时间间隔进行数据下载并打包成文件产品，再进行基线解算，某软件抓取解算结果进行分析，自动形成变换曲线，同时使用专业的卫星质量分析软件进行卫星质量分析，并做距离移动，检验测试结果是否可靠。

3.1 现场信号测试

现场信号测试是指 GNSS 系统建站时测点和基准点在信号接收上对获取的数据完好率、数据周跳比、多路径影响情况以及图形构成网几何强度值 DOP 等是否满足要求，测试结果见表1～表4。

根据表1～表4可知，Dr2 危岩体采用 GNSS 系统，其 GNSS 系统测点和基准点的各个指标均满足建站要求。

表1 监测点数据完好率统计表

观测值	总体		GPS		GLONASS		BDS	
	测点	基准点	测点	基准点	测点	基准点	测点	基准点
预计的观测值总数大于15°	68633	68633	19820	19820	16723	16723	32090	32090
完好观测值总数大于15°	61968	62327	19440	19725	14788	14857	27740	27745
完好观测值比例大于15°	90.3%	90.8%	98.1%	99.5%	88.4%	88.8%	86.4%	86.5%

完好观测值比例=完好观测值总数/预计的观测总数，该数值可以反映出参考站站址附近的遮挡、多路径、无线电干扰等综合影响，同时也可决定天线墩的架设高度。监测点数据完好观测比例必须高于70%，监测基准站数据完好观测比例必须高于80%，Dr2 危岩体测点和基准点的数据平均完好率分别为90.3%和90.8%，均满足建站要求。

表2 监测点数据周跳统计表

周跳	总体		GPS		GLONASS		BDS	
	测点	基准点	测点	基准点	测点	基准点	测点	基准点
周跳总数大于15°	68	70	20	21	21	22	27	27
平均周跳的完整观测值总数	197365	839177	186800	1074412	214833	629373	176853	1027432
周跳比数值	0.03%	0.008%	0.01%	0.002%	0.009%	0.003%	0.015%	0.003%

周跳比指观测期间周跳个数占观测值个数的比例，载波相位观测值分析，周跳反映接收机由于某种原因对卫星短时间失去跟踪，周跳比能直接反映出 GNSS 测站周围受遮挡的情况，周跳越小越好，周跳比数值必须低于0.2%。Dr2 危岩体测试采用北斗卫星的测点和基准点周

跳比数值分别为 0.03%和 0.008%，均小于规定值，满足建站要求。

表 3　　　　　　　　　　　　　监测点多路径影响统计表　　　　　　　　　　　单位：m

多路径	总体		GPS		GLONASS		BDS	
	测点	基准点	测点	基准点	测点	基准点	测点	基准点
L1 多路径	0.133	0.098	0.120	0.059	0.100	0.063	0.187	0.191
L2 多路径	0.151	0.086	0.151	0.082	0.150	0.092		

MP1 和 MP2 反映了在 L1 和 L2 频率上的多路径效应的影响。多路径影响与周边环境、天线架设高度等有关，因此分析 MP1 和 MP2 不仅可以判定参考站周边环境对数据的影响程度，还可以作为天线墩施工高度的依据之一。MP1、MP2 值越小，证明净空条件越好。MP1 与 MP2 值必须小于 0.5，测点和基准点的净空值均小于 0.5，满足建站要求。

表 4　　　　　　　　　　　　监测点图形构网几何强度值统计表

图形构网几何强度值	最小值		最大值		平均值	
	测点	基准点	测点	基准点	测点	基准点
	2.2	2.2	3.2	3.1	2.6	2.6
	2.7	2.7	3.9	3.9	3.1	3.1

DOP 为图形构网几何强度值，它主要反映测点的 GNSS 卫星分布的图形是否合理，测值越小，几何分布越好，一般小于 7。测点和基准点 DOP 值均小于 7，满足建站要求。

3.2　现场精度测试

为证明 GNSS 系统实测数据是否能满足 Dr2 危岩体的变形位移要求，技术人员在测点上布置了移动平台，采用人工定时移动平台，即赋予一个移动距离，来测试 GNSS 能否在后台软件测出实际移动距离；技术人员第一次向一个方向移动了 18mm，5h 后，再往反方向移动了 29mm，也就是在初始位置反方向移动了 11mm。

图 4 和图 5 为 Dr2 危岩体 GNSS 系统实际测量的位移过程线。

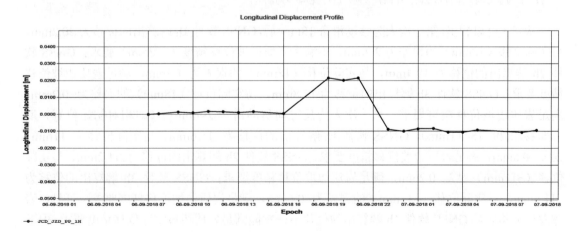

图 4　1h（1h 解算）软件实测位移过程线

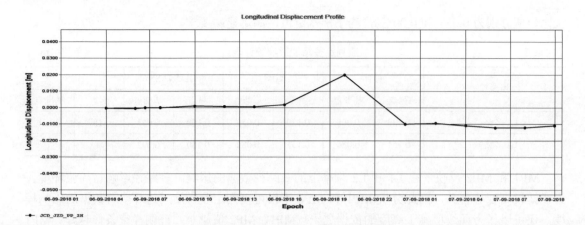

图 5　2h（2h 解算）软件实测位移过程线

与图 4 和图 5 对应的移动前、移动后的数据见表 5。

表 5　　　　　　　　　　　　　　　GNSS 系统现场实测位移表

现场移动位移	解算时间	坐标（m）			位移值（m）	移动量		与实际位移差（mm）	精度判别（标准小于2mm）
		E	N	H	LD	单位（m）	单位（mm）		
初始值	3h	162135.6238	3127634.6578	567.1378	0.0029				
第一次移动18mm	1h	162135.6098	3127634.6742	567.1319	0.0231	0.0202	20.2	2.2	不满足
	2h	162135.6117	3127634.6759	567.1303	0.0223	0.0194	19.4	1.4	满足要求
	3h	162135.6122	3127634.6735	567.1285	0.0207	0.0178	17.8	−0.2	满足要求
第一次移动−29mm（即反向移动−11.1mm）	1h	162135.6308	3127634.6469	567.1232	−0.0087	−0.0116	−11.6	−0.6	满足要求
	2h	162135.6310	3127634.6480	567.1275	−0.0083	−0.0112	−11.2	−0.2	满足要求
	3h	162135.6314	3127634.6477	567.1270	−0.0087	−0.0116	−11.6	−0.6	满足要求

注　E 为东方向，N 为北方向，H 高程方向，LD 为移动方向测值。

从表 5 可以看出，第一次人为移动滑台 18mm 后，GNSS 软件 1h 解算出的位移为 20.2mm，与实际位移（18mm）的误差为 2.2mm，不满足岩质边坡位移精度（≤2mm）要求；GNSS 软件 2h 解算出的位移为 19.4mm，与实际位移（18mm）的误差为 1.4mm，满足岩质边坡位移精度要求；GNSS 软件 3h 解算出的位移为 17.8mm，与实际位移（18mm）的误差为−0.2mm，满足岩质边坡位移精度要求。第二次人为反方向移动滑台 29mm 后（即相对初始位置，反方向移动 29−18=11mm），GNSS 软件 1h 解算出的位移为−11.6mm，与实际位移（−11mm）误差−0.6mm，满足岩质边坡位移精度要求；GNSS 软件 2h 解算出的位移为−11.2mm，与实际位移（−11mm）误差−0.2mm，满足岩质边坡位移精度要求；GNSS 软件 3h 解算出的位移为−11.6mm，与实际位移（−11mm）的误差为−0.6mm，满足岩质边坡位移精度要求。可见，岩体发生位移之后 GNSS 软件 1h 解算出的位移不一定能满足岩质边坡实际位移精度要求，但随着解算时间加长，2h 或者 3h 解算出的位移均能满足岩质边坡位移精度要求，解算时间越长，精度越高。

4 结语

索风营水电站 Dr2 危岩体分布高程高、场地开阔，岩体四周基本无遮挡，经过现场测试证明，对危岩体外部变形监测采用 GNSS 系统是可行的，测点和基准点处均具有较好的卫星信号接收效果，所获得的监测数据经过 GNSS 软件 1h 以上的解算，位移误差均小于 2mm，精度完全能满足岩质边坡位移精度要求。采用 GNSS 系统满足对索风营 Dr2 危岩体进行外部变形监测，实现实时、高精度在线监控要求。

参考文献

[1] 曾超，王迎超. 大坝变形监测中自动化技术应用 [J]. 珠江水运，2020（11）：5-6.

[2] 赵文浩，刘根友. GNSS 滑坡变形监测系统实时数据通信与解码 [DB/OL]. 中国知网，2021.

[3] 王彬彬，刘根友，李正媛，等. BDS/GPS 单历元阻尼 LAMBDA 算法及其在边坡变形监测中的应用效果分析 [J]. 大地测量与地球动力学，2017，37（08）：782-786.

[4] 白正伟，张勤，黄观文，等. "轻终端+行业云"的实时北斗滑坡监测技术 [J]. 测绘学报，2019，48（11）：1424-1429.

[5] 李治洪. GNSS 系统在黄金峡坝肩边坡变形监测中的应用 [J]. 人民黄河，2021，43（1）：125-128.

[6] 徐绍铨，张华海，杨志强，等. GNSS 测量原理及应用 [J]. 武汉：武汉大学出版社，2008：187.

作者简介

程淑芬（1982—），女，工程师，从事水利水电工程安全监测工作。E-mail：33119896@qq.com

李运良（1976—），男，正高级工程师，主要从事水利水电工程工作。

钟　辉（1981—），男，正高级工程师，主要从事水利水电工程工作。

某黄土筑坝填方工程地质问题及处理措施分析

李征征 [1]　高晓雯 [2]

（1. 中国电建集团西北勘测设计研究院有限公司，陕西省西安市　710065;
2. 信息产业部电子综合勘察研究院，陕西省西安市　710054）

[摘　要] 文章针对黄土地区的填方工程地质问题，以西北某填方工程为依托，通过地质调查与测绘、地质勘探、原位测试及室内试验等勘察手段，对该工程存在的关键工程地质问题进行了分析研究，认为该填方工程存在不良地质作用、不稳定高边坡、地下水疏排及填方地基变形等工程地质问题；文章结合工程实践经验，针对性地提出了填方地基处理、边坡处理与防护、地下水疏排等工程处理措施和地下水位监测、填方边坡变形监测等工程监测措施，为后期工程设计与施工明确了方向，对黄土地区填方工程建设项目有较好的借鉴意义。

[关键词] 工程地质问题；黄土；填方；处理措施；监测措施

0　引言

随着经济建设的发展，城市建设用地变得极为紧张，尤其是在我国西北部黄土地区，越来越多的建设工程需要进行筑坝填方造地，由此产生了一系列填方工程地质问题。已完成的类似工程如陕西延安新区[1]及甘肃兰州新区的挖填方工程，均存在填方地基变形问题、填筑体高边坡稳定问题及湿陷变形问题等工程地质问题，以上工程也采取了诸如换填、强夯、挡墙防护、生态防护、设置盲沟等多种工程处理措施相结合的方式进行了有效治理。

本文以西北某填方工程为依托，通过现场地质测绘、地质勘察与试验等多种手段，对本工程存在的关键地质问题进行了深入分析研究，并结合工程实际提出了多种工程处理措施。

1　工程地质概况

1.1　地形地貌与地层岩性

本工程位于西北中部黄土川塬区，地貌单元属黄土梁与黄土沟。场地现为果园及荒地，地形北高南低，填方区位于冲沟沟脑，冲沟总体流向为正南向，冲沟总长度为 2km 左右，沟形总体顺直，沟深为 20～60m，沟宽为 40～90m，两侧沟岸自然坡度为 55°～80°，局部呈直立状，如图 1 所示。

根据区域地质资料及勘探成果，勘探深

落水洞

图 1　工程区三维地质模型

度内场地土除表层耕土、填土外主要由黄土状土、黄土、古土壤及含砾粉砂质泥岩组成，如
图 2 所示。

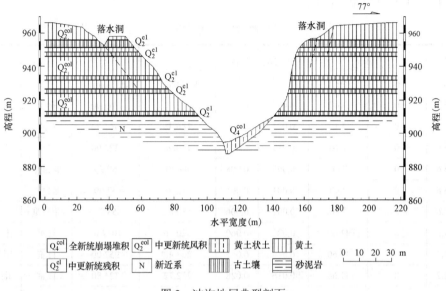

图 2　冲沟地层典型剖面

1.2　地下水补、排情况分析

　　第四系松散层孔隙水主要分布于冲沟沟底的第四系黄土状土中，黄土状土垂直节理及大
孔隙发育，透水而不含水，地下水为埋深 1.5～6.8m；基岩裂隙水普遍存在于新近系风化的泥
岩裂隙中，接受上覆第四系松散层孔隙水及大气降水入渗补给。

　　冲沟地下水主要接受：①大气降水入渗补给；②地表水下渗补给；③地下水侧向补给。
补给量受降水量、降水强度、降水形式、地形地貌、含水层岩性等多种因素制约。浅层地下
水接受补给后沿相对隔水层由冲沟沟脑汇聚并向下游流动。基岩裂隙水，接受降水补给，同
时也接受地表水补给，顺层或向裂隙深部运移，被沟谷切割后以泉的形式排泄于地表，部分
继续向深部运移，形成高矿化的承压水。

　　在地形控制下，地下水自周边两侧地带顺地势向沟谷径流汇集，在沟谷内淤地坝拦截下，
地下水径流排泄不畅，蓄积于淤地坝内，水位在局部上升至地表，呈面状溢出。地下水主要
排泄方式是沟谷泉水，形成地表径流最终排至区外。

　　水与地质灾害关系密切，大气降水下渗一方面增加土体质量，一方面软化软弱结构面，
降低其抗剪强度，促使坡体变形。丰沛的降水，尤其是暴雨、连阴雨是黄土崩塌、滑坡和泥
石流形成的重要条件。

2　关键工程地质问题分析

2.1　特殊性岩土

　　根据勘察成果，区内特殊性岩土主要由填土及湿陷性黄土组成，填土含植物根系及砖瓦
碎屑，平均层厚 1.5m，较松散、不均匀、强度低。根据室内试验成果，表层 Q_3、Q_4 黄土状

土、黄土及古土壤具有不同程度的自重湿陷性（见表1）。

如表 1 所示，自重湿陷量的计算值 Δ_{zs} 为 150.96～320.16mm，自重湿陷量大于 70mm，可知工程区黄土具有自重湿陷性[3]。

表1　　　　　　　　　　　　　　　　　　湿陷性评价表

序号	孔口标高（m）	湿陷土层起始深度（m）	湿陷土层终止深度（m）	自重湿陷系数 δ_{zs}	湿陷系数 δ_s	自重湿陷量的计算值 Δ_{zs}（mm）	湿陷量的计算值 Δ_s（mm）	湿陷类型	湿陷等级
1	975.6	0	7.40	0.025	0.069	222.00	765.90	自重	Ⅲ（严重）
2	975.6	0	7.40	0.021	0.033	186.48	366.30	自重	Ⅱ（中等）
3	975.6	0	7.40	0.017	0.030	150.96	222.00	自重	Ⅱ（中等）
4	975.6	0	7.40	0.005	0.008	44.40	59.20	非自重	—
5	975.6	0	7.40	0.001	0.005	8.88	37.00	非自重	—
6	975.6	0	7.40	0.001	0.006	8.88	53.28	非自重	—
7	981.2	0	11.60	0.023	0.060	320.16	1044.00	自重	Ⅲ（严重）
8	981.2	0	11.60	0.019	0.055	264.48	957.00	自重	Ⅲ（严重）
9	981.2	0	11.60	0.016	0.028	222.72	324.80	自重	Ⅱ（中等）
10	981.2	0	11.60	0.017	0.030	236.64	348.00	自重	Ⅱ（中等）
11	981.2	0	11.60	0.005	0.019	69.60	220.40	非自重	Ⅰ（轻微）
12	981.2	0	11.60	0.001	0.009	13.92	125.28	非自重	—
13	984.5	0	4.30	0.020	0.052	103.20	335.40	自重	Ⅱ（中等）
14	984.5	0	4.30	0.019	0.033	98.04	212.85	自重	Ⅱ（中等）
15	984.5	0	4.30	0.009	0.014	46.44	60.20	非自重	—
16	984.5	0	4.30	0.001	0.011	5.16	47.30	非自重	—
17	984.5	0	4.30	0.002	0.008	10.32	34.40	非自重	—
18	984.5	0	4.30	0.001	0.008	5.16	41.28	非自重	—

2.2　不良地质作用

区内主要不良地质作用表现为黄土崩塌、落水洞及不稳定高边坡。

（1）黄土崩塌的主要发育特征是：无明显滑体，坡体以坠落、滚动、翻倒等形式破坏，无滑床。一般规模小，但破坏速度快，易产生较大的人员和财产损失。多发生在滑坡体后壁或两侧陡坡处，另外人工切坡形成的陡壁也是产生崩塌的主要场所。黄土崩塌一般发生在坡度大于 50°的黄土斜坡上，人工切坡、挖窑洞所形成的陡壁是黄土崩塌发生的主要场所。大部分黄土崩塌是人为因素形成的，一部分是地表水在排泄过程中，将黄土陡坎底部的黄土冲走而形成临空面或者使下部的黄土浸水后强度大幅度降低，发展到一定程度之后就造成黄土边坡整体失稳或产生瞬时崩塌[4]。崩塌的规模一般较小，厚度也不大。

（2）工程区位于黄土川塬区，黄土塬边落水洞发育，经现场地质测绘，天然状态下冲沟两侧沟壁中有垂直裂隙发育，黄土梁峁坡顶及台阶式梯田耕地内，分布有黄土洞穴、落水洞等不良地质灾害。两岸共发育有三处落水洞群，部分相互连通呈连珠状。主要因为湿陷性黄土在地表水浸湿、冲刷下发生塌陷、湿陷[5]，形成黄土陷穴、落水洞。其规模不大，洞口一般直径为

30～90cm，深度一般为 2.0～6m。在沟顶水平延伸宽度为 5.0～30m，垂直发育深度为 3.0～25m。

（3）冲沟内发育的边坡一般高度为 10～35m，最高为 60m，自然坡度 40°～70°不等，且局部呈直立状，岩性组成主要为不同时期的黄土，下部为含砾粉砂质泥岩。分析认为：工程区分布的高边坡现状条件下基本稳定，极端降雨天气下、地表水在排泄过程中，将黄土陡坎底部的黄土冲走而形成临空面或者使下部的黄土浸水后强度大幅度降低，发展到一定程度之后就造成黄土边坡整体失稳或产生瞬时崩塌或形成有蠕变特征的溜塌，有可能发生崩塌、滑坡等地质灾害的可能。

2.3　填方区工程地质问题分析

湿陷性黄土地区大面积挖填形成高填方时，随之会带来诸多岩土工程问题。按其成因可概括为以下两类[5]。

（1）内因形成的工程地质问题如下：

1）由于填土时间短、面积大、厚度大、难以控制压实性能和均匀性能，其本身自我固结沉降未完成，势必产生沉降[6]。

2）自然状态下的湿陷性黄土因上覆大厚度填土，增加荷重，填土下的天然土层产生沉降，加之受地形地貌、地层岩性、坡度变化、地下水情况等影响，其沉降变化过程复杂，规律难寻[7]。

（2）外因形成的工程地质问题如下：

1）填方改变了沟谷、坡面汇水流域，使得地表水输排、自然流通系统改变，直接影响以上填土和湿陷性黄土工程地质性能；且地下水排泄途径、径流条件遭受改变后，地下水回升反过来也直接影响填土和湿陷性黄土工程地质性能；使黄土含水状态发生较大改变，物理力学性质随之变化，常常形成次生湿陷沉降[8]、滑塌等工程地质问题。

2）除此之外，工程建成后的人工用水和输排、山区自然生态系统的破坏也是不可忽略的因素。

综上所述，该填方工程主要存在的工程地质问题包括特殊性岩土问题、不良地质作用问题及填沟引起的地下水输排与不稳定地基等问题。

3　工程处理措施

针对以上填方区工程地质问题，经地质分析评价，主要提出沟道内不良土体挖除、沟道两侧高边坡及崩塌区处理、填方区地基处理、挡土墙（坝）地基及坝坡建议、填方区沟谷地下水疏排、场地土水性状变化变形监测 6 项处理措施建议。

3.1　沟道内不良土体挖除

（1）不良岩土清除。根据本次勘察资料，冲沟沟道内分布有 1.5～5.0m 垃圾填土、腐殖土及冲洪积的松散堆积物，不能作为回填场地地基基础使用。

建议对以上的不良土层在回填前进行处理，垃圾填土、腐殖土应全部予以挖除，冲洪积的松散堆积物可选择强夯法将其夯实，以避免因其被上覆回填土压密而产生过大的沉降或不均匀沉降。

（2）清除地表杂物及人类活动遗迹。在填方区各沟及其主要支沟内有较多居民，沟内多处堆积有因人类生产生活而产生的大量遗弃物，如生活垃圾、建筑垃圾等，这些垃圾不予以清除或有效处理，可能对高填方的沉降产生不利影响。

建议在回填施工前对填方区内的各种杂物（如生活垃圾、粪便、各种废弃物等）及废弃的房屋、窑洞等建筑物以及各种空洞进行清除或对其进行有效处理，避免其对填方地基造成不良影响。

3.2 沟道两侧高边坡及崩塌区处理

冲沟两侧均存在天然高边坡和崩塌、落水洞等稳定问题，目前处于稳定状态。鉴于本工程中这些高边坡均属于临时性边坡，且位于回填标高以下，建议在挖填整平施工过程中应尽量减少对高边坡及崩塌体的影响，采取开挖后缘、反压坡脚、加强排水等一系列工程措施，避免开挖坡脚、在高边坡上增加荷重等易使古滑坡失稳的工程措施，以确保本工程施工挖填整平施工过程中保持稳定。

在回填前应挖除高边坡及崩塌堆积物，对松散的崩塌堆积物作为回填土料进行加密处理；为避免其在挖填施工过程中失稳，应采取由上至下的开挖原则，即先开挖滑坡体的上部（后缘），直至挖至设计标高或将整个高边坡挖完，施工中应注意形成的高陡边坡的稳定性问题。在挖填施工过程中应注意采取适当的放坡措施，避免在挖填过程中造成高陡边坡垮塌，造成人员伤亡或机械设备损失，尤其是雨季施工应特别注意此问题[9]。

在正常情况下，根据黄土地区基坑开挖放坡经验，高边坡开挖区临时土质边坡的放坡坡度可按不陡于 1:0.5～1:0.75 采用，并视边坡高度预留平台或马道。

3.3 填方区地基处理

（1）湿陷性黄土在挖方区和填方区内均有分布。在挖方区，其作为料源土在回填时应对其进行地基处理，根据湿陷性黄土地区地基处理工程经验，可采用分层碾压法或者强夯法[10]。在填方区，湿陷性黄土一般多分布于沟谷斜坡上，主要是滑坡体或崩塌体上的湿陷性土。因其多分布在沟谷斜坡上，回填前对其进行预处理有一定的难度，建议将其挖除，回填至沟谷中。

（2）对于滑坡或崩塌松散堆积物，基本位于回填标高以下，在回填前应对其进行处理，可选择强夯法将其夯实，以避免因其被上覆回填土压密而产生过大的沉降或不均匀沉降。

（3）对不良地质作用地段（如回填界线下的滑坡体和黄土高边、黄土崩塌体等）应进行专门处理，使之与周边现状条件下的工程地质条件相协调。

（4）应对填方区填土和填土之下湿陷性黄土、非湿陷性黄土、沟底冲洪积堆积物等进行变形监测工作。

（5）此外，对于填方区填土回填问题设计和施工时应充分考虑到区内地形地貌变化影响、填方厚度不均，严格控制填方土体质量，具体控制分层厚度、土质压实性能和均匀性。

（6）根据现场调查和经验判断得知土料场土料为低液限黏土，击实后最大干密度平均值为 $1.73g/cm^3$，最优含水率平均值为 17.3%，击实后水平渗透系数平均值为 $K_V = 5.0 \times 10^{-6}cm/s$，击实后垂直渗透系数平均值为 $K_H = 3.07 \times 10^{-6}cm/s$。设计可采用压实系数为 0.95～0.97[11]。

3.4 挡土墙（坝）地基及坝坡建议

3.4.1 挡土墙地基

根据工程方案，挡土坝一带沟底多为人工覆土，下部为薄层状的沟谷冲洪积堆积物，估计其总厚度为 3～5m，下伏为基岩。

建议对 3～5m 的松散土层以挖除为宜，或将表层 2m 左右的耕植土进行挖除再碾压夯实，即可满足挡土坝地基承载和变形要求。

3.4.2　坝坡

根据回填土的性质、坡高及已有的经验：

（1）黄土填方低角度边坡（小于45°）在相同降雨条件下，以坡面入渗为主，但仍表现出陡坡径流量大、含泥量也大的规律，故此击实黄土边坡在低角度情况下更易冲刷破坏，不利于坡面稳定[12]。

（2）黄土填方大角度边坡（大于50°）在相同降雨条件下，以坡面径流为主，但表现出陡坡径流量大、含泥量小的规律，说明击实黄土边坡在大角度情况下更不易冲刷破坏，利于坡面稳定。

（3）黄土填方低角度边坡（小于45°）在相同降雨条件下，有防护情况的含泥量远小于无防护情况。

（4）黄土填方低角度边坡（小于45°）在相同降雨条件下，有防护情况的径流量差异不大，但表现出无防护情况时径流量变化波动规律远明显于有防护情况。

（5）坝坡设计可采用回填土不固结不排水（UU）击实试验成果的折减修正值。

从以上综合分析仍可认识到，冲沟黄土填方边坡可采取加筋土筑坡，坡度宜为45°，坡面需做好防冲刷的防护措施[13]。

3.5　填方区沟谷地下水疏排

现有沟谷作为地下水重要的排泄通道在回填整平后将不复存在。如不采取疏排措施，在回填土中将有地下水分布。而地下水的存在将会使回填土软化，压缩性增大，可能会加大回填后的地面沉降量。为了尽量减少因地下水的作用而引起的地面沉降或不均匀沉降，应尽量不破坏现有的地下水排泄通道，即应采取适当的措施在现冲沟底部对回填以后的地下水进行引排（疏排）。

控制地下水对回填地基的危害建议从以下几个方面考虑：

（1）要在回填整平后的地面建立完善的地面排水系统，以尽量减少地表水的入渗。

（2）建议在整平后的地表附近尽量选用黏性较大的材料（如红黏土）压实回填，以尽量减小地表水的入渗量。

（3）回填前在沟底设置排水系统，目的是让渗入沟谷中的地下水沿沟底排水系统排出场地外。根据地形条件，沿原有沟道设置排水系统。地下水的疏排方式可以采用两种办法：一种是沿沟底铺设一定厚度的天然透水材料，如块石、碎石、砾石等，且沟底回填土尽量选择黏性较小的黄土，尽量避免选用黏性较大的红黏土，此种方法对透水性材料的需求量较大，附近也无丰富的料源，施工工期长，费用高；另一种是沿沟底建立人工排泄管沟或箱涵，但是因其埋深过大，后期维修很困难且费用高，顺利实施困难很大。

从工期、费用、实施的可能性等方面综合考虑认为，如能容许沟谷底部有一定的地下水，沟底选用黏性较小的黄土回填，地表尽量用黏性较大的红黏土回填，并在地表设置完善的排水系统。

3.6　场地土水性状变化变形监测

填方生态修复工程属于复杂型工程，以往的工程实例甚少，可以借鉴的经验不多，所以必须依赖施工过程及工后系统的监测才能对此类工程的特性有一定了解与认识[14]。

通过现场监测提供动态信息反馈来指导施工全过程，并可通过监测数据来了解设计参数的合理性，为今后填方工程提供设计依据；更重要的是通过监测可以如实、准确地反映填方区域的沉降变形、应力变化及发展趋势，为后期的规划设计、建设序次提供依据；还可以对可能危及建筑物、市政设施安全的隐患或事故提供及时、准确的预报，以便采取有效措施，避免事故的发生，保证建设项目按期完成及安全运营。

鉴此，建议在沟谷填方区纵横方向布设不同深度的监测仪器和监测点，监测原地基土体、填筑体的变形情况，掌握不同深度填筑体压缩过程和原地基土体固结过程，分析判断高填方地基的沉降与差异沉降。实时动态掌握地基土压力及土体内部含水量，掌握土体在填筑过程中土体内部的应力场及水环境动态变化情况，为以后场地建设过程中建立地基沉降模型提供真实有效的计算参数。根据施工过程及工后各测项数值的变化，分析监测数据，综合评价预测变化趋势[15]。

4 结语

（1）西北湿陷性黄土地区的填方工程往往存在着崩塌、落水洞及不稳定高边坡发育等不良地质作用的问题；受填方工程内、外因影响，也存在工后疏排水系统变化导致原有湿陷性黄土含水量发生改变[16]，进而引发的一系列诸如沉降变形、地基失稳、边坡滑塌等典型工程地质问题，对工程顺利建成有较大的制约性[17]。

（2）针对以上问题，应分别采取工程措施及监测措施进行处理。对挖方区高边坡应进行1:0.5～1:0.75 的放坡，反压坡脚，并预留平台及马道；对填方区应对土料进行强夯、碾压，消除其湿陷性，建议设计最大干密度值为 1.73g/cm³，最优含水率值为 17.3%，压实系数为 0.95～0.97；挡土坝坝基建议挖除不良土层即可；挡土坝坝坡建议采取加筋土筑坡，坡度宜为45°，坡面需做好防冲刷的防护措施；建议排水能容许沟谷底部有一定的地下水，沟底选用黏性较小的黄土回填，地表尽量用黏性较大的红黏土回填，并在地表设置完善的排水系统；工后应结合土水监测方案，实时监测填方区内土水变化，减少不必要的损失。

（3）本文对类似工程建设有较好的借鉴意义，但仍存在些许不足，如未能通过大量试验数据深入分析以上工程地质问题而形成机理，下一步应尽量结合室内试验及现场试验数据分析其成因、规律，在科研深度上有所突破。

参考文献

[1] 王衍汇，倪万魁，石博溢，等.延安新区黄土高填方边坡稳定性分析 [J]. 水利与建筑工程学报，2014，12（5）：52-56.

[2] 中国国家标准化管理委员会. GB 18306—2015 中国地震动参数区划图 [S]. 北京：中国标准出版社，2015.

[3] 中华人民共和国住房和城乡建设部. GB 50025—2018 湿陷性黄土地区建筑标准 [S]. 北京：中国建筑工业出版社，2018.

[4] 薛强，张茂省，毕俊擘，等.开挖型黄土边坡剥落侵蚀作用及变形破坏研究 [J]. 西北地质，2019，52（2）：158-166.

[5] 梁志超，胡再强，郭婧，等. 非饱和石灰黄土土水特征与压缩湿陷特性研究 [J]. 水力发电学报，2020，39（3）：66-75.

[6] 张倬元，王士天，王兰生，等. 工程地质分析原理 [M]. 北京：地质出版社，2009.

［7］刘颖莹，谢婉丽，朱桦，等.陕西泾阳地区黄土固结湿陷试验及预测模型研究［J］.西北地质，2018，51（2）：227-233.

［8］石博溢，倪万魁，王衍汇，等.重塑黄土压缩变形的预测模型研究［J］.岩土力学，2016，37（7）：1963-1968.

［9］李征征，高晓雯.重塑黄土的湿陷性与微观试验研究［J］.科学技术与工程，2018，18（3）：319-327.

［10］叶观宝，高彦斌.地基处理［M］.北京：中国建筑工业出版社，2009.

［11］中华人民共和国住房和城乡建设部.GB 50007—2011 建筑地基基础设计规范［S］.北京：中国建筑工业出版社，2012.

［12］陈仲颐，周景星，王洪瑾.土力学［M］.北京：清华大学出版社，1994.

［13］王衍汇.原状黄土的联合强度理论及其边坡工程应用［D］.西安：长安大学，2016.

［14］张继文，于永堂，李攀，等.黄土削峁填沟高填方地下水监测与分析［J］.西安建筑科技大学学报（自然科学版），2016，48（4）：477-483.

［15］石博溢.黄土填方地基的沉降预测方法研究［D］.西安：长安大学，2016.

［16］张林，陈存礼，张登飞，等.饱和重塑黄土在部分排水条件下的力学特性研究［J］.水力发电学报，2019，38（12）：112-120.

［17］王衍汇，倪万魁，李征征，等.工程开挖引起的黄土边坡变形破坏机理分析［J］.西北地质，2015，48（4）：210-217.

赛柏斯掺和剂对喷射混凝土性能影响研究

申胜宇[1]　　星晓刚[1]　　李　冰[1]　　毕梓淇[1]　　朱海波[2]

（1. 河北抚宁抽水蓄能有限公司，河北省秦皇岛市　066000；
2. 中水东北勘测设计研究有限责任公司，吉林省长春市　130000）

[摘　要]首次在喷射混凝土中掺入赛柏斯掺和剂，通过室内试验，研究不同赛柏斯掺量对喷射混凝土抗压强度和抗渗性能的影响。试验结果表明，一定掺量赛柏斯产品可提高喷射混凝土抗压强度，同时掺入赛柏斯掺和剂后，喷射混凝土抗渗性显著提高。研究成果填补了赛柏斯产品在喷射混凝土研究领域的空白，为今后工程应用提供数据支撑。

[关键词]喷射混凝土性能；赛柏斯掺和剂；抗压试验；抗渗试验

0　引言

地下隧道衬砌结构出现渗漏水问题，极易诱发隧道坍塌、地表沉降等灾害，造成重大安全事故[1]。在我国大多数工程中，对喷射混凝土的设计只考虑抗压强度，认为喷射混凝土主要承担支护任务，可不做防水设计，导致地下水轻易穿过喷射混凝土直接作用于二次衬砌混凝土，不仅增加二次衬砌等防水结构的工作负荷，而且在施工缝等薄弱部位极易引发渗漏，造成严重的经济损失。对于喷射混凝土性能方面的研究，主要通过掺入矿物掺合料[2]或纳米材料[3]来提高喷射混凝土各方面性能。

赛柏斯掺和剂是一种水泥防渗材料[4]，在普通混凝土中应用良好，可提高混凝土抗渗性能[5]，文章首次将赛柏斯掺和剂应用到喷射混凝土中，研究其对喷射混凝土抗渗性能的影响，填补了赛柏斯掺和剂在喷射混凝土应用领域的空白，同时为今后抚宁抽水蓄能电站工程应用提供数据支撑。

1　研究现状

对于喷射混凝土性能的影响研究，国内外学者进行了大量研究。陈海霞等对再生骨料喷射混凝土基本性能进行试验，结果表明，再生骨料喷射混凝土回弹率和黏结强度优于天然骨料喷射混凝土，抗压强度、劈裂抗拉强度、弹性模量和密度与超声波速之间明显线性相关[6]；宁逢伟等针对如何改善喷射混凝土的抗渗性，从水胶比、矿物掺合料、外加剂等三方面回顾了抗渗性主要影响因素的研究进展，提出了当前研究中存在的问题和进一步改善建议[7]；方江华等利用正交试验方法，得出了聚丙烯纤维喷射混凝土（PP/SC）最佳配合比，并对其抗渗机理做了研究[8]；东智锋通过室内试验，研究了微硅粉与复合纳米材料对喷射混凝土性能影响，结果表明，两种掺和料能够提高硬化混凝土抗压强度和抗氯离子扩散能力，复合纳米材料不仅可以降低混凝土用水量，同时提高喷射混凝土抗硫酸盐侵蚀性能[9]。

赛柏斯产品是加拿大某化学公司的专有技术产品，是由波特兰水泥、硅砂和多种特殊的活性化学物质组成的灰色粉末状无机材料。其特有的活性化学物质利用水泥混凝土本身固有的化学特性及多孔性，以水为载体，借助渗透作用，在混凝土微孔及毛细管中传输、充盈，催化混凝土内的微粒和未完全水化的成分再次发生水化作用，并形成不溶性的枝蔓状结晶体，与混凝土结合为整体，从而堵塞住来自任何方向的水及其他液体流动通道，起到保护钢筋、增加混凝土结构强度的效果[10]。赛柏斯产品在普通混凝土工程中应用良好，在各种基建工程中均有应用[5]，但其对喷射混凝土性能的影响，在国内尚未有人进行过系统研究。依托抚宁抽水蓄能电站工程，通过室内试验，将赛柏斯掺和剂按一定掺量掺入喷射混凝土中，研究掺入前后喷射混凝土的力学性能及耐久性能变化情况，研究成果既填补了赛柏斯掺和剂在喷射混凝土应用领域的空白，同时，研究成果也可为今后抚宁抽水蓄能电站工程应用提供数据支撑。

2 试验方案

2.1 配合比

根据赛柏斯产品工程应用情况，选用 0.8%、1.0%、1.2%、1.5%、2.0%共 5 种不同掺量进行试验，未掺赛柏斯掺和剂的配合比作为对比，同时，为了对比拌和时间对掺入赛柏斯后的喷射混凝土性能影响，增加一组掺量 1.2%配合比，将拌和时间设置为 90s。其中，水泥采用 P.O 42.5 水泥，碎石粒径为 5～10mm，砂子细度模数 3.1，喷射混凝土设计强度 C25，坍落度为 100mm，采用潮喷法成型。喷射施工时按选定的配合比称量材料，其各种材料配量容许偏差应符合相关规范的规定，喷射混凝土配合比见表 1。

表 1 喷射混凝土配合比

序号	配合比编号	赛柏斯掺和剂掺量（%）	水胶比	砂率（%）	材料用量（kg/m³）					
					水泥	细集料	粗集料（5～10mm）	水	YT-12速凝剂	赛柏斯掺和剂
1	PHB0.0	0.0	0.48	48	627	668	724	301	31.35	0.00
2	PHB0.8	0.8	0.48	48	627	668	724	301	31.35	5.02
3	PHB1.0	1.0	0.48	48	627	668	724	301	31.35	6.27
4	PHB1.2	1.2	0.48	48	627	668	724	301	31.35	7.52
5	PHB1.2Y	1.2	0.48	48	627	668	724	301	31.35	7.52
6	PHB1.5	1.5	0.48	48	627	668	724	301	31.35	9.41
7	PHB2.0	2.0	0.48	48	627	668	724	301	31.35	12.54

2.2 试验方法

2.2.1 喷射混凝土抗压强度试验

为研究赛柏斯掺和剂对喷射混凝土抗压性能影响，根据 DL/T 5181—2017《水电水利工程锚喷支护施工规范》的要求，制作喷射混凝土大板试件，将喷射混凝土大板加工成边长为 100mm 的立方体试件，养护至 28 天后，按照 DL/T 5150—2017《水工混凝土试验规程》进行喷射混凝土抗压试验。

2.2.2 喷射混凝土抗渗试验

根据 DL/T 5181—2017《水电水利工程锚喷支护施工规范》的要求，制作喷射混凝土大板试件，采用钻机配金刚石钻头钻取混凝土芯，加工成直径 150mm、高 150mm 的圆柱体试件，清除两端面浆膜，待圆柱体试件晾干干燥后，装入抗渗试模，在芯样周围浇筑混凝土砂浆，脱模后送入标准养护室养护。到达试验龄期，取出试件，擦拭干净。用密封材料将试件密封于抗渗仪的试模中。

3 试验结果

3.1 赛柏斯掺和剂对喷射混凝土抗压强度影响

各配合比喷射混凝土抗压强度试验结果见表 2 和图 1。由表 2 的试验结果可知，所有喷射混凝土试件抗压强度均满足设计要求，且富余强度值较高，除掺量 0.8%和掺量 2.0%的喷射混凝土试件外，其他掺量的喷射混凝土强度均大于空白试件的抗压强度，其中掺量 1.0%试件的抗压强度最大，为 43.8MPa，与空白试件相比，抗压强度提高 27.3%，掺量 2.0%试件抗压强度值最小，为 32.9MPa，与空白试件相比，强度降低 5.2%，说明赛柏斯掺量超过 2%时，喷射混凝土强度明显降低。由掺量 1.2%与掺量 1.2%（拌和时间 90s）抗压强度试验结果可知，在正常拌和时间下，掺和剂就可以在混凝土中拌和均匀，发挥作用，说明赛柏斯掺和剂适用性较好。

表 2   喷射混凝土抗压强度试验结果

序号	配合比编号	试样编号	设计指标	抗压强度单值（MPa）	抗压强度均值（MPa）
1	PHB0.0	HY0	C25	36.0	34.4
				35.1	
				32.0	
2	PHB0.8	HY0.8	C25	43.6	33.8
				33.8	
				29.7	
3	PHB1.0	HY1.0	C25	35.5	43.8
				43.8	
				44.3	
4	PHB1.2	HY1.2	C25	37.1	37.1
				33.1	
				44.3	
5	PHB1.2Y	HY1.2Y	C25	35.4	35.4
				41.9	
				32.3	
6	PHB1.5	HY1.5	C25	40.5	39.5
				40.7	
				37.2	

序号	配合比编号	试样编号	设计指标	抗压强度单值（MPa）	抗压强度均值（MPa）
7	PHB2.0	HY2.0	C25	38.6	32.9
				30.9	
				32.9	

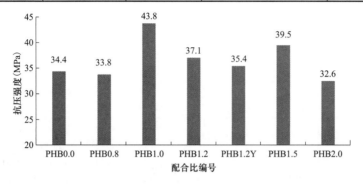

图 1　喷射混凝土抗压强度

在掺量 0.8%、掺量 1.0%、掺量 1.2%、掺量 1.2%（拌和时间 90s）、掺量 2.0%的 5 组抗压强度试件中，每组试件抗压强度单值离散性较大，根据规范要求，取中间值作为抗压强度

图 2　掺量 0.8%试件内部情况

试验结果。在试验过程中，发现部分试件存在气孔较多、不密实等缺陷，如图 2 所示，导致部分喷射混凝土试件的抗压强度远低于同组中其他试件，因此可知在喷射混凝土成型时，由于喷射的混凝土拌和物在模板中分布不均，造成内部存在气孔、不密实等缺陷，影响喷射混凝土抗压强度，导致喷射混凝土试验结果离散性较大。

3.2　赛柏斯掺和剂对喷射混凝土抗渗性能影响

各配合比喷射混凝土抗渗性能试验结果见表 3。由表 3 可知，喷射混凝土 PHB0.0 试件在达到 1.3MPa 时，两个试件发生渗漏，根据规范要求，此时未掺赛柏斯掺和剂空白试件抗渗指标为 W12，其他掺量试件在压力升高后，在混凝土砂浆和芯样接缝处出现漏水，导致试验提前结束，但总体抗渗性能均高于未掺赛柏斯掺和剂的空白试件，抗渗指标均在 W15 以上，最高可达到 W40（抗渗仪器最大限值），说明赛柏斯掺和剂可明显提高喷射混凝土的抗渗性能。考虑施工成本，从经济性角度出发，进一步对比不同掺量试件的抗渗性能，将掺量 0.8%和 1.0%试件加工成 7.5cm 高度，进行抗渗性能试验，试验结果表明，掺量 0.8%的试件抗渗指标最低可达到 W25，掺量 1.0%的试件抗渗指标最低可达到 W20，抗渗性能均明显强于未掺赛柏斯的空白试件。

表 3　　　　　　　　　　　　　喷射混凝土抗渗性能试验结果

序号	掺和剂掺量（%）	配合比编号	试验编号	试验结果	达到抗渗指标
1	0（高 15cm）	PHB0.0	HW0	达到 1.3MPa 时，两个试件渗水，结束试验	W12

序号	掺和剂掺量（%）	配合比编号	试验编号	试验结果	达到抗渗指标
2	0.8（高 15cm）	PHB0.8	HW0.8	达到 1.7MPa 时，所有试件未渗水，混凝土砂浆与芯样接缝处漏水，结束试验	W17
3	1.0（高 15cm）	PHB1.0	HW1.0	达到 1.5MPa 时，所有试件未渗水，混凝土砂浆与芯样接缝处漏水，结束试验	W15
4	1.2（高 15cm）	PHB1.2	HW1.2	达到 4.0MPa 时，已达到仪器加压最大限值，所有试件未渗水，结束试验	W40
5	1.2（90s）（高 15cm）	PHB1.2	HW1.2Y	达到 2.8MPa 时，所有试件未渗水，混凝土砂浆与芯样接缝处漏水，结束试验	W28
6	1.5（高 15cm）	PHB1.5	HW1.5	达到 3.3MPa 时，所有试件未渗水，水泥砂浆与芯样接缝处漏水，结束试验	W33
7	2.0（高 15cm）	PHB2.0	HW2.0	达到 2.3MPa 时，所有未渗水，混凝土砂浆与芯样接缝处漏水，结束试验	W23
8	0.8（高 7.5cm）	PHB0.8	HW0.8-1	达到 2.5MPa 时，一个试件在表面裂缝处渗水，其他试件未渗水，混凝土砂浆与芯样接缝处漏水，结束试验	W25
9	1.0（高 7.5cm）	PHB1.0	HW1.0-1	达到 2.0MPa 时，所有试件未渗水，混凝土砂浆与芯样接缝处漏水，结束试验	W20

4 结语

（1）一定掺量赛柏斯掺和剂对喷射混凝土抗压强度有一定的提高，最高可达 27.3%，赛柏斯掺量在 2.0%时，喷射混凝土强度明显降低，掺量超过 20%时，喷射混凝土抗压强度明显降低，说明喷射混凝土抗压强度随赛柏斯掺和剂的掺量的增加而减小，两者呈现抛物线关系。

（2）由掺量 1.2%与掺量 1.2%（拌和时间 90s）抗压强度试验结果可知，在正常拌和时间下，掺和剂就可以在混凝土中拌和均匀，发挥作用，说明赛柏斯掺和剂适用性较好。

（3）各种掺量的喷射混凝土抗渗性能均高于未掺赛柏斯掺和剂的空白试件，抗渗指标均在 W15 以上，最高可达到 W40（抗渗仪器最大限值），说明赛柏斯掺和剂可明显提高喷射混凝土的抗渗性能。

（4）掺量 0.8%和 1.0%试件加工成 7.5cm 高度，进行抗渗性能试验，试验结果表明，这两种掺量的试件抗渗性能均明显高于未掺赛柏斯的空白试件。

（5）论文首次将赛柏斯掺和剂应用到喷射混凝土中，通过室内试验，对掺入后的喷射混凝土抗压强度及抗渗性能进行了研究，研究结果表明赛柏斯掺和剂掺量在 0.8%～1.5%之间时，既可提高喷射混凝土抗压强度，又能提高喷射混凝土抗渗性能，填补了赛柏斯产品在喷射混凝土领域应用的空白，为今后工程应用提供数据支撑。

（6）由于抗渗试验水头压力较大，已超过抗渗试验仪器限制水头，同时试件密封性在高压力水头的作用下发生破坏，因此导致无法得到喷射混凝土抗渗试验的最终结果，建议再次进行研究时，可采用其他方法确定掺赛柏斯喷射混凝土的抗渗性能。

（7）论文仅对掺入赛柏斯后喷射混凝土的抗压强度和抗渗强度进行了研究，未涉及其他耐久性指标，同时，对喷射混凝土微观结构未进行研究，接下来可以进行这两方面的研究，使研究成果更加丰富，更有说服力。

参考文献

[1] 刘印，张冬梅，黄宏伟. 盾构隧道局部长期渗水对隧道变形及地表沉降的影响分析 [J]. 岩土力学，2013，34（1）：290-298＋304.

[2] MALHOTRA V M, CARETTE G G, BILODEAU A. Mechanicalprop-erties and durability of polypropylene fiber reinforced high-volume fly concrete for shortcreteapplications [J]. ACI Materials Journal，1994，96（2-3）：201-206.

[3] 李德福. 纳米材料对喷射混凝土性能影响研究 [J]. 江西建材，2018，02（No. 227）：20+24.

[4] 王茅. 赛柏斯结晶材料在混凝土缺陷修补上的应用 [J]. 现代交通技术，2019，16（01）：1-3.

[5] 刘儒博. 新型防渗材料 XYPEX 在水利工程中的应用 [J]. 杨凌职业技术学院学报，2004，003（004）：34-35，40.

[6] 陈海霞，张志权，宋学庆. 再生骨料喷射混凝土基本性能试验 [J]. 西安科技大学学报，2020，040（003）：434-440.

[7] 宁逢伟，蔡跃波，白银，等. 喷射混凝土抗渗性影响因素的研究进展 [J]. 混凝土，2020，000（005）：129-135.

[8] 方江华，姜平伟，庞建勇. 聚丙烯纤维喷射混凝土抗渗性能试验研究及机理分析 [J]. 建井技术，2020（2）：38-44.

[9] 东智锋. 纳米掺合料对喷射混凝土性能影响室内试验研究 [J]. 长江技术经济，2020（S2）.

[10] 方一苍. XYPEX（赛柏斯）的应用 [J]. 中国建筑防水，2010（S1）：100-106.

作者简介

申胜宇（1992—），男，初级工程师，主要从事水利水电工程建设管理工作。E-mail: 1731778805@ qq.com

星晓刚（1978—），男，初级工程师，主要从事水利水电建设管理工作。E-mail: xiaogang-xing@sgxy. sgcc.com.cn

李 冰（1974—），男，中级工程师，主要从事水利水电工程施工工作。E-mail: 1595857960@qq.com

毕梓淇（1995—），男，初级工程师，主要从事水利水电工程施工工作。E-mail: 786805992@qq.com

朱海波（1986—），男，高级工程师，主要从事混凝土、岩土工程质量检测及科研项目工作。E-mail: 153319072@qq.com

大直径工作井电动升降移动模架施工技术

李东福

（中国水利水电第七工程局有限公司，四川省成都市　611130）

[摘　要] 大直径工作井电动升降移动模架浇筑施工技术，有效解决了"逆作法"施工内衬墙，存在分层多、工期紧、标准高，浇筑质量控制难等技术难题，不仅重复利用混凝土模架体系，节约施工成本，而且模架为整体式拱圈桁架，模板沿横向分为四组，分别通过挑梁和油缸与模架相连并且能够通过油缸调整位置和脱模，节省了人工，提高了施工效率，施工更加稳固，安全性能得到提高，具有经济、高效、安全的特点，具有很大推广应用价值，对于在建和拟建的工程竖井结构衬砌施工具有很大的指导意义。本文全面阐述了大直径工作井电动升降移动模架施工技术的适用范围、技术原理、技术特点、工艺流程、操作要点及效益分析，为广大工程技术人员及现场施工人员在大直径工作井内衬墙施工方面提供了实用的参考。

[关键词] 大直径；工作井；移动模架；逆作法；内衬墙；施工技术

0　引言

珠江三角洲水资源配置工程输水线路穿越珠三角核心城市群，为了实现"少征地、少拆迁、少扰民"的目标，该工程采用深埋盾构的方式，在纵深 40～60m 的地下建造，最大限度保护粤港澳大湾区生态环境，为未来发展预留宝贵地表和浅层地下空间。

作为盾构始发及接收的工作井设计为直径 35.9m 的超大圆形竖井，工作井支护体系采用地下连续墙深基础+内衬墙形式。这些更深、更宽的地下竖井结构为施工带来了更大的难度，运用传统的施工方法施工效率低、成本高甚至存在安全隐患。

基于内衬墙"逆作法"对混凝土浇筑入仓难度大，浇筑质量难以控制等技术难题，经过研究总结的大直径工作井电动升降移动模架施工技术，有效解决了"逆作法"施工内衬墙，存在分层多、工期紧、标准高、浇筑质量控制难等技术难题，不仅重复利用混凝土模架体系，节约施工成本，而且节省了人工，提高了施工效率，施工更加稳固，安全性能得到提高，具有经济、高效、安全的特点。

1　技术原理

（1）本技术施工由模架提升装置、模架装置组成。模架提升装置（见图1）包括三脚架、精轧钢吊挂系统。三脚架由下横梁、扁担架、后斜杆、竖杆、销轴、前斜杆、前横梁、支座组成；精轧钢吊挂系统包括ϕ20mm 精轧钢垫板、ϕ32mm 精轧钢垫板、扁担架、上耳板、下

耳板、下耳板铰销、倒链、电动葫芦组成。模架装置（见图2）包括模板、调整模板、围圈桁架、背杠、销子耳板撑杆，主要材料采用槽钢及工字钢焊接而成。模板采用6mm厚度钢板制作而成，模板标准块高为1.5m，宽为4.5m；围圈桁架与模板之间连接采用支撑杆+挑梁+液压油缸连接，均是环周布置。

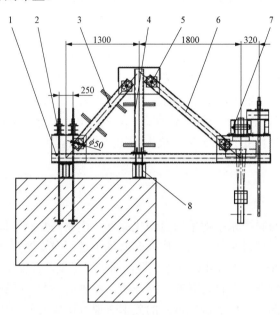

图1 模架提升装置图（单位：mm）

1—下横梁；2—扁担架；3—后斜杆；4—竖杆；5—销轴；6—前斜杆；7—前横梁；8—支座

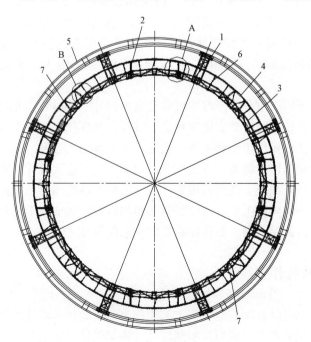

图2 模架装置示意图（单位：mm）

1—悬臂吊架；2—挑梁式伸缩吊挂机构；3—拱圈桁架；4—模板总成；5—压顶梁；6—双向调节撑杆；7—脱模油缸

（2）模架升降：下层内衬墙钢筋制作安装完成后，利用在工作井顶部已固定的 8 个三脚吊架及 30t 环链式电动倒链提升机对模架体系进行静负荷稳定后拆除作为保险措施的精轧螺纹钢，然后同步启动环链式电动倒链提升机，控制升降速度不大于 5cm/min。模架下放至指定高度后，利用水平液压系统调整模架，安装双向调节撑杆，加固模板，最后加长精轧螺纹钢作为保险措施，完成模架体系升降。

（3）模架直径调整转化工艺：工作井内衬墙上层施工完成，下层需变径时，通过设置的 4 组楔形块调整模板实现模架体系直径转化。楔形块调整模板设置为不同大小，需要进行直径转换时，通过只拆除原体系楔形块调整模板。

（4）混凝土采用泵送混凝土，为确保混凝土自料口下落的自由倾落高度不得超过 2m，在模板上按照 1.5m 间距梅花形布置设计工作窗口。浇筑混凝土时分段分层连续进行，每层浇筑高度依据振捣器作用部分长度的 1.25 倍，最大不超过 50cm 控制。

2 技术特点

（1）模板升降系统与脱模系统均采用自动化配置，模板提升及下放系统采用电动倒链装置，以达到除第一次现场试拼装外，在工作井砌壁施工过程中均能实现模板整层浇筑及整体移动施工，移动方便、省时、省力且具有一致性，缩短了工期，保证了工作井整体施工进度。通过自动化升降系统，生产成本有效降低，提升了工程质量，大幅度提高了生产效率。

（2）模板制作分为两层，模板拼接拆卸的效率快速且操作方便，也因拆装便捷，减少了60%的现场吊装，降低了吊装作业时所带来的不安全因素，并且模板之间连接均采用高强螺栓，各个部件的强度较高，经久耐用，模板板块均设置吊装装置，焊接牢靠，强度大，能够提高整体吊装，以防止吊装作业时所带来的不安全因素。模板设计过程中并考虑了模板自身支撑加固体系，使模板整体稳定性增强，能够承受新浇混凝土的质量和侧压力，以及相关施工荷载，以确保结构的稳定和坚固，防止瞬时荷载的增大，保证施工作业人员的生命安全。

（3）根据工作井不同开挖分层厚度均可实现在内衬井壁上拼装，并且拼装快速、操作方便。模板在井下内衬井壁上能有效实现变径这一过程，且变径作业时不需整体拆卸，部分拆卸即可完成，为后续工作提供了便利条件，也提高了整体施工进度。同时模板能够拆分，分别可以进行工作井冠梁与锁口腰梁的浇筑作业，使施工能够连续进行，施工作业面的相互交叉等问题可以有效解决。混凝土达到拆模条件后，能够实现整体自动脱模，脱模修整后能够实现快速整体下移至下层内衬工作，可以整体装模和拆模，保证施工连贯性，大幅度提高了生产效率与施工进度，确保合同工期目标的实现或工期提前完成。

3 施工工艺流程及操作要点

大直径工作井电动升降移动模架施工工艺流程为：模架体系设计及制造→模架体系进场及地面试拼装→压顶冠梁施工、预埋吊架预埋件→模架组装（基坑开挖）→混凝土浇筑（钢筋制作安装）→脱模→模架下落→加长保护连接器→模架体系变径→浇筑，循环施工至最后一层→完工，模架体系拆除。

4 操作要点

4.1 模架体系设计及制造

（1）依据工作井分层厚度模板设计最大有效高度 4.5m，设计过程中并考虑模板自身支撑加固体系，模板之间均采用高强螺栓连接，以确保开挖施工便利及安全。模架体系由 4 组模板和 4 个调整块组成，每一组模板结构包括中模、边模、工作窗口、安全护栏及操作平台。

（2）中模由标准块组成，标准块尺寸为高 1500mm、宽 4500mm；边模由标准块及楔形模板组成，标准块尺寸为高 1500mm，宽 3640mm，楔形模板尺寸为高 1500mm，宽为上口 3705mm 至下口 3765mm；调整块为楔形块其形状上部宽，下部窄，调整块与左右两侧块间采用螺栓连接，浇筑前涂抹一定量的泡沫密封胶，可确保浇筑时不会漏浆；边模为相邻调整块的模板。

4.2 模架体系进场及地面试拼装

模架体系进场后，在现场空地内进行地面预拼装，以便消除模架体系存在缺陷，同时对模板进行打磨，涂刷脱模剂，并按预拼装顺序做好模板拼装序号标注。

4.3 压顶冠梁施工预埋吊架预埋件

压顶冠梁施工过程中，预埋吊架锚板及锚杆，以便于后期模架吊架的安装及稳定。8 个吊架按圆周布置在压顶梁上，压顶梁上设置精轧螺纹钢锚杆，用来固定吊架，模板和围圈桁架通过精轧螺纹钢固定在吊架上。

4.4 模架组装

浇筑压顶梁的同时预埋吊架锚杆，安装吊架；开挖第二层后进行模架体系组装。

（1）围圈桁架安装。

1）放线：测量定位工作井的中心点，以中心点为基准依照设计图在垫层上画出围圈桁架的外边线。

2）找平：在围圈桁架投影范围做出砂浆找平层。

3）吊装：用起重吊装设备将第一层第一榀围圈桁架吊入工作井内，使围圈桁架的外边线与放出的轮廓线重合，然后调整标高和水平，使围圈桁架的位置与设计图一致。安装第二榀围圈桁架，安装第一榀和第二榀之间的连接螺栓。依照此方法安装第一层其余的围圈桁架。

用吊车将第二次第一榀围圈桁架吊入工作井内，使围圈桁架的外边线与放出的轮廓线重合，然后调整标高和水平，使围圈桁架的位置与设计图一致。安装第二榀围圈桁架，安装第一榀和第二榀之间的连接螺栓。依照此方法安装第二层其余的围圈桁架。

（2）模板安装。模板共分为 4 组，每组模板由两块边模和一块中模组成。

1）放线：测量定位工作井的中心点，以中心点为基准依照设计图纸在垫层上画出模板外边线。

2）找平：在模板投影范围做出砂浆找平层。

3）吊装：用吊车将第一层模板（高度 1.5m）其中的一块吊入工作井内，使模板的外边线与放出的轮廓线重合，然后调整标高和水平，使模板的位置与设计图一致。用钢管临时加固模板，保持模板竖直，然后安装第二块模板，安装第一块和第二块之间的连接螺栓。

依照此方法安装第二层（高度 1.5m）和第三层（高度 1.8m）模板。

（3）背杠及撑杆安装。依据设计图纸安装相应位置的背杠，安装模板和围圈桁架之间的双向调节撑杆。预拼装过程中已与模板组装到一起的一并同模板吊装。

（4）工作平台安装。安装模板上的工作平台支架，并在支架上安装跳板和防护网；在桁架内圈采用安全密目网覆盖，桁架底部与模板之间的间隙采用安全网兜底（安全网在浇筑完成就有层，并清理脱模后在下一层开挖前悬挂）；桁架顶部靠基坑侧安装防护栏杆，栏杆高度1.2m，并设置防护网，确保施工安全[1]；在模板东、南、西、北四个方位安装上下爬梯，为浇筑提供模板间上下通行通道，并设置安全指引标识。

（5）挑梁安装。安装挑梁支座和挑梁，安装销轴，使模板吊挂在围圈桁架上，调整挑梁后端的调整螺栓使支座上滑轮压紧挑梁。

（6）三脚架安装。

1）三脚架共有 8 套，依照设计图纸放置三脚架的前后支座。

2）安装三脚架：在地面将各个三脚架用销轴和螺栓连接在一起。然后先吊装一片三脚架放置在支座上，并用钢管临时加固，然后吊装第二片三脚架，两片三脚架之间用架子管和扣件连接。最后安装后锚扁担梁和前横梁。

（7）电动提升装置安装。

1）电动提升装置包括电动提升机共有 8 套，安装电动提升机及电气控制柜。

2）安装电动提升机吊挂精轧螺纹钢和保险装置。

提升设备采用 30t 环链电动提升机，每个吊架配置 1 台，共计 8 台。每个吊架除了布置有 1 套环链提升机，另外多配置 1 套 ϕ32mm 精轧螺纹钢吊带作为防坠措施。

（8）安装液压系统：液压系统共有 4 套，每套液压系统共配置 8 根油缸，包括 4 根水平移动油缸和 4 根侧向收模油缸。液压系统工作压力为 16MPa。

4.5 混凝土浇筑及拆模

（1）浇筑混凝土。混凝土浇筑采用天泵进行浇筑，浇筑时优先浇筑开挖面以上第一层，而后浇筑第二层，浇筑过程中需迅速均匀，对称浇筑，浇筑速度不超过 1m/h。混凝土下料点布置尽量均匀、对称。当混凝土自由下落高度超过 2.0m，应通过溜筒下料。振捣混凝土时应防止过振和漏振，并注意层间结合处的振捣。

（2）拆模。浇筑混凝土，达到强度要求后脱模；先拆除所有的双向调节撑杆和楔形调整模板附近的工作平台，后检查脱模空间内是否有障碍物，然后收侧向油缸，使每组模板两边的弧线模板脱离混凝土表面，然后再收水平油缸，使整组模板脱离混凝土表面。

4.6 整体电动升降移动模架移动流程

开挖下一层，绑扎钢筋后开始下落。

（1）拆除作为保险措施的精轧螺纹钢。

（2）启动电动提升机使模架整体下落；8 套电动提升机可同步启动，也可单独调整，下落过程中随时观察电动提升机的同步性。遇不同步或阻碍等下落状况时应及时喊停，并查明原因，然后采取单独调整的方式调整整个模架的水平度[2]。

（3）达到指定高度后，伸出水平油缸；使每组模板中间的弧形模板和上次浇筑的混凝土准确搭接，并调整模板的垂直度达到设计要求。水平油缸到位后，伸出侧向油缸；直至每组模板的边肋相接触，然后安装螺栓。

（4）安装双向调节撑杆，加固模板。

（5）加长精轧螺纹钢。

1）加固围圈桁架，使围圈桁架稳定的支撑在地面上，启动电动提升机使吊钩下落一小段距离，此时吊钩不再受力。拆除下吊耳。

2）启动电动提升机使吊钩升起 4.5m；用连接器接长精轧螺纹钢，接长长度为 4.5m。

3）安装下吊耳。

（6）模架安装到位后进行混凝土浇筑、拆模、模架下落，依次循环完成同一直径内衬墙施工。

4.7 模架体系变径

当需要施工直径 30.5m 的节段时，需要将模板直径从 31.1m 调节成 30.5m，直径缩小 0.6m。本工程工作井内部周长最大为 97.703m，最小内周长为 95.819m，整个工作井模板平面上共布置 4 组弧形模板单元和 4 块楔形调整模板。由于工作井半径较大，故墙体厚度变化时，模板不变，仅调楔形模板块即可。浇筑完最后一节直径 31.1m 的节段并脱模完成后，开始进行变径操作。

先拆除 4 块楔形调整模板，将每组弧形模板的水平油缸收回 30cm，并安装另外 4 块较窄的楔形调整模板，再调整侧向油缸，直至每组模板的边肋相接触，然后安装螺栓和工作平台，至此模板变径作业完成。

4.8 模架体系拆除

当浇筑完成最后一次圆形内衬施工等强脱模后，跟进模架拆除。

（1）三脚架拆除：先拆除三脚架和围圈桁架之间的精轧螺纹钢，再用吊车钢丝绳固定住三脚架然后拆除后锚螺母，然后吊走三脚架。

（2）模板和围圈桁架拆除：按从上到下的顺序依次拆除模板和围圈桁架并用吊车吊出工作井。

5 结语

基于国内先进的深基坑施工工艺理论和施工方法，研究总结了大直径工作井电动升降移动模架施工技术，操作简单、施工成本低，简化了施工工序，实现了快速施工，并得到生产验证。

（1）模架与模板之间通过双向调节撑杆连接后成为一个整体结构，在模板与地连墙之间不需设置对拉杆，刚度即可满足施工规范要求，节省了人工和耗材，施工效率高。

（2）由于不需要对拉杆，也就不需要在浇筑以后处理混凝土表面上外露的拉杆头，内衬混凝土外观质量较高。

（3）模架为整体式拱圈桁架，模板沿横向分为四组，分别通过挑梁和油缸与模架相连并且能够通过油缸调整位置和脱模，节省了人工，提高了施工效率。

（4）每组模板沿横向分为三块并铰接在一起，能够调整角度以适应工作井直径变化的要求，并且能够作为模板用于下部洞门墙节段圆弧面的施工。

（5）顶部设置 8 个三角吊架和 8 台 30t 电动倒链提升机，可升可降，在顺作法和逆作法施工中均可使用，与卷扬机方式相比，大大降低了成本，且同步性和安全性均较好。

（6）该设备的购置成本和使用成本相对较低，生产效率高，1 天即可完成一个节段的脱模、移位和支模，尤其适用于深度更大的大直径工作井的衬砌施工。

大直径工作井混凝土内衬墙施工,引入大直径工作井电动升降移动模架施工技术,模板升降系统与脱模系统均采用自动化配置,模板提升及下放系统采用电动装置,以达到除第一次现场试拼装外,在工作井砌壁施工过程中均能实现模板整层浇筑及整体移动施工,移动方便省时省力且具有一致性,缩短了工期,保证了工作井整体施工进度。通过自动化升降系统,生产成本也有效降低,提升了工程质量,提高了生产效率,施工更加稳固,安全性能得到提高,在共创和谐社会、打造新时代生态智慧水利工程的当今时代,具有重大的社会意义。

参考文献

[1] 中华人民共和国住房和城乡建设部. GB/T 50214—2013 组合钢模板技术规范. 北京:中国计划出版社, 2014.

[2] 中华人民共和国住房和城乡建设部. JGJ/T 195—2018 液压爬升模板工程技术标准. 北京:中国建筑工业出版社. 2019.

作者简介

李东福(1983—),男,高级工程师,从事水利水电、市政工程施工技术管理工作。E-mail: 99707269@qq.com

门槽一期直埋施工技术在沙坪二级水电站的应用研究

董 靖

（国能大渡河流域水电开发有限公司枕沙水电建设管理分公司，四川省乐山市 614700）

[摘 要] 本文结合沙坪二级水电站 3 号检修闸门门槽一期直埋施工，探究门槽安装新技术，优化门槽施工组织设计，填补大渡河流域门槽一期直埋施工新技术应用空白。该技术集成门槽标准化安装、门槽部位毫米级精细化施工、云车自爬升和施工安全作业平台等四个关键功能，可实现门槽埋件直埋施工，取消二期工艺，从而加快施工进度、简化施工工序、提高门槽施工质量和安全保障程度，构建"质量、安全、工期、成本"四位一体的最佳施工体系。

[关键词] 门槽；一期直埋施工；新技术；施工体系

0 引言

我国是世界第一大能源消费国、生产国和碳排放国，能源体系呈现"总量大、不清洁、不安全"的结构特点。为确保能源供给安全，达到"碳达峰、碳中和"目标，建设"绿色地球"，加大新能源开发利用势在必行。水电资源作为国家战略性能源，对国防建设、经济发展及民生保障有着举足轻重的作用。科学利用水能资源，合理建设水电工程，符合建设资源节约型、环境友好型社会的要求，是实现节能减排目标的重要途径。

门槽施工作为水电工程建设一个非常重要的环节，直接影响工程建设的设计实施、招标组织、现场管理和运行管理。传统二期门槽施工是通过在一期混凝土里预埋锚板和拉筋固定，定位精度差，很容易受到混凝土浇筑影响，且存在工期长、安全风险高等缺点。原有一期施工是采用外部加固桁架，采用型钢、脚手架等搭设而成，从闸孔底部一直搭设到顶部，工程量庞大，涉及脚手架作业，作业风险大，且施工精度难以保证，对于高大门槽尤其不利。门槽一期直埋施工技术满足当前建设环境友好型、绿色生态型的水利施工要求，是在传统一、二期施工技术的基础上研究而来，符合绿色水电的发展方向。沙坪二级水电站进水口检修闸门孔口尺寸为 14.70m×17.85m，为水利水电工程大型检修闸门，具备进行门槽一期直埋施工新技术研究与实践的条件。

1 门槽一期直埋施工新技术可行性研究及工艺

1.1 门槽一期直埋施工技术可行性研究

沙坪二级水电站厂房布置在左岸，属于三期施工的重点项目，其工期直接关系到电站能否按期投产。通过引进门槽一期直埋施工新技术，可以对相关部位的工序安排和工期进行调整，可实现门槽埋件直埋施工，取消二期工艺，从而加快施工进度、简化施工工序、提高门槽施工质量和安全保障程度。

门槽一期直埋施工的总体思路是：应用门槽一期直埋安装施工的装置——门槽云车，依托该装置，在浇筑混凝土前完成门槽埋件安装，门槽周边混凝土随大体积混凝土一起浇筑，变传统的二期施工为一期施工，从而节约工期、简化施工组织、避免两期混凝土之间的结合问题，并可避免传统方式下的深井高空作业，降低安全风险。新工艺降低了门槽埋件安装工作对高级熟练工的依赖，可避免出现门槽二期施工的"啃骨头"问题，具有质量、安全、工期、经济等综合效益，在水工门槽设计和施工方面具有划时代的意义。

1.2 门槽一期直埋施工工艺

门槽一期直埋施工采用内加固方式替代传统的外部加固工艺，以达到几何尺寸精确、有效控制负偏差、提高工程环保性、安全性和生产效率的目的，克服了以往一期施工方式在成本和便捷性方面的缺点。

门槽一期直埋施工流程为：施工准备（新技术交底、文件报批、到货检验、云车拼装等）→测量放点→底槛施工→布置云车限位块→门槽云车吊装、调整、固定→主反轨安装定位尺寸分布→主反轨第一层运输、吊装、调整、加固→第一层主反轨验收→主反轨第一层交面→混凝土浇筑→主反轨第一层混凝土后复测→运输、吊装、调整、加固后续层主反轨，打磨对接接头→后续层验收→后续层浇筑→云车提升、调整、固定→依以上方式进行主反轨安装验收和混凝土浇筑，处理下层门槽缺陷→门楣施工→逐层施工到顶。

2 沙坪二级水电站门槽云车设计安装

2.1 沙坪二级水电站进水口闸门相关参数

沙坪二级水电站进水口检修闸门共 6 孔，每孔设置 1 道平板闸门，主要埋件有底槛、主轨、副轨、反轨、门楣等。每孔埋件总质量 39t。检修闸门门槽底部高程为 514.91m，顶部高程为 554.80m，轨道埋件安装高度为 39.89m。进水口检修闸门埋件参数见表 1。

表 1　　　　　　　　沙坪二级水电站工程进水口检修闸门埋件参数

孔 口 形 式	潜 没 式
孔口尺寸	14.70m×17.85m
闸门形式	平面滑动叠梁式
设计水头	40.0m
操作方式	静水启闭
底槛高程	514.91m
门槽轨道支承跨度	15.50m
门楣止水中心高程	532.86m
门楣止水中心至底槛高度	17.95m
门槽止水宽度	14.90m

2.2 沙坪电站门槽云车设计

沙坪二级水电站进水口检修闸门门槽云车基架设计宽度为 1500mm，主反轨各伸出 100mm，总宽度为 1700mm。其中主轨为固定部件，反轨为可调整装置。立柱是门槽云车设计的核心，主轨导向部件是精度控制基准。左右立柱通过上下横梁连接成整体。其中下部横梁是组焊整件，上部横梁需在工地现场由中间结构主肋、走台和连接件组焊而成。立柱和横梁通过锥销连接，采用焊接加固。主轨导向部件经过精刨加工，9 个部件的平面度误差控制在 1mm 以内。门槽云车结构如图 1 所示。

图 1　门槽云车结构示意图

2.3 门槽云车安装

根据沙坪二级水电站的现场条件，同时借鉴乌东德水电站导流洞及潼南航电枢纽厂房尾水门云车安装经验，沙坪二级水电站门槽云车安装采用整体整吊安装方案。选择上游门机轨道间为最终安装场地，场地约为 17m×10m 的矩形地块，采用两个千斤顶将左右立柱和上下横梁 4 大部件垫平。拼装时将主机导向部件放于上部，视工程情况确定是否安装返轨调整装置。采用 75t 汽车吊进行云车卸车和平面拼装，然后用门机辅助翻身。

吊装时以立柱顶部为主要受力点，用 4 根等长钢丝分别连接 4 个吊点；立柱底部为辅助受力点，用两根等长的钢丝连接底部两个吊点。两台圆筒门机做相向回转，待云车直立后再摘除翻身钢绳，在空中完成云车翻身工作，然后用 2 号圆筒门机整体吊到 3 号机进水口。

3　门槽一期直埋施工关键技术及安装优点

3.1　门槽云车关键技术

基于乌东德水电站导流洞及潼南航电枢纽厂房尾水门云车设计理念，沙坪二级水电站进水口检修闸门门施工的 YC-S01.00 型门槽云车。该云车支承跨度达 15.5m，提升高度可达到 6.3m，施工高度为 39.89m。采用了标准化、系列化设计概念，将有效降低门槽一期直埋施工准入门槛，缩短云车设计制造周期，为大规模推广使用创造了条件。

3.2　门槽一期直埋安装优点

3.2.1　周期短、安全性高

门槽云车取消门槽二期施工，门槽埋件在一期混凝土浇筑前完成调整安装，直接埋进一期混凝土中，这样混凝土到顶后很快就能具备下闸条件，而且无需凿毛，也不存在混凝土一二期结合问题，混凝土整体性好，抗渗、抗冲能力强，而且避免了狭窄空间内的临空临边作业、脚手架或吊篮施工特种作业，凿毛噪声大、灰尘大，拆模安全风险高等问题。

3.2.2　自动化程度高

门槽云车系列化产品，适用于河床式电站的门槽安装，集成了门槽标准化安装、门槽部位毫米级精细化施工、云车自爬升和施工安全作业平台等四个关键功能，可实现门槽埋件直埋施工，取消二期工艺，从而加快施工进度、简化施工工序、提高门槽施工质量和安全保障程度，构建"质量、安全、工期、成本"四位一体的最佳施工体系，是绿色施工新技术。

3.2.3　精准度高

通过比较可以看出，原有一期施工采用的是外部加固桁架，采用型钢、脚手架等搭设而成，涉及脚手架作业，从闸孔底部一直搭设到顶部，工程量庞大，对于高大门槽尤其不利。型钢和脚手架支撑效果不佳，施工精度难以保证。加固桁架是一次性项目，无法周转使用。二期施工是通过在一期混凝土里预埋的锚板和拉筋为埋件定位，这种内部加固的方式，定位准确度很容易受到混凝土浇筑的影响。埋件安装时往往采用正偏差，但是施工完成后往往会出现负偏差，导致下门困难。

使用一期直埋施工，4 根轨道通过云车连成整体，大大提高了抵抗变形的能力。轨道安装时始终以起始节作为调校基准，没有误差累积。调节撑杆能有力控制门槽宽度，可取得比二期施工更好的施工质量，精准度高。

4　与当前同类研究、同类技术的比较

结合以往工程施工经验可知，在三峡水利枢纽和李家峡水电站的拦污栅施工中为了加快施工进度，相继采用了一期施工技术。之后，拉西瓦水电站和向家坝水电站等进水口拦污栅施工也借鉴于此，但由于埋件加固采用外部加固的方式，体形庞大、结构复杂机械化程度低且造价高昂，无法重复使用。原有一期方式的加固效果不佳，埋件施工质量也不尽人意，甚至有些工程出现了拦污栅下栅困难的问题。加之一期施工也不适用于高大门槽，这导致我国水利水电工程的门槽施工依旧以二期施工为主。

门槽一期直埋新技术能适应不同工况下的门槽施工作业。门槽云车具有自动提升功能，节省了施工中繁琐的垂直起吊手段。云车可沿已经施工好的门槽向上爬升，始终以底槛为定位起点，施工过程中无误差积累，定位精度高，一个作业循环可完成 6m 长度的门槽施工，可使金结和土建同时进行，节约施工时间。门槽一期直埋技术克服了原有一期施工技术的短板，采用强有力的外部加固方式为埋件提供支撑，保证施工精度。云车采用通用化设计，可以反复改装重复使用，对于门槽越高的工程，其经济价值和工程安全意义就更加突显。

门槽施工一、二期技术与门槽一期直埋新技术的比对，见表 2。

表 2　　　　　　　　　　　门槽施工方案技术比对表

对比项目	原有一期	二期	一期直埋施工
实施时间	与大体积混凝土同步	滞后于大体积混凝土	与大体积混凝土同步
特种作业	涉及	涉及	不涉及
凿毛与否	否	是	否
二期混凝土	无	有	无
质量控制	难	难	容易
安全风险	比较高	高	低
工期	缩短	长	缩短
成本	高	不易控制	受控

对比项目	原有一期	二期	一期直埋施工
可否周转	不能	不能	能
应用范围	小	大	大
工程管理	复杂	复杂	简单
结合问题	无	有	无
抗渗耐冲	强	薄弱	强
施工空间	相对较大	狭窄	相对较大
骨料分离	风险小	风险大	风险小
振捣密实	容易实现	较难实现	容易实现
拆模难度	相对较小	风险很高	相对较小
施工效率	低	低	高

5 结语

门槽一期直埋施工技术是在传统一、二期施工技术的基础上研究而来。该新技术不断优化一、二期混凝土施工中的技术缺陷，确保混凝土与门槽钢结构的紧密结合。打破传统施工思路，使得水利水电工程门槽施工朝着更高效、更安全、质量好、工期短、成本低的方向迈进。该项新技术还成功填补了门槽一期直埋施工在大渡河流域的技术空白。

沙坪二级水电站 3 号进水口检修闸门门槽采用一期直埋施工技术，安装工期缩短 3 个月。由于该项新技术在建设施工过程中不需要对建面进行凿毛且减少了狭窄空间内的临空临边高风险作业，减少了脚手架、吊篮等特种作业数量，符合绿色水电的发展方向，具有广阔的发展空间和发展价值。

参考文献

[1] 刘飞，蔡立明，徐长清，等. 新型直升式一体化闸门 [P]. CN211143000U，2020.

[2] 杜帅群，李晓彬，杨家修，等. 一种隧洞与门槽连接结构 [P]. CN111455948A，2020.

[3] 朱宝凡，李仲钰. 乌弄龙电站碾压混凝土坝快速施工关键技术 [C]. 中国大坝工程学会、西班牙大坝委员会. 国际碾压混凝土坝技术新进展与水库大坝高质量建设管理——中国大坝工程学会 2019 学术年会论文集. 中国大坝工程学会、西班牙大坝委员会：中国大坝工程学会，2019：283-289.

[4] 苏江，杨支跃，张俊宏，等. 门槽一期直埋技术在白鹤滩水电站深孔施工中的应用 [J]. 中国水利，2019（18）：63-64+67.

[5] 周德文. 沙坪二级水电站厂房工程主要施工技术综述 [C]. 四川省水力发电工程学会. 四川省水力发电工程学会 2018 年学术交流会暨"川云桂湘粤青"六省（区）施工技术交流会论文集. 四川省水力发电工程学会，2018：73-77.

作者简介

董　靖（1994—），男，助理工程师，主要从事机电安装管理工作。E-mail：694291376@qq.com

四、

建 设 管 理

浅谈布控球技术在水电群企业外委项目
安全管理中的应用

朱浩然

（国电恩施水电开发有限公司，湖北省恩施市　445000）

[摘　要] 当前水电企业应提高安全意识，有效解决当前企业发展中的问题，积极采用新技术，应对外委项目中存在的安全问题。本文主要介绍了水电群企业外委项目管理现状，国电恩施水电开发有限公司率先在各外委施工项目中使用 4G 高清布控球技术，以及布控球技术特点及应用实效，以供从事企业外委项目安全管理人员借鉴分析。

[关键词] 水电群企业；布控球；外委项目；安全管理

0　引言

现阶段水电企业由于各方面原因，外委施工项目多，外委项目安全管理难度大，2020 年 1～5 月，全国电厂总计发生安全事故 12 起，其中由外委队伍引起的事故达到 8 起，占比达到 67%。如何做好外委队伍的安全管理，是电厂建设新型智慧企业体系中最重要的一环。各水电企业应结合企业自身实际情况，不断提高企业安全创新管理意识，才能够在企业自身建设中不断提高企业安全管理工作质量。

1　水电群企业外委项目管理现状

水电企业大多分布在崇山峻岭中，点多面广，电站所处位置较为偏远，当前水电企业外委项目较多，安全管理跨度大、难度大，管理过程中存在一些不可控因素，不利于当前企业稳健运营。由于外委队伍管理工作中，部分施工单位低价中标，用于现场维护与管理的资金较为匮乏，不利于提高现场管理工作质量，从而为水电企业外委项目管理工作带来了新的挑战。在岗位工作中，虽然企业制定了较为细致的规章制度，但是在落实环节出现了异常现象，不利于提高自身工作质量，造成外委项目现场存在一定的安全隐患。部分管理人员对于督查考核的重视程度不足，在企业内部管理中，囿于人情世故，难以实现对外委项目的问责工作[1]。并且在企业自身发展中，外委项目人员自身素质较低，造成岗位工作中存在疏忽，难以对企业外委项目进行有效管理。各部门在安全教育工作中，缺乏有效的宣传教育手段，造成外委工作人员安全意识较低，不能够准确识别当前企业发展中存在的安全隐患。在制度保障机制建设中，企业领导班子对不同岗位工作人员的要求较高，各类人员不能适应当前水电企业发展需求，在外委项目的安全管理工作未能发挥制度优势。现阶段企业在安全管理工作中，对于新技术与新设备的投入不足，造成各项工作建设较为缓慢，不利于增强当前岗位工作质量，影响企业经营效益[2]。

2 布控球技术在外委项目中应用实例

目前，企业管理人员对外委工作的安全性格外重视，结合企业近年来工作现状，能够对企业不同工作及时进行改进，及时应用先进技术，不断提升管理水平，有效降低企业发展中存在的岗位风险。虽然企业外包施工人员自身素质不高，对于安全风险分析工作的重视程度较低，但是企业管理层安全管理意识较为强烈，在企业外委项目安全管理工作中，重视对先进技术的挖掘应用，以便及时发现外委工作中存在的风险隐患，不断提高企业综合管理工作质量[3]。

例如：国电恩施水电开发有限公司地处湖北西南部山区，管辖 40 座小水电，电站大多分布位置较为偏远，交通存在不便之处，外委项目管理难度较大，需耗费大量的人力、物力，传统的例行检查、专项检查难以深入了解现场实际情况，不能及时纠偏，严重影响外委项目的安全管理工作质量。该公司管辖的 40 座小水电正在开展"标准化持续改进及综合治理工作"，外委项目多而且分布较广、进场的外委施工人员多且安全意识较为淡薄，该公司管理层及安全管理人员非常重视外委队伍施工现场的安全工作。为了保障各外委施工现场人员安全，确保各项工作有序推进，该公司安全管理人员每周都会驱车几十甚至几百公里，往返在恩施武陵山区每一个外委施工现场。这种传统的检查指导方式虽然起到了一定的作用，但点太多、面太广，几个月下来，检查人员叫苦不迭，在各施工现场，检查人员在检查的时候施工人员能够遵守各项规章制度，检查人员一离开就会放松各项要求，习惯性违章常有发生，大大增加了事故发生的概率，非常不利于企业的安全稳定发展。

该公司为了更好地管理外委队伍的施工安全，在每一个施工现场都安装了 4G 高清布控球，实现对外委工程施工区域的远程监控。4G 高清布控球系统采用 4G 或网线传输，1000 万高清录像存储功能，布控球可 360°旋转，可对每一个施工作业面全覆盖，它可以在很短的时间内，迅速对指定目标或区域实行放大和连续监控对每一个施工现场进行全覆盖，该项技术应用以后，该公司安全管理人员只需在办公室打开后台监控软件，就能对每一个作业点进行监控，发现有违章行为及时进行纠偏和处罚，施工人员在施工过程中知道各个方位都有监控，也不敢违章，对施工人员也是一种震慑，自保意识明显增强，该项技术还配备实时跟踪作业人员是否佩戴安全帽，是否流动吸烟等智能告警功能，大大提高了安全管理的便捷性和监管的灵活性。

3 4G 高清布控球技术特点

3.1 一体化

4G 高清人脸识别布控球，是一款既能固定又可以便携的集 4G 无线、远程视频、定位等多功能一体化的产品。它采用高速处理器和嵌入式操作系统，结合 IT 领域中最先进的 AI 算法以及 H.265 视频压缩及解压缩技术，内嵌视频分析算法具有人脸识别、安全帽识别等多场景的超高性能 AI 视频分析应用，内置集成 4G 及 BDGPS 模块、双 SD 卡、集成 20~30 倍高清摄像头，具备防水 IP66 及防震等特性，底座带有强磁铁吸盘可满足布控及快速安装的特殊要求。一键开机即可实现 1 路 1080P 高清录像和无线图像及数据上传，配合后台中心软件可实现安全管理人员的远程视频监控、实时定位、远程回放及人脸库黑名单等数据库管理。

3.2 智能化

4G 高清布控球是基于前端边缘 AI 计算及后端云平台计算，4G 高清布控球集成人脸识别、安全帽识别等的 AI 视频图像分析算法，通过计算机视觉技术对图像、人脸、场景、视频等进行深度学习，识别并标示图像、场景、视频内容，并对自定义的行为、意图进行识别并预警。例如：4G 高清布控球抓拍图片通过 4G 上传云服务器与图片库进行对比分析，分析出现场有未佩戴安全帽的人员时，可联动布控球的声光报警器并提示后台监控人员。

4G 高清布控球后台系统基于 SOA 系统架构开发，集成多种管控子模块的联网管理系统。秉承网络化、集成化、智能化、可视化的理念，解决外委项目安全智能管控系统中集中管理、多级联网、信息共享、互联互通、多业务融合等问题。该系统集成主要由系统+移动终端+多媒体工具箱+视频监控等管控模块组成，通过发送相关管理指令和将采集到的数据进行智能分析、集中处理，实现集中储存、联网管理和智能化管控应用等功能。

系统整体设计共分为五个层次，分别为设备层、基础环境和服务层、通用服务层、业务服务层以及业务应用层。设备层主要包括支持安全生产应用的硬件设备，有用网络传输的设备、服务器、交换机、显示大屏等；有用于作业监管的移动监控设备，如 4G 高清布控球。基础环境和服务层包括集成开发环境、数据库、服务等。通用服务层是基于统一软件技术架构的设备接入、联网、媒体、视频流、事件及数据服务。业务服务层包括入厂审核、作业现场智能监控等模块。业务应用层支持 PC、手机、PAD 等使用媒介。

AI 识别能力介绍如下：

（1）着装检测。针对施工区域的人员是否戴安全帽。

（2）人员检测。通过深度智能人脸技术，实现对外委项目人员进行管控布防，对内部人员进行考勤登记。

（3）行为检测。针对施工区域内人员是否吸烟。

（4）区域检测。针对规定的区域划线后检测是否在区域内或区域外。

4 布控球技术在外委项目中应用实效

4.1 监控施工环境，及时发现问题并纠偏

随着社会的发展和科学技术的不断进步，外委队伍安全管理工作越来越重要，安全管理的任务也越来越重，传统的安全管理模式已经不适应现代社会各行业发展的要求。传统的例行检查、突击检查在强化外委队伍安全意识、规范安全管理、消除安全隐患中虽然起到了积极的作用，但这种常规的检查耗费大量的人力、物力、财力及时间，也不容易发现实质问题，被检查单位和外委队伍为了应付检查而"临时抱佛脚"，导致在施工过程中习惯性违章现象时有发生，安全事故发生的概率居高不下，4G 高清布控球技术的应用，实现了对水电群企业外委项目全方位的监控，能够实时了解各外委项目工作现状，及时完成纠偏工作，确保各外委工作人员能够安全文明施工，提高了安全管理水平。

4.2 提高外委项目高效率，实现安全文明施工

施工工地运用监控系统如今早已变成必然趋势，传统式的外委施工项目由于查验不及时，

总会出现进展拖延、工程施工质量不合格等各种各样问题。现应用 4G 布控球监控系统就能及时地针对将会存在的不足开展查验，对于每天工程的施工质量进行了解。在视频监控系统的服务支持下，外委项目能实现高标准、高质量的完工，在施工进度上也会有一定的提高。

5 结语

总而言之，安全工作任重而道远，现阶段水电群企业外委项目安全管理工作中，4G 高清布控球技术的应用，不仅降低了外委施工人员的事故发生概率，创新了外委项目安全管理工作，更促使安全管理更加便捷、有效，大大消除了当前水电企业经营管理中存在的风险因素，促进了企业稳健运营。

参考文献

[1] 张宏斌，王俊武，晁中玲. 水电施工企业项目安全管理综述 [J]. 水利水电施工，2019（04）：90-92.
[2] 苗辛. 浅谈水电施工安全管理 [J]. 今日科苑，2018（22）：169-170.
[3] 韦韦. 起重设备的安全使用与管理 [J]. 中国新技术新产品，2017（12）：100-101.

作者简介

朱浩然（1986—）男，注册安全工程师，主要从事水电企业安全管理工作。E-mail：55248188@qq.com

总承包企业项目成本管理研究

张广辉　董　安

（中国电建集团贵阳勘测设计研究院有限公司，贵州省贵阳市　550081）

[摘　要] 成本管理体系建设是总承包企业项目成本控制和管理工作的基础，本文从项目成本分析入手，对项目成本管理程序及不同类型企业成本管理体系现状进行了调查分析，提出成本管理体系建设过程及成本管理过程中应注意的问题，希望对提高总承包项目成本控制能力、促进总承包项目成本管理水平发展等起到一定的借鉴意义。

[关键词] 总承包企业；项目成本控制；管理体系

0　引言

自 1984 年国务院《关于改革建筑业和基本建设管理体制若干问题的暂行规定》发布，石化行业开始采用工程总承包模式至今，我国工程总承包模式不断发展与推进，越来越多的项目采用工程总承包模式进行发包，这给总承包企业带来了机会，同时也带来了挑战。项目目标、进度、质量、成本、风险等作为总承包项目的关键控制环节又充满统一对立关系，如何更好地通过总承包项目成本管理为企业创造更多经济利益这一问题作为总承包企业管理者需要研究和解决的问题，长期以来一直关注和研究，特别是 EPC 总承包项目，因涉及环节和内容较传统项目管理更多，在项目目标、质量、进度、风险等保证前提下研究相关成本控制和管理措施，使 EPC 项目成本的经济效益最大化对企业经济效益实现具有重要意义。

1　总承包项目成本分析

总承包项目具有唯一性和约束性的特征，项目制约因素主要有进度、质量、成本三要素。总承包企业盈利能力提升主要通过提高项目收入和降低工程项目成本等手段，对于总承包项目普遍存在投标策划时测算有利润，最终却没有利润的现象，究其主要原因就是没有做好成本管理。对于项目的成本分析，主要从以下 3 个方面进行分析。

（1）分析维度一：要素分析。总承包项目总造价由预计总成本和毛利润组成。总成本又包含直接成本和间接成本两部分。其中直接成本有人工费、材料费、机械使用费和措施费；间接成本主要为现场管理费用。从成本的角度，在适应项目的特点和当地环境的前提下，分析项目成本降低和采取措施，如降低直接成本、减少消耗、减少采购成本、改进措施（优化技术措施+优化组织措施）和降低现场管理成本。

（2）分析维度二：过程分析。要实现总承包项目经济效益最大化，就要从施工总包工程全生命周期费用进行分析，包括营销阶段、实施阶段、竣工结算阶段和保修阶段，直至总承包合同关门。需要重点控制的是项目实施阶段，包括项目策划、设计、采购、施工等，总承包项目成本占比最大的人工费、材料费、机械费以及措施费、管理费用等均发生在这个阶段。

（3）分析维度三：组织形式。不同的企业类型有不同的组织形式，同一企业不同规模和类型的总承包项目也会采取差异化的组织形式，但不管采取何种组织形式，均应在适应工程项目特点和适合当地市场环境前提条件下首先明确项目成本在企业组织中的分工，并应明确公司层级和项目层级责任范围和责任方式。

2 总承包企业项目成本管理程序

总承包项目成本管理的一般程序包括项目成本预测、成本控制、成本分析和成本考核四大步骤。总承包企业在适应当地的市场环境，满足工程项目管理一般规律下应建设全员、全要素、全过程的全面成本管理体系。

成本预测应从项目需求、范围确定、工作分解（WBS）、资源分解（RBS）、组织结构分解（OBS）、费用结构分解（CBS）入手，根据企业定额和施工定额进行成本测算，下达执行预算和项目责任成本两级成本控制指标。准确对项目成本预测的关键是引入 WBS 工作包，建立企业相关的劳动生产率，即总承包项目企业定额和施工当地价格的资料库。工作包分解是将项目可交付成果和项目工作分解成较小、更易于管理的组件，分解的程度取决于所需要的控制程度。WBS 分解通常把项目生命周期的各个阶段作为分解的第二层，把项目可交付成果作为分解的第三层。分解的关键一是不能丢失工作包（100%原则）；关键二是工作包必须能单独可靠计量工作或成果。在 WBS 工作分解的基础上，进一步为活动进行进度和资源控制，以及进行 RBS 资源分解、OBS 组织结构分解和 CBS 费用结构分解，为项目进度计划的制定和成本测算奠定坚实基础。

成本控制是工程总承包项目费用管理的核心内容。成本控制首先需要建立责任矩阵，即 WBS 与 OBS 相对应的二维矩阵，以保证任何一项工作包都有责任人或责任团队；其次是建立控制账户，将范围、预算（资源计划）、实际费用和进度计划综合起来的管理控制点。控制账户设置在工作分解结构的选定点上，每个账户可以包含一个或多个工作包，每个工作包只能与一个控制账户相关联。每个账户都同组织分解结构的具体组织相关联。控制账户主要目的是进行成本控制。成本控制应注意以下几个要点：仅在实施过程中的某几个时间点考量项目实施成本水平存在不足，过程成本曲线将会大力增强成本控制力度；基于 WBS 成本过程控制是成本控制的最佳实践；成本过程控制的前提是清楚了解真实的目标成本曲线和企业实际成本定额。

成本分析是成本管理工作的一个重要环节，不仅是对项目建设过程中发生费用的监控和对大量费用数据的收集，更重要的是对各类费用数据进行正确分析并及时采取有效措施，从而达到将项目最终发生的费用控制在预算范围之内，一般采用赢得值分析法[1]成本分析，帮助项目管理者分析项目的成本和工期的变动情况并给出相应的信息，以便能够对项目成本的发展趋势做出科学的预测与判断，并提出相应的对策。

成本考核是有效控制成本的保证。考核的内容一般包括编制成本计划和实施成本计划。检查项目实施前制定的质量成本计划是否实现。完成项目成本计划情况：调查在各项成本指标中，实际成本和计划成本之间的差异，并找出差异的原因。成本责任制执行情况：根据成本责任制的相关管理规定，检查资金的使用情况和技术方案的实施情况，并提出相应的奖惩措施。在进行成本控制的过程中，应确定成本管理考核的层级，以便有能力纠正成本偏差。

通过对以上成本管理程序分析可知，成本管理一般根据需求明确目标，目标明确后界定工作范围，工作范围逐级向下分解出工作，由各工作估计成本，工作需要落实责任，形成过程的进度预算，依靠账户成本控制，定期进行成本分析，成本考核要及时。图1中以便我院承担的某总承包项目为例给出了成本控制的基本流程以供参考。

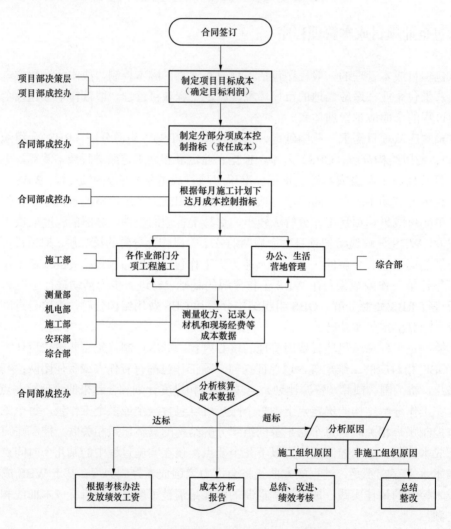

图 1　某总承包项目成本控制的基本流程

3　总承包企业成本管理体系建立

3.1　总承包成本管理体系现状分析

根据近些年工程总承包项目的不断开展，总承包成本管理体系不断发展完善，根据企业性质和工程规模的不同，总承包成本管理体系大致可分为央企、国企、大型民企、小型民企等模式。

央企因组织管理体系完善，具有雄厚的实力，主要承接大中型总承包业务，经过多年经验积累已形成了自己的管理体系，如某央企成本方圆理论[2]其适应市场形势，建立小前端、大后台管理模式，结合先进的全面成本管理方式，确立了相应的管理模式。成本方圆理论结合市场特点分段对相关责任人进行了有目标的激励，抓住了成本管理三大阶段（预测、分析、考核），采用价本分离，以工期、质量、安全、环保为支撑，合理确定材料费、人工费、机械费、现场经费、周材费五类费用。该类管理体系企业大量基础工作需要完成必须要有标准化依托，全员素质必须达到一定水平。

国企在当地市场具有明显优势，采取统一思想、统一制度，采用项目制灵活手段，充分调动人的积极性，让大家团结一心，共同完成目标。该管理体系适用中小型简单项目，项目部能力要求高，存在以包代管嫌疑，同时如何对项目进行兑现考核等需要企业重点把控。

大型民企具有管理体系灵活、服务意识高、考核机制灵活等优势，能够充分调动人的积极性。如某企业5080管理体系，既适应了市场形势，又遵循了科学管理方法，建立了适合自己的管控体系。该类管理体系每个岗位每个阶段都建立了相应的考核机制，抓住了成本管理的四大阶段，能够适应小型总承包项目成本管理需求。

小型民企在总承包项目中多以分包商身份参与，企业主要负责人多为"包工头"或是大中型企业的项目经理，在工程管理方面具有一定经验，但在企业经营管理方面有明显不足，多采用老板个人管理或家族管理模式[3]，风险较大。

央企和民营都考虑适应市场形势，采用科学管理手段在项目不同阶段对相关责任人明确了责任，制定了相应考核分方案，对项目管理四大过程都强调了项目策划这个龙头；对人的管理、央企和国企都强调了考核要分时兑现，强调奖罚要及时；民企对各个岗位具体量化了任务，考核非常具体。

3.2 成本管理体系建立

通过对现有成本管理体系分析可以看出，不管哪种管理体系模式，均建立在最基本的预测、控制、分析、考核四个方面。总结多家不同类型企业成功的成本管理体系模式可以发现它们的共同之处，均能够从全员、全过程、全要素进行全面成本管理。首先，全员成本管理是大势所趋。其次，全过程成本管理是必要的控制手段。最后，全要素成本管理才能使企业整合社会资源与专业分工进行项目生产中经济效益最大化。

成本管理体系建立主要考虑按照以下步骤开展：第一步，全员、全要素分解，明确各层级经济管理（全员及要素）定位。随着总承包项目竞争越来越激烈，项目利润被逐步压缩，全员成本管理就显得尤为重要。开展全员成本管理主要遵循范围清晰、要求明确、流程清楚、考核配套、权责匹配原则。第二步，项目建设过程分解，以时间为轴线进行工作（经济要素）与责任分解。全过程成本管理过程中要根据不同行业特点、企业员工素质水平及项目特点合理划分过程阶段，按照成本管理四环节结合企业定额进行管理。

不同企业均可按照以上原则和步骤建立相应的成本管理体系，但不管何种模式，均应坚持项目管理预测、控制、分析、考核四个环节。为了预测更加科学，企业长远考虑要建立企业定额和标准，有利于企业管理更加精细。同时，企业战略考虑要结盟各专业伙伴，集合各家优势，发挥工程承包的平台作用。

4   总承包项目成本管理应注意的问题

总承包成本管理中相关采取的措施发挥设计龙头作用、加强现场人材机管理、开展物资集中采购、建立考核及人员培养等配置措施的研究较多，本文不再赘述，以下主要对成本管理中要处理好几个关系进行阐述。

（1）方案与成本之间的关系。施工方案是工程建设的必要内容，成本是方案的数字表现。因此，企业对施工方案的重视也体现了对成本的关注。不能本末倒置，只看数字而忽略计划。在研究方案的同时，还要考虑质量、进度、安全等方面的要求，特别是总成本的约束，寻找最优组合。企业必须从自身出发，创建一个适合自己的建设方案库，在形成特色方案的同时，通过相关资源的匹配，形成最优的成本，从而形成企业的核心技术能力。

（2）质量与成本之间的关系。通常衡量损失主要包括返工成本、维修、报废，但一些隐藏的成本是被忽视的，如失去投标资格和暂停投标、工作效率低下、过度加班、由于质量导致的停机时间、工期延误导致人机成本增加，业主对投标的影响的负面评价等等，因此，关注项目质量是追求合理利润的先决条件。

（3）进度与成本之间的关系。项目的总体进度要经过严格的分析论证，以确保其可行性。在此基础上，公司层面应加强项目实施过程对进度的监控，不仅监控形象进度，还要监控实际的进展；一旦发现出现进度滞后，有必要立即分析原因，采取补救措施，以期尽可能减少进度的延误对现金流的需求和其他资源配置需求的巨大变化，使项目运行能够回到计划的轨道，从而保证项目成本目标的实现。一旦进度不能有效调整，必须延长工期或增加投资，在采取行动前必须注意收集客观原因的相关证据，作为工期索赔和成本索赔的基础支撑文件。工期尽可能不拖延，否则对业主和承包商都是非常不利的。

（4）安全与成本之间的关系。企业应以实现经济效益为中心，力求以最小的成本获得最大的经济效益。当然，成本包括安全成本。盲目追求安全成本最小化，会导致事故隐患增加，"本质安全"程度降低，事故不可避免，甚至会导致"赔了夫人又折兵"的重大事故。但"不惜一切代价"是空话，合理的安全成本确保安全可靠的生产，确保经济效益。安全保证了生产活动的正常运行，才能带来了源源不断的利益。因为安全，企业也有良好的社会形象，即产生良好的社会效益及声誉。

（5）资金与成本之间的关系。成本固然重要，但资金才是企业的命脉。没有资金作为保障，即使项目计算有利润，也可能无法正常开展。因此，企业在建立成本管理制度的同时，必须配套建立资金收入和支出制度，这两种制度必须同时建立，同时投入运行。当成本与资金发生冲突时，首先要保证正常的现金流，然后才能讨论利润最大化的问题。

5   结语

对于当今的总承包企业来说，企业成本管理的突破在于是否遵循成本管理的预测、控制、分析和考核的规律。企业成本管理的改善和提升，在于是否用知识和工具完善了企业管理体系。项目管理具有独特性和约束的特点，独特性意味着成本管理的前提是每个项目应该做好详细的项目策划，约束性意味着每个项目策划需要包含许多方面，相互平衡约束，所有这些都基于履约，履约是一切的前提。要做好项目策划工作，除了依靠人的能力外，还需要建立企业的定额和标准。项目策划是项目管理的"锚"，企业的定额和标准是项目策划的有力支撑。另外，企业要想降低成本，就必须努力开发资源，这也是企业努力的地方。以发展为主线、以成本为核心、以合同为准绳落实责任、定点分析、总结和推广，实现全面成本管理系统，以确保全员、全过程、全要素总成本控制，使企业的经济效益最大化，促进总承包企业的长远发展。

参考文献

[1] 范云龙，朱星宇. EPC 工程总承包项目管理手册及实践 [M]. 北京：清华大学出版社. 2016.

[2] 鲁贵卿. 工程项目成本管理方圆图的工具属性 [J]. 施工企业管理，2016（08）：84-88.

[3] 胡悦. 小型施工企业成本控制研究 [D]. 石家庄铁道大学，2016.

作者简介

张广辉（1983—），男，高级工程师，主要从事水利水电设计、工程总承包管理工作。187341366@qq.com

董 安（1983—），男，高级工程师，主要从事工程总承包项目管理工作。

抽水蓄能电站基建工程安全系统模型的分析与研究

张宇鹏　马　越　马喜峰

（河北抚宁抽水蓄能有限公司，河北省秦皇岛市　　066000）

[摘　要]我国抽水蓄能电站建设已进入高峰期，由于抽蓄电站基建工程难度大、周期长、工艺复杂等特点，使得抽水蓄能电站建设的安全管理难度较大，需要通过安全系统工程的方法对其进行研究，而安全系统工程应用的基础是明确的研究系统。本文对抽水蓄能电站基建工程安全系统进行了深入研究，建立起了结构清晰的 4 层级系统模型，为抽水蓄能电站基建工程中的安全系统工程研究提供了研究对象，为后续安全系统科学研究奠定了基础。

[关键词]抽水蓄能电站建设；基建工程安全；安全系统工程；安全学；系统学

0　引言

　　抽水蓄能电站作为以新能源为主题的新型电力系统的重要组成部分，对于保障电力供应，确保电网安全，促进新能源消纳，推动构建清洁低碳安全高效的能源体系，更好服务碳达峰、碳中和，具有十分重要的意义[1]。近年来，我国抽水蓄能电站建设已进入高峰期。然而，抽水蓄能电站基建工程具有资金密集、施工难度大、施工周期长、大型施工机械设备多、施工工艺复杂、参与人员多、工程占地范围大、爆破与高空作业等危险作业较多的特点，安全管理难度较大[2]。因此，使用安全系统工程方法对抽水蓄能电站基建工程进行科学研究，已迫在眉睫[3]。

　　安全系统工程是一门以安全学和系统科学为理论基础，通过系统工程原理对安全工程进行研究的学科。经过多年的发展，安全系统工程的理论已较为完善，形成了预先危险性分析、故障类型和影响分析、危险性和可操作性研究、事件树分析、事故树分析、概率评价法、指数评价法、单元危险性快速排序法、生产设备安全评价法、安全管理评价法、系统安全综合评价法、确定性多属性决策法、决策树法、模糊决策法、安全系统灰色理论等典型方法论，并构成了安全系统工程的理论与研究方法体系[4]。目前，部分安全系统工程方法已经在抽水蓄能电站建设工程中得到了研究与应用[5]。

　　以上方法的研究对象，即系统工程的研究对象，便是系统。系统是由相互作用和相互依赖的若干组成部分（元件或子系统）结合成的具有特定功能的有机整体。系统有自然系统与人造系统、封闭系统与开放系统、静态系统与动态系统、实体系统与概念系统、宏观系统与微观系统、软件系统与硬件系统之分。不管系统如何划分，凡是能称其为系统的，都具有整体性，即构成系统的各要素虽然具有不同的性能，但它们通过综合、统一（而不是简单拼凑）形成的整体就具备了新的特定功能，也就是说，系统作为一个整体才能发挥其应有功能。所以系统的观点是一种整体的观点，一种综合的思想方法。

在使用安全系统工程的研究方法之前，工程系统的明确是必不可少的。如果没有对一个系统工程细致剖析，得到其子系统与元件，并厘清其关联关系，那后续的研究就无从谈起。就像画家掌握了所有绘画技巧，但绘画对象却是一团混沌，则最终的作品也不会画得精准。因此，明确一项工程的系统构架与组成，是一切安全系统分析与研究的前提，是极为关键的一步。

同样，抽水蓄能电站基建工程，作为一种复杂系统工程，更需要剖析与研究其系统构成，为其安全系统分析研究奠定基础。因此，本文从安全系统工程的原理出发，结合河北抚宁抽水蓄能电站工程建设实践，剖析抽水蓄能电站基建工程安全系统的结构，为抽水蓄能电站基建工程安全系统研究明确研究对象，奠定研究基础。

1 抽水蓄能电站基建工程安全系统的一级、二级子系统构成分析

抽水蓄能电站基建工程安全系统可分为两个一级子系统，分别为综合安全管理子系统和专项安全管理子系统，结构示意如图 1 所示。
通过对以上两个子系统的进一步梳理，抽水蓄能电站基建工程安全系统的一级子系统又由若干二级子系统构成。

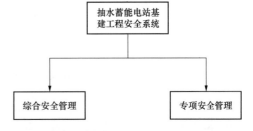

图 1　抽水蓄能电站基建工程安全系统构成示意图

1.1 综合安全管理一级子系统

该一级子系统由以下二级子系统构成，包括安全管理组织机构、安全生产责任制、安全规章制度、安全会议、安全风险和隐患排查双重管控、安全检查、安全教育培训、资质管理、分包管理、安全生产费用管理、安全策划、水保与环保管理、职业健康与劳动保护管理、应急管理，结构示意如图 2 所示。

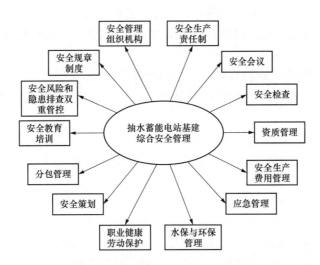

图 2　抽水能电站基建工程综合安全管理一级子系统构成示意图

1.2 专项安全管理一级子系统

该一级子系统由以下二级子系统构成，包括施工现场安全防护、场内交通安全管理、施

工用电、施工机械设备管理、特种设备与特种作业人员、脚手架及高处作业、危化品管理、起重作业、消防管理、有限空间作业、安全文明施工设施标准化、安全标志、安全保卫、防汛管理、安全工器具使用与保存，结构示意如图3所示。

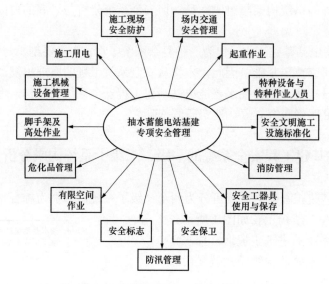

图3 抽水能电站基建工程专项安全管理一级子系统构成示意图

2 抽水蓄能电站安全系统二级子系统的元件结构分析

抽水蓄能电站安全系统二级子系统由元件构成，元件是系统的最小单元。由于部分子系统在工程应用中已没有继续细分的必要，通常会对这一部分子系统的元件构成进行省略。而另一部分子系统，仍由多个具有明确界面划分的元件组成，因此这部分子系统的元件构成不可省略，需进一步细分研究。对需要进一步细分的二级子系统进行解构，得到其元件组成如下：

（1）安全生产责任制：安全目标管理、安全责任清单。

（2）安全管理组织机构：安全生产委员会、安全保证体系、安全监督体系、安全人员配置。

（3）安全规章制度：法律、法规、标准规范。

（4）应急管理：应急组织机构、应急预案与现场处置方案、应急培训及演练、应急物资储备、事故事件管理。

（5）施工现场安全防护：设备防护、个人防护、环境安全防护。

（6）场内交通安全管理：载具管理、道路管理、运输通行管理。

（7）施工用电：人员管理、用电设计审批、电源管理、用电电器管理。

（8）施工机械设备管理：安装拆卸、审查检验、运行维护。

（9）特种设备及特种作业人员：特种设备、特种作业人员。

（10）脚手架及高处作业：脚手架施工方案、脚手架搭拆、脚手架使用、高处作业人员、高处作业防护。

（11）危化品管理：火工品及炸药、爆破作业过程管理、其他危化品储存与管理。

（12）起重作业：技术措施与方案、起重过程管理、起重设备。

（13）消防管理：组织体系、施工现场消防、动火作业。

（14）有限空间作业：个人防护、检验检测。

（15）安全文明施工设施标准化：安全文明施工设施制作、安全文明施工设施布设、安全文明施工设施维护管理。

（16）安全保卫：封闭设施、安保机构与人员、安保措施。

（17）防汛管理：防汛组织体系及责任、防汛日常管理、防汛物资。

以上二级子系统的结构如图4～图20所示。

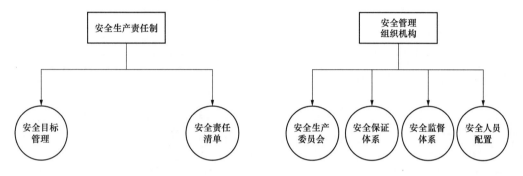

图 4　安全生产责任子系统结构图　　　　　图 5　安全管理组织机构子系统结构图

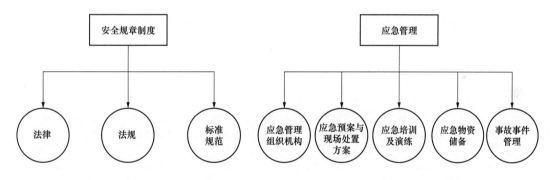

图 6　安全规章制度子系统结构图　　　　　图 7　应急管理子系统结构图

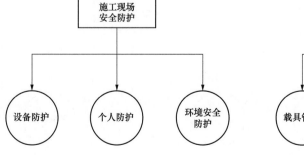 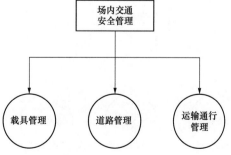

图 8　施工现场安全防护子系统结构图　　　图 9　场内交通安全管理子系统结构图

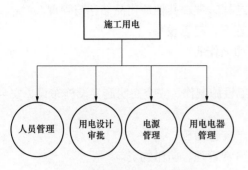

图 10　施工用电子系统结构图

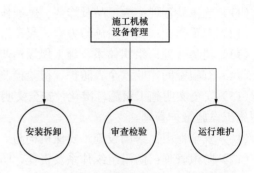

图 11　施工机械设备管理子系统结构图

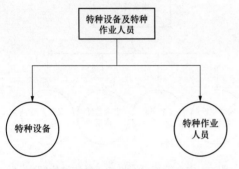

图 12　特种设备及特种作业人员子系统结构图

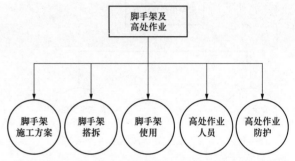

图 13　脚手架及高处作业子系统结构图

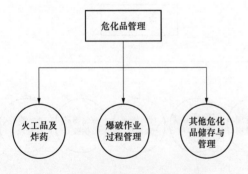

图 14　危化品管理子系统结构图

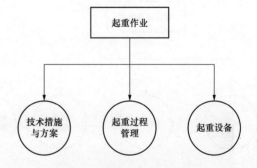

图 15　起重作业子系统结构图

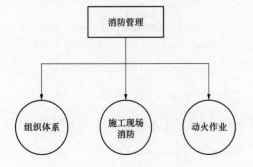

图 16　消防管理子系统结构图

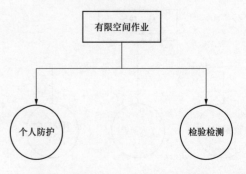

图 17　有限空间作业子系统结构图

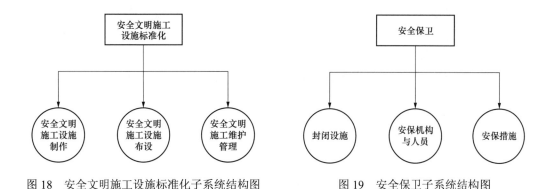

图 18　安全文明施工设施标准化子系统结构图　　　图 19　安全保卫子系统结构图

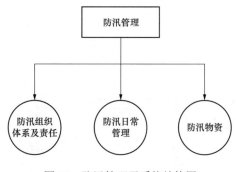

图 20　防汛管理子系统结构图

3　抽水蓄能电站基建工程安全系统模型建立

经过对抽水蓄能电站基建工程安全系统一级子系统、二级子系统、元件等三个层级的解构，抽水蓄能电站基建工程安全系统结构已得到完整展现，由 2 个一级子系统、29 个二级子系统、54 个元件构成，按照层级展开顺序，建立其树模型结构，如图 21 所示。其中，系统（或子系统）由矩形表示，元件由椭圆形表示。T——抽水蓄能电站基建工程安全系统；A1——综合安全管理；A2——专项安全管理；B1——安全会议；B2——安全管理组织机构；B3——安全策划；B4——安全风险和隐患排查双重管控；B5——安全生产责任制；B6——安全检查；B7——安全教育培训；B8——资质管理；B9——安全规章制度；B10——安全生产费用管理；B11——分包管理；B12——应急管理；B13——职业健康与劳动保护管理；B14——水保与环保管理；B15——施工现场安全防护；B16——场内交通安全管理；B17——施工用电；B18——施工机械设备管理；B19——特种设备及特种作业人员；B20——脚手架及高处作业；B21——危化品管理；B22——起重作业；B23——消防管理；B24——有限空间作业；B25——安全文明施工设施标准化；B26——安全标志；B27——安全保卫；B28——防汛管理；B29——安全工器具使用与保存；C1——安全生产委员会；C2——安全保证体系；C3——安全监督体系；C4——安全人员配置；C5——安全目标管理；C6——安全责任清单；C7——法律；C8——法规；C9——标准规范；C10——应急组织机构；C11——应急预案与现场处置方案；C12——应急培训及演练；C13——应急物资储备；C14——事故事件管理；C15——设备防护；C16——个人防护；C17——环境安全防护；C18——载具管理；C19——道路管理；

C20——运输通行管理；C21——人员管理；C22——用电设计审批；C23——电源管理；C24——用电电器管理；C25——安装拆卸；C26——审查检验；C27——运行维护；C28——特种设备；C29——特种作业人员；C30——脚手架施工方案；C31——脚手架搭拆；C32——脚手架使用；C33——高处作业人员；C34——高处作业防护；C35——火工品及炸药；C36——爆破作业过程管理；C37——其他危化品储存与管理；C38——技术措施与方案；C39——起重过程管理；C40——起重设备；C41——组织体系；C42——施工现场消防；C43——动火作业；C44——个人防护；C45——检验检测；C46——安全文明施工设施制作；C47——安全文明施工设施布设；C48——安全文明施工设施维护管理；C49——封闭设施；C50——安保机构与人员；C51——安保措施；C52——防汛组织体系及责任；C53——防汛日常管理；C54——防汛物资。

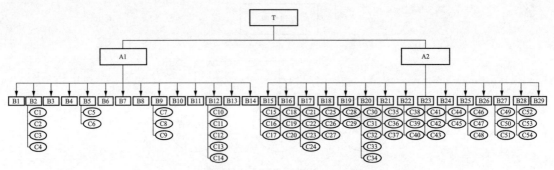

图 21　抽水蓄能电站基建工程安全系统树模型结构图

4　结语

本文对抽水蓄能电站基建工程安全系统的组成与结构进行了深入的研究，经过由上至下的层层解构，将该系统划分为 4 个层级，其中一级子系统 2 个、二级子系统 29 个、元件 54 个，完整建立起了抽水蓄能电站基建工程安全系统模型，梳理明确了各层级系统元素的纵向关联关系；完成了该系统的树模型结构图绘制，为抽水蓄能电站基建工程安全系统的研究提供了直观清晰的系统呈现。以上研究清晰地构建了抽水蓄能电站基建工程安全系统，为安全系统工程研究方法在抽水蓄能电站基建工程中的应用提供了研究对象，为抽水蓄能电站基建工程安全系统的科学研究奠定了基础。该模型已在工程实际中得到了应用，切实提升了安全生产工作成效。

参考文献

[1] 凌海涛，陈尊杰. 抽水蓄能电站基建项目安全性评价实践和探索 [C]. 中国水力发电工程学会第二届抽水蓄能技术发展青年论坛暨电网调峰与抽水蓄能专业委员会 2018 年年会. 2018.

[2] 温家华，王凯，张程. 抽水蓄能电站建设单位安全管理研究 [J]. 项目管理技术，2015（06）：109-113.

[3] 张大庆，李蓉. 浅析做好抽水蓄能电站安全管理创新的具体实践 [J]. 赤峰学院学报：汉文哲学社会科学版，2013（S1）：110-111.

[4] 张景林. 高等院校安全工程专业教材 安全系统工程 [M]. 北京：煤炭工业出版社，2002.

[5] 张宇鹏. 事故树分析法在抽水蓄能电站工程风险分析中的应用研究 [C]. 中国水力发电工程学会电网调峰与抽水蓄能专业委员会 2020 年学术交流年会. 2020.

作者简介

张宇鹏（1993—），男，硕士生，主要从事抽水蓄能电站建设安全管理工作。E-mail：zypzxt19931209@163.com

马 越（1997—），男，硕士生，主要从事抽水蓄能电站建设安全管理工作。E-mail：1700106030@qq.com

马喜峰（1975—），男，高级工程师、硕士生，主要从事抽水蓄能电站建设安全管理工作。E-mail：448675671 @qq.com

PPIS电厂标识体系研究与优化

杨 东[1] 葛 嘉[2] 汪 倩[1]

（1. 国家能源大渡河大岗山发电有限公司，四川省雅安市　625409;
2. 国能大渡河龚嘴水力发电总厂，四川省乐山市　614000）

［摘 要］由于各水电站内建筑物形式与设备各有不同，标准差异大，国家能源大渡河公司广泛调研各水电单位并研究各类电厂标识体系后，在电厂标识系统KKS体系基础上结合水电设备特点和管理需求，自主研发一套电厂标识体系PPIS，适用于水电厂规划、设计、建设、运行、维护等全生命周期的标准化信息管理，实现了水电厂设备在各信息系统中的标准化标识和编码。电厂标识体系PPIS在大渡河公司各水电站应用的基础上，结合国家能源集团ERP建设的需要，不断完善和优化，取得良好的应用成效。

［关键词］PPIS；设备标识；编码

0　引言

大渡河公司于2007年，在瀑布沟电站建设过程中即开始研究电厂设备标识标准化工作。广泛调研各水电单位并研究各类电厂设备标识体系后，决定在KKS体系基础上结合水电设备特点和管理需求，自主研发一套电厂设备标识体系。

电厂标识体系（power plant identification system，PPIS）是大渡河公司具有自主知识产权的水电厂设备标识及编码标准，按照相关标准的要求设计，于2018年根据GB/T 35707—2017《水电厂标识系统编码导则》修订并初步定型。该电厂标识体系结合大型水电厂设备管理和大渡河流域设备现状设计编制，适用于水电厂规划、设计、建设、运行、维护等全生命周期的标准化信息管理，主要实现水电厂设备在各信息系统中的标准化标识和编码，以及生产管理系统、数据采集与监视控制（SCADA）系统、五防系统等多管理系统联动[1]。

国家能源集团将PPIS作为集团ERP水电设备数据标准，集团下辖水电站结构不同、设备组成有差异，PPIS设备编码体系需要不断深入研究，完善设备编码库，便于在整个集团水电板块全面推广应用。

1　PPIS体系研究

1.1　产生的背景

设备编码就是根据一定的编码规则，系统地、科学地对全厂每一个设备定义一个简单的、唯一的设备编码。自20世纪70年代开始，欧美国家就致力于电厂标识系统的工作，出现了SND、KKS、EIIS、CCC等电厂标识系统[2]。

　　我国的电力行业从设计、施工、安装到运行等各部门尚无统一的系统设备编码，曾颁布的有关设备编码的电力行业标准有 DL/T 700—2017《电力物资分类与编码导则》以及电力可靠性中心使用的《电力可靠性系统用编码》。由于国内至今没有统一的电厂系统及设备编码标准，因此部分发电厂根据国内外的一些标准，并结合本单位的实际情况开始建立自己的编码体系[3]。2017 年年底，中国国家标准化管理委员会颁布了 GB/T 35707—2017《水电厂标识系统编码导则》，以指导水电厂标识工作。

　　水电站各种设备编码标准并存，编码系统互不连通，不利于设备管理和维护中的定位和追溯，大渡河公司充分吸收国内外设备编码标识技术、融合电力行业现有设备标识标准，形成了 PPIS 设备标识体系。

1.2　设计原则

　　PPIS 位置编码总体划分为 6 个码段，分别为子分公司及电厂标识码段、电站标识码段、主系统标识码段、子系统标识码段、小单元标识码段、元器件标识码段，各码段均由固定长度的标准码（设备标准英文名称缩写）和位置序号组成，从子分公司逐级定位至水电厂各元器件功能位置。

1.3　编码体系

　　PPIS 编码采用分层、分类的方法，采用"字母+数字"的方式，对电站设备进行编码，用于标识电站所管辖设备的所属位置，便于管理人员高效、准确、定位管理所有设备。各码段须按照表 1 结构要求，固定各码段长度，并由标准码库中索引取值，在编码过程中若出现位数不足情况时，在相应的编码标识前增加若干个"X"予以补足。

表 1　　　　　　　　　　　　　　　　PPIS 编 码 格 式

码段序号	位置码段					
	第 1 码段	第 2 码段	第 3 码段	第 4 码段	第 5 码段	第 6 码段
码段含义	子分公司及电厂标识	电站标识	主系统标识	子系统标识	小单元标识	元器件标识
码段长度	3	1	2	3	6	6
标识方式	字母	字母	字母或数字	字母或数字	字母或数字	字母+数字

1.4　编码结构

　　第 1 码段：子分公司及电厂标识。该码段由 3 位字母组成，第 1 位字母用于区分水电企业所在的分子公司，第 2、第 3 位用于区分电厂，见表 2。

表 2　　　　　　　　　　　　　　　　第 1 码段示例

电 厂 名 称	编 码
大渡河公司瀑布沟水力发电总厂	DPD
大渡河公司龚嘴水力发电总厂	DGD
大渡河公司大岗山公司	DDG
...	...

　　第 2 码段：水电站标识。用 1 位字母对同一电厂所管辖的不同电站进行标识。以大渡河公司所属水电站为例，瀑布沟水力发电总厂下辖瀑布沟电站和深溪沟电站，用"P"标识瀑布

沟电站，用"S"标识深溪沟电站，见表 3。

表 3   第 2 码段示例

电　站　名　称	编　　码
瀑布沟电站	P
深溪沟电站	S
大岗山电站	S
…	…

第 3 码段：主系统标识。按照水电厂设备管理方式，将水电站主要设备设施按照机组、主变压器、线路、公用系统、大坝机电等具备独立运行功能的设备范围进行大分类，定义为主系统，并用 2 位数字或字母进行标识，见表 4。

表 4   第 3 码段示例

主系统名称	英文名称	编码
1 号机组	No.1 Generator	1G
…	…	…
1 号主变压器	No.1 Main Transformer	1T
…	…	…
500kV 1 号母线 I M	500 kV No.1 main	1M
…	…	…

第 4 码段：子系统标识。按照能发挥部分独立功能的原则将主系统划分为若干子系统。用 3 位数字或字母进行标识，字母为子系统英文名称的缩写，数字为同类子系统的序列号。同一个主系统下的子系统编码不能重复。

第 5 码段：小单元标识。按照屏柜、端子箱等可进行单独检修隔离或物理区分的原则将能子系统划分为若干小单元。用 6 位"字母或数字"进行标识，码段前四位为字母段，取小单元英文翻译的缩写，后两位为数字段，若为单一的小单元，则数字段为"01"，若有相同的小单元，则将小单元编号 01～99。

第 6 码段：元器件标识。将小单元所属的可单独更换，并能与其他元件协同发挥部分功能作用的设备元件按类别和序号排列形成编码元器件层。用 6 位"字母＋数字"混合标识，字母为元器件英文名称的缩写，数字部分按元器件个数顺序编号。

PPIS 编码实例：

大渡河公司、大岗山公司、大岗山水电站 500kV 1 号主变压器 1B 主变压器保护 1 号屏空气开关 1JK1，编码：DDG　S　1T　MTP　PRPA01　ACS001。

2　PPIS 优化的主要内容

原有 PPIS 只应用于大渡河流域水电站，要作为国家能源集团 ERP 水电设备数据标准，需要覆盖全集团不同类型的所有水电设备，同时也要包含近年来出现的众多智能设备，PPIS

需要不断优化和完善，提高标准化程度，充实标准码库。

2.1 定义设备范围

设备数据工作，应首先明确设备范围，优化的 PPIS 中的设备是指位置在电站所辖区域内且设备资产归属电厂或与安全生产直接相关的设备，可移动式工器具不进行设备编码。如营区内生活用水系统、办公设施、直流放电测试仪、正压呼吸器等不进行设备编码。

2.2 优化设备树结构

通过调研集团水电板块设备的现状，将水电站主要设备设施按照主机、主变压器、开关站、送出线路、公用、厂用电、水工机电、水工建筑、安全监测等具备独立运行功能的设备范围进行分类，定义为 9 大主系统，形成脉络清晰的设备树，解决了设备归类和划分的标准问题，增强了 PPIS 的适用范围。

2.3 明确设备界面

各主系统、子系统和小单元均明确了设备边界。各主系统之间明确了边界范围，主系统下一一罗列出子系统，子系统中再列出包含的小单元，防止了设备遗漏或设备重复编码。

2.4 制定标准表格

作为体系在全集团推广应用，需要标准的模板，统一标准，也便于后期检查校对。通过编制 PPIS 编码清册模板（见图 1），采用分层结构，将主系统、子系统、小单元逐级细分，编码人员只需要收集设备资料和图纸，对照现场设备对表格内容进行删减，根据标准码库选取主系统编码、子系统编码、小单元编码，大大提高了编码的效率和准确性。

位置码段						位置编码		
第1码段	第2码段	第3码段	第4码段	第5码段	第6码段	码段级别	码段编码	全编码
电厂标识	电站标识	主系统标识	子系统标识	小单元标识	元器件标识（双编号）			
大岗山公司						1	DDG	DDG
	大岗山电站					2	S	DDGS
		500kV 1号主变压器				3	1T	DDGS1T
			冷却系统			4	COS	DDGS1TCOS
				主变压器冷却器控制屏		5	COCPO1	DDGS1TCOSCOCPO1
					1号油泵运行指示灯HG4	6	ILOOO4	DDGS1TCOSCOCPO1ILOOO4
					2号油泵运行指示灯HG5	6	ILOOO5	DDGS1TCOSCOCPO1ILOOO5
					……	6		
				主变压器冷却器动力屏		5	POPCO1	DDGS1TCOSPOPCP1
					照明灯EL2	6	SLOOO1	DDGS1TCOSPOPCO1SLOOO1
					风扇EV2-1	6	FANOO1	DDGS1TCOSPOPCO1FANOO1
					……	6		
				1号冷却器		5	COOLO1	DDGS1TCOSCOOLO1
					1号冷却器电动水阀12031	6	MOVOO1	DDGS1TCOSCOOLO1MOVOO1
					1号冷却器出水手阀12032	6	STVOO1	DDGS1TCOSCOOLO1STVOO1
					……	6		

图 1　PPIS 编码清册模板

2.5 发布编码规则

PPIS 体系编码码值取值方法基于国际或专业内通用术语规定设备标准名称并结合厂站设备元器件功能位置确定序号，以术语英文缩写与序号对设备完成唯一编码标识。通过发布编码规则，编码者掌握规则后自行编制编码，通过审核形成标准码库，解决了标准码库完善的问题。例如，英文翻译中的介词、连词统一忽略，不再取码；在子系统和小单元码段编码时，多个相似子系统或小单元不再考虑位置和功能，编码采用归类提供系统属性编码加序列号的方式；若编码存在重复，则保留一个原编码，其余编码发生变化等规则。

3 优化的 PPIS 主系统

优化后的 PPIS 编码规则体系中，共有 9 大主系统：主机、主变压器、开关站、送出线路、公用、厂用电、水工机电、水工建筑、安全监测。

3.1 主机

主机是指一个属于电站自身管辖的机组设备，采用"阿拉伯数字+G"的方式进行编码。

主机作为三级目录主系统，主要针对水电站的机组设备，其主要范围涵盖机组中性点设备，机组本体设备、机端设备，与主变压器的分界点为主变压器低压侧与机组的分隔隔离开关，分隔隔离开关及机组出口接地开关等均属于机组主系统。

机组目录下的"子系统"主要列举了 28 个类别，统筹考虑了混流式机组、轴流转桨式机组、冲击式机组、贯流式机组的典型设备。

3.2 主变压器

主变压器主系统包括主变压器、主厂用变压器、高压侧汇流母线、低压侧汇流母线、高压电缆等以及以上设备的电流互感器、电压互感器、避雷器等一次设备和相应的控制装置、保护装置、自动装置、辅助系统等。

主变压器主系统边界范围规定为：主变压器主系统与主机主系统的分界点为机组出口隔离开关（不含该隔离开关及附属接地开关）；主变压器主系统与开关站主系统的分界点为主变压器高压侧的第一组隔离开关（不含该隔离开关及附属接地开关）；主变压器主系统与厂用电主系统的分界点为主厂用变压器低压侧断路器或隔离开关（不含该断路器或隔离开关），如图 2 所示。

3.3 开关站

开关站的设备包括断路器、隔离开关、接地开关、电流互感器、电压互感器、母线、避雷器、出线套管以及相应的控制、保护、自动装置等系统组成，同时也包括各种必要的补偿装置，如电抗器等。根据形式的不同，开关站分为 GIS 开关站和敞开式开关站两类。

GIS 开关站设备边界范围规定为：与电站主变压器的分界点为电站主变压器高压侧母线（含高压电缆）终端与开关站 GIS 设备终端的连接点；与送出线路的分界点为电站送出线路与开关站 GIS 出线套管的连接点。

敞开式开关站设备边界范围规定为：与电站主变压器的分界点为主变压器高压侧的第一组隔离开关为分界点（含该隔离开关及附属接地开关）；与电站送出线路的分界点为线路与开关站设备第一组隔离开关分界点（含该隔离开关及附属接地开关）。

3.4 送出线路

出线隔离开关及接地开关外侧（敞开式开关站）或出线场出线套管外侧（GIS 设备）的线路设备，包括线路外侧电压互感器、避雷器及串联的电抗器等。

包括电站各电压等级的出线和进线，不含并联电抗器、不含厂用电进线。

3.5 公用

公用系统包括气系统、油系统、供水系统、排水系统、通风系统、消防系统、起重设备、工业电视系统、主设备在线监测上位机系统、现地控制单元等。公用系统边界范围为：若子系统为多个主系统共用，而不是独立或主要服务于某一个主系统，则属于公用系统。

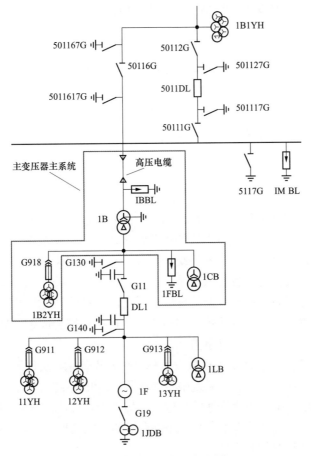

图 2　主变压器主设备范围

3.6　厂用电

包括除机组独立自用电设备外其余厂用电源屏柜、分配箱等设备。若多台机组共用配电系统，则该配电系统视为公用配电系统，编列到厂用电主系统下。

3.7　水工机电

水工机电设备定义为水电站服务的挡水建筑物、泄水建筑物、引水发电建筑物的闸门、排水、现地控制系统，以及独立服务于水工机电设备的辅助系统。包括进水口机电设备、蝶阀机电设备、泄洪洞机电设备、溢洪道机电设备、坝体深孔机电设备、冲砂闸门机电设备、冲砂机底孔机电设备、放空洞机电设备、大坝渗漏排水控制系统、鱼道控制系统、水垫塘排水系统、大坝现地控制单元 LCU、水工直流系统、尾水闸门、水工起重机电设备、水工通信设备、水工通风系统等。

3.8　水工建筑

水工建筑物按其功能可分为两大类：服务于多目标的通用性水工建筑物和服务于单一目标的专门性水工建筑物，前者称为一般水工建筑物，后者称为专门水工建筑物。为遵循 PPIS 编码原则，便于单座电站的体系化管理，此次编码按照一般水工建筑物分类进行。

一般水工建筑物主要有挡水建筑物、泄水建筑物、输水建筑物、取水建筑物、其他建筑物五类。为便于整体管理和区分，综合一般建筑物五大分类，将水电站水工建筑物分为挡水建筑物、泄水建筑物、引水发电建筑物三类。其他坝区非机电、监测辅助设施，可以就近原则进行划归和编码。

3.9 安全监测

安全监测是通过仪器观测和巡视检查对水电站工程主体结构、地基基础、两岸边坡、相关设施以及周围环境所作的测量及观察，包含的系统主要有安全监测信息管理系统、通信以及数据采集系统等，子系统主要有内观传感器监测、表面变形监测、静力水准监测、真空激光准直监测、引张线水平位移监测、水管式沉降仪监测、库水温监测等。

4 结语

随着智慧企业建设的推进和电力信息化的持续深入，以及大、云、物、移和地理信息等现代信息通信技术的深度融合，设备编码的重要性日益凸显，发电企业为提高其市场竞争力和管理水平，致力于建立企业信息管理系统和其他计算机应用系统，以使企业运营能适应电网、适应市场、适应社会，防范各种风险[4]。

通过采用统一的标识系统和有效的管理信息系统，来加强企业内部科学管理、减少库存、降低维护费用、节能降耗、合理安排停机和检修，实现电厂综合成本的最小化，从而最终实现利润的最大化，提升企业的核心竞争力[5]。

PPIS 已经作为国家能源集团水电板块设备标准化标识体系，实现了水电厂设备的标准化标识和编码，在集团一体化集中管控系统中全面应用，PPIS 系统可用于标识各种不同类型机组的电厂设备，同时用于电厂生命周期的全过程，如规划、设计、安装、调试、运行、检修、维护及退役的经营管理各环节，为整个系统提供良好的基础数据平台，为各类决策提供依据，从而提升水电站生产和经营的科学性。

参考文献

[1] 彭放，周业荣，宋柯. PPIS 编码技术在瀑布沟水电站生产管理中的应用研究 [J]. 水电站机电技术，2010，（6）：18-20.

[2] 江永. 电厂标识系统及其在设备管理中的应用 [D]. 重庆大学，2008.

[3] 郭宁. 电厂设备编码与评级的研究 [D]. 北京：华北电力大学，2003.

[4] 杨德胜，孙飞，汤晓君，等. 智能电网设备统一编码标识标准体系研究及建议 [J]. 微型电脑应用，2017，033（007）：40-42，47.

[5] 吴伟. 电厂设备管理中 KKS 编码的应用 [J]. 华东电力，2007，035（009）：88-90.

作者简介

杨　东（1985—），男，高级工程师，主要研究方向为水电站运行维护管理、电气设备自动化等。Email：43954576@qq.com

葛　嘉（1982—），男，高级工程师，主要从事智能水电技术研究与水电站技术管理工作。Email：2298965835@qq.com

汪　倩（1994—），女，助理工程师，主要研究方向为电气自动化。Email：924452229@qq.com

常规水电站及抽水蓄能电站
电量数据统计平台创新与应用

王金钰

（国网新源水电有限公司白山发电厂，吉林省吉林市　132000）

[摘　要] 以提升"电量数据统计平台安全稳定"为前提，以提高"数据统计效率和准确率"为目标，通过优化升级统计管理平台运行环境系统，从而实现电量各类统计月报和历年指标从录入、生成到历史数据查询，更加便于业务人员熟练操作与使用，同时提高了向上级公司及直报平台传送电量数据和统计报表的及时性。

[关键词] 电量数据；统计效率；准确率；运行环境；历年指标

0　引言

白山发电厂综合统计管理依据国家电网有限公司、新源公司、国家统计联网直报、电力监管统计管理要求，按照"科学严谨、实事求是、准确及时、完整有效、优质服务"的原则，开展全面、动态、可控的综合统计管理工作。发展计划部作为综合统计工作的归口管理部门，负责贯彻落实、执行新源公司制定的统计管理制度和报表制度，负责整理、汇总、审核、上报统计数据，保证电量数据的统计效率和准确率。

发电量等指标是发电厂生产经营活动的重要指标，根据这些数据指标进行统计管理、开展统计分析、发布统计资料、实行统计监督，同时为科学决策和经营管理提供数据支持和对策建议。

对于白山发电厂来说，自 1983 年 12 月第一台机组投产发电开始，直至 2006 年，第 11 台机组已投产运行。迄今为止，共有 11 台机组运行发电。机组数量多，导致电量数据统计的工作量不断增大，电量数据统计及时性、准确性和完整性不能得到保证，由此提高电量数据的统计效率和准确率至关重要。

2017 年 7～12 月，原始电量数据统计报表录入数据的效率和准确率测试结果见表 1。

表 1　　　　　　　　　　　　原始电量数据统计报表测试结果

时间	效率	准确率	出现的问题	效率分析	准确率分析
2017-07	16m40s	准确	数据无法保存	平均用时 16m55s	数据计算正确
	17m10s	准确	数据无法保存		
2017-08	16m20s	准确	无问题	平均用时 16m25s	数据计算正确
	16m30s	准确	无问题		

续表

时间	效率	准确率	出现的问题	效率分析	准确率分析
2017-09	18m30s	不准确	数据计算错误	平均用时 17m50s	数据计算错误
	17m10s	准确	无问题		
2017-10	15m40s	准确	无问题	平均用时 17m50s	数据计算正确
	16m20s	准确	无问题		
2017-11	16m	准确	无问题	平均用时 16m10s	数据计算正确
	16m20s	准确	无问题		
2017-12	17m	准确	无问题	平均用时 18m40s	数据计算错误
	19m20m	不准确	开机不顺畅、中途死机		

经测试，原始电量数据统计报表平均用时 17m30s，且数据的准确性不能保证。

1 现状调查

1.1 现状阐述

白山发电厂由四座水电站组成，其中：白山一期电站装有 3 台单机容量为 300MW 常规混流式机组，1983 年 12 月第一台机组投产发电，至 1984 年 12 月，一期 3 台机组全部投产；红石电站地处白山电站下游 38km 处，装有 4 台单机容量为 50MW 轴流定浆式常规机组，至 1987 年 12 月 4 台机组全部投产发电；白山二期电站装有 2 台单机容量为 300MW 常规混流式机组，1991 年 12 月第一台机组投产发电，1992 年 6 月第二台机组发电；白山抽水蓄能电站装有 2 台单机容量为 150MW 抽蓄机组，至 2006 年 7 月机组全部投产运行。由于白山发电厂一厂四站的特点，四站之间在电量统计方面存在特殊的关联性。且自 1983 年白山发电厂第一台机组投产发电开始，直至 2006 年 7 月白山发电厂四座水电站的 11 台机组已全部完成发电，机组容量在这二十多年时间里不断增加，导致统计工作日益复杂，统计工作量不断增大。

白山发电厂的电量数据统计报表由白山站电量统计月报、红石站电量统计月报、白山抽水蓄能电站电量统计月报、水库调度情况月报及由基础月报生成的东北公司月报和统计局月报组成。电量统计报表随着机组容量的增加，也经历了由手工填报到计算机填报的变革：第一阶段是自第一台机组投产发电开始，直至 2002 年年底，一直采用手工填报方式完成各类统计报表的填报工作，在这一阶段，当第一台机组投产发电后，统计人员需手工填报 7 张报表，其中发电量、工业产值等大多数据均利用公式通过人工计算得出，而随着机组数量不断增加，手工填报的统计报表也随之不断增加（部分填报形式见图 1）；第二阶段，随着计算机普及应用，手工填报统计报表的缺点逐渐凸显，一方面人工填报成本高、费时费力；另一方面一旦发生填报错误，则需重新填报，造成效率低、无法及时上报等情况，以上劣势表明人工填报已不适应于信息时代脚步。

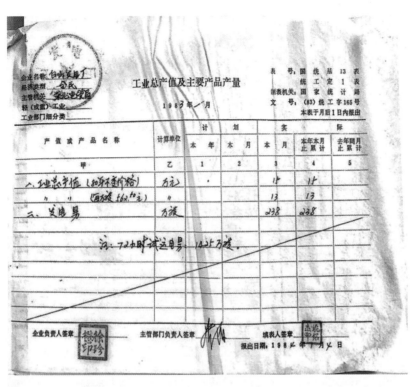

图1　手工填报统计报表形式

2003 年，计划部组织本部门统计人员和本厂计算机程序员，结合各类报表形式与特点，共同研究开发了运用到 Windows XP 系统下 Excel 表格式的简单统计报表应用程序，将计算公式添加到程序后台中，对各表之间设置关联，使关联表中的数据自动生成，统计人员只需填报 4 张表（白山站基础月报、红石站基础月报、白山抽蓄电站基础月报和水库调度情况月报），其余月报可通过后台生成（部分填报形式见图 2）。经过几十年的实践，现已彻底摆脱了人工填报统计报表的方式，迈入了计算机填报统计报表的时代。

白山发电厂生产情况月报

填报单位：白山发电厂　　2006年01月

	单位	全厂		白山站		红石站	
		本月	本年本月止累计	本月	本年本月止累计	本月	本年本月止累计
一、发电部分							
发电设备容量	万千瓦	170	170	150	150	20	20
综合可能出力	万千瓦	170	170	150	150	20	20
发电最高负荷	万千瓦			90	90	20.8	20.8
发电量	万千瓦时	6517	6517	5237	5237	1280	1280
发电厂用电量	万千瓦时	205	205	162	162	43	43
发电厂用电率	%	3.15	3.15	3.09	3.09	3.36	3.36
发电设备平均利用小时	小时	38	38	35	35	64	64
发电厂上网电量	万千瓦时	5755	5755	4828	4828	1124	1124
二、电厂生产全部耗用电量	万千瓦时	762	762	409	409	156	156
其中：1. 直接生产用电	万千瓦时	205	205	162	162	43	43
2. 主变损失	万千瓦时	360	360	247	247	113	113
三、松白电站发电量	万千瓦时	396	396				
四、松白电站上网电量	万千瓦时	394	394				
五、白山抽水蓄能电站结算电量	万千瓦时						
六、结算电量	万千瓦时						

单位负责人：　　审核：　　填报：　　报出时间：2006年2月1日

填报单位：白山站　　填报时间：2006年01月　　选择填报时间 2006 年 01 月

项目			单位	白山站						两站合计
				1号机	2号机	3号机	4号机	5号机	小计	
机组	发电量		万千瓦时	1866.24	21.06	109.08	1986.12	1254.96	5237	6,517
机组	月末读数			9504.500	3623.510	8207.740	8347.520	8121.270		
机组	月初读数			9469.940	3623.120	8205.720	8310.740	8098.030		
机组	校表后读数									
机组	校表前读数									
机组	最高负荷		万千瓦						90.00	
线路	线路名称			白东南线	白梅甲线	白梅乙线	白高线	白东北线	小计	两站合计
线路	送出电量		万千瓦时	1862	22	108	1982	1250	5224	7,427
线路	受入电量		万千瓦时							1,079
线路	月末读数	送出		5668.800	3828.630	4468.680	4012.650	4588.460		
线路	月末读数	受入					8.810	0.560		
线路	月初读数	送出		5633.530	3828.220	4466.630	3975.110	4564.790		
线路	月初读数	受入			0.050		8.810	0.560		
线路	校表后读数	送出								
线路	校表后读数	受入								
线路	校表前读数	送出								
线路	校表前读数	受入								
线路	厂供电量		万千瓦时						4828	5,952
线路	上网电量		万千瓦时						4828	5,755
	名称			松白发电量	松白上网	抽蓄用电	厂用电量	主变损失	全部耗用电	结算电量
	电量		万千瓦时	396	394	197	162	247	409	5,863
	名称						厂用电合计	变损合计	全部耗用合计	产量
	电量		万千瓦时				205	360	565	5,755

说明：白山站厂用电量为白山站与抽水蓄能电站合计。

图 2　Windows XP 系统下 Excel 格式简易统计报表形式

1.2　现状分析

在计算机填报阶段，白山发电厂的原始电量数据统计报表在 Windows XP 系统下运行，经过十几年的运行操作，逐步发生和出现很多麻烦和问题：一是计算机使用了 14 年，硬件已老化，后期已找不到配件维修与更换，经常出现死机、开机不顺利等故障；二是因 Windows XP 系统多年已无法升级，致使原始简易统计报表程序运行不稳定，且 Windows XP 系统已不是主流操作系统，故升级设备配置和操作系统势在必行；三是原始简易统计报表程序在数据统计方面经常出现计算错误或计算不准确的问题，导致不能及时地向有关部门上报，给企业带来一定的经济损失；四是原始统计报表存在对录入数据无法保存等问题，造成工作效率低，给统计人员带来很多不必要的工作量；五是原始统计报表无法直观方便地查询历史数据；六是原始统计报表平台对登录人员没有权限设置，造成统计数据保密性不够。

综合以上问题，2017 年针对原始简易统计报表程序的不足之处，结合计算机主流配置基于 Windows 7 以上的系统机器，特点有更卓越的性能，并且有运行速度快、兼容性更强的优点，故直接做法是将原始简易统计报表应用程序安装到操作系统为 Windows 7 的新配置机器中，但由于系统之间不兼容的问题，导致原始简易统计报表程序无法在 Windows 7 系统下运行。面对新问题，经过向厂里申请并得到通过，与专业队伍（大全数码科技公司）签订开发服务协议，组成研发小组，共同研究开发适用于 Windows 7 系统的常规水电（含抽水蓄能）电量数据统计平台（简称电量数据统计平台）。

新开发电量数据统计平台 2018 年成型并试运行，通过专业人员多次的指导和纠正，以及对平台中存在问题进行了消除和完善（图 3 为大全专业人员在调试与指导），2019 年电量数据统计平台正式投入使用。

图 3 大全专业人员在指导与调试

2 内涵和做法

白山发电厂综合统计管理依据统计管理制度及报表制度，对白山发电厂电量数据统计平台进行创新，将其应用于 Windows 7 系统上，全面开展整理、汇总、审核、上报统计数据工作，力争高效性和精益化。

2.1 平台运行系统升级——在 Windows 7 系统上搭建电量数据统计平台，梳理整个框架

随着电脑配置不断提高，Windows XP 系统在逐渐被淘汰，Windows 7 系统已成为目前的主流系统。Windows 7 系统相比于 Windows XP 系统的优越性表现在多个方面：一是 Windows 7 系统界面视觉效果好，增进用户的体验感；二是 Windows 7 系统性能稳定，基本不会出现电脑蓝屏、电脑意外死机等状况；三是 Windows 7 处理数据速度快，无论是在安装软件速度上，

还是拷贝数据的速度上。鉴于以上优点，结合白山发电厂信息设备实际管理情况，在 Windows 7 系统上重新开发搭建电量数据统计平台。

电量数据统计平台的功能菜单包括系统管理、电量统计月报、东北公司月报、统计局月报、历年指标五部分。

（1）系统管理包括用户管理、关口表信息、设备信息、产值价格。其中，用户管理可新增用户，设置用户名及密码，并为登录用户设置角色权限；关口表信息菜单可用于查询、新增、删除、更新关口表信息；设备信息菜单用于更新设备信息，可增加或减少设备，并设置设备投放地点、设备容量及投产或停产日期；产值价格可根据国家电网有限公司、国网新源控股有限公司及白山发电厂规定的产值价格要求即时更新，保证工业总产值等数据的准确性。

（2）电量统计月报包括抽水蓄能电站电量统计月报、红石站电量统计月报、白山站电量统计月报、水库调度情况。其中，电量统计月报分别用于计算白山一期、二期电站，白山抽水蓄能电站及红石站的发电量；综合厂用电量；上网电量；结算电量及主变压器损失等指标；水库调度情况月报表用于记录白山一期、二期电站，白山抽水蓄能电站及红石站的水库水量情况，便于全面掌握各站耗水率等指标。

（3）东北公司月报以电量统计月报为基础，根据国家电网公司东北分部的统一格式要求，自动生成白山发电厂生产情况月报、跨公司联络线互供电量情况、白山抽水蓄能电站生产情况月报、跨公司联络线互供电量情况（二）、产值月报、水库调度情况。

（4）统计局月报主要记录工业产销总值及主要产品产量，即提供工业总产值（当年价格）、工业生产电力消费（生产厂用电量）、主要工业产品产量（发电量、上网电量、综合厂用电量）等指标。

（5）历年指标的开发方便了统计人员对以往数据的查询，在电量数据统计平台中增加的历年指标包括查询单机发电量（白山站、红石站）、主要生产指标、工业总产值、白山抽水蓄能电站单机发电量。

以上即是电量数据统计平台的整个框架结构（见图 4），且菜单中每个功能均提供了导

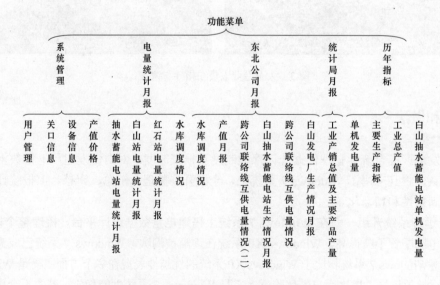

图 4　电量数据统计平台结构框架

出为表格及打印功能。现部署在 Windows 7 系统上的电量数据统计平台已逐步投入使用，经过每月按时上报的统计报表试验结果表明，该平台充分发挥了 Windows 7 的性能稳定、处理数据迅速的特点，提高了各项数据指标的准确性，提高了统计人员的工作效率，并全面保证了生成和上报统计报表的及时性。

2.2　数据保密性升级——电量数据统计平台设置登录页面，严格监控用户管理

企业数据的安全性和保密性至关重要，保证数据的安全是指防止数据泄露、更改或破坏。这不仅需要严密的网络信息安全系统的加持，也需要数据操作者对数据提供一定程度的安全保护。对数据保密性控制的常用方法之一是用户标识和鉴别，即由系统提供一定的方式让用户标识自己的身份，每次用户要求进入系统时，由系统进行核对，通过鉴定后才提供系统的使用权。电量数据统计平台正是基于此想法，效仿其他信息系统平台，做到严格把控用户身份，对使用者设置登录权限，使得统计数据的保密性升级（登录页面见图 5）。

电量数据统计平台的数据库存储一名管理员用户，管理员可通过用户管理菜单进行新增用户操作，并为使用者设置用户名称、登录账号、登录密码及是否启用登录状态，只有启用登录状态的用户才可以通过该平台的认证，进入电量数据统计平台查询、录入电量统计月报。同时用户管理中也提供了删除用户的功能，避免了人员信息条的堆积，做到了控制登录平台的人员数量。由此可见，电量数据统计平台新增加的用户管理功能进一步保证了统计数据的安全性，使得数据保密性升级。

图 5　常规水电（抽水蓄能）电量数据统计平台登录页面

2.3　数据准确性升级——电量数据统计平台实现了数据的即时保存，可手动更改设备及产值价格，并自动生成东北公司月报和统计局月报

综合统计管理工作的原则是"科学严谨、实事求是、准确及时、完整有效、优质服务"，由此可见，"准确及时，完整有效"是必备标准，依照此标准，对原始统计报表进行了功能增加和功能改善，保证了现电量数据统计平台统计发电量等数据指标的准确性、及时性、完整性和有效性。

（1）增加关口表信息管理功能。发电量是根据发电机端的关口表来计量的，即

$$G = \sum(E_n - E_0) \times R \tag{1}$$

式中　G——全厂报告期发电量；

E_n——发电机组报告期末 24 点电能表读数；

E_0——该电能表上期末 24 点读数；

R——该电能表倍率。

由以上关系可知，增加关口表信息管理功能可以用于准确地计算发电量。电量数据统计平台的关口表信息菜单中设置关口表信息查询、关口表新增和关口表更新（关口新增和关口更新页面见图6），而关口表更新主要是针对关口表的倍率的及时更新，以便准确得出发电量等指标。

图 6 电量数据统计平台关口新增和关口更新功能页面

（2）增加设备信息管理功能。设备信息管理功能中包括设备新增和设备信息更新，主要是对新增或减少设备、地点、设备容量、投产或停产时间日期的新增和更新（设备新增和设备信息更新页面见图 7）。发电设备容量指发电机组的综合平衡出力，设备信息的管理关系到生产情况月报中的发电设备容量、综合可能出力和设备平均容量，全面掌握设备信息有利于报表上报的及时性。

图 7 电量数据统计平台设备新增和设备信息更新功能页面

（3）增加产值价格管理功能。工业总产值是统计局月报中的重要指标，而工业总产值与产值价格有关，即

$$现价电力总产值 = 上网电量 \times 上网电量单价 \qquad (2)$$

产值价格的设定直接关系到工业总产值。电量数据统计平台的产值价格菜单中设置价格新增和价格信息更新（价格新增和价格信息更新页面见图8）。对产值价格种类（现价或不变价）、数值、时间进行设定，月报中的产值价格可根据最新时间进行调整，及时更新对应日期的工业总产值等有关指标。

图 8　电量数据统计平台价格新增和价格信息更新功能页面

（4）即时生成并自动保存统计数据。电量数据统计平台中的很多重要指标是由录入数据经过后台计算而得到。对于白山站基础月报和红石站基础月报而言，发电量、送出电量、受入电量、上网电量、综合厂用电量、主变压器损失和结算电量均可通过机组月末读数、机组月初读数、线路月末读数、线路月初读数、倍率及厂用电量计算；对于白山抽水蓄能电站基础月报而言，发电量、送出电量、受入电量、上网电量、综合厂用电量、机组抽水电量均由其录入的数据计算生成；对于水库调度情况月报而言，发电量根据各站电量统计月报自动生成，耗水率则由发电用耗水量和发电量而确定。

（5）自动生成东北公司月报和统计局月报。东北公司月报和统计局月报中所有指标的生成均是自动生成，不再是原统计报表中需要手动生成报表，节约了上报时间，提高了工作效率。

2.4　历史指标查询便捷性升级——电量数据统计平台新增历年指标查询功能，严格把控发电量等指标及各指标变化情况

对历年重要指标的掌握可以使统计人员全面了解并准确分析各指标的数值及历年变化情况。在电量数据统计平台增加新功能——历年指标的查询，即对白山站和红石站的单机发电量的查询、对主要生产指标的查询、对工业总产值的查询、对白山抽水蓄能电站单机发电量的查询。在单机发电量菜单中，可以查询到白山站五台机组的单机发电量、红石站四台机组的单机发电量查询和两站所有机组合计发电量的查询（见图 9）。在主要生产指标菜单中，该平台将发电量、厂用电量、综合厂用电率等重要指标列为查询对象，列举出平台中所录入的近几年的生产指标（见图 10）。在工业总产值菜单中，可以查询到每年以不变价和现价作为

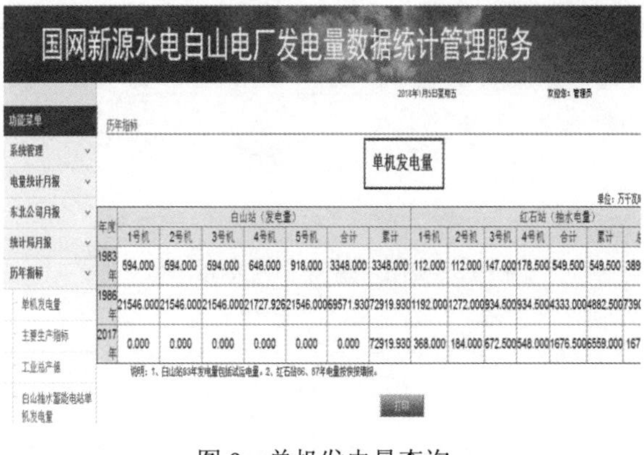

图 9　单机发电量查询

分支点的产量、价格、产值和产值累计（见图11）。在白山抽水蓄能电站单机发电量菜单中，列举了白山抽水蓄能电站两台机组的发电量和抽水电量，同时也计算了两台机组电量的累计值（见图12）。

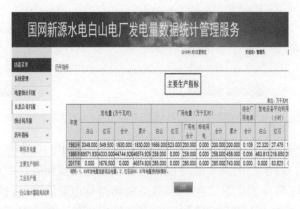

图 10　主要生产指标查询

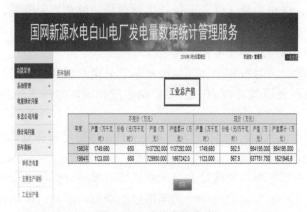

图 11　工业总产值查询

图 12　抽蓄电站单机发电量查询

3　结语

该项目是对白山电厂、白山抽水蓄能电站电量数据统计平台应用于 Windows 7 系统上，对比之前的 Windows XP 系统，运行更加稳定、速度更快，兼容性更强，除能够减少统计人员在报表过程中的工作量、提高了工作效率外，还可以随着计算机不断更新而更新。

首次将电量统计报表的历年数据指标存储于通过人工录入和导入该新管理平台后，对比之前的存储方式更加安全稳定，查询更加便捷，响应时间更快，便于及时准确地分析发电量及各指标的变化情况。电量数据统计管理平台测试结果见表 2。

表 2　　　　　　　　　　　　　电量数据统计管理平台测试结果

时间	效率	准确率	出现的问题	效率分析	准确率分析
2019-01	11m30s	准确	数据无法保存	平均用时 16m55s	数据计算正确
	10m50s	准确	数据无法保存		
2019-02	11m20s	准确	无问题	平均用时 16m25s	数据计算正确
	11m	准确	无问题		
2019-03	12m	不准确	数据计算错误	平均用时 17m50s	数据计算错误
	12m	准确	无问题		
2019-04	10m40s	准确	无问题	平均用时 17m50s	数据计算正确
	11m	准确	无问题		
2019-05	11m	准确	无问题	平均用时 16m10s	数据计算正确
	11m20s	准确	无问题		
2019-06	10m20s	准确	无问题	平均用时 18m40s	数据计算错误
	10m	不准确	开机不顺畅、中途死机		

经测试，电量数据统计管理平台平均用时 11m05s＜17m30s，效率提升，且数据完全准确。

参考文献

[1] 国家电力公司战略规划部. 电力统计工作指南 [M]. 北京：中国统计出版社，2002.

作者简介

王金钰（1994—），女，工程师，主要从事综合统计兼电量管理工作。E-mail：305489213@qq.com

中外水电工程反恐风险评估方法对比研究

张　妍[1]　李　茂[2]　戴陈梦子[3]

（1. 水电水利规划设计总院，北京市　100120;
2. 中国电建集团西北勘测设计研究院有限公司，陕西省西安市　710065;
3. 中国电建集团中南勘测设计研究院有限公司，湖南省长沙市　410014）

[摘　要] 水电工程一旦遭到恐怖袭击可能造成溃坝事故，其引发的次生灾害影响损失之大、影响范围之广是无法想象的。本文通过对比中外水电工程反恐风险评估方法，汲取国外的经验和教训，提出改进我国水电工程反恐防范风险评估建议，从而为水电工程反恐防范设计工作开展提供思路。

[关键词] 水电工程；反恐；风险评估

0　引言

近年来，国际国内反恐形势日益严重，恐怖活动已严重威胁到国家基础设施和公共安全。基于我国"3060 双碳目标"，水电工程除了发挥发电、防洪、通航等传统方面作用，还肩负起为构建可再生能源为主体的新型电力系统保驾护航的重要责任。水电工程一旦遭到恐怖袭击，不说正常的供电和保障电网安全的功能可能无法实现，甚至可能引起溃坝等严重后果，其次生灾害影响范围之广、损失之大是不可估量的。"9·11"事件后，已有证据表明恐怖分子已将某些水库大坝列入伺机破坏的目标。针对水电工程反恐，我国已有研究开展了国内外对标：杨迎[1]等对国内外水电站安保和防暴反恐现状进行了对标研究，贾超[2]等梳理了英国、俄罗斯、美国和我国在水电工程立法和运行管理的现状。目前，国外水电工程反恐风险现状的参考文献较少，基于此，本文通过梳理中外水电工程反恐风险评估方法，对照国内现状并提出相关改进建议是有必要的。

1　国外水电工程反恐评估现状

1.1　国外大坝风险评估现状

对水电工程的风险评估最早起源于美国。早在 20 世纪 70 年代，美国土木工程师协会（ASCE）在评估已建大坝溢洪道泄洪能力时，就应用了风险分析方法来分析溢洪道的大小规模。20 世纪 90 年代，以加拿大、美国、澳大利亚为代表，建立了以风险分析技术为基础的大坝安全评价方法，制定了一系列风险评价的有关法规和指南。如美国垦务局（USBR）提出的 D&M 法、Graham 法等，加拿大标准协会颁布的《风险分析必要条件和指南》，澳大利亚大坝委员会（ANCOLD）颁布的《ANCOLD 风险评估指南》等，均把风险分析方法引入大坝安全评估中，考虑了溃坝严重性等因素。而后，国外对大坝风险评估方法的研究不断精细，考虑的影响因素包括对下游的人员、经济、社会、环境损失等逐步增多，并建立可接受风险和可容忍风险标准，不断提高风险等级判定的科学性。

在美国、加拿大、澳大利亚等国家，大坝风险管理已进入实用阶段，风险管理模式替代了传统的工程安全管理模式，已经发展到较为成熟的阶段。[3]

1.2 国外反恐风险评估现状

当前，美国、加拿大、英国、挪威、瑞典等西方发达国家纷纷制定或修订补充了大坝安全与防恐方面的法律、法规及保安措施，建立健全了水电工程防恐安全管理机制，制定了一系列防恐研究与保护计划等，但由于反恐的特殊性，未见世界各国公开水电工程反恐风险评估的有关规定。收集到的有美国联邦应急管理署（FEMA）对于建筑恐怖袭击风险评估方法和流程，此风险评估方法主要适用于建筑物，也适用于其他类型的关键基础设施。

1.2.1 国外反恐风险评估方法

FEMA 是美国负责大坝安全管理的最高机构，颁布了一系列有关建筑物反恐的指南和导则，对建筑物的反恐评估起到了很好的指导作用。

《建筑物防御潜在恐怖袭击参考手册》（FEMA426）[4]以风险管理的思想方法为框架，阐述了建筑各个方面/部位在遭受到爆炸、生化及放射性恐怖、网络攻击等不同威胁条件下的风险等级判定方法，通过开展资产价值、威胁/灾害和易损性评估，确定建筑各方面/部位的风险分级。

《建筑物防御潜在恐怖袭击参考手册》（FEMA426）提到三级评估方法：第 1 级评估是识别的主要漏洞和防护选项的筛选阶段，在大多数情况下，一个或两个有经验的评估专业人员与建筑物的所有者和主要工作人员可以进行大约两天一级评估。这涉及"快速审查"现场外围、建筑物、核心功能、基础设施等要素。第 2 层评估是由评估专家进行全面的现场评估，提供一个考虑到系统的相互依赖性、脆弱性和保护性的综合评价，第 2 级评估通常由三到五个评估专家进行，可以在三到五天内完成，需要重点建筑物的员工参与，提供访问所有站点和建筑领域，系统和基础设施，深入审查建筑设计文件、图纸等。第 3 级评估是第三种类型的快速评估方法。三级评估提供详细的评测，对建筑物使用大量破坏模型的爆炸和武器，以提出应对、恢复和有关保护方案。第 3 层评估通常由工程师和科学专家进行，需要详细的设计资料，包括图纸和周边其他的建筑物信息。建模和分析可能需要数天或数周。评估小组可以由 8~12 人组成。三级风险评估方法适用类型见表 1。

表 1 三级风险评估方法

等级	描述	专家人数	时间	适用建筑类型
1	筛选评估	1~2	2 天左右	标准商务办公楼和其他非关键设施和基础设施
2	完整评估	3~5	3~5 天	大多数高危建筑，商业建筑，政府设施学校
3	详细评估	8~12	几个星期	高价值或关键的基础设施

《风险评估（排除建筑物潜在恐怖袭击导则）》（FEMA452）[5]详细的介绍了建筑物风险评估的方法：认为风险评估集成了攻击（威胁）成功的攻击会产生一定大小的后果的概率发生的可能性，或概率，并给出目标的漏洞。它是每种类型的威胁或危险的相对风险，提出了风险=资产价值×威胁等级×漏洞等级。导则分别给出了资产价值、威胁等级和漏洞等级的评分方

法，按照高到低分别给出了 1～10 分，通过计算得出建筑物总风险等级。风险等级判定见表 2。

表 2 风 险 等 级 判 定

风险等级	低风险	中等风险	高风险
总风险因素	1～60	61～175	大于等于 176

《建筑恐怖袭击风险评估快速可视化手册》（FEMA455）[6]，主要适用于城市建筑恐怖袭击的评估，通过对各建筑的特征对于后果（C）、威胁等级（T）、易发率（V）进行风险等级评估，通过公式计算，从而对整个建筑的风险等级进行综合评估。

$$R = \alpha \sqrt[n]{\sum_{i=1}^{9}(C_i \times T_i \times V_i)^n} = 7.227 \sqrt[10]{\sum_{i=1}^{9}(C_i \times T_i \times V_i)^{10}}$$

式中　C_i——威胁情况 i 下的后果等级；

　　　T_i——威胁情况 i 下的威胁等级；

　　　V_i——威胁情况 i 下的易发性等级。

α =7.227 和在 n 的范围内，$9 \leqslant R \leqslant 9000$。

其中，后果等级是指建筑物周边区域及人的相对重要性和恐怖袭击潜在后果。威胁评估是指建筑物受攻击可能性，类似于测量相对可能性威胁发生。易发性评估是指预期的结果、威胁，造成的破坏，人员伤亡，业务中断等，根据这个原则，对于每个建筑建立指标体系，最终估算出建筑的风险等级。其中，每个参数的值（C，T，V）从 1 变化到 10，其中 1 表示最低风险等级和 10 代表风险最高等级，最后按照表 3 计算建筑物的总风险等级。

表 3 建筑物风险等级判定

威胁类型		后果等级 C	威胁等级 T	易发性等级 V	风险等级 R
建筑内部	入侵				
	爆炸				
	化学、生物、放射性				
爆炸	区域 1				
	区域 2				
	区域 3				
化学、生物、放射性	区域 1				
	区域 2				
	区域 3				
目标建筑物的总风险					

注 区域 1 指半径范围距离目标建筑物小于 100ft 的区域；区域 2 指半径范围距离目标建筑物大于等于 100ft，小于 300ft 的区域；区域 3 指半径范围距离目标建筑物大于等于 300ft，小于等于 1000ft 的范围。

1.2.2 反恐风险评估团队

开始风险评前，首先确定和建立风险评估团队。评估团队通常由地方规划或应急部门代表领导团队，领导人对评估结果判定负主要责任。除此之外，团队还应包括其他重要成员（例如工程师、自然灾害专家、市政工程主管以及经济学专家等），团队中来自不同领域、机构的专业人员可以保证在评估过程中充分考虑到各方面的问题和注意事项。

2　我国反恐风险等级判定现状

2.1　安全防范等级标准

《电力系统治安反恐防范要求　第3部分：水力发电企业》（GA 1800.3—2021）中规定，常态防范级别分为三级，按防范能力由低到高分别是三级防范、二级防范、一级防范，防范级别不应低于相应的重点目标等级；工程防恐防暴最终设防级别应以属地公安机关认定的为准。

《电力设施治安风险等级和安全防范要求》（GA 1089—2013）中制定了电力设施的治安风险等级、安全防护要求、技术防范系统要求和系统建设运行维护要求。标准适用于水电站（含抽水蓄能电站）、火力发电站（含热电联产电站）、电网以及重要电力用户变电站或配电站等电力设施。电力设施的安全防护级别由低到高分为三级安全防护、二级安全防护、一级安全防护。电力设施的安全防护级别应与治安风险等级相适应。三级风险等级电力设施的安全防护措施应不低于三级，二级风险等级电力设施的安全防范措施应不低于二级安全防范要求，一级风险等级电力设施的安全防范措施应不低于一级安全防护要求。

2012年发布，已被 GA 1800.3—2021 取代的《电力行业反恐怖防范标准（试行）（水电工程部分）》首次规定了水电工程反恐怖防范的工作要求和重要目标的防范标准，适用于中华人民共和国境内水电工程的反恐怖工作。对水电工程按照其工程规模、水库总库容、装机容量等要素进行反恐怖防范重要目标进行分类。水电工程重要目标分类标准见表4。

表4　　　　　　　　　　　　水电工程重要目标分类标准

类别划分	工程规模	水库总库容	装机容量
一类重要目标	大（1）型	10 亿 m³ 以上	1200MW 以上
二类重要目标	大（2）型	1 亿 m³ 以上 10 亿 m³ 以下	300MW 以上 1200MW 以下
三类重要目标	中型	0.1 亿 m³ 以上 1 亿 m³ 以下	50MW 以上 300MW 以下

2.2　有关课题研究现状

王妍[7]首次将综合层次分析法和模糊评价法运用于水电工程的反恐风险评估，朱哲[8]在王妍研究的基础上进一步优化反恐怖风险评估指标体系，提出的指标体系如图1所示，研究确定了各指标量化分级区间及权重，将水电工程潜在恐怖袭击风险等级分为Ⅰ～Ⅳ级。

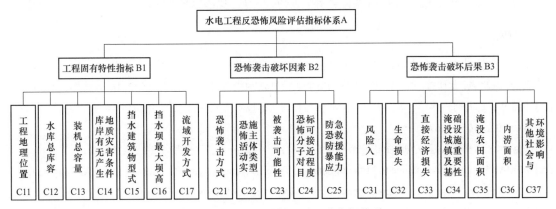

图1　水电工程反恐怖风险评估指标体系

2.3 水电工程反恐风险评估现状

目前，国内已编制完成的水电工程反恐设计专项报告中均涉及了风险辨识内容：部分大型水电站工程（如白鹤滩水电站、乌东德水电站）针对爆炸、无人机等不同风险因素进行了风险等级辨识，但辨识结果并未真正运用到工程安防设计中，主要还是依据表 2 划定的分级标准进行反恐设计［在《电力系统治安反恐防范要求 第 3 部分：水力发电企业》（GA 1800.3—2021）未发布情况下］；部分水电站工程仅辨识了风险因素，但未对风险等级进行判定。可见，水电工程反恐风险评估对工程安防设计起到的作用较小。

3 结语

3.1 国内外水电工程反恐风险评估对比

（1）在标准规范方面，国外已经颁布了对建筑物进行风险评估的指导性文件，并开发了相应的数据库应用程序。我国对于水电工程反恐风险评估虽然在水电工程的设计报告上有所涉及，但主要还停留在理论研究阶段，水电工程的设防等级最终由属地公安机关认定，分级指标容易局限于水库容量和装机容量等指标，政府对水电工程潜在恐怖袭击风险的管控工作容易出现"一刀切"，给水力发电企业增加不必要的负担。

（2）在反恐风险评估团队方面，国外通常由地方规划或应急部门牵头组织，邀请各行业的专家参与。国内水电工程反恐风险评估工作一般由工程设计院完成，参与面较窄，风险评估人为主观因素占比较高。

3.2 有关建议

（1）建议在水电工程反恐规划设计时，开展工程反恐风险评估，风险评估结论应作为属地公安机关认定工程反恐设防等级的参考性资料，为科学划定工程等级提供依据。

（2）《电力系统治安反恐防范要求 第 3 部分：水力发电企业》（GA 1800.3—2021）是公安机关强制水力发电企业执行的最低标准，建议尽快出台指导开展水电工程反恐风险评估的标准规范，根据水电工程的地理位置、大坝类型、流域特征、袭击手段和恐怖袭击后果等因素，区别对待，提出水电工程科学的受袭风险特征指标体系和不同风险级别下相应的设防标准，指导工程的反恐设计工作。

（3）建议在开展水电工程反恐风险评估工作时，组建评估团队，吸纳多专业、多元化专家参与，广泛收集水电工程运行实际数据，减弱人为主观因素的影响。

参考文献

[1] 杨迎，张体强. 国内外水电站安保和防暴反恐现状研究及对我国的启示 [J]. 小水电，2017（4）：48-50.

[2] 贾超，张晓光，黄仕鑫，等. 水电工程反恐安全现状研究//中国职业安全健康协会 2016 年学术年会，2016.

[3] 盛金保，厉丹丹，蔡荨，等. 大坝风险评估与管理关键技术研究进展 [J]. 中国科学：技术科学，2018，48（10）：1057-1067.

[4] 迈克尔·奇普雷. 建筑物防御潜在恐怖袭击参考手册 [M]. 北京：国防工业出版社，2011.

[5] FEMA 452. A How-to Guide to Mitigate Potential Terrorist Attacks Against Buildings [S]. Washington DC, USA：Federal Emergency Management Agency. Department of Homeland Security，2005.

[6] FEMA 455. Handbook for Rapid Visual Screening of Buildings to Evaluate Terrorism Risks [S]. Washington

DC，USA：Federal Emergency Management Agency．Department of Homeland Security，2009．

[7] 王妍，梁向前，杨译．基于 AHP 的大坝防恐安全风险评价方法探讨 [J]．工程爆破，2012，18（4）：14-17．

[8] 朱哲，张晓光，贾超，等．水电工程反恐风险评估指标体系及风险分级方法 [J]．水利水电技术，2019，50（10）：110-118．

作者简介

张　妍（1988—），女，工程师，主要从事水电工程安全设施"三同时"审查、验收和咨询相关工作。E-mail：244456526@qq.com

李　茂（1983—），女，高级工程师，主要从事水电工程安全评价工作。E-mail：120043427@qq.com

戴陈梦子（1991—），女，工程师，主要从事水电工程安全评价工作。E-mail：405201909@qq.com

"一带一路"背景下中国新能源领域标准"走出去"的总结与建议

岳　蕾

（水电水利规划设计总院，北京市　100120）

［摘　要］在国家"一带一路"倡议和《标准联通共建"一带一路"行动计划（2018—2020年）》带动下，我国在参与海外新能源和可再生能源工程项目建设的同时，不断加强标准化在推进"一带一路"建设中的基础性和战略性作用。本文分析了配合"一带一路"沿线国家可再生能源领域工程项目中，水电、风电、太阳能发电等可再生能源领域推广中国标准的总体情况。同时，结合对海外项目典型案例的分析，提出了可再生能源领域中国标准"走出去"存在的问题和有关建议。

［关键词］一带一路；标准联通；标准"走出去"

0　引言

新时代赋予标准化新使命。2017年，国家标准委员会发布了《标准联通共建"一带一路"行动计划（2018—2020年）》，旨在以标准化的开放合作，促进政策、设施、贸易、资金和民心的互联互通，以中国标准"走出去"，促进沿线各国的技术交流和产能合作，以中国标准品牌效应的培育提升，为"一带一路"建设贡献中国智慧。

在"一带一路"倡议带动下，我国水电、风电、太阳能发电等新能源和可再生能源企业紧抓海外市场机遇，在参与海外项目的过程中，不断加快投资或承建国际新能源工程的步伐，同时注重推进国际产能和装备制造标准化合作，不断加强标准化在推进"一带一路"建设中的基础性和战略性作用。但目前，中国可再生能源领域标准，缺乏对中国可再生能源领域标准在海外工程上的总结性、系统性梳理。因此，本文旨在通过对水电、风电、太阳能发电等可再生能源领域国际工程项目上推广中国标准情况的总结与分析，探索性提出可再生能源领域中国标准继续推行"走出去"的。

1　配合"一带一路"沿线国家工程项目，在水电、风电、太阳能发电等可再生能源领域推广中国标准的总体情况

1.1　水电领域使用中国标准情况

《水电发展"十三五"规划》提出，提升水电"走出去"的质量，加快我国水电技术、标准、装备"走出去"，尤其是深化与重点国家的合作，积极参与缅甸、巴基斯坦等国家河流规

划及其梯级的前期工作，推动项目开工建设。自"一带一路"倡议提出以来，我国加快了投资或承建国际水电工程的步伐。目前，我国水电业务遍及全球 140 多个国家和地区，参与建设的海外水电站约 320 座，总装机容量达到 8100 万 kW，占据了海外 70% 以上的水电建设市场份额，以绝对优势占据国际水利水电市场。

依托一系列"一带一路"沿线国家水电领域 EPC 和承包工程项目建设，中国水电企业已将使用或部分使用中国标准作为一项重要的谈判内容，并在大部分项目实施过程中使用中国标准（见表1），推进了中国水电标准走向世界的进程。

表 1   国际水电项目中中国标准采用情况

标准采用情况	国际水电项目
设计和建设全过程采用中国标准	老挝南立 1～2 水电站、南椰 2 水电站、南公 1 水电站、会兰庞雅下游水电站项目、柬埔寨桑河二级水电站工程、达岱水电站 4 个标段、额勒赛下游电站上电站大坝项目、额勒赛下游电站下电站大坝项目，巴基斯坦卡洛特水电站，哈萨克斯坦玛依纳水电站、图尔古松水电站，阿根廷圣克鲁斯河上的基什内尔—塞佩尼克水电站，几内亚凯乐塔水电站、苏阿皮蒂水利枢纽工程
设计采用中国标准	赤道几内亚毕科莫水电站改造第 1 期技术援助项目，尼日利亚蒙贝拉水电站、尼泊尔马相迪 1 水电站、上崔树里 3A 水电站、三金考拉水电项目，老挝南坎 2 水电站、洪都拉斯 ATUCA3 水电站、刚果金布桑加水电站

此外，很多国家和地区的水电项目采用协议的方式明确了中国标准的使用，如：印度尼西亚由于有自己的电力标准，标准中有规定的要求尽量采用当地标准，如洪水标准、地震参数及稳定安全系数要求必须采用当地标准，但其他方面可采用中国标准；卢旺达那巴龙格河二号水电站项目设计过程中提出洪水标准及溢洪道设计采用中国标准，其他设计采用国际标准及等同国际标准的国际规范，获得业主认可，并写入会议纪要，其中洪水标准在合同文件中直接明确；乌干达伊辛巴水电站项目中，水工设计和建筑物施工采用中国标准，机电设计和安装采用欧洲标准，实现了部分使用中国标准；秘鲁圣加旺水电站项目，除环境保护和安全等部分需执行秘鲁国家强制规定外，工程设计和施工全部采用中国标准；智利鲁凯威水电站项目，工程设计和施工全部采用中国标准，只在环境保护和安全等方面按智利强制标准执行。肯尼亚纳鲁谷 1 大坝和布特大坝项目采用了中国标准与国际通用标准相结合的方式。

而在 2020 年重点推进的印度尼西亚本多巴度水电站、几内亚苏阿皮蒂水利枢纽工程、塞拉利昂宾康格三级水电站项目上，也启动了设计和施工过程中采用中国标准的谈判工作。本多巴度水电站初步确定了采用中国标准进行设计；苏阿皮蒂水利枢纽工程已确定采用中国标准进行设计和施工。塞拉利昂宾康格三级水电站项目已说服业主能源部接受中国标准建设该工程。

1.2 配合新能源领域国际项目，引导使用中国标准情况

2018—2020 年期间，由于哈萨克斯坦、孟加拉国等新兴风电市场国家国风电、太阳能等新能源行业标准体系不健全，在我国投资或承建的国际风电、太阳能工程项目建设过程中，积极引导使用中国标准。

非洲阿达玛风电场一期、二期全部采用中国标准设计建设。巴基斯坦光伏电站 90% 采用中国标准建设，其中，贾维德光伏项目的设计、施工全部采用中国标准。哈萨克斯坦札纳塔

斯 100MW 风电项目、谢列克 60MW 风电项目也广泛使用了中国标准，主要涉及资源评估类设计规范、土建类的风机基础设计规范。孟加拉国某 66MW 风电场项目中勘察、抗震、风电机组选型、电气、通信等设计规范均采用中国标准。

科特迪瓦布基纳法索光伏项目的设计采用中国标准，且主要的光伏设备也都将采用中国设备。

中非共和国光伏电站援助项目可行性研究设计中采用中国标准。

2 以水电为主的典型案例分析

2.1 哈萨克斯坦玛依纳水电站和图尔古松水电站

在哈萨克斯坦玛依纳水电站和图尔古松水电站项目同签订前，中国水电企业通过中方主动走出去、哈方专家请进来等方式，加强中哈双方的交流和互访，为中哈双方签订的合同中对中国标准的使用奠定了一定基础。同时，因为哈萨克斯坦为苏联加盟共和国，苏联与中国在水电站项目领域的技术标准有相似之处，且中国的水电设计、施工等技术在近几十年的发展中已位居世界前列，因此在玛依纳水电站项目实施中较为有效地采用和推广了中国标准。而在随后建设的图尔古松水电站项目上，更是完全采用了中国标准。在与哈方业主的不断沟通中，不仅让他们认可了中国水电技术，更认可了中国水电标准。

2.2 柬埔寨桑河二级电站项目

2018 年由桑河二级公司投资的柬埔寨王国桑河二级电站竣工投产发电，该项目电站总装机容量为 400MW，是柬埔寨目前最大的水电工程。电站大坝全长 6.5km，为亚洲水电站第一长坝；采用 8 台中国制造的 50MW 灯泡贯流式机组，其最大水头等在同类型水电机组中处于世界前列。桑河二级水电站原由越南第一设计院按照柬埔寨和越南相关规范进行设计。中国水电企业在接手项目的勘察设计后，与柬埔寨政府和其聘请的咨询公司——贝利（POYRY）公司就工程适用标准进行了多次沟通和谈判，力争采用中国标准，过程准备充分，讨论有理有节，最终赢得了柬埔寨政府及咨询公司的信任，工程建设全过程采用中国标准，全面推动"中国技术+中国设备+中国标准+中国管理"的全链条"走出去"，进一步提升了"中国水电"在柬埔寨及东南亚的影响力。

2.3 肯尼亚纳鲁谷 1（NDARUGU1）大坝及布特（BUTE）大坝项目

2018—2019 年，我国水电企业参与了肯尼亚纳鲁谷 1 大坝供水项目和布特大坝供水项目投标设计工作，提出了采用中国水电标准和国际通用规范相结合的方式，并向肯尼亚业主方详细介绍和解释了中国水电标准相关内容和具体技术指标，两个项目最终均中标。2019 年 2 月，两个项目的肯尼亚业主方代表团到中国进行了尽职调查，参观调研了中国多个类似工程，对中国的水电工程建设能力提出了肯定，并同意采用中国水电标准和国际通用规范相结合的方式进行项目设计和施工。

2.4 尼泊尔上崔树里 3A 水电站

上崔树理 3A 水电站是一座径流式水电站。该项目由尼泊尔电力局（NEA）筹资开发，采用中国进出口银行优惠贷款，由中国水电企业以设计-采购-施工总承包（EPC）方式组织工程实施。2019 年 7 月，上崔树里 3A 水电站两台机组均已成功并网发电。电站的建成投产极大地缓解了加德满都供电紧张局面，弥补了尼泊尔 8%的电力缺口，对促进尼泊尔国民经济的发展，促进当地社会经济的快速发展具有重要意义。

上崔树里水电站采用中国标准设计，在项目实施过程中，中国标准无论是基本理论、主要设计方法、目标功能均能满足水电站建设、管理和安全运行的要求，得到了尼泊尔方的高度认可。

3 可再生能源领域中国标准"走出去"存在的问题和有关建议

当前，中国已成为世界第二大经济体、世界经济的支柱，基础设施的建设水平居世界前列，而这种建设速度使得中国的工程技术标准迅速地完善起来、自成体系，涵盖所有工程领域，其水平不低于、甚至有些已超过了欧美标准水平。随着海外新能源和可再生能源项目投资项目数量的增加、海外总承包工程项目数量的增加，中国标准的使用已由一国扩展到多国，由亚洲、非洲初步扩展到中、南美洲，中国标准正在逐步走向世界。但在这个过程中，依然存在很大的困难与挑战，需要政府相关部门与中国企业协同发力、共同推进。

3.1 提前谋划，在国际工程项目前期设计阶段中国标准提前介入

在电力标准体系没有或不健全的某些发展中国家，结合国际工程项目建设，中国标准可以得到较好的推广使用。但在标准相对健全的国家，尤其是处于产业链下游的承包工程，由于项目的可行性研究大都由欧美公司完成，因此建设和后期运营多采用欧美标准，中国标准推广难度较大。

因此，中国企业要加快进入国际可再生能源市场产业链上游的步伐，从可行性研究以及初步设计开始，在海外市场推广使用中国标准，便于项目后续建设和运营顺理成章统一使用中国标准。

现在，国际工程项目前期设计阶段，中国可再生能源设计、咨询企业进军国际工程的步伐明显加快，在前期谈判过程中，通过向业主推荐和充分解释中国标准，获得业主认可，尤其在总承包工程或 EPC 工程中，设计和施工采用中国标准的占比得到大幅提升，而中国标准实施后也获得了业主好评。

3.2 重视差异，在标准编制过程中积极吸取国际经验

中国标准有些使用的是经验数据或直接指定数据，缺乏计算依据说明；国际电工委员会标准（IEC 标准）大多为理论依据，缺乏经验数据。因此在实际工作中，从纯理论的角度进行模拟仿真，计算难度大，而使用中国标准又缺乏计算依据说明，对业主的解释工作相对比较困难。

因此，在编译中国标准外文版和国外标准中文版的同时，应增加对相关条文差异的对比分析。尤其是，应引导和鼓励中国可再生能源领域标准在制（修）定过程中，借鉴和吸收国际电工委员会标准（IEC 标准）等国际标准制定经验，提供相应的理论依据，以便标准使用和对外解释。

3.3 注重翻译，进一步加大标准翻译力度

国外规范没有相对权威的中文翻译版，而中国标准也缺乏相对统一而权威的外文版，无法在实际工作中进行充分而全面的对标比对，也是一个障碍。因此，要进一步加大可再生能源领域标准翻译出版和国家间互认的工作力度，打造"中国标准"品牌。同时，中国可再生能源企业在投资所在国可适当组织当地技术人员开展中国标准和所在国标准/国际标准对比

分析，以加深对中国标准的认识，提高对中国可再生能源标准的认识程度。

3.4 多方发力，加强新能源领域的标准化复合型人才培养

建立标准化复合型人才的发现、挖掘和培训机制。既懂专业又懂外语且熟悉标准化工作的复合型人才相对缺乏，是阻碍中国标准推广的障碍之一。因此，要多方发力，注重培养一批可再生能源领域的标准化复合型人才。

4 结语

众所周知，掌握标准等于掌握市场的引领权和产品、工程的规则权。中国新能源领域虽不乏引领世界水平的高质量技术标准，但国际市场接纳、遵循中国制定的新标准依然面临诸多困难。但随着新能源领域"一带一路"建设和国家标准化改革的持续推进，随着我国新能源领域标准化工作体制机制和标准体系不断完善，随着对中国新能源标准在国际工程项目中实际使用情况的不断总结、反思和调整，中国新能源标准必将实现与国际市场更好地对接与磨合，必将更大程度地发挥对中国新能源工程、技术、装备等"走出去"的指导性和支撑性作用。

参考文献

[1] 中国电建集团国际工程有限公司，清华大学. 国际工程标准体系与标准应用 [M]. 北京：清华大学出版社，2019.

[2] 旻苏，张继光. 标准走出去的思考 [J]. 中国标准化，2021（09）.

[3] 刘春卉. 中国标准走出去的关键影响因素探析 [J]. 标准科学，2020（08）.

[4] 郭伟华，赵新，尤孝方. 工程建设领域推动中国设计和标准"走出去"的建议 [J]. 标准科学，2020（08）.

[5] 刘智洋，高燕，邵姗姗. 实施国家标准化战略推动中国标准走出去 [J]. 中国标准化，2017（10）.

作者简介

岳　蕾（1984—），女，高级工程师，主要从事新能源领域标准化工作。E-mail：yuelei0207@163.com

主动防御+应急预警式无人机防御系统
在水电厂的应用研究

杨训达　　田宇龙　　黄小璐　　吴林桀

（贵州乌江水电开发有限责任公司沙沱发电厂，贵州省铜仁市　565300）

[摘　要]无人机的发展带来的便利同时，也制造了相应的安全问题，水电厂作为防汛、发电工作在安全问题上要高度重视无人机带来的问题，通过无人机射频监测和视频监测完善监测手段，通过要控制干扰手段组成了无人机防御系统。无人机防御系统从主动防御+应急预警出发提升大坝、厂区安全，AL算法能够进一步降低无人机防御系统误报。

[关键词]主动防御；AL算法；干扰与监测

0　引言

近年来，无人机技术的迅速发展，无人机种类越来越繁多，用途特点各异，慢慢从军用转到民用，从复杂的侦查轰炸到玩具无人机，种类繁多，用途宽广，但也带来了新的问题，首先，管理的缺失导致合法飞行极少，大多数无人机均是"黑飞"，例如在机场飞行导致航班没法降落等；其次，无人机坠毁事件增多，容易引发安全事故，由于无人机质量良莠不齐，导致事故增多，也带来威胁；最后，就是勿闯或特意闯入国家军事地点，拍摄照片导致国家秘密泄露等问题。

电力作为国明经济发展的基础，关系到人民生活及社会稳定，也是社会公共安全的重要部分，维持电力有序供应是构建社会主义和谐社会的基本要求，同时大坝安全也是重要工程，同时也是防汛的重要基础设施，保障大坝安全就是保障人民生命财产和国民经济建设的安全。水电站出线平台存在很多高压线，无人机飞入很可能碰到这些电线，轻则无人机坠毁线路受损，重则引起线路保护动作，机组甩负荷等威胁，所以水电站的无人机防御建设也迫在眉睫。

无人机防御系统种类繁多，低空无人机防御系统由地面雷达/侦测天线、无人机拦截网、固定式无人机反制设备、手持式无人机反制设备及管理与指挥、控制、通信、诱捕系统等组成。其监测范围可达半径800～200000m，较大打击范围可达半径800～3000m，一般简称反无人机系统或无人机侦测反制装备系统。

1　防御系统方案设计

1.1　系统防御等级的定位

按明航法规规定微型无人机、轻型无人机、小型无人机以及大型无人机，微型无人机是指空机质量小于等于 7kg，轻型无人机质量大于 7kg，但小于等于 116kg 的无人机，且全马力平飞中，校正空速小于 100km/h，升限小于 3000m。小型无人机是指空机质量小于等于 5700kg 的无人机，微型和轻型无人机除外。大型无人机是指空机质量大于 5700kg 的无人机见表 1。

表 1　　　　　　　　　　　　　　　　无 人 机 类 型 定 义

分类等级	空机质量（kg）	起飞质量（kg）
I	$0<W\leq0.25$	$0<W\leq0.25$
II	$0.25<W\leq4$	$1.5<W\leq7$
III	$4<W\leq15$	$7<W\leq25$
IV	$15<W\leq116$	$25<W\leq150$
V	植保类无人机	植保类无人机
VI	无人飞艇	无人飞艇
VII	超视距运行的 I、II 类无人机	超视距运行的 I、II 类无人机
XI	$116<W\leq5700$	$150<W\leq5700$
XII	$W>5700$	$W>5700$

根据实际情况，一般个人使用的无人机主要是 I、II、III 型飞机，也就是微型和轻型无人机，建设的防御系统的防御级别就定位在预防微型和轻型无人机。预防 I、II、III 型无人机的闯入。

1.2 无人机监测技术的选择

想要防御无人机，首先要找到它，目前主流无人机监测技术为雷达、射频、视频、音频，主要的监测手段优缺点见表 2。

表 2　　　　　　　　　　　　　　　主要的监测手段优缺点

技术手段	原理	优点	缺点	最大作用距离
雷达	利用多普勒技术获得无人机速度，利用电子滤波器来区分无人机和其他运动目标	远距离探测、精度高、几乎不受天气影响、昼夜效果均好	主动辐射信号会影响安全性，对小型无人机探测率低	>10km
射频	通过接收、提取并分析侦测到的电磁信号，分析确定无人机及其物理特征	成本低、容易实现	无法感知处于电磁静默状态下的无人机	数百米
视频	用一部或多部摄像机采集视频，并对所获得的图像进行分析	成本低、技术成熟、灵活性好	夜间需使用热像仪，但小型无人机产生的热量较少	数百米
音频	采集声音信号，并同数据库中的无人机声学特征进行对比	成本低、安全性好	嘈杂城区环境下的虚警率高、探测距离受风影响严重	数百米

按之前的思路定位防御系统的等级，民用无人机大部分有射频信号的特点，结合射频与

视频的优缺点，采用的是射频+视频的方式来监测无人机。

1.3 干扰方案的选择

干扰技术是通过对无人机的通信导航系统、光电载荷等施加光学及电子干扰，使无人机性能降低甚至失效的反无人机技术。主要有遥控信号干扰、定位系统参考信号干扰、雷达干扰几类，主要的干扰手段对比见表3。

表3 主要的干扰手段对比

技术手段	原 理	优点	缺点
遥控信号干扰	无线电遥测信号为无人机向地面控制站传回的遥测数据及红外或音频、图像信息，利用上下行链路的定位信息传输可实现测距功能。通过数据链路干扰，可欺骗敌方无人机操控者或切断无人机与地面站、操作者之间的联系，使无人机被反制	成本低、安全性好、技术成熟	飞机需要距离遥控器有一定距离才有效果
定位系统参考信号干扰	大多数无人机的定位导航系统依靠全球定位系统，根据信号的结构来干扰相匹配的定位系统通信协议，通过伪造信号或阻塞信号接收机的跟踪环路，可以实现"伪卫星"欺骗，使其不能按正常导航路径飞行	功能性强	成本高，会影响周边设备
雷达干扰	雷达干扰技术可分为压制性干扰和欺骗性干扰。压制性干扰是通过发射大功率电磁信号实现压制或遮盖正常信号；欺骗性干扰是发送虚假信号给目标，使目标接收错误信号致其任务失败	覆盖面广	成本高，对微型无人机效果差

根据民用无人机特点，采取遥控信号干扰这种技术手段。

1.4 总体方案设计

无人机防御系统设备的部署需根据防区实际情况来制定架设方案，根据防区的特点，设备的灵活组网方式能满足不同区域的空域防护需求。按现有技术，将无人机分为常规防御系统设备有定向天线和全向天线两个方案选择。大区域定向天线布点方式如图1所示。

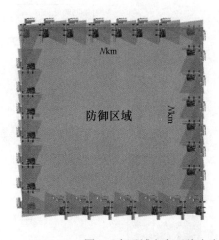

定向天线架设

图1 大区域定向天线布点方式

定向天线：适用于较大面积的区域，并且区域周界有一定空间，利于无线电的覆盖；由于定向天线主要向某一个方向发射无线电，为实现某些区域的空域防御，则一般沿着区域四周架设，无线电沿区域边界发射，形成一个针对入侵无人机的电子围栏。由于单个定向天线有效覆盖距离约为 1km，对于较大区域，需要通过多个定向天线沿边界接力架设的方案，形成一个完善的电子围栏。

全向天线应用场景：适用于面积相对较小区域，并且区域中最高建筑位于近中心处，利于全向天线架设。

全向天线：布置于靠近区域中心的最高建筑顶端，或者将大区域分割为多个小区域，布置于每个小区域中心的最高建筑顶端。

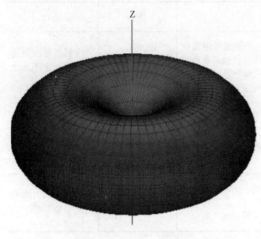

图 2 全向天线波瓣模型

固定式无人机反制设备全向天线波瓣介绍：

如图 2 所示，全向天线即在水平方向上表现为 360°均匀辐射，也就是平常所说的无方向性，在垂直方向上则表现为有一定的波瓣宽度。

全向天线可实现以天线为中心，半径为 500m 左右，水平方向 360°区域的无线电覆盖。

某电厂，大坝长度为 631m，最大坝高度为 101m，根据枢纽布置结构，在坝中电梯井顶部高点位置布置全向天下系统，可覆盖大坝区域、进水口、主厂房、尾水、出线平台等主要区域，但因升船机部分设备高度较高，部分区域将无法做到全区域覆盖。但综合考虑经济性，该电厂采用全向天线方案形式。全向天线架设方案和无线电覆盖示意如图 3 所示。

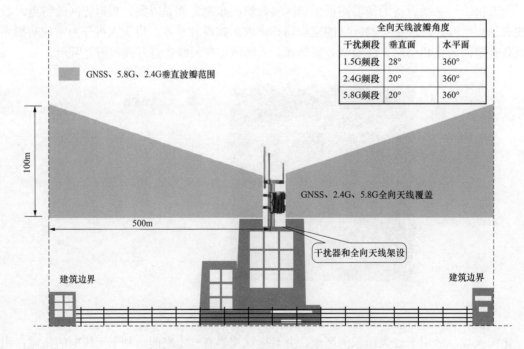

全向天线波瓣角度		
干扰频段	垂直面	水平面
1.5G 频段	28°	360°
2.4G 频段	20°	360°
5.8G 频段	20°	360°

图 3 全向天线架设方案和无线电覆盖示意图

2　防御系统建设

2.1　系统组成

无人机防御系统主要由侦测系统、反制系统以及无人机防御管理平台三部分组成，通过无人机防御管理平台实现各防御设备集中式远程管控，如图 4 所示。

2.2　实现原理

无人机防控系统实现原理如图 5 所示。

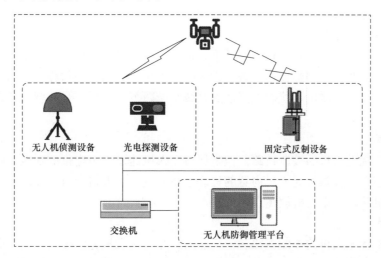

图 4　无人机防御系统

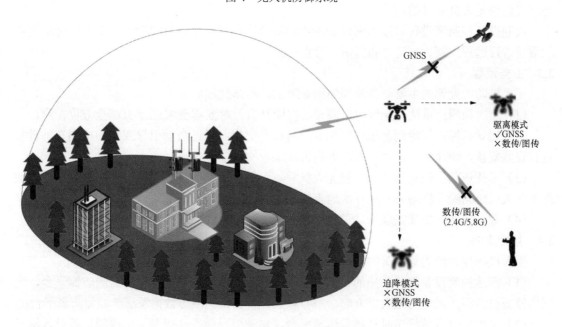

图 5　无人机防控系统实现原理图

无人机监测设备可全天候持续监测市面常见的无人机无线电频段。没有侦测到无人机入侵时，反制设备处于常闭状态；侦测到无人机入侵时，联动开启反制设备进行无线电压制。

无人机雷达探测设备采用 KU 波段，避开了机场在用无线电台（站）工作频段，能够向监测区域内主动发射电磁波，接收目标反射回来的电磁波信号并进行系统分析处理，通过方位（水平方向）机械扫描、仰角（垂直方向）电扫描的方式获取目标的三维坐标，以此获取入侵无人机的距离、方位、高度和速度信息，有效对行业内所有无人机类型进行探测和稳定跟踪。

无人机无线电测向设备不主动发射电磁波，实时探测和分析周边无线电环境，主动发现无人机的无线电信号，测量分析无人机无线电信号特征参数（中心频点、带宽等），根据无线电信号特征分析无人机型号，对无人机及地面控制站信号进行测向，从而达到对入侵无人机的侦测、预警以及定位方位。

反制设备支持驱离或迫降两种反制效果。正常无人机飞行过程中，需要通过接收卫星信号进行定位，也需要同控制站通信，进行指令的接收执行和图像的传输等。固定式反制设备是通过对无人机进行无线电干扰的方式达到区域空域防范的效果，具有驱离和迫降两档工作模式。

2.2.1 驱离模式

反制设备干扰无人机的控制链路，但是保留无人机通过卫星定位的功能，此时无人机无法接受控制站指令，会触发无人机内置的失联返航机制，无人机会自动飞回到起飞点，从而实现驱离无人机并确认无人机放飞点的目的。

2.2.2 迫降模式

反制设备干扰无人机的控制链路和定位能力，此时无人机无法接收控制指令，也无法确认自身位置，会触发无人机自身自动降落机制，无人机会在原位置逐步缓慢降落，从而实现迫降并缴获无人机的目的。

反制设备和监测设备通过组网统一由监测防御管理平台进行集中管控。平台可对系统内的设备进行远程控制、一键"布撤防"等操作。

2.3 业务流程

无人机防控处置的主要业务流程如图6所示，具体过程如下：

（1）实时探测：雷达、无线电监测设备持续开启，对监测空域进行360°全方位探测。

（2）确认目标：探测到区域内出现入侵目标升空物，通过自动引导或手动控制光电设备进行视频复核，快速确认是否为入侵无人机。

（3）干扰压制：确定为非法入侵无人机后，手动开启反制设备对其进行驱离，并通知地面工作人员协同配合机场公安进行落地查控工作。

（4）效果评估：处理完成后，进行事件分析，对处置效果进行评估。

2.4 数据流向

无人机防控系统的数据流向如图7所示，具体过程如下：

（1）雷达探测设备将所采集的目标物位置、高度、速度等数据发送给监测防御平台，无线电监测设备将所采集的无人机方向、中心频点、带宽、类型等数据发送给监测防御平台；

（2）光电探测设备将实时视频发送给平台，自动引导或手动控制光电探测设备对入侵目标物进行视频复核；

（3）平台将开启/关闭反制设备的信息发送给反制设备。

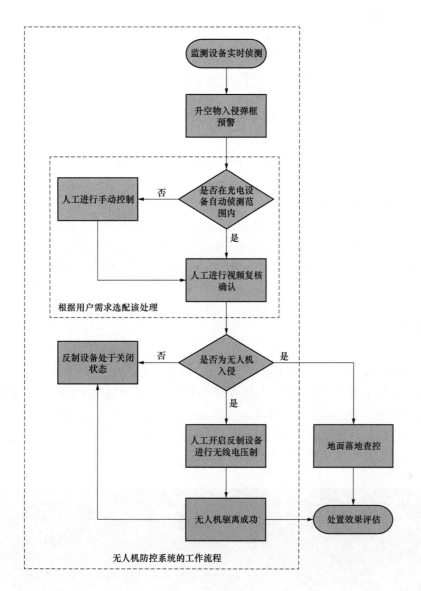

图 6 业务流程

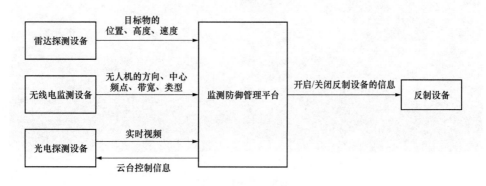

图 7 数据流向图

2.5 AL 算法可视化增强

在使用过程中，无人机防御系统大放异彩，通过长时间观察，该电厂所有无人机闯入均被进行了驱离，但是在使用过程中，只能通过软件模拟出无人机飞行路线，没法拍摄跟踪到无人机，后经过改良，新增了一台光电探测设备，基于防御管理平台 AI 深度学习的小目标检测算法、目标识别跟踪等多种算法融合实现对目标无人机的探测、跟踪、拍摄取证。同时支持可见光与热成像双光谱等多种搭配。这样对闯入的无人机能进行拍照录像取证。同时由于现场电缆密集，常规摄像头拍摄过程中容易把电缆误认为飞机，很容易产生误报，采用 AK 算法深度学习的设备，能够让摄像头排查掉现场电缆的干扰，不断地降低误报的能力。

2.6 主动防御+应急报警

无人机采用主动驱离模式，由于无人机主机设备建立在机房，工作人员无法 24h 进行值守监视，后来通过将数据引出到水电站 oncall 系统，通过 oncall 系统将入侵报警发送到专业人员手机上，能让专业人员立即采取相应措施，同时也进一步提升了安全应急响应能力，加强了水电厂安全。

3 投入使用

系统完成建设投入使用，通过多次试验得出，在操控无人机，当无人机飞行高度达到 10m 后，立刻受到检测报警，同时开始进行驱离，当飞机距离遥控器超过 20m 后，飞机信号受到干扰，自动迫降回原处，满足设计要求。

自投入使用以来，监测驱离无人机 50 余架次，有效地保障了电厂的安全运行。

系统状态如图 8 所示，测试时告警如图 9 所示。

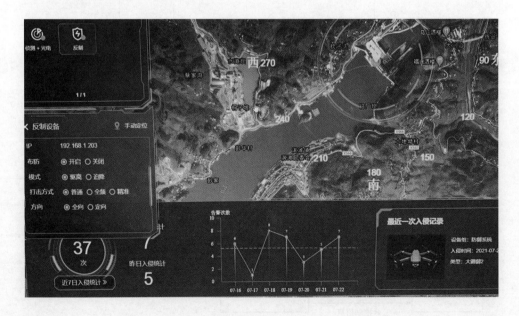

图 8　系统状态图

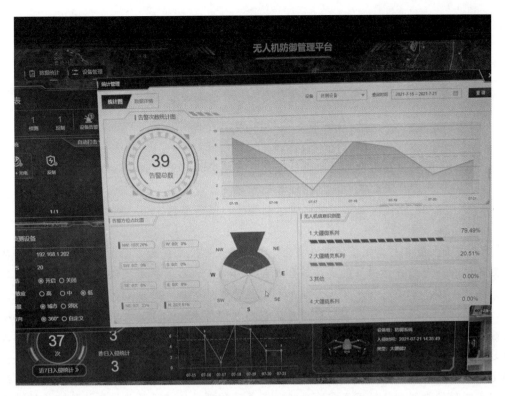

图 9   测试时告警图

4   结语

某电厂设立的无人机防御系统在水电厂已形成整体防御矩阵，实现全方位的防御保护，通过主动防御+应急预计的方案实现了生产区域无人机防御，解决了"黑飞"问题，安全生产可控、在控，采用可见光+频射模式也对监测预警提供了有效保障，无人机防御系统在明航上运用相对成熟，水电厂还算是比较新的领域，希望通过无人机防御系统，筑就了一道安全的钢铁长城，彰显了民生工程守护者的责任与担当，为国家和社会的电力安全提供了有力保障，发挥了重要的保驾护航作用。

参考文献

[1] 徐泽融. 武汉天河机场无人机防控系统研究 [J]. 中国高新科技，2021，5：80-81.
[2] 薛猛. 反无人机系统研究现状及关键技术分析 [J]. 飞航导弹，2021，5：52-56.

作者简介

杨训达（1991—），男，助理工程师，主要从事水电信息化维护工作。E-mail：616223677@qq.com
田宇龙（1994—），男，助理工程师，主要从事水电信息化维护工作。E-mail：411173706@qq.com
黄小璐（1991—），女，工程师，主要从事水电信息化维护工作。E-mail：464265909@qq.com
吴林桀（1997—），男，助理工程师，主要从事水电信息化维护工作。E-mail：1186603644@qq.com

贵州文星大型水利工程建设效益综合评估研究

杜帅群 [1, 2]　　牛东晓 [2]　　李东峰 [3]

（1. 中国电建集团贵阳勘测设计研究院有限公司，贵州省贵阳市　550081;
2. 华北电力大学经济与管理学院，北京市　102206;
3. 自然资源部第一地理信息制图院，陕西省西安市　710000）

[摘　要] 大型水利工程在保障水安全、能源安全、民生安全方面发挥着重大作用。在工程规划论证阶段充分评估项目的建设综合效益，可为工程后续推进提供指导建议，保障工程效益的高效发挥。本文以贵州文星大型水利工程为评估对象，分别分析了工程建设依据、必要性、规划设计、项目背景、工程特点等工程内外部特点，基于对大型水利工程公益性项目国民经济效益、环境效益、社会效益等综合效益的充分认识。提出了贵州文星大型水利工程建设效益综合评估三层指标体系，详细阐述了这些指标的选择依据。选定了能够兼顾定量分析与定性分析的多层次模糊综合评估方案，并构建了评估模型。根据指标体系及模型，结合文星水库工程的具体评估数据及实际资料，完成了该项目的建设效益综合评估，并针对工程经济效益相对欠佳的情况，从规避工程建设风险、提升项目建设管理水平、增强参建各方组织协调能力凝聚组织向心力三个方面提出有效可行的建议。通过本文研究，形成了具体的大型水利工程评估研究示范，研究过程合理、实用，可为其他大型水利工程建设效益综合评估提供参考。

[关键词] 贵州；大型水利项目；工程建设；综合效益评估；模糊综合评估

1　研究背景

人类和地球上所有生物的命运与水息息相关。中国是人口和农业大国，人均水资源占有量仅为世界人均水平的 28%。水利发展不仅关系到防洪安全、供水安全、粮食安全，也关系到经济安全、生态安全、国家安全[1]。新时代背景下，我国水利工程建设被赋予更高的使命，不仅要求工程建设本身技术先进，经济安全；同时，还要在行业职责范围内解决我国社会主要矛盾作贡献。这些新的要求需结合水利工程规划、设计、建设、后期运行管理全过程进行通盘考虑，并结合我国小水电治理、河湖联通、梯级流域安全防控等政策系统执行。工程建设效益综合评估若能结合以上要求采取科学的评估模型和评估方法，更加宏观、全面、长远、客观地评估项目建设效益[2]，不仅为我国水利建设项目审批提供更可靠的依据[3]，也为其他水利工程的建设论证提供更有利的支撑和更全面的参考导向，有利于水利工程建设在新的时代发挥更大社会效益[4]。

目前，多学科理论综合的研究方法使综合评估的研究成果更符合客观规律，在评估方法与具体技术能够充分结合的基础上创新出了更符合实际需求的新评估方法和技术体系。国外综合评估更强调从主体性评估的方向展开探索，在综合评价的过程中，以社会、环境、经济、技术等指标为基础，基于可持续发展理念，构建项目的绩效评价指标体系[5]。

综合评估在我国社会经济发展中扮演着越来越重要的角色，我国的建设投资项目经济评估主要汲取了综合评估中适用于发展中国家经济特色的"新方法论"思想，不仅为企业项目决策带来重要依据，也有效降低了项目实施风险[6]。另外还需在以下方面进一步完善。首先，综合评估在目标确认、理论与实际衔接、评估指标体系确立的过程中人的参与度较高，如何有效避免主观性对评估针对性和代表性的影响还需进一步探索。其次，现有的评估方法虽采用了大量的数学分析计算手段，但并不具备足够的准确性，通过大量多样的复杂计算，最终落脚点仍为定性分析，研究的系统性和研究方法有待创新。最后，关于综合评估方法本身的有效性研究及评估成果的追踪评估验证基本处于空白，急需突破[7]。

2　评估方法选择

综合评估方法常常采用定量与定性相结合的方法进行。TOPSIS 评估法权重具有一定随意性导致结果不够客观。BP 网络是客观赋权重方法之一，神经网络节点的个数通常会随着评估对象数目增加而增加，当评估规模较大时其网络结构会比较庞大，评估计算时间会很长，且经常会陷入局部最小。可拓决策方法适用于对矛盾问题进行决策的决策技术。常规的专家评分法、综合指数法、层次分析法等在复杂的系统评估过程中无法满足对多层次、多因子指标系统评价的需求。能够满足数据集成化、成规模体系评估的模糊综合评估、灰色综合评估、智能模型评估成为更符合实际需求的新趋势。

模糊综合评估法主要是应用模糊数学的理论及方法操作，把一些边界模糊、不易定量的因素定量化；通过分析认识多个因素对被评估事物隶属等级状况而最终给出综合性评估。优点是可以通过条件分类得出多个层次的评估成果，更符合评估对象发展变化的实际，更适于对事物的全面客观认识。缺点是局限于模糊数学基础理论中关于隶属函数、模糊相关矩阵等的确定方法的研究现状，不能很好地避免评估指标间信息或相关性重复的问题。适用于消费者偏好识别、决策中的专家系统、证券投资分析、银行项目贷款对象识别等[8-11]。

层次分析法（the analytic hierarchy process，AHP）是一种多准则决策算法。特点是决策者通过经验判断将影响因素的重要性转化为权数进而融入决策系统，评估者首先需要针对评估目标，将相关因素进行分类并构造与之相关的层次结构模型。优点是可靠度比较高，误差小。缺点是评估对象的因素不能太多。适用于成本效益决策、资源分配次序、冲突分析等[12, 13]。

多层次模糊综合评估方法在水利项目综合评估中应用成熟，将模糊综合评估法和层次分析法相结合，将水利项目中难以量化的定性指标转化成定量分析，再采用层次分析法计算指标权重进行综合评估，结论客观可靠[14]。本文将采用多层次模糊综合评估法对贵州文星大型水利工程建设效益展开综合评估。

3　贵州文星大型水利工程建设效益综合评估研究

3.1　工程建设特点

贵州省水资源总量丰富，排名全国第六位，但是工程性缺水严重。"十三五"期间，贵州水利投入进一步加大，新增的 14 座大型水库绥阳县文星水库在列。根据《全国水利改革发展"十三五"规划》《芙蓉江流域（贵州境内）规划报告》《贵州省桐梓河流域规划报告》《贵州省水利发展"十三五"规划》和《遵义市水资源综合规划报告》，文星水库工程任务是供水兼顾发电等综合利用，具有供水、发电和生态环境保护等多种效益。满足该流域及周边居民生活生产供水后，跨流域向遵义市规划主城区供水。

文星水库工程由水源区工程和供水工程两部分组成。水源区枢纽工程由钢筋混凝土面板坝、右岸岸边式泄洪系统、左岸引水发电系统组成。挡水建筑物采用钢筋混凝土面板堆石坝，面板堆石坝最大坝高为 100m。泄洪系统由右岸岸边式溢洪道和左岸放空洞兼导流洞组成。左岸引水发电系统采用 1 洞 2 机方式布置，装机容量为 1.2MW。通过电站尾水下放生态流量。供水对象主要有绥阳县中心城区规划水厂、新蒲新区规划水厂、沿线大路槽乡供水点、旺草镇规划水厂。文星水库的正常蓄水位为 730.7m，四个供水点都需要加压供水。输水线路总长 52.65km，由输水隧洞、浅埋管、渡槽、倒虹吸组成。

文星水库是贵州省骨干水源工程建设规划项目之一，是提升喀斯特地貌城区遵义市规划主城区水资源承载能力、解决经济布局与水资源格局不匹配的经济技术最优的举措；是解决遵义市规划主城区供水水源匮乏，流域内拓展脱贫攻坚成果、生态治理的需要；是区域合理配置水资源、经济利用水资源的需求；是以社会效益为主的公益性建筑，投资规模大，资金来源以国家投资为主，其余部分省、市、县（区）自筹。工程建设边界条件复杂，建设周期长，受政策法规、工程建设条件、征地移民、地质条件、施工气候等因素影响较大。工程规模大，涉及行业领域多、专业综合，参与面较广，工作协调配合难度较大。工程施工技术比较成熟，准入门槛较低，符合资质、业绩和能力等条件的施工企业较多。工程效益评估以国民经济评估为主，因同时具有国民经济效益、环境效益、社会效益等，有必要进行综合效益评估。为工程方案选择及建设运行管理提供可靠的科学依据及客观可行的指导建议。

3.2 效益评估指标体系

大型水利工程作为公益性基础设施建设项目，社会、政府及投资方更关注项目工程财务状况及社会影响，该工程建设效益综合评估指标主要侧重评估这两方面，并对其他评估内容适当精简弱化。结合国内外各类大型工程可行性评估和综合评估等的指标体系，进一步剔除初始评估指标体系初始集中难以量化的指标、重复评估的指标、相对指征较弱的指标，最终确定由三个层次组成的指标体系。第一层为最高层，贵州文星大型水利工程建设效益；第二层为中间层，以实现总目标需采取的措施、具备的准则等为主，将分别从经济效益、社会效益和生态环境效益三个方面进行评估；第三层为最低层，以实现各项准则的各种具体分析的因素为主。指标体系指标层共分了 3 个二级指标、23 个三级指标细项，贵州文星水利工程建设效益综合评估指标体系见表 1。

表 1 　　　　　贵州文星大型水利工程建设效益综合评估指标体系

一级指标	二级指标	三级指标
贵州文星大型水利工程建设效益	经济效益	财务内部收益率 C1
		工程静态总投资 C2
		借款偿还期 C3
		国民经济内部收益率 C4

一级指标	二级指标	三级指标
贵州文星大型水利工程建设效益	经济效益	经济净现值 C5
		效益费用比 C6
		增减 5% 的经济内部收益率 C7
	社会效益	项目建设必要性 C8
		供水效益 C9
		发电效益 C10
		促进当地旅游业发展 C11
		单位库容移民人数 C12
		增加就业 C13
		对"碳达峰"和"碳中和"的响应 C14
		单位库容供水量 C15
		单位库容淹没耕地 C16
	环境效益	水文情势影响 C17
		水环境影响 C18
		空气环境保护措施 C19
		声环境保护措施 C20
		生态环境保护措施 C21
		社会环境保护措施 C22
		水土保持措施 C23

3.3 隶属度及模糊运算

（1）工程建设效益综合评估指标体系构建。参考贵州文星大型水利工程建设效益综合评估指标体系，构建出该项目多层次模糊综合评估模型（见图 1）。

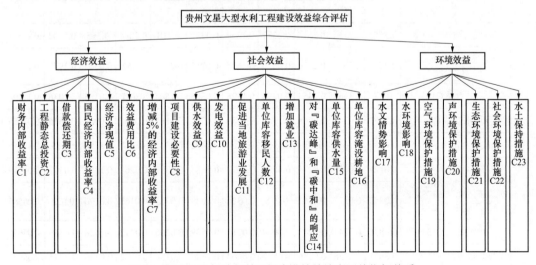

图 1 贵州文星大型水利工程建设效益综合评估指标体系

（2）指标权重计算。利用 yaahp 软件按照 10 位专家的权重 W_i，分别由他们对各指标两两比较打分进行指标权重计算并进行一致性检验，最终获得各项指标权重见表 2～表 5。

表 2　　　　　　　　　　　　　　　　一级指标权重计算

评估目的	一级指标	各专家的 W_i 值										W_i平均值
		1	2	3	4	5	6	7	8	9	10	
贵州文星大型水利工程建设效益综合评估指标体系	经济效益	0.0989	0.0668	0.0667	0.126	0.0852	0.0702	0.1047	0.1396	0.0672	0.0513	0.08766
	环境效益	0.3643	0.2926	0.4667	0.4579	0.6442	0.559	0.637	0.5278	0.4887	0.582	0.50202
	社会效益	0.5368	0.6406	0.4667	0.4161	0.2706	0.3707	0.2583	0.3325	0.444	0.3667	0.41030

表 3　　　　　　　　　　　　　　　经济效益二级指标权重计算

上层指标	二级指标	各专家的 W_i 值										W_i平均值
		1	2	3	4	5	6	7	8	9	10	
经济效益	财务内部收益率 C1	0.3996	0.4187	0.3435	0.1775	0.4573	0.1223	0.4003	0.2953	0.286	0.396	0.32965
	借款偿还期 C3	0.1628	0.2504	0.0609	0.398	0.077	0.2938	0.0314	0.2047	0.2143	0.2408	0.19341
	工程静态总投资 C2	0.0974	0.1442	0.2561	0.1347	0.1148	0.0323	0.2422	0.2378	0.3247	0.1492	0.17334
	国民经济内部收益率 C4	0.2382	0.0819	0.053	0.0333	0.2056	0.2736	0.1488	0.0462	0.0794	0.1001	0.12601
	经济净现值 C5	0.0504	0.0358	0.1714	0.0357	0.0648	0.0587	0.105	0.1573	0.0319	0.0525	0.07635
	效益费用比 C6	0.0227	0.0215	0.0865	0.0479	0.0248	0.1878	0.0353	0.0272	0.0392	0.0372	0.05301
	增减 5%的经济内部收益率 C7	0.029	0.0476	0.0286	0.1729	0.0558	0.0316	0.037	0.0315	0.0245	0.0241	0.04826

表 4　　　　　　　　　　　　　　　社会效益指标权重计算

上层指标	二级指标	各专家的 W_i 值										W_i平均值
		1	2	3	4	5	6	7	8	9	10	
社会效益	项目建设必要性 C8	0.2754	0.2754	0.2615	0.2377	0.1254	0.4327	0.318	0.2884	0.315	0.2302	0.27597
	促进当地旅游业发展 C11	0.2762	0.1681	0.2176	0.0875	0.3635	0.0713	0.2183	0.252	0.0346	0.2972	0.19863
	发电效益 C10	0.03	0.1162	0.2363	0.0294	0.1525	0.0805	0.1504	0.195	0.0355	0.1036	0.11294
	供水效益 C9	0.0181	0.0389	0.0968	0.147	0.1089	0.0296	0.1161	0.0507	0.0938	0.0636	0.07635
	单位库容供水量 C15	0.0837	0.2648	0.061	0.3067	0.0464	0.0402	0.0345	0.047	0.2152	0.185	0.12845
	单位库容移民人数 C12	0.0827	0.0608	0.0273	0.0536	0.0829	0.0184	0.0398	0.0268	0.1289	0.0407	0.05619
	对"碳达峰"和"碳中和"的响应 C14	0.0853	0.0277	0.0563	0.018	0.0326	0.1029	0.0775	0.0167	0.0196	0.022	0.04586
	增加就业 C13	0.0835	0.0243	0.0247	0.0619	0.0214	0.0589	0.0266	0.0272	0.1028	0.0343	0.04656
	单位库容淹没耕地 C16	0.0651	0.0238	0.0186	0.0582	0.0664	0.1656	0.0188	0.0962	0.0546	0.0235	0.05908

表5 环境效益指标权重计算

上层指标	二级指标	各专家的 W_i 值										W_i 平均值
		1	2	3	4	5	6	7	8	9	10	
环境效益	空气环境保护措施 C19	0.3747	0.3386	0.2986	0.1082	0.3942	0.4558	0.1252	0.1786	0.2288	0.1218	0.26245
	水环境影响 C18	0.3039	0.1844	0.0909	0.2483	0.2722	0.098	0.3082	0.3411	0.041	0.3528	0.22408
	水文情势影响 C17	0.1507	0.2229	0.0927	0.1243	0.1282	0.1205	0.3426	0.3027	0.3214	0.2431	0.20491
	社会环境保护措施 C22	0.0811	0.0434	0.1539	0.3503	0.1066	0.2124	0.0625	0.0919	0.2169	0.1992	0.15182
	生态环境保护措施 C21	0.0375	0.0481	0.0349	0.1087	0.029	0.0538	0.0277	0.0412	0.1234	0.0268	0.05311
	声环境保护措施 C20	0.0316	0.1163	0.0471	0.0308	0.0266	0.0332	0.1142	0.02	0.0442	0.0249	0.04889
	水土保持措施 C23	0.0204	0.0463	0.282	0.0295	0.0433	0.0263	0.0196	0.0246	0.0243	0.0314	0.05477

由于计算误差,导致二级指标权重值均大于1,对这些权重进行归一化,见表6。

表6 各指标权重表

准则层		二级指标层		
准则	权重	指标	权重	归一化权重
经济效益	0.0877	财务内部收益率 C1	0.32965	0.3296
		工程静态总投资 C2	0.19341	0.1934
		借款偿还期 C3	0.17334	0.1733
		国民经济内部收益率 C4	0.12601	0.1260
		经济净现值 C5	0.07635	0.0763
		效益费用比 C6	0.05301	0.0530
		增减5%的经济内部收益率 C7	0.04826	0.0483
社会效益	0.4103	项目建设必要性 C8	0.27597	0.2760
		供水效益 C9	0.19863	0.1986
		发电效益 C10	0.11294	0.1129
		促进当地旅游业发展 C11	0.07635	0.0763
		单位库容移民人数 C12	0.12845	0.1284
		增加就业 C13	0.05619	0.0562
		对"碳达峰"和"碳中和"的响应 C14	0.04586	0.0459
		单位库容供水量 C15	0.04656	0.0466
		单位库容淹没耕地 C16	0.05908	0.0591
环境效益	0.5020	水文情势影响 C17	0.26245	0.2624
		水环境影响 C18	0.22408	0.2241
		空气环境保护措施 C19	0.20491	0.2049
		声环境保护措施 C20	0.15182	0.1518
		生态环境保护措施 C21	0.05311	0.0531
		社会环境保护措施 C22	0.04889	0.0489
		水土保持措施 C23	0.05477	0.0548

（3）单因素隶属度计算。邀请以上十名专家，分别对涉及经济、社会、环境效益三个方面的 23 个二级指标进行打分，打分结果见表 7。

表 7   二级指标专家打分统计

一级指标	二级指标	评估结果					总分
		优秀	良好	一般	较差	差	
经济效益	财务内部收益率 C1	17	12	15	6	0	50
	工程静态总投资 C2	13	20	10	7	0	50
	借款偿还期 C3	12	10	15	7	6	50
	国民经济内部收益率 C4	10	4	18	13	5	50
	经济净现值 C5	5	15	18	10	2	50
	效益费用比 C6	8	22	19	1	0	50
	增减 5%的经济内部收益率 C7	9	22	11	6	2	50
社会效益	项目建设必要性 C8	15	20	13	2	0	50
	供水效益 C9	22	15	12	1	0	50
	发电效益 C10	20	11	11	7	1	50
	促进当地旅游业发展 C11	23	22	2	2	1	50
	单位库容移民人数 C12	26	13	9	2	0	50
	增加就业 C13	33	12	4	1	0	50
	对"碳达峰"和"碳中和"的响应 C14	18	14	10	7	1	50
	单位库容供水量 C15	20	17	11	2	0	50
	单位库容淹没耕地 C16	24	21	3	2	0	50
环境效益	水文情势影响 C17	9	22	11	6	2	50
	水环境影响 C18	32	2	12	4	0	50
	空气环境保护措施 C19	24	4	15	4	3	50
	声环境保护措施 C20	18	14	11	7	0	50
	生态环境保护措施 C21	13	14	10	5	8	50
	社会环境保护措施 C22	25	11	14	0	0	50
	水土保持措施 C23	23	12	10	5	0	50

（4）计算评估矩阵。

三个一级指标的模糊评估矩阵 $R_1 \sim R_3$ 如下：

1）文星大型水利工程建设经济效益评估矩阵 R_1 为

$$R_1 = \begin{bmatrix} 0.34 & 0.24 & 0.3 & 0.12 & 0 \\ 0.26 & 0.4 & 0.2 & 0.14 & 0 \\ 0.24 & 0.2 & 0.3 & 0.14 & 0.12 \\ 0.2 & 0.08 & 0.36 & 0.26 & 0.1 \\ 0.1 & 0.3 & 0.36 & 0.2 & 0.04 \\ 0.16 & 0.44 & 0.38 & 0.02 & 0 \\ 0.18 & 0.44 & 0.22 & 0.12 & 0.04 \end{bmatrix}$$

2）文星大型水利工程建设社会效益评估矩阵 R_2 为

$$R_2 = \begin{bmatrix} 0.3 & 0.4 & 0.26 & 0.04 & 0 \\ 0.44 & 0.3 & 0.24 & 0.02 & 0 \\ 0.4 & 0.22 & 0.22 & 0.14 & 0.02 \\ 0.46 & 0.44 & 0.04 & 0.04 & 0.02 \\ 0.52 & 0.26 & 0.18 & 0.04 & 0 \\ 0.66 & 0.24 & 0.08 & 0.02 & 0 \\ 0.36 & 0.28 & 0.2 & 0.14 & 0.02 \\ 0.4 & 0.34 & 0.22 & 0.04 & 0 \\ 0.48 & 0.42 & 0.06 & 0.04 & 0 \end{bmatrix}$$

3）文星大型水利工程建设环境效益评估矩阵 R_3 为

$$R_3 = \begin{bmatrix} 0.18 & 0.44 & 0.22 & 0.12 & 0.04 \\ 0.64 & 0.04 & 0.24 & 0.08 & 0 \\ 0.48 & 0.08 & 0.3 & 0.08 & 0.06 \\ 0.36 & 0.28 & 0.22 & 0.14 & 0 \\ 0.26 & 0.28 & 0.2 & 0.1 & 0.16 \\ 0.5 & 0.22 & 0.28 & 0 & 0 \\ 0.46 & 0.24 & 0.2 & 0.1 & 0 \end{bmatrix}$$

（5）模糊综合评估。

1）一级指标模糊综合评估。根据模糊综合评估的计算方法，分别计算各一级指标的模糊评估结果。

a．经济效益的评估结果如下：

$$B_1 = w_1 R_1 = (0.3296, 0.1934, 0.1733, 0.1260, 0.0763, 0.0530, 0.0483) \begin{bmatrix} 0.34 & 0.24 & 0.3 & 0.12 & 0 \\ 0.26 & 0.4 & 0.2 & 0.14 & 0 \\ 0.24 & 0.2 & 0.3 & 0.14 & 0.12 \\ 0.2 & 0.08 & 0.36 & 0.26 & 0.1 \\ 0.1 & 0.3 & 0.36 & 0.2 & 0.04 \\ 0.16 & 0.44 & 0.38 & 0.02 & 0 \\ 0.18 & 0.44 & 0.22 & 0.12 & 0.04 \end{bmatrix}$$

$$= (0.2540, 0.2687, 0.2932, 0.1458, 0.0384)$$

b．社会效益的评估结果如下：

$$B_2 = w_2 R_2 = (0.2760, 0.1986, 0.1129, 0.0763, 0.1284, 0.0562, 0.0459, 0.0466, 0.0591) \begin{bmatrix} 0.3 & 0.4 & 0.26 & 0.04 & 0 \\ 0.44 & 0.3 & 0.24 & 0.02 & 0 \\ 0.4 & 0.22 & 0.22 & 0.14 & 0.02 \\ 0.46 & 0.44 & 0.04 & 0.04 & 0.02 \\ 0.52 & 0.26 & 0.18 & 0.04 & 0 \\ 0.66 & 0.24 & 0.08 & 0.02 & 0 \\ 0.36 & 0.28 & 0.2 & 0.14 & 0.02 \\ 0.4 & 0.34 & 0.22 & 0.04 & 0 \\ 0.48 & 0.42 & 0.06 & 0.04 & 0 \end{bmatrix}$$

$$= (0.4178, 0.3288, 0.1979, 0.0508, 0.0047)$$

c．环境效益的评估价结果如下：

$$B_3 = w_3 R_3 = (0.2624, 0.2241, 0.2049, 0.1518, 0.0531, 0.0489, 0.0548) \begin{bmatrix} 0.18 & 0.44 & 0.22 & 0.12 & 0.04 \\ 0.64 & 0.04 & 0.24 & 0.08 & 0 \\ 0.48 & 0.08 & 0.3 & 0.08 & 0.06 \\ 0.36 & 0.28 & 0.22 & 0.14 & 0 \\ 0.26 & 0.28 & 0.2 & 0.1 & 0.16 \\ 0.5 & 0.22 & 0.28 & 0 & 0 \\ 0.46 & 0.24 & 0.2 & 0.1 & 0 \end{bmatrix}$$

$$= (0.4071, 0.2221, 0.2416, 0.0979, 0.0313)$$

2）项目模糊综合评估。文星大型水利工程项目的评估矩阵如下：

$$R = \begin{bmatrix} 0.2540 & 0.2687 & 0.2932 & 0.1458 & 0.0384 \\ 0.4178 & 0.3288 & 0.1979 & 0.0508 & 0.0047 \\ 0.4071 & 0.2221 & 0.2416 & 0.0979 & 0.0313 \end{bmatrix}$$

项目的模糊综合评估结果为：

$$B = AR = A(B_1, B_2, B_3)$$

$$= (0.08766, 0.50202, 0.4103) \begin{bmatrix} 0.2540 & 0.2687 & 0.2932 & 0.1458 & 0.0384 \\ 0.4178 & 0.3288 & 0.1979 & 0.0508 & 0.0047 \\ 0.4071 & 0.2221 & 0.2416 & 0.0979 & 0.0313 \end{bmatrix}$$

$$= (0.3991, 0.2797, 0.2242, 0.0784, 0.0186)$$

3）三个一级指标评估。三个一级指标得分分别为

$$H_1 = 70.3136，H_2 = 81.9914，H_3 = 76.8917$$

对三个一级指标分值进行排序，即

$$H_2 > H_3 > H_1$$

3.4　效益评估结果分析

（1）最大隶属度原则分析。根据最大隶属度原则，贵州文星大型水利工程通过模糊层次评估所得的五个评估等级中，0.3991 的数值最大。所以该项目的综合隶属度为 0.3991，评估结果为"很好"，说明该项目的综合评估结果很好。其中，约有 39.91%的专家认为该项目非常优秀，仅有 0.97%的专家认为该项目存在不足之处，应对这部分专家进一步走访调研，以进一步完善该项目。经济效益的评估 0.2932 的数值最大，认定该项目的经济效益属于可接受，有 81.58%的专家对该项目的技术水平满意。社会效益的评估 0.4178 的数值最大，认定该项目的社会效益为优秀。环境效益的评估 0.4017 的数值最大，认为该项目的环境效益优秀。该项目作为公益项目其经济效益并非工程的决定因素，投入运行后能够获得优秀的社会效益。其工程环境效益优于工程建设及运行期对环境造成的影响，需要在施工期间采取相应措施尽量减少环境影响。

（2）评估结果转换为分值进行分析。根据三个一级指标的得分排序，第一位得分是81.9914 分，说明贵州文星大型水利工程的社会效益表现最佳。H_3 得分位于第二，说明该项目在环境效益方面表现较好。但 H_1 仅 70.3136 分，说明该建设项目在经济效益方面需充分重视，在项目立项阶段、资金筹备、可行性研究规划阶段、工程实施及运行阶段均需重视项目的经济效益。

3.5　改进措施及建议

鉴于贵州文星大型水利工程建设效益综合评估中经济效益相对薄弱的问题，针对性提出项目建设管理改进措施及建议。

从规避工程建设风险以保障工程既有效益角度出发，工程建设过程中，应加强风险控制，将工程潜在质量、进度、资金风险降至最低；同时，注意防范工程地质改变、极端气象灾害、不可抗力灾害的影响。对于受国家规划政策的变化影响较大且大概率需要增加工程成本的环境保护、征地移民、节能减排等费用，需要在工程规划建设阶段针对性地提前研究政策、做好预案。

从提升项目建设管理水平增加工程潜在效益角度出发，工程建设管理应与地方政府密切配合，争取最大范围的行政支持以及适宜的社会环境。充分发挥工程建管单位的贵州水投公司专业的管理团队和丰富的大型项目全时段建设管理经验，充分发挥水利工程近年智慧管理、新技术、梯级协调、风光电互补等先进的建设管理理念节省工程投资。

从增强参建各方组织协调能力凝聚组织向心力角度出发，充分发挥建管、设计、监理、施工单位参建四方的积极作用，自始至终的贯彻以工程顺利建设为共同目标和共同利益的组织管理理念，制定管理制度、争端解决机制及奖惩措施，有效引导工程参建各方朝着和谐推进工程建设的方向快速迈进。

4　结语

本文通过研究旨在完善大型水利工程建设效益综合评估指标体系的合理性和可靠性，提高综合评估方法在大型水利工程建设效益综合评估方面的适用性和参考性。在尽量精简大型水利项目评估工作量的同时，提高评估结论的指导意义。目前随着我国大型水利工程项目建设的不断发展，以及"十四五"规划提出的"碳达峰""碳中和"目标，也对水利工程的规划建设提出了更高更具体要求，如何将这些规划目标与项目建设效益综合评估结合，使其更适应时代发展需求。但是如何使这些指标耦合得更合理，使其评估指标权重更贴近实际，还需要对指标体系建立和计算模型进一步地完善和调整。特别要对新要求、新政策与大型水利项目的社会效益和生态环境效益的指标融合做进一步探讨与设计。

参考文献

[1] 中共中央，国务院. 关于加快水利改革发展的决定 [J]. 中国水利，2011，(3)：1-4.

[2] Zhang W，Lee M W，Jaillon L，et al. The hindrance to using prefabrication in Hong Kong's building industry [J]. Journal of Cleaner Production，2018，204：70-81.

[3] Jiang R，Mao C，Hou L，et al. A SWOT analysis for promoting off-site construction under the backdrop of China's new urbanization [J]. Journal of Cleaner Production，2018，173：225-234.

[4] Hong J，Shen G Q，Mao C，et al. Life-cycle energy analysis of prefabricated building components：an input–output-based hybrid model [J]. Journal of Cleaner Production，2016，112：2198-2207.

[5] Zhao H，Li N. Performance Evaluation for Sustainability of Strong Smart Grid by Using Stochastic AHP and Fuzzy TOPSIS Methods [J]. Sustainability，2016，8 (2)：129-150.

[6] Li C Z，Hong J，Xue F，et al. Schedule risks in prefabrication housing production in Hong Kong：a social network analysis [J]. Journal of Cleaner Production，2016，134：482-494.

[7] Teng Y，Li K，Pan W，et al. Reducing building life cycle carbon emissions through prefabrication：Evidence from and gaps in empirical studies [J]. Building and Environment，2018，132：125-136.

［8］CARRETTONI F，CASTANO S，MARTELLA G，et al. RETISS：A real time security system for threat detection using fuzzy logic［C］. Proceedings. 25th Annual 1991 IEEE International Carnahan Conference on Security Technology. IEEE，1991：161-167.

［9］CHEN S J，HWANG C L. Fuzzy Multiple Attribute Decision Making［M］. Springer Berlin Heidelberg，1992.

［10］陈国宏. R&D 项目中止决策的 Fuzzy 模式识别［J］. 科学学研究，1998，16（1）：68-74.

［11］DIMITRAS A I，SLOWINSKI R，SUSMAGA R，et al. Business failure prediction using rough sets ［J］. European Journal of Operational Research，1999，95：24-37.

［12］SAATY T L. Fundamentals of decision making and priority theory with the analytic hierarchy process ［M］. RWS publications，2000.

［13］SCHENKERMAN S. Avoiding rank reversal in AHP decision-support models［J］. European Journal of Operational Research，1994，74（3）：407-419.

［14］胡永宏，贺思辉. 综合评价方法［M］. 北京：科学出版社，2000.

作者简介

杜帅群（1984—），女，高级工程师，研究方向为项目管理。E-mail：41388492@qq.com

牛东晓（1968—），男，教授，博士生导师，研究方向为电力市场分析、电力技术经济研究。E-mail：niudx@126.com

李东锋（1982—），男，高级工程师、注册测绘师，研究方向为自然资源服务方向。E-mail：157995421 @qq.com

南欧江二期水电站 BOT 项目建设期
风险识别与防范研究

（老挝南欧江发电有限公司，老挝琅勃拉邦 06000）

[**摘　要**] 文章以南欧江二期水电项目为研究对象，选取项目建设期为研究对象；依据该项目的实际实施情况，更深入细致对南欧江二期水电项目建设期资料收集、风险识别，并构建评价体系和专家打分法赋予指标权重，再运用模糊评价方法对该项目的风险指标进行评估，并运用雷达图进行分析评价，最后针对南欧江二期水电项目建设期存在的风险提出相应的举措和建议，为国有资金在老挝及东南亚投资风险分析提供借鉴案例。

[**关键词**] 老挝水电站；BOT 项目；建设期；风险识别与防范

0　引言

随着"一带一路"倡议纵深推进，国有大中型企业的"过剩产能"纷纷涌向海外，项目评估不周密且仓促承建，可能会造成国有资产流失和投资失败。前车之鉴如中铁建沙特麦加轻轨项目因对中东市场误判而造成项目巨亏，中电投缅甸密松水电站投入巨资项目开工后被叫停搁置等。前事不忘后事之师。近些年，中资企业为响应国家"一带一路"倡议和"去产能化"双重驱动下涌向老挝进行水电开发，纵享老挝政府优惠经济政策，很快拿到一批水电项目开发权并迅速签署了项目特许经营协议、购电协议等。然而，随着项目推进步入建设期后矛盾炙热化逐渐凸显，如对老挝法律法规识别不够、对自然环境和地质条件调查勘察深度不够、文化冲突等，致使中资企业在老挝水电开发的建设、运营状况不容乐观；加之世界经济发展变缓致使老挝电力出口受阻，从而影响中资企业投资回收和收益，更进一步使得境外投资风险提高。因此，亟需对境外 BOT 水电项目建设期面临的各类风险进行深入分析，并及时制定应对措施以确保项目建成投产，为项目顺利进入商业运维期奠定良好基础。

1　老挝水电站 BOT 项目建设期风险环境与问题

老挝地处中南半岛内陆国家，国土面积狭长、北高南低，属于热带季风气候，水力资源蕴藏丰富，老挝政府为发展本国经济极力打造"东南亚蓄电池"。据老挝国家电力公司对外公布数据：2019 年年底，老挝境内处于可行性研究、前期准备、建设和已投产的电源项目共 516个，总装机 3445.2 万 kW，年发电 1574.03 亿 kWh。中资企业在老挝市场深耕多年，从参与承包电站施工，到助力老挝"东南亚蓄电池"和互联互通建设，逐步实现业务全面升级，依

315

托综合实力掌控水电站建设、运营一体化主导者。中资企业投资老挝水电站 BOT 项目比较有名的投资案例见表 1。

表 1   中资企业投资老挝水电站 BOT 项目一览表

项目名称	投资企业	总装机容量	特许经营期	总投资额
老挝南立 1～2 水电站	中国水利电力对外公司	100MW	30 年	1.49 亿美元
老挝南芒河水电站	中国东方电气集团优先公司	64MW	25 年	9468.83 万美元
老挝南俄 5 水电站	中国电力建设集团有限公司	120MW	25 年	2 亿美元
老挝南湃水电站	北方国际合作股份有限公司	86MW	25 年	2.12 亿美元
老挝南欧江一期二、五、六级水电站	中国电力建设集团有限公司	540MW	29 年	10.35 亿美元
老挝南欧江二期一、三、四、七级水电站	中国电力建设集团有限公司	732MW	29 年	16.98 亿美元

2013 年以来，中资企业为响应国家"一带一路"倡议和去产能化双重驱动下接踵进入老挝进行水电开发，纵享老挝政府优惠经济政策很快拿到众多水电项目开发权并迅速签署了项目特许经营协议等。但是，随着项目推进步入建设期后矛盾炙热化逐渐凸显，如对老挝法律法规识别不够、对自然环境和地质条件调查深度不够、勘察设计深度不够、文化冲突、移民安置、项目建设期组织模式、劳工属地化管理等，致使中资企业在老挝水电开发的建设、运营状况不容乐观；加之世界经济发展变缓而使老挝电力出口受阻，从而影响中资企业投资回收和收益，更进一步使得境外投资风险提高。境外 BOT 投资项目面临的风险对于其他投资项目则更为复杂，且水电项目建设、运营期较为漫长，涉及许多不确定性因素且具有其独特的风险。

2   南欧江二期水电项目建设期风险识别

老挝地处东南亚腹地的内陆国家，实行社会主义制度，老挝人民革命党是老挝人民民主共和国的唯一执政党；自 1975 年，国内政局一直稳定，对外开放程度高、包容性强。老挝信奉"小乘佛教"，民风淳朴，自 2000 年以来积极实行对外开发政策，提出以打造"东南亚蓄电池"为战略的富国梦。

老挝境内水电项目建设管理与其他项目一样，都存在政策变化、移民征地、恶劣气候、不良地质变化、组织管理、世界突发性事件等风险，但其建设管理风险还具有自身的特点：

（1）境外 BOT 项目投资建设，通常受制约工程所在国的监管许可政策，如开工许可、首次蓄水许可、首机发电许可、进入 COD 商业运行期许可等。

（2）水电项目工期长、工序交叉多，且存在中国标准走出去的"水土不服"，这就给项目建设管理的安全、质量、进度、成本、完工"五大"管控要素提出了更高的要求。

（3）老挝受其自身经济发展限制，境内大多河流断或缺水文资料，且缺少河道流域整体规划。

（4）近年老挝境内洪水灾害频发，社会环境受周边国家务工人员涌入面临更严峻的挑战。

通过查阅境内外类似水电建设工程项目风险识别、分类，结合南欧江二期水电项目建设期的实际情况,采用穷举法针对建设期主体工程开工至进入 COD 商业运行期这一阶段进行风险分析,建设期风险清单见表 2。

表 2 南欧江二期水电站建设期风险识别清单

风险类别	风险清单	备注
东道国政策风险	监管政策风险	
	移民征地政策风险	
	环保政策风险	
	进入 COD 政策风险	
东道国环境风险	社会环境风险	
	自然灾害风险	
	地质条件风险	
项目技术风险	勘察技术风险	
	设计技术风险	
	施工技术风险	
项目管理风险	项目组织模式风险	
	招投标风险	
	合同管理风险	
	施工管理风险	
	劳工属地化管理风险	

3 南欧江二期水电站建设期风险评价

南欧江二期水电项目建设期涉及风险因素众多,每类影响因素所生产的风险难以量化评估。为了将定性评价进行量化,引入模糊综合评价法,通过构建等级模糊子集对评估对象有影响的指标因素赋予权值(隶属度),运用模糊变化原理对各评价指标运算、评估,从而得出综合评价结果。依据表 1 将南欧江二期水电站建设期风险评价指标体系分为三个层级,其中目标层为南欧江二期水电站建设期风险评价 R,准则层包括东道国政策、东道国环境、项目技术及管理四项指标,具体如图 1 所示。

3.1 模糊综合评价体系构建
3.1.1 因素集确定
假设评价对象共有 N 各评价指标,其中第 i 个指标因素用 Z_i 表示,具体为

$Z=\{Z_1, Z_2, \cdots, Z_i, \cdots, Z_n\}$

$Z_1=\{Z_{11}, Z_{12}, \cdots, Z_{1k_1}\}$, $Z_2=\{Z_{21}, Z_{22}, \cdots, Z_{2k_2}\}$, $\cdots$, $Z_n=\{Z_{n1}, Z_{n2}, \cdots, Z_{nk_n}\}$

其中,Z_i($i=1, 2, \cdots, n$)表示一级因素,Z_{ij}($i=1, 2, \cdots, n$; $j=1, 2, \cdots, k_n$)表示一级因素 Z_1 所包含的二级因素。

南欧江二期水电项目建设期风险包括 4 大类风险,则风险因素集可表示为

R 的因素集=$\{H_1, H_2, H_3, H_4\}$;H_1 的因素集=$\{H_{11}, H_{12}, H_{13}, H_{14}\}$。

H_2 的因素集=$\{H_{21}, H_{22}, H_{23}\}$;$H_3$ 的因素集=$\{H_{31}, H_{32}, H_{33}\}$。

H_4 的因素集={H_{41}，H_{42}，H_{43}，H_{44}，H_{45}}。

图 1　南欧江二期水电站建设期风险评价指标体系

3.1.2　模糊评价集

选取合适的评语集对评价对象进行评价，评语集用 Y 表示，即 $Y=\{Y_1，Y_2，\cdots，Y_m\}$，其中 Y_i（$i=1，2，\cdots，m$）表示第 i 种评语；本文中评价等级包括 $Y=$（低，中，较高，高）。

3.1.3　评价指标权重

对各因素对评价对象的影响程度进行量化，形成权重集，用 W 表示，$W=\{w_1，w_2，\cdots，w_n\}$，其中 $w_i \geqslant 0$，$\sum_1^n w_i = 1$。

3.1.4　模糊评价矩阵

采用单因素评价方法构建模糊关系子集，则由 R 到 H 的模糊映射；即为 $f: z \rightarrow v$。利用 f 可确定一个模糊关系 H_f。评价指标中包括定量指标和定性指标，其中定量指标根据评判等级划分确定一致的隶属等级，定性指标可以赶上专家评判结果建立单因素评价的模糊关系子集 $h_i=$（h_{i1}，h_{i2}，$\cdots$，h_{im}），将各子集组合起来，构造出如下模糊关系矩阵 H：

$$H=\begin{bmatrix} h_{11} & h_{12} & \cdots & h_{1m} \\ h_{21} & h_{22} & \cdots & h_{2m} \\ \vdots & \vdots & \vdots & \vdots \\ h_{n1} & h_{n2} & \cdots & h_{nm} \end{bmatrix}$$

其中 H_{ij} 表示评价因素 R_i 对评价等级的隶属程度。

3.1.5　模糊综合评价模型

公式中，R 表示评价指标的隶属度判断矩阵，W 表示因素权重系数向量，H 表示模糊评价关系矩阵。在完成综合评价判断矩阵 R 后，按照最大隶属度原则确定评价结果，即根据最大评价指标 b_k（$b_k=\max\{b_j\}$）所对应的评价等级给出评价结果。

$$R=WH=（w_1,\ w_2,\ \cdots,\ w_n）\begin{bmatrix} h_{11} & h_{12} & \cdots & h_{1m} \\ h_{21} & h_{22} & \cdots & h_{2m} \\ \cdots & \cdots & \cdots & \cdots \\ h_{n1} & h_{n2} & \cdots & h_{nm} \end{bmatrix}=（b_1,\ b_2,\ \cdots,\ b_m）$$

3.2　项目建设期评价指标权重确定

3.2.1　一级指标权重

依据专家评价结果，南欧江二期水电站建设期风险评价准则层指标权重值见表3。

表3　　　　　　　　　　　　一 级 指 标 权 重

指标	权重	指标	权重
东道国政策风险 H_1	0.348	项目技术风险 H_3	0.203
东道国环境风险 H_2	0.267	项目管理风险 H_4	0.182

从表 3 可以得出 R 的值为

$$R=（0.348，0.267，0.203，0.182）$$

3.2.2　二级指标权重

依据专家评价结果，东道国政策风险、环境风险、项目技术风险和项目管理风险指标权重值见表4～表7。

表4　　　　　　　　　　　东道国政策风险指标权重

指标	权重	指标	权重
监管政策风险 H_{11}	0.308	环保政策风险 H_{13}	0.237
移民征地政策风险 H_{12}	0.260	进入 COD 政策风险 H_{14}	0.195

从表 4 可以得出 R_1 的值为

$$R_1=（0.308，0.260，0.237，0.195）$$

表5　　　　　　　　　　　东道国环境风险指标权重

指标	权重	指标	权重
社会环境风险 H_{21}	0.390	地质条件风险 H_{23}	0.331
自然灾害风险 H_{22}	0.279		

从表 5 可以得出 R_2 的值为

$$R_2=（0.390，0.279，0.331）$$

表 6 项目技术风险指标权重

指标	权重	指标	权重
勘察技术风险 H_{31}	0.442	施工技术风险 H_{32}	0.260
设计技术风险 H_{32}	0.298		

从表 6 可以得出 R_3 的值为

$$R_3=（0.442，0.298，0.260）$$

表 7 项目管理风险指标权重

指标	权重	指标	权重
项目组织模式风险 H_{41}	0.163	施工管理风险 H_{44}	0.200
招投标风险 H_{42}	0.235	劳工属地化管理风险 H_{45}	0.198
合同管理风险 H_{43}	0.204		

从表 7 可以得出 R_4 的值为

$$R_4=（0.163，0.235，0.204，0.200，0.198）$$

3.3 项目建设期风险综合评价成果

3.3.1 指标评价

南欧江二期水电项目建设风险评价集设定为"低""中""较高""高"，$Y=\{Y_1，Y_2，Y_3，Y_4\}=\{低，中，较高，高\}$。项目建设期风险评价专家组由 10 名组员，主要来自建设、设计、监理、施工及老挝水电建设领域代表具有高级职称且常驻老挝不少于 3 年；专家组通过项目建设实施的实际情况，结合自身工作经验，对二级指标开展评价，其结果见表 8。

表 8 专 家 评 分 明 细 表

评价指标		专家评分情况									
		I	II	III	IV	V	VI	VII	VIII	IX	X
东道国政策风险 H_1	H_{11}	低	高	低	低	高	低	低	低	较高	高
	H_{12}	低	较高	较高	低	低	较高	低	中	高	较高
	H_{13}	低	低	较高	中	中	高	低	较高	高	低
	H_{14}	中	中	低	较高	低	中	低	较高	高	低
东道国环境风险 H_2	H_{21}	中	低	较高	中	中	较高	低	低	高	高
	H_{22}	低	中	低	低	低	中	低	较高	较高	低
	H_{23}	低	低	较高	低	高	中	低	高	低	中
项目技术风险 H_3	H_{31}	较高	高	较高	高	较高	较高	低	高	高	高
	H_{32}	中	低	低	较高	低	低	低	较高	高	较高
	H_{33}	低	中	低	低	中	低	中	低	高	中
项目管理风险 H_4	H_{41}	低	低	低	低	中	低	中	低	较高	中
	H_{42}	低	低	低	较高	低	较高	低	低	高	低

评价指标		专家评分情况									
		I	II	III	IV	V	VI	VII	VIII	IX	X
项目管理 风险 H_4	H_{43}	较高	高	低	低	中	中	中	较高	高	低
	H_{44}	低	低	较高	低	中	低	中	较高	高	低
	H_{45}	低	中	较高	中	低	低	低	低	较高	中

3.3.2 评价结果

归纳各位专家对二级评价指标的评分情况，具体结果见表 8。通过对各项风险指标进行加权求和评价，即 $R_i=H_i×Y_i$（i=1，2，3，4），则具体评价结果如下：

（1）东道国政策风险评价等级为低的概率是 13.2%，中等概率是 46.2%，较高概率是 22.1%，高等级的概率是 18.5%。

（2）东道国环境风险评价等级为低的概率是 23.9%，中等概率是 45.0%，较高概率是 16.7%，高等级的概率是 14.4%。

（3）项目技术风险评价等级为低的概率是 13.4%，中等概率是 32.3%，较高概率是 26.6%，高等级的概率是 27.7%。

（4）项目管理风险评价等级为低的概率是 19.0%，中等概率是 49.3%，较高概率是 20.0%，高等级的概率是 11.7%。

（5）整体评价。将各风险因素的评价等级分部结果 H_1～H_4 进行排列，即得出综合评价矩阵，经计算得出整体风险评价等级为低的概率是 16.4%，中等概率为 42.1%，较高概率为 22.1%，高等级的概率是 19.4%。据此结果绘制整体评价雷达图得知，该项目建设期整体风险等级为中等级风险，水电站项目建设期需进行风险全面防控。

4 南欧江二期水电站建设期风险防范措施

4.1 东道国政策风险防范措施

（1）项目公司成立专门机构（必要时聘请法律顾问或国际咨询）对接老挝政府，适度介入并引导老挝政府的政策或规范向有利于投资人调整。

（2）积极配合老挝政府开展电力外销，适度在电价、输送电路等方面给予优惠和无偿支持。

（3）移民安置采用投资方主导，老挝各级政府监督，采用"自我安置"在前，"给我安置"在后。

（4）环保方面力争推行国内环保政策，重点解决减少生态环境和防控污染两类环境影响，聘请专业监测机构实现政企联动，信息公开共享、正确引导社会舆论，以开放姿态接纳社会各界监督。

4.2 东道国环境风险防范措施

（1）对内约束和管控参建各方外籍不法行为，通过培训教育、考核等手段选择素质较高人员。

（2）对外主动宣传教育，减少老挝民众对项目开发的误解；加强与中国驻老挝使馆联系，做好突发事件应急预案，力争将项目建设对老挝民众的影响降至最低。

（3）利用科技手段（如北斗变形监测）实施对南欧江流域库岸变形监测，通过数字化模型对库岸边坡变形进行持续长期监测，并根据地质灾害风险等级制订相应的应急行动计划，避免或杜绝出现灭顶之灾（如意大利维昂特大坝库区山体大规模垮塌）。

（4）在应对全球突发性事件方面（如席卷全球的新冠肺炎疫情等），应发挥集团内部资源共享、抱团取暖，针对水电项目中涉及安全度汛等存在重大安全隐患工作，一方面充分调动集团区域或国别市场内资源首要报度汛报安全；另一方面积极与老挝政府主管部门洽商，获得建材、设备进口豁免，必要时可向中国驻当地国使馆获取帮助。

4.3 项目技术风险防范措施

（1）重视前期勘察工作，项目公司或筹备组专业技术人员提前介入地勘工作（必要时可引入专业监理机构），对勘察单位的工作成果现场验收和组织专家论证，确保深度、精度符合规范要求。

（2）建设期地质人员要与前期勘探人员保持一致性，对实际揭露地质情况早复核、早决策，且要敢于面对实际，实事求是，同时开工后即刻安排承包商开展地勘复核，复核结果应于设计验证。

（3）发挥好设计的龙头作用，避免将国内惯用做法带出去，给所在国造成极坏影响，同时投资方应要求设计单位，严格按照特许经营协议约定做好各个阶段设计工作，确保拿出的基本设计报告基本达到施工图深度，以尽可能地减少建设期工程变更。

（4）针对中国规范、标准应有选择性地翻译，以使东道主国及聘请的咨询工程师读懂中国标准、认可中国标准，以减少东道主国或咨询工程师因标准不同而发生争执，而对设计方案的否定，从而致使中国标准走出去遇囧境，难以获得足够的话语权。

4.4 项目管理风险防范措施

（1）调整投资项目资本结构，一方面可以降低投资风险，另一方面也可避免行政过度干涉而造成权力集中。

（2）委托第三方（无利益相关单位）造价咨询机构和会计师事务所开展项目全过程跟踪审计和项目以竣工决算为导向的全过程咨询业务，以规范招投标和合同管理中程序合法合规。

（3）适当提高移民安置标准、加大生计恢复投入，使得受工程建设影响的村民受到真正实惠且生活质量较安置前有较大提升和对生活充满美好愿景，取的村民好评以兹降低负面舆论。

（4）培养本土化工程技术和管理人员，资助老挝学生到中国深造留学，发掘出一批信誉好、资质硬的本土企业参与移民工程、库区清理及生态环境配套建设，实现共赢发展的同时，也保障项目的可持续性。

5 结语

本文从投资方角度对老挝水电BOT项目制度环境、电力市场环境及南欧江二期项目实际情况给予介绍，并对南欧江二期水电站建设期风险进行识别，运用模糊综合评价模型对识别的风险进行验证并提出了相应的防范措施。但本文选取BOT项目建设期为研究对象存在一定局限性，无法对BOT项目整体风险评价，经济效益评价如投入与产出关系等没有交待，需进一步结合项目开发期和运营期才能进行判断；同时对境外投资项目应对全球突发性事件（如2020年年初新冠疫情）需进一步研判和制定预案。

参考文献

［1］马紫聆．工程项目投资风险及管理分析［J］．经济师，2018，354（08）：292+294．

［2］李志雄．东南亚BOT水电项目投资风险研究［J］．云南水力发电，（03）：102-105．

［3］隗京兰，李付栋，刘健哲．海外BOT项目的风险管理——老挝水电市场BOT项目的风险分析及防范措施［J］．国际经济合作，2013（1）：58-60．

［4］郝云剑，胡兴球，王洪亮．基于ISM的我国水电企业东南亚水电投资风险分析［J］．中国农村水利水电（1）：163-166．

［5］周洲，丰景春，张可．中国对东南亚国家的水电项目投资研究［J］．项目管理技术，012（002）：93-96．

［6］隗京兰，李付栋，刘健哲．海外BOT项目的风险管理——老挝水电市场BOT项目的风险分析及防范措施［J］．国际经济合作，2013（1）：58-60．

［7］郭军，贾金生．东南亚六国水能开发与建设情况［J］．水力发电，（5）：67-69+79．

［8］王虹，赵众卜，曾荣．老挝电力市场研究［J］．国际工程与劳务，413（12）：45-48．

［9］刘伟丽，温贵明，秦彩文，等．国际水电BOT工程项目管理探索与实践——老挝Num Ngum 5工程管理经验浅论［J］．中国工程咨询（2）：26-27．

［10］肖万骏．东南亚水电开发及项目投资问题研究［J］．价值工程，2017（14）．

作者简介

张高飞（1982—），男，高级工程师，主要从事水利水电工程施工、建设管理工作。E-mail：115463319@qq.com

境外基于"四位一体"建管模式下的计量管控

张高飞

（老挝南欧江发电有限公司，老挝琅勃拉邦　06000）

[摘　要] 本文介绍了境外中资企业全产业链一体化投建期"四位一体"计量管控模式与职责，计量流程、管控重点及委托第三方开展全过程咨询与审计的做法，厘清内部管控流程和举措；参建各方能在大框架下各自合规合法履约，确保投资效益落到实处，希望能为境外类似项目提供借鉴。

[关键词] 境外；四位一体；计量管控；全过程咨询与审计

0　引言

近年来，中国水电产业突飞猛进，在世界水电行业实现了从"追随者"到"领跑者"的飞跃。在我国全面实施"一带一路"发展战略的带动下，中国水电企业抓住海外市场机遇，在参与海外项目的过程中，不断展现高效的项目运作能力和强大的投资能力，以强劲的实力引领着世界水电产业的发展。中国企业走出去，从早期的分包、承包商上升为拥有自主开发权、依托综合实力开展资本并购，并掌控投资、建设、运营全流域的全产业链一体化的主导者。然而，中资企业的群蜂效应和盲目"走出去"在内部管控的短板也逐渐裸露、显现，如何在境外投资活动做到合规经营应引起走出企业的高度重视。本文以老挝境内某流域水电开发为例，简要介绍境外中资企业全产业链一体化投建"四位一体"的计量管控模式、各参建方职责定位和计量管控；针对内部管控合规合法的监督检查，阐述了委托第三方全过程咨询与审计的具体做法。

1　"四位一体"计量管控模式与职责

1.1　计量管控模式

中资某集团在老挝水电开发中，发挥其集团全产业链一体化优势，在水电开发建设期采用"四位一体"组织管控模式，即"建设、设计、监理、施工"四方均为集团成员企业。

项目建设期充分整合集团系统内投资、设计、监理、施工的优质资源，以投资引领、合同为准绳，统筹协调业主、设计、监理、施工参建四方的关系，建立权责清晰、职责明确、衔接紧密、配合良好的工作机制，同时也提升了项目建设整体效能。"四位一体"计量管控依据国家计量法、合同等采用"归口管理、分级管控"，并在实施过程中委托第三方专业造价咨询和审计机构开展全过程跟踪审计和咨询。"四位一体"计量管控组织模式如图1所示。

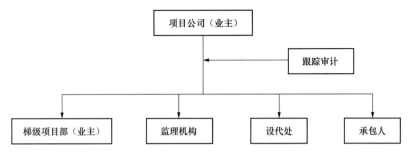

图 1 "四位一体"计量管控组织模式

1.2 计量管控职责

1.2.1 项目公司

（1）建立、完善工程计量管理体制和工作机制，对梯级项目计量工作指导、检查、监督；计量完工专项验收归口、管理工作。

（2）定期巡查各梯级测量、计量工作；负责抽查和复核中间（月）计量资料，定期（或不定期）参与原始地形测量、土石分界测量等复测和测量数据复核。

（3）对有重大争议的工程量进行核定，若分歧无法达成一致负责向集团（或上级单位）主管部门申请内部仲裁。

1.2.2 梯级项目部

（1）负责本梯级电站工程计量工作，为中间（月）计量工作日常管理归口部门。

（2）复审监理审核后的承包人计量资料；编制计量周期的工程量统计报表，建立健全计量管理台账。

（3）现场抽查拟计量区域的原始地形、土石分界线、建基面或终采面地形、地质缺陷、隐蔽工程、灌浆工程、变更工程等用于工程计量的基础数据，并完成体积、面积等审核计算工作。

（4）检查、监督监理单位的计量设施、设备及其校核、校验等工作，监督承包人对首级控制网按年度进行复测，并参与测量鉴证和成果复核。

1.2.3 设代处

（1）负责对土石分界、地质缺陷（地质描述单需写明回填的材料及材料标号）范围等确认，梯级电站设代人员在 3 日之内完成签字流程；对开采料场的有用料、无用料进行鉴别，并予以确认。

（2）计算对比实际发生工程量与施工图提供的工程量，对分项工程明（洞）挖土石方总量、混凝土量、大坝填筑等与施工图所提供的工程量偏差大于 10%时，进行复核，并向梯级项目部提交书面原因分析说明。

（3）帷幕和固结灌浆地质复杂部位提供地质编录图、分析报告及照片。

1.2.4 监理机构

（1）按照 DL/T 5111—2012《水电水利工程施工监理规范》中工程计量条款开展工程计量工作，编制《工程量计量监理细则》，并报批后严格执行。

（2）审查承包人提交的工程测量施测方案，其内容包括测量人员资质和数量、测量仪器及其他设备配备、测量工作规程、合同项目施测方案、测点保护等；审查承包人自建的测量控制网点、测量成果及关键部位施工测量放样成果，并进行必要的复测。

（3）抽查承包人上报的原始地形数据，全程旁站土石分界线、地质缺陷、隐蔽工程、变更工程、灌浆工程等用于工程测量计量的基础数据的采集；对于承包人上报的以上资料须进行 100%的内业检查，并完成体积、面积、数量等计算工作，严格按照计量流程管控。

（4）建立健全工程计量台账（电子版）及月（中）工程计量原始资料（电子版），按月向梯级项目部提交备案；每年 11 月份组织承包人对首级控制网进行负责。

（5）配合项目公司或梯级项目部进行外业抽检、内业计算、资料提供、查询等工作。

2　中间（月）和完工计量管控

2.1　计量流程

2.1.1　合同单价（总价）项目计量流程

（1）计量程序。承包人对已完成的工程按月进行计量，依据合同约定的计量条件向监理机构提交《工程计量申报（签证）单》和《已完工程量汇总表》等相关计量支撑材料。监理机构对其工程量进行审核并签字后报梯级项目部，梯级电站项目部核定后报项目公司复审、备案。

（2）时间要求。承包人在每月 25 日前将相关计量资料报送监理机构；监理机构每月 28 日前将审核完成的计量资料报送梯级项目部；梯级项目部在次月 2 日前完成审核，并将审核后的计量资料反馈给监理机构和项目公司复审、备案（提供 PDF 版在次月 5 日之前）。

2.1.2　计日工项目计量流程

（1）梯级项目部应严格控制使用计日工，尽可能以项目实物进行工程计量；确有必要使用计日工（应急和突发、零星、无法以实物代替等事项）时由监理机构书面通知承包人以计日工方式实施。

（2）承包人在施工过程中，每天提交以下报表和有关凭证报送监理人审批：①工作名称、内容和完成工程量；②投入该工作所有人员的姓名、工种、级别和耗用工时；③投入该工作的材料类别和数量；④投入该工作的施工设备型号、台数和耗用台时；⑤监理人/发包人要求提交的其他资料和凭证；⑥提供该部位施工时段的设备和人员照片。

（3）承包人应填写计日工工程量签证单，经监理、梯级项目部审核后，作为结算依据。

2.1.3　完工计量流程

（1）承包人完成工程量清单中每个子目的工程量后，应按监理人要求对每个子目的历次计量报表进行汇总并填报最终结算工程量审定单。

（2）除按照合同约定的变更外，总价子目的工程量是承包人用于结算的最终工程量。

（3）监理工程师对完工工程量进行 100%的内业校核，并将校核好的工程量填写到最终结算工程量审定单，并附上审核意见。

（4）监理工程师将审核完的纸质版和电子版提交给梯级电站项目部审核，梯级电站项目部审核后上报项目公司复核，项目公司复核意见在 15 日内返回梯级电站项目部落实，梯级电站项目部将落实情况上报项目公司，经项目公司复核无误后的工程量为准确（最终）工程量。

2.2　计量管控

2.2.1　测量计量控制

（1）原始地形测量。原始地形测量通常要求承包人对所实测原始地形范围内清障后，向监理机构申请原始地形测量。实测方法包括：一是承包商、监理采用 GPS 联合测量，当日测量完成后，双方共同拷贝原始数据，经复核无误后双方确认签字；二是承包商自行测量，次日监理抽查（抽查点数不少 30%），抽查复核无误后签字确认。

原始数据由承包商整理并连同绘制的地形图在现场测量完成后 1～2 日内提交监理审核，监理审核后报梯级项目部。梯级项目部（必要时项目公司派人参加）、监理采用另一套 GPS 进行现场复测，抽测点数不少于 10%，经监理、梯级项目部共同校对、复核无误后，梯级项目部签字确认并报项目公司备案。若抽测点超 20%与承包商实测点偏差较大，则由梯级项目部组织、监理实施、承包商见证开展三方联测，并以此数据作为共同确认测量成果。

（2）土石分界线测量。参建四方（梯级项目部、设计、监理和承包人）现场确认土石分界线，并用红油漆做出明显标记，土石分界描写签证单要有参建四方现场工程师的描写意见和桩号范围，对施测部位拍摄清晰照片作为佐证，土石分界描述签证单在 3 日之内完成。梯级项目部和监理应分别记录特征点及其坐标和高程，所记点数是该部位所测点数的 5%～10%。

（3）地质缺陷测量。梯级电站项目部见证，监理工程师旁站，承包人测量人员对红油漆标记的地质缺陷进行施测，其测点密度分布务必满足规范要求；梯级项目部计量工程师和监理工程师分别书写记录特征点的坐标和高程，所记点数且不得少于该部位所测点数的 5%～10%。

2.2.2 灌浆计量控制

灌浆工程量一般计量原则依据设计图纸和设计变更通知单所规定的施工范围和技术要求，提供灌浆仪器记录表、监理工程师的现场签证单、孔位布置图等相关资料。帷幕灌浆、固结灌浆应按合同及规范约定进行灌浆工艺试验，确定试验平均单孔每延米水泥灌入量，并按以下方式计量：一是单孔每延米水泥灌入量不大于合同约定量，监理工程师现场旁站并确认，按照合同约定计量。二是单孔每延米水泥灌入量大于合同约定量且小于灌浆工艺试验确定单孔每延米水泥灌入量 1.5 倍时，监理工程师应通知设代、梯级项目部工程师给予现场处置，并留存经监理工程师签认的水泥核销单、原始记录等原始资料作为计量佐证；单孔每延米水泥灌入量大于灌浆工艺试验确定单孔每延米水泥灌入量 1.5 倍时，除以上要求以外，总监理工程师、设代处设总/副设总、梯级项目部技术负责人提供联合处理意见报告，梯级项目部将书面函件报项目公司备案。

2.2.3 其他计量控制

混凝土、钢筋等计量应按照设计图纸和合同计量条款要求计量，若确需现场实测计量，应采取梯级项目部、监理、承包人三方联测并形成签证单，以作为计量结算依据。

2.3 计量资料编制

2.3.1 总体要求

工程量统计表、月报表一律按合同文件工程量清单的格式编制，其项目编号应与工程量清单项目编号一致，增加的项目在相应或相近的项目的编号后加附码备注。

2.3.2 资料归档、存档

归档的计量资料包括（但不限于）：

（1）控制网的检查、复核资料；

（2）原始地形、土石分界、地质缺陷、灌浆、设计变更等原始数据、平面图、断面图、计算表格等"四方"签字的资料；

（3）中间工程计量资料；

（4）承包人提交的工程计量资料；

（5）监理部（中心）计量的审核资料；

（6）梯级电站项目部的审核资料；

（7）复查资料等。

2.4　争议解决

（1）可以通过设计资料计算其工程量，若申报量与复核（审核）量存在争议时，三方（承包人、监理、梯级项目部）计量工程师根据合同和有合同约束力的设计文件、图纸、修改通知单等进行复核（复审）。

（2）不能通过设计资料计算其工程量时，若申报量与复核（审核）量存在争议时，按以下方法予以处理：一是当土方量差异不大于 7%、石方量差异不大于 5%、混凝土量差异不大于 3% 时，按照监理单位计算工程量和梯级项目计量工程师计算工程量的平均值作为最终值；二是当承包商、监理、梯级项目部差异量超过以上标准时，原则上是监理单位计算工程量和梯级项目计量工程师计算工程量的平均值作为最终值。

3　全过程审计（咨询）

"四位一体"参建四方均来自同一公司，建设期确实发挥了集团全产业链竞争优势，能在项目全生命周期有效配置资源，推进项目建设管理规范化、精益化和标准化；但在合规合法履约上仍存在"亲兄弟难下狠手""肉烂在锅里"等思想制约，难免在合规履约上存在一些不足。为此，项目公司在项目实施之初委托第三方（无利益相关单位）造价咨询机构和会计师事务所开展项目全过程跟踪审计和项目以竣工决算为导向的全过程咨询业务，其主要委托事项及实施举措包括全过程咨询、全过程审计。

3.1　全过程咨询

（1）按照中国大型水电工程的优秀投资管控案例，赴现场制定项目规范化的包括财务管理、资产管理、合同管理、工程管理、招投标管理等各项管理制度、流程和表单。

（2）每年赴现场对项目已存在或过程中发现的管控问题提出可行的改进要求和措施，并对整改予以全程指导。

（3）竣工决算前，分别编制南欧江二期项目各级电站竣工结算和决算报告。

（4）配合、指导项目公司应对竣工决算审计，对审计过程提出的问题予以解释并配合项目完成整改。

3.2　全过程审计

（1）通过对工程项目开工前基本建设程序执行情况开展审计，确定项目开工前各项审批手续是否合法完备，建设程序是否符合项目所在国、中国的法律法规及上级部门的相关规定。

（2）通过对工程项目资金来源及落实情况审计，确定项目资金是否落实到位，融资程序是否合法合规。

（3）审计建设用地征用和移民安置、招投标环节、合同管理、设备和物资采购、工程结算、财务账目等是否合规合法。

（4）审计项目内控制度和体系是否有效受控，对工程进度、质量、HSE（健康、安全和环境管理体系）和投资控制审查与评价。

全过程咨询和审计每年第三季度赴现场开展为期一个月审计检查和咨询评价，年底前出具过程审计报告和咨询报告，并由项目公司的上级单位发布。项目公司负责督促整改审计和咨询中发现或存在的问题，并于次年 3 月份之前项目公司将整改报告报上级单位；全过程咨询和审计单位于次年赴现场复核并检查和咨询次年度工作。通过全过程咨询和审计，使得建设期合规经营方面的问题得到了妥善安排，同时也提高了参建各方的合规合法履约意识，项目建设期的各项工作均得到了大幅度提升，且为项目竣工决算打下了良好基础。

4 结语

境外中资企业投建运全产业链一体化也是内外环境影响下，企业自主创新和可持续发展的选择；建设期采用的"四位一体"管控模式具有开创新和探索性，项目建设期充分发挥了中资企业全产业链竞争优势和资源的有效配置，但在管理工作中难免存在一些问题，如项目前期参建方"捆绑投标"与后续招标采购承包商、服务商在管理程序上的合规性风险如何解除，合同履约和行政干预如何在利益冲突上把握权衡等。本文通过对境外"四位一体"建管模式下计量管控模式、监管职责、计量流程与管控重点及委托第三方开展全过程咨询与审计进行全面梳理，理清了工作思路，参建各方能在大框架下各自合规合法履约，确保投资效益落到实处，同时也为项目顺利完成竣工决算奠定了基础。

参考文献

[1] 盛玉明，杜春国. 海外水电投资建设"四位一体"组织管控模式的构建与实践-成果 [J]. 市场观察，2018，776（12）：18-26.

[2] 崔伟春. 浅谈如何加强工程计量支付与变更的管理 [J]. 水利水电工程造价，2010（1）：18-19.

[3] 代彦芹. 水利水电工程计量与计价 [M]. 四川：四川大学出版社，2016.

[4] 刘铁所，白贺. 水电站土建工程量的管理与控制 [J]. 建筑工程技术与设计，2018，000（017）：3482.

[5] 渠守尚，金诚铭. 国际招标水电建设项目实施阶段的工程量计量监理 [J]. 测绘科技通讯，1996，019（004）：36-40.

[6] 裴陶园. 德尔西水电站项目工程计量管理 [J]. 云南科技管理，2017，030（006）：87-89.

作者简介

张高飞（1982—），男，高级工程师，主要从事水利水电工程施工、建设管理工作。E-mail：115463319@qq.com

新冠肺炎疫中疫后中国企业对外直接投资趋势思考

付绍勇　葛玉萍

（中国电建集团海外投资有限公司，北京市　100048）

[摘　要] 近年来，中国企业对外直接投资迅速增长，投资存量位居世界前列。新冠肺炎疫情的突然暴发，使全球经济和投资遭受重创，各国投资保护主义升温，逆全球化趋势明显，境外投资风险显著上升，中国企业对外直接投资面临严峻的挑战，但同时也存在潜在机遇，应积极关注相关行业蕴藏的新机会，积极为疫情后抓好周期机遇加强积累，坚定推动能力建设与转型，承担好服务国家对外投资战略的使命。

[关键词] 对外投资；新冠肺炎疫情；挑战和机遇

0　引言

2020 年上半年，受新冠肺炎疫情全球性暴发冲击，市场恐慌情绪一度蔓延，国际大宗商品市场、资本市场出现"巨震"。为稳定经济和股市，各国政府密集出台各种利率、流动性和财政支持政策，对资本市场的短期表现起到了支持作用，但其对实体经济的长期影响尚待观察。目前全球疫情仍存在较大不确定性，中国企业对外投资面临的国际环境更加严峻复杂，既带来新风险，也蕴藏新机遇，中国企业对外投资策略需要适应新环境，做出新调整。

1　当前中国企业对外投资环境更趋严峻复杂

新冠疫情背景下国际投资环境中呈现出重要的新趋势，针对中国企业和资金"走出去"产生深刻影响。

1.1　"逆全球化、经济自主化、去中国化"趋势明显

在近年"逆全球化"显著抬头的背景下，疫情暴发后一些国家民粹主义、单边主义、保护主义思想进一步激化，部分国家倾向极端化方向发展，"逆全球化"进一步加剧。疫情导致全球经济大面积停摆，多个行业均暴露出产业链在高度全球化后的脆弱性，促使多国推进"经济自主化"，着手在本土构建更加独立、完整、安全的产业链。同时，美西方借疫情"污名化中国"，希望改变供应链对我国依赖度较高的现状，企图与我国经济"脱钩"并推动全球供应链"去中国化"。这些趋势使我国企业对外投资面临更加严峻复杂的外部环境。

1.2　对外投资的政治压力总体趋升

在疫情暴发前，为扼制中国产业升级和从美西方获得先进技术，部分西方国家政府已不断提高对外投资的壁垒，但中国作为全球最大发展中国家和最大消费市场，稳步融入全球经济体系，携 14 亿消费者的巨大谈判力，使得全球企业无法放弃中国市场。疫情暴发后，西方

国家将对我国对外投资壁垒提升到了前所未有的程度。目前来看，西方国家对中国企业的合作态度仍处于分化状态，对与中国企业合作的态度上也各有期望和考量。

1.3 主要西方国家对"敏感行业"的保护力度明显上升

在疫情全球蔓延的背景下，随着医疗防护设备、关键药品短缺、企业估值调整、资本市场整体巨幅动荡等多重因素交织，各国越发意识到本土医疗设备相关生产能力的脆弱性和对外国供应链的高度依赖性，为避免本国"战略性行业""敏感行业"经历恶意收购，欧美、澳大利亚等主要发达国家进一步加大了对外国直接投资的审查力度。未来相关国家保护"敏感行业"的范围还将继续扩大。

2 对疫中疫后中国企业对外投资面临挑战和机遇的研判

2.1 疫情给对外投资带来的挑战

一是可能阻滞中国企业对外投资进程，并影响投资收益。疫情的全球流行导致全球多国实行严格的旅行限制政策，使得对外投资在项目搜寻、尽职调查、投资谈判、工程建设，运营管理等方面带来严重阻碍，各项投资业务面临的困难不容忽视。

二是中国企业对外投资的部分项目资金链趋紧。在疫情影响下，境外投资项目受到不同程度冲击并呈现出鲜明的行业特征。其中大宗商品敞口较大的投资项目、交通运输类基础设施行业等受影响相对较大。一些互联网、远程教育相关的项目业务量有所上升。目前全球疫情仍存在较大不确定，疫情对全球经济正产生广泛而深刻的影响，预计未来中国企业境外投资项目资金链进一步趋紧的可能性较大。

三是全球多国对外资的监管审批趋严。在疫情全球蔓延的背景下，主要发达国家进一步加大了对外国直接投资的审查力度。同时，美西方对中国企业和资本的猜忌心理上升，"一带一路"沿线面临的传统风险与疫情冲击、美西方加大地缘竞争等新风险交织叠加，对中国企业对外开展投资合作提出了新的挑战，也给对外投资业务带来了新的不确定性。

2.2 疫情给跨境投资带来的潜在机遇

一是疫情下部分行业快速发展，相关领域发展蕴藏新机会。在疫情全球暴发、大宗商品市场和资本市场巨震的叠加交织影响下，交通类基础设施、油气资产等传统行业受到的冲击较大，但优质医疗健康服务、电信等新型基础设施、高端制造、半导体在疫情中逆势增长，同时全球资本市场估值明显回调，相关行业发展蕴藏新机会。如果能够抓住机会，在以上新兴领域提前布局，通过跨境资产并购弥补我国长期存在的部分行业，将成为提升我国经济发展动力的重要来源。

二是中国经济率先复苏可能给"中国视角"投资带来机会。较之于美欧等发达国家，中国在疫情防控方面明显得力，并率先走出了疫情所导致的经济停滞和衰退，展现了中国巨大的国内消费市场的拉动力和应对复杂经济形势的强大韧劲。因此，疫情后中国产业链地位在世界范围内有望得到进一步提升，为我国企业开展跨境并购和投资，并通过引入中国市场，开展中国价值创造提供重要机遇。

2.3 重点国别及地区的投资风险分析和注意事项

2020 年中国对亚洲地区的直接投资额为 1490 亿美元，同比增长 6%。亚洲地区基础设施合作潜力巨大，同时投资该区域的潜在投资风险也有所上升，一是新冠疫情防控压力以及单边主义、保护主义的影响持续存在；二是亚洲各国货币政策与财政政策的效果递减；三是新冠肺炎疫情的持续时间、金融风险特别是债务风险累积、发达经济体负利率的出现与扩散、地缘政治冲突和社会矛盾以及原油价格走向等风险值得关注。

2020 年欧洲 FDI 流入规模同比下降 80%，但中国对欧洲的投资增长较快。截至 2020 年年末，中国对欧洲直接投资存量中，荷兰、英国、德国仍为主要国家；投资行业领域趋于多元化，中国企业对欧洲地区投资行业主要分布在制造业、采矿业、金融业、租赁和商务服务业等。欧盟叫停了中欧贸易协定审批，疫情下不少欧洲国家收紧了外资审批政策，未来欧洲在监管政策上走势仍存在一定的不确定性、不稳定性。

近年来中国企业对北美洲地区直接投资连年大幅下降。美国新一届政府变本加厉推行贸易保护主义政策，对外资的监管审查制度日趋严格，并不断加大对其国内产业的补贴力度，使得中国赴美企业投资领域进一步缩减，高科技产业投资持续受阻；美国政府利用《外国投资风险评估现代化法》，加大对中国企业赴美投资并购审查力度和范围，限制了中国企业对美投资并购规模，中国企业对北美并购持续减少。

近年来中国对拉丁美洲的直接投资流量呈下降趋势，但"一带一路"倡议为中拉全面合作伙伴关系注入新活力。受疫情影响拉美地区经济持续低迷，投资风险不容忽视。2020 年 10 月，世界银行对该地区 2020 年经济增长的预测由原来的萎缩 7.2%进一步降至萎缩 7.9%。在经济持续低迷的局面下，拉美地区局势存在较大的波动风险。

3 对中国企业对外直接投资策略的思考

3.1 严格开展合规经营

"去中国化""脱钩论"背景下中国企业对外投资面临的政治风险和制裁风险相对突出，中国企业在投资过程中必须密切关注东道国政府在外资监管审查、重点行业投资政策等方面的政策动向，同时严格做好合规经营，避免"授人以柄"，遭受处罚或制裁。

3.2 提升自身的周期研判与把握能力

新冠疫情暴发后，一些周期性行业受到的冲击尤其较大。建议国内企业在进入周期性行业时，需在保持审慎严谨态度的同时加强对相关行业周期及其走势的研判，并不断提升自身的周期研判能力、把握能力。

3.3 慎重选择合作伙伴

国内企业在跨境投资过程中，应选择能力较强的国别投资伙伴、行业投资伙伴合作并进行利益捆绑，收益共享，风险共担，后续如出现东道国投资环境恶化、监管政策变化、被投公司不端行为、周期调整下行等问题时，能更快、更准确地做出应对。

3.4 依托中国市场加强中国价值创造

中国企业要利用好近期窗口期，努力加大力度搜寻优质资金，并加强与合作伙伴深度沟通，利用中国市场和产业体系增加谈判力度和获取投资机会。在投后管理过程中积极加强中国价值创造，在提升项目投资收益的同时服务好国家战略，助推构建"双循环"新发展格局。

4 结语

面对当前疫情对全球经济格局的影响，中国企业应始终以习近平新时代中国特色社会主义思想为引导，提高政治站位，加强筹划，多措并举，充分利用平台优势，大力支持配合国家重大对外投资合作项目，聚焦重点区域、重点领域深耕细作，推动参与"一带一路"建设合作取得更多突破，在做好疫情防控的同时稳健稳妥参与好对外投资合作，严守投资的风险管理关，积极关注相关行业蕴藏的新机会，积极为疫情后抓好周期机遇加强积累，坚定推动能力建设与转型，承担好服务国家对外投资战略的使命。

参考文献

[1] 崔永梅，赵妍，于丽娜. 中国企业海外并购技术整合路径研究——中国一拖并购 Mc Cormick 案例分析. 科技进步与对策，2018，7.

[2] 葛顺奇，林乐，陈江滢. 中国企业跨国并购与东道国安全审查新制度. 国际贸易，2019.

[3] 刘冬. 国际油价长周期波动对产油国投资环境的影响. 国际石油经济，2020.

作者简介

付绍勇（1975—），男，教授高级工程师，主要从事境外电力投资项目的建设管理工作。E-mail：fushaoyong@powerchina.cn

葛玉萍（1980—），女，高级经济师，主要从事境外电力投资项目的建设管理工作。E-mail：geyuping@powerchina.cn

尼泊尔上马相迪 A 水电站投资项目建设占用国家森林土地风险管理

刘新峰

（中国电建集团海外投资有限公司，北京市　100048）

[摘　要] 尼泊尔上马相迪 A 水电站项目是中国电建集团海外投资有限公司在尼泊尔境内以 BOOT 方式投资的第一个水电项目，也是中国企业在尼泊尔投资的第一个水电项目。上马相迪 A 水电站项目建设占用尼泊尔国家森林土地的审批条件、时机都是非正常状态，成为本项目建设的一个重大风险，通过风险识别、评估、响应和控制的系统风险管理过程，最终成功获得了尼泊尔政府关于项目建设占用国家森林土地的正式批准，规避了风险，为确保该投资项目顺利建设奠定了基础。

[关键词] 水电站；投资项目；森林土地；风险管理

0　引言

尼泊尔上马相迪 A 水电站项目（简称上马水电项目）现场距尼泊尔首都加德满都约 180km，位于尼泊尔勒姆宗区县城拜塞萨以南约 6km 的山区，此处也是尼泊尔重要的自然风景旅游保护区，项目建设需要占用尼泊尔自然风景旅游保护区国家森林土地。上马水电项目是中国电建集团海外投资有限公司在尼泊尔以 BOOT 方式投资的第一个水电项目，也是中国企业在尼泊尔投资的第一个水电项目，于 2013 年年初开工，于 2017 年 1 月 1 日成功实现商业运营。

尼泊尔旅游业是尼泊尔国民经济的重要支柱产业之一，旅游业创汇是尼泊尔国家外汇收入的第三大来源，为了保护本国旅游业的持续发展，尼泊尔政府对国家森林资源保护十分重视，对国家森林土地的占用审批制定了十分严格的规定。尼泊尔政府主管国家森林土地的部门是森林及土壤保持部。根据尼泊尔政府关于占用国家森林土地的审批要求，水电项目建设占用国家森林土地的申请文件经过尼泊尔能源部电力发展司、能源部层层推荐后，再进入到森林及土壤保持部环节，森林及土壤保持部现场考察、审核同意后，将相关议案提交尼泊尔中央政府内阁审议，在尼泊尔中央政府内阁通过后，森林及土壤保持部将与水电项目公司签署占用协议，以上程序完成后，森林及土壤保持部最终完成批准。

项目风险管理是指通过风险识别、风险分析和风险评价去认识项目的风险，并以此为基础合理地使用各种风险应对措施、管理方法技术和手段，对项目的风险实行有效的控制，妥善地处理风险事件造成的不利后果，以最小的成本、最低的影响保证项目总体目标实现的管理工作。上马相迪 A 水电站项目建设占用尼泊尔国家森林土地的审批条件、时机都是非正常状态，成为本项目建设的一个重大风险，上马水电项目公司通过风险识别、风险评估、风险响应和风险控制的系统风险管理过程。

1 风险识别

在 2013 年 3 月底，在前期调查研究的基础上，上马水电项目公司全面启动了项目建设占用国家森林土地的尼泊尔政府审批程序。实际中，项目建设占用国家森林土地整个审批过程中可能失败的风险一直相伴而行。

1.1 项目环评报告超出了时效

当上马水电项目关于项目建设占用国家森林土地的申请文件到达能源部环节后，能源部明确表示不会进行推荐，理由是：能源部已收到森林及土壤保持部书面退回的能源部对其他几个项目占用国家森林土地的申请推荐，森林及土壤保持部给出的原因为：根据其现行规定，有关项目在进行国家森林土地占用申请时，有关项目环评报告须在 5 年内有效，自尼泊尔科学技术及环境保护部批准之日起算，若相关项目环评报告超出了 5 年时效，相关项目环评报告须更新并经科学技术及环境保护部再批准后才能再行申请。由此，能源部认为，上马水电项目环评报告的批准时间是 2006 年 6 月，至申请之时已近 7 年，超过了 5 年时效近 2 年，按照森林及土壤保持部以上规定，即使能源部推荐，森林及土壤保持部必将不予以批准，也将只会出现被退回的结果。

在对项目环评报告更新并经科学技术及环境保护部再批准的情况调查了解到，若按尼泊尔科学技术及环境保护部要求更新上马水电项目环评报告，考虑到尼泊尔政府的审批效率，从启动、现场调查、资料收集、文件准备并经尼泊尔科学技术及环境保护部再次审核、听证至最终批准，大概需要一年多的时间，相当于新项目新环评报告，这还是一切正常的情况。上马水电项目主体工程已于 2013 年 1 月正式开工，更新环评报告后再进行审批的方式根本不可行，项目建设占用国家森林土地不能获得批准的风险存在了。

1.2 时任政府是临时过渡政府

尼泊尔时任政府是 2013 年 3 月 14 日成立的，该政府实际是尼泊尔各主要政党相互妥协而形成的一个临时过渡政府，过渡任期只有半年或可能稍久，有可能在一番谋划、实施努力后，上马水电项目建设占用国家森林土地的批准还在过程中，临时政府有可能就要解散了，审批就不得不转入下届政府。若审批必须转至新一届政府办理，因主要负责官员会发生巨变，办理机制也会有相应调整，那时的审批就充满了更大的不确定性，可能获得批准的时间将遥遥无期，进一步增加了审批失败的风险。

2 风险评估

2.1 不能获得政府批准会造成的严重后果

在项目环评报告超出 5 年时效的情况下，上马水电项目建设占用国家森林土地审批若不能找到途径获得批准，不仅已开工主体工程会出现现场很多工作面不能正常开工的窘境，原定的进度计划无法得到落实，而且，上马水电项目建设工期将可能拖延，上马项目公司将面临发包合同违约及索赔、项目投资费用将大大增加，尤其更加严重的是，上马水电项目公司签署的项目售电协议可能发生违约，这对中国企业、中国国家形象可能造成的负面后果非常严重。

2.2 不能在临时过渡政府任期内完成后果

若上马水电项目森林土地审批不能在临时过渡政府任期内及时完成，则上马水电项目公司即使在临时过渡政府中探寻到突破口，也会因临时过渡政府解散而彻底关闭，一番苦心经营会付诸东流，并且下一届政府因政治格局发生变化而造成审批的反复，难度、彻底失败的可能性将进一步加大，这种失败的新危机也贯穿于整个审批过程中。2013 年 11 月尼泊尔新一届国会大选将举行，新政府也将随之成立，意味着过渡政府的存在时间将非常有限，上马水电项目森林土地审批的不确定性与日俱增。若在临时过渡政府任期内不能完成批准，同样，上马水电项目建设工期将可能拖延，上马项目公司将面临发包合同违约及索赔、项目投资费用将大大增加，尤其更加严重的是，上马水电项目公司签署的项目售电协议可能发生违约，这对中国企业、中国国家形象可能造成的负面后果非常严重。

3 风险响应

3.1 尽力说服能源部出具正式推荐函

非常条件下须采取非常之手段。在这种严峻消极的情况下，上马水电项目公司将项目建设占用国家森林土地列为优先事项，多次与能源部有关领导周旋，坚持要求能源部向森林及土壤保持部予以推荐，表明发生的一切后果由上马水电项目公司承担。经过近一个月的不懈协调和努力，最终能源部向森林及土壤保持部印发了推荐函，能源部在印发推荐函时，十分肯定地强调，森林及土壤保持部是不可能进行审批的。

为了避免操之过急适得其反而出现意外，说服了能源部并获得同意，由上马水电项目公司将能源部的推荐函转交给森林及土壤保持部。面对上马水电项目环评报告形成的时间超过了审批时效的不利情况，上马水电项目公司稳慎为先，未立即向森林及土壤保持部转交能源部的推荐函。

3.2 加快推进政府审批中的各个环节

尼泊尔政府机构办事效率很低，审批链条极长，环节繁多、环环相扣。审批完成后发现，尼泊尔政府关于上马水电项目占用国家森林土地审批要经过 20 多个环节，牵涉到 10 个相关部门。在整个过程中，加之时任政府是临时过渡政府的事实，上马水电项目公司须做好周全准备，要通过不同方式介入到审批全过程中，扎实到位、如影随形、步步推进，及时做好协调和推动，全力配合政府各部门开展审批，及时应对出现的非常情况并消灭在萌芽中，不能出现任何差池，在适当的环境下，推动尽可能缩短不同部门的处理时间，确保进展状态时时事事可控、在控、能控。

4 风险控制

4.1 择机向森林及土壤保持部转交推荐函

三思而后行，谋定而后动，千方百计破"死局"。上马水电项目公司想方设法寻找解决问题的途径，经过认真全面的调查研究，审慎布局，又经过一个来月的努力，通过各种关系与森林及土壤保持部部长秘书搭上线，经部长秘书内部操作，找到了一条可行的路径，部长秘书保证会马到成功，终于找到了突破口，在上马水电项目公司经过深入研究后，向森林及土壤保持部转交了能源部的推荐函，启动了森林及土壤保持部的审批。

即使部长秘书有保证，上马水电项目公司依然时刻保持警惕，步步紧跟、时刻关注、细致入微，不敢有丝毫马虎，必须确保万无一失，避免因项目环评报告超过时效可能出现的任何不利变化。经过努力，森林及土壤保持部确实没有对上马水电项目使用以上时效规定，在上马水电项目公司推动下，森林及土壤保持部以最快速度完成了现场调查、资料收集、分析，形成正面处理方案议案。

4.2　推动及时完成政府的各级审批程序

上马水电项目建设需占用国家森林土地审批过程又受到尼泊尔临时过渡政府任期短、尼泊尔国家大选的影响，要控制好时间节奏，要在有限的时间内实现批准。由于当时各获胜政党协商不统一的原因，导致新一届政府临时难产，临时过渡中央政府任期可多持续一段时间，这给上马水电项目占用森林土地最后审批赢得了宝贵的时间，森林及土壤保持部于2013年12月初形成相关议案并提交到了尼泊尔中央政府内阁，并终于在2013年12月26日获得尼泊尔中央政府内阁的通过，为最终批准铺平了道路。据了解，上马水电项目建设占用国家森林土地的议案在临时过渡中央政府内阁获得批准后，临时过渡中央政府内阁、森林及土壤保持部停止了类似审批，未处理的类似审批转由下一届新政府办理。

随后，上马水电项目公司趁热打铁，于2014年1月23日完成了项目建设占用国家森林土地的森林及土壤保持部协议签署，森林及土壤保持部最终完成了项目建设占用国家森林土地的批准，确保了上马水电项目工程建设合法占用国家森林土地，上马水电项目建设占用国家森林土地风险及危机也随之化解。

4.3　设法解决了现场对森林土地的需要

在上马水电项目占用国家森林土地审批加快推进的同时，保证现场对森林土地的使用十分必要，否则会发生停工停产，影响巨大。为确保满足现场施工对国家森林土地的正常需求，上马水电项目公司十分注意与项目所在地各级国家森林管理部门建立起良好的互信关系，并协调通过做好森林及土壤保持部促使地方国家森林部门网开一面，使项目建设所需国家森林土地能提前为现场建设施工所用，保证了各个工作面施工的正常开展，避免了施工过程中因国家森林土地无法正常使用，导致被迫停产的情况发生。

5　结语

2013年3月底，上马水电项目公司全面启动了项目建设占用国家森林土地审批程序；2013年12月26日，完成了尼泊尔中央政府内阁会议的通过；2014年1月23日，与尼森林及土壤保持部签署了国家森林土地占用协议，成功完成了项目占用国家森林土地的最终批准。通过对上马水电项目建设占用国家森林土地审批的有效风险管理，上马水电项目公司按照风险识别、风险评估、风险响应和风险控制的工作方法，及时化解了有关风险及危机，相对以往尼泊尔其他项目审批，上马水电项目公司绝处逢生，并用更短的时间得以实现，确保了上马水电项目工程建设合法使用了尼泊尔国家森林土地。

通过上马水电项目建设占用国家森林土地风险管理的经历，也获取了很多珍贵的风险管理经验：①在项目环评报告或某些项目文件已过时效的情况下，不要气馁，应进行紧密的调查研究，有可能找到可行的解决途径，找到生机；②在开发新项目时，应提前关注到环评报告或有关文件的政府规定时效性，通常海外投资项目环评报告的更新、再批准要花费大量时间，应在项目实施规划中提前考虑，避免产生颠覆性后果；③要关注到政府的稳定性、任期，抓紧时间，尽快完成审批各个环节，防止出现意外情况；④应对风险过程中，要保持积极的态度、冷静的理性、耐心的分析、高效的沟通、果断的行动、灵活的应变，穷尽一切必要的手段将风险的影响降到最低甚至完全规避。希望上马水电项目建设占用国家森林土地风险管理的经历及经验，也能为中国企业未来在海外长期发展提供了一定的参考。

参考文献

[1] 沈建明. 项目风险管理. 3 版. 北京：机械工业出版社，2018.

作者简介

刘新峰（1978—），男，高级工程师，主要从事境外电力投资项目的建设管理工作。E-mail：liuxinfeng@powerchina.cn

提质增效导向的境外投资项目履约巡查机制构建与实践

刘新峰

（中国电建集团海外投资有限公司，北京市　100048）

[摘　要] 为适应海外电力投资企业对境外投资项目履约的服务、指导、监管，围绕履约目标持续提升履约管理水平，笔者围绕管理目标、主要做法及实施成效等方面系统介绍了中国电建集团海外投资有限公司形成的境外投资项目履约巡查常态化长效机制的实施情况和效果，希望对其他海外投资企业产生参考价值。

[关键词] 境外；履约；巡查机制

0　导言

境外投资项目地处海外，作为投资方的中国海外投资企业通过成立当地经营机构——项目公司的方式，对投资项目开展履约管理，并通过多种方式进行服务、指导、监管。境外不同国内，项目除远在海外，还由于各种条件限制，企业总部经常性、长期性到项目公司开展各类检查不现实，频繁地检查也易对项目公司正常经营造成不必要的干扰，作为中方股东，还是尊重当地股东的态度，但必要的检查又必须现场开展，不能在总部仅仅通过项目公司的各类汇报、报表就希望全面、深入掌握所投项目公司及项目的生产运行情况，否则可能会出现问题解决滞后、风险累积质变而导致不可控制局面发生。因此，企业总部必须开展必要的现场检查，通过科学的检查方法，实地调研、现场勘探获取第一手材料并可保证材料真实性、全面性、深入性，确切掌握项目公司及其管控下项目的进展情况，发现问题、解决问题，评估风险、尽早应对，做到早发现、早预防、早行动。

1　管理目标

中国电建集团海外投资有限公司（简称"电建海投公司"）从 2012 年成立以来，结合海外投资业务的实际，围绕"如何最大限度发挥有限数量项目现场检查，切实高效实现投资项目履约可控在控"，在实践中去探索，在探索中总结行之有效的方法，于 2017 年正式构建起了电建海投公司境外投资项目履约巡查长效机制。

中国电建集团海外投资有限公司境外投资项目履约巡查机制（简称"电建海投履约项目履约巡查"）坚持以公司发展战略为引领，全面贯彻落实电建海投公司履约管理工作要求，紧紧围绕年度重点工作开展项目履约巡查，按照"发现问题，督促整改；研判风险、指导规避；

发掘创新，总结推广"的工作思路，推进项目公司管控机制运行顺畅、经营合法合规，投资经营在控、可控，服务项目公司进一步强化履约意识、防范履约风险、规范履约管理，保障企业"履约管控到位，管理提质增效"，以合同为依据，提升项目公司及参建各单位的履约管理能力和水平，实现互利共赢，通过建成优质项目以发挥示范效应，以点带面，实现以高质量履约管理推动投资开发、促进融资能力、增加运营收益，提高企业品牌影响力和市场竞争。

2 主要做法

2.1 统筹兼顾，科学谋划，是打造完美履约巡查的前提

制定年度巡查计划。根据政府、上级单位的工作要求，贯彻落实企业年度工作会议任务安排，结合各项目公司及项目进展情况、年度重点工作、目标任务情况，设置主要检查内容，明确检查时间，并对项目公司提出工作要求。

主要检查内容包括：以往检查发现问题和风险的处理情况、管理制度体系建设及完善、投资管控、重大经营目标执行、重大方案制定及实施、合同（协议）管理、参与各方管理、招标发包、结算和支付、履约中存的问题（风险）及采取的措施、项目管理信息化运用、对外关系协调、劳务及工资发放、管理和技术创新、年度平衡计分卡经营业绩考核有关履约指标执行、其他相关履约事项等履约关键要素进行检查。每年度具体主要检查内容会适当有所调整，或结合所检查项目情况，对有关内容进行增减调整。

根据电建海投公司年度巡查的主要检查内容，要求各项目公司每半年度开展一次自查，并将自查报告在规定时限内报公司总部，公司总部对自查情况进行分析，定期掌握项目公司明确的项目履约管理现状。

2.2 建立专业化公司履约专项检查组，开展协同工作

为了增强履约专项检查的针对性和深度，结合各项目实际，由项目公司的公司分管领导带队，公司相关部门人员参与，共同组成履约专项检查组。

在组建检查组时，注意合理调配检查力量。高度注重人员的综合素质，坚持"专业的人做专业的事"，选派由精通业务、熟悉政策、能言善辩、勇于负责、善于协调，能应付巡查中可能出现各种问题的人员作为检查组成员，必要时外聘行业专家参与，发挥"外脑""智囊团""智库"等的作用，弥补自身专业能力的不足，确保检查组专业组织合理，共同形成合力、协调推进。同时，在开展检查前，检查组结合项目实际情况，统一思想，做好沟通和交底，明确组员的分工，每位组员重点关注专业内事项内容，要求大家集中精力、真抓实干、务求实效，不走过程、不走过场、不流于形式，在有限的时间内检查透彻，梳理出检查成果，切实抓好专项工作的落实落地。

2.3 全过程保持协调沟通，推进检查顺利实施

履约专项检查组提前研读项目以往各类文件，梳理待检内容，推行"清单式列项，细节化检查"举措。在对各项目公司制定详细履约专项检查实施方案时，先向公司领导请示、与各有关部门商讨，明确公司及各相关部门对项目公司及项目的重点关注，使检查工作更加有的放矢；检查前主动与被查项目公司进行协调，明确检查的目的不是挑刺、找茬，而是为了促进项目公司实现查缺堵漏补短板强弱项，确保履约管理不偏航、不脱轨，赢得他们的理解；

查后及时向公司领导汇报检查情况，提出对整改处理的制度依据和宽严理由，使领导心中有数，必要时，做出合理决策，强化对项目公司的管控。

2.4 构建多维度、全方位的巡查方式

2.4.1 深入现场、查勘工地

掌握现场形象面貌、安全文明施工、质量、HSE 等管控情况，了解当地政府、周边社会各方对项目的意见和建议。

2.4.2 听取汇报、查阅资料

听取项目公司及参与各单位的工作汇报，个别谈话，查阅项目公司及参与各单位内业资料的完整性、规范性，确认管理环节是否全规。

2.4.3 听取汇报、查阅资料

对于过程中发现的问题，追本溯源，举一反三，堵塞管理漏洞。对于事实清楚，证据确凿的问题当场处理，决不拖延．做到速战速决。

2.4.4 交流座谈、反馈意见

先分别与项目参与单位进行座谈，倾听参与各单位的声音，了解参与各单位的真实想法及诉求，如在工作中不便于对项目公司直接提出的意见或建议，或已对项目公司提出但未获得重视或及时响应的要求。

在与项目公司交流过程中，对检查情况进行反馈，掌握项目公司的行动计划。

2.4.5 落实整改、工作闭环

检查完成后，履约专项检查组形成检查报告，出具书面整改通知，对检查发现的问题提出整改意见，对发现的风险提出应对建议；要求项目公司根据检查组的书面整改通知，形成问题及风险清单，实行销号整改，将问题整改做实做细，逐条逐项责任到人，明确时限、跟踪落实，确保及时闭环；项目公司按时将整改情况报送履约专项检查组进行核实、备案，形成工作闭环。通过管理闭环，杜绝检查流于形式、整改落实流于口头。

2.4.6 回头看、再核查

履约专项检查组在下次检查时，通过"回头看"对以前发现问题的事情进行现场确认、评估，确保项目公司及参与各单位的整改的彻底、到位；通过再梳理、再核查、再完善，避免类似问题再次出现。凝聚力量，靶向促进项目公司及参建各方履约能力的不断提升。

2.5 科学使用巡查成果，发挥管理作用

为加强境外投资项目履约专项检查的管理效果，每年将履约专项检查内容提前融入项目公司平衡计分卡经营责任书，公司对各项目公司履约专项检查的结果将作为各项目公司领导班子年度考核的一项重要内容，纳入考核体系，考核成果情况在公司范围公布，以反映各项目公司履约管理情况。对于公司履约巡查不重视、不作为、不担当、不落实，必要时要启动问责机制。

2.6 对于履约管理特别情况，适时开展高层协调机制

若发现履约问题、风险特别情况时，适时启动电建海投公司与有关参与各单位总部级的高层协调机制，通过邀请参与各单位领导召开高层协调会、开展联合现场检查、建立联合工作组等方式，进行快速反应、协调联动，共同为项目进展把脉、诊断、开方，对于超出参建方现场项目部能力的问题，由相关参建方总部领导牵头，明确责任人及完成时间，电建海投公司领导全程跟踪，直到问题共同排除，保证项目进展不脱轨、不偏航。

2.7 结合履约巡查情况，对参与各单位开展履约评价

结合每年度履约巡查情况，电建海投公司以量化的指标对参与各单位每年开展一次履约评价，各项目公司对参与各单位每半年度评价一次。通过评价，发现参与各单位和管理短板，通过及时与有关参建单位进行沟通，协同参建各方统筹谋划各项工作，推进参与各单位补齐短板，促进履约意识的增强。

同时，把履约评价记录沉淀到参建单位资源库中，对于表现好的参与单位，在现项目上予以适当激励，在新项目上优先选择，为提高履约效率，降低履约风险奠定坚实，为履约目标的顺利实现提供保障。

2.8 提炼管理、技术创新成果，促进管理提升

在开展履约巡查中，关注项目公司及参与各单位在管理、技术方面的开展情况，对于具有现实意义、可操作性强、实践价值大的做法，提请项目公司牵头组织各参建方进行总结、提炼，形成创新论文或成果，通过推广应用，提升企业内生增长动力、发展活力，促进公司内部及项目管理提质增效。

3 应用成效

电建海投公司通过境外投资项目履约巡查机制的探索和构建，取得了以下成效：

3.1 获得了项目公司及各参建单位的大力支持

由于巡查机制求真务实，以问题为导向，发现问题、解决问题，受到了参与各单位的欢迎，并予以积极配合，同时举一反三，自行理顺管理举措，提升履约管理水平，使各方获得了切实的经济成效、社会成效，每一次巡查都达到了预期效果。

3.2 提升了公司履约管理水平

公司总部、项目公司上下联动、齐心协力，内强管理、外强协调，在"五大坚持"理念引领下，锻炼了队伍、提升了公司履约管理能力和水平。公司履约管理连续四年获得股份公司考评第一名。

3.3 促进了公司管理体制的不断完善

促进管理体系与时俱进的完善。公司部门、项目公司两级履约管理机构健全、管理制度完善，有指导项目履约管理标准化的文件体系，提升了履约管理的合规性。

3.4 确保了各项重大目标的实现

通过各种机制共同发力，公司总部提前研判、合理决策，对各项目做好服务、指导、监管，各项目"五大要素"全面受控，年度考核节点目标都能提前或按期实现。特别是 2020 年，面对疫情造成的不利影响，公司上下一心、逆势攻坚，顺利实现"九发电、两投产、零感染"等重大目标，实现了抗疫稳产的"双战双赢"。

3.5 结合履约巡查，提升创新能力

重大创新成果竞相涌现并推广应用，多项创新成果获得大奖。如电建海投公司基于水电项目总结提炼的《海外水电投资建设"四位一体"组织管控模式的构建与实践》管理创新成果荣获 2018 年度电力创新奖管理类一等奖、基于火电项目提炼的《海外电力项目全产业链价值创造的"四位一体"组织管控模式构建》管理创新成果荣获 2018 年度第二十五届全国企业管理现代化创新成果国家级二等奖，基于属地化管理《"一带一路"倡议下境外电力投资项目

全方位属地化构建与实践》荣获中国企业改革与发展研究会 2020 年"中国企业改革发展优秀成果二等奖"。

4 结语

截至 2020 年年底，电建海投公司境外投资在建和运营装机容量约 400 万 kW，其中 9 个项目成功建成运营、3 个项目建设稳步推进，2020 年完成发电量 124 亿多千瓦时。中国电建集团海外投资有限公司境外投资项目履约巡查机制同企业改革发展与时俱进，保持慎终如始的态度，在统筹谋划、履约能力、资源配置、管理体系等方面持续发力，不断适应公司履约监管要求、项目公司自身管控需要，运行规范、顺畅，多措并举，能及时发现问题、解决问题，推进各项履约管理目标得到了有效实现，提升了电建海投公司管理水平、抵御风险的能力，并将继续为企业快速发展及转型升级过程中提供坚实的支撑保障作用。

参考文献

[1] 蔡千典. 实行履约检查 促进合同管理 [J]. 建设监理，1998，000（002）：38-39.
[2] 方德标. 建设工程施工实行履约评价的意义及可行性 [J]. 企业改革与管理，2019，000（006）：221-222.

海外项目质量管理信息化探索与实践

冯　堃[1]　菅志刚[1]　李绍敬[2]

（1. 中国电建集团海外投资有限公司，北京市　100048;
2. 北京华科软科技有限公司，北京市　100037）

[摘　要]质量管理信息化是海外项目质量管理的重要抓手，通过信息化规范海外项目质量管理标准，提高信息流转效率缩短流程时间，确保质量管理数据统计快速、准确。数据汇总、分析功能，大幅降低管理成本，提高效率。中国电建集团海外投资有限公司通过多年海外项目质量管理的探索与实践，并基于PRP系统平台逐步实现质量管理信息化，质量管理水平得到有力提升。

[关键词]海外项目；质量管理；信息化

0　引言

随着我国"一带一路"倡议的逐步深化，越来越多的企业走向海外进行项目的投资和建设，给质量管理带来了更大挑战，海外项目质量管理信息化迫在眉睫。中国电建集团海外投资有限公司（简称"海投公司"）作为我国"一带一路"沿线的专业投资建设企业，在多年的项目建设管理中积累了一套行之有效的质量管理体系，基于PRP系统开发完成了质量管理系统，收到了良好的效果。

1　质量管理信息化目的

质量管理贯穿于项目建设决策、勘察、设计、施工全过程。通过信息化手段，使项目建设符合质量标准，使影响质量的因素得到有效管控，为建成优质工程提供了有力保障。先进的项目质量管理会把质量问题消灭在问题的形成过程中，把工程质量管理的重点以事后检查把关为主，变为以预防、整改为主，海投公司以"介入式、下沉式、穿透式"管理理念，在质量管理系统中提前制定了科学的施工组织设计，依靠科学的理论、程序、方法，对项目建设全过程影响工程质量的因素进行严格管控，进而保证工程整体质量可控。质量管理信息化有以下优势：

1.1　有效引导和规范质量业务运行

通过信息化技术，将质量管理业务映射到质量管理系统中，利用信息化技术的流程自动流转、任务分类管理及状态实时监控等优势，引导质量管理业务的规范、高效和透明运行，彻底消除"文件是文件、执行是执行"的现象，保证质量管理业务的有效落地。

1.2 质量数据集中管理

通过信息化手段收集分散在项目全周期的质量信息，使质量信息得到及时有效的汇总，改变质量信息割裂的现状，消除信息孤岛，实现数据的统一管理和广泛共享，为项目质量情况分析研判提供了数据支持。

1.3 质量管理横向贯通、纵向传递

质量管理信息化包括数据系统化组织、结构化存储、便捷式查询、定制化统计、智能化分析、精确化追溯，实现质量管理的横向贯通、纵向传递。质量要素层面，信息相互关联，实时跟踪，快速发现质量问题及时改进。在质量管理层面，质量管理信息得到有效传递和反馈，质量要求能及时、有效地下达并执行，现场质量管理情况、规范执行情况能实时反馈，使管理人员可以根据实际情况做出有效决策。

2 质量管理信息化的构建

2.1 质量月报

项目公司在质量管理系统中每月上报质量月报，质量管理系统支持总部级/项目公司质量目标月推移图的一键生成查看，月度质量目标达成情况考核表的查看。公司总部质量管理部门通过各项目公司上报的质量月报及系统自动生成的分析图表，能够清晰地了解项目公司每月质量目标完成情况，为后续决策提供重要依据。

2.2 管理制度

质量管理相关人员可在质量管理系统中查看最新的质量管理制度文件，总部质量管理人员能够查看文件清单的过往版本及人员修改操作记录。

2.3 质量考核

填写项目参建方的考核记录以及考核打分评级情况记录表。针对计划执行情况与年度监督考核计划对比分析，形成计划完成率统计。

根据质量目标完成情况，质量检查整改、隐患排查及验收情况，对阶段内质量情况汇总分析，并对承包商进行绩效评价与考核，包括质量一次通过率分析、通病/隐患分析、质量整改成本统计等。基于质量管理业务的相关数据，对质量目标完成情况、质量检查整改、隐患排查及验收情况等质量管理业务内容进行分析显示。

2.4 质量创优策划

在项目建设前，制定创优目标、编制质量创优策划，在建设过程中，通过质量管理系统记录关于通病防治、样板引路、参建方创优考核、创优亮点/质量亮点策划等方面，并针对质量创优资料进行备案管理。

3 质量管理信息化的应用

3.1 应用背景

海投公司在项目建设管理过程中，经过多年的探索、实践形成了质量管理信息化体系，并在后续的项目建设中得到了充分的应用，通过系统建设实现了海外项目质量检查计划、检查记录、问题整改、问题验收、过程分析的全过程闭环式线上管理目标，收到了良好的效果。

以下以老挝南欧江梯级水电项目为例对质量管理系统应用情况进行说明。

老挝南欧江梯级水电项目是中国企业首次在境外获得以全流域整体规划和 BOT 投资开发的水电项目，也是中国电力建设集团有限公司在海外以全产业链一体化模式投资建设的首个项目，即便是在世界水电史上亦属罕见。项目由中国电建海外投资有限公司投资，按"一库七级"分两期进行开发，总装机容量 1272MW，多年平均发电量约 50 亿 kWh。2021 年南欧江项目各级电站将全部发电，成为老挝和中南半岛电力供应的压舱石。

3.2 应用过程

3.2.1 系统管理

海投公司发布《中国电建集团海外投资有限公司项目管理信息化（PRP）系统应用管理办法（试行）》（中电建海投〔2019〕124 号）建立起制度规范，通过周报机制监督系统应用情况，并且设置专人负责对系统进行管理、优化。

3.2.2 系统应用培训

首先，建立海投公司总部管理人员及项目公司模块应用人员工作联系群，发布最新的质量管理系统培训视频，项目公司通过视频初步学习使用模块。其次，组织系统开发团队深入项目现场开展培训工作。

3.2.3 系统优化

海投公司质量管理已通过 PRP 系统覆盖全部在建项目，通过系统应用发现问题，累计完成质量检查审批流程、质量目标、年度计划、创优规划、质量考核等 17 项系统优化。

3.3 应用内容

3.3.1 工作计划

制定公司层面年度质量管理工作计划，项目公司依据总部的工作计划制定本公司的工作计划和质量管理目标并上传质量管理系统，如图 1 所示。

图 1　质量目标

3.3.2 质量检查

质量检查是保证现场施工质量和发挥各管理层级对现场质量把控的重要手段。公司总部、项目公司依据不同频次开展质量检查，检查结果录入质量管理系统，并对检查中发现的问题下达整改通知单，通过系统监督整改，整改完成后进行验收。历次检查中发现的问题将被分类归档到质量隐患库，为后续项目建设提出警示，如图2所示。

图2　质量检查

3.3.3　质量月报

项目公司每月上报质量情况，内容包括验收情况、检查情况、培训情况、质量事故等内容。质量目标完成情况如图3所示。

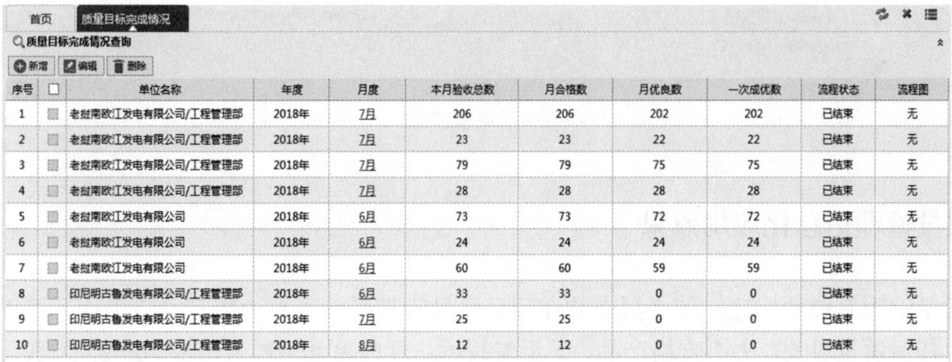

图3　质量目标完成情况

3.3.4　评优创优

评优创优是为施工项目争取荣誉的一条途径，海投公司通过质量管理系统了解项目公司创优策划及名单，随时关注项目创优的进度，保证项目最终实现创优目标。创优规划管理如图4所示。

3.3.5　质量验收

项目完工时提出验收申请，公司总部将按照工程质量验收标准组织现场验收，并将验收情况录入质量管理系统。质量验收如图5所示。

图 4   创优规划管理

图 5   质量验收

4   质量管理信息化应用效果

质量管理系统的构建，使老挝南欧江项目质量管理得到了有力提升。自工程开工以来，未发生任何质量事故，无不合格产品，无质量投诉，目标单元工程合格率100%，土建工程优良率95%以上，预计2021年全流域电站将实现商业运行。2018年2月27日，老挝国家副总理兼财政部长宋迪·隆迪一行到南欧江二期一级电站项目实地考察，对一级电站质量表示高度认可。2017年11月15日，老挝政府总理通伦·西苏里视察了南欧江二期一级电站及移民新村，对南欧江二期项目建设又好又快推进和对当地经济社会发展所作的贡献表示了高度赞赏。

5   结语

质量管理影响项目的成败，海投公司作为紧跟国家"一带一路"倡议的排头兵，通过多年海外项目质量管理信息化的探索与实践，使质量管理水平逐渐提升，国际竞争力日益增强，应用成效显著。在此对相关经验进行总结，以期为海外项目建设的质量管理信息化提供参考。

作者简介

冯　堃（1990—），男，初级经济师，主要负责海外能源电力行业工程管理等工作。E-mail：363035517@qq.com

菅志刚（1982—），男，高级工程师，主要负责海外能源电力项目建设管理等工作。E-mail：674517350@qq.com

李绍敬（1984—），男，工程师，主要负责电力行业信息化咨询、建设等工作。E-mail：358776444@qq.com

海外电力投资企业以"五大坚持"理念为引领的建设履约管理体系

刘新峰

（中国电建集团海外投资有限公司，北京市　1000488）

[摘　要] 中国电建集团海外投资有限公司作为海外电力投资企业，高度注重不断增强境外投资项目建设履约管理能力，为企业实现长期、健康可持续发展奠定坚实基础，本文介绍了中国电建集团海外投资有限公司以"五大坚持"理念引领的海外投资项目建设履约管理体系的内涵、主要做法、实施效果等内容，促成企业达到"投一个、成一个"的佳绩，具有良好的应用价值。

[关键词] 海外；电力投资；五大坚持；建设履约体系

0　引言

在开展境外电力投资业务过程中，投资项目建设阶段是其中极其重要的环节，不仅是决策阶段与运行阶段之间承前启后、决定项目将来运行阶段成效、投资回收及收益的关键阶段，直接关系着投资业务的成败，是公司总部领导境外投资项目公司同频共振、统筹实施的、复杂的、系统的工程。海外投资企业要适应境外投资业务发展实际，使用规范的现代化项目管理方法和准则，持续提升建设履约管控能力，着力自身建设履约管理体系日益完善，通过不断复盘总结，形成螺旋式上升良性循环，直接影响着企业投资效率、未来的投资收益，发挥着强基固本、培根铸魂的作用。

1　以"五大坚持"理念为引领的建设履约管理的内涵

中国电建集团海外投资有限公司（简称"电建海投公司"）在充分探索、总结成立以来海外投资业务建设履约管理实践经验的基础上，构建、提炼并推广应用以电建海投公司"五大坚持"理念为引领的建设履约管理体系（简称"电建海投建设履约体系"），就是电建海投公司在开展境外投资项目建设履约管理过程中，以"五大坚持"理念为引领，即坚持战略引领，坚持问题导向，坚持底线思维，坚持复盘理念，坚持管理创新，不断适应海外投资业务建设履约管理规律，推进战略落地，以建设履约管理系统化、工作规范化、管理科学化、能力国际化为导向，形成精细、科学的建设履约管理体系，着力增强企业建设履约管理的控制力、提升企业建设履约管理的软实力、拓展企业建设履约管理工作的影响力，推动新时代境外投资项目建设履约管理各项工作不断取得新提升、新成效，实现境外投资项目"投资一个，成功一个"，实现以建设履约管理促开发、推融资、保运营的良性发展循环，引领企业高质量发展，为企业长期可持续发展奠定坚实基础。

2　主要做法

2.1　坚持战略引领，谋定而后动

坚持战略引领，就是强化战略导向及目标引导，紧跟国家政策及支持方向大局，紧紧围绕"一带一路"建设，结合目标市场国家战略，在投资项目建设管控中必须做好顶层设计，谋好篇、面好局，明确发展方向、实施路径和具体举措，从战略使命到组织管控，从组织管控到绩效考核，下好"先手棋"，切实化战略为行动力，以战略驱动引领发展。

电建海投建设履约体系坚持建设履约管理统一部署、统一指挥、统一协调。公司总部负责企业建设履约管理的顶层设计，在公司战略引领下，定规章、建平台、抓考核、做服务，谋规划，结合公司总部、境外投资项目公司矩阵式建设管理组织结构形式的特点，建立公司总部和项目公司两级建设履约管理同频共振机制，科学划定公司总部和项目公司的建设履约管理职责，建立起以公司总部各部门负责境外投资项目建设履约管理职能归口管理、项目公司负责实施并承担建设履约管理主体责任为主要内容的建设履约管理组织体系。公司总部真正成为项目公司的供给中心、服务中心、管控中心、资源中心，从各项目建设筹备、前期策划、实施、收尾全过程进行服务、指导、监管。

围绕公司发展战略，对建设履约管理实施前期策划全覆盖。境外投资项目所处的社会、经济和环境与国内存在着巨大的差别，决定了项目建议前期策划工作的极端重要性，如果策划不到位，某个环节出现了问题，将严重制约项目建设履约管理工作的有序进行。为科学有效组织实施、完成项目建设任务，制定总体策划，要从公司发展战略出发，主导开展项目建设履约管理策划，形成指导项目建设履约管理的纲领性文件，为建设目标的实现奠定系统的组织、制度、流程与资源规划基础。根据前期策划成果，在公司总部的监督下，各项目公司根据策划操作的同时，结合实际印证策划方案的符合性、可操作性，定期对策划方案进行更新，使之更加切合实际，当项目建设完成后，策划方案终版会成为更加适合所在国实际情况的建设履约管理成果，具有长期使用价值。

2.2　坚持问题导向，规范整改闭环

坚持问题导向，要以发现问题、解决问题为先导，健全制度、优化流程、规范程序，提升能力素质，采用先进的国际化项目管理方法和理念切实解决项目建设中遇到的各类问题，把诊号脉，对症下药，追本溯源，堵塞管理漏洞，并举一反三，于危机中育先机、于变局中开新局，以问题化解促进管理水平提升，全面增强管理效果。

公司总部和各项目公司按照分工负责、上下联动、协同推进的原则，贯彻电建海投建设履约体系，建立起全面的建设履约管理制度，推动制度标准在现场落地，业务开展过程有章可循、有章必循、执章必严、违章必究，要求公司总部、项目公司要按照制度规定行事，加大失职追责力度，强化管控执行成效，做到工作举措到位、责任落实到位、督促检查到位。建立健全项目法人责任制，压紧压实项目法人责任，实现管理系统化、避免碎片化，实现企业上下规范化、有序化运作，规章制度就是企业的"红线"，推动企业不断发展，确保实现公司管理目标。电建海投公司的所有制度都已上线，公司总部、项目公司随时可以在线查阅。

电建海投公司以发现问题、解决问题为先导，建立了建设履约巡查、重大方案评审、工程月报、重大事项周（日）报、专题报告、重大里程碑节点前检查、风险处置、高层协调、参建单位履约评价等机制，对项目公司开展多维度、全方位监管，及时掌握项目履约管理进展情况、存在问题、风险，筛选识别异常情况，建立并持续更新履约问题清单，实行销号整改，逐条逐项责任到人，明确时限、跟踪落实，确保及时闭环，抓实抓细抓落实，指导、监管各项目公司及参建各单位以合同为基础，提升履约管理能力，确保建设管理不偏航、不脱轨。

2.3 坚持底线思维，过程化解风险

坚持底线思维，增强忧患意识，有效防范和化解前进道路上各种风险挑战，合规选择优秀参建单位、开展建设履约管理，明确海外投资业务不同于国内投资，项目所在国的政治、经济、文化、投资政策、法规、税收、环保、用工等方面面要深入调研，突出关键节点进行精细管理，要有科学清晰的价值判断和评价标准，突出价值创造、价值贡献，始终将风险防控摆在首要位置，推行"清单式排查，细节化防控"举措，盯紧重点区域、关键点位，落实重大经营风险管控责任，做好防范和化解风险的预案，强化源头治理，切实把风险隐患化解在萌芽之初、成灾之前，做到风险早发现、早预防、早化解，坚决杜绝麻痹思想、厌战情绪、侥幸心理和松劲心态，牢牢守住不发生颠覆性风险的底线。加强项目设计质量管控，从源头上防范问题发生；项目进度控制紧紧围绕关键线路开展，做好人、机、料、法、环的合理调配；加强项目成本管理，严控投资，减少超预算因素。

根据电建海投建设履约体系，坚持风险管控永远是第一位的，为监管项目公司按计划完成项目建设年度任务目标，强化业绩导向，公司总部要对项目公司开展平衡计分卡经营绩效考核，考核指标围绕公司战略目标、聚焦重点任务，坚持定量考核与定性考核相结合，强化对进度、质量、安全、成本、环保"五大要素"的风险管控，不断提升防范化解重大风险的能力，确保风险可控受控，为公司长期稳健经营提供坚实保障。公司总部与各项目公司在深刻分析目标、研判风险管控的基础上，强化激励约束，签订项目公司年度平衡计分卡经营业绩责任书，项目公司进一步将各指标进行层层分解，任务层层细化，风险层层明确，压力层层传递，责任层层压实，确保每项指标按考核要求及时实现，每年度结束后，以事实为依据，项目公司开展自评、公司考核评分，最终结果与项目公司年度绩效奖金挂钩，多劳多得。对出现 HSE&QC 事故、重大履约风险的项目公司实行一票否决制。

2.4 坚持复盘理念，持续提质增效

坚持复盘理念，掌握复盘方法，切实将理念转化为日常的工作方法，践行"别人吃堑，我们长智"理念，对标先进，科学分析，从实践中总结得失，将先进的经验进行总结提炼、固化推广，把经验转化为能力，"复盘"总结海外投资业务实践、管理模式，固化成典型经验、规范做法、案例范本，不断积累知识财富，慎终如始持续提升管理绩效。

电建海投公司在全公司范围内推行复盘管理，让公司上下知晓复盘方法，清晰复盘价值，掌握复盘操作步骤，随时随地把事情琢磨透、做成功，通过实践学习，复盘管理方法深入人心。在回顾目标、评估结果、分析根因、总结提炼的全过程中，大家进行思想交流、思想碰撞、集思广益，提出很多解决问题的思路和方法，纳众言、聚众智，促进团队学习思考，带来了新思路、新方法、新启示，推动管理提升。

公司总部、项目公司通过开展管理、业务、阶段、整体等类型的复盘，寻找成功的关键

要素、挖掘问题背后的真正根源，发现改进措施，总结固化，形成知识成果，每年评选优秀复盘案例，在全公司表彰推广应用。结合项目进展情况，项目公司组织参建各单位开展联合复盘，不断总结经验教训并开展成果分享，持续优化施工组织、资源配置，推动项目建设按计划推进。复盘已成为电建海投公司积累、复制优秀项目管理经验的重要载体，推动提升了自身管理质效和管理水平。

2.5 坚持管理创新，驱动长效发展

坚持管理创新，创新是第一动力引擎，探寻海外投资规律，抓住创新主动权，始终将创新贯穿企业发展全过程，在创新意识、创新理念、创新方式上下功夫，激发创新思维，抓住创新机遇，将管理理论和创新实践相结合，把创新成果转换为现实生产力和市场竞争力，以创新能力驱动整体提升管理水平升级。

通过对电建海投建设履约体系的实践总结，电建海投公司提炼形成了"四位一体"建设管理组织管理模式创新成果。该模式以投资方为引领，彰显了电建海投公司担当，建立业主、设计、监理、施工"四位一体"组织管控，以合同约束为前提，围绕工程建设目标，狠抓进度、质量、安全、成本、环保"五大要素"管控，通过全过程精益管理和风险管控，提高工程质量效益，降低经营成本，提升投资项目全生命周期市场竞争力，加强集成管理、资源共享、强强联合、合作共赢，实现参建各方利益最大化和全产业链价值创造。

电建海投公司在建设履约管理中提炼出了最核心的建设管理"五大要素"，即进度、质量、安全、成本和环保，其中，进度是一定要放在第一位的。进度是建设管理的第一要素，要紧紧围绕关键线路和里程碑节点，超前谋划，精心组织，确保资源到位、征地及时、送出工程匹配，强化目标意识，与时间赛跑，确保实现项目建设目标；质量是建设管理的重要管控要素，要严格执行质量标准和体系，狠抓质量管理，确保工程质量；安全是建设管理的核心要素，要狠抓"安全第一，预防为主；以人为本，综合治理"，确保项目安全可控；成本是建设管理的关键要素，加强执行概算和合同履约管控，推动精细化管理，确保项目成本不超概算；环境保护是项目建设的重要因素，依法合规开展环境保护，增强环保意识，落实环保措施，确保履行好环保责任。

电建海投公司在建设履约管理中，结合海外投资业务建设的实际，研发了项目管理信息化系统（PRP），以投资管理为目标，以合同管理为主线，以进度管理为重点，以质量管理为保证，以安全环保管理为前提实现项目建设履约管理目标，以信息化手段促进了电建海投建设履约体系的进一步完善、效能进一步提升。

电建海投公司借助国内外媒体、集团公司、海投公司网站、微信公众号、微信视频号等各类媒体，充分报道重点任务进展、情况、工作成效，推广经验做法、制度成果。促进与项目所在国社会各界相互了解、和谐共处，为项目建设创造良好的环境和氛围。

3 实施效果

电建海投公司以"五大坚持"理念为引领的建设履约管理体系取得了以下成效：

3.1 提升了公司建设履约管理水平

公司总部、项目公司上下联动、齐心协力，在"五大坚持"理念引领下，锻炼了队伍、提升了建设履约管理能力和水平，从实现了履约目标。公司建设履约管理连续五年获得中国

电建集团考评第一名。

3.2 促进了公司管理体制的不断完善

公司部门、项目公司两级建设履约管理机构健全、管理制度完善，有指导项目建设履约管理标准化的文件体系，提升了建设履约管理的合规性，并随着企业发展持续完善，持续满足项目进展过程中不同阶段的需要。

3.3 保障了项目过程履约管控

通过各种机制共同发力，公司总部提前研判、合理决策，对各建设项目做好服务、指导、监管，各项目"五大要素"全面受控，年度考核节点目标都能提前或按期实现。2020 年，电建海投公司克服疫情冲击，尽可能将负面影响降到最低，成功完成"九发电、两投产、零感染"等重大目标，其中，老挝南欧江二期实现"一年九投"，印尼明古鲁项目、澳大利亚牧牛山风电项目成功进入商业运行，实现了抗疫稳产的"双战双赢"。

3.4 实现了参建各方过程管控到位

参建单位选择过程规范，履约过程监督到位，项目公司与参建各方在建设履约管理过程上，能举一反三，及时查缺堵漏补短板强弱项，发现问题、解决问题，评估风险、尽早应对，做到早发现、早预防、早行动。

3.5 研发并落地了信息管理手段促履约管理

电建海投公司招标管理系统、项目管理信息化系统（PRP）已研发成功，并在总部、各项目落地，服务提升了公司建设履约管理水平，尤其是新冠肺炎疫情防控期间，保障的工作推进，相应成果获得多项大奖。截至目前，各系统已经累计输入数据 10 万多条。

3.6 重大创新成果竞相涌现

发挥企业主体地位和主导作用，在管理创新计划、成果转化、评价奖励等方面加大力度，激活创新源泉，众多重大创新成果竞相涌现并推广应用，多项创新成果获得大奖。电建海投公司基于水电项目总结提炼的《海外水电投资建设"四位一体"组织管控模式的构建与实践》管理创新成果荣获 2018 年度电力创新奖管理类一等奖，基于火电项目提炼的《海外电力项目全产业链价值创造的"四位一体"组织管控模式构建》管理创新成果，该成果于 2018 年 12 月荣获第二十五届全国企业管理现代化创新成果国家级二等奖，《"一带一路"倡议下境外电力投资项目全方位属地化构建与实践》荣获中国企业改革与发展研究会 2020 年"中国企业改革发展优秀成果二等奖"。

4 结语

截至 2020 年年底，电建海投公司在建和运营海外电力投资企业投资项目装机容量约 400 万 kW，其中 9 个项目成功建成运营、3 个项目建设稳步推进，2020 完成发电量 124 亿多千瓦时。海外电力投资企业投资项目建设履约管理是一项复杂的系统工程，要全面统筹，全员参与，做到全过程、全方位管理。

电建海投建设履约体系不断适应国内外政府、上级单位、公司总部建设履约监管要求，运行规范、顺畅，能及时发现建设履约中的风险、问题并有效应对，各项建设履约目标得到了有效管控和实现，提升了电建海投公司管理水平、抵御风险的能力，并继续为企业快速发展及转型升级提供坚实支撑保障，尤其是海外疫情依然严峻复杂的形势下，电建海投建设履约体系推进疫情防控和安全生产工作"两手抓、两不误、双促进",尽可能减少疫情对项目进展的影响,确保各项目建设履约目标的实现。

参考文献

[1] 郝佳彬,彭立坚."五个坚持"理念指引下的境外电力投资项目开发实践变革 [J]. 市场观察,2018,
000(012):68-70.

作者简介

刘新峰(1978—),男,高级工程师,主要从事境外电力投资项目的建设管理工作。E-mail:
liuxinfeng@powerchina.cn

境外投资火电厂运行初期设备物资管理研究

刘新峰

（中国电建集团海外投资有限公司，北京市　100048）

[摘　要]境外投资火电厂运行初期的设备物资管理的好坏，直接影响着火电厂运营开局的成败，从而影响着以后火电厂的长期、安全、稳定、高效运行，中国电建集团海外投资有限公司控股投资的巴基斯坦卡西姆火电厂运行初期的设备物资举措十分有效，本文进行了梳理研究，希望为其他境外投资火电厂运行初期设备物资管理提供一些参考和借鉴意义。

[关键词]火电厂；设备；物资；管理

0　引言

对于运营初期的火电厂，除受建设期工程质量影响外，运行初期的设备物资保证能力、设备物资管理效率也直接决定着火电厂投资及运营的成效，因此做好火电厂运营初期设备物资管理的工作，有利于火电厂开局运行顺利，并为长期、安全、稳定、高效运行创造条件。

巴基斯坦卡西姆港发电有限公司（简称"卡西姆公司"）投资的巴基斯坦卡西姆港 2×660MW 燃煤电站火电厂（简称"卡西姆火电厂"）位于巴基斯坦卡拉奇市东南方约 37km 的 PQA 工业园区内，已建设完成 2 台 660MW 超临界燃煤氢冷发电机组，设计年发电量 90 亿 kWh，该项目由中国电建集团海外投资有限公司（简称"电建海投公司"）和卡塔尔 AMC 公司在巴基斯坦共同投资，以 BOO 模式开发的大型火电项目，是中国电力建设集团有限公司（简称"中国电建"）最大的海外投资项目，也是"中巴经济走廊"首批落地实施项目和首个大型电力能源项目，于 2018 年 4 月 25 日成功实现 COD 并进入商业运营。

一直以来，卡西姆火电厂锅炉、汽机、发电机、补给水、废水处理、输煤、除灰、脱硫脱硝等各系统设备运行良好，备品备件等物资管理规范，这得益于卡西姆火电厂设备物资管理体系的科学性、动态性、制度化、信息化、明细化。卡西姆火电厂在为巴抗击疫情、经济运行和保障民生提供了坚强电力保障的同时，顺利实现了"两稳""两不""保生产经营、保国有资产保值增值"的目标，连续三年成为巴基斯坦装机容量最大、电价最低、竞争力最强、发电量和负荷率最高、获巴政府和购持力度最大的发电厂。卡西姆火电厂取得如此成绩的背后，来源于卡西姆火电厂设备物资硬支持，更是来源于卡西姆公司对设备物资管理的软实力，为卡西姆火电厂长期、安全、平稳、高效运行提供保障。

1　发电设备管理

1.1　梳理有关规定，明确管理方向

卡西姆火电厂在建设前期就对巴基斯坦火电厂售电协议、标杆电价政策等进行了深入严

谨的研究，并对巴基斯坦国内已建成投产的火电厂进行调研，多方分析，最后清晰透彻研判：巴基斯坦火电厂盈利的核心在于发电设备物资的高可靠性、高可用率。因此，卡西姆公司将设备物资可靠性管理定义为卡西姆火电厂生产经营和安全生产工作的基础和核心，于是在卡西姆火电厂工程建设阶段及生产准备阶段，就制定了"高可靠性、高可用率、安全环保、互利共赢"的竞争战略，确定了"针对性、预防性"设备物资管理思想，并持之以恒地贯彻于工程建设及生产准备之中。

1.2 加强安装调试管理，严把质量关

在卡西姆火电厂工程建设阶段的设备安装及调试过程中，卡西姆公司组织工程总承包商、监理等参建单位同心协力，狠抓设备安装和调试质量，坚决把好工程建安质量关，精细、及时检查并督促工程总承包商消除涉及设备管理的各类设计、安装、调试问题，绝不允许将建设期遗留问题带到运营期。

卡西姆火电厂建设期卓越的建安质量控制，为运营期生产经营和安全生产工作奠定了坚实的基础。卡西姆火电厂进入运营期后，受巴基斯坦电网薄弱、高温盐雾环境、周边油烟污染等不利因素影响，10 个月内经历了 101 次线路跳闸和 16 次全厂停电的极端冲击，未发生主设备事故、未发生人身伤害事故，工程建安质量经受住了极端工况严苛考验，至今发电设备运行基本正常。

1.3 科学维护保养，保证高可靠性

卡西姆火电厂进入运营期以来，卡西姆火电厂紧紧围绕"高可靠性、高可用率、安全环保、互利共赢"竞争战略，以发电设备为核心，通过运行定期试验、设备定期维护与保养、标准化技术措施、标准化技术监督等，对设备管理实施"五定管理"，即"定设备主人、定维护保养项目、定维护保养标准、定维护保养方法、定维护保养周期"，将主动性、预防性设备管理思想在日常生产中落实落地，不仅保证了设备的高可靠性，而且显著降低了卡西姆公司和运维单位的运行维护成本。

在 2019 年第一次计划性检修中，通过修前试验和诊断，提前对检修项进行针对性检修策划，系统性消除了存在的缺陷、隐患，协调工程总承包商消除了必须停机才能消除的建设期遗留问题，显著提升了设备健康水平，并借机完成了送出线路升级改造，彻底消除了送出线路频繁跳闸这一威胁发电设备安全的最大外部风险，为卡西姆火电厂的可持续发展奠定了坚实基础。

2 特种设备管理

对特种设备的操作手册、技术标准、日常使用、维护保养、运行故障和事故记录等信息进行收集整理，建立特种设备台账；开展定期检验工作，保证特种设备保持最佳工况；对现场起重设备等作业人员的资格进行审查和核实等，确保特种设备零安全事故。

特种设备必须经过定期检验合格才能使用，未经检验或检验不合格的特种设备不得投入使用。定期检查可以对设备的运行情况有必要的了解，并在最佳时间发现设备存在的问题，加强对设备管理的重视程度，使设备可以在安全的环境中使用。

卡西姆公司委托广西特检院、利用当地有资质单位对卡西姆火电厂特种设备进行检测和检验。在计划性检修之前，全部完成了涉及机组检修所必需的现场电动葫芦、龙门吊、行车、

电梯等起吊设备、设施的检测、检修和检验，全部满足特种设备管理要求。在机组检修中，委托广西特检院对压力容器、压力管道、安全阀、工程车辆等特种设备检查、检验，委托当地质量部门对锅炉进行内外检项目，确保特种设备安全运行。

3 备品备件等物资管理

3.1 重视备品备件管理

卡西姆火电厂在建设期就高度重视备品备件储备及管理。生产准备阶段，组织对工程总承包商订的设备供货合同进行逐项梳理，将设备供货合同中所列备品备逐项建立清单，督促工程总承包商移交了近 4000 项备品备件；同时，提交运营期备品备件采购计划，与电建海投公司总部上下联动，在进入运营期之前，第一批运营期备品备件全部到位，随之第二批、第三批陆续采购到位，为运营期发电设备长周期安全稳定运行提供了坚实保障，避免了因备品备件不到位引起的非计划停运巨额损失。

3.2 提升仓库设施水平

结合巴基斯坦的特点，针对已建设的备品备件及物资储备出库功能不满足保存条件、面积不满足存放要求等，卡西姆公司建立了热控、电气等备品备件恒温恒湿库，大仓库实施通风、起吊、隔热层改造以满足存储功能要求，建设化学、热工、电气、金属四个专业试验室，以满足运营期专业试验要求等。

3.3 使用有实力清关代理

针对原清关代理实力不足、清关费用居高不下等问题，卡西姆公司着手解决设备及物资清关事宜，招标确定实力强的清关代理，使清关成本由约 50% 大幅度下降到 3%～5%。卡西姆公司负责清关这一模式被在电建海投公司在所有境外投资项目中推广，在适当减轻工作量的同时，也直接降低了各项目的清关费用。

3.4 加强出入库管理

在现场物资管理方面，卡西姆公司主要负责备品备件计划、采购、清关、入库、出库、甲供物资台账、入账、盘库、仓库管理检查、督促运维商补库、物质管理制度及标准建设等工作，具体入库验收、保管、维护保养等委托电站运维单位负责。卡西姆公司成立了物资管理组织机构，建立了物质及仓储管理相关制度，定期进行盘库和入账，督促运维单位及时补库，对运维商物资储备及管理进行检查，以联系单形式下发运维商整改。督促运维商成立专门的仓库班组，有配置有仓库主管，同时，灵活运用信息化的手段，使用 U8 设备物资管理系统对备品备件等物资实施管理，把全部的设备物资设备记录到该系统中，提升了管理的可靠性与便捷性。

4 危化品物资管理

卡西姆火电厂涉及的危险品、危化品主要为运维单位采购和管理。卡西姆公司在建设期协调工程总承包商增设了危险品仓库，主要存放运维单位生产维护使用的乙炔、氧气、油品等危化品。日常生产运维所使用的各类危化品、化学品、酸碱等制毒用品、放射源等均未达到重大危险源级别。卡西姆公司按照危险品、危化品相关管理法律法规及制度标准，通过定期检查、专项检查等方式，对运维单位危化品实施管理。

5 开展设备物资安全管理检查

按照"查隐患、堵漏洞、重长效、抓落实"的工作要求，为确保设备物资安全管理整治扎实实施，卡西姆成立了专项活动检查工作小组，制定了详细的检查清单，强化履职尽责，积极动员、周密部署。由领导班子带队，按专业分组，深入现场，以"横向到边、纵向到底，不留死角"的工作方法，经常性开展设备物资保障等隐患源头的综合排查，推动设备物资安全管理的各项制度、标准落实到位。按照"定方案、定责任、定时限"的原则，督促相关单位、部门，推进落实隐患治理和整改工作，严防管理漏洞，加强设备消缺、维护工作，巩固设备物资本质安全。

6 结语

截至 2020 年 12 月 31 日 24 时，卡西姆火电厂年发电量达 88.94 亿 kWh，完成年度发电计划的 109.8%，再创电站投产以来年度发电量历史新纪录。据巴基斯坦国家输配电公司最新统计，卡西姆火电厂 2020 年发电量居整个中巴经济走廊电力能源项目首位。自 2017 年 11 月首台机组投产发电至 2020 年 12 月 31 日，卡西姆火电厂已实现连续安全生产 1137 天，累计发电 254.54 亿 kWh，成为巴基斯坦重要电力能源保障基地。

总结卡西姆火电厂设备物资的管理经验，将继续狠抓设备物资管理，加强物资管理制度、标准建设，将备品备件及物资仓储日常管理的职责落实到位，加大对备品备件、物资及仓储管理的管理力度，借助标准化、信息化，进一步提高设备治理及物资管理能力和水平，确保物资充足、机组安全生产，为生产经营行稳致远保驾护航。

参考文献

[1] 李娜. 火力发电厂设备物资管理 [J]. 低碳世界，2015，000（021）：283-284.

[2] 彭林厚. 火力发电厂设备物资管理 [J]. 山东工业技术，2017，000（008），158.

[3] 李培娟，索宁宁，朱艳芳. 浅谈特种设备检验检测的安全管理 [J]. 中国设备工程，2019（08）：75-77.

作者简介

刘新峰（1978—），男，高级工程师，主要从事境外电力投资项目的建设管理工作。E-mail：liuxinfeng@powerchina.cn

五、

运 行 与 维 护

某砌石拱坝坝体渗漏检测分析及其加固措施研究

吕典帅　任泽栋　班美娜

（中国电建集团北京勘测设计研究院有限公司，北京市　100024）

[摘　要]砌石坝的坝体渗漏问题对工程安全带来巨大隐患，文章结合某已建水库的砌石拱坝坝体渗漏情况，通过对防渗墙高密度电阻法检测及地质雷达检测结果进行对比分析，发现防渗墙内部多处存在裂缝、渗漏通道和隐患。综合对比分析了表层加贴混凝土面板、表层涂刷防渗涂料、坝体垂直帷幕灌浆、坝体倾斜帷幕灌浆四种防渗加固措施，最终选定倾斜帷幕灌浆方案。根据综合物探检测结果，有针对性对混凝土心墙进行补强灌浆，有效解决了坝体渗漏问题，防渗加固效果较好。

[关键词]砌石拱坝；渗漏；检测；防渗加固

0　引言

某水库于 1977 年兴建，该水库蓄水库容 405 万 m^3，水库枢纽工程包括主坝、副坝、电站及放水洞。其中，主坝为浆砌石双曲拱坝，坝顶高程 165.50m，最大坝高 36.37m，沿主坝心墙中心线坝体长 203.2m，坝顶宽 4.7m，坝体顶部中段设 40m 宽溢流口，溢流口顶高程 165.50m，溢流口两侧为 1.0m 高浆砌石防浪墙，防浪墙顶高程 166.50m。坝体采用 1m 宽混凝土心墙防渗，混凝土心墙上游设置 1m 厚的浆砌块石墙，浆砌石拱坝坝体上下层砌石错缝砌筑。

该水库运行至今已近 40 余年，现场检查发现坝体存在渗漏问题，以混凝土心墙中心线与左坝肩交点为 0+000.0 桩号，其坝体下游侧桩号 0+111.4、0+116.9、0+146.9 三处在距坝顶 10m 高程范围内存在明显的渗水现象，渗水近细流状；坝体砌缝砂浆填充饱满且密实，但受水流冲蚀作用，该段坝体迎水面水位以上部位勾缝砂浆脱落极为严重，脱落面积达 90% 以上，局部砌缝表面有渗水痕迹或白色析出物。为了保证拱坝工程安全，彻底解决坝体渗漏问题，很有必要针对该拱坝坝体渗漏问题进行分析，并探究加固处理方案[1-3]。坝体下游面明显渗水部位如图 1 所示。

图 1　坝体下游面明显渗水部位（一）

图 1　坝体下游面明显渗水部位（二）

1　坝体渗漏检测分析

为了探明现状拱坝的坝体渗水通道，为坝体加固提供可靠的依据，应用高密度电阻法、地质雷达检测法对坝体防渗墙做了渗透检测分析。

1.1　高密度电阻法检测

高密度电阻法是将直流电通过接地电极供入地下，建立稳定的人工电场，在地表观测某点的垂直方向（电测深）或某剖面的水平方向的电阻率变化，从而了解岩层或混凝土的分布或结构特点，其核心是通过不同岩体或混凝土具有电阻率差异进行测试的。本工程防渗心墙混凝土在浇注时，由于墙体材料基本相同，因此其电阻率可视为基本一致。在浇注过程中，若存在漏浇、欠浇或连续性不好，防渗墙出现空洞、裂缝等质量隐患时，隐患处的电阻率与其他完整防渗墙的电阻率必然存在一定的差异，这为检测提供了前提条件。鉴于此，通过高密度电阻法的检测就可以发现防渗墙渗透隐患的所在。

通过对该水库拱坝防渗墙桩号 0+000～0+203 段防渗墙进行高密度电阻法物探测试，可以得到坝体防渗墙物探电阻率检测色谱图如图 2 所示。现将高密度电阻法电阻率色谱图分析解释如下：可以比较明显看到在桩号①0+095～0+109、②0+131～0+135、③0+145～0+148、④0+156～0+166、⑤0+173～0+189 等多处存在低阻异常区，①②③三处分别与 0+111.4、0+136.9、0+146.9 三处渗水点相对应，尤其 0+131～0+135 段表现最明显。

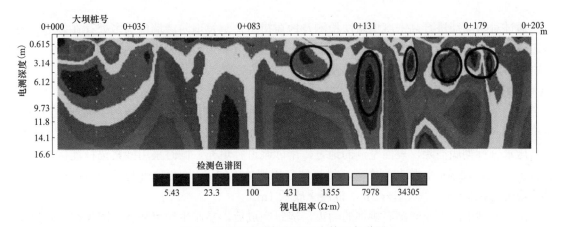

图 2　坝体防渗墙物探电阻率检测色谱图

1.2　地质雷达检测

根据波的合成原理，任何脉冲波都可以分解成不同频率的单谐波，地质雷达检测便是基于此利用脉冲超高频短脉冲电磁波在地下介质中的传播规律，来探测地下介质分布的一种方法。地质雷达正是通过向地质体或混凝土体发射高频电磁波，不同物质由于其介电常数的不同，电磁波在交界面上会产生反射、折射和透射，通过接受分层界面反射电磁波，以进行不同介质及目标体探寻。当防渗墙内部出现渗漏通道时，由于其材质及完整性的不同会产生电磁波反射界面，因此可以利用该反射波探查防渗墙的主要渗漏部位。

地质雷达剖面法采用发射天线（T）和接收天线（R）以固定间距沿测线同步移动的测量方法，通过双天线形式，得到剖面法的测量结果如图3所示。由图中可知，雷达剖面整体波形反应紊乱，防渗墙体波形同相轴多处有断裂情况，表明存在多处裂隙、裂缝；波形幅度呈下降趋势，说明墙体含水量较高，吸收大量电磁波能量。在0+089～0+110、0+105～0+120两处波形反应明显差异，雷达波形较为杂乱，同相轴断裂，推断为存在墙体裂缝等渗水隐患。

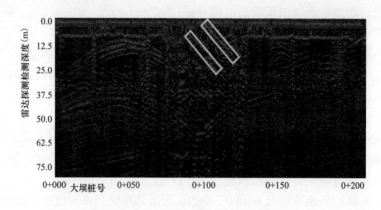

图3 坝体防渗墙雷达检测图

2 防渗加固措施研究

通过对防渗墙进行高密度电阻法检测及地质雷达检测发现防渗墙内部多处存在裂缝、渗漏通道和隐患，为了消除隐患保证坝体安全，经过研究初步拟定采用加贴混凝土面板、表层涂刷防渗涂料、垂直帷幕灌浆、倾斜帷幕灌浆四种方案[4-12]。

2.1 加贴混凝土面板措施

加贴混凝土面板采用C30W10F200钢筋混凝土进行现浇。为便于面板与拱坝坝面结合，对砌石缝已开裂但尚未脱落的砂浆予以凿除，原坝面上的风化层及污物、淤泥和其他附着物用高压水进行彻底清除，表面空洞的地方，用砂浆进行填充。同时采用砂浆锚杆连接，直径$\phi22mm$，间距2.50m，梅花型布置，锚杆伸入原坝体1.00m。面板底部与基岩设锚筋加固，锚筋规格为$\phi25mm$，锚入基岩3m、混凝土底板1m。

由于加贴混凝土受浆砌石拱坝的约束，浇筑完成后，易产生约束裂缝。因为在浇筑过程中可采用铺设面层钢筋、混凝土中参加耐碱玻璃纤维及预留后浇段方式，从而有效地控制面板表面裂缝的开展，提高了混凝土的耐久性、抗渗性、抗裂性和韧性。坝体加贴混凝土面板图如图4所示。

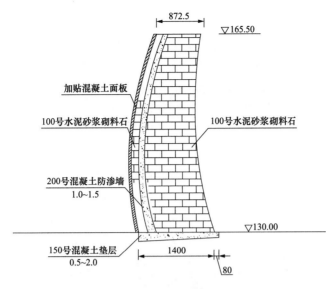

图 4　坝体加贴混凝土面板图（单位：m）

2.2 表层涂刷防渗涂料措施

由于大坝上游面为浆砌石，表面凸凹不平，并且砌石表面风化严重，十分粗糙，采用涂刷或者刮涂的方式无法保证涂层厚度和施工质量，因此采用喷涂的方式进行表面防渗涂料的施工，并且采用的涂料与岩石基面具有良好的黏接强度和优异的耐久性能。

基于上述考虑，本方案在大坝上游浆砌石表面采用专用设备喷涂 2mm 厚 SK 双组分慢反应聚脲，分层喷涂直至达到设计厚度，喷涂遍数为 4～6 遍，涂层厚度要涂刷均匀。阴阳角部位及节点需要刮涂聚脲并复合胎基布，加强处理。

在涂料涂刷施工过程中，如果遭遇到大风和下雨，必须立刻停止施工，待雨停后，擦干净聚脲涂层表面的附着物再进行施工。涂层涂刷完工后，3 天内尽量不要有水浸泡，常温养护即可。坝体表层涂刷防渗涂料图如图 5 所示。

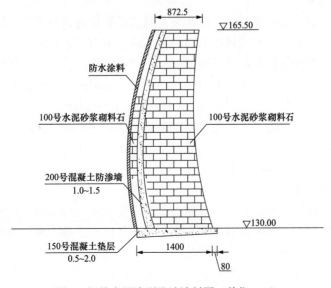

图 5　坝体表层涂刷防渗涂料图（单位：m）

2.3 垂直帷幕灌浆措施

通过对该水库大坝混凝土防渗墙进行综合物探检测，发现混凝土防渗墙多处存在裂缝、渗水通道。因此拟在非汛期水位较低时期，对坝体采用垂直帷幕灌浆进行加固，堵塞渗流通道和缝隙，加固补强坝体和提高防渗性能，进一步提高坝体的承载能力和完整性。

根据检测结果，在坝顶布置两排帷幕，孔距 2m，排距 1.5m。帷幕灌浆处理范围为深度至渗漏点以下 2m，渗漏点左右各延伸 3m，灌浆孔选用自下而上分段卡塞灌浆法，灌浆压力初定为 0.3～0.5MPa，灌浆按分序加密的原则分 3 个工序施工。通过灌浆，可解决坝体内部由于不密实而导致的渗漏安全隐患。坝体垂直帷幕灌浆剖面图如图 6 所示。

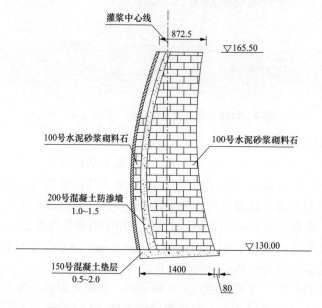

图 6　坝体垂直帷幕灌浆剖面图（单位：m）

2.4 倾斜帷幕灌浆措施

由于该拱坝是浆砌石双曲混凝土心墙拱坝，垂直帷幕灌浆是对整个坝体进行补强，不能针对混凝土心墙进行灌浆。为有效解决心墙渗漏问题，本方案采用单排斜孔灌浆方案，即在拱坝顶部靠上游侧位置倾斜钻孔灌浆，钻孔位置位于坝体混凝土心墙中，角度为 67.6°～79.5°，选用自下而上分段卡塞灌浆法，灌浆压力初定为 0.3～0.5MPa，灌浆按分序加密的原则分 3 序施工，钻孔采用取芯方式，伸入混凝心墙小于 50cm。由于拱坝为双曲拱坝，体型变化较大，钻孔过程中需密切关注钻孔情况，避免将拱坝现状心墙打穿；灌浆过程中要加强对上、下游的巡视，如果有跑漏浆及砌石破坏时要及时调整灌浆压力。通过灌浆，可解决混凝土心墙裂缝问题。坝体倾斜帷幕灌浆剖面图如图 7 所示。

2.5 措施选定及应用效果

综合对比分析上述四种方法，加贴混凝土面板方案和涂刷防渗涂料方案均需放空水库实施，由于该水库作为地方一级水源地不仅承担下游居民供水任务，同时对实施前后的水质要求较高，实施难度较大，而且拱坝迎水面是倒悬结构，混凝土浇筑施工不便。垂直帷幕灌浆方案和倾斜帷幕灌浆方案在修复过程中无需放空水库，但垂直帷幕灌浆方案工程投资相对较大，不能有效解决混凝土心墙渗漏问题。

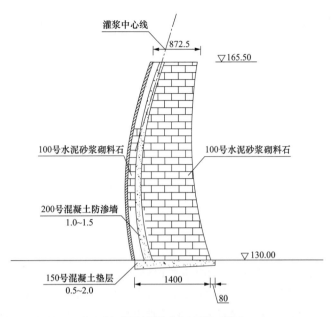

图 7　坝体倾斜帷幕灌浆剖面图（单位：m）

　　倾斜帷幕灌浆方案可根据综合物探检测结果，有针对性对混凝土心墙进行补强灌浆，不但可以有效解决了渗漏问题，而且节省工程投资，因此采用该种方案对现状拱坝进行修补处理。

　　工程实施完成后，通过观测，坝后渗水点及渗水区域有明显减少。通过孔压水试验检查，坝体灌浆段渗漏值均小于 5Lu，防渗加固效果较好。

3　结语

　　砌石坝的坝体渗漏问题对工程安全带来巨大隐患，文章结合某已建水库的砌石拱坝坝体渗漏情况，通过对防渗墙的高密度电阻法检测及地质雷达检测结果进行对比分析，发现防渗墙内部多处存在裂缝、渗漏通道和隐患。综合对比分析了表层加贴混凝土面板、表层涂刷防渗涂料、坝体垂直帷幕灌浆、坝体倾斜帷幕灌浆四种防渗加固措施，最终选定倾斜帷幕灌浆方案。根据综合物探检测结果，有针对性对混凝土心墙进行补强灌浆，有效解决了坝体渗漏问题，防渗加固效果较好。

参考文献

［1］苏海龙. 湖北宜昌天福庙水库浆砌石拱坝渗漏问题处理 ［J］. 人民长江，2014，45（S1）：91-93+116.

［2］何奇滨，谭茶生，唐欣薇. 龙洞槽砌石拱坝加固方案三维有限元分析 ［J］. 水利与建筑工程学报，2017，15（03）：100-103+109.

［3］王贵明. 平桥砌石拱坝防渗加固设计研究 ［J］. 水利技术监督，2015，23（02）：71-73.

［4］杨兰. 水库砌石拱坝安全复核及坝体补强加固防渗处理 ［J］. 中国工程咨询，2017（09）：66-68.

［5］赵云云. 康家峡水库浆砌石拱坝除险加固设计 ［J］. 甘肃水利水电技术，2011，47（10）：40-41.

［6］张玉红. 寮望峚水库砌石拱坝防渗加固设计 ［J］. 水利规划与设计，2011（05）：70-72.

[7] 张淙皎，刘同岭，张世宝. 浅议浆砌石拱坝除险加固施工安全控制 [J]. 水利建设与管理，2011，31（03）：48-49.

[8] 卢勇鹏，王庆，郭德发，等. 乌拉斯台水库浆砌石拱坝除险加固设计 [J]. 人民黄河，2010，32（01）：118-119+121.

[9] 翟政东，舒仲英，李龙国. 下涧口砌石拱坝除险加固方案优化 [J]. 中国农村水利水电，2007（01）：111-114+117.

[10] 王旭，谢新生，戴文胜，等. 砌石拱坝的病害整治措施探讨 [J]. 水电站设计，2006（01）：111-114.

[11] 蒋媛媛. 长沙坝水库砌石拱坝的加固研究 [D]. 武汉大学，2005.

[12] 彭辉，刘德富，王从锋. 花盐井浆砌石拱坝坝体应力计算及稳定性分析 [J]. 三峡大学学报（自然科学版），2004（04）：289-294.

作者简介

吕典帅（1984—），男，高级工程师，主要从事水工结构设计工作。E-mail：lvds@bhidi.com

任泽栋（1988—），男，工程师，主要从事水工结构设计工作。E-mail：renzd@bhidi.com

班美娜（1991—），女，工程师，主要从事水工结构设计工作。E-mail：banmn@bhidi.com

水电站生态流量泄放方式比较及展望

宗万波　李小乐

（中国电建集团贵阳勘测设计研究院有限公司，贵州省贵阳市　550081）

［摘　要］为保护生态环境，解决小水电过度、无序开发造成的河道断流现象，本文考虑了水电站生态泄放量的确定、不同生态泄放方式的优缺点，采用归纳、研究的方法，提出水电站生态流量泄放的一些后续研究方向和建议，为水环境保护贡献智慧。

［关键词］水电站；生态流量；泄放

0　引言

随着 2020 年 9 月国家主席习近平宣布我国二氧化碳的碳排放力争于 2030 年前达到峰值，努力争取到 2060 年前实现"碳中和"的目标，可再生能源发展又迎来一大波机遇。为实现"碳达峰和碳中和"，从国家现有状况来看，需要减少化石能源使用总量，增加可再生能源开发利用，特别是水电、风电、太阳能发电的大比例发展。虽然水电开发受大保护、库区移民和生态红线等限制，但开发与环境保护并不对立，因无序开发、过度开发导致河道断流等的现象，完全可以利用技术手段在发展和保护之间找到平衡。

水电建设在某些情况下可能会引起部分河段水流减少，尤其是长引水式电站，由于大坝与厂房距离较远，如果未在大坝处设置生态泄流措施，则可能在大坝与厂房之间形成一定的减（脱）水段，减（脱）水段的形成会给下游生态环境造成一定的影响。如何在满足生态环境用水要求的前提下保证水电建设的利益，是目前各方较为关心的问题。本文将从生态流量的确定、生态泄流方式的选择、生态流量下放措施展望等方面进行说明。

1　生态流量计算

为了满足减（脱）水河段的生态环境需水，水电站运行过程中需要下泄一定的生态流量来保护河流的生态系统，一般把河流中生物存活必需的最小水量阈值称为最小生态需水量，而与之相对应的就是水电站需要下泄的最小水量。

生态需水量的计算方法[1, 2]主要有水文学法（常用方法有 Tennant 法、德克萨斯法、7Q10 法等）、水力学法（代表方法有湿周法和 R2-CROSS 法）及栖息地法等。在 SL/Z 712—2014《河湖生态环境需水计算规范》、NB/T 35091—2016《水电工程生态流量计算规范》及 NB/T 35091—2016/XG1—2019《水电工程生态流量计算规范》行业标准第 1 号修改单中，对生态需水量有详细的计算规定。常用的 Tennant 法要求河道生态流量一般情况下不小于多年平均流量的 10%。

国家各部委及部分省相关部门对生态需水量下放也有规定。2011 年 5 月水利部出台的 SL 525—2011《水利水电建设项目水资源论证导则》要求，生态需水量（河道生态需水量）原则上按多年平均流量的 10%～20%确定；2018 年 12 月生态环境部、国家发展和改革委员会印发的《长江保护修复攻坚战行动计划》（环水体〔2018〕181 号）明确，长江干流及主要支流主要控制节点生态基流占多年平均流量的比例在 15%左右。四川省《关于开展全省水电站下泄生态流量问题整改工作的通知》（川水函〔2018〕720 号）中要求科学合理确定水电站下泄生态流量，原则上国家级自然保护区内电站下泄生态流量不低于河道天然同期多年平均流量的 18%，省、市、县级保护区不低于 15%；福建省《关于开展水电站生态下泄流量核定工作的通知》中要求，未明确生态下泄流量的水电站，暂采用不小于河流多年平均流量的 10%；广东省《关于小水电工程最小生态流量管理的意见》（粤水农电〔2011〕29 号）中对于最小生态流量，原则上按河道天然同期多年平均流量的 10%～20%确定。

综合考虑并参考国外法规[3]及国内统计资料[4, 5]，为了满足水电站减（脱）水河段的生态环境用水需求，生态流量的确定宜具体问题具体分析，前期方案计算时可暂按不少于天然同期多年平均流量的 10%考虑。

2 泄放方式选择

目前常用的生态流量泄放措施有：小机组泄放、管道泄放、闸门泄放和水工建筑物泄放等。在坝后或在长引水隧洞前端靠近河流减（脱）水段开岔管，安装小机组发电来下放生态流量，属于在很多电站采用的经济可行的一项措施，不过此项措施要求有一定的利用水头和流量，还要考虑机组检修时期的生态流量下放。管道泄放通常在坝体、近坝施工支洞、导流洞等处装设相应泄水管路，或者在坝区适当位置增设倒虹吸管、抽水系统、泄流通道等设施，或在引水发电管道增设旁通管等，通过这些管路下放生态流量，不过此项措施可能存在浪费水资源、穿坝体管路影响坝体安全、需增设消能装置等缺点。闸门泄放则可通过控制坝顶闸门开度、改造增设门中门或舌瓣门、改造大坝原有底孔设施等来控制生态流量泄放，此项措施因闸门易疲劳而有安全隐患。水工建筑物泄放主要采用坝顶开泄槽、坝后引水渠开侧堰等方式，但已建水工建筑物不宜进行大规模改造。

2.1 小机组泄放

下放生态流量的小机组功能比较单一，其机组容量的确定与常规水轮发电机组稍有不同。常规电站的容量与所在河流的径流量和可利用水头有关系，而生态流量小机组因为要维持河流减（脱）水段生态环境，其下放流量基本为定值（多年平均径流量的 10%或枯期天然来水量），装机容量与可利用水头关系紧密。对于装设在坝后或长引水隧洞前端的生态流量机组，按照经验一般选用最大水头与下放流量来计算装机容量[6]，这样不仅能够保证在库水位变动时机组能正常运行发电，还能借助多发电量的内生动力来间接推动生态流量的更多下放。

生态流量电站不同下放流量对下游水位的变化基本没有影响，机组运行水头主要取决于上游水库的水位。另外，机组运行方式是以水定电（即由下放水量确定发电量），故生态流量机组额定水头应尽量靠近最大水头，一般以计算装机容量对应的电站发电水头减去水力损失后的净水头作为额定水头[7]，此种选择能使机组尽可能的高效稳定运行。对于水头变幅较大的生态流量机组，也可按此原则来选择装机容量和额定水头，但为了保证生态流量机组稳定运行，应考虑设置两台不同型号或者选择稳定运行区宽广的转轮[8]，分别在不同水头段运行。

2.2 闸门及管道泄放

利用闸门下放生态流量，一般可以采用闸门局部开启、对闸门改造设置门中门或舌瓣门等方式。闸门局部开启时，开度往往不易精确控制，较难实现下泄流量的恒定，同时也容易造成闸门空化空蚀，采用此种措施时可以预先计算出闸孔出流，在闸门行程上设置特定的泄流点或在闸底板根据计算结果设置限位墩（水泥墩）等方式控制。改造门中门或舌瓣门时因制造难度大，很少在弧门上布置舌瓣门。另外，泄放生态流量时应考虑水库下泄低温水对下游生态环境的影响，研究[9]表明叠梁门分层取水能够部分减缓低温水的影响。

管道泄放一般用在库水位变幅较大的电站，需在生态放水管末端设置相应的生态泄放阀用于控制和消能，应根据布置方式适当选择。

2.3 水工建筑物泄放

水工建筑物的生态流量泄放主要围绕大坝本身做文章，但水库大坝既是挡水建筑物，也是重要的安全节点，在已建好的大坝上建设生态流量泄放设施必须做充分的技术论证工作，应因地制宜、科学合理的选择简单易行的生态流量泄放设施建设方案。

坝顶设计放水孔结构时，要对放水孔的尺寸、放水形式、高程、位置以及下泄的生态流量等进行综合研究，确保水电站在运行期间不会因为放水孔异常而对水电站的泄流造成影响。另外，还需要对水质情况进行充分研究，防止放水孔因水质问题堵塞。利用大坝原有的底孔设施（如导流底孔、排沙孔、水库放空孔、泄洪洞等）改造后泄放生态流量的，更应严格论证对坝体安全性的影响和泄放可行性。

3 结语

生态流量的下放是水电站建设及老旧水电站改造中非常重要的一部分，但从工程实践来看，生态流量机组的选择未见规范规定，建议 DL/T 5186—2004《水力发电厂机电设计规范》修编时增加生态流量机组选型设计的相关内容。另外，对于水头不太高的坝后生态机组，应加强管道式水轮机、鱼类友好型水轮机、与诱鱼捕鱼结合的微型机组等新型水轮机的研究和应用，加大对水生生态敏感保护对象的防护。或者新建低水头电站时彻底抛弃水工大坝结构，研究不依靠大坝壅水直接利用水流发电的"振翼水力发电装置"等。

对于具有生态流量泄放功能的闸门或管道，建议进一步研究闸（阀）门局部开启时空蚀、振动等的减缓措施，或者研究闸（阀）门生态流量泄放新结构。水工建筑物生态流量泄放则要关注改造工程的安全性，或者综合考虑研究高水头生态鱼道与泄放通道联合建设的可能性。

参考文献

[1] 向芳，黄川友. 三岩龙水电站下泄生态流量的确定及措施 [J]. 吉林水利，2011（8）：8-11.

[2] 侯小波，何孟，余飞. 保障引水式电站生态流量泄流的工程技术探讨——以姜射坝水电站为例 [J]. 甘肃水利水电技术，2019，55（9）：7-10.

[3] 陈昂，王鹏远，吴淼，等. 国外生态流量政策法规及启示 [J]. 华北水利水电大学学报（自然科学版），2017，38（5）：49-53.

[4] 李雪，彭金涛，童伟. 水利水电工程生态流量研究综述 [J]. 水电站设计，2016，32（4）：71-75.

[5] 杜强，谭红武，张世杰，等. 生态流量保障与小机组泄放方式的现状及问题 [J]. 中国水能及电气化，2012（12）：1-6.

[6] 施彬，牛文彬，田迅. 生态流量水电站水轮发电机组选型中应注意的几个问题 [J]. 水力发电，2012，38（1）：81-83.

[7] 王子健，陈舟，张永进. 引水工程尾部消能电站方案设计研究 [J]. 水利规划与设计，2018（1）：154-158.

[8] 彭小东，葛静，李刚. 浅析某水电站生态机组选型设计 [J]. 四川水利，2011（1）：25-27.

[9] 高学平，陈弘，李妍，等. 水电站叠梁门分层取水流动规律及取水效果 [J]. 天津大学学报（自然科学与工程技术版），2013，46（10）：895-900.

作者简介

宗万波（1981—），男，高级工程师，主要从事水力机械设计工作。E-mail：zongwbzzz@qq.com

李小乐（1991—），男，工程师，主要从事水力机械设计工作。E-mail：1240011528@qq.com

基于报文分析的非法外联信息自动检测方法

王晓杰

（国能迪庆香格里拉发电有限公司，云南省昆明市 100000）

［摘 要］电力企业的网络安全一直关系着国家的命脉，近年来，国家在电力企业的网络安全关注度极高。电力企业的内网区域，虽然已经做了近乎详尽的安全防范措施，但依然是不法分子或外来势力的重要目标。本文就从非法外联检测的研究入手，提出了一种基于报文分析的非法外联检测方法。

［关键词］电力；非法外联检测；报文分析；网络安全

0 引言

企业内部网络一直以来都被认为是"最安全的区域"，从表象上看，内网没有与互联网直接相连，发生信息泄露和网络攻击的可能性几乎没有。但实际上，内网恰恰是网络安全事件频发的重灾区。

根据中国权威机构的研究成果，许多政府机构或企业由信息窃取所造成的损失比网络病毒和黑客攻击所造成损失还高，内部人员泄密和犯罪是造成信息被窃取的主要原因，电力企业办公内网泄密、非法外联造成的损失直接影响、威胁到电力生产安全。特别是一些与互联网隔离的特殊网络，这些网络安全措施并没有互联网完善，防范意识比较薄弱，如果将内部主机与互联网进行相连，无疑增加了内部网络的安全隐患。为了减小非法外联行为对内网安全带来的威胁，本文提出了一种基于报文分析的非法外联信息自动检测的方法。

1 内网外联问题现状

在内网中如果用户进行了一些非法外联操作，就会将内网的主机与外部的互联网进行连接，也会将不属于内网的设备接入内网，这些操作都会影响内网的安全与完整，严重的将导致信息泄露。同时，根据《电力监控系统安全防护规定》（发改委〔2014〕14号）等相关政策法规，严禁电力监控系统非法外联、跨区互联。

本地流量数据对象中的流量数据会被流量解析子模块解析，解析的过程中会筛选掉无关的报文数据，比如 TCP 中的 ACK 报文以及 BGP 的 keepalive 报文[1]等。Kafka 消息队列[2]接收的是与系统有关的、BGP 报文解析成的、具有特定格式的、多个解析字段信息组合的字符串。通过消息中间件 Kafka 及系统中的数据结构，模块与模块之间变的低耦合，并具有了很好的扩展性，可以将其他系统的 Kafka 获取的消息队列导入本系统中使用。这是开展报文分析的关键。

通常对于报文分析的方式是不看内部的具体内容，而是对流量外部的数字化表现（比如数据包有多长，统一资源定位符有多长，网络地址是多少位，端口号是多少等）的数据进行提取和分析，以便于从中获取需要的参数和类型标签，这个过程就是数据预处理[3]。原始数据主要由小部分异常流量数据包、系统对它产生的警告日志文件、少部分正常流量数据包和大部分混合流量数据包组成。

2 一种基于报文分析的外联检测方法

获取交换机的流量报文[4]是监测用户非法外联行为的首要工作，即通过报文分析实时监测内部网络外联行为。其次将流量中的不同报文信息，做分类数据处理，再根据数据分析做出数据的特征模型。最后，用误报信息滤除算法，将正常的操作信息进行过滤筛选，最终获得真实的非法外联信息。

本研究提出一种基于报文分析的外联检测方法，主要步骤为：

（1）对办公网核心交换机镜像出的报文进行解析、分类。

（2）提取流量中的数据信息特征，建立特征自动检测模型，并不断调优模型，针对正常操作和误操作进行标签化处理。

（3）对常规操作的报警信息进行滤除，增加准确率。

2.1 流量报文处理

对于报文的解析处理，是一项重要的工作，报文包含了网络中将要发送的完整的数据信息，每条报文的长短不一致，长度不限且可变。报文的认证方式有传统加密方式的认证、使用密钥的报文认证码方式、使用单向散列函数的认证和数字签名认证方式。报文也是网络传输的单位，传输过程中会不断地封装成分组、包、帧来传输，封装的方式就是添加一些信息段，这些就是报文头以一定格式组织起来的数据[5]。完全与系统定义或自定义的数据结构同义。

为了统一系统数据的格式，按照格式化、标准化、数字化的要求将报文数据转换为标准的网络系统数据集。这样不仅为提取非法外联特征做足了准备，也提高了提取精度。不同的行业都存在着私有应用层协议，如果协议采用的是标准接口格式，只需要参照标准的格式进行解码分析即可。但并非所有私有协议都会采用标准接口格式进行消息的传输，如果是非标准接口的协议，则需要按照接口规范进行协议解码；对于行业或者用户私有的报文格式，则需要按照其报文封装格式规范进行单独的解码；此外，TCP 或者 UDP 所承载的应用层消息部分，其实包含了大量有价值的信息，例如交易渠道、交易代码、交易流水号、交易金额、返回码、交易类型等。

2.2 建立特征检测模型

非法外联行为有多种表现形式，不能一概而论。目前电力企业常见的非法外联途径有：

（1）终端 PC 通过无线 WiFi 连接智能手机开启的个人热点进行外联。

（2）终端 PC 通过 USB 连接手机，以 USB 共享网络方式进行外联。

依据提取的数据特征不同，来构建正常类和非法外联类，它主要是在 ADM - DL- IDS 算法中引入数据流量的稀疏特征得到。对数据流量的分布使用交替方向乘子法进行计算，对照正常类和非法外联类对数据流量进行重新构建，并计算重构误差，这个误差作为自动检测用户非法外联操作的重要依据。

各个子数据类别下的稀疏特征利用交替方向乘子法得到,重构误差为

$$g_m = P \parallel n - E_m Z_m \parallel m \in \{1,2\} \tag{1}$$

式(1)中,n 为网络流量中的数据;$E_m Z_m$ 为子类别与特征的重构结果。依据自动检测非法外联信息得到的重构误差结果[3],具体演算逻辑如图 1 所示。

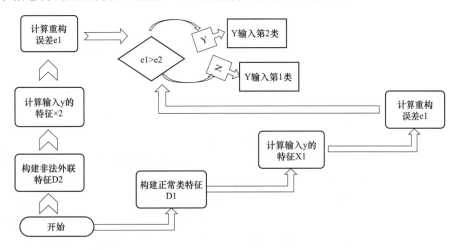

图 1 演算逻辑示意图

2.3 常规操作的误报滤除

为了进一步提升非法外联报警系统的准确性,需要在最后的结果层面之前引入基于条件场的误报滤除算法[6],以筛选出在报警数据中,因常规操作不当造成的警报信息。算法流程如下:

CRF 特征函数加权公式

$$q(\vec{m}|\vec{n}) = \frac{1}{A(\vec{n})} \exp\left\{ \sum_{o=1}^{s} \left[\sum_{o=1} \gamma_p s_p(m_{o-1}, m_o, \vec{n}, o) + \sum_k \mu_k \delta_k(m_o, \vec{n}, o) \right] \right\}$$

在 CRF 模型中,待标记序列为攻击类型,标记序列为警报类型。具体见下面算法描述:

设置输入数据:非法外联检测系统产生的警报文件。

设置输出数据:标记后的警报文件(警报类别)。

设置参数:攻击类别特征序列。

执行语句:Step1 初始化在训练过程中可以使用到的自定义输入参数,包括攻击类别特征属性值、警报类别、关键属性等。

执行语句:Step2 以关键参数为基础实验并构建 CRF。

执行语句:Step3 依据 CRF 公式计算概率。

执行语句:Step4 是否检测完成序列,如果是,跳到 Step5;如果否,则获取当前表示的攻击类别特征 ID,跳到 Step2。

执行语句:Step5 获取当前攻击类别特征 ID 序列。

在算法中,两个攻击状态间的概率关系可以用 Step2 中 CRF 模型[7]的存在边表示。Step3进行了概率数值计算。任意的依赖关系在 CRF 模型中都是允许存在的,特征的状态或观察值不完整在 CRF 模型中也是允许的。所以,模型可以使用少量的训练数据训练出来。

3 非法外联信息自动检测方法检测精准度分析

3.1 部署环境和获取实验数据

通过设计仿真实验的方式，来验证基于全流量报文分析的非法外联检测方法的优势。本实验采用一台 Windows 10 系统、CPU2.9GHZ、装有 MATLAB 2018 的终端作为实验平台。通过设置实验环境模拟出了某电力公司电力控制系统的运行，并对该系统的网络流量进行采集。

为了验证方法的可行性，先对该系统中数据流量的 10% 进行采集，验证通过后，将采集到的全部数据集分成训练集和检测集两个子集。

3.2 实验结果评价标准

参考相关文献[8]，将实验结果评价标准定为四个指标，具体见表 1。

表 1   实 验 结 果 评 价 指 标

	正	反
正	AT	NT
反	NF	AF

如表 1 所示，AT 指的是实际结果和检测结果都是正，依次类推可知 NT 表示实际结果是正，检测结果是负；NF 表示实际结果是负，检测结果是正；AF 表示实际结果和检测结果都是负。

根据上面指标可知，非法外联操作占到全部操作的比例（检测率）的公式为

$$PE = \frac{AT}{AT + AF}$$

将非法外联操作判断为正常操作的数量占所有正常操作的比例（误报率）的公式为：

$$NPE = \frac{AF}{NT + AF}$$

3.3 实验结果与分析

图 2 表示误报率的对比效果。从图 2 也可以看出本文的方法在误报率方面也是很低的，

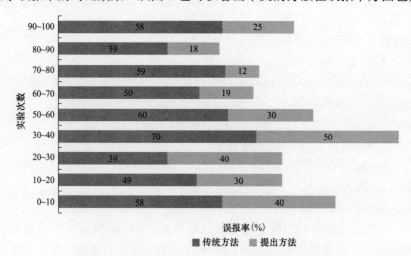

图 2 传统方法与提出方法的误报率实验对比

平均 15%，而普通方法的误报率比本文提出方法的误报率高很多，平均在 53%，比本文方法的误报率高 38%。这些数据充分说明了本文提出的方法在精度、性能等方面的优势。

4 结语

办公内网的安全，应该被作为企业关注的重点，信息技术的不断进步使得非法外联有了更多的途径。其实，网络安全的最核心要务就是保证办公内网的信息安全。本文结合实际的情况和现有的技术手段提出了一种基于报文分析的非法外联检测方法，经过试验验证，比传统方法的误报率低。

参考文献

[1] 胡海生. 基于报文分析的非法外联信息自动检测方法 [J]. 自动化与仪器仪表，2019（10）：153-156.

[2] 徐光亮，马锋，王健，等. 电力监控系统终端非法外联管控关键技术研究 [J]. 科技风，2019（08）：200-201.

[3] 王晓磊. 电子政务非法外联监控方案的研究与设计 [D]. 北京邮电大学，2013.

[4] 韩利娟. 基于路由欺骗的内网非法外联监控系统设计 [J]. 计算机光盘软件与应用，2013，16（14）：268+270.

[5] 邓方志. 内网用户非法外网访问行为监控系统的设计与实现 [D]. 东北大学，2013.

[6] 王晓磊，张茹，谢丰，等. 一种新型的非法外联监控系统的设计 [C]. 中国人工智能学会智能数字内容安全专业委员会. 2012 年全国网络与数字内容安全学术年会论文集. 中国人工智能学会智能数字内容安全专业委员会：中国通信学会青年工作委员会，2012：55-59.

[7] 王琼. 基于内网扫描和内网检测的非法外联检测系统的研究与实现 [D]. 北京邮电大学，2012.

[8] 吴晓光，乔林，詹浩. 为企业内网构建非法外联监控管理体系 [J]. 金融电子化，2011（08）：76-78.

作者简介

王晓杰（1987—），男，工程师，主要从事电力企业通信系统和电力监控系统网络安全运维、管理。E-mail：420445568@qq.com

基于 ALIF–SVD 的水轮发电机组振动数据提纯方法

胡雷鸣　王书华　洪云来　丁岳平

（江西洪屏抽水蓄能有限公司，江西省宜春市　336000）

[摘　要]本文针对水轮发电机组振动数据存在强噪声和异常脉冲导致机组原本故障特征难以提取的问题，提出一种基于自适应局部迭代滤波结合奇异值分解的水轮发电机组振动数据提纯方法。先利用自适应局部迭代滤波对含噪声和脉冲的机组振动数据进行分解，将其分解为各个频段，再通过计算所得各分量的模糊熵，设定模糊熵的阈值为 1，选取小于阈值的分量重构，达到首次去噪效果。再将首次去噪后还未完全去除干净的振动信号进行奇异值分解，根据奇异值差分谱选择重构阶次，达到完全去除噪声和脉冲的效果。通过仿真和实例验证了其有效性，并将本文方法和经验模态分解方法相比，本文所提方法能更有效地保留原信号的有用信息。

[关键词]自适应局部迭代滤波；模糊熵；奇异值分解；阈值；去噪

0　引言

水轮发电机组在运行过程中不可避免的会产生振动，这些振动是由多方面的因素共同导致的，比如水力的冲击、机组自身的缺陷和电气方面的影响。而随着现在电站自动化的发展，都安装有机组振动状态监测系统，能够让现场值班人员随时了解机组的运行状况。而根据相关数据统计，机组的运行状态有 80%能从振动数据中显现出来[1]，所以对振动数据中那些影响机组振动特征提取的噪声和异常脉冲等因素进行去除，保证能够准确提取机组的特征频率，及时有效的判断机组运行状态就非常的重要。

目前对水轮发电机组振动数据相关研究的方法有小波变换、经验模态分解、固有时间尺度分解和变分模态分解等，但小波变换在分解过程中受其小波基函数选取的影响，经验模态分解在分解过程中会发生模态混叠现象，固有时间尺度分解和变分模态分解受其相关参数选取的影响会影响其分解精度[2-4]。

自适应局部迭代滤波算法（adaptive local iterative filtering，ALIF）通过借助 Fokker-Planck 微分方程所得的基础解系来构建滤波函数，使其在分解过程中具有自适应性。相对于经验模态分解算法来说该算法避免了在分解过程中发生模态混叠而导致数据失真的问题，从而保证了分解所得各分量的真实有效性并且其参数都具有自适应性[5-7]。奇异值分解（singular value decomposition，SVD）的去噪原理是在相空间的基础上，通过对相关矩阵实现奇异值分解。通过噪声和原始波形数据的奇异值能量值大小不一样来区分噪声和实际波形数据。

本文结合自适应局部迭代滤波和奇异值差分谱各自的优点，提出一种自适应局部迭代滤波结合奇异值的水轮发电机组振动数据提纯方法。通过自适应局部迭代滤波对含噪振动数据进行分解，然后以模糊熵为阈值，选取分量进行重构，达到第一次去噪效果，再通过奇异值分解去除剩余的噪声。

1 自适应局部迭代滤波算法

迭代滤波算法不具有自适应性，在进行数据处理之前要提前设置低通滤波函数，虽然这种方法在一定的程度上可以减少噪声的干扰，但在实际分析过程中分析非线性、非平稳信号时，会出现波形失真、自适应差等问题，自适应局部迭代滤波算法对迭代滤波算法进行了改进，借助 Fokker-Planck 微分方程所得的基础解系来构建滤波函数，使其在分解过程中具有自适应性。

设有两个函数 $g(x)$、$h(x)$ 在区间（$a<0<b$）上可导，并满足下列条件：

（1）对于任意数 $x \in (a,b)$，有 $g(x)>0$，且 $g(a)=g(b)=0$；

（2）$h(a)<0<h(b)$。

Fokker-Planck 微分方程的公式为

$$P_t = -\alpha[h(x)p]_x + \beta[g^2(x)p]_{xx} \tag{1}$$

其中：α、β 为稳态系数，范围为 0～1。

在式（1）中 $[g^2(x)p]_{xx}$ 项具有扩散作用会使得方程解 $p(x)$ 从区间（a，b）的中间位置向两端移动；$[h(x)p]_x$ 的作用正好和 $[g^2(x)p]_{xx}$ 相反，其使得方程的解 $p(x)$ 从两端向中间移动。当这两项达到一个平衡时，即：

$$-\alpha[h(x)p]_x + \beta[g^2(x)p]_{xx} = 0 \tag{2}$$

此时，该微分方程就有非零解，并且满足下列条件：

（1）$\forall x \in (a,b), p(x) \geqslant 0$；

（2）$\forall x \notin (a,b), p(x) = 0$。

此微分方程的解 $p(x)$ 即我们所要求得滤波函数，随着区间（a，b）的变化将得到不同的滤波函数表达式，从而使自适应局部迭代滤波实现了自适应的对滤波函数的求解。

2 模糊熵原理

对于给定的 N 维水轮发电机组振动数据时间序列 $[u(1),u(2),\cdots,u(N)]$，定义相空间维数 $m(m \leqslant N-2)$ 和相似容限度 r，重构空间

$$X(i) = [u(i),u(i+1),\cdots,u(i+m-1)] - u_0(i), i=1,2,\cdots,N-m+1$$

$$其中 u_0(i) = \frac{1}{m}\sum_{j=0}^{m-1} u(i+j) \tag{3}$$

引入模糊属函数

$$A(x) = \begin{cases} 1, & x=0 \\ \exp\left[-\ln(2)\left(\dfrac{x}{r}\right)^2\right], & x>0 \end{cases} \tag{4}$$

其中 r 为相似容限度。

对于 $i = 1, 2, \cdots, N - m + 1$，计算

$$A_{ij}^m = \exp[-\ln(2) \cdot (d_{ij}^m / r)^2], j = 1, 2, \cdots, N - m + 1, \text{and } j \neq i \tag{5}$$

其中

$$\begin{aligned}
d_{ij}^m &= d[X(i), X(j)] \\
&= \max_{p=1,2,\cdots,m} (|u(i + p - 1) - u_0(i)| - |u(j + p - 1) - u_0(j)|)
\end{aligned} \tag{6}$$

为窗口向量 $X(i)$ 和 $X(j)$ 之间的最大绝对距离。

针对每个 i，求其平均值，得到

$$C_i^m(r) = \frac{1}{N - m} \sum_{j=1, j \neq i}^{N-m+1} A_{ij}^m \tag{7}$$

定义

$$\Phi^m(r) = \frac{1}{N - m + 1} \sum_{i=1}^{N-m+1} C_i^m(r) \tag{8}$$

因此，原时间序列的模糊熵（FuzzyEn）为

$$\text{FuzzyEn}(m, r) = \lim_{N \to \infty} \left[\ln \Phi^m(r) - \ln \Phi^{m+1}(r) \right] \tag{9}$$

针对有限数据集，模糊熵估计为 $\text{FuzzyEn}(m, r, N) = \ln \Phi^m(r) - \ln \Phi^{m+1}(r)$

3 奇异值差分谱原理[9]

假设有一待分解水轮发电机组振动信号 $Y = [y(1), y(2), \cdots, y(n)]$，对该信号构造一个 $m \times n$ 阶 Hankel 矩阵

$$H = \begin{bmatrix}
y(1) & y(2) & \cdots & y(n) \\
y(2) & y(3) & \cdots & y(n+1) \\
\vdots & \vdots & \vdots & \vdots \\
y(N - n + 1) & y(N - n + 2) & \cdots & y(N)
\end{bmatrix} \tag{10}$$

其中 N 为待分解信号的长度，$m = N - n + 1$。

对所得的矩阵进行奇异值分解

$$H = USV^T \tag{11}$$

其中

$$S = \begin{cases}
(diag(\sigma_1, \sigma_2, \cdots \sigma_q), 0); m \leqslant n \\
(diag(\sigma_1, \sigma_2, \cdots \sigma_q), 0)^T; m > n
\end{cases} \tag{12}$$

S 为一个 $m \times n$ 矩阵，0 表示零矩阵，$q = \min(m, n)$，并且在式（12）中 $\sigma_1 \geqslant \sigma_2 \geqslant \cdots \geqslant \sigma_q \geqslant 0$，$\sigma_i = (i = 1, 2, \cdots, q)$，为矩阵的奇异值。

奇异值差分谱的构造：$S = (\sigma^1, \sigma^2, \cdots, \sigma^q)$，其中 $\sigma_1 \geqslant \sigma_2 \geqslant \cdots \geqslant \sigma_q \geqslant 0$，定义：$b^i = \sigma^i - \sigma^{i+1}$ 这里 i 的取值范围为 $i = 1, 2, \cdots, q - 1$。奇异值 $B = [b^1, b^2, \cdots, b^n]$ 就为相应的奇异值差分谱。

4 仿真试验

根据水轮发电机组振动数据的组成，设置仿真函数由振动信号 x_1、噪声信号 x_2 和脉冲信号 x_3 组成，并且设置各个频率数值具有一定的差异性。仿真不加噪声数据波形如图 1 所示。观察图 2 可以发现由于受到强噪声和异常脉冲的影响，原始数据的波形被全部掩盖其中，难以观察出原始数据的波形所呈现出的波形规律。

$$x_1 = 2\sin(4\pi t) + 0.8\sin(1.8\pi t) + 3\sin(7\pi t)$$
$$x_2 = 7 randn(1, 5000)$$
$$x_3 = pulstran(T, D, tripuls, 0.0000001, 0)$$
$$x = x_1 + x_2 + 15 \cdot x_3$$

（13）

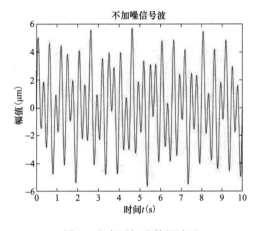

图 1 仿真不加噪数据波形

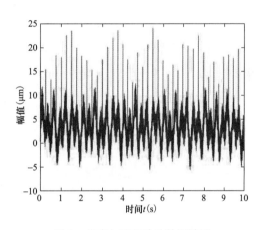

图 2 仿真加噪和脉冲数据波形

4.1 自适应局部迭代滤波算法去噪提纯

为对振动信号进行提纯，现将加噪后振动数据进行自适应局部迭代滤波分解，分解后得到 6 个 IMF 分量，各分量的波形图如图 3 所示，可以发现经过自适应局部迭代滤波算法分解以后，振动数据中各个频段的数据得到了分开，其中噪声数据和脉冲数据几乎全被分解到了第一个和第二个分量当中，观察第三个分量的波形图，其中可能还含有部分噪声。将分解所得 6 个分量进行模糊熵计算，计算结果见表 1，根据模糊熵特性及特点可知，当信号中含有噪声成分时，模糊熵值也会随之变大，但又为了保证去噪后数据的完整性，这里设定模糊熵的阈值为 1。选取小于 1 的 5 个分量进行重构，重构后数据的波形频率图如图 4 所示。

观察图 4 可以发现，振动数据中绝大部分的噪声和异常脉冲得到了清除，但是振动信号中还是余留有部分的噪声和脉冲信号，并且观察其频率图也可以看到噪声和脉冲信号的频率。为了对振动信号进行更加完全的去噪、去脉冲，将模糊熵去噪后的振动数据进行奇异值分解。根据奇异值差分谱中奇异值变化的大小来确定奇异值重构的阶次，图 5 为模糊熵去噪后振动数据的奇异值差分谱，实线为奇异值差分谱，带*虚线为奇异值变化的曲线。观察奇异值变化的曲线，其在 7 之前及 7 的时候变化都很大，到 8 以后变化就非常小，并且在 7 的时候其奇异值差分谱的能量值也很大，所以选择重构的阶次为 7。奇异值重构后数据的波形频率图如图 6 所示，经过奇异值进一步地去噪后，振动数据中的噪声和异常脉冲全部被去除，去噪后的振动数据波形和原始仿真不加噪的数据波形一模一样，并且通过观察其频率图可以发现，噪声和异常脉冲频率都没有了，仿真的三个频率被完整地提取了出来，并且幅值偏差也非常的小，说明该方法对振动数据中的噪声和异常脉冲有非常的去除效果。

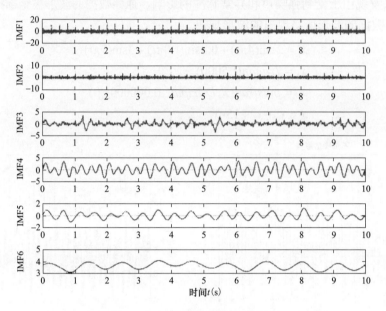

图 3　ALIF 分解的各分量波形图

表 1　　　　　　　　　　　　　　　ALIF 各分量模糊熵值

分量	IMF1	IMF2	IMF3	IMF4	IMF5	IMF6
FE	2.185	0.7129	0.364	0.295	0.065	0.0156

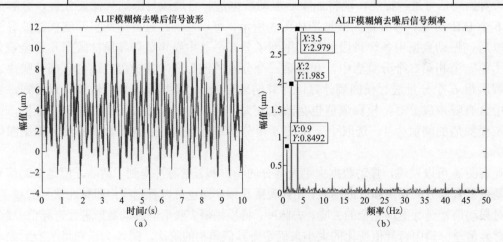

图 4　ALIF-FE 去噪后数据波形频率图

（a）波形图；（b）频率图

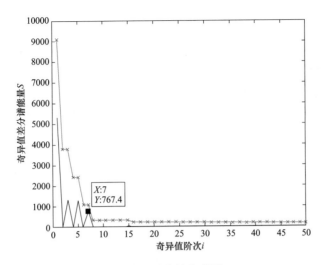

图 5　奇异值差分谱图

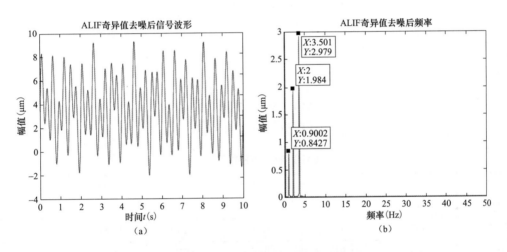

图 6　ALIF-FE-SVD 去噪后数据波形频谱图

（a）波形图；（b）频率图

4.2　经验模态分解方法去噪提纯

为对比本文该方法将加噪振动数据进行经验模态分解，分解得到 11 个分量，其中 5、6、7 三个分量在分解过程中出行了明显的模态混叠现象（如图 7 所示）。通过计算 11 个分量的模糊熵见表 2，根据前面所设置的模糊熵阈值，选取小于 1 的 10 个分量进行重构。重构后的数据波形及频率图如图 8 所示，观察其波形图及其频率图可以发现经过模糊熵去噪以后的振动数据中含有比较多的噪声信号和脉冲信号，相对于自适应迭代滤波模糊熵去噪来说效果不是那么好。

将模糊熵去噪后的信号进行奇异值分解，观察奇异值差分谱（如图 9 所示）可以发现，其也是在 7 及 7 之前的奇异值变化较大，之后变化就很小了，所以选择奇异值重构的阶次为 7。重构后的信号波形图和频率图如图 10 所示，可以看出经过最后一步奇异值去噪后，所剩余的噪声和异常脉冲得到了清除。去噪后的信号波形图和原信号不加噪的波形图也几乎一样，三个特征频率也能够被准确地提取出来，说明该方法也能够有效地去除振动信号中的噪声和异常脉冲。但仔细观察可以发现 3 个频率的幅值偏差相对于自适应局部迭代滤波来说相对较大。

为了更好地对比两种方法，通过计算两种方法去噪后的振动数据和原始仿真不加噪数据之间的相关系数[10]。其中经过自适应局部迭代滤波结合模糊熵奇异值去噪所得振动信号的相关系数为 0.9991，经验模态分解结合模糊熵奇异值去噪所得振动数据的相关系数为 0.9985。相比而言自适应局部迭代滤波方法能够更好地保证数据的完整性，保留更多有效信息。

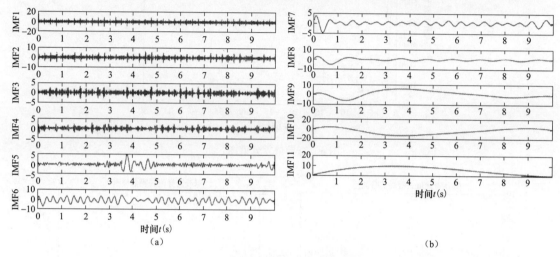

图 7　EMD 分解的各个分量波形图

（a）波形图 1；（b）波形图 2

表 2　　　　　　　　　　　　　**EMD 各分量模糊熵值**

分量	IMF1	IMF2	IMF3	IMF4	IMF5	IMF6
FE	1.480	0.887	0.560	0.447	0.298	0.337
分量	IMF7	IMF8	IMF9	IMF10	IMF11	
FE	0.084	0.040	0.0363	0.035	0.013	

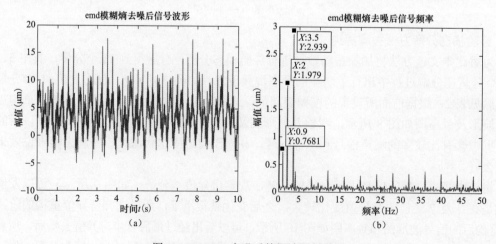

图 8　EMD-FE 去噪后数据波形频谱图

（a）波形图；（b）频率图

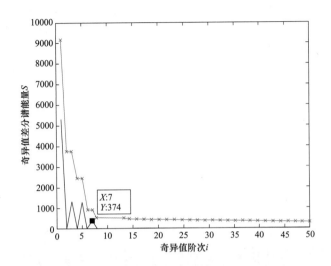

图 9　奇异值差分谱图

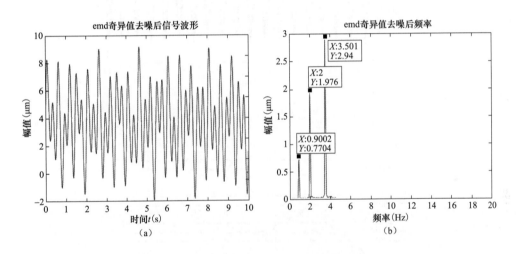

（a）

（b）

图 10　EMD-FE-SVD 去噪后数据波形频谱图

（a）波形图；（b）频率图

5　实例分析

选取我国某电站机组水导 X 向振动数据，其波形图如图 11 所示，该振动数据在采集过程中受到外部环境的影响，导致采集的振动数据中含有非常多的噪声和异常脉冲，这对准确提取机组振动数据的特征频率有很大的影响。将所采集到的振动数据进行自适应局部迭代滤波分解，分解得到 6 个分量，如图 12 所示，计算这 6 个分量的模糊熵见表 3，选取小于 1 的后 4 个分量进行重构。重构后数据的波形频率图如图 13 所示。经过模糊熵阈值去噪后，绝大部分的噪声和异常脉冲得到了清除，观察其频率图发现振动信号中还余留有一小部分的脉冲成分和微弱的噪声。将模糊熵阈值去噪后的振动数据进行奇异值分解。根据奇异值的变化和奇异值差分谱（如图14所示），确定重构的阶次为3。重构后数据的波形频率图如图15所示，发现经过自适应局部迭代滤波结合模糊熵奇异值去噪后，振动数据中的噪声和脉冲被完全去除，机组原始的振动数据显现出来，频率谱中无多余干扰特征频率，这为判断机组的运行状态非常的有利。

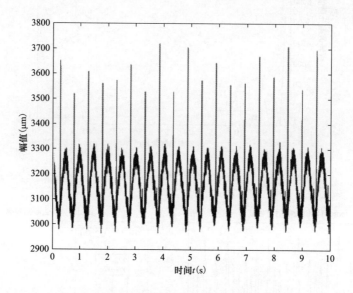

图 11　机组水导 X 向振动数据波形图

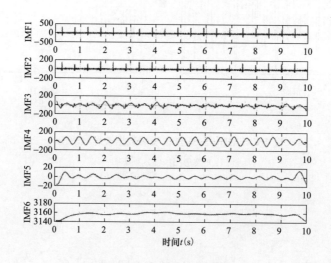

图 12　ALIF 分解各个分量波形图

表 3　　　　　　　　　　　　　　　ALIF 分解各分量模糊熵值

分量	IMF1	IMF2	IMF3	IMF4	IMF5	IMF6
FE	3.336	1.313	0.531	0.218	0.074	0.024

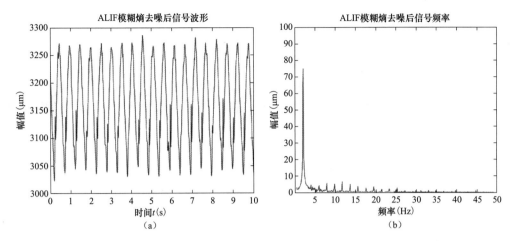

图 13　ALIF-FE 去噪后数据波形频谱图

（a）波形图；（b）频率图

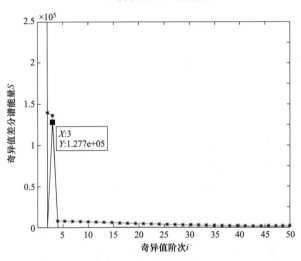

图 14　奇异值差分谱

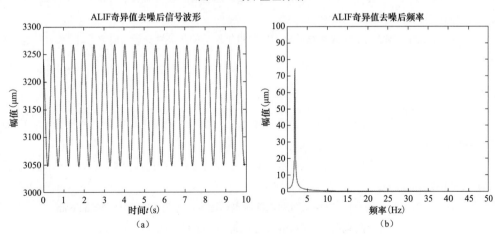

图 15　ALIF-FE-SVD 去噪后数据波形频谱图

（a）波形图；（b）频率图

6　结语

（1）本文针对水轮发电机组振动信号中含有噪声和异常脉冲导致机组特征频率难以提取这一问题，提出一种自适应局部迭代滤波结合模糊熵奇异值的水轮发电机组振动数据提纯方法，通过仿真和实例验证发现本文所提方法能够有效地去除振动数据的噪声和脉冲，为准确提取机组振动数据的特征提供了很大的便利。

（2）通过将本文方法和经验模态分解结合模糊熵奇异值方法相比，本文所提方法在分解过程中没有出现模态混叠现象，且去噪后的振动数据和原始振动数据的相关系数高达 0.9991，能够保留更多原始信号的有用信息。

参考文献

[1] 胡雷鸣. 轴流式水轮发电机组振动信号分析与故障诊断 [D]. 华北水利水电大学，2020.

[2] 冯源，葛新峰，潘天航，等. 基于小波变换的水电机组振动故障分析和特征提取 [J]. 云南电力技术，2014，42（06）：1-4.

[3] 郑源，潘天航，王辉斌，等. 改进 EMD-ICA 去噪在水轮机组隐蔽碰磨诊断中的应用研究 [J]. 振动与冲击，2017，36（06）：235-240.

[4] 陈万涛，李德忠，赵志炉，等. 基于 VMD 和脉冲因子的水轮机摆度信号特征提取分析 [J]. 水利水电技术，2019，50（04）：132-137.

[5] 陈保家，汪新波，赵春华，等. 基于自适应局部迭代滤波和能量算子解调的滚动轴承故障特征提取 [J]. 南京理工大学学报，2018，42（04）：445-452.

[6] 张文斌，江洁，普亚松，等. 自适应局部迭代滤波与模糊熵在齿轮系统故障识别中的应用 [J]. 机械传动，2021，45（05）：146-152.

[7] 张超，何闯进，何玉灵. 基于自适应局部迭代滤波和模糊 C 均值聚类的滚动轴承故障诊断方法 [J]. 轴承，2021（05）：50-55+62.

[8] 杨超，赵荣珍，孙泽金. 基于 SVD-MEEMD 与 Teager 能量谱的滚动轴承微弱故障特征提取 [J]. 噪声与振动控制，2020，40（04）：92-97.

[9] 任岩，胡雷鸣，黄今. 基于 SCADA 数据的风力发电机组振动的相关性分析与研究 [J]. 水力发电，2019，45（04）：106-109.

作者简介

胡雷鸣（1993—），男，硕士研究生，主要从事水电运维和水轮发电机组振动数据分析。E-mail：1304603794@qq.com

王书华（1988—），男，工程师，主要从事水电站/抽水蓄能电站生产技术管理、运行维护和检修管理。E-mail：1903678854@qq.com

洪云来（1989—），男，工程师，主要从事抽水蓄能电站运维。邮箱 1203801526@qq.com

丁岳平（1997—），男，大学本科，主要从事水电运维。E-mail：1412735693@qq.com

抽水蓄能电站 500kV
GIS 设备绝缘故障查找与分析

吉崇冬　李珊珊　王严龙　王　超

（国网新源山东沂蒙抽水蓄能有限公司，山东省临沂市　276000）

[摘　要]沂蒙抽水蓄能电站 500kV GIS 设备在系统受电前发现绝缘电阻值异常，本文从发现故障、查找故障位置、现场应急处理、设备解体检查 4 个阶段入手，总结此次设备缺陷处理全过程，为其他电站设备缺陷处理提供经验。

[关键词]沂蒙抽水蓄能电站；500kV GIS 设备；电压互感器；绝缘电阻

0　引言

沂蒙抽水蓄能电站总装机容量 1200MW，安装 4 台单机容量 300MW 的单级混流可逆式水泵水轮机-发电电动机机组。设计年发电量 20.08 亿 kWh，年抽水电量 26.77 亿 kWh。

沂蒙电站发电电动机出口电压为 18kV，由 1 台 360MVA 变压器升压，在高压侧每两组发电电动机-主变压器组成联合单元，通过 2 回 500kV XLPE 电缆引至开关站四角形接线 GIS，以 2 回出线接至沂蒙变电站，以 500kV 一级电压等级接入系统。电站建成后在系统中承担调峰、填谷、调相、调频和紧急事故备用任务，并具备黑启动能力。电站 500kV GIS 设备均采用平芝公司生产的 SF_6 气体绝缘设备，由于设备属于全封闭结构，当设备发生故障时，无法直接看到故障点，需通过测量试验检验设备满足受电条件。

1　发现故障

沂蒙电站 500kV 系统接线图如图 1 所示。

2021 年 4 月 26 日，沂蒙电站进行系统受电前设备检查[1, 2]。当前运行方式为地面 GIS 合环带第一回 500kV XLPE 电缆，各接地开关均已拉开，隔离开关 50541、隔离开关 50516、隔离开关 50526、隔离开关 50511 均已拉开，隔离开关 50141、隔离开关 50146、隔离开关 50131、隔离开关 50136、隔离开关 50121、隔离开关 50126、隔离开关 50111、隔离开关 50116、隔离开关 50531 均在合位。5011 断路器、5012 断路器、5013 断路器、5014 断路器均在合位。

测试 500kV 设备绝缘电阻，发现 B 相绝缘电阻值异常低；拉开隔离开关 50141、隔离开关 50131，分别测量 1 号电压互感器 01TV 与 2 号电压互感器 02TV 的对地绝缘电阻值，发现故障点位于隔离开关 50141 与隔离开关 50131、隔离开关 50526 之间的 B 相。

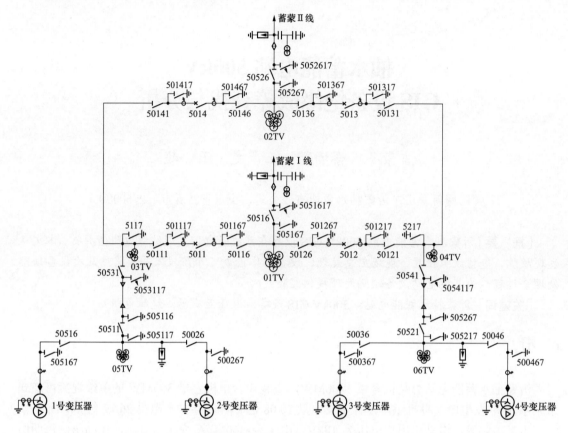

图 1　沂蒙电站 500kV 系统接线图

2　查找故障

通过排查法、测量比较法，对故障点具体位置进行查找，如图 2 所示。

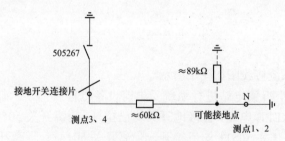

图 2　故障点排查示意图

电压互感器 TV 接线原理图如图 3 所示。

（1）拉开隔离开关 50146、隔离开关 50136、隔离开关 50526，单独对 2 号电压互感器 02TV 的 B 相测对地绝缘电阻，不合格，缩小故障排查范围。

（2）将隔离开关 50136、隔离开关 50146、隔离开关 50526 拉开，接地开关 505267 合上；将图 2 所示 N 点的连接片解开，接地开关 505267 合位状态，从 N 点摇测绝缘，测得对地绝缘电阻值为 7.4kΩ。

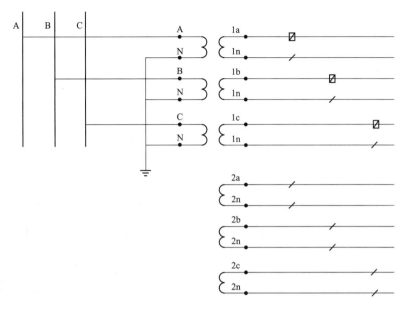

图 3　TV 接线原理图

（3）将接地开关 505267 拉开，拆除接地开关 505267 连接片，隔离开关 50136、隔离开关 50146、隔离开关 50526 拉开至分闸位：

1）N 点连接片解开，从 N 点测得对地绝缘电阻 8.9kΩ。

2）N 点连接片解开，从接地开关 505267 接地片处加压测对地绝缘电阻值为 69kΩ。

3）N 点连接片合上，从接地开关 505267 接地片处测对地绝缘电阻值为 60kΩ。

由测量数据推断，接地点位于电压互感器 02TV 的 B 相一次侧高压绕组近 N 端。TV 型号为 VZR-AM500C4，B 相一次绕组经 N 端接地，接线端子如图 4 所示。

查找 2021 年 2 月 8 日安装试验记录，由水电十四局委托四川送变电对 GIS 设备本体连同电压互感

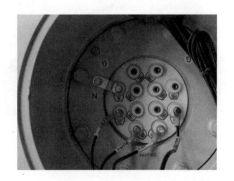

图 4　设备接线端子图

器一同进行三相交流耐压试验，试验最高电压为 740kV，频率为 73Hz，耐压结果合格未发现任何异常。

3　现场应急处理

考虑 500kV GIS 设备未购置备品备件，为不影响系统正常送电，沂蒙电站将故障 TV 更换为同型号同厂家的地下 GIS 二单元 06TV B 相，顺利完成系统倒送电工作。

4 返厂检查

将故障的 2 号电压互感器 02TV 的 B 相拆下返厂检查：

（1）检查外观无异常；

（2）SF_6 气体微水试验合格；

（3）测量一次绕组、二次绕组直流电阻值合格；

（4）测量二次绕组绝缘电阻值合格；

（5）测量一次绕组绝缘电阻值，基本为 0 MΩ，如图 5 所示。

将 TV 吊芯检查：

（1）绝缘子（SF_6 侧）表面无异常；

（2）气箱内表面无异常；

（3）夹件表面无异常；

（4）均压环检查无异常；

（5）一次绕组和二次绕组表面检查无异常；

（6）一次绕组 N 端引线与铁芯之间的绝缘保护套破损，破损处的引线金属外露，如图 6 和图 7 所示。

图 5　制造厂绝缘电阻测量

图 6　绝缘破损点

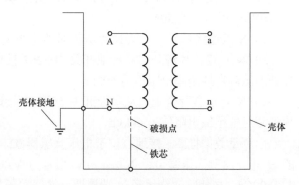

图 7　绝缘破损点示意图

5 结语

查阅行业内其他电站 500kV 设备故障案例，未出现过类似缺陷。一次绕组的中性线靠近 N 端的引线破损，破损点通过铁芯直接与地短接，导致绝缘电阻值不合格。经调查为装配过程中，作业人员未按工艺要求固定引线，导致 N 端引线的绝缘外皮在拉扯过程中被铁芯尖角划伤，导体外露，500kV GIS 多次分合闸过程中产生较大振动，导致绝缘破损处的导体直接和铁芯接触，引起接地故障。

为了避免装配过程中出现此问题，厂家采取多重防护措施，在一次绕组 N 端出线处追加了 PET 防护膜。沂蒙电站也吸取此次经验教训，提高对设备制造过程中的监造检查，加强日常运维过程中对设备绝缘性能的监督检测。

参考文献

[1] 国家能源局. DL/T 618—2011 气体绝缘金属封闭开关设备现场交接试验规程［S］. 北京：中国电力出版社，2011.

[2] 中华人民共和国住房和城乡建设部，中华人民共和国国家质量监督检验检疫总局. GB 50150—2016 电气装置安装工程　电气设备交接试验标准［S］. 北京：中国计划出版社，2016.

作者简介

吉崇冬（1982—），男，高级工程师，主要从事抽水蓄能电站运维管理工作。E-mail：8602027@qq.com

李珊珊（1993—），女，工程师，主要从事抽水蓄能电站电气一次设备专业管理工作。E-mail：only_lss@163.com

王严龙（1987—），男，中级工程师，主要从事抽水蓄能电站电气一次设备专业管理工作。E-mail：786944634@qq.com

王　超（1995—），男，助理工程师，主要从事抽水蓄能电站运维工作。E-mail：779075254@qq.com

基于 IEC 61850 通信的厂用电智慧运维系统

赵福万　刘金栋　姚　坤

（河北丰宁抽水蓄能有限公司，河北省丰宁县　068350）

[摘　要] 在抽水蓄能电站日益发展的今天，技术革新给新建抽水蓄能电站带来的便利也越来越突显。尤其随着网络、数字化技术的快速发展，IEC 61850 网络通信技术在自动化方面的逐步应用，实现电站设备智能化运检及数字化系统的组成也陆续展开。本文主要结合国内某大型新建抽水蓄能电站厂用电系统，介绍基于 IEC 61850 的抽水蓄能电站厂用电智能运维系统，包含弧光保护、无线测温及智慧运维等系统。在完善厂用电系统的同时，兼顾了厂用电运维系统的智能化水平。

[关键词] 厂用电；IEC 61850；智慧运维；弧光保护；无线测温

0　引言

厂用电系统是抽水蓄能电站不可或缺的一部分，同时也是影响抽水蓄能电站可靠、经济运行的重要因素。它担任着抽水蓄能电站 GIS、主变压器、机组等主要设备在安装、调试，设备启动、运转、停役、检修等工作中的辅助和配合的角色。在安装、调试、生产、运行等过程中抽水蓄能电站设备本身的用电称为厂用电，通常把参与厂用电供配电的设备所组成的系统称为厂用电系统。

目前，我国大部分抽水蓄能电站仍在使用传统的厂用电系统运行方式、设备巡检及设备维护方法，其中厂用电供电电源及母线运行方式的投切通过传统的逻辑控制单元及断路器设备间的硬接线实现。随着通信网络、数字化技术的快速发展，IEC 61850 网络通信技术在抽水蓄能电站的逐步应用，电站用户对实现电站厂用电系统自动化运行安全平稳，设备健康状态可实时查询、实现设备状态检修及提高运行效率提出越来越高的要求。

1　厂用电电压等级的设置

厂用电的电压等级与电动机的容量有关。大容量的电动机宜采用较高的电压。抽水蓄能电站中拖动各种机械系统所用的电动机容量差别较大，一般从几千瓦到几百千瓦不等，宜选用不同的电压等级。结合国内某大型抽水蓄能电站发电机额定电压 15.75kV，厂用电动机的电压（引水系统充水泵电压 10kV，低压电动机 0.4kV）和三相输电功率 $s = \sqrt{3}UI$ 输送距离的经济性，电站厂用电系统采用两级电压供电，即高压 10kV 和低压 0.4kV。

2 高压厂用电接线原则

抽水蓄能电站机组厂用电系统一般应设置三个或三个以上独立的电源点。除有正常的工作电源（主用电源）外，还应设有备用电源及保安电源，以满足抽水蓄能电站机组在各种工况下的运行要求，保证供电的可靠性。结合国内某大型抽水蓄能电站基建及运行、检修的需求，对各类负荷设计合理的供电方案。对于重要负荷，则考虑用户电源需要较高的可靠性，并配有备用电源自动投入装置。两个互为备用的负荷，则应尽量从不同的母线段引接。

高压厂用电的接线方案可以各有不同，但首先应遵循以下 3 点原则：

（1）各机组的高压厂用电系统应该相对独立。这主要是为了保证某一台机组的厂用电母线故障时，不致影响其他机组的正常运行。同时，由于事故被限制在一个较小范围内，也便于事故处理，并使机组在短时间内恢复运行。

（2）高压厂用电系统应设有启动/备用电源，设置方式应根据机组容量的大小和它在系统中的重要性而定，但必须可靠。在机组启停和事故时的切换操作要少，并且与正常工作电源能短时并列运行，以满足机组在启动和停运过程中的供电要求。

（3）考虑全厂的发展规划，各高压厂用电系统的布置及高压公用系统的容量应留有充分的扩充余地，以免在扩建时造成不必要的重复性浪费。

以国内某大型抽水蓄能电站 12 台单机容量为 300MW、发电机出口电压为 15.75kV 的机组为例。其厂用电接线设置如图 1 所示。

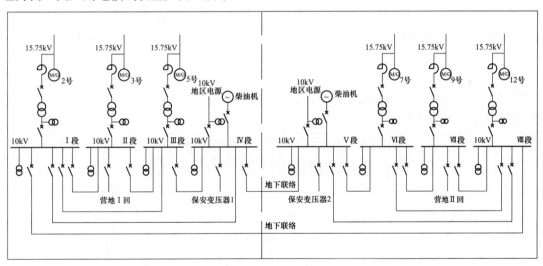

图 1　厂用电接线示意图

每期工程均有 5 个厂用电源回路引至 10kV 高压厂用母线，采用单母线四分段、环形接线。两期工程 10kV 母线共分八段，每台厂高压变压器引接一段 10kV 母线、备用电源和柴油机接一段 10kV 母线，两期工程之间也设置联络，如图 1 所示。

每台变压器引接一段 10kV 母线，其中全厂厂用电负荷主要均匀分配于 10kV 母线 Ⅰ 段（二期Ⅷ段）、Ⅲ 段（二期Ⅵ段），保安专用变压器接于 10kV 母线 Ⅳ 段（二期Ⅴ段）。10kV 母线 Ⅱ 段（二期Ⅶ段）除母联断路器外，设置一个馈线回路用于引接营地供电电源。两期工程厂用电系统一期Ⅰ段与二期Ⅷ段、一期Ⅳ段与二期Ⅴ段之间分别设置联络开关，设置两回联络电源后，两期工程的工作电源、备用电源、应急电源均可实现互为备用。

3 厂用电智慧运维系统

3.1 弧光保护系统

在中低压电力系统中，如果不及时切除电弧光故障，将严重威胁现场工作人员的人身安全及电力系统安全稳定运行，业界对电弧光原理及故障特性进行了研究。10kV 开关柜保护通常由断路器实现，由于断路器上下级选择性的考虑，通常母线保护需要通过限时速断（延时大于 300ms 以上）实现母线的快速保护。由于柜内燃弧故障将产生巨大的热量，一旦故障发生，超过 150ms 后铜排开始燃烧，200ms 后钢板燃烧；热量将导致开关柜损坏、设备供电中断，重新更换开关柜直至恢复供电，至少需要 7～10 天，严重的情况将引起运行周边设备烧毁，甚至威胁检修巡视人员人身安全，后果不堪设想。

国内某大型抽水蓄能电站充分考虑电弧光对 10kV 开关柜设备的危害，在设计时期就对开关柜的保护系统做了相关完善，设置的弧光保护系统是基于电流及弧光双判据（有其他电流、弧光、温度三判据的方案这里只介绍双判据），厂用电系统每段母线各设置 1 套独立的电弧光保护装置，包括地下厂房、上水库、下水库、开关楼及溢洪道区域 10kV 母线，共 16 套，每面开关柜在母线室、断路器室各设置一个电弧光保护传感器，电弧光保护装置安装于开关柜内。保护装置应采用数字型，具有良好的抗干扰特性，不受电压波形畸变影响而误动，应集控制、保护、测量、信号多种功能于一体。电弧光保护探测到故障至保护跳闸出口时间应不大于 7ms（包括输出继电器动作时间）。并直接将过电流及弧光能力作用于能量释放装置，从根本上消除开关柜故障，保证将燃弧故障消灭在萌芽阶段，从根本上确保设备运行安全。

电弧光保护装置采用 IEC 61850 通信规约与开关柜综合保护装置进行数字化通信，实现数字化保护功能及相关断路器的分合闸控制。以国内某大型抽水蓄能电站厂用电Ⅰ母线为例介绍配置方式，如图 2 所示。

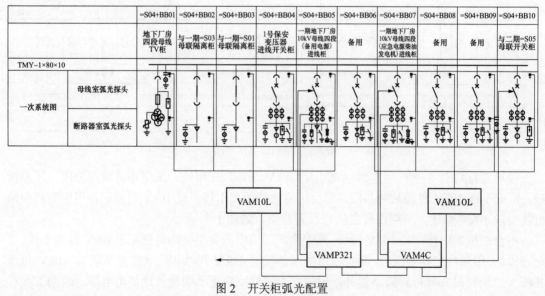

图 2 开关柜弧光配置

每台开关柜均配置母线室、断路器室弧光保护光传感器，其中 VAMP321 为弧光主保护，VAM4C 为弧光电流模块，VAM10L 为传感器中间模块，每段母线配置一套弧光保护单元，当保护单元检测到弧光且满足过电流流判据时，主保护装置发跳闸命令到该段母线所有进线及母联断路器同时闭锁母联备用电源自动投切装置。

3.2 无线测温系统

在 10kV 开关柜中，电路的连接与断开都是由断路器触头动作完成的，因此断路器触头的工作状态和工作性能对电能供应的质量具有重要影响。由于触头动作频繁、接触面容易受到外界异物污染等原因，易导致动静触头连接处电阻增大、触头温度过高，进而引发相关电气设备烧毁等事故，因此某大型抽水蓄能电站在 10kV 开关柜中配置了一种无源感应取电的无线测温装置，用来实现在日常维护中对触头温度的在线监测，运行维护人员可通过无线测温装置进行实时数据查看、历史数据查询，可以对触头的工作状态进行判断，从面提前采取措施，防止触头温度过高而引起的各类事故。

无线测温系统配置方式如图 3 所示。每面 10kV 断路器柜配置 9 只无线测温传感器（断路器上下触臂每相各一只、分支母排和电缆连接处每相各一只）和 1 台测温主机（现地采集单元及读取天线集成一体），安装在开关柜仪表面板上，实现测温数据现地显示及上传功能。传感器与测温主机之间采用可靠的 433M 无线射频传输，不漏采、不误采信号。无线测温传感器与测温主机之间通过 433M 无线传输测温数据，无线测温主机通过通信管理机接入光纤通道，将测温数据传输至测温监控系统，测温后台监控系统与智慧运维系统在同一网络通道内，测温后台系统可将测温数据传输至智慧运维系统。

10kV 开关柜无线测温系统的功能是实时监测温度，以保证预警与报警双重功能设置。它的功能主要包括以下 4 个方面：第一，24h 监测高压开关柜的温度变化，以及时对缺陷故障做出精确判断。第二，保存电气设备的历史温度数值，便于后续的比较与分析。第三，统计分析温度数据，同时绘制相关的数据图表，便于查看。第四，实时监测温度值是否处于高温预警状态。

3.3 厂用电控制保护系统

国内某大型抽水蓄能电站 10kV 厂用电控制保护系统采用 IEC 61850 网络技术，通过厂用电相应保护装置将所有 10kV 厂用电开关形成互联，实现网络化备用电源自动投入、网络化母线保护、数字化的开关切换及数字化的电弧光保护功能（如图 4 所示）。通过以太网工业级交换机将所有开关互联，开关柜之间的逻辑闭锁和所有进线、联络开关切换均通过软件逻辑编程实现，柜与柜之间采用以太网连接，调试过程通过软件实现，如果有二次设计变更，无需二次接线的变化，只需要逻辑修改程序即可实现更改。利用通信功能进行装置之间的 GOOSE 信息共享，当 10kV 系统的任何地方出现故障时（进出线、母线、馈线），相关联网的装置通过信号比选、逻辑判断，快速判别线路故障区段，并且有选择地快速地切除故障线路，从而实现数字通信电流保护功能。数字通信电流保护范围包括进出线、母线、馈线等。另外，为防止工作电源和备用电源同时投入同一段母线，在进线和联络断路器手动合闸回路还需要接入其他相关开关柜的断路器动断触点进行闭锁，实现合闸回路的硬闭锁。

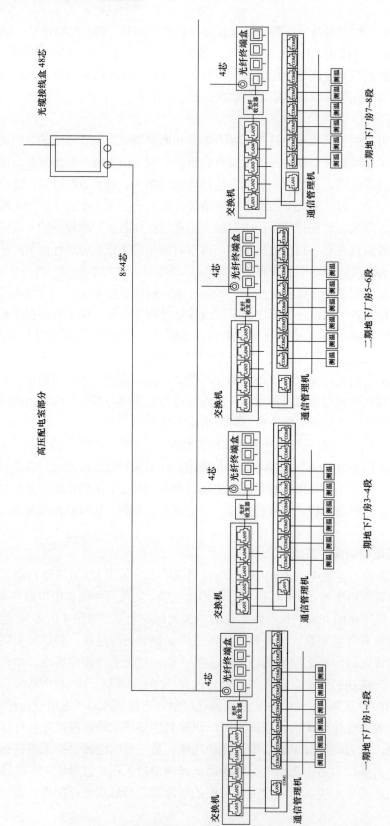

图 3　高压测温后台组网图

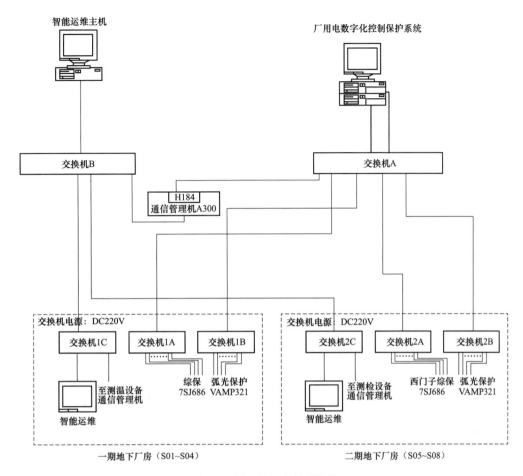

图4 厂用电控制保护系统图

4 结语

厂用电系统设备的智能化管理与数字化发展是目前厂用电系统发展的必然趋势，也是智能变电站的重要组成部分。当下各种先进的网络技术正在蓬勃发展，应用于电力系统的技术也不胜枚举。目前基于IEC 61850通信的厂用电智慧运维系统日益成熟，对其维护工作的要求也随着时代的进步而不断提高。先进网络技术的发展与应用存在很多可能出现的故障和问题，需要其运行维护工作者的不懈努力，加强日常的维护力度，这样才能积极推进抽水蓄能电站厂用电系统的智能化、数字化发展。

参考文献

[1] 沈宇龙，夏成林，郯朝辉，等. 开关柜快速电弧光保护方案 [J]. 自动化仪表，2020，41（7）：20-24.

[2] 王超. 弧光保护在中低压开关柜中的应用研究 [J]. 电气关，2019，57（6）：83-84，88.

[3] 高霞. 高压防爆开关触头的无线测温保护装置设计 [J]. 机械工程与自动化，2021（2）：152-154.

[4] 王帅. 10kV高压开关柜无线测温设备在电气设备维护中的应用及优势分析 [J]. 现代制造技术与装备，

2021，57（3）：108-109.

［5］孙建华，梁继元，刘磊，等. 智能变电站变电运维安全与设备维护探讨［J］. 电力系统装备，2021（1）：124-125.

作者简介

赵福万（1994—），男，助理工程师，主要从事抽水蓄能电站电气一次设备安装与维护。E-mail：949142604@qq.com

刘金栋（1990—），男，工程师，主要从事抽水蓄能电站电气管理，E-mail：284607305@qq.com

姚　坤（1994—），女，助理工程师，主要从事抽水蓄能电站电气一次设备安装与维护。E-mail：yaokun068@163.com

班多水电站1号机组不带锁锭接力器防尘压盖崩开原因分析及处理

赵明盛　芦　海　张　君

（国家电投黄河上游水电开发有限责任有限公司班多发电分公司，青海省西宁市　810000）

[摘　要]本文主要对班多水电站1号机组不带锁锭接力器防尘压盖多次崩开的原因进行分析并指定有效可行的处理措施，在综合分析的基础上提出解决设想，经过分析、讨论及验证，得出解决防尘压盖崩开的设想和方法。消除了1号机组不带锁锭接力器防尘压盖崩开的缺陷，优化了运行方式，保证了1号机组安全稳定运行。

[关键词]不带锁锭接力器；防尘压盖；V形密封；崩开

0　引言

班多水电站位于位于青海省海南州兴海县与同德县交界处的茨哈峡谷出口处，工程规模为二等大（2）型工程，班多水电站以发电为主，枢纽建筑物从左到右依次是混凝土副坝、泄洪闸、河床式电站厂房及右岸混凝土副坝，坝顶高程2764.00m，设计正常蓄水位2760.00m，厂内安装三台轴流转桨式水轮发电机组，总装机容量360MW，总库容1535万 m^3，多年平均发电量14.12亿 kWh。

1　概述

调速器及压油装置主要作用是根据机组负荷的变化需求随时调节机组活动导叶和桨叶开度，调节水轮发电机组的转速，维持负荷的变化和机组频率在允许偏差内运行。班多水电站的调速器型号是WST-150-6.3，试验压力为9.5MPa，调节规律为并联PID调节，活动导叶与桨叶采用微机数字式智能化协联。活动导叶接力器为直缸式，活塞直径为ϕ480mm，活塞杆直径为ϕ220mm，接力器行程990mm，带锁锭接力器和不带锁锭接力器行程差不超过1mm，导水机构的压紧行程为5～7mm，额定操作油压6.3MPa，最小操作油压4.6MPa，接力器数量为2台，即带锁锭接力器和不带锁锭接力器（如图1所示）。

2　班多电站不带锁锭接力器防尘压盖崩裂事件跟踪

2013年11月班多发电公司委托黄河电力检修公司对1号机进行了B级检修，对1号机组带锁锭接力器和不带锁锭接力器都进行了全面分解，分解检查后按检修工艺回装，2014年

1月15日1号机组检修完工并网,2014年2月至2014年8月份机组运行稳定,直到2014年9月份1号机组出现控制环与不带锁锭接力器推拉杆链接销轴上窜,进而拉断销轴压板螺栓,停机过程中1号机组不带锁锭接力器防尘压盖把合螺栓被拉长,防尘压盖与不带锁锭接力器本体存在位移,同时发现不带锁锭接力器活塞杆上出现轻微轴向的划痕,最大划痕深度0.3mm,长度贯穿整个不带锁锭接力器活塞杆。

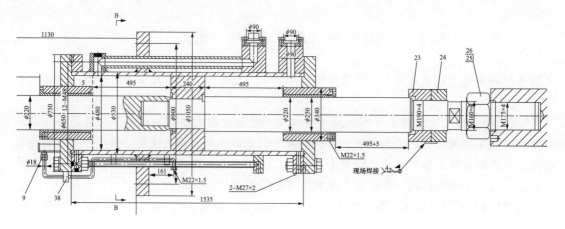

图1　不带锁锭接力器(mm)

3　不带锁锭接力器活塞上出现的轴向划痕的原因分析

原装防尘压盖内径和活塞杆紧密接触,不带锁锭接力器动作过程中防尘压盖内径与活塞杆外圆长时间摩擦,正常情况下接力器活塞杆运动轨迹与控制环运动轨迹在同一平面上,即使是防尘压盖内径与活塞杆外圆长时间摩擦,也不可能相互刮伤(因为其只在水平受力,垂直方向不受力)。只有在接力器活塞杆运动轨迹与控制环运动轨迹不在同一平面上,相互运动过程中防尘压盖内径与活塞杆外圆的紧密接触点上除水平轴向力外,还产生一个圆周方向的径向力,这径向力导致活塞杆上产生轴向毛刺,在接力器开、关过程中嵌套在不带锁锭接力器前缸盖上的铜套被此毛刺划伤,产生划痕。

调速系统的油中可能有杂质,此杂质一方面来源于集油箱,因1号机组集油箱靠近卸货间和安装间,人员流动大,灰尘较多,杂质通过集油箱人孔门进入调速系统。另一方面杂质来源于管路,每次检修时,在对调速系统管路进行分解检查后回装时未按要求进行清理。杂质随油进入接力器,附着在接力器活塞杆上,在活塞杆与防尘压盖相对运动时,使活塞杆上产生毛刺,在接力器开、关过程中嵌套在不带锁锭接力器前缸盖上的铜套被此毛刺划伤,产生划痕。

4　不带锁锭接力器防尘压盖崩裂原因分析

班多水电站接力器形式为直缸结构,其动作特点:缸体不动,活塞做直线运动,推拉杆在活塞做直线运动的同时在一定范围内可以摇摆,水轮机型号为ZZ-LH-660,针对设备结构特点和运行维护记录，从以下 3 个方面进行了分析：

（1）控制环与接力器的水平进行测量，水平差为 0.12mm/m（设计值为 0.10mm/m），数据偏大，经分析活塞杆运动过程中存在径向力，导致活塞杆表面与防尘压盖内侧偏磨，当不带锁锭接力器动作过快时，活塞杆与防尘压盖内侧偏磨力矩增大，导致防尘压盖崩开，对此原因将之前整圆防尘压盖换成分瓣（2 瓣），并对分瓣防尘压盖的内径进行扩孔处理（经向扩大 2mm），处理后不带锁锭接力器开关过程中防尘压盖崩开问题仍未解决。

（2）2016 年 3 月对不带锁锭接力器进行了全面分解，分解检查过程中在不带锁锭接力器活塞腔中未发现任何杂质（如图 2 所示），嵌套在不带锁锭接力器前缸盖上的铜套有不同程度划痕，V 形密封（接力器密封，其特点密封性能好、压缩量比较大，但是耐磨性能差、摩擦力大）圆度有一定程度变形，经分析判断，分析结果为带锁锭接力器和不带锁锭接力器行程差值过大，调节带锁锭接力器行程螺栓，减小了 3.5mm，并更换新 V 形密封，处理后不带锁锭接力器开关过程中防尘压盖崩开问题仍未解决。

图 2　不带锁锭接力器活塞腔中未发现任何杂质

（3）2019 年对 1 号机组 A 级检修时，分解导水机构后发现活动导叶下轴套磨蚀严重，且测得活动导叶动摩擦系数为 2.5MPa 超出设计规范工作压力的 15%，经与有关技术人员分析讨论，活动导叶下轴套损坏的原因是活动导叶下轴套密封泥沙的密封条损坏，泥沙进入活动导叶及活动导叶下轴套之间，将活动导叶下轴套铜基镶嵌润滑层破坏（如图 3 所示），将活动导叶下轴颈抱死，使活动导叶动摩擦系数增大，从而导致接力器操作力矩变大，使不带锁锭接力器前端防尘压盖崩开。

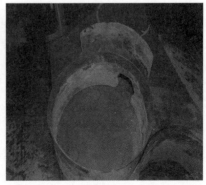

图 3　活动导叶下轴套铜基镶嵌润滑层破坏图

5　处理方法

检修时对控制环与接力器之间的水平度进行了调整，使水平度符合检修技术规程，且更换嵌套在不带锁锭接力器前缸盖上的铜套及 V 形密封，按技术要求组装，对不带锁锭接力器活塞杆进行研磨处理。

检修时对机组调速系统管路、阀门、集油箱、压油罐进行彻底清理，经三级验收合格后进行充油冲压，并要求对调速系统透平油进行定期过滤。

将之前活动导叶下轴套钢背聚甲醛复合材料（轴套内测为聚甲醛复合材料，轴套外侧为钢套），更换为 FZB05 型下轴套，将原下轴套"O"形密封圈ϕ290mm×7mm 改为ϕ295mm×5.3mm，材质由之前的耐水丁腈橡胶改为 YI7445，并在"O"形密封圈上方加装ϕ295mm×ϕ311mm×4.5mm 的浮动压环，其材质为 ZCuAI10Fe5Ni5。下轴套安装工艺为冷套安装，安装后调速系统充压活动导叶进行动作试验，测得活动导叶动摩擦系数为 0.85MPa，规程规定活动导叶动摩擦系数动作值不大于正常操作油压的 15%（0.945MPa），机组回装后运行至今已有一年之久，未发生不带锁锭接力器前防尘压盖崩开等问题出现。

6 结语

通过以上分析，因控制环与接力器水平不满足机组检修安装技术要求和操作压力油中掺有颗粒杂质，使活塞杆及封油铜套接触面损伤，导致封油效果下降，再者活动导叶下轴套型式不满足在多泥沙水质中运行，由于泥沙影响使活动导叶动摩擦系数增大，导致带锁锭接力器及不带锁锭接力器动作力矩增大，双重原因导致不带锁锭接力器前防尘压盖崩开，严重影响机组安全稳定运行，通过对检修工艺要求的提高及对活动导叶下轴套型式及材质重新设计，使其满足在多泥沙水质中运行，且通过检修质量的提高保证机组安全稳定运行。

参考文献

[1] 陈造奎. 水力机组安装与检修［M］. 北京：水利水电出版社，2011.

作者简介

赵明盛（1987—），男，本科学历，工程师，主要从事水电站机械设备管理工作。

芦　海（1988—），男，本科学历，工程师，主要从事水电站安全生产管理工作。

张　君（1977—），男，大专学历，助理工程师，主要从事水电站机械设备检修维护工作。

抽水蓄能电站电缆保护拒动问题分析
及改进建议

方书博　娄彦芳　亓程印　樊京伟　段乐乐　张曼　艾茂盛

（河南国网宝泉抽水蓄能有限公司，河南省新乡市　453636）

[摘　要] 国电南京自动化股份有限公司（简称"国电南自"）PSL-603U 国网九统一线路保护在抽水蓄能电站使用过程中可能存在拒动问题，本文主要分析了继电保护拒动原因，并根据抽水蓄能电站接线特点及运行方式，提出改进建议。其他公司的线路保护作为短电缆保护应用于抽水蓄能电站时，也可能存在类似问题，可参照本文进行排查整改，从而有效地避免继电保护拒动事故发生。

[关键字] 线路保护；拒动；抽水蓄能电站；电缆保护

0　引言

抽水蓄能电站主变压器一般位于地下厂房，通过高压电缆送至开关站，高压电缆保护配置与电网高压线路保护配置相似，一般只配置光纤差动保护。但高压电缆一次设备配置与电网高压线路不同，运行方式也不同，若按照电网高压线路简单配置线路差动保护，则在某些情况下，可能引起差动保护拒动，造成故障扩大，严重影响电网安全，因此应根据抽水蓄能电站一次设备配置及运行方式，合理配置高压电缆保护，防止继电保护拒动事故发生。

1　高压电缆保护配置

宝泉电站以一回 500kV 出线接入新乡 500kV 获嘉变电站，发电机、主变压器位于地下厂房，通过两根 500kV 电缆（短引线）接入开关站 GIS，在开关站配置 5011、5012、5013 三个断路器，500kV 两段母线分别配置一组单相电压互感器，500kV 出线配置两组三相电压互感器，具体接线如图 1 所示。

改造前，每根 500kV 电缆由两套保护组成，第一套由南京南瑞继保电气有限公司生产，内含线路保护装置 RCS-931D 和光纤通信接口装置 FOX-41A。第二套由许继电气股份有限公司生产，内含线路保护装置 WXH-803A 和光纤通信接口装置 ZSJ-901。

本次改造内容为将第二套短线保护由许继线路保护装置 WXH-803A 更换为国电南自线路保护装置 PSL-603U，光纤通信接口装置 ZSJ901 更换为国电南自光纤信号传输装置 GXC-01U。其中电南自线路保护装置 PSL-603U 为国网九统一标准版，河南国网宝泉抽水蓄能有限公司（简称"宝泉公司"）未对保护装置内部程序进行修改。

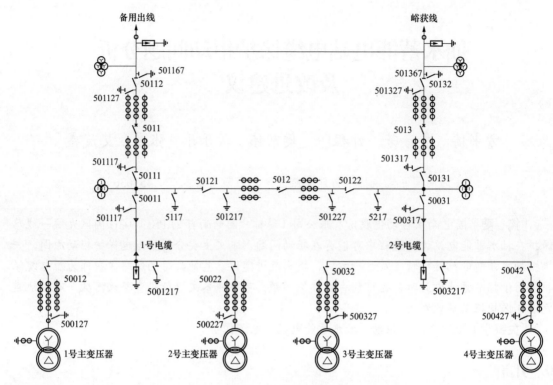

图 1　电气主接线图

2　存在问题

　　宝泉公司在保护装置出厂验收过程中发现国网九统一标准版线路保护装置 PSL-603U 应用于抽水蓄能电站电缆保护时存在拒动情况。保护启动元件用于启动故障处理功能和开放保护出口继电器的负电源，只有保护启动，保护装置才能正常出口跳闸，但在某些运行工况下，500kV 电缆发生故障时，因保护装置不启动，出现保护装置拒动情况。

3　原因分析

3.1　PSL-603U 启动元件分析

　　国网九统一标准版线路保护装置 PSL-603U 共有五个启动元件[1]：

　　（1）电流突变量启动元件。

　　（2）零序电流启动元件。

　　（3）静稳破坏检测元件。

　　（4）弱馈启动元件。纵联电流差动保护中，用于弱馈侧和高阻故障的辅助启动元件，同时满足以下两个条件时动作：

　　　1）对侧保护装置动作；

　　　2）以下条件满足任何一个：

a. 任一侧相电压或相间电压小余 65%额定电压；

b. 任一侧灵虚电压或灵虚电压突变量大于 1V。

（5）TWJ 启动元件。纵联电流差动保护中，作为手合于故障或空充线路时，一侧启动，另一侧不启动时，未合侧保护装置的不启动元件，同时满足以下两个条件时动作：

1）有三相 TWJ；

2）对侧保护装置启动。

3.2 拒动情况分析

抽水蓄能电站接线与常规变电站不同，宝泉电站主变压器高压侧未配置断路器及电压互感器，开关站配置 5011、5012、5013 三个 500kV 断路器及线路电压互感器。

原第二套电缆保护为许继线路保护装置 WXH-803A，以 500kV 电缆 1 为例，地下厂房侧 WXH-803A 接入 1、2 号主变压器高压侧电流互感器，开关站侧接入 5011、5012 断路器侧电流互感器及 5011、5012 断路器三相位置。更换为国网南自线路保护装置 PSL-603U 后，若按照原有图纸接线，在以下运行方式下发生故障，存在拒动情况。

（1）电缆空载时拒动分析。以 1 号电缆为例，1、2 号机组处于停机状态，1、2 号主变压器空载运行，1 号电缆处于空载状态。该运行方式为电站常见运行方式，此时若 1 号电缆内部发生故障，故障点电流全部由开关站侧 500kV 系统提供（厂房机组未启动，变压器空载无法提供短路电流），此时开关站侧电流互感器因存在电流突变，开关站侧 PSL-603U 可正常启动。但地下厂房侧保护无法正常启动，具体原因如下：

1）地下厂房侧电流互感器无电流突变（变压器空载时电流互感器流过电流很小，发生故障后该电流变为 0A，突变量较小，电流突变量启动元件不动作），前三种启动元件（电流突变量启动元件、零序电流启动元件、静稳破坏检测元件）均不动作。

2）第四种启动元件为弱馈启动元件，因第二套电缆保护未接入电压量，不满足电压条件，弱馈启动元件不动作。

3）第五种为 TWJ 启动元件，因地下厂房侧线路保护装置未接入断路器位置信号，保护装置默认断路器在"合"位，不满足 TWJ 启动元件动作条件，TWJ 启动元件不动作。

综合以上分析，电缆空载时电缆内部发生故障，因地下厂房侧保护装置无法正常启动，将造成保护装置拒动。

（2）主变压器送电时拒动分析。主变压器送电时拒动情况与电缆空载时拒动情况类似，以 1、2 号主变压器为例，主变压器停电检修后，通过合 500kV 5011 断路器送电，送电前若 1 号电缆（1、2 号主变压器通过 1 号电缆与开关站连接）存在短路故障，5011 合闸后，故障点电流全部由开关站侧 500kV 系统提供（厂房机组未启动，变压器空载无法提供短路电流），此时开关站侧电流由 0A 突变至短路电流，存在电流突变，开关站侧 PSL-603U 可正常启动。但地下厂房侧保护无法正常启动，具体原因如下：

1）送电前地下厂房侧电流互感器电流为 0A，送电后因 1 号电缆内部存在短路故障，电流值仍然为 0A，无电流突变，前三种启动元件（电流突变量启动元件、零序电流启动元件、静稳破坏检测元件）均不动作。

2）第四种启动元件为弱馈启动元件，因第二套电缆保护未接入电压量，不满足电压条件，弱馈启动元件不动作。

3）第五种为 TWJ 启动元件，因地下厂房侧线路保护装置未接入断路器位置信号，保护装置默认断路器在"合"位，不满足 TWJ 启动元件动作条件，TWJ 启动元件不动作。

综合以上分析，主变压器送电时电缆内部发生故障，因地下厂房侧保护装置无法正常启动，将造成保护装置拒动。

（3）黑启动时拒动分析。抽水蓄能电站具有黑启动功能，黑启动（Black-Start），是指电网在遇到灾难性事故，失去所有电源后的重新启动和恢复过程。在电厂机组启动成功以后，再按照预先设定的路径去启动相应的电厂或者带上一定的负荷，使得系统得以逐步恢复，逐步扩大电网的恢复范围，最终实现全网的完全恢复。

以 1 号机黑启动为例，首先启动 1 号机组，1 号机发电启机成功后，通过合 1 号机出口断路器，给 1 号主变压器和 1 号电缆送电（500kV 5011、5012 断路器均在"分"位），此时若 1 号电缆内部发生故障，1 号主变压器高压侧电流互感器流过短路电流，电流突变量启动元件正常启动（厂房侧），开关站侧保护可能无法正常启动，具体原因如下：

1）送电前开关站侧电流互感器电流为 0A，送电后因 1 号电缆内部存在短路故障，电流值仍然为 0A，无电流突变，前三种启动元件（电流突变量启动元件、零序电流启动元件、静稳破坏检测元件）均不动作。

2）第四种启动元件为弱馈启动元件，因第二套电缆保护未接入电压量，不满足电压条件，弱馈启动元件不动作。

3）第五种为 TWJ 启动元件，1 号电缆开关站侧有两个 500kV 断路器，线路保护装置 PSL-603U 只能接入一个 TWJ，TWJ 信号接入便存在四种接线方式：①只接入 5011 断路器 TWJ；②只接入 5012 断路器 TWJ；③5011、5012 断路器 TWJ 串联接入；④5011、5012 断路器 TWJ 并联接入。针对以上四种 TWJ 接线方式进行逐个分析。

a．只接入 5011 断路器 TWJ。黑启动时，若 5011 断路器处于分闸备用状态，TWJ 启动元件可正确动作，若 5011 断路器处于检修状态（未向线路保护装置 PSL-603U 提供 TWJ 信号），黑启动通过 5012、5013 断路器向电网供电，TWJ 启动元件将无法启动，开关站侧保护因不启动而拒动。

b．只接入 5012 断路器 TWJ。黑启动时，若 5012 断路器处于分闸备用状态，TWJ 启动元件可正确动作，若 5012 断路器处于检修状态（未向线路保护装置 PSL-603U 提供 TWJ 信号），黑启动通过 5011 断路器向电网供电，TWJ 启动元件将无法启动，开关站侧保护因不启动而拒动。

c．5011、5012 断路器 TWJ 串联接入。黑启动时，若 5011、5012 断路器均处于分闸备用状态，TWJ 启动元件可正确动作，若 5011 或 5012 断路器有一个处于检修状态（未向线路保护装置 PSL-603U 提供 TWJ 信号），保护装置将无法收到 TWJ 信号，TWJ 启动元件将无法启动，开关站侧保护因不启动而拒动。

d．5011、5012 断路器 TWJ 并联接入。黑启动时，若 5011、5012 断路器只要有一个处于分闸备用状态，TWJ 启动元件可正确动作，因黑启动通过 5011 或 5012 向电网送电，5011 或 5012 至少有一个处于正常分闸状态，黑启动时该接线方式不存在拒动可能。

综合以上分析，黑启动时保护是否拒动与开关站 500kV 断路器 TWJ 接入保护装置方式有关，与黑启动方式有关。

4 改进方案

（1）电缆空载时拒动、主变压器送电时拒动改进方案。针对电缆空载时拒动情况、主变压器送电时拒动情况可通过引入 500kV 线路三相电压解决，不论是电缆空载还是主变压器送电，前提条件均是 500kV 线路带电运行正常，接入 500kV 线路三相电压后，电缆空载及主变压器送电时电缆发生故障，均将导致 500kV 线路三相电压降至 65% 额定电压以下，地下厂房侧保护通过第四种启动元件（弱馈启动元件）启动。

（2）黑启动时拒动改进方案。黑启动时，500kV 线路不带电，线路三相电压一直为 0V，无法通过第四种启动元件（弱馈启动元件）启动，只能通过第五种启动元件（TWJ 启动元件）启动，为防止因黑启动方式不同导致 500kV 电缆保护在某种情况下拒动，需合理接入断路器 TWJ 信号。

1）5011、5012 断路器 TWJ 并联接入保护装置优缺点分析。以 1 号电缆为例，将 5011、5012 断路器 TWJ 并联接入，可确保电缆保护在黑启动过程中不发生拒动。但该接入方法存在严重缺陷，以 1 号电缆为例，2 号电缆停电检修，5013、5012 处于分闸状态，5011 处于合闸状态，5011、5012 断路器 TWJ 并联接入 1 号电缆保护（开关站侧），因 5012 在分闸状态，1 号电缆保护一直收到断路器 TWJ 信号，但此时 1 号电缆开关站侧通过 5011 断路器与电网连接，此时若 1 号电缆内部发生故障，地下厂房侧保护可正确动作跳闸，但开关站侧保护因收到 TWJ 信号，PSL-603U 保护装置将差动保护定值抬高 4 倍（PSL-603U 线路保护装置检测到断路器位置在"分"时，会将差动保护定值抬高 4 倍，以防止误动），会导致开关站侧差动保护动作灵敏度降低或在经高阻接地时拒动。

2）5011、5012 断路器 TWJ 串联联接入保护装置优缺点分析。电站处于非黑启动工况时，电站通过 500kV 线路供电，因 500kV 线路电压已接入保护装置，电缆发生任何故障，开关站侧保护装置均可通过电流突变量元件启动，同时 500kV 线路电压也会降至 65% 额定电压以下，两侧保护装置均可正确启动，此时只要没有断路器分闸信号，两侧保护装置均可正确动作跳闸。因此将 5011、5012 断路器 TWJ 串联接入开关站侧保护，确保开关站侧保护装置能收到断路器合闸信号，避免非黑启动运行时不发生拒动。

但在黑启动时，只要 5011 或 5012 断路器（以 1 号电缆为例）有一个处于检修状态（未向线路保护装置 PSL-603U 提供 TWJ 信号），保护装置将无法收到 TWJ 信号，TWJ 启动元件将无法启动，开关站侧保护因不启动而拒动。

针对此矛盾，常规解决方法是在 5011、5012 断路器 TWJ 接入保护装置前增设断路器"运行/检修"位置切换把手，当断路器处于检修状态是，将该断路器的切换把手切至"检修"位置，人为断开该断路器 TWJ 信号，防止因一个断路器分闸导致保护装置定值抬高或拒动。因抽水蓄能电站接线独特，运行工况复杂，若按照此方法切换，将增加日常维护工作量，存在断路器"运行/检修"位置把手切换不及时或切换错误等问题。

为彻底解决该问题，减少日常维护工作量，根据抽水蓄能电站运行特点，可配置断路器"串联/并联"位置切换把手。电站处于非黑启动工况时，只要没有断路器分闸信号，两侧保护装置均可正确动作跳闸，因此可将断路器"串联/并联"位置切换把手切至"串联"位置，确保非黑启动工况下，电缆只要带电，开关站侧保护无分闸信号，保护不发生拒动。

黑启动时，将断路器"串联/并联"位置切换把手切换至"并联"位置，确保 500kV 断路器只要有一个在"分"位，保护装置就可收到分闸信号，避免电缆保护在黑启动过程中不发生拒动。具体接线如图 2 所示。

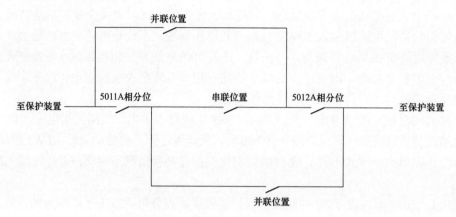

图 2   断路器"串联/并联"位置切换把手原理图

5   结语

短电缆保护作为 500kV 电缆的主保护，任何拒动都会引起事故范围的扩大，可能造成一次设备严重损害及大面积停电，严重威胁电网安全稳定运行，给国民经济和人民生活造成极大损失，因此继电保护人员应充分考虑一次设备的不同运行方式，采取有效的防范措施，消除隐患，杜绝继电保护拒动事故发生，提高继电保护的动作可靠性。

参考文献

[1] PSL-603U 系列线路保护装置说明书（国网标准版）.

作者简介

方书博（1989—），男，工程师，主要从事抽水蓄能电站设备运维。E-mail：fsb715@163.com
娄彦芳（1986—），男，工程师，主要从事抽水蓄能电站设备运维。E-mail：554838791@qq.com
亓程印（1991—），男，助理工程师，主要从事抽水蓄能电站设备运维。E-mail：632091909@qq.com
樊京伟（1989—），男，工程师，主要从事抽水蓄能电站设备运维。E-mail：956417281@qq.com
段乐乐（1991—），男，工程师，主要从事抽水蓄能电站运维操作。E-mail：253543637@qq.com
张 曼（1992—），男，助力工程师，主要从事抽水蓄能电站设备运维。E-mail：838286302@qq.com
艾茂盛（1994—），男，助理工程师，主要从事抽水蓄能电站设备运维。E-mail：13213958209@163.com

励磁变压器励磁涌流导致励磁变压器过电流保护动作原因分析及改进建议

方书博　娄彦芳　张　曼　段乐乐　刘鹏飞　宋方略

（河南国网宝泉抽水蓄能有限公司，河南省新乡市　453636）

[摘　要]本文介绍了一起抽水蓄能电站 500kV 变压器复送电时，因励磁变压器励磁涌流，导致励磁变压器过电流保护动作，500kV 变压器未成功送电的事故，本文对事故过程进行分析，并提出改进建议。该研究可有效提高主变压器复送电成功概率，具有重要的指导意义。

[关键字]励磁变压器；励磁涌流；过电流保护　跳闸

0　引言

因抽水蓄能电站普遍采用自并励励磁方式，励磁变压器容量不大，根据 GB/T 14285—2006《继电保护和安全自动装置技术规程》中 4.2.23 要求：自并励发电机的励磁变压器宜采用电流速断保护作为主保护，过电流保护作为后备保护。同时因励磁变压器高压侧未配置断路器，励磁变压器本体故障时，只能通过跳开 500kV 断路器切除故障。因此，励磁变压器电流速断保护及过电流保护应能区分励磁变压器本体故障还是机组励磁系统本体故障，减少 500kV 断路器跳闸次数，减少对电网的冲击，确保电网安全稳定运行。

1　故障经过

1.1　故障报警

某电站电气主接线如图 1 所示，2020 年 5 月，该电站 3、4 主变压器修后复送电，在执行至合 500kV 5013 断路器时，5013 断路器合闸后立即跳闸，监控报警如下：63GEV_901XD_DI_DET，MTR PROT UNIT TRIPPING ORD 3 号主变压器保护跳闸。

1.2　保护动作情况

5013 断路器合闸失败后，对全厂保护动作情况进行检查：

（1）开关站 500kV 设备保护动作情况。500kV 线路保护、5011/5012/5013 断路器保护均未动作，5013 断路器分相操作箱跳 5013 断路器三相指示灯亮，5013 断路器三相均在分位。

（2）地下厂房 3、4 号主变压器保护动作情况。现地检查 3 号主变压器保护、4 号主变压器保护，发现 3 号主变压器 A、B 组保护装置均有跳闸信息，且跳闸信息一致，具体报文如下：

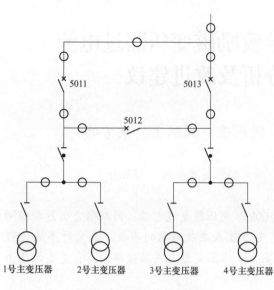

图 1　某电站电气主接线

14:47：33 I＞2 START

14:47：33 I＞2 TRIP

分析 3 号主变压器保护跳闸原因为励磁变压器过电流保护动作跳闸，励磁变压器过电流保护配置如下：

I＞1 Status	Enabled
I＞1 Direction	Non-Directional
I＞1 Current Set	1.730 A
I＞1 Time Delay	0ms
I＞2 Status	Enabled
I＞2 Direction	Non-Directional
I＞2 Current Set	430.0mA
I＞2 Time Delay	200.0ms
I＞3 Function	Disabled
I＞4 Function	Disabled

其中，I＞1、I＞2 均动作出口跳 500kV 断路器及本机组断路器。

（3）录波文件分析。查阅故障录波，如图 2 所示，5013 合闸瞬间 3 号机励磁变压器产生较大冲击电流，该冲击电流值大于 0.43A 阶段持续 230ms，大于励磁变压器过电流保护Ⅱ段延时（200ms），励磁变压器过电流保护Ⅱ段正确动作跳闸。

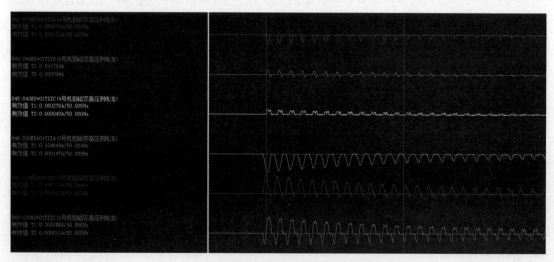

图 2　3 号机组励磁变压器高压侧电流录波图

2　故障原因分析

2.1　故障直接原因分析

（1）故障时励磁变压器高压侧电流分析。分析图 2 中的故障电流，分析发现该冲击电流明显偏于时间轴一侧，存在间断角，同时含有较大的直流分量，其中基波分量为 0.876，直流分量为 0.952，直流分量为基波分量的 1.09 倍，具体如图 3 所示。该冲击电流合闸瞬间最大并逐渐减小，在 900ms 左右降为 0A。以上特征均与励磁涌流特征一致，初步判断该冲击电流为励磁涌流。

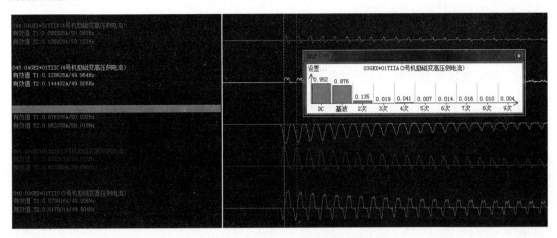

图 3　保护动作时故障录波谐波分析图

（2）励磁变压器励磁涌流产生原因。与 3 号机励磁变压器设备主人联系，得知 3 号机励磁变压器本次检修过程中，直阻测试时所加直流电流时间较长，约为 1h 且未消磁，以往所加直流电流一般未超过 5min，初步确认 3 号励磁变压器剩磁较以往大幅增大，合闸瞬间可能产生较大励磁涌流。

5013 合闸失败后对 3 号机励磁变压器进行全面检查未发现异常，对 3 号机励磁变压器进行预试，试验数据与检修过程中预试数据一致，满足规程要求，励磁变压器未发现故障。

通过以上分析可知，因检修过程中 3 号机励磁变压器直阻测试时间较长，试验后未进行消磁，导致合闸瞬间 3 号励磁变压器产生较大励磁涌流，且持续时间大于励磁变压器过电流保护Ⅱ段定值，励磁变压器过电流保护Ⅱ段正确动作，导致送电失败。

2.2　故障间接原因分析

励磁变压器过电流保护配置不合理：

（1）励磁变压器过电流保护电流定值配置不合理。该电站励磁变压器共配置两段过电流保护，过电流保护Ⅰ段、过电流保护Ⅱ段作为励磁变压器的主保护，未能区分励磁变压器故障电流和励磁涌流，在励磁变压器本体无故障的情况下，因励磁涌流导致 500kV 主变压器跳闸。

（2）励磁变压器过电流保护跳闸出口设置不合理。根据反事故措施要求：对于励磁变压器电源取自主变压器低压侧，且两台及以上主变压器共用一个断路器的接线方式，励磁变压器过电流保护配置宜为两段，Ⅰ段短延时动作于停机同时断开励磁变压器低压侧断路器，Ⅱ段长延时动作于断开励磁变压器各侧断路器。该电站过电流保护Ⅰ段、过电流保护Ⅱ段均直接动作于跳 500kV 断路器，不满足反措要求。

本次故障发生时，故障电流未达到电流速断保护电流定值，只达到过电流保护电流定值，因过电流保护分为两段，设置长短两个延时，导致过电流保护直接动作于跳 500kV 断路器导致事故扩大，若该电站按照反事故措施要求，将励磁变压器过电流保护整定为长短两个延时，励磁涌流可能只导致本机组跳闸，不会直接跳 500kV 断路器，不会造成事故扩大。

根据以上分析可知，励磁变压器过电流保护整定不合理，是导致本次事故扩大的间接原因。

3 暴露问题

（1）励磁变压器预试时，未严格按照规程进行预试[1]，所加试验电流时间较长，导致励磁变压器剩磁较大，合闸瞬间产生较大励磁涌流。

（2）励磁变压器过电流保护整定不合理，导致事故扩大。

4 故障处理

（1）对 3 号机励磁变压器进行消磁，将 3 号机励磁变压器剩磁降到最低后进行试送电，励磁涌流明显降低，送电成功。

（2）修改励磁变压器过电流保护定值。

1）校核励磁变压器电流速断保护电流定值是否能躲过最大励磁电流。励磁变压器电流速断保护按照两个原则整定：

a. 按躲过变压器低压侧最大三相短路电流来整定；

b. 按躲过变压器空载投入时的最大励磁涌流来整定。

按照以上两个原则，校核励磁变压器电流速断保护定值。

2）修改励磁变压器过电流保护跳闸出口方式。启用 I>3 定值，将 I>2 出口修改为跳本机组，I>3 出口修改为跳本机组及 500kV 断路器。

3）校核励磁变压器过电流保护定值。按照 DL/T 684—2012 《大型发电机变压器继电保护整定计算导则》校核励磁变压器过电流保护，为防止励磁变压器励磁涌流导致励磁变压器过电流保护误动作，将 I>2 延时定值修改为 300ms，I>3 延时定值整定为 500ms，通过时间延时，防止了励磁涌流导致励磁变压器过电流保护误动作。最终励磁变压器电流保护定值整定如下：

I>1 Status	Enabled
I>1 Direction	Non-Directional
I>1 Current Set	3.910 A
I>1 Time Delay	0ms
I>2 Function	DT
I>2 Direction	Non-Directional
I>2 Current Set	430.0mA
I>2 Time Delay	300.0ms
I>2 tRESET	0s
I>3 Status	Enabled
I>3 Direction	Non-Directional

I>3 Current Set   430.0mA

I>3 Time Delay   500.0ms

I>4 Status   Disabled

5　防范措施

目前，励磁涌流是主变压器充电时各侧断路器误跳的主要原因，虽然主变压器差动保护使用二次谐波、波形不对称等判别方法对保护进行制动，但励磁变压器过电流保护无制动措施，导致励磁变压器过电流保护容易误动作。为防止励磁涌流导致主变压器合闸失败，提出了以下预防措施：

（1）变压器预试时，限制测试电流及测试时间，以防止因剩磁较大造成变压器合闸涌流及直流分量过大，影响变压器的安全运行。

（2）励磁涌流大小主要取决于断路器合闸时刻（电压相位）与变压器剩磁情况。建议合闸前检查剩磁情况，若剩磁过大则需对变压器进行消磁处理，以最大限度地减小励磁涌流。

（3）严格按照反事故措施及 DL/T 684—2012《大型发电机变压器继电保护整定计算导则》的规定进行励磁变压器保护定值整定并定期开展校核工作，防止因继电保护定值整定不合理导致继电保护拒动误动，导致事故扩大，影响电网安全稳定运行。

6　结语

励磁变压器一般采用干式变压器，本体故障概率较小，但因励磁变压器高压侧未配置断路器，励磁变压器电流速断保护及过电流保护长延时动作后直接动作跳 500kV 断路器，对电站日常运行影响较大，因此应加强励磁变压器及励磁变压器继电保护日常维护，励磁变压器预试时应严格按照规程开展工作并进行消磁，剩磁较小时才可合闸送电。同时合理整定励磁变压器继电保护定值，防止因继电保护定值整定不合理导致继电保护拒动误动，防止事故扩大，确保机组、电网安全稳定运行。

参考文献

[1] Q/GDW 11150—2013 水电站电气设备预防性试验规程.

作者简介

方书博（1989—），男，工程师，主要从事抽水蓄能电站设备运维。E-mail：fsb715@163.com

娄彦芳（1986—），男，工程师，主要从事抽水蓄能电站设备运维。E-mail：554838791@qq.com

张　曼（1992—），男，助理工程师，主要从事抽水蓄能电站设备运维。E-mail：838286302@qq.com

段乐乐（1991—），男，工程师，主要从事抽水蓄能电站运维操作。E-mail：253543637@qq.com

刘鹏飞（1994—），男，助理工程师，主要从事抽水蓄能电站设备运维。E-mail：844252406@qq.com

宋方略（1991—），男，助理工程师，主要从事抽水蓄能电站设备运维。E-mail：76242733@qq.com

基于调控一体化大华桥水电站 CSCS 设计与关键技术研究

颜现波 [1, 2]

（1. 中国水利水电科学研究院，北京市　100038;
2. 北京中水科水电科技开发有限公司，北京市　100038）

[摘　要] 本文主要介绍了云南澜沧江流域大华桥水电站 CSCS 系统设计与关键技术研究。首先，利用基于多主机、多规约、多链路的"调控一体化"技术实现电站与南网、省调、地调、上级集控中心等管控终端的数据通信及远程调控功能。其次，为满足智慧电网架构下数据实时性的要求，搭建了全厂时钟对时系统，实现控制 I 区所有设备统一对时，保证数据时效性。最后，在该方案中通信网络及控制网络均采用双环双冗余网络通信方式，实现整个系统的高可靠性、高度冗余性。

[关键词] CSCS 系统；调控一体化；数据实时性；冗余网络通信

0　引言

大华桥水电站位于云南澜沧江干流上，属于大（2）型水利水电工程。引水发电建筑物主要由进水口、压力管道、主厂房、主变压器室、开关站、尾水调压室、尾水隧洞等组成。该电站共设置 4 台单机容量为 230MW 发电机组，总装机容量 920MW，保证出力 250MW，在系统中承担腰荷、调峰和调频的任务。电站接受南方电网总调、云南省调、地调及上级集控中心调管。整个 SCADA 设计方案采用国产化水电站计算机监控软件。

1　智慧电网架构下 CSCS 系统设计总体原则

为适应智慧电网架构下"智能电站"的发展需要，该方案中采用基于多主机、多规约、多链路的"调控一体化"技术实现现地层、厂站层、集控层、省调、网调等多方数据通信及远程调控功能。整个方案贯彻"数字化、智能化、智慧化"的设计理念，坚持"设备对象数字化""设备管理及高级应用智能化""数据分析及决策应用智慧化"等原则。

为满足智慧电网架构下数据实时性的要求，采用热备分级时钟系统方案，搭建全厂时钟对时系统，实现控制 I 区所有设备统一对时，保证数据时效性。

为实现网络通信的高可靠性及快速传输性，满足电站监视及上级调度中心远程调控要求，方案中通信网络及控制网络均采用双环双冗余网络通信方式。电站 I 区主干控制网采用双环型 1000Mbit/s 冗余以太网结构，同时各 LCU 层设置冗余交换机、双 CPU 保证监控数据的实时性和稳定性。SCADA 系统网络结构图如图 1 所示。

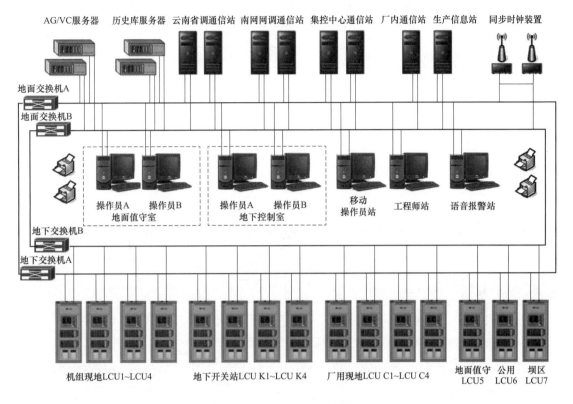

图 1　SCADA 系统网络结构图

2　CSCS 系统设备配置方案

2.1　厂站层控制系统构成及配置方案

厂站层设备按照不同功能需求进行配置，主要设备见表 1。

表 1　　　　　　　　　　　　　厂站层主控设备配置表

序号	服务器/工作站	数量	实现功能及承担任务
1	数据采集服务器	2 套	实时数据采集，DI、SOE、AI、RTD 量数值处理
2	高级应用服务器	2 套	自动发电 AGC 功能、自动电压 AVC 功能应用
3	历史库服务器	2 套	数据存储及管理功能，实现监控数据长期存档
4	操作员工作站	4 套	实现厂站人员对站控设备的控制命令下发功能
5	通信服务器	6 套	实现对网调、省调、地调、集控中心通信
6	工程师站	1 套	承担系统数据库、画面的维护管理

2.2　现地层控制单元（LCU）系统构成

根据设计规划，共设置 15 套现地 LCU，见表 2。

417

表2   现地层 LCU 配置

序号	LCU 站	数量	实现功能及承担任务
1	机组 LCU	4套	实现对机组的数据监视及开、停机流程控制
2	地下开关站 LCU	4套	实现对四串 500kV 线路开关设备的监视与控制
3	厂用电设备 LCU	4套	实现 4 套厂用电设备的数据采集与控制
4	公用设备 LCU	1套	实现厂内公用设备的数据采集与控制
5	坝区设备 LCU	1套	实现对坝区各闸门设备的数据采集与控制
6	地面值守楼 LCU	1套	实现对一键式落门控制柜的数据采集与控制

典型现地 LCU 网络拓扑图如图 2 所示。

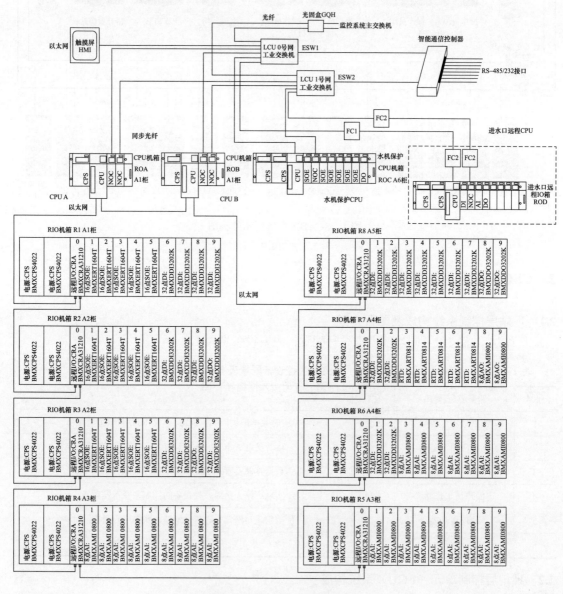

图 2   现地 LCU 网络拓扑图

3 关键技术及实现方案

3.1 多主机、多规约、多链路通信网络设计与实现

电站控制调节方式的优先级依次为：现地控制级、厂站控制级、集控中心、调度控制级。电站与集控中心网络通信采用双网络 IEC 104 规约。为保证大量数据通信的完整与安全，设计了基于多服务器、多规约、多链路的通信设计思想，并采用电信、电网双通道冗余结构。网调、省调接入拓扑图如图 3 所示，集控通信网络拓扑图见图 4 所示。

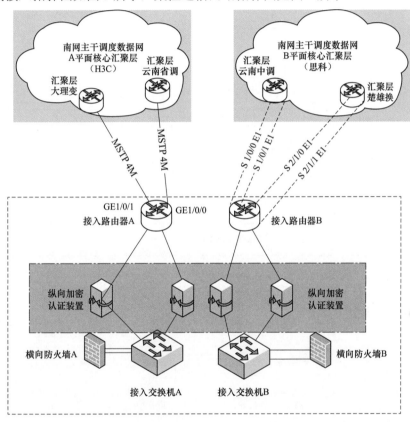

图 3 网调、省调接入网络拓扑图

3.2 全厂时钟对时系统设计与实现方案

采用热备分级时钟系统方案，搭建全厂时钟对时系统，实现控制 I 区所有设备统一对时，保证数据时效性。全厂时钟结构拓扑图如图 5 所示。

主时钟同时支持 GPS 与北斗信号，采用高可靠的双机冗余配置，主时钟 1、2 通过光纤互为热备，用以实现双主时钟之间的无扰切换，任何一台时钟接收到 GPS 或北斗信号以后，两台主钟均可正常工作，输出对时信号。主时钟与扩展钟（二级钟）之间通过光纤通道相连，每个二级钟均有分别来自两台主钟的信号输入，保证了二级钟对时的可靠性，二级钟通过解码光纤信号得到准确的时间信息。二级钟可以为 LCU、调试器系统、励磁系统、保护系统、辅控系统等提供精准对时服务。

419

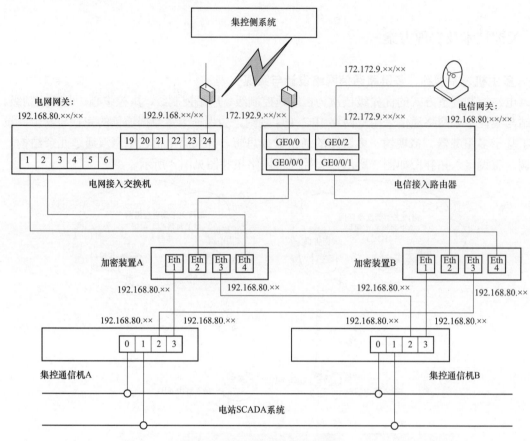

图 4　集控中心接入网络拓扑图

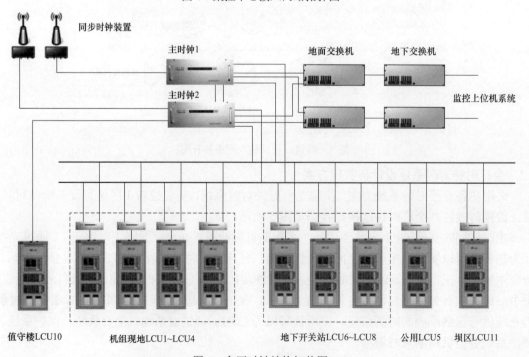

图 5　全厂时钟结构拓扑图

3.3 SCADA 系统冗余技术及实现方案

（1）主机热备冗余技术：关键节点服务器及工作站均设置双套冗余方式工作。冗余工作站的运行模式均为热备用方式，互相检测，相互备用，均可无扰动快速切换运行模式。现地层 LCU 控制单元采用热备冗余的配置方案，设置双 CPU、双以太网卡、双电源供电装置。

（2）可靠的冗余 UPS 电源供给系统：UPS 主机采用双总线结构，两套 UPS 主机独立工作，平均承担系统设备用电负荷，确保不存在两路供电系统的关联故障。SCADA 系统设备均采用双路电源供电，另外对于单电源设备，采用购置静态切换开关（STS）供电，确保整个 SCADA 系统中不存在单点电源故障问题。

（3）为了实现更大的存储能力以及容错能力，配置一套磁盘阵列，采用 RAID 技术进行数据存储。使用 HISTA 历史库管理软件可以实现历史库自定义配置及数据快速查询功能。另外，配置基于.Net Framework 平台的运行报表软件，该软件可以为用户提供人性化的报表制作功能。

4 结语

SCADA 系统在该水电站的优化设计以及相应关键技术的实现，为该站后续机组并网发电积累了宝贵经验，同时也验证了该 CSCS 系统基于多重冗余技术的软、硬件架构满足"调控一体化"高可靠性的需求。

参考文献

[1] 谭华等. 金沙江巨型梯级水电站群"调控一体化"技术保障系统的创新实践及发展思考 [J]. 水电自动化与大坝监测，2014，38（1），67-71.

[2] 韩长霖，汤正阳，谭华，等."调控一体化"模式下水电调数据通信技术研究 [J]. 水电站机电技术，2014，.37（3）.25-27.

[3] 张毅，王德宽，王桂平，等. 面向巨型机组特大型电站的新一代水电厂监控系统的研制开发 [J]. 水电自动化与大坝监测，2008，32（1），24-29.

[4] 张毅，王德宽，文正国，等. 巨型机组水电厂计算机监控系统及关键技术 [J]. 水电与抽水蓄能，2018，4（4），7-12.

[5] 张毅，王德宽，刘晓波，等. 巨型水电厂计算机监控系统总体结构分析探讨 [J]. 水电站机电技术，2016，39（1），14-17.

作者简介

颜现波（1981—），硕士，高级工程师，主要从事水利水电工程自动化系统开发和维护，水电站自动发电控制系统开发及应用。Email：jkyanxb@iwhr.com

某电站监控系统优化探讨

李应斌　　王基发　　陈文波　　豆松涛

（长江电力溪洛渡水力发电厂，云南省昭通市　657300）

[摘　要]介绍了某电站监控系统的结构及基本功能，以及日常使用过程中存在的影响工作效率的各个问题，并根据不同的问题提出了针对性的解决方案，为监控系统的技术改造提供了参考。

[关键词]监控系统；优化；意见

0　引言

某电站作为国家"西电东送"的骨干工程，在已投产电站中总装机容量居国内第二、世界第三，同时还具有防洪、拦沙等综合效益，在电力系统和金沙江流域防洪体系中的地位十分重要。

该电站由左岸电站和右岸电站组成，各安装 9 台水轮发电机组，实行"一厂两调"模式。由于公司"三定"方案实施后，电站将面临人员大量减少、个人工作量急剧增加的挑战，因此电站计算机监控系统使用的便捷性，将直接关系到电站监屏的工作效率和设备的安全。但是投运六年以来，监控系统始终存在事件信号过多、画面标准不统一等问题。所以为了保证电站及系统的安全稳定运行，降低监屏人员遗漏重要信号的风险，本文首先对电站监控系统常见信号的频次进行了梳理并提出优化方案，然后对运行常见操作中程序可以自动完成的项目进行了整理并给出修改建议，另外还对监控系统每个画面及其下方的快速链接进行了归纳并结合实际需要提出变更意见。

1　监控系统概况

该电站监控系统采用北京中水科水电科技开发有限公司开发的分层分布式 H9000 系统。整个系统采用全计算机监控结构，以工业以太网架构实现其控制功能，采用现场总线技术实现 PLC、现地控制单元、触摸屏、上位机之间的通信。电站运行人员通过操作员站对全厂的主辅设备进行监视和控制。其中上位机部分与传统火电差异较小，下位机部分主要通过 PLC 实现现地控制单元（现地 LCU）的组态，现地 LCU 承载数据采集、设备控制、人机接口等功能实现。左、右岸电站监控系统采用一体化设计，数据采集、数据库结构和功能按两个相对独立的电站设计，但左、右岸电站各类数据相互共享。

电站监控系统采用"两层三网"的设计结构：

（1）"两层"是指监控系统由厂站层和现地控制单元层组成。厂站层主要完成全厂数据采集、运行监视、事件报警、操作控制、AGC/AVC、系统通信、统计记录等功能。现地控制单元层按设备单元分布，主要完成本单元设备数据采集、顺控流程、接受厂站层的命令对本单元设备进行控制操作等功能。

（2）"三网"是指监控系统网络结构包括电站控制网、电站信息网及电站信息发布网。电站控制网主要用于厂站层计算机与现地控制单元间的信息交换，电站信息网主要用于厂站层计算机间的信息交换，电站信息发布网通过网络安全设备与电站信息网连接，实现 WEB 发布功能的网络数据传输。

2　常见信号优化

为了分析各种常见信号在所有信号中的占比情况，在 2018 年 9 月至 2019 年 4 月这 8 个月期间，选取了 60 天的事件信号进行统计梳理分析，其中包含操作较少、负荷较为稳定的春节假期 5 天，负荷变动较大、开停机及泄洪设施操作较为频繁的汛期 10 天，厂内设备操作较多的非汛期 45 天。经统计，60 天内监控系统共计报出事件信号 7129020 条，日均 118817 条信号，其中报出频次靠前的信号详见表 1。

表 1　　　　　　　　　　　　　　　主要信号占比统计表

序号	信号名	频次	占比
1	下位机收到命令标志：动作/复归	802660	11.26%
2	增/减磁	765019	10.73%
3	增/减功率/开度	615887	8.64%
4	故障刷屏信号	610493	8.56%
5	一次调频启动：动作/复归	591623	8.30%
6	顶盖排水系统 X 号泵停止令	64217	0.90%
7	右岸南网有功设定	52029	0.73%
8	调速器液压系统 4 号泵加载：动作/复归	21559	0.30%
9	调速器液压系统 4 号泵加载状态	15006	0.21%

对以上信号的重要程度及必要性进行分析后，提出以下解决方案：

2.1　取消显示类

（1）对于"下位机收到命令标志：动作/复归"信号，由于监控系统对现地设备的控制，不仅有"下位机收到命令标志 动作/复归"信号，还伴随有相应设备状态变更的事件信号，而后者才是运行人员在日常监屏过程中最简单直接监视设备状态的途径。所以在下位机通信正常的情况下，完全可以取消"下位机收到命令标志 动作/复归"事件信息在事件一览表内的显示功能。但监控系统保留该信号的统计功能，且当上位机发令至下位机但下位机未收到命令时，监控应及时报出相应报警信号。

（2）对于"调速器液压系统 4 号泵加载 动作/复归"信号和"调速器液压系统 4 号泵加载状态"信号重复的情况，取消"调速器液压系统 4 号泵加载状态"信号的显示，而保留"调速器液压系统 4 号泵加载 动作/复归"信号。

（3）对于"顶盖排水系统 *X* 号顶盖排水泵停止令"信号，实际生产过程中发现，右岸机组任意一台顶盖排水泵停止时会同时发三台泵的停止令，因此产生了许多不必要的信号，所以可以仅保留对应泵的停止令信号。

2.2 更改显示方式类

对于机组增减磁、增减功率、一次调频动作等信号，与系统电压和频率等电能质量参数息息相关，不能取消显示。但是由于系统异步联网后，该类信号还会成倍地增加，对运行监屏工作及紧急情况下的事故处理工作造成严重影响。所以为了改善监屏环境，可以取消该类信号在事件一览表中的显示，而改为在监控系统"电站机组发电棒图""左岸电站机组发电棒图""右岸电站机组发电棒图"三个画面（运行监视重点关注的画面）合适的位置增设对应的开关量节点进行监视，如图 1 所示。

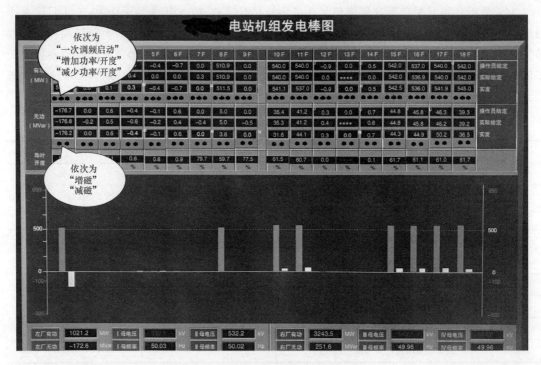

图 1 "电站机组发电棒图"修改建议

2.3 故障刷屏类

对于因设备缺陷造成监控系统信号刷屏的情况，由表 1 可知大约占总数据的 8%左右。若短时不具备处理条件，则可以从生产运行管理方面进行相关规定：由运行人员记录缺陷，缺陷对应维护分部人员做好缺陷接收，并通知自动分部将对应点屏蔽。缺陷消除后再由对应维护分部人员通知自动分部将该信号点解除屏蔽。各相关专业分别做好缺陷以及信号点屏蔽的跟踪。

3 自动化流程梳理

运行人员常见的操作，包括日常消缺及检修执行安全措施、电站负荷及电压调整、日常定期工作等几大类。为了提高电站的智能化程度及工作效率，减少员工的工作量，降低因人为误操作因素造成损失的风险，有必要将常见的操作，特别是定期工作尽可能地实现程序自动完成。结合该电站的实际情况，梳理出以下几点：

3.1 调速系统自启使能的投退

电站调速系统设置自启使能的目的是防止停机状态下液压系统压力和油位过低，所以该功能在停机后投入，开机前退出。当前情况下，自启使能的投退通过手动投退监控系统"停机态自启使能"软压板实现，即当"停机态自启使能"投入时，液压系统可自动启停；当"停机态自启使能"退出时，液压系统不能自动启停。由于该电站每年开停机总次数接近 4000 次，此方式既增加了运行人员的工作量，也加大了操作漏项的风险。为了杜绝此类情况的发生，可将"停机态自启使能"更改为"停机态手动控制"，并对监控系统 LCU 程序进行相应更改，即当"停机态手动控制"在投入状态时，液压系统只能通过手动控制启停；当"停机态手动控制"在退出状态时，液压系统可根据机组状态自动调整。这样既减轻了运行人员重复操作的次数，降低了出错的风险，也保证了特殊情况下能够实现手动控制。

3.2 监控系统主要设备权限切换

电站属于"两地办公"模式，即正常情况下运行当班值对设备的监视和控制地点位于异地调控大厅，现场控制楼监控系统仅有对设备的监视权限。各 LCU、SYS 等监控设备控制权和调节权的切换，按每个设备单元单独设置的方式配置。这种配置方式对于单台机组检修期间的权限切换比较方便，但是对于异地调控大厅通信或设备电源完全中断等极端情况下，不利于现场侧尽快接管电站设备的控制工作。鉴于这一情况，可在监控系统左、右岸权限设置画面各增加控制权一键切换和调节权一键切换功能，以便紧急情况下尽快接管电站设备的控制工作，抑制事故的扩大。

3.3 技术供水主备泵的倒换

电站设置技术供水系统为各部轴承及主变压器油冷却器提供冷却水，每个系统均包含 2 台离心泵，正常情况下一主一备。为了保证备用泵的可用性，电站设置了技术供水主备泵倒换的定期工作。一方面，电站机组台数较多，每台机组均配置机组和主变压器两套技术供水系统，且每套技术供水系统主备泵倒换操作均至少需要 15min；另一方面，各技术供水系统启停时会自动根据泵的累计运行时间进行主备泵倒换。所以该定期工作占用了过多的人力资源。为解决这一问题，我们可以通过在监控系统增加"××机组/主变压器技术供水主备泵自动倒换使能"标志，以实现仅当技术供水某台泵连续运行时间超过 15 天时才自动进行主备泵倒换。对于存在缺陷而作为紧急备用泵的技术供水系统，可退出"××机组/主变压器技术供水主备泵自动倒换使能"标志按钮，不进行主备泵的自动切换。

同理，技术供水正反向倒换定期工作也可以实现程序自动完成。

4 监控画面修改

电站监控系统每个画面下方及内部均设置有不同数目的快速链接，是为了监屏人员能够从任意画面快速的调出目标画面，有助于及时掌握设备状态，以及事故情况下快速获取事故信息。但是电站监控系统快速链接存在以下 3 个问题：

（1）相同机型不同机组的相同画面的快速链接略有差异。

（2）不同机型的相同画面的快速链接差异较大。

（3）部分画面的快速链接的设置不具有实用性，即与对应的画面不具有较大的关联性。

为了解决以上问题，我们梳理了电站监控系统所有不同类型画面的快速链接情况，经过总结分析并结合实际需求，对每种类型画面的快速链接进行了重新设置，以求达到以下目的：

（1）相同机型不同机组的相同画面的快速链接相同。

（2）不同机型的相同画面的快速链接尽可能减小差异。

（3）删除不具有实用性的快速链接，并力争使每个画面下方的快速链接达到三步内调出任意目标画面的目的。

另外，我们还对画面的整合进行了探讨。电站监控系统大约有 2000 个画面，其中部分画面的设置非常不便于日常情况下设备的监视及事故情况下信号的提取。比如每套技术供水系统有控制、流量、压力等三个画面，每个画面都无法显示所有重要信息，所以异常情况下如需对某套技术供水系统加强关注时，需要在三个画面之间不停切换。针对此类情况，我们在画面梳理的基础上，提出了技术供水画面合并、机组状态画面信息优化等建议，以增加工作效率，降低工作强度。

5 结语

电站监控系统优化工作对电站及电力系统的安全稳定运行有着极为重要的意义，常见信号优化工作预计在现有基础上事件信号数量能减少 40% 左右，自动化流程梳理工作预计能每个月减少操作票不少于 100 张，而监控画面修改工作能让监控系统更加具有实用性。以上工作均从不同方面优化了运行人员的监屏环境，减轻了监屏人员的工作压力，降低了遗漏重要信号的风险，加快了提取事故信号的速度，并且显著减少了现场工作人员的工作量，从而能更好地进行设备状态监视、电能质量控制。

参考文献

[1] 张露成，夏建华，曾昕，等. 溪洛渡左岸电站监控系统功能优化及应用 [J]. 水电站机电技术，2019，42（3）：13-15.

[2] 杨廷勇，瞿卫华. 溪洛渡水电站监控系统设计特点分析 [J]. 水电与抽水蓄能，2012，36（5）：32-36.

[3] 姚益群，宋文娟. 水电站监控系统的方案设计及实现 [J]. 南京工程学院学报（自然科学版），2011，09（3）：67-72.

[4] 刘广宇，何国春，李峰，等. 梯级集控下的水电站监控系统功能完善 [C] //全国水电自动化技术学术交流会，2008，65-66.

作者简介

李应斌（1990—），男，工程师，从事水电站运行管理工作。E-mail：li_yingbin@ctg.com.cn。

王基发（1986—），男，高级工程师，从事水电站运行管理工作。E-mail：Wang_jifa@ctg.com.cn

陈文波（1990—），男，工程师，从事水电站运行管理工作。E-mail：chen_wenbo@ctg.com.cn

豆松涛（1993—），男，工程师，从事水电站运行管理工作。E-mail：dou_songtao@ctg.com.cn

某大型水电站厂房设备冷凝水成因分析与应对措施研究

张文亮　　雷元金

（雅砻江流域水电开发有限责任公司，四川省成都市　610051）

[摘　要]水电站地下厂房环境中的温度和湿度对机电设备的安全稳定运行有着重要的影响。汛期时，该水电站设备供水管路及空冷器易形成冷凝水，针对这一现象，分析了其冷凝水产生原因，并计算出了其露点温度。同时也给出了降低冷凝水形成的应对措施，对水电站设备的安全运行和检修维护有一定的借鉴意义。

[关键词] 水电站；冷凝水；露点温度

0　引言

冷凝水是空气中水蒸气液化过程产生的物质。空气在水汽含量和气压都不改变的条件下，冷却到饱和时的温度称为露点温度。当温度下降到露点温度以下时，空气中的水分将达到饱和状态析出，从而在表面上形成冷凝水。冷凝水的产生不仅会造成金属部件的锈蚀，发电机内部的冷凝水在循环风流的挟带下进入风道内，还会降低电气设备的绝缘水平，加速电器元件的老化[1]。同时还会造成墙皮脱落，会给日常工作带来不便。因此，有效地减少冷凝水的产生具有重大意义。通过分析计算出各个设备在什么样的温度和湿度情况下会产生冷凝水，利用这个极端条件来控制厂房空气的湿度和温度，从而从源头上降低冷凝水的产生，减少该水电站设备的金属锈蚀，防止电气设备的绝缘损坏，同时也可以减轻检修工作，让该水电站机电设备可以安全长久运行。

1　因素分析

根据物理知识可知，冷凝水的产生与该环境下的温度和湿度有关。当空气中水汽已达到饱和时，气温与露点温度相同；温度下降到露点温度以下时，空气中的水分就会析出；当水汽未达到饱和时，气温一定高于露点温度。所以露点与气温的差值可以表示空气中的水汽距离饱和的程度。气温降到露点温度以下是水汽凝结的必要条件。在压力一定的情况下，空气温度下降到露点温度，湿空气中的水蒸气饱和，从而凝结成水。焓湿图如图1所示。

对该水电站厂房各处进行现场巡检发现，冷凝水主要集中在主变压器冷却水管道、GCB冷却器、上风洞、励磁滑环室、水车室主轴密封供水管道、技供泵房、995廊道以及用水管道等处。

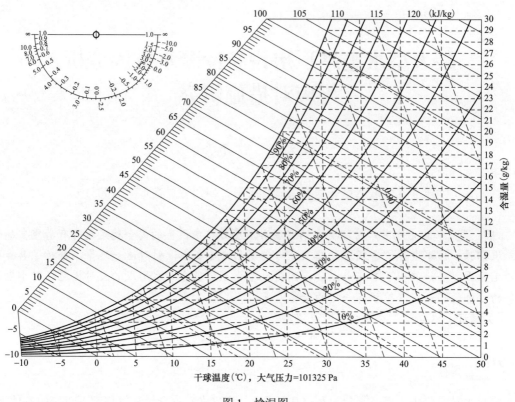

图 1　焓湿图

1.1　温度的影响

该水电站冷凝水的形成主要集中在每年汛期 7～11 月。虽然厂房内全年的空气温度没有较大变化，但是取自尾水管的技术供水温度比其他月份低，与环境温差变大，这是冷凝水形成较多的原因之一。

1.2　湿度的影响

该地下厂房内进风楼位于该大坝下游，每年汛期 7～11 月泄洪频繁，导致空气湿度较大。湿度较大的空气从进风楼进入该地下厂房主层、发电机层、水轮机层、技术供水室等处。相同温度下，空气湿度越大，冷凝水越容易形成。

1.3　露点温度的计算

对全厂冷凝水进行数据收集分析得出，风洞与主变压器室比较，主变压器冷却器总排水管温度为 20℃，没有冷凝水形成，但是风洞内冷却器冷风温度为 30℃都有冷凝水形成，这与之前的结论相悖。通过以下三种方法来解释这个现象。

1.3.1　绝对含湿度 D 的计算

$$D=0.622\times\Phi_p p_s/(p-\Phi_p p_s) \tag{1}$$

式中　p ——空气压力，Pa；

　　　p_s ——饱和水蒸气压力，Pa；

　　　Φ_p ——相对湿度，%。

厂房内空气压力 p 约为 90000Pa（海拔 1000m 对应约为 90000Pa）。

水蒸气在湿度达到 100%时，水分将会变成冷凝水析出。将绝对含湿量计算中的 p、D 保持不变，将 Φ_p 变为 100% 后代入式（1）即可得到 p_s 的值。根据环境温度查表 1 得出相应温度下饱和水蒸气压力，再根据饱和水蒸气压力计算当前环境的绝对含湿度，用该绝对含湿度算出水蒸气湿度达到 100% 时的饱和水蒸气压力，查表 2 得到对应的温度即为露点温度。

（1）风洞内空冷器露点温度计算。根据现场测量的数据，计算 6 号机组空冷器露点温度。现场采用湿度计测量 6 号机组风洞内相对湿度 Φ_p=33%，并以此作为计算露点温度的条件。查表 1 可得，57℃（CCS 上空冷器热风温度）饱和水蒸气压力 p_s=17334.97Pa，把数据代入式（1）计算得到 D=0.0422kg/kg。然后将 D=0.0422kg/kg、Φ_p=100% 再次代入式（1），经计算得到 p_s=5858.87Pa。查表 2 得到对应的温度约为 36℃，该温度即为露点温度。由此可以看出，空冷器进风的露点温度约为 36℃，进水侧管壁温度为 17.5℃，低于露点温度，因此必然会引起结露，与实际现象一致。

表 1　　　　　　　　　　　　不同温度下饱和水蒸气压力表

温度（℃）	压力（Pa）	温度（℃）	压力（Pa）
25	3169.747	55	15761.41
26	3363.687	56	16532.21
27	3567.892	57	17334.97
28	3782.813	58	18170.75
29	4008.917	59	19040.66

注　此表来自 GB/T 11605—2005《湿度测量方法》。

表 2　　　　　　　　　　　　露点温度与主要湿度换算表

露点（℃）	饱和水蒸气气压（Pa）	混合比（空气）（g/kg）	比湿（空气）（g/kg）	绝对湿度（g/m³）	体积比（μL/L）	重量比（μg/g）	相对湿度（%）
15	1705.74	10.65	10.54	12.61	17122.6	10650.3	72.92
16	1818.76	11.37	11.24	13.44	18277.8	11368.8	77.75
17	1938.29	12.13	11.99	14.33	19502.5	12130.6	82.86
18	2064.66	12.94	12.77	15.26	20800.4	12937.9	88.26
19	2198.18	13.79	13.61	16.25	22175.5	13793.1	93.97
34	5324.69	34.50	33.35	39.36	55465.3	34499.4	
35	5628.62	36.58	35.29	41.60	58817.5	36584.5	
36	5947.47	38.79	37.34	43.96	62357.2	38786.2	
37	6281.85	41.11	39.49	46.43	66094.7	41110.9	

注　此表来自 GB/T 11605—2005《湿度测量方法》。

（2）主变压器室露点温度计算。主变压器室空气温度为 27℃，查表 1 可得，27℃饱和水蒸气压力 p_s=3567.892Pa，相对湿度 Φ_p=65%（经过湿度计测量得到）。以同样的方法计算得出 D=0.015kg/kg，然后将 D=0.0015kg/kg、Φ_p=100% 再次代入式（1），经计算得到 p_s=2090Pa。查表 2 得对应的温度约为 19℃，该温度即为主变压器室大气的露点温度。该露点温度验证了现场实际情况，即机组带 400MW，供水管水温为 17℃，排水管水温为 20℃，此时供水管处有冷凝水，排水管处无冷凝水；机组备用，供水管水温为 17℃，排水管水温为 18℃，此时供排水管处均有冷凝水。

1.3.2 干球温度法求露点温度

$$T_d=23\varphi+0.84t-19.2^{[2]} \tag{2}$$

式中　T_d——露点温度，℃；

　　　φ——相对湿度，%；

　　　t——空气温度，℃。

将风洞内相关数据代入式（2）中，可得露点温度 T_d 为 36℃。将主变压器室相关数据代入公式（2）中，可得露点温度 T_d 为 18.4℃。与上述计算方法结果相近，解释了温度低不一定会产生冷凝水的物理现象。

1.3.3 读图求露点温度

除了利用上述公式可以计算出露点温度之外，已知温度和相对湿度也可以利用焓湿图近似读出露点温度。为了便于说明利用焓湿图近似读取露点温度的方法，绘制了简易焓湿图，如图 2 所示。在图 2 中找到当前温度和相对湿度对应的点 A，向下做垂线，与相对湿度为 100%曲线的交点 B 所对应的温度点 C 及为露点温度。利用该方法读出的 6 号机组上风洞露点温度在 34.5℃左右，主变压器露点温度在 19℃左右，与计算结果接近，进一步验证了露点温度计算的正确性。

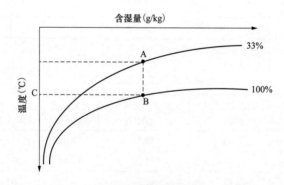

图 2　简易焓湿图

1.3.4 小结

风洞空气湿度约为 33%，主变压器室空气湿度约为 65%；通过上述三种计算都可以得出风洞内露点温度约为 35.6℃，主变压器室内露点温度约为 18.3℃。空冷器出风温度低于风洞内的露点温度，主变压器总排水管温度高于露点温度，所以风洞内空冷器温度在 30℃也有冷凝水产生，而主变压器室在 20℃的管道上也没有冷凝水的产生。所以温度和湿度是该水电站冷凝水形成的两个必要条件，控制厂房冷凝水的形成要从这两个方面考虑。

2　应对措施

综合上述分析，为降低冷凝水的产生，应从温度和湿度这两方面入手。

在温度方面，由于机电设备的原因，温度不能过低或者过高，可在管道表面采用包裹保温材料或喷涂特殊材料等方式来隔离与外界环境的接触，从而降低冷凝水形成；该水电站空冷器更换之后，风洞内的冷却效果较未更换机组的冷却效果有明显提升，冷凝水的现象也更为严重。在不影响机组正常运行的前提下，可适当减少空冷器的进水量，降低空冷器的冷却效果，提高空冷器管表温度[3]。

在湿度方面，湿空气在 1170.3m 高程的厂房进风室里的 4 台离心风机的作用下，经进风竖井、进风楼、组合空调、厂房拱顶送风道进入地下厂房，可以在组合空调改造时更换有湿度控制功能的空调，从而降低进入厂房的空气湿度，在源头上降低冷凝水形成。

3 结语

目前组合空调更换成有湿度控制功能的空调正在研究中。为了更好地降低冷凝水的产生，该水电站通过对管道表面采用保温材料或特殊材料，对冷凝水的形成起到了一定的抑制作用。该水电站技术供水泵房和 995 廊道新增了除湿机，两个地区的冷凝水大幅减少。在采取相应措施之后，机电设备的运行环境得到了较大改善，保证了机组的安全稳定运行。

参考文献

[1] 武丰林，阳新峰，谢云. 二滩水电站发电机供水管道结露现象分析及对策 [J]. 四川水力发电，2011，30（S1）：135-136.

[2] 李强，孙天宝，刘强，等. 地下室结露分析及解决方案 [J]. 山西建筑，2018，44（36）：117-118.

[3] 李志强. 新庄发电厂发电机空冷器结露机理及预防 [J]. 中国科技信息，2005（14）：132.

作者简介

张文亮（1994—），男，助理工程师，主要从事水电站运行管理工作。E-mail: zhangwenliang@ylhdc.com.cn

雷元金（1995—），男，助理工程师，主要从事水电站运行管理工作。E-mail: leiyuanjin@ylhdc.com.cn

弧形闸门机械开度与启闭机行程之间
函数关系的研究及计算

许海洋

（贵州乌江水电开发有限责任公司，贵州省贵阳市　550000）

[摘　要] 弧形闸门启闭过程中机械开度与启闭机行程之间的关系不像平面闸门那样简单的成线性等比例关系[1]，且实际运用中弧形闸门开度不便于直接测量，造成弧形闸门机械开度的控制往往有偏差。文章提出了两者之间对应函数关系的分析方法，推导出计算公式，为弧形闸门机械开度的精确计算提供理论依据。文章计算了某水电站溢流表孔弧形闸门在液压启闭机不同行程下的机械开度，并用开度曲线图形直观表达两者之间的关系。

[关键词] 弧形闸门；开度；函数关系；计算

0　引言

弧形闸门因其独特的优点，被广泛运用于各类水利、水电工程上，作为各种类型的水道上的工作闸门运行。弧形闸门是挡水面为弧形面的闸门，其支臂的支承铰位于圆心，启闭时闸门绕支承铰转动。弧形闸门的机械开度是以弧门门叶底部与弧门底坎之间的垂直高度来计量，而弧形闸门的启闭轨迹是弧形面板绕支承铰中心的圆周运动轨迹，因此弧门门叶底部位置在弧形闸门启闭过程中相对于弧门底坎的位置，不仅仅在垂直高度上有变化，在水平位置上也有相对的位移，造成弧形闸门的机械开度无法采用常规的各类测量线性位移的开度仪进行直接测量。

另外，因弧形闸门的安装布置方式以及闸门开启后过水的影响，不便于在门体上安装直接测量其机械开度的各类高度或距离测量仪器。目前，工程上普遍采用的方法是在弧形闸门的启闭系统中，安装监测启闭机行程的开度仪，通过开度仪测值的一系列转换从而达到间接监视、控制弧形闸门机械开度的目的。这样就要求开度仪测值与弧形闸门机械开度之间的转换关系必须准确，才能准确监测对应的闸门机械开度值。

1　弧形闸门机械开度与启闭机行程之间变化规律的分析

弧形闸门在开启和关闭过程中，门叶运行在以弧形闸门支铰中心为圆心，弧形闸门面板曲率半径为半径的圆弧上。运行过程中弧门门叶底部相对于弧门底坎处的垂直距离即为弧形闸门的机械开度。同样连接弧形闸门与液压启闭机活塞杆的销轴，运行在以弧形闸门支铰中心为圆心，销孔中心到弧形闸门支铰中心的距离为半径的圆弧上。销轴运行过程中相对于油缸支铰中心的距离相对应发生变化，该变化值即为启闭机的行程，如图 1 所示。

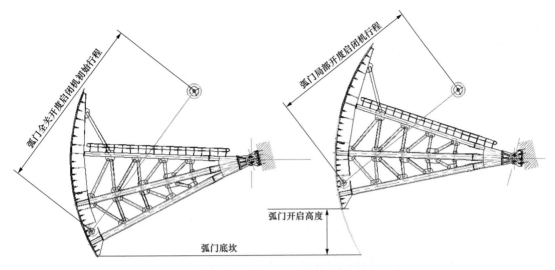

图 1　弧形闸门全关和局部开度位置对比示意图

2　运动关系几何模型的建立

2.1　弧形闸门及启闭机运动关系几何模型

将弧形闸门在开启和关闭过程中的运动机构进行简化，建立整个机构的运动关系几何模型，如图 2 所示。

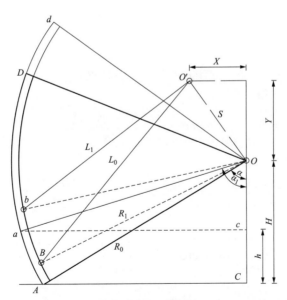

图 2　弧形闸门及启闭机运动关系几何模型

图中 O 点代表弧形闸门支铰中心，O' 点代表液压启闭机油缸支铰中心，A 点代表弧门全关时弧门与底坎的接触点，B 点代表弧门全关时启闭机活塞杆前端吊头连接门叶的销轴中心。

a 点代表弧门某一局部开度下弧门底部位置，b 点代表某一局部开度下启闭机活塞杆前端吊头连接门叶的销轴中心位置。AOD 组成的扇形轮廓线表示弧门在全关位置，aod 组成的扇形轮廓线表示弧门在某一局部开度下的位置。

2.2 模型中各构件相互关系

根据上面的几何模型，不难发现弧门在全关到全开的任一位置，$OA=Oa=R_0$、$OB=Ob=R_1$、$\angle AOB=\angle aOb$。弧门开启关闭过程中，A 点转到 a 点旋转的角度 $\angle AOa$ 和 B 点转到 b 点旋转的角度 $\angle BOb$ 相等。弧形闸门支铰中心和液压启闭机油缸支铰中心距离为 S。

$$S = \sqrt{X^2 + Y^2} \tag{1}$$

弧门开启关闭过程中，弧门液压油缸支铰到活塞杆前端吊头连接门叶的销轴中心之间的距离变化值即为启闭机的行程值，即 $l=L_0-L_1$。a 点相对于弧门底坎的垂直高度即为弧门机械开度 h。

$$h = H - R_0 \cos\alpha_1 \tag{2}$$

3 弧门机械开度与启闭机行程之间函数关系的推导

根据运动关系的几何模型，结合勾股定理、余弦定理、三角函数和反三角函数，将几何模型中各种已知的量和未知的量之间的关系，用数学公式表达出来，建立弧门机械开度与启闭机行程之间的函数关系。

3.1 根据弧门机械开度 h，推导启闭机行程 l

已知弧门机械开度 h，可求得

$$\angle\alpha_1 = \arccos\frac{H-h}{R_0} \tag{3}$$

因 $\angle\alpha = \arccos\dfrac{H}{R_0}$，则

$$\angle AOa = \angle\alpha_1 - \angle\alpha = \angle BOb \tag{4}$$

根据余弦定理，可求得

$$\angle BOO' = \arccos\frac{S^2 + R_1^2 - L_0^2}{2SR_1} \tag{5}$$

因

$$\angle BOb = \angle BOO' - \angle bOO' = \angle\alpha_1 - \angle\alpha = \arccos\frac{H-h}{R_0} - \arccos\frac{H}{R_0} \tag{6}$$

则

$$\angle bOO' = \angle BOO' - \angle BOb = \arccos\frac{S^2 + R_1^2 - L_0^2}{2SR_1} - \arccos\frac{H-h}{R_0} + \arccos\frac{H}{R_0} \tag{7}$$

故

$$L_1 = \sqrt{S^2 + R_1^2 - 2SR_1\cos\angle bOO'} \tag{8}$$

则启闭机行程公式为

$$l = L_0 - L_1 = L_0 - \sqrt{S^2 + R_1^2 - 2SR_1\cos\angle bOO'} \tag{9}$$

3.2 根据启闭机行程 *l*，推导弧门机械开度 *h*

已知启闭机行程 *l*，可求得

$$L_1 = L_0 - l \qquad (10)$$

根据余弦定理

$$\angle bOO' = \arccos \frac{S^2 + R_1^2 - L_1^2}{2SR_1} = \arccos \frac{S^2 + R_1^2 - (L_0 - l)^2}{2SR_1} \qquad (11)$$

根据余弦定理

$$\angle BOO' = \arccos \frac{S^2 + R_1^2 - L_0^2}{2SR_1} \qquad (12)$$

又因 $\angle\alpha = \arccos \dfrac{H}{R_0}$

$$\angle\alpha_1 = \angle\alpha + \angle BOO' - \angle bOO' \qquad (13)$$

故

$$\angle\alpha_1 = \arccos \frac{H}{R_0} + \arccos \frac{S^2 + R_1^2 - L_0^2}{2SR_1} - \arccos \frac{S^2 + R_1^2 - (L_0 - l)^2}{2SR_1} \qquad (14)$$

根据三角函数关系，弧门机械开度

$$h = H - R_0 \cos \angle\alpha_1 \qquad (15)$$

4 某水电站溢流表孔弧形闸门机械开度的计算

4.1 某水电站溢流表孔弧形闸门及其启闭机基本情况

某水电站大坝枢纽工程泄洪建筑物由七孔溢流表孔组成，每孔设置弧形工作闸门一扇，弧形闸门为三斜支臂球铰的结构，尺寸 15m×24m（宽×高）。每扇弧门采用露顶式双缸液压启闭机进行启闭操作，液压油缸采用双吊点后拉斜吊形式，两端铰支方式，活塞杆工作行程为 10500mm。弧门支承球铰中心和油缸支铰中心水平距离 *X* 为 8500mm，弧门支承球铰中心和油缸支铰中心之间高度差 *Y* 为 10000mm。弧形闸门门叶面板绕支承铰中心旋转半径 R_0 为 27000mm，启闭机活塞杆前端吊头连接门叶销轴中心相对于弧门支承铰中心旋转半径 R_1 为 26117mm。弧门支承球铰中心至弧门底坎的高度 *H* 为 14000mm，弧形闸门全关时，启闭机油缸支铰中心到活塞杆前端吊头连接门叶销轴中心的距离 L_0 为 25536mm。

4.2 弧形闸门机械开度计算

利用式（10）～式（15），启闭机行程以每 1000mm 为步长，分别计算出对应的弧门机械开度，计算结果见表 1。

表 1   弧形闸门机械开度计算表   单位：mm

启闭机行程	1000	2000	3000	4000	5000	6000	7000	8000	9000	10000
弧门机械开度	1829	3710	5642	7623	9654	11741	13893	16126	18473	20992

由表 1 中数据得出，弧形闸门机械开度与启闭机行程之间并不是简单的线性关系，直观地用图表示，如图 3 所示。

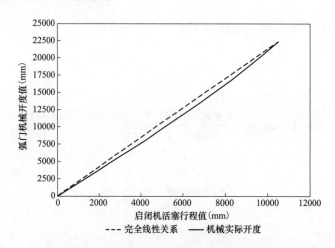

图 3　弧形闸门机械开度与启闭机行程之间关系曲线

5　结语

通过对弧形闸门机械开度与启闭机行程之间函数关系的研究推导，得出两者之间互相换算的计算公式，并依据该公式对某水电站溢流表孔弧形闸门机械开度进行精确计算，计算结果校核了该水电站弧门控制系统控制闸门开度的准确性，确保在泄洪时正确执行闸门调令。由计算结果可以得出，弧形闸门机械开度与启闭机行程的变化并不相等[2]，更不能简单描述成等比例线性关系。文章提出了两者之间对应函数关系的分析方法，为同类型弧形闸门机械开度的精确计算提供理论依据，固定卷扬式和螺杆式弧门启闭机的工况同样可以借鉴该分析思路进行函数关系的推导。

当前，各类水利枢纽上的弧形闸门常采用液压启闭机进行操作，因为液压启闭机具有启闭容量大且便于电气化自动控制的特点。本文推导出来的换算公式和数学模型，将直接用于液压启闭机自动控制程序中关于开度控制变量的数学编程和程序开发，摆脱以前采用简单的线性等比例法或者分段插值法等近似控制方法，为更加精确控制弧形闸门开度提供理论依据。

参考文献

[1] 代威. 弧门闸门开度计算 [J]. 山西水利科技, 2014, 192（2）: 18-20.

[2] 孙鲁安. 弧门开度与启闭机行程的函数关系推导 [J]. 水利电力机械, 2006, 28（11）: 41-44.

作者简介

许海洋（1988—），男，工程师，主要从事水电站机械设备检修维护及运行管理。E-mail: hnbcxfy@163.com

某电厂发电机出口封闭母线抱箍温度异常升高研究与处理

陶小龙　李　伟　陈　果

（贵州乌江水电开发有限责任公司沙沱发电厂，贵州省铜仁市　565300）

[摘　要] 某水电厂发电机出口封母采用全连式离相封母，额定电压 20kV，额定电流 15000A，额定频率 50Hz；当发电机正常运行时，发电机出口封母抱箍的温度随发电机的负荷变化而变化，当发电机负荷增加时，抱箍温度随之缓慢增加，最高温度可达 158℃（封母抱箍运行温度应不大于 70℃），当发电机负荷减小时，抱箍温度也随之缓慢降低，但抱箍温度最低时也有 104℃。维护人员为解决封母抱箍温度异常问题，通过分析，得出抱箍周围存在电磁场，使金属抱箍上产生感应电流并形成涡流损耗，导致抱箍温度异常升高。针对金属抱箍周围存在电磁场，维护人员制定出相应的处理方案，方案实施后抱箍温度异常升高问题成功解决，为封母的安全稳定运行提供了坚实的保障，为类似封母设备问题提供参考。

[关键词] 封母；抱箍；电磁

0　引言

某电厂发电机出口封闭母线（简称"封母"）采用全连式离相封母。靠发电机出口侧封母的抱箍温度随发电机的负荷变化而变化；众所周知，当电气设备运行温度远超出自身极限承受温度时，绝缘材料将会急速老化，绝缘性能下降，甚至击穿，造成运行设备烧损被迫停机的情况发生。电厂维护人员就如何将发电机出口封母的抱箍温度降低至正常运行温度展开研究。

1　原因分析

全连式离相封母的结构是将各相母线导体分别用绝缘子支撑，并封闭于各自的外壳之中，单相的外壳本身是相连通的，并在首末端用短路板将三相外壳短接，构成三相外壳回路。母线正常工作时三相负荷电流在每相导体周围产生交变磁场，并在外壳中产生感应环流，根据电流互感器工作原理（电磁感应原理和磁势平衡原理），每相外壳中的环流与该相母线电流的大小相近、方向相反，所以这两个电流所产生的磁场几乎可完全抵消，因此起到了磁屏蔽作用，故其三相负荷电流对附近金属结构件不会引电磁感应现象。

而该厂发电出口侧的封母外壳短路板并没有安装在封母外壳的末端（如图 1 所示），也就是说，靠发电机侧有一个封母的抱箍没有在两块外壳短路板之间，因此，该抱箍所在的封母段外壳上的感应电流不能形成环流，未能抵消该段母线上电流形成的电磁场，所以在此段的磁泄漏非常大，根据电流互感器工作原理（电磁感应原理和磁势平衡原理）进而造成在金属抱箍上形成非常大的感应电流，由于在金属抱箍上有涡流损耗，致使金属抱箍温度居高不下，推理也符合之前的跟踪调查（见表1），即抱箍的温度随发电机的负荷变化而变化。

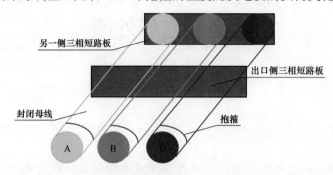

图1　改造前封闭母线结构示意图

表1　　　　　　　　　　　方案实施前封母抱箍温度记录表　　　　　　　　　　单位：℃

负荷（MW）	相别		
	A 相封母抱箍（最高温度）	B 相封母抱箍（最高温度）	C 相封母抱箍（最高温度）
140	108	112	104
170	111	118	108
220	129	134	128
240	128	138	140
260	135	140	143
276	130	140	141
280	140	158	146

2　处理措施

通过分析，要从根源上解决抱箍发热问题，就是避免在抱箍上产生感应电流，最好的方法就是将抱箍所在封母段的磁泄漏消除，从而避免在抱箍上产生感应电流。

维护人员制定出以下处理方案：

（1）根据发电机出口封母的出厂资料，查询其尺寸大小，用隔磁材料不锈钢材质的板材制作成三相短路板。

（2）将新制作的三相短路板焊接在封闭母线前端的下方（发电机出口侧，如图2所示）。

（3）再将原来的出口侧三相短路板切割取出。

3　效果检查

方案实施后，发电机出口封母的抱箍就在两块三相短路板之间了；由于在两块三相短路板之间的封母上产生的感应环流形成的磁场几乎可完全抵消母线上产生的磁场，因此起到了磁屏蔽作用，故发电机出口侧的抱箍不会再因电磁感应现象再产生感应电流，也不会再因金属抱箍上产生涡流损耗而发热，达到了降低抱箍温度的效果。

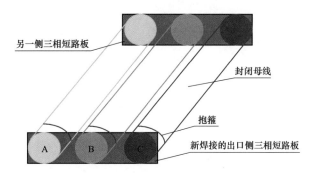

图2 改造后封闭母线结构示意图

维护人员定期对封母抱箍温度进行检测、分析。改造后抱箍运行温度降低至规定范围内（≤70℃），运行温度恢复正常。方案实施后封母抱箍温度记录见表2。

表2　　　　　　　　　　　　方案实施后封母抱箍温度记录表　　　　　　　　　　单位：℃

负荷（MW）	相别		
	A相封母抱箍（最高温度）	B相封母抱箍（最高温度）	C相封母抱箍（最高温度）
240	34.6	35.2	33.6
276	46.2	46.4	44.5
220	33.5	34.7	32.6
250	38.6	39.4	37.5
283	49.8	48.2	46.8
260	45.2	47.2	44.5

4 结语

发电机出口及中性点软连接是裸露部分，运行时存在很强的磁泄漏，对周围的运行金属元件有一定的隐患，维护人员巡视时可增加发电机出口及中性点周围重点巡视内容。

离相封母的三相可通过品字形排布使相间电磁场相互抵消，从而避免磁泄漏对周围金属元件造成干扰。当离相封母的三相在一个平面布置时，应注意封母两端三相短路板的位置设置，三相短路板应尽量靠近封母末端根部，避免产生磁泄漏。

参考文献

［1］中华人民共和国电力工业部. DL/T 596—1996　电力设备预防性试验规程［S］. 北京：中国电力出版社，1996.

［2］中华人民共和国住房和城乡建设部. GB 50150—2016　电气装置安装工程　电气设备交接试验标准［S］. 北京：中国计划出版社，2016.

[3] 陈化刚. 电力设备预防性试验方法及诊断技术 [M]. 北京：中国水利水电出版社，2009.

作者简介

陶小龙（1988—），男，工程师，主要从事电气一次设备检修及维护、高压试验等。E-mail：390558853@qq.com

李　伟（1990—），男，助理工程师，主要从事电气一次设备检修及维护、高压试验等。E-mail：419901710@qq.com

陈　果（1993—），男，助理工程师，主要从事电气一次设备检修及维护、高压试验等。E-mail：763249336@qq.com

水轮机磨蚀防护技术简析

喻　冉[1]　杨　勇[2]　刘　蕊[3]　孙文东[1]　张清华[1]　丁　森[1]

（1. 河北丰宁抽水蓄能有限公司，河北省承德市　068350;

2. 黄河水利委员会黄河水利科学研究院，河南省郑州市　450003;

3. 中国电建集团北京勘测设计研究院有限公司，北京市　100024）

[摘　要] 磨损、空蚀及其他破坏耦合作用是水轮机常见的破坏形式，在过流部位进行涂层防护是提高抗磨蚀能力的有效方法之一。本文简述了过流部件磨蚀等破坏的机理及其影响因素，并综述了过流部件耐磨蚀涂层技术的研究进展，评述了不同类型涂层的技术特点，通过金属熔覆技术、抗撕裂聚氨酯材料以及综合防护措施的应用案例阐述了该领域取得的进展，并展望了未来的发展趋势。

[关键词] 磨损；空蚀；综合防护措施

0　引言

高水头大流速含沙水流对水力机械过流部位产生不同程度的磨损和空蚀[1-3]，黄河以其高挟沙量闻名，磨蚀问题更加突出。黄河干支流已建的水利工程运行实践表明，水力机械和水工建筑物长期受泥沙磨损、空化空蚀、腐蚀锈蚀、冲击振动及耦合作用，过流部位出现了严重的破坏，影响了发电或灌溉等效益，增加了运行维护费用，严重时还会导致水利工程的运行安全。

针对磨蚀问题，自 20 世纪 70 年代，开展了大量机理、测试及防护技术的研究[4-6]，取得了丰硕的成果，积累了丰富的经验。相关成果在黄河流域、长江流域、新疆、东北以及台湾等地区得到大力推广和应用，对解决水利工程的磨蚀问题起到了巨大的作用。

1　常见磨蚀防护技术

水轮机在低压区会发生空泡现象，空泡溃灭时对水轮机造成的破坏称为空蚀，流道表面呈现出针孔状或蜂窝状破坏特征。如果是含沙水流，泥沙颗粒还会对水轮机造成磨粒磨损，流道表面出现鱼鳞坑或沟槽破坏特征。含沙水流过水轮机，往往同时存在空蚀与磨损，流道表面会呈现以上两种不同的破坏特征。但是当一种破坏强度远大于另一种时，较弱破坏的特征会被掩盖。因此，磨蚀在机理上十分复杂。磨蚀破坏的主要危害在于检修周期缩短、检修工作量增大、检修成本高、机组运行效率降低，用于水力机械的磨蚀防护材料或技术主要包括以下几类：

（1）补焊。这是最常用的修复技术，焊条种类和牌号较多，主要有高奥氏体不锈钢型[7]

（如 A102、A132 等）、低碳马氏体不锈钢型[8]（如 0Cr13Ni5MoRe、16-5、17-4 系列等）和高铬铸铁型[9]（如耐磨一号、瑞士 5006 等）。王者昌等[10]将 GB1 堆焊焊条在水轮机抗磨蚀修复中进行应用，该焊条既具有优异的抗空蚀性能，为 A102 的 21.8 倍、低碳 Co-Cr-W 的 3 倍，又具有良好的抗磨损性能，为低碳 Co-Cr-W 的 0.93 倍、A102 的 2.31 倍，优良的抗磨蚀性能，为 1Cr18Ni9Ti 的 6.7 倍、OCr13Ni5Mo 的 5.6 倍。如果加入适量稀土或微量细化晶粒元素，可使其抗空蚀、磨损和磨蚀性能进一步提高。与单一的金属材料和陶瓷材料相比，金属/陶瓷复合材料是具有硬度高、耐磨抗高温耐腐蚀等特点的优良工程材料。Bolelli[11]利用 WC10Co4Cr 作为喷涂材料，在基材 45 号钢上制备涂层，通过耐磨蚀试验证明，抗磨蚀 WC10Co4Cr 涂层既有高的硬度、强度来抵抗泥沙磨损，又有好的塑性与冲击韧性来防御空蚀破坏，能提高实际叶轮的抗磨蚀寿命，虽然操作复杂，但可以取得良好效果。

（2）金属涂层防护。如金属热喷涂[12]、超音速喷涂[13]、等离子喷涂[14]、电镀、熔覆等。因具有较高的硬度和弹性模量，较小的热膨胀系数和优良的化学性能而备受关注。金属涂层中广泛使用以 WC、TiC 等碳化物与金属 Fe、Co、Ni 等制成的黏结相合金粉末，其中碳化物相使涂层具有高硬度和耐磨性，黏结相合金粉末则赋予涂层一定的强度和韧性。抗磨性能好，抗空蚀性能与不锈钢材料相当。

（3）非金属涂层防护。如树脂砂浆类涂层[15]、高分子涂料等。环氧砂浆由环氧树脂、磨料、固化剂、添加剂等组成，作为一种成本较低的非金属材料，在水力机械磨蚀修复方面广泛应用。聚氨酯和高密聚乙烯等工程塑料也分别应用于水轮机磨蚀防护，均取得了较好的效果。

2 熔覆技术及其应用

熔覆技术是指主要采用激光或电磁能量加热熔覆材料和基材表面，使所需的抗磨蚀材料熔焊于工件表面的表面改性技术。与传统喷涂技术比，具有以下特点：①涂层与基体是冶金结合，结合强度高；②不仅具有良好的耐磨性能，同时具备良好的韧性，抗空蚀性能好；③成型质量高，热变形小。

新疆某引水式水电站，水轮机运行工况较为恶劣，过流部件磨蚀严重，活动导叶运行一年后小头减薄，甚至破损。利用钎涂技术，在导叶小头熔覆镍基涂层材料，导叶小头修复后如图 1 所示。运行三年，涂层没有剥落或严重损伤。由此可见，熔覆工艺的优缺点明显，虽然成本较高、操作复杂，但是良好的机械性能也能够在水轮机的其他过流部位有更广泛的应用潜力。

图 1　导叶小头熔覆修复

3 聚氨酯材料及其应用

聚氨酯材料品种众多，经过长期的室内试验和实际应用，黄河水利委员会黄河水利科学研究院积累了丰富经验，遴选出数种耐磨蚀性能优异的聚氨酯材料，改进并提高了其耐撕裂性、耐水性和黏接性能，形成了系列产品，这是在抗磨蚀方面具有代表性的成果。

（1）聚氨酯修复强空蚀破坏区。通过改性助剂和真空浇铸，突破了与金属材料界面黏接力低的难题，能够对水轮机过流强空蚀区进行修复。如牡丹江莲花水电站是清水水库，运行水头，经过多年运行，两叶片之间靠右侧上冠出现空蚀现象。经过补焊技术，可以对空蚀区域进行修补，但补焊工作量大，需要工期较长，影响整个机组大修时间，同时补焊后，上冠采用的合金钢经过高温会破坏材料结构，致使其性能受到影响。再者，经过补焊后运行一段时间，上冠会再次出现空蚀现象，随着时间延长，空蚀区域扩大速度呈爆发式增长。2014年上冠空蚀区长度为70cm，2015年空蚀区长度增加到120cm，如图2（a）所示。

由于上述原因，本次采用改性氧化石墨烯/聚氨酯复合涂层技术对牡丹江莲花水电站水轮机转轮上冠强空蚀破坏区域进行处理，效果如图2（b）所示。历经4个大修周期后，修复效果如图2（c）所示。可以看出，除少量复合树脂砂浆被磨掉外，聚氨酯复合涂层几乎未受到任何破坏，仍能够起到很好的保护作用，这是目前国内外抗空蚀修复效果最好的案例。

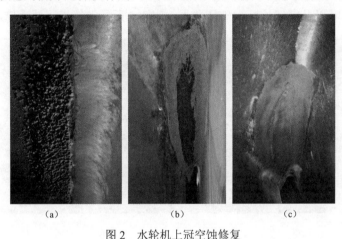

图2　水轮机上冠空蚀修复

（a）上冠空蚀破坏；（b）修复后；（c）4个大修周期后

（2）研制多种钢塑复合（聚氨酯+不锈钢）抗磨蚀零部件，应用于水力机械，性能优异。图3所示导叶大头嵌入安装的是钢塑密封板，中间突起与导叶小头搭接形成软硬结合密封面，有效解决了漏水和磨损问题，多个水电站多年运行实践表明，这是目前应用效果最好的导叶密封技术。图4是钢塑底环抗磨板，高含沙水库应用表明，抗磨效果优于不锈钢抗磨板。

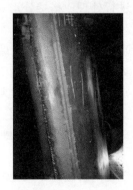　

图3　钢塑导叶密封板　　　　　图4　钢塑底环抗磨板

4 综合防护技术及其应用

水轮机的全寿命周期管理包括采购、使用、维修、报废等一系列过程，水电站往往根据使用工况，设计合理的维修策略（事后维修、预防维修、点检、视情维修、状态维修、机会维修等），确定维修时间和维修目的。

单一技术无法满足恶劣工况下的抗磨蚀要求，甚至在同一过流部件单一技术也很难解决磨蚀问题。因此，需要在设备（设施）的全寿命周期的不同阶段，针对具体部位和工况，基于对破坏机理、性能试验、应用效果的深刻理解，设计合适的材料（焊条、砂浆类涂层、橡胶类涂层、钢塑复合材料、金属涂层等）、结构和工艺，提供高性价比的综合防护措施，以达到维修目的。

新疆某引水电站，含沙量大、沙质硬，水轮机磨蚀严重，导致漏水量增大且机组出力下降。转轮、活动导叶以及底环抗磨板破坏严重，如图5所示，每年需要大修，维修工作量大。

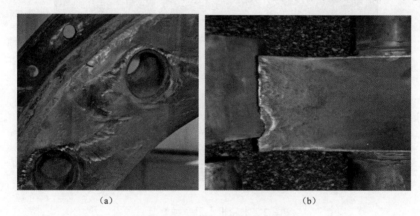

（a）　　　　　　　　　　　　（b）

图 5　底环抗磨板和活动导叶破坏

（a）底环抗磨板；（b）活动导叶

对此，综合防护措施设计如下：

（1）转轮修复。转轮工况最为恶劣，采用补焊和超音速喷涂进行防护。

（2）活动导叶修复。活动导叶立面采用复合树脂砂浆抵抗泥沙磨损；在大头搭接处，采用钢塑复合立面密封板；在小头搭接处，采用超音速喷涂进行处理。搭接处形成软硬材料接触，能够达到更好的密封效果。

（3）抗磨板采用钢塑复合材料，内圈密封环进行超音速喷涂处理，增强抗磨能力。

目前采用两年一个维修周期，一年大修一年小修；活动导叶及抗磨板报废期由 2 年提高到 4 年。运行实践表明，机组导水机构抗磨蚀性能得到明显提高，维修工作量大为减少。

5 结语

水轮机磨蚀问题是电站运行和工程设计必须考虑的问题之一，近些年来金属熔覆技术和抗撕裂聚氨酯材料等取得了较大进展，有效提高了水轮机抗磨蚀性能，未来具有良好的应用潜力。单一技术无法解决水轮机磨蚀修复问题，必须针对不同过流部位设计综合防护措施，并且解决方案的有效性和先进性需要在运行实践中检验。

参考文献

[1] 张磊，陈小明，吴燕明，等．水轮机过流部件抗磨蚀涂层技术研究进展［J］．材料导报，2017（17）：75-83．

[2] 杜晋，张剑峰，张超，等．水轮机金属材料及其涂层抗空蚀和沙浆冲蚀研究进展［J］．表面技术，2016，45（10）：154-161．

[3] Kumar P，Saini R P．Study of cavitation in hydro turbines—A review［J］．Renewable and Sustainable Energy Reviews，2010，14（1）：374-383．

[4] 李贵勋，邓炎，杨勇，等．扬黄灌排水泵磨蚀综合防护技术［J］．水电站机电技术，2018（8）：76-78．

[5] 温鸿浦，张雷，郭维克．聚氨酯复合树脂砂浆在固海扬水泵站泵壳磨蚀防护中的应用［J］．中国农村水利水电，2018，434（12）：131-133+138．

[6] 李进军，张雷，张腾飞，等．万家寨水电站活动导叶立面密封改造［J］．人民黄河，2018，40（3）：143-145．

[7] 余阳春．水轮机磨蚀损伤分析与耐磨蚀新材料研究［D］．华中科技大学，2004．

[8] 王士山．E410NiMoT1-4 结构焊接用药芯焊丝的研制［D］．北京工业大学，2014．

[9] 徐锦锋，唐桢，任永明，等．高铬铸铁芯焊条堆焊层组织分析［J］．焊接学报，2012，33（8）：57-59．

[10] 王者昌．水轮机部件过流表面的金属材料磨蚀防护［J］．水电站机电技术，2014（2）：3-5．

[11] Bolelli，G．，L．M．Berger，T．Börner，et al．Tribology of HVOF-and HVAF-sprayed WC‐10Co4Cr hardmetal coatings：A comparative assessment．Surface and Coatings Technology，2015，265：125-144．

[12] 李庆刚，李孝志．热喷涂技术在水轮机修复中的应用研究［J］．西华大学学报（自然科学版），1998（1）：69-72．

[13] 高云涛，李翠林，郭维．高速火焰喷涂技术在刘家峡水电厂水轮机抗磨蚀方面的应用［J］．陕西电力，2008，36（5）：51-53．

[14] 钱强，刘克勇，俞韶华．热喷涂技术在国内外的应用［J］．焊接，1999（5）：4-7．

[15] 胡少坤，邓春华，于晶．HTPB 改性环氧树脂复合材料在水轮机叶片上的应用［J］．橡胶科技，2012，10（4）：26-27．

作者简介

喻　冉（1988—），男，研究生，工程师，主要从事抽水蓄能电站前期规划、水机设备选型、工程建设管理、电站运维管理工作。E-mail：yuran813@163.com

杨　勇（1972—），男，工学博士，教高，主要从事水电工程磨蚀检测与防护技术、深水水库泥沙取样和清淤处理等方面的研究工作，主持或参与国家和省部级项目十余项。E-mail：80032007@qq.com

刘　蕊（1985—），女，高级工程师，主要研究方向为水利水电工程勘察设计、项目管理等。E-mail：409219737@qq.com

孙文东（1970—），男，高级工程师，主要从事抽水蓄能电站工程建设管理工作。E-mail：516824512@qq.com

张清华（1990—），女，研究生，主要从事抽水蓄能电站运维管理工作。E-mail：zhangqh1633@163.com

丁　森（1991—），男，工程师，主要从事抽水蓄能电站水机设备选型、电站建设管理工作。E-mail：514962853@qq.com

境外同流域多梯级水电站建设运营交替共存下的防洪联合调度机制探讨

刘新峰　李　明

（中国电建集团海外投资有限公司，北京市　100048）

[摘　要]同流域多梯级水电站建设运营交替共存情况下，开展全流域防洪联合调度是实现最佳效果的明智选择，老挝南欧江流域梯级水电项目是中国电建，也是中资企业首次在境外取得整条流域开发权项目。本文以老挝南欧江流域 7 个梯级水电站为例，对同流域多梯级水电站建设运营交替共存条件下的防洪联合调度机制进行了研究，以最大限度发挥防洪联合调度机制的功能，保护财产安全，实现长期和可持续发展。

[关键词]流域；多梯级水电站；防洪；联合

0　引言

老挝南欧江（Nam Ou）是湄公河左岸老挝境内最大支流，发源于中国云南省江城县与老挝丰沙里省接壤的边境山脉一带，河流自北向南，在琅勃拉邦市附近汇入湄公河，全河流域面积 25634km²，河长 475km，天然落差约 430m，是老挝水能资源基地之一。

南欧江梯级按"一库七级"方案开发，总装机容量 1272MW，全梯级联合运行保证出力 435.5MW，多年平均发电量 50.29 亿 kWh。南欧江流域梯级水电项目是中资企业首次在境外取得整条流域开发权项目，分两期开发，截至 2019 年，一期项目（二、五、六级 3 个水电站）已进入运营，二期项目（一、三、四、七 4 个水电站）正在建设。

同流域多梯级水电站建设运营交替共存的条件下，开展流域防洪联合调度应是最优的防洪度汛方式，依托工程措施和非工程措施相结合的防洪综合体系，最大限度发挥防洪系统的综合功能，最终达到适当兼顾其他兴利需求的流域防洪效益最大化。

1　流域气象、水文特性

1.1　气象

南欧江流域内根据近 6 年水情自动测报系统收集到的降雨量统计，6～10 月约占全年降水的 72%，11 月～次年 5 月约占年降水的 28%。降水总的趋势由北向南降低，降雨范围在 980～2117mm。

1.2　水文

流域的径流主要由降水补给，每年 5 月开始径流随降雨的增大而增大，7～9 月水量最丰，11 月后由于降雨量的减少，径流以地下水补给为主，退水至次年 4 月。因受季风气候影响，径流在年内的分配极不均匀，汛期 6～10 月占年径流量的 76.1%，11 月～次年 5 月占年径流量的 23.9%，最枯段的 2～4 月仅占年径流量的 7%。

1.3 洪水特性

南欧江流域洪水主要由暴雨形成，暴雨多发生于 6～9 月，尤以 7、8 两月最频繁。洪水历时较长，涨落缓慢，一次主要洪水过程一般在 5 天以上，不超过 15 天，且多为单峰型。洪峰流量年际变化不大，根据洪水统计最大与最小洪峰流量相差 4.7 倍。

1.4 水情自动测报系统

老挝南欧江流域水情自动测报系统覆盖整个南欧江流域，包括水情中心站 1 座，遥测水文站 12 个，遥测水位站 14 个，遥测雨量站 33 个，遥测站共计 59 个。其中各遥测水文站、上游围堰站、坝前站兼测雨量。中心站设在南欧江集控中心。

2 工程概况

一期二、五、六级 3 个水电站 2012 年 10 月开工，2016 年 4 月底全部机组投产发电，2016 年 10 月底完工。

二期一、三、四、七级 4 个水电站 2016 年 4 月开工，截至 2019 年，各梯级电站施工安装工作正有序推进中。

3 防洪度汛要求

3.1 防洪度汛原则

（1）大坝安全第一原则，确保南欧江一～七级水电站大坝、厂房安全运行和泄水建筑物、消能设施安全。当七级水电站发生超标准洪水时，优先保证人员安全撤离，在人员安全的情况下再保证设备安全，最后再保工期。

（2）按照"电调服从水调、水调服务建设、大坝安全是底线"的调度原则，拦蓄洪水、控制下泄，尽量避免或减轻下游的洪水灾害，服务于沿岸居民。

（3）科学设置各梯级水电站防洪度汛标准，按时达到防洪度汛工程形象面貌。

3.2 汛前要求

（1）成立流域防洪度汛组织机构，汛前召开防汛工作动员会，建立、健全防汛工作机制和岗位责任制。

（2）制定一期、二期防洪度汛工作计划，部署各项防汛工作，厘清重点难点。

（3）制定流域防洪度汛方案和应急预案明确超标准洪水的应对措施，按照防洪应急预案和现场处置方案在汛前组织防汛演练。

（4）汛前完成水情自动测报系统野外遥测站点、中心站设备设施的检查维护，完善修订水文预报方案，保证汛期系统工作正常、数据传输畅通，预报精度满足规范要求。

（5）汛前应完成各梯级水电站所有防汛设备设施的检查、维护、试验等工作。

（6）各梯级水电站制定汛期泄洪闸门不能启闭处置方案；一、二级水电站制定汛期机组甩负荷紧急开启闸门的应急措施。

（7）二期在建电站应根据 2020 年防洪度汛设计专题报告，汛前按进度计划完成防洪度汛要求的形象面貌。

（8）对通信系统进行全面检测和调试（包括卫星电话），确保各梯级水电站与公司防洪度汛办公室通信联络畅通，与当地政府建立并确定报汛联络方式，建立良好的沟通机制。

（9）排查生产、生活营地边坡、施工区、近坝岸坡等部位是否存在地质隐患，对截、排水系统进行检查、疏通。

（10）对进场公路、场内公路进行检查、维护，疏通排水沟、涵洞。

（11）各梯级水电站建立完备的应急行动机制，组织健全的应急行动领导小组，明确应急人员职责，对可能发生或已经发生的紧急情况采取正确的应急措施。并配备足够的防洪抢险人员、物资和设备。

（12）对建立防汛水位站的村庄、县城，会同当地政府做好应急监测、预警、撤离措施；对三级下游未建立监测站的 4 个村庄，会同当地政府做好预警、撤离措施。

3.3 汛中要求

（1）做好防汛值班及防汛措施的落实和汛中的各项检查。

（2）加强水情监视和测报，为工程防洪度汛提供技术服务。提高短期洪水预报精度，开展中长期预报、天晴定时报、降雨时滚动预报，为工程度汛提供可靠依据。

（3）加强大坝泄洪设施的检查、维护，确保泄洪系统正常运行。

（4）做好水情自动测报系统的应急维护和水文巡测工作。

（5）根据防洪联合调度方案，做好各级水电站的水库联合调度工作，对洪水进行有效的调控，确保工程及下游沿岸居民的安全。

（6）做好各梯级水电站、调度部门、当地政府或上级防汛指挥部门等报汛工作。

（7）关注梯级水库的漂浮物，重点关注七级水电站预防漂浮物阻塞导流洞和泄洪放空洞，影响泄流能力；六级水电站注意漂浮物进入拦漂索内。

（8）加强大坝、边坡的安全监测工作，尤其是新投运大坝，在坝区发生特大暴雨、大洪水或库水位骤降、骤升时，应及时加密进行巡视检查和安全监测，六级水电站加强厂房边坡和永久营地的变形监测。

（9）二、五、六级水电站交通船使用前及时查看天气预警，遇有六级以上大风、暴雨或大洪水等恶劣天气时禁止航行；大坝泄洪前，应检查船舶的锚固情况。

（10）关注电站上下游码头安全，汛期应与当地政府加强信息沟通，在来水或水位变化较大时，及时通知当地政府关闭码头，确保库区乘船人员安全。

（11）做好库区沿岸村寨的联络和对接工作，发生紧急险情时，各梯级水电站应能及时提供帮助，防范损失扩大和负面效应。

3.4 汛后要求

（1）开展汛后各项检查工作。

（2）评估流域防洪度汛水情自动测报预警系统，防洪联合调度、通信和指挥系统，各站分级响应运行机制等情况，做好复盘、总结。

4 防洪联合调度方案

4.1 任务

根据确定的各梯级水电站工程设计洪水、校核洪水和下游防护对象的防洪标准、防洪联合调度方式及各防洪特征水位对流域洪水进行调蓄，保障梯级大坝和下游防洪安全。遇超标准洪水，应力求保大坝安全并尽量减轻下游的洪水灾害。

4.2 原则

（1）大坝安全第一原则，南欧江各梯级水电站防洪联合调度以其自身防洪安全要求为基础进行，同时兼顾上、下游地区的洪水灾害。

（2）按"电调服从水调、水调服务建设、大坝安全是底线"的调度原则，提高梯级水库群的综合效益。

（3）根据洪水预报来拟定和不断修正泄洪方式，尽量使下泄流量均匀，以减轻下游的防洪压力。

4.3 权限

（1）2年一遇以下常遇洪水由集控中心调度。

（2）2年一遇及以上、5年一遇以下洪水由南欧江流域防洪度汛办公室指挥决策，集控中心执行。

（3）入库流量达到 5 年一遇以上时，由南欧江流域防汛领导小组指挥决策，集控中心执行。

4.4 时段

根据孟威水文站1987年—2019年洪水发生频次的统计分析，6月1～30为前汛期，7月1日～9月10日为主汛期，9月11日～10月31日为后汛期。

4.5 方案

南欧江七级水电站未投运，上游南欧江五级和六级水电站均具有季调节能力，南欧江一～四级水电站仅具有日调节能力，无防洪能力；通过合理的防洪联合调度运行，在不同时间段，通过预留五、六级水电站防洪库容，依靠水库调度，哈萨村、孟桑潘县城可以抵御20年一遇或 10 年一遇的洪水。

5 防洪度汛保障

5.1 组织保障

2020 年成立一体化南欧江流域防洪度汛领导小组，领导小组是流域防洪度汛工作的最高决策、指挥机构。领导小组下设办公室，负责流域防洪度汛综合协调和领导小组交办的工作。

5.2 通信及信息保障

（1）汛期防汛领导小组带班领导、防汛办及电站防汛值班人员保证手机 24 小时处于开机状态。

（2）各梯级水电站及集控中心日常联系方式为 IP 程控电话、移动电话、网络通信，通信中断后使用卫星电话对外联系。

（3）汛期防汛办定期在防洪度汛专用群发布防汛值班人员及联系方式。防汛值班电话设置在集控中心、中控室及电站项目部值班人员，用于防汛值班与各部门联系。

（4）全流域雨水情、调度信息、工况定时在沟通群发布，实现信息共享，水情信息和调度信息由集控中心统一发布，工情由二期电站项目部发布。

（5）汛期每日定时滚动发布水库运行和调度信息，频次为 1 次/3h，来水变化大或闸门调整时加密拍报，信息发布通过指定方式发布。

（6）每日 8 时发布水情日报，20 时发布水情简报及暴雨预警、洪水预警信息，信息主要通过防洪度汛群发布。

（7）各梯级水电站若发现现场无移动信号，应立即采用卫星电话与防汛办（集控中心）联系，正常情况下每 1h 对外联系一次，发生洪水时每半小时对外联系一次。

（8）汛期各站通过电话、专用信息群媒介积极主动关注汛情变化，防洪度汛专用信息群内除每站值班人员外，禁止非值班人员在群内发言。

（9）各站收到汛情后，值班人员应及时回复。

5.3 物资保障

为保证汛情来时现场防洪度汛能够快速反应，各梯级水电站成立物资保障组，主要负责防洪度汛阶段的设备、物资的计划、采购、入库、调配等各项工作，对防洪度汛应急物资要做到定点存放、专人管理、账物相符，定期检查补充，严禁挪作他用。受新冠肺炎疫情影响，2020 年防汛抢险物资准备可能受到影响，各梯级水电站需提前盘库，对常用的物资增加储备。

5.4 水情自动测报系统保障

5.4.1 系统维护

汛前对水情自动测报系统所有野外遥测站和中心站设备（硬件、软件）进行全面检查、维护及有关站点的安装。

针对一、三、四级水电站蓄水后河道水力要素和水文特性发生改变，汛前完成水文预报方案修订。

汛期做好水文巡测和设备应急抢修工作，尤其是水文站高水位、大流量的测验；汛后对洪水预报方案精度进行评定，根据评定结果再对预报方案进行修订。

5.4.2 运行

汛期水情值班人员每 1h 查询一次各站水文站、水位站及雨量站实时数据，判断水情实时数据的正确性，平安报有无中断。每 2h 检查水情系统设备、软件系统、电源系统和网络通道运行情况。做好故障处理、沟通、记录。

利用云南省气象局发布的气象信息，接入水文预报系统，开展短期、中期水文预报。

汛期根据水位站的水位控制要求，水情系统设置预警短信和语言提醒。

汛期水情值班实现 24h 制，水文情报做到不错报、不迟报、不缺报、不漏报和随测算、随校核、随发送、随整理、随分析，以保证报汛质量和时效。

5.4.3 水情拍报

（1）平安报。汛期拍报方式：8 时发布水情日报（包含昨日降雨量、昨日 8 时至今日 8 时实测水情信息及 24h 预见期的水情预报信息）），20 时发布水情简报（包含今日 8 时至今日 20 时实测水、雨情信息及 12h 预见期的水情预报信息）。

（2）水情加报。根据雨情、水情、汛情发展，及时启动应急测报响应，加密测报频次。

（3）重要天气预警。根据每次云南气象局发布的重要天气信息（针对暴雨、强对流等），提前发布预警信息，加报暴雨/强对流天气预警信息。

5.5 汛期工程安全监测保障

5.5.1 一～六级水电站

（1）在坝区（或其附近）发生强震、特大暴雨、大洪水或库水位骤降、骤升，以及发生其他影响大坝安全运行的特殊情况时，应及时进行加密监测和巡视检查。

（2）一、三、四级水电站初蓄期按规范要求的测次上限进行监测。

（3）对所有加密监测项目的资料应及时进行计算、校核，对监测成果进行定性分析，初步判断建筑物的运行状况。对无法判断的问题应及时向上级单位报告。

5.5.2 七级水电站

（1）在遇到暴雨、洪水或地下水位长期持续较高，以及周围的运行环境或受力状况发生明显变化等情况，根据监理人的指示加密监测，加强巡视检查。

（2）长时间暴雨期间，各监测项目应加密至1～3次/天或现场根据监理人的指示执行。

（3）汛期加强对大坝、地下洞室、上下游围堰、枢纽区边坡及倾倒卸荷松弛岩体的安全监测工作，同时做好巡视检查，必要时以日报、简报形式报业主、监理及各参建方。

遇到上述情况需要加密监测或增加测次。

5.6 其他保障

5.6.1 交通保障

发生洪水灾害时，各梯级水电站沿江底线公路封闭；抢险救援车辆、物资和队伍的进出走高线公路。

5.6.2 医疗保障

各梯级水电站医护人员实行就地、就近利用的原则。在建电站利用施工单位医务室和当地就近省、县医院/村卫生所，运营电站利用当地就近省、县医院/村卫生所。

5.6.3 电力保障

一～六级水电站电源主要有230kV（四级115kV）、22kV电源，各电站同时配置应急柴油发电机，其中二、五、六级水电站机组黑启动（孤网运行）可正常运行。七级水电站电源主要为柴油发电机。集控中心电源为两路22kV电源及应急柴油发电机。

6 结语

作为中资企业首个境外全流域多梯级水电站建设运营交替共存下的防洪联合调度机制，在以往各年的流域防洪度汛工作中都取得了成功，但防洪联合调度一直是一个多阶段、多对象、多属性、多措施的复杂过程，随着建设项目的进展，每年的防洪度汛工作都会有新情况、都是新挑战，每年流域防洪度汛的客观环境都在发生变化，防洪联合调度机制需要不断完善，在汛前、汛中、汛后有大量的工作要抓紧抓实抓细抓到位。参与各方要从最不利的局面考虑，要强化底线思维，立足防大汛、抗大洪、抢大险、救大灾，警钟长鸣，克服麻痹思想，坚持未雨绸缪，扎实做好防汛工作，奋力夺取防洪度汛工作的持续、全面胜利。

参考文献

[1] 余俊良，梁贵占，杨军.革什扎河流域水情自动测报系统建设[J].四川水力发电，2014，33（1）：46-48.

[2] 穆塔力甫·阿尤甫.喀什噶尔河流域水库防洪度汛调度运行方式探讨[J].内蒙古水利，2020，000（001）：53-54.

作者简介

刘新峰（1978—），男，高级工程师，主要从事境外电力投资项目的建设管理工作。E-mail：liuxinfeng@powerchina.cn

李　明（1965—），男，教授高级工程师，主要从事境外电力投资项目的建设管理工作。E-mail：liming@powerchina.cn

六、

新　能　源

光伏与水电、风电出力互补特性研究

吕艳军　　刘巧红　　安莉娜

（中国电建集团贵阳勘测设计研究院有限公司，贵州省贵阳市　550081）

[摘　要]根据贵州电网统调典型光伏电站实际运行数据，基于数理统计分析方法，分析了贵州光伏电站出力特性、出力概率分布情况，初步分析了与风电、水电互补性，为风光水联合运行电网中光伏在系统中工作位置和工作容量提供依据。分析表明：光伏电站整体出力率集中在中低水平，光伏主要体现为电量效益，日间光伏发电会抬高水电站夜间水头，有少量容量效益。虽然贵州区域夜间风大、白天风小，但从逐小时出力特性看，风电、光伏互补性不明显。

[关键词]出力特性；容量效益；概率分布；互补性

0　引言

近年来，贵州省光伏产业快速发展，2019、2020 年连续两年成为全国光伏竞价项目规模最大、建设速度最快、并网率最高的省份。截至 2020 年年底，贵州电网光伏发电总规模达到1057 万 kW。根据有关规划，贵州全省光伏发电总规模到 2025 年可达到 3100 万 kW。

由于光伏发电出力具有间歇性、波动性和随机性的特点，大规模风电并网后，对电网的安全稳定和经济运行将产生一系列影响[1]。因此，区域并网光伏发电的出力特性研究得到了学者们的广泛关注[2]。现有研究主要集中在单个组件的模型建立和控制策略设计[3]，针对已投运光伏电站的实际运行情况下的出力特性研究相对较少。"十四五"期间，贵州风电、光伏发电将成为新增电源的重要部分。同时，贵州目前正在开展依托乌江、北盘江、南盘江和清水江的水、风、光一体化研究。因此，开展贵州电网光伏发电出力特性研究是必要的，可为下阶段贵州光伏发电进一步有序开发、电力系统规划建设以及电网安全可靠运行提供参考依据。

1　材料及方法

1.1　数据来源

本研究采用的资料包括：①贵州电网统调光伏电站 2018—2019 年逐小时出力序列；②全省范围内 4 座光伏电站 2018—2019 年逐小时出力序列。本研究采用的 4 座光伏电站分别位于威宁县、钟山区、兴义市、关岭县，涉及全省 4 个市（州），从空间分布看，对贵州中西部地区已投运的光伏电站具有一定代表性。4 座典型光伏电站基本信息见表 1。

表1 　　　　　　　　　　　　　　4座典型光伏电站基本信息

项目	所在县区	并网时间	备案容量（MW）	直流侧容量（MWp）
A电站	威宁县	2017年6月	65	65.52
B电站	钟山区	2017年2月	100	100
C电站	兴义市	2017年2月	120	120
D电站	关岭县	2017年2月	20	50

1.2　研究方法

1.2.1　出力特性分析方法

从年整体出力水平、年出力特性、日出力特性、同时率四个角度分析贵州电网光伏电站出力特性[4]。其中，年整体出力水平用年等效满负荷利用小时数来表征，年等效满负荷利用小时数等于光伏电站年上网发电量除以其装机容量；年出力特性用季不均衡系数来表征，季不均衡系数为月发电量平均值除以最大月发电量；日出力特性指日内逐小时出力分布特点；同时率指各光伏电站出力同时达到最大的概率，同时率等于日最高发电出力除以当日光伏电站并网机组容量。

1.2.2　容量效益分析方法

从保证容量、有效出力两个角度分析贵州电网光伏电站容量效益[5]。由于光伏电站只在白天发电，本文中保证容量特指衡量光伏电站在白天负荷高峰时段用于系统电力平衡的容量，表示光伏电站在白天负荷高峰时段对常规机组的替代作用。计算方法是把白天负荷高峰时段的光伏电站出力从大到小排序，取在某一保证率下（如95%）光伏电站的最小出力作为光伏电站的保证容量，光伏电站的保证容量可认为是白天能替代对应保证容量的火电装机。进行电力系统规划时，光伏电站的保证容量直接影响其他电源的装机规模。

有效出力是衡量光伏电站在白天负荷低谷时段参与系统调峰平衡的容量，表示光伏电站在白天负荷低谷时段对系统调峰容量的需求。计算方法是把白天负荷低谷时段的光伏电站出力从小到大排序，取在某一保证率下（如95%）光伏电站的最大出力作为光伏电站的有效出力。进行电力系统规划时，光伏电站的有效出力直接影响系统对其他电源调峰能力的需求以及系统调峰电源的规划。

1.2.3　出力分布分析方法

为分析光伏电站逐小时出力概率分布特性，日内按时间段分析出力分布情况，按出力-累积概率分布曲线形状划分出力-概率曲线簇。统计出力-累积概率分布曲线，结合出力-概率曲线簇划分情况，计算各时间段发电量占全年发电量占比情况，为分析各时间段光伏在系统中工作位置和工作容量提供依据[6]。

1.3　出力特性

1.3.1　整体出力水平

由于近年来贵州新增光伏装机规模较大，难以统计实时装机规模，电网中调统计的光伏出力数据难以准确反映全省整体实际出力水平。本研究首先统计典型光伏电站出力水平，并与光伏电站所在地太阳辐射总量建立对应关系。然后根据全省太阳辐射分布情况，在当前光伏电站系统效率水平下，计算全省光伏电站年等效利用小时数，绘制贵州光伏发电年等效利用小时数等值线图。结果表明：贵州太阳辐射总量从东北向西南递增，可以大方—黔西—清镇—贵阳—惠水—平塘—独山一带为界，分界线以西 25 年平均年等效利用小时数在 900h 以上，威宁、盘州、兴义、安龙一带可达 1000h 以上，局部地区可达到 1200h 以上。

1.3.2　年出力特性

贵州电网光伏发电出力年内分布具有一定规律，根据 2018—2019 年贵州 4 座光伏电站逐月出力除以相应的装机容量，得到逐月平均出力率。贵州光伏电站年出力特性如图 1 所示。结果表明：

（1）贵州中西部地区光伏电站首年等效满负荷年利用小时数在 1050～1500h 之间，考虑组件效率衰减，贵州中西部地区光伏电站 25 年平均年等效满负荷利用小时数在 950～1350h 之间。

（2）光伏电站各月份平均出力率在 0.100～0.180 之间，春夏秋冬四季平均出力率分别为 0.148、0.150、0.124 和 0.133，总体来看，贵州光伏电站春夏出力大，冬季次之、秋季最小。

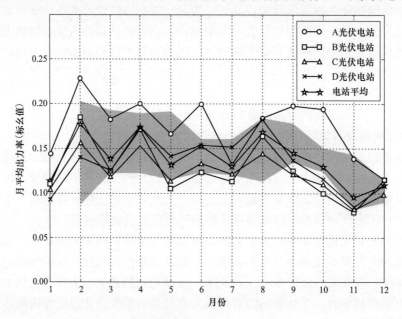

图 1　贵州光伏电站年出力特性

1.3.3　日出力特性

贵州电网光伏发电出力日内分布具有一定规律，根据 2019 年钟山区某光伏电站逐小时出力除以相应的装机容量，得到逐小时平均出力率。贵州光伏电站不同季节、不同天气日出力特性见表 2 及图 2。结果表明：

（1）地区日出最出力主要集中在 07:00～18:00 之间，12:00～14:00 出力达到峰值，夜间光伏电站出力为 0。

（2）光伏电站冬季较夏季运行时间短约 1h，主要受太阳位置和光伏电站位置影响。秋冬季日最大出力率的最大值高于春夏季，日最大出力率的最小值低于春夏季，秋冬季出力率日内变化幅度更大。

（3）光伏电站在晴朗天气下日出力曲线基本成正态分布、类似正弦半波；多云、降雨、阴天条件下出力曲线随机性较大、无规律性，整体多云天气出力水平最高、降雨时次之、阴天出力最低。

表2　　　　　　　　　　　　　贵州光伏电站不同季节日出力特性

季节	月份	日最大出力率最大值（标幺值）	日最大出力率最小值（标幺值）
春季	3月	0.86	0.14
	4月	0.84	0.17
	5月	0.79	0.16
	小计	0.86	0.14
夏季	6月	0.80	0.18
	7月	0.78	0.18
	8月	0.81	0.21
	小计	0.81	0.18
秋季	9月	0.84	0.13
	10月	0.83	0.08
	11月	0.78	0.01
	小计	0.84	0.01
冬季	12月	0.78	0.03
	1月	0.85	0.03
	2月	0.88	0.08
	小计	0.88	0.03

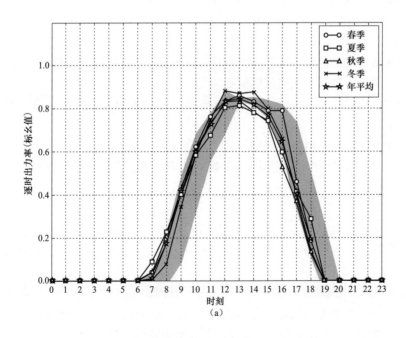

图2　贵州光伏电站日出力特性（一）

（a）不同季节

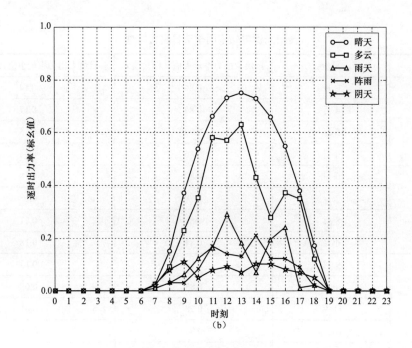

图 2　贵州光伏电站日出力特性（二）

（b）不同天气

1.3.4　同时率

研究贵州电网光伏电站均处于较大出力水平时，发电出力占各光伏电站直流侧装机容量的比例，对于研究电力系统消纳光伏电力的能力十分必要。本文选取 2019 年 2 月、2019 年 8 月两个光伏电站出力较大的月份作为典型月，结果表明：

（1）光伏电站平均的同时率与单个光伏电站的逐日同时率变化趋势相似，但光伏电站平均的同时率变化曲线较单个光伏电站明显更为平滑。

（2）贵州中西部地区光伏电站之间逐日同时率相关性较好，这主要是由于太阳辐射受局地地形影响较小。

（3）贵州毕节地区光伏电站同时率最高不超过 85%，其他地区光伏电站同时率最高不超过 80%，光伏电站不存在全场满发情况。贵州 4 座典型光伏电站典型月逐日同时率统计如图 3 所示。

1.4　容量效益

本文对钟山区某光伏电站 2019 年（项目达产首年）实际运行数据进行统计。统计尖峰电量时，不考虑夜间光伏出力为 0 的时段，仅对白天 07:00～18:00 的出力概率分布进行统计。结果表明：

（1）保证率 45% 时的出力为 0.06 万 kW，占直流侧装机容量的 0.6%，说明光伏电站有一半以上时间不发电。光伏电站运行首年最大出力 8.81 万 kW，占直流侧装机容量的 88.1%。

（2）保证率 2% 时的出力为 8.03 万 kW，占直流侧装机容量的 80.3%，对应的累积电量为 1.04 亿 kWh，占设计电量的 94.1%，说明出力大于 8.03 万 kW 时的尖峰电量占设计电量的 5.9%。

从单个项目看，尖峰电量占比较大。

（3）"十四五"时期，贵州规划光伏容量达到 3100 万 kW，远大于单个光伏电站规模，考虑光伏电站同时率，贵州光伏出力超过装机容量 80%的概率将小于 2%，对应尖峰电量将小于 5%，电力系统可通过备用容量调节或通过光伏电站少量弃光来适应。

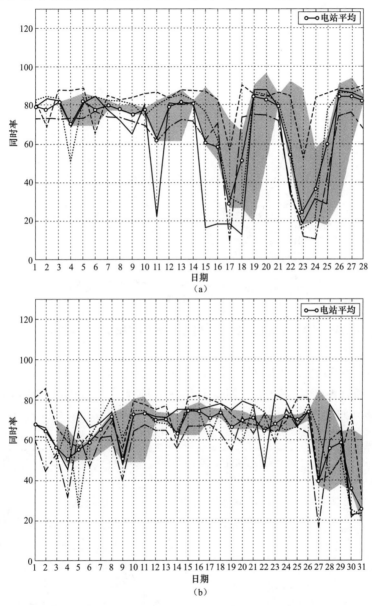

图 3　贵州光伏电站及电站平均逐日同时率

（a）2019 年 2 月；（b）2019 年 8 月

（4）在电网调峰平衡时，可按直流侧装机容量的 80%参与调峰平衡。钟山区某光伏电站 2019 年出力-保证率-累积发电量曲线如图 4 所示。

1.5　概率分布

通过对钟山区某光伏电站 2019 年（项目达产首年）实际运行数据进行统计，分析各个时刻的出力特性，光伏电站 2019 年分时段出力概率分布如图 5 所示。结果表明：

（1）7:00～9:00 和 16:00～18:00 时间段逐小时最大出力率不超过 0.7，受太阳位置影响，出力率主要分布在中、低出力范围。10:00～15:00 时间段逐小时出力总体呈"双峰"特性，第一个出力率高峰区间为 0～0.2，出力率在 0.1 处达到峰值；第二个出力率高峰区间为 0.6～0.9，出力率在 0.7 处达到峰值。

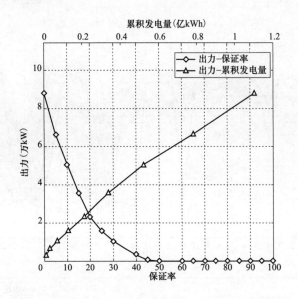

图 4　光伏电站 2019 年出力-保证率-累积发电量曲线

（2）从 7:00～18:00 逐时出力数据看，12 个时刻基本以 13:00 为中心，向两边延伸，两两对称，8:00 与 18:00、9:00 与 17:00、10:00 与 16:00、11:00 与 15:00、12:00 与 14:00 时刻的出力-累积概率基本一致。

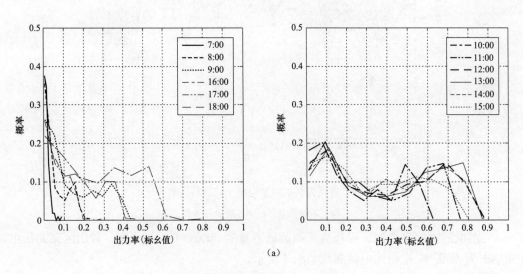

（a）

图 5　光伏电站 2019 年分时段出力概率分布（一）

（a）出力-概率分布

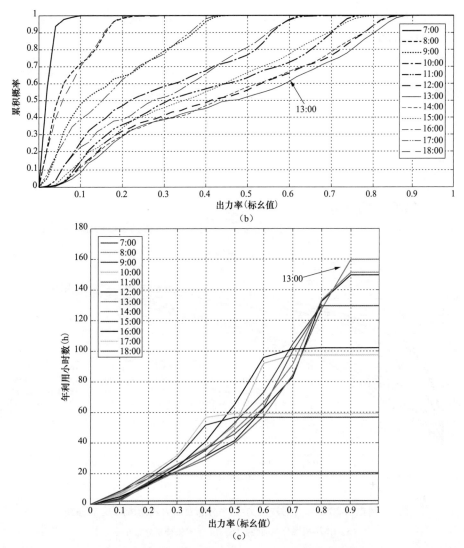

图 5　光伏电站 2019 年分时段出力概率分布（二）

（b）出力-累积概率分布曲线　（c）出力-累积电量分布曲线

（3）出力率低于 80% 的累积电量为 94%，从各时段累积电量占全年电量的百分比看，12:00～14:00 时间段发电量占比为 43%，11:00 与 15:00 时间段发电量占比为 24%，10:00 与 16:00 时间段发电量占比为 18%，9:00 与 17:00 时间段发电量占比为 11%，8:00 与 18:00 发电量占比为 4%。正午时刻的发电量明显大于上午和下午。

2　光伏与风电及水电的互补性

2.1　风电出力概率分布

通过对光伏电站同区域的某风电场 2019 年实际运行数据进行统计，分析各个时刻的出力特性，风电场 2019 年分时段出力概率分布如图 6 所示。结果表明：

（1）贵州风电出力 0:00～23:00 各时段出力概率分布趋势一致，各时段的累积概率分布曲线相近。贵州单个风电场出力率在 0～0.99 之间，存在零出力或接近满发情况；全省风电整体出力率在 0.03～0.63 之间，不存在零出力或全部满发情况。

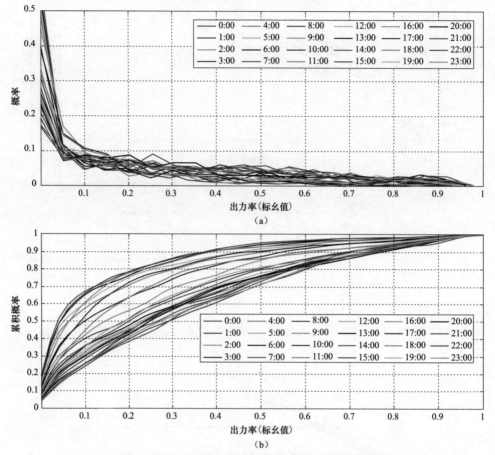

图 6　风电场 2019 年分时段出力-概率分布及出力-累积概率分布曲线

（a）出力-概率分布曲线；（b）出力-累积概率分布曲线

（2）风电出力与光伏电站出力不同，风电出力与时间段相关性弱，不存在出力水平明显偏高或偏低的时段。

2.2　水电出力概率分布

通过对光伏电站所在区域的某具有不完全多年调节性能的水电站2019年实际运行数据进行统计，水电站2019年分时段出力概率分布如图7所示。分析各个时刻的出力特性，结果表明：

（1）调节性能较好的水电站在电力系统中一般承担调峰、调频和备用，提高电网的供电质量。水电调节能力主要受水文条件、水库调节能力、用水需求、梯级径流调节、水电检修等多种因素影响。

（2）本次研究的水电站出力-累积概率曲线有较为明显的"两簇"曲线族。出力较大的时段主要集中在 7:00～11:00 和 23:00～次日 1:00，这与电站在系统中的位置有关。

2.3　光伏与风电及水电的互补性

本文对比了相同区域内光伏、风电及水电项目的实际运行情况，绘制 3 种电源类型各月逐日平均出力的热力图，如图8所示。结果表明：

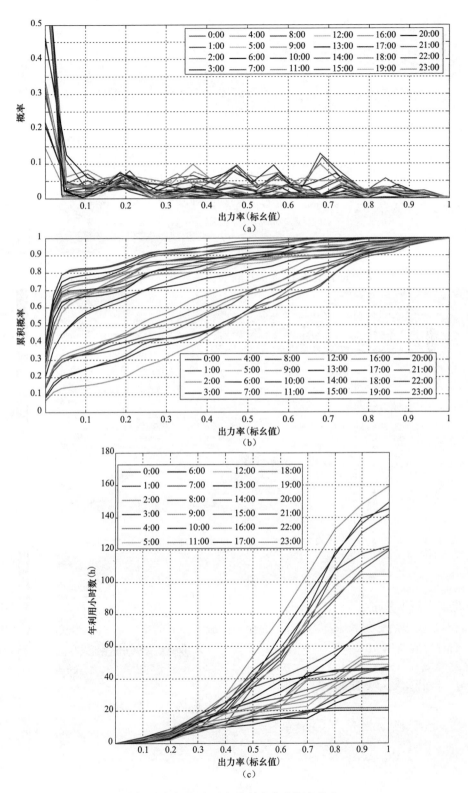

图 7　水电站 2019 年分时段出力概率分布

（a）出力-概率分布；（b）出力-累积概率分布曲线；（c）出力-累积电量分布曲线

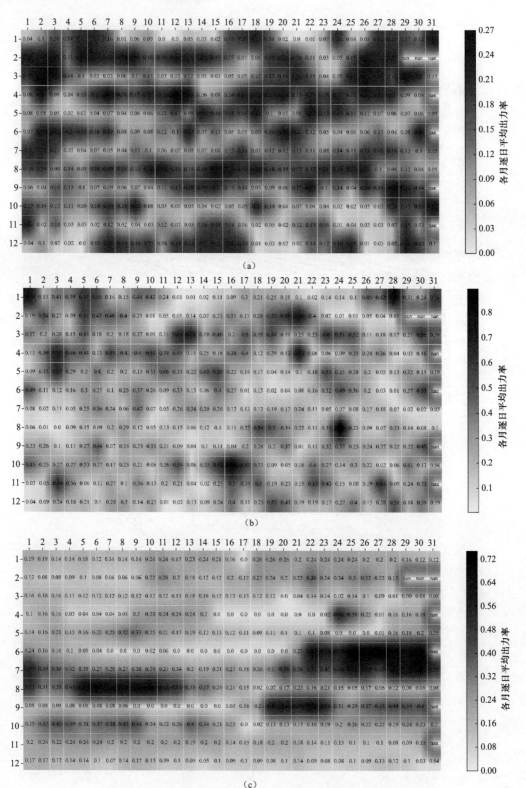

图8 光伏、风电及水电 2019 年各月逐日平均出力热力图

（a）光伏；（b）风电；（c）水电

（1）从逐日平均出力率变化幅度看，光伏出力率变化幅度明显小于风电及水电，单个光伏项目逐日平均出力在 0～0.3 范围内，单个风电或水电项目出力在 0～1 范围内，存在满发情况。

（2）光伏项目出力较大的天数整体春夏季较多，秋冬季较少；风电项目出力较大的天数整体冬春季较多，夏秋季较少；水电项目出力较大的天数整体夏秋季（汛期）较多，冬春季较少；水风光项目年内具有一定互补性。

（3）虽然贵州区域夜间风大、白天风小，但不能认为贵州风电、光伏具有日内互补性，从逐小时出力特性看，风电、光伏出力互补性不明显。

3　结语

本文在分析贵州区域光伏出力特性基础上，提出光伏参与电网调峰平衡时，可按直流侧装机容量的 80% 参与调峰平衡。光伏出力受太阳位置影响，出力率主要分布在中、低出力范围。10:00～15:00 时间段逐小时出力总体呈"双峰"特性，以 13:00 时刻为对称轴，其他时刻呈现较明显的对称性。

光伏主要体现为电量效益，同时，日间光伏发电会抬高水电站夜间水头，故光伏有少量容量效益。风电则只有电量效益，无容量效益，还具有"反调峰"特性。虽然贵州区域夜间风大、白天风小，但不能认为贵州风电、光伏具有日内互补性，从逐小时出力特性看，风电、光伏出力互补性不明显。本文通过定性与定量相结合的方式研究了光伏出力特性，并初步分析了风光水出力的互补性，提供的研究方法和部分研究结论可为水风光联合运行调度提供借鉴，水风光实际联合运行调度应通过电力系统运行模拟仿真确定。

参考文献

[1] 张晋芳，栗楠，刘俊，等．一种基于调峰平衡的风光综合消纳分析方法［J］．中国电力，2019，52（03）：68-72.

[2] 熊铜林．流域水风光互补特性分析及联合发电随机优化协调调度研究［D］．长沙理工大学，2017.

[3] 宁玉宝，郑建勇，夏俪萌，等．光伏电站综合出力特性研究与分析［J］．太阳能学报，2015，36（05）：1197-1205.

[4] 王羽．风电出力时序特性及其对省级电网的影响［J］．发电技术，2018，39（05）：475-482.

[5] 陈新宇，樊扬，林勇，等．广东电网风电出力特性分析及其经济性评价［J］．南方电网技术，2012，6（01）：8-12.

[6] 韩柳，庄博，吴耀武，等．风光水火联合运行电网的电源出力特性及相关性研究［J］．电力系统保护与控制，2016，44（19）：91-98.

作者简介

吕艳军（1987—），男，硕士，高级工程师，主要从事可再生能源规划设计工作。E-mail：403243486@qq.com

刘巧红（1987—），女，硕士，工程师，主要从事可再生能源规划设计工作。E-mail：773965656@qq.com

安莉娜（1975—），女，硕士，教授级高工，研究方向水资源规划、水能规划。E-mail：702286362@qq.com

基于深度学习的风力发电机故障诊断研究

苏雪霜　李培汉

（中国电建集团贵阳勘测设计研究院有限公司，贵州省贵阳市　550000）

[摘　要]为应对全球气候变化，我国煤炭、石油等传统电力所占比例逐步减小，风力对电力系统的渗透能力越来越大。风力发电场一般是在风能充足，但环境恶劣、相关设备极易发生故障的地区。一旦出现大规模的通风传输系统故障，将严重影响到风力供电系统的安全稳定运行。另外，由于风能设备故障而引起的非计划维护，需要大量的人力和物力，导致风力发电机工作的成本逐渐增加。通过对风力发电机组故障的深入探析，从而为今后风力发电的发展特征提取和故障诊断方法提供合理有效的理论依据。

[关键词]深度学习；风力发电机；故障诊断

0　引言

我国发电企业的煤炭、石油、天然气等传统能源的过度使用，不仅会导致发电工作中的资源损耗提高，而且产生的污染气体还会加快全球气候变暖。目前各国都在对新能源进行广泛研究，使其能更好地替代传统的发电资源，从而提高人们在生活以及工作中的用电需求，减少发电能源的生产成本，保证电力企业稳定高效、可持续的发展并创建环境友好型的新型能源，确保人类社会环境的可持续发展。在此背景下，风能转变为电能的利用越来越受到重视，并在电力系统中被引入和推广。风力发电机组可以利用风能发电，该发电工艺不会产生危害环境的气体，而且土地占用面积较少，可以充分利用风能生产出丰富的可再生资源。但目前风能电力的开发还受到多种因素的制约。风力发电机一般建立在郊区，运行条件十分恶劣，极易造成风力发电机的意外损坏。为确保风力发电机的稳定运行，需要制定有效的故障诊断和应急机制措施。保证发电机组高效、稳定运行是风力发电工作的主要任务之一，既要克服风能资源丰富地区的恶劣环境条件，确保发电效率；又要加强通信能力的建设，及时对风力发电系统的故障进行科学合理的诊断和排除，保证风力发电系统的可靠性和稳定性。

1　风力发电机的相关概述

1.1　风力发电机的基本工作原理

风力发电机的工作原理是把风能转换成机械能，最终把机械能再转变成电能，在转换过程中不需要消耗传统的有限能源。风能转化成机械能的主要部件是风力涡轮机，其叶片通常具有两个不同的表面，以在上下两个叶片表面形成不同的压力差，促进空气流经叶片的速率，这种压力差产生的升力，使得风力涡轮机的叶片不断旋转，从而使风能转化为机械能。连接风轮机的主要要求是在当地的气候条件、风力涡轮机状况和电力系统下，长期可靠地运行。

1.2　风力发电机的基本分类

1.2.1　垂直轴风力发电机

　　垂直轴风力发电机（VAWT）的主转子轴一般在垂直方向进行安装，主要部件是叶片、发电机、变频器、拉索等，因此不需要风速传输和调节机制。Savonius 是一种低速风力涡轮机，适用于低风速环境。由于风扇叶片的表面完全受风影响，在风速较大时叶片角度不会发生改变，没有得到有效保护系统的风力发电机是非常脆弱的。垂直轴风力发电机的内部构造并没有坚硬的材质来抵御强大的风流，所以，垂直轴的风力发电机更加适合建设在较低风流速度的地区使用，适用于一些大功耗的生产领域以及场所。初始设计的 VAMT 在每一个旋转过程中都有明显的力矩变化或波动，而且叶片上的弯矩也很大，VAMT 在改变角度的同时工作得非常快，因此叶片在旋转过程中也会发生很大的变化，从而导致部分功率受到损失。虽然现代 VAWT 设计解决了以往存在的大多数问题，比如风力发电机内部叶片转动速度过快而导致的失衡问题就是采用复合材质进行改进解决的，但根据以往的研究报告数据显示，VAWT的有效性低于横轴式风力发电机。所以，垂直轴风力发电机并没有得到广泛地建设。

1.2.2　横轴式风力发电机

　　横轴式风力发电机的转轴平行于安装面，转轴可以承载独立的叶片和双叶。横轴式风力发电机一般安装在立柱的上端，而垂直轴风力发电机一般安装在立柱底部。横轴式风力发电机在运行过程中，叶片的运动方向需要进行相应的调整，以免偏离指定线路，通常能采用智能化设施主动对叶片的风向进行调节，不需要进行人工手动的数据修整，因此发电机的内部构造更加简化。而且横轴式风力发电机最大的特征就是塔架不会影响到转子，可以充分利用风能，提高发电效率。所以，在日常生产中，考虑到生产成本和生产效率，通常采用横轴式风力发电机。风扇叶片一般采用径向辐射方式，采用转轴垂直的方式，安装角度与风机旋转面相同。一般说来，风扇的旋转效率随着安装板数量的增加而随之提高，但同时也提高了发电的相关成本。由于风力发电机叶片的装机数与当地的风速有关，低速风力发电机的叶片数通常会较多，为了提高风能利用率和转矩，高速风机一般都采用小型叶片，便于快速旋转时获得较高的风能利用率。

1.3　风力发电机的主要构成部件及其故障

1.3.1　控制系统

　　目前的智能控制系统不能接受其他人工干预的方法，因此风力发电机控制系统需要实现高自动化，尽量减少人工的干预，从而降低电力生产的成本。在风力发电机运行过程中，控制系统必须实时监测风力发电机的运转状况，以免产生的故障对环境造成危害，必要时需要启动相应的安全机制，保证风力发电机的安全运行。

1.3.2　制动系统

　　风力发电机的制动系统是一组通过吸收发电机的能量来抑制发电机进一步运转的装置，也可以用来减速或停止发电机。风力发电机制动系统可分为电气制动与机械制动。小功率的风力发电机制动只能通过电控系统来完成，即把发电机的能量传给电阻器，使发电机的旋转动力转变成可使用的热能，进而产生电能的效果。在发电机负载下降或过小时，需要采用电气制动，将发电机转速保持在允许范围内。定期制动能使叶片减速，降低叶片旋转效率，发电机的转速可以维持在额定功率，但电闸一般不适用于大电网风力发电机。大规模的风力发电机组一般采用机械制动系统，但即使使用机械式制动系统的风力发电机组也可采用电气制动。通常制动系统作为静止发电机维持的一个辅助工具，主要是液压系统的驱动装置与主控制箱相连。

1.3.3 传动系统

传动系统由所有与传动轴有关的部件构成，包含主轴、快速轴、齿轮箱等零件。在风力发电机传动体系中的主轴采用的是慢速效能，在风力发电中占有重要地位。第一，主轴在结构中起着支撑风机叶轮的作用。第二，主轴与发电叶片和齿轮箱进行相连，把通过发电叶片旋转所形成的力矩运输到齿轮箱。在风力发电机的主轴制造工艺中引入大量的新型复合材料，从而降低风力发电机失灵的可能性。

2 深度学习风力发电机的工作原理

为诊断风力发电机故障源头，紧通过学习风力发电机的工作原理、类型及结构远远达不到故障诊断要求。为及时准确诊断出故障原因，需掌握相关知识的优劣性，如处理多层神经网络运算所需硬件有限，且缺少相应的优化算法，基于 BP 算法的神经网络不能具有多级性，与其他机器算法，如辅助向量机和决策树、随机森林等算法相比处于相对劣势。虽然，神经网络理论发展的时间并不长。但是，随着基于 Boltzmann 约束的网络的引入，硬件厂商也陆续推出谷歌和技术公司的高质量的绘图卡和 Facebook，这主要是因为近年来极大地激发了人们深入学习的动力，并且有了重大突破。由于新网络的引入，出现了许多新的结构，大大扩展了深入学习的范围。

3 基于深度学习的风力发电机故障诊断的创建

在风力发电机组主要部件模型的仿真过程中，不仅要考虑水平风力发电机组的运行机理，还要考虑其故障的特点，再利用仿真软件优化风力发电机组的主要部件模型，在此基础上建立风力发电机组模型，在此模型中多台风力发电机的尾流效应需要考虑改进风场模型。首先，风力发电系统中使用的监控变量和数据，包括文献中的数据，需要进一步的现场调查。其次，结合以往的研究成果，对变数数据进行系统的分析，区分出可利用的风能数据，并区分这些数据在风力发电系统中的功能和易用性。针对风力发电系统在实际应用中出现的各种故障，应充分考虑这些故障，完善风力发电系统模型故障方案。在风力涡轮机驱动系统中，微分方程最常用于改变由磨损引起的摩擦系数，或描述相关传感器的突然故障。根据风力发电机组各部件在运行过程中的磨损情况，对系统进行合理的故障参数设定。建立数据库需要充分考虑系统的实际运行情况，风力发电系统应设置系统运行参数及相关故障参数，进行大量的模拟试验处理，通过对相关实验资料的计算与讨论，创建系统化的故障诊断数据库，从而更好地基于 Windows 操作系统为深度学习在风力发电机中的研究创造条件，为深度学习算法的开发提供平台。

4 基于深度学习的风力发电机故障判断结果的探析

4.1 构建风力发电机故障诊断的嵌入维

建立风力发电机基本模型通常需要 15 个传感器，采样率为 100Hz，通过矩阵提取时间序列数据。但是，在实际应用中，基于数据的风力发电机组故障诊断方法需要分析大量的试验数据，然后模拟各种故障，得到详细的仿真结果和分析。但是，通过以上方法难以处理复杂的大型数据集，而深度信念神经网络（DBN）具有很好的提取性能。

4.2　构建风力发电机故障诊断的决策机制

DBN 项目是通过增加两个受限玻尔兹曼机（RBM）和相关神经元层来实现的。RBM 每层有 2000 个神经元，顶层只输出 1 个神经元。在顶层输出和缺陷决策策略中采用逻辑回归层。事实上，由于特征选择发生在不同的故障时刻，因此基于模型的方法需要对其进行改进，从而使其诊断结果不同于使用数据的方法。另外，在大多数故障情况下，基于模型的方法比传统的数据处理方法更有效率。因此，基于模型的方法具有很好的泛化性能，但在诊断一些特殊缺陷方面存在着缺陷，传统的基于数据的方法泛化能力较差。该方法在避免过度收敛的同时，利用强大的深度学习，进一步提高泛化程度，极大地提高了故障诊断的准确率，为解决高精度与实用性的矛盾提供了机会。

5　结语

风力发电机的大力开发，大大降低了人类社会对传统能源的依赖。对此，如何建立可靠的风力发电机状态监测系统，完善风力发电机故障诊断机制，采取有效的故障排除措施，建立更完整的基于深度学习的风力发电机故障诊断机制，维持风力发电机系统的稳定运行，是当前风力发电机系统研究的一项重要课题，在完成风力发电机基本模型建立的前提下，建立具有数据预处理、模块化自动设定功能的全数据驱动的风力发电机终端故障诊断系统。利用采样算法解决了非平衡故障类型问题。采用自动机器学习机制来解决网络参数过多、优化复杂等问题。

参考文献

[1] 王挺韶. 基于深度学习的风力发电机故障诊断研究 [D]. 广东：华南理工大学，2020.

[2] 王俊. 基于深度学习的行星齿轮箱故障诊断技术研究 [D]. 江苏：南京航空航天大学，2018.

[3] 张鲁洋. 基于核极化去噪自动编码器和核极限学习机的风力发电机行星齿轮故障诊断研究 [D]. 内蒙古：内蒙古科技大学，2018.

作者简介

苏雪霜（1986—），男，工程师，主要从事新能源发电生产管理。E-mail：865954060@qq.com

李培汉（1989—），男，工程师，主要从事新能源发电生产管理。E-mail：1206190126@qq.com

基于数据挖掘的风力发电机故障预测

李培汉　　苏雪霜

（中国电建集团贵阳勘测设计研究院有限公司，贵州省贵阳市　550000）

[摘　要]由于全球变暖和有限能源的减少，可再生能源因为清洁和安全而成为国家能源战略的一部分。风力发电是可再生能源的重要组成部分，人类越老越重视风力发电的研究。数据挖掘促进了新技术的创新，并在风力发电行业和其他各个行业得到了广泛应用。但是，传统的风力发电机组经常会出现无预警性的故障，严重影响风力发电机组的发电效率，迫切需要提前规划维护工作，根据风力发电机组的历史情况，提前规划维修工作，采购备件，同时要考虑关键的实际测量数据。从而提高风力发电机组的发电效率，彻底改变机组的粗放管理方式，使机组从经济、安全的角度，由被动管理向主动管理转变。按照数据挖掘中的关键方法，可以有效预测风力发电机组存在的故障，从而在组件损坏之前对其进行必要的维护，提前制定维修计划，将故障造成的损失降到最低。

[关键词]数据挖掘；风力发电机；故障预测

0　引言

风能本身是一种储量巨大的可再生能源，而且使用方便。当前，风力发电已成为世界上发展最快、最清洁的能源之一，同时也是解决全球能源短缺的重要途径，其设备数量和容量都得到了显著提高。但随着风力发电的发展，风机的老化、破碎、维护等问题日益突出。所以风机在运行过程中存在着一定的安全风险，由于目前风机生产工艺的维护水平较低，只有对其进行及时处理，才能避免重大事故的发生。由于风机故障是由小故障引起的，通过确定风机的运行状态来分析目前的安全状况，从而及时地进行故障报警，从而及时地进行纠正。为使风机运行更经济、更安全，根据现行控制条件与正常值进行比较，若偏差超过正常值，立即启动提醒，以获得最长时间完成故障处理。风力发电机组因距离远、环境恶劣、运行成本较高，导致风力发电机组维护成本高于其他传统能源，降低了实际经济效益。另外，风电场、风沙等特殊情况下，对运行人员的要求也较高。所以，为降低风电场运行成本，减少风力发电机组运行事故的发生，必须大力发展风力发电机组的故障诊断方法，提前进行故障报警，并达到一定的准确性和实用性。根据以往的风力发电机组故障统计数据，风机故障总成本为82%，根据以往故障得知，主要是齿轮箱、发电机和主轴发生故障，因此，风力发电机组的故障诊断技术的研究主要集中在这三个部分，这将大大减少风机的故障总数，降低风机的整体运行成本，保证风机安全运行。

1 数据挖掘的概念

通常，从大量的数据中提取所需分析数据，从而实现数据挖掘意义。在广义的概念，数据挖掘（也称知识数据库）是以缩写形式表示的，这是一种提取隐藏在体积内的信息知识的过程，其不完全体积、噪声、模糊性和随机性是预先未知的，但数据是可靠的、潜在的和有价值的。数据挖掘的概念含义如下：第一，作为风力发电过程中的采集数据源，必须包含大量的数据和噪声；第二，抽取规则具有可接受性、表达性和价值性；第三，能让使用者了解检索规则；第四，数据挖掘中发现的知识并非绝对的，而是相对的，在一定条件下才能确定域。狭义的数据挖掘则是利用不同的分析方法查找知识和数据的过程。

2 目前风力发电机常见的故障

2.1 发电机

风力发电机作为主发电机，与普通微型汽轮发电机组相似，发电机轴承、发电机绕组及相关动力传动装置效率更高。电机转子产生故障的原因如下：第一，发电机转子转动时能量分布不均，使区域振荡增大；第二，在非对称的发电机转子刚度条件下，提高了倍频振荡；第三，发电机转子运行时，由于电气传动缺陷，线圈产生不均匀的电磁力，导致转子转速变化。电机轴承及其相关部件的电压、电流等系数的变化是电力传输特性的主要问题。发电机组工作于前后轴承座。转速随控制方式的改变，易导致轴承温度升高。

2.2 齿轮箱

齿轮箱是风力发电机提高转速的重要部件之一，其制造工艺相当先进。齿轮箱因速度而变化，这主要是由于齿轮离合器造成的。根据统计，变速器故障率虽较低，但同其他故障率较高的电控系统和偏航系统相比，其故障诊断过程较为困难，既复杂又昂贵。另外，齿轮箱的安装空间很小，在日常的维护工作中，齿轮箱的不稳定也是对维修工安全的最大威胁。风力发电机的齿轮箱具有变负荷功能，在风速变化时，对步进速度有影响，而且由于齿轮箱自身的这些特点，使其状态难以控制。齿轮箱体通过发电机和主轴连接，在发电机末端将主轴低速转速转换为高速转速，轴承起到了重要的支持作用。变速箱由于轴承高速旋转，与齿轮啮合。若齿轮啮合接触表面存在大量的颗粒，摩擦系数大，则齿轮轴承运行不规则；若齿轮啮合速度较慢，启停时间的变化快，容易引起较大的位移和振幅，对轴承的影响很大。在长时间的运行过程中会引起轴承故障，主要是轴承滑动和表面剥落。

2.3 主轴

用主轴连接齿轮箱和叶片，风轮采用悬臂结构，承受叶片和轮毂压力。主轴锭子转速低，容易受到转速突变而发生弯曲变形。为提高主轴的抗压性，通常由轴承的承载能力和材料的抗负荷能力来控制。主轴受到转速快速变化的影响，长期的突变介质加速了轴承的老化，不充分的润滑和过度的摩擦会产生失速摩擦。

3 风力发电机故障发生的原因

第一，部件磨损。在机械滚动轴承中，磨损是常见的断裂形式。像轴承和齿轮这样的机械零件工作一定时间，必须有一定的磨损。在金属接触表面过度损耗时，轴承的接触间隙增大，附着力降低，从而使轴承的性能下降。当然，在很多情况下，零件磨损可能是由于润滑不足，接触表面有异物等原因。在磨损故障发生时，其振荡信号的幅度将改变，从而判断故障趋势。第二，轴承过热。过热不仅是轴承不良的表现，而且是轴承失效的主要原因之一。因为高温是很多异常的原因，如果轴承温度总是很高，那么症状特征就会影响轴承寿命。若轴瓦与轴接触表面存在较大摩擦，同时在运行过程中出现过温现象，说明轴承润滑方式异常，长时间转速过高，造成轴承温度过高等问题。第三，产品寿命问题。造成故障的原因有轴承滚动体、内圈、外圈、保持架等部件的异常，长时间的运行过程中轴承部件裂纹则会聚集成剥落坑。主要原因是由于时变载荷作用下疲劳应力保持不变。制造过程中，轴承本身存在缺陷，安装不当会加速节点疲劳。这种疲劳感最初并没有出现在轴承温度下，但是在高频段的振荡信号会产生频率干扰。

4 数据挖掘在风力发电机故障预测中的应用

4.1 风力发电机中时间序列的主轴承故障预测

时间序列是按风力发电机的历史运转和连续性计算的进程数，搜索时序的规律，根据自身规律来决定下一预测时间。时间序列具有周期性和稳定性特征。影响时序预测值的因素是当前时点的相关关系及外界环境噪声的随机性干扰。考虑环境变化和时间序列位移的平均特性，在实际应用中通常采用时变平均方法。对主轴承温度时间序列采用向上位移平均法预测。基于正态分布图和累积概率分布图，自回归平均位移法要求时间序列是稳定的，通过 ADF 测试得到的轴承温度为稳定序列，根据预测值与基温的实际值之间的差异，确定间隔内的轴承。

4.2 风力发电机中线性回归的主轴承故障预测

基于正态概率分布的方法，根据学习间隔、实际值和预测值偏差，其概率分布基本上符合正态分布，平均在 0 左右。和正态分布比较，其特点是残差值波动大、偏差大。预报结果显示，主轴承温度从 2500℃开始下降，但预报不总是一致的，直到主轴承温度开始反弹并模拟。由残差可知，对故障诊断而言，偏离正态区间的情况很明显，预测算法必须更加紧凑，具有更广泛的泛化能力，线性回归满足了所需的基本要求，但与随后的机器学习算法相比，效果并不理想。

4.3 风力发电机中神经网络齿轮箱轴承故障预测

风力发电机中的神经适应性和自组织特性等人工神经网络能够自动发现和适应环境的特点和规律，并在学习或训练过程中不断地认识神经系统的重要性。ANN 是一种可以开发知识的系统，被广泛支持于模式识别领域。结合控制理论，基于神经网络的识别系统，实现了机器状态的在线监测。不同于传统的神经网络结构，多层神经网络结构具有明显的特点。利用 SVM 相同的实验数据，可以得到稳定区间内的正态分布结果，所得数据符合正态分布的规则，均方根显示比线性回归和时间序列会更好。因此数据挖掘在神经网络中适用于风力发电机等非线性系统，具有仿真效率高，运行速度快的优点。

4.4 风力发电机中支持向量机齿轮箱轴承故障预测

SVM 是一种通过降低结构风险、减少经验风险和置信区间来提高风力发电机故障预测综合能力的分类算法。在统计样本数量较少的情况下，达到正确统计规律。简单地说，基本模型就是通过训练使特征间的空间间隔最大化。许多分类应用是针对模型适应性最优的支持向量机系统，还有 SVM 的研究成果。课题研究中，由于矩阵采用 SVM 分类方法，将风场数据大量采集，对大数据采集需要矩阵，导致分类速度慢，效果不好。用风力发电机组轴承缺陷数据对齿轮箱进行测试，三分之二的数据训练，最后三分之一的数据进行测试，预测齿轮箱温度，得到稳定工况下的正态分布，数据符合正态分布，在均方根度和方差方面优于线性回归和时间序列。变速箱轴承温度高，故障多。实际齿轮箱运行后，实际温度持续升高，表明与正常工作间隔存在明显偏差。由于 SVM 支持的温度预测与实际温度偏差之间的关系，SVM 对温度异常有一定的预测作用，但对神经网络，模型的估计结果并不理想且需要较长的时间。

5　结语

风能是可再生能源的重要组成部分，对风力发电技术的研究也越来越受到重视。维护风力发电机组稳定运行，故障预警至关重要。该系统在所有因素满足故障发生条件时，不仅能及时发现机组存在的问题，并及时反馈报警，还能减少设备的各种磨损因素，降低维修成本。对风力发电单元数据进行在线分析，可实时跟踪关键部件的运行情况，及时发现隐藏的硬件问题，而且不增加硬件成本。对于风电场的研究具有实际意义。

参考文献

[1] 张永辉. 基于监测数据的风力发电机故障预警研究 [D]. 沈阳工程学院，2017.

[2] 刘青凤，李红兰. 基于数据挖掘方法的风力涡轮机状态监测技术研究 [J]. 计算机测量与控制，2014，22（5）：1336-1339.

[3] 张建美. 基于云模型和数据挖掘技术的风电机组故障诊断 [D]. 华北电力大学，2014.

作者简介

李培汉（1989—），男，工程师，主要从事新能源发电生产管理。E-mail：1206190126@qq.com

苏雪霜（1986—），男，工程师，主要从事新能源发电生产管理。E-mail：865954060@qq.com